1차필기 시험대비

2022

최신출제경향에 맞춘
최고의 수험서

# 산업보건 지도사

에듀인컴 지음 **윤영노** 감수

## Ⅱ 산업위생일반

INDUSTRIAL HEALTH

- 최근 개정된 산업안전보건법 반영
- 비전공자를 위한 체계적인 이론 구성
- 출제경향에 따른 이론구성
- 안전보건분야 최고의 전문가 집필

예문사

# 책 머리에

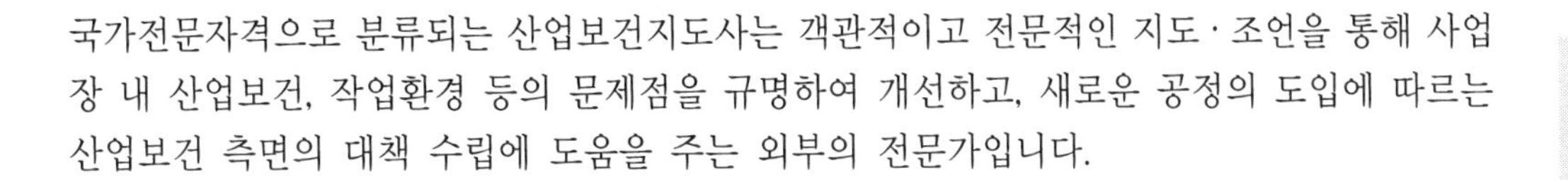

국가전문자격으로 분류되는 산업보건지도사는 객관적이고 전문적인 지도 · 조언을 통해 사업장 내 산업보건, 작업환경 등의 문제점을 규명하여 개선하고, 새로운 공정의 도입에 따르는 산업보건 측면의 대책 수립에 도움을 주는 외부의 전문가입니다.

이러한 전문성을 갖춘 산업보건지도사 자격시험을 준비하는 수험생들이 시험을 보다 효과적으로 준비하는 데 도움을 주고자 본 책을 출간하게 되었습니다.

세월호 침몰사고, 밀양 병원 화재, 태안발전소 하청노동자 사망 등 아직도 우리 사회 곳곳에서 일어나서는 안 될 참사가 끊임없이 일어나고 있습니다. 특히, 산업 현장에서는 한 해 평균 1,700여 명이 사망하고, 5만여 명이 산업재해로 다치거나, 건강을 잃고 있는 상황입니다. 이를 경제적 가치로 환산하면 연간 15조 원 이상의 손실이 발생한다고 할 수 있습니다.

이에 국가는 '국민안전'을 필두로 한 국정 과제를 추진하여 안전한 국가를 건설하기 위해 노력하고 있으며, 국민들은 '위험사회'에서 벗어난 '안전사회'를 시대정신으로 요구하고 있습니다. 모든 국민이 안전하고 건강한 사회로의 도약, 이는 우리 모두가 염원하는 소망일 것입니다.

안전하고 건강한 사회를 건설하는 데 있어 산업보건지도사는 반드시 필요한 제도입니다.

산업보건지도사가 산업 현장에서 직무를 수행하기 위한 환경과 법적 근거는 이미 조성되어 있습니다. 산업보건지도사는 산업위생 분야의 유해위험방지계획서, 안전보건개선계획서, 물질안전보건자료의 작성에 필요한 지도와 작업환경측정 결과에 대한 공학적 개선대책 지도 등의 산업안전보건법에서 정한 업무들을 수행할 수 있고, 보건관리전문기관을 설립하는 데 필요한 인력 기준을 충족할 수 있으며 앞으로도 전망이 밝을 것으로 보입니다.

지도사 시험이 중단되었다가 다시 실시된 2012년 이후로 산업보건지도사 시험에 응시하는 인원이 점차 증가하고 있지만, 합격자의 연령, 경력 사항이 점차 적어지는 추세입니다. 충분한 준비가 갖춰진다면 합격이 불가능한 시험이 아니라고 생각합니다.

산업보건지도사 시험은 산업위생과 직업환경, 2개 분야로 이루어져 있습니다. 1차 시험은 공통과목인 '산업안전보건법령, 산업위생일반, 기업진단 · 지도' 3개의 과목으로 이루어져 있습니다.

이 책은 산업위생개론, 산업안전개론, 인간공학개론, 독성학개론, 산업환기이론, 산업안전보건법령집을 다룬 기존의 책과 자료를 바탕으로 시험과목을 체계적으로 정리하여 처음 자격시험을 준비하는 수험생들도 어려움 없이 접근할 수 있도록 내용을 구성하였고 최근 기출 시험문제와 파생 이론을 철저히 분석하여 담아내도록 노력하였습니다.

주요 참고문헌은 예문사에서 출간한 『산업위생관리기사』, 『산업안전기사』이며 그 외에 산업안전보건 분야 선배님들의 저서, 산업안전보건법, 영, 규칙, 기준규칙, 고용노동부 고시, 예규, 훈령과 권고사항인 KOSHA Guide 등을 참고하였습니다.

**산업보건지도사 자격시험을 준비하기 위한 수험서로서 본서의 특징은 다음과 같습니다.**

1. **각 과목 이론의 내용을 충실히 하여 시험에 나오는 거의 모든 문제가 이론 내용에 포함되도록 하였고, 시험에 출제될 가능성이 높은 이론은 굵은 글씨로 표기하여 수험생의 집중도를 높였습니다.**
2. **내용 이해를 위해 도표와 그림을 최대한 많이 넣어 수험생의 이해도를 높였습니다.**
3. **안전보건 분야의 오랜 현장경험을 가지고 있는 최고의 전문가가 집필하고, 여러 번의 퇴고를 거쳐 책의 완성도를 높였습니다.**

산업보건지도사를 준비하는 수험생들의 합격을 염원하며, 배움의 기쁨과 도전의 즐거움을 아는 수험생을 응원합니다.

이 책이 응시하시는 시험에 조금이나마 도움이 되기를 기원하며, 책을 출간하는 데 많은 지도와 조언을 해주신 예문사와 부모님께 깊은 감사를 표합니다.

저자 일동

## 산업보건지도사 시험에서 각 과목별 특징

### 1과목 : 산업안전보건법령

산업안전보건법령은 '산업안전보건법, 영, 시행규칙, 기준에 관한 규칙'으로 구성되어 있습니다. 산업안전보건법의 주요 제도를 알기 쉽게 풀이하였고, 안전보건기준에 관한 규칙은 1편 총칙, 2편 안전기준, 3편 보건기준의 내용 중 관련된 내용을 간추려 정리하였습니다. 비전공자도 쉽게 이해할 수 있도록 최대한 많은 그림과 삽화를 넣었습니다.

### 2과목 : 산업위생일반

산업위생일반은 '산업위생개론, 작업관리, 산업위생보호구, 건강관리, 산업재해조사 및 원인분석'으로 이루어져 있습니다. 산업보건 분야에 입문하는 수험생이 기초적으로 알아야 할 이론을 충실히 기술하기 위해 노력했습니다.

### 3과목 : 기업진단 · 지도

기업진단 · 지도는 인적자원관리, 조직관리, 생산관리 이론이 담긴 경영학, 산업심리학, 산업안전개론 3개 분야로 이루어져 있습니다. 특히 생소하게 느낄 수 있는 경영학과 산업안전개론을 최대한 쉽게 이해할 수 있도록 자세히 설명하였습니다.

# 출제기준

■ 1차 시험

| 산업안전지도사 | | 산업보건지도사 | |
|---|---|---|---|
| 과 목 | 출제범위 | 과 목 | 출제범위 |
| 산업안전 보건법령 | 「산업안전보건법」, 같은 법 시행령, 같은 법 시행규칙, 「산업안전보건기준에 관한 규칙」 | 산업안전 보건법령 | 산업안전지도사와 동일 |
| 산업안전 일반 | 산업안전교육론, 안전관리 및 손실방지론, 신뢰성 공학, 시스템안전공학, 인간공학, 산업재해 조사 및 원인분석 등 | 산업위생 일반 | 산업위생개론, 작업관리, 산업위생보호구, 건강관리, 산업재해 조사 및 원인분석 등 |
| 기업진단 · 지도 | 경영학(인적자원관리, 조직관리, 생산관리), 산업심리학, 산업위생개론 | 기업진단 · 지도 | 경영학(인적자원관리, 조직관리, 생산관리), 산업심리학, 산업안전개론 |

## ■ 2차 시험

<table>
<tr><th colspan="2">산업안전지도사</th><th colspan="2">산업보건지도사</th></tr>
<tr><th>과 목</th><th>출제범위</th><th>과 목</th><th>출제범위</th></tr>
<tr><td>기계안전공학</td><td>• 기계 · 기구 · 설비의 안전 등(위험기계 · 양중기 · 운반기계 · 압력용기 포함)<br>• 공장자동화설비의 안전기술 등<br>• 기계 · 기구 · 설비의 설계 · 배치 · 보수 · 유지기술 등</td><td rowspan="2">직업환경의학</td><td rowspan="2">• 직업병의 종류 및 인체발병경로, 직업병의 증상 판단 및 대책 등<br>• 역학조사의 연구방법, 조사 및 분석방법, 직종별 산업의학적 관리대책 등<br>• 유해인자별 특수건강진단 방법, 판정 및 사후관리대책 등<br>• 근골격계질환, 직무스트레스 등 업무상 질환의 대책 및 작업관리방법 등</td></tr>
<tr><td>전기안전공학</td><td>• 전기기계 · 기구 등으로 인한 위험 방지 등(전기방폭설비 포함)<br>• 정전기 및 전자파로 인한 재해예방 등<br>• 감전사고 방지기술 등<br>• 컴퓨터 · 계측제어 설비의 설계 및 관리기술 등</td></tr>
<tr><td>화공안전공학</td><td>• 가스 · 방화 및 방폭설비 등, 화학장치 · 설비안전 및 방식기술 등<br>• 정성 · 정량적 위험성 평가, 위험물 누출 · 확산 및 피해 예측 등<br>• 유해위험물질 화재폭발방지론, 화학공정 안전관리 등</td><td rowspan="2">산업위생공학</td><td rowspan="2">• 산업환기설비의 설계, 시스템의 성능검사 · 유지관리기술 등<br>• 유해인자별 작업환경 측정방법, 산업위생통계 처리 및 해석, 공학적 대책 수립기술 등<br>• 유해인자별 인체에 미치는 영향 · 대사 및 축적, 인체의 방어기전 등<br>• 측정시료의 전처리 및 분석방법, 기기분석 및 정도관리기술 등</td></tr>
<tr><td>건설안전공학</td><td>• 건설공사용 가설구조물 · 기계 · 기구 등의 안전기술 등<br>• 건설공법 및 시공방법에 대한 위험성 평가 등<br>• 추락 · 낙하 · 붕괴 · 폭발 등 재해요인별 안전대책 등<br>• 건설현장의 유해 · 위험요인에 대한 안전기술 등</td></tr>
</table>

## ■ 3차 시험

| 시험과목 | 평정내용 | 시험방법 |
|---|---|---|
| 면접시험 | • 전문지식과 응용능력<br>• 산업 안전 · 보건 제도에 대한 이해 및 인식 정도<br>• 지도 · 상담 능력 | 평정내용에 대한 질의 · 응답 |

## ■ 시험 시간

| 구분 | 시험과목 | 시험시간 | 문항 수 | 시험방법 |
|---|---|---|---|---|
| 제1차 시험 | 1 공통필수 I<br>2 공통필수 II<br>3 공통필수 III | 90분 | 과목별 25문항 | 객관식 5지 |
| 제2차 시험 | 전공필수 | 100분 | 과목별 4문항 (필요시 증감 가능) | 논술형(4문항) (3문항 작성, 필수 2/택 1) 및 단답형(5문항) |
| 제3차 시험 | • 전문지식과 응용능력<br>• 산업안전 · 보건제도에 대한 이해 및 인식 정도<br>• 지도 · 상담 능력 | 수험자 1명당 20분 내외 | - | 면접 |

• 시험과 관련하여 법률 등을 적용하여 정답을 구하여야 하는 문제는 **시험시행일 현재 시행 중인 법률 등을 적용**하여 그 정답을 구하여야 함

## ■ 합격자 결정(산업안전보건법 시행령 제105조)

• 필기시험은 매 과목 100점을 만점으로 하여 40점 이상, 전 과목 평균 60점 이상 득점한 자(1차 및 2차)

• 면접시험은 평정요소별로 평가하되, 10점 만점에 6점 이상 득점한 자

## ■ 출제영역

| 과목명 | 주요항목 | 세부항목 |
|---|---|---|
| 산업위생일반 | 1. 산업위생개론 | 1. 산업위생의 정의, 목적 및 역사<br>2. 작업환경노출기준<br>3. 산업위생통계<br>4. 작업환경측정 및 평가<br>5. 산업환기<br>6. 물리적(온열조건 이상기압, 소음진동 등) 유해인자의 관리<br>7. 입자상물질의 종류, 발생, 성질 및 인체영향<br>8. 유해화학물질의 종류, 발생, 성질 및 인체영향<br>9. 중금속의 종류, 발생, 성질 및 인체영향 |
| | 2. 작업관리 | 1. 업무적합성 평가방법<br>2. 근로자의 적정배치 및 교대제 등 작업시간 관리<br>3. 근골격계 질환 예방관리<br>4. 작업개선 및 작업환경관리 |
| | 3. 산업위생보호구 | 1. 보호구의 개념 이해 및 구조<br>2. 보호구의 종류 및 선정방법 |
| | 4. 건강관리 | 1. 인체 해부학적 구조와 기능<br>2. 순환계, 호흡계 및 청각기관의 구조와 기능<br>3. 유해물질의 대사 및 생물학적 모니터링<br>4. 직무스트레스 등 뇌심혈관질환 예방 및 관리<br>5. 건강진단 및 사후 관리 |
| | 5. 산업재해 조사 및 원인분석 | 1. 재해조사의 목적<br>2. 재해의 원인분석 및 조사기법<br>3. 재해사례 분석절차<br>4. 산재분류 및 통계분석<br>5. 역학조사 종류 및 방법 |

# 시험안내

## ■ 시험의 일부 면제(산업안전보건법 시행령 제104조)

**다음 각 호의 어느 하나에 해당하는 사람에 대한 시험의 면제는 해당 분야의 업무영역별 지도사 시험에 응시하는 경우로 한정함**

1) 「국가기술자격법」에 따른 건설안전기술사, 기계안전기술사, 산업위생관리기술사, 인간공학기술사, 전기안전기술사, 화공안전기술사 : 별표 32에 따른 전공필수 · 공통필수Ⅰ 및 공통필수Ⅱ 과목
   ※ 인간공학기술사는 공통필수Ⅰ 및 공통필수Ⅱ 과목만 면제하고 전공필수(2차시험)는 반드시 응시
2) 「국가기술자격법」에 따른 건설 직무분야(건축 중직무분야 및 토목 중직무분야로 한정한다), 기계 직무분야, 화학 직무분야, 전기 · 전자 직무분야(전기 중직무분야로 한정한다)의 기술사 자격 보유자 : 별표 32에 따른 전공필수 과목
3) 「의료법」에 따른 직업환경의학과 전문의 : 별표 32에 따른 전공필수 · 공통필수Ⅰ 및 공통필수Ⅱ 과목
4) 공학(건설안전 · 기계안전 · 전기안전 · 화공안전 분야 전공으로 한정한다), 의학(직업환경의학 분야 전공으로 한정한다), 보건학(산업위생 분야 전공으로 한정한다) 박사학위 소지자 : 별표 32에 따른 전공필수 과목
5) 제2호 또는 제4호에 해당하는 사람으로서 각각의 자격 또는 학위 취득 후 산업안전 · 산업보건 업무에 3년 이상 종사한 경력이 있는 사람 : 별표 32에 따른 전공필수 및 공통필수Ⅱ 과목
   ※ 산업안전 · 보건업무는 다음의 업무에 한하여 인정

① 안전 · 보건 관리자로 실제 근무한 기간
② 산업안전보건법에 따라 지정 · 등록된 산업안전 · 보건 관련 기관 종사자의 실제 근무한 기간
   ※ 안전 · 보건관리전문기관, 재해예방지도기관, 안전 · 보건진단기관, 작업환경측정기관, 특수건강진단기관 등
③ 기업체에서 실제 안전관리 또는 보건관리 업무를 수행한 기간
   ※ 품질 · 환경 업무, 시설(안전)점검 등 산업안전보건법상의 안전 · 보건관리 업무와 무관한 경력기간은 제외하고, 경력증명서상에 '안전관리' 또는 '보건관리'라고 기재되어 있으며 수행기간이 구체적으로 기재되어 있을 경우에 한해 인정

6) 「공인노무사법」에 따른 공인노무사 : 별표 32에 따른 공통필수Ⅰ 과목
7) 산업안전(보건)지도사 자격 보유자로서 다른 지도사 자격 시험에 응시하는 사람 : 별표 32에 따른 공통필수Ⅰ 및 공통필수Ⅲ 과목
8) 산업안전(보건)지도사 자격 보유자로서 같은 지도사의 다른 분야 지도사 자격 시험에 응시하는 사람 : 별표 32에 따른 공통필수Ⅰ, 공통필수Ⅱ 및 공통필수Ⅲ 과목

**제1차 또는 제2차 필기시험에 합격한 사람에 대해서는 다음 회의 시험에 한정하여 합격한 차수의 필기시험을 면제한다.**

**경력 및 면제요건 산정 기준일 : 서류심사 마감일**

## ■ 수험자 유의사항

### ⁑ 제1 · 2차 시험 공통 유의사항

1) 수험원서 또는 제출서류 등의 **허위작성, 위·변조, 기재오기, 누락** 및 **연락불능의 경우**에 발생하는 **불이익**은 **수험자의 책임**입니다.
   ※ 큐넷의 회원정보를 최신화하고 반드시 연락 가능한 전화번호로 수정
   ※ 알림서비스 수신 동의 시에 시험실 사전 안내 및 합격축하 메시지 발송
2) 수험자는 시험시행 전에 시험장소 및 교통편을 확인한 후(단, 시험실 출입은 불가) 시험당일 교시별 입실시간까지 **신분증, 수험표, 지정 필기구를 소지**하고 해당 시험실의 지정된 좌석에 착석하여야 합니다.
   ※ 매 교시 시험시작 이후 입실 불가
   ※ 수험자 입실완료시간 20분 전 교실별 좌석배치도 부착함
   ※ 신분증 인정범위 : 주민등록증, 운전면허증, 여권(유효기간 내), 공무원증, 외국인등록증 및 재외동포 국내거소증, 중 · 고등학교 학생증 및 청소년증, 신분확인증빙서 및 주민등록발급신청서, 국가자격증, 복지카드(유효기간 내 장애인등록증), 국가유공자증, NEIS 등 국가 · 학교 · 공공기관 · 국방부 · 군부대 등에서 발급한 사진, 성명, 생년월일, 발급자 등이 포함된 증명서
   ※ '신분증 미지참자 각서' 제출 후 지정 기일까지 신분증을 지참하고 공단 방문하여 신분확인을 받지 아니할 경우 시험 무효처리
   ※ 시험 전일 18:00부터 산업안전/보건지도사 홈페이지(큐넷)[마이 페이지 - 진행 중인 접수내역]에서 시험실을 사전확인 하실 수 있습니다.
3) 본인이 원서접수 시 선택한 시험장이 아닌 다른 시험장이나 지정된 시험실 좌석 이외에는 응시할 수 없습니다.
4) 시험시간 중에는 화장실 출입이 불가하고 종료 시까지 퇴실할 수 없습니다.
   ※ '시험포기각서' 제출 후 퇴실한 수험자는 다음 교(차)시 재입실 · 응시 불가 및 당해시험 무효처리
   ※ 단, 설사/배탈 등 긴급사항 발생으로 중도퇴실 시 해당교시 재입실이 불가하고, 시험시간 종료 전까지 시험본부에 대기
5) 일부교시 결시자, 기권자, 답안카드(지) 제출 불응자 등은 당일 **해당교시 이후 시험에는 응시할 수 없습니다.**
6) 시험 종료 후 감독위원의 **답안카드(답안지) 제출지시에 불응**한 채 계속 답안카드(답안지)를 작성하는 경우 **당해시험은 무효처리** 하고, 부정행위자로 처리될 수 있으니 유의하시기 바랍니다.
7) 수험자는 감독위원의 지시에 따라야 하며, 시험에서 **부정한 행위**를 한 **수험자, 부정한 방법**으로 시험에 **응시한 수험자**에 대하여는 **당해 시험**을 **정지** 또는 **무효**로 하고, 그 처분을 한

날로부터 **5년간 응시자격**이 **정지**됩니다.

8) 시험실에는 벽시계가 구비되지 않을 수 있으므로 **손목시계를 준비**하여 시간관리를 하시기 바라며, **스마트워치** 등 전자·통신기기는 시계 대용으로 사용할 수 없습니다.
   ※ 시험시간은 타종에 따라 관리되며, 교실에 비치되어 있는 시계 및 감독위원의 시간 안내는 단순 참고사항이며 시간 관리의 책임은 수험자에게 있음
   ※ 손목시계는 시각만 확인할 수 있는 단순한 것을 사용하여야 하며, 손목시계용 휴대폰 등 부정행위에 활용될 수 있는 일체의 시계 착용을 금함

9) 시험시간 중에는 **통신기기** 및 **전자기기**[휴대용 전화기, 휴대용 개인정보단말기(PDA), 휴대용 멀티미디어 재생장치(PMP), 휴대용 컴퓨터, 휴대용 카세트, 디지털 카메라, 음성파일 변환기(MP3), 휴대용 게임기, 전자사전, 카메라펜, 시각표시 외의 기능이 부착된 시계, 스마트워치 등]를 일체 휴대할 수 없으며, **금속(전파)탐지기** 수색을 통해 시험 도중 관련 장비를 휴대하다가 적발될 경우 실제 사용 여부와 관계없이 **부정행위자로 처리**될 수 있음을 유의하기 바랍니다.
   ※ 휴대폰은 배터리 전원 OFF(또는 배터리 분리) 하여 시험위원 지시에 따라 보관

10) 전자계산기는 필요시 1개만 사용할 수 있고 공학용 및 재무용 등 데이터 저장기능이 있는 전자계산기는 수험자 본인이 반드시 메모리(SD카드 포함)를 제거, 삭제(리셋, 초기화)하고 시험위원이 초기화 여부를 확인할 경우에는 협조하여야 합니다. 메모리(SD카드 포함) 내용이 제거되지 않은 계산기는 사용 불가하며 사용 시 부정행위로 처리될 수 있습니다.
   ※ 단, 메모리(sd카드 포함) 내용이 제거되지 않은 계산기는 사용 불가
   ※ 시험일 이전에 리셋 점검하여 계산기 작동 여부 등 사전 확인 및 재설정(초기화 이후 세팅) 방법 숙지

11) 시험 당일 시험장 내에는 **주차공간이 없거나 협소**하므로 **대중교통을 이용**하여 주시고, 교통 혼잡이 예상되므로 미리 입실할 수 있도록 하시기 바랍니다.

12) 시험장은 전체가 금연구역이므로 흡연을 금지하며, 쓰레기를 함부로 버리거나 시설물이 훼손되지 않도록 주의 바랍니다.

13) 가답안 발표 후 의견제시 사항은 반드시 정해진 기간 내에 제출하여야 합니다.

14) 장애인 수험자로서 응시편의 제공을 요청하고자 하는 수험자는 한국 산업인력공단 큐넷 산업안전/보건지도사 홈페이지에 게시된 “장애인 수험자 원서접수 유의사항 안내문”을 확인하여 주기 바랍니다.
   ※ 편의제공을 요구하지 않거나 해당 장애증빙서류를 제출하지 않은 장애인 수험자는 일반 수험자와 동일한 조건으로 응시하여야 함(응시편의 제공 불가)

15) 접수 취소 시 시험 응시 수수료 환불은 정해진 기간 외에는 환불받을 수 없음을 유의하시기 바랍니다.

16) 기타 시험일정, 운영 등에 관한 사항은 해당 자격 큐넷 홈페이지의 시행공고를 확인하시기 바라며, 미확인으로 인한 불이익은 수험자의 귀책입니다.

## 객관식 시험 수험자 유의사항

1) 답안카드에 기재된 '**수험자 유의사항 및 답안카드 작성 시 유의사항**'을 준수하시기 바랍니다.
2) 수험자교육시간에 감독위원 안내 또는 방송(유의사항)에 따라 답안카드에 수험번호를 기재 마킹하고, 배부된 시험지의 인쇄상태 확인 후 답안 카드에 형별을 기재·마킹하여야 합니다.
3) 답안카드는 국가전문자격 공통 표준형으로 문제번호가 1번부터 125번까지 인쇄되어 있습니다. 답안 마킹 시에는 반드시 시험문제지의 문제번호와 **동일한 번호에 마킹**하여야 합니다.
   ※ 답안카드 견본을 큐넷 자격별 홈페이지 공지사항에 공개
4) 답안카드 기재·마킹 시에는 **반드시 검정색 사인펜을 사용**하여야 합니다.
5) 채점은 전산 자동 판독 결과에 따르므로 유의사항을 지키지 않거나 수험자의 부주의(답안카드 기재·마킹 착오, 불완전한 마킹·수정, 예비마킹, 형별 착오 마킹 등)로 판독 불능, 중복판독 등 불이익이 발생할 경우 **수험자 책임**으로 이의제기를 하더라도 받아들여지지 않습니다.
   ※ 답안을 잘못 작성했을 경우, 답안카드 교체 및 수정테이프 사용가능(단, 답안 이외 수험번호 등 인적사항은 수정 불가)하며 재작성에 따른 시험시간은 별도로 부여하지 않음
   ※ 수정테이프 이외 수정액 및 스티커 등은 사용 불가

## 주관식(단답형, 논술형) 시험 수험자 유의사항

1) 국가전문자격 주관식 답안지 표지에 기재된 '**답안지 작성 시 유의사항**'을 준수하시기 바랍니다.
2) 수험자 인적사항·답안지 등 작성은 반드시 검정색 필기구만 사용하여야 합니다.(그 외 연필류, 유색 필기구 등으로 작성한 **답항은 채점하지 않으며 0점 처리**)
   ※ 필기구는 본인 지참으로 별도 지급하지 않음
3) **답안지의 인적사항 기재란 외의 부분에 특정인임을 암시하거나** 답안과 관련 없는 특수한 표시를 하는 경우, **답안지 전체를 채점하지 않으며 0점 처리**합니다.
4) 답안 정정 시에는 반드시 정정부분을 두 줄(=)로 긋고 다시 기재하여야 하며, 수정테이프(액) 등을 사용했을 경우 채점상의 불이익을 받을 수 있으므로 사용하지 마시기 바랍니다.

## 면접시험 수험자 유의사항

1) 수험자는 일시·장소 및 입실시간을 정확하게 확인 후 신분증과 수험표를 소지하고 시험 당일 입실시간까지 해당 시험장 수험자 대기실에 입실하여야 합니다.
2) 소속회사 근무복, 군복, 교복 등 제복(유니폼)을 착용하고 시험장에 입실할 수 없습니다. (**특정인임을 알 수 있는 모든 의복 포함**)

## ■ 자격개요

### ▶ 개요

외부전문가인 지도사의 객관적이고도 전문적인 지도·조언을 통하여 사업장 내에서의 기존의 위생·보건상의 문제점을 규명하여 개선하고 생산라인 관계자에게 생산현장의 생산방식이나 공법 도입에 따른 위생·보건 대책 수립에 도움을 주기 위함

### ▶ 시행기관

한국산업인력공단(www.Q-net.or.kr)

### ▶ 진로 및 전망

(1) 창업 : 산업보건지도사는 보건관리전문기관을 법인으로 낼 수 있고, 기술사와 더불어 측정기관과 보건관리대행기관의 필수자격이다. 산업보건 중에서 최상위 자격으로 평가된다.
(2) 취업 : 대기업 등 자율적인 보건관리 체계가 정착되도록 고도의 기술을 요하는 사업을 지원하는 데 지도사의 역할이 부각될 전망이며, 사업장 보건관리자로도 취업이 가능할 것이다.

### ▶ 특징 및 직무

(1) 산업보건지도사와 산업안전지도사는 사업장 안전보건에 대한 진단·평가 및 기술지도, 교육 등을 하는 산업안전보건 컨설턴트로서 산업안전보건법에 의하여 인정된 국가전문자격제도이다.
(2) 산업보건지도사는 작업환경의 평가 및 개선 지도, 작업환경 개선과 관련된 계획서 및 보고서의 작성, 근로자 건강진단에 따른 사후관리 지도, 직업성 질병 진단(「의료법」에 따른 의사인 산업보건지도사만 해당한다.) 및 예방 지도, 산업보건에 관한 조사·연구, 그 밖에 산업보건에 관한 사항으로서 대통령령으로 정하는 사항 등을 직무로 한다.

### ▶ 응시자격

제한 없음(누구나 응시 가능)

## ■ 통계자료

| 2013년 | | 1차 | | | 2차 | | | 3차 | | |
|---|---|---|---|---|---|---|---|---|---|---|
| | | 대상 | 응시 | 합격 | 대상 | 응시 | 합격 | 대상 | 응시 | 합격 |
| 소계 | | 874 | 719 | 7 | 2 | 2 | 2 | 7 | 7 | 5 |
| 안전 | 기계 | 175 | 140 | 2 | 1 | 1 | 1 | 2 | 2 | 2 |
| | 전기 | 120 | 100 | – | – | – | – | – | – | – |
| | 화공 | 87 | 72 | 1 | – | – | – | 1 | 1 | 1 |
| | 건설 | 492 | 407 | 4 | 1 | 1 | 1 | 4 | 4 | 2 |
| 소계 | | 188 | 156 | 2 | 1 | 1 | 1 | 2 | 2 | 2 |
| 보건 | 직업환경 | 27 | 18 | – | – | – | – | – | – | – |
| | 산업위생 | 161 | 138 | 2 | 1 | 1 | 1 | 2 | 2 | 2 |
| 2014년 | | 1차 | | | 2차 | | | 3차 | | |
| | | 대상 | 응시 | 합격 | 대상 | 응시 | 합격 | 대상 | 응시 | 합격 |
| 소계 | | 508 | 423 | 119 | 42 | 38 | 12 | 87 | 87 | 66 |
| 안전 | 기계 | 97 | 77 | 27 | 10 | 9 | 5 | 22 | 22 | 17 |
| | 전기 | 66 | 53 | 22 | 10 | 10 | 2 | 14 | 14 | 11 |
| | 화공 | 74 | 62 | 21 | 8 | 6 | 2 | 14 | 14 | 10 |
| | 건설 | 271 | 231 | 49 | 14 | 13 | 3 | 37 | 37 | 28 |
| 소계 | | 144 | 115 | 24 | 6 | 6 | 1 | 18 | 18 | 11 |
| 보건 | 직업환경 | 20 | 11 | 3 | 1 | 1 | – | 2 | 2 | 1 |
| | 산업위생 | 124 | 104 | 21 | 5 | 5 | 1 | 16 | 16 | 10 |
| 2015년 | | 1차 | | | 2차 | | | 3차 | | |
| | | 대상 | 응시 | 합격 | 대상 | 응시 | 합격 | 대상 | 응시 | 합격 |
| 소계 | | 612 | 498 | 44 | 30 | 29 | 12 | 25 | 25 | 19 |
| 안전 | 기계 | 147 | 116 | 7 | 5 | 5 | 3 | 4 | 4 | 4 |
| | 전기 | 86 | 72 | 3 | 3 | 3 | 2 | 2 | 2 | 2 |
| | 화공 | 79 | 64 | 14 | 9 | 9 | 4 | 9 | 9 | 6 |
| | 건설 | 300 | 246 | 20 | 13 | 12 | 3 | 10 | 10 | 7 |
| 소계 | | 189 | 147 | 8 | 5 | 5 | 3 | 6 | 6 | 5 |
| 보건 | 직업환경 | 35 | 22 | 1 | 1 | 1 | 1 | 1 | 1 | 1 |
| | 산업위생 | 154 | 125 | 7 | 4 | 4 | 2 | 5 | 5 | 4 |
| 2016년 | | 1차 | | | 2차 | | | 3차 | | |
| | | 대상 | 응시 | 합격 | 대상 | 응시 | 합격 | 대상 | 응시 | 합격 |
| 소계 | | 608 | 499 | 140 | 91 | 86 | 22 | 69 | 69 | 33 |
| 안전 | 기계 | 169 | 133 | 39 | 27 | 27 | 5 | 16 | 16 | 8 |
| | 전기 | 77 | 64 | 14 | 10 | 10 | 4 | 8 | 8 | 6 |
| | 화공 | 94 | 83 | 31 | 21 | 20 | 7 | 16 | 16 | 7 |
| | 건설 | 268 | 219 | 56 | 33 | 29 | 6 | 29 | 29 | 12 |
| 소계 | | 160 | 130 | 33 | 22 | 22 | 5 | 16 | 16 | 8 |
| 보건 | 직업환경 | 23 | 17 | 3 | 3 | 3 | 1 | 1 | 1 | 1 |
| | 산업위생 | 137 | 113 | 30 | 19 | 19 | 4 | 15 | 15 | 7 |

| 2017년 | | 1차 | | | 2차 | | | 3차 | | |
|---|---|---|---|---|---|---|---|---|---|---|
| | | 대상 | 응시 | 합격 | 대상 | 응시 | 합격 | 대상 | 응시 | 합격 |
| 소계 | | 720 | 729 | 43 | 29 | 29 | 17 | 29 | 29 | 23 |
| 안전 | 기계 | 201 | 173 | 15 | 12 | 12 | 6 | 9 | 9 | 6 |
| | 전기 | 82 | 73 | 5 | 3 | 3 | 2 | 3 | 3 | 2 |
| | 화공 | 117 | 104 | 10 | 7 | 7 | 5 | 8 | 8 | 7 |
| | 건설 | 320 | 379 | 13 | 7 | 7 | 4 | 9 | 9 | 8 |
| 소계 | | 167 | 139 | 1 | 1 | 1 | 1 | 1 | 1 | 1 |
| 보건 | 직업환경 | 21 | 13 | – | – | – | – | – | – | – |
| | 산업위생 | 146 | 126 | 1 | 1 | 1 | 1 | 1 | 1 | 1 |

| 2018년 | | 1차 | | | 2차 | | | 3차 | | |
|---|---|---|---|---|---|---|---|---|---|---|
| | | 대상 | 응시 | 합격 | 대상 | 응시 | 합격 | 대상 | 응시 | 합격 |
| 소계 | | 846 | 697 | 236 | 116 | 80 | 68 | 171 | 169 | 88 |
| 안전 | 기계 | 227 | 187 | 59 | 38 | 6 | 33 | 33 | 32 | 16 |
| | 전기 | 94 | 76 | 25 | 15 | 13 | 8 | 18 | 18 | 9 |
| | 화공 | 119 | 97 | 45 | 35 | 33 | 17 | 30 | 30 | 9 |
| | 건설 | 406 | 337 | 107 | 28 | 28 | 10 | 90 | 89 | 54 |
| 소계 | | 203 | 171 | 71 | 32 | 29 | 17 | 49 | 49 | 27 |
| 보건 | 직업환경 | 30 | 23 | 9 | 6 | 6 | 2 | 4 | 4 | 2 |
| | 산업위생 | 173 | 148 | 62 | 26 | 23 | 15 | 45 | 45 | 25 |

| 2020년 | | 1차 | | | 2차 | | | 3차 | | |
|---|---|---|---|---|---|---|---|---|---|---|
| | | 대상 | 응시 | 합격 | 대상 | 응시 | 합격 | 대상 | 응시 | 합격 |
| 소계 | | 1,580 | 1,340 | 360 | 276 | 247 | 44 | 350 | 341 | 147 |
| 안전 | 기계 | 285 | 236 | 60 | 73 | 64 | 10 | 63 | 62 | 23 |
| | 전기 | 83 | 69 | 17 | 24 | 22 | 4 | 12 | 12 | 9 |
| | 화공 | 118 | 102 | 35 | 49 | 45 | 8 | 23 | 22 | 10 |
| | 건설 | 1,094 | 933 | 248 | 130 | 116 | 22 | 252 | 245 | 105 |
| 소계 | | 355 | 290 | 124 | 91 | 85 | 17 | 58 | 56 | 29 |
| 보건 | 직업환경 | 355 | 290 | 29 | 28 | 27 | 8 | 14 | 14 | 10 |
| | 산업위생 | | | 95 | 63 | 58 | 9 | 44 | 42 | 2 |

| 2021년 | | 1차 | | | 2차 | | | 3차 | | |
|---|---|---|---|---|---|---|---|---|---|---|
| | | 대상 | 응시 | 합격 | 대상 | 응시 | 합격 | 대상 | 응시 | 합격 |
| 소계 | | 2,338 | 2,000 | 607 | 448 | 441 | 76 | 414 | 401 | 168 |
| 안전 | 기계 | 439 | 377 | 144 | 118 | 112 | 38 | 92 | 87 | 30 |
| | 전기 | 116 | 98 | 32 | 31 | 29 | 13 | 20 | 20 | 7 |
| | 화공 | 187 | 158 | 63 | 51 | 46 | 22 | 45 | 45 | 24 |
| | 건설 | 1,596 | 1,367 | 368 | 248 | 224 | 3 | 257 | 249 | 107 |
| 소계 | | 475 | 394 | 101 | 128 | 119 | 22 | 64 | 62 | 21 |
| 보건 | 직업환경 | 135 | 106 | 33 | 49 | 45 | 4 | 11 | 11 | 5 |
| | 산업위생 | 340 | 288 | 68 | 79 | 74 | 18 | 53 | 51 | 16 |

# 차례

## 제1장 | 산업위생 개론

### 제1절 산업위생 개요



### 제2절 인간과 작업환경



## 제2장 | 작업관리

### 제1절 물리적 유해인자 관리

## 제2절 산업독성학



## 제3절 작업환경 관리



# 제3장 | 산업위생 보호구



# 제4장 | 건강관리



# 제5장 | 산업재해 조사 및 원인 분석 등

## 제6장 | 예상문제 및 해설



## 부 록 | 산업보건지도사 기출문제

# 산업위생 개론

# 제1장 산업위생 개론

Chapter

Industrial Safety

## 제1절 | 산업위생 개요

### 01 정의 및 목적

Section

#### 1. 산업위생의 정의

1) 미국산업위생학회(AIHA : American Industrial Hygiene Association, 1994)의 정의

근로자나 일반 대중에게 질병, 건강장애와 안녕방해, 심각한 불쾌감 및 능률저하 등을 초래하는 작업환경요인과 스트레스를 예측(Anticipation), 인지(Recognition), 측정. 평가(Evaluation)하고 관리(Control)하는 과학과 기술(Art)이다.

2) 국제노동기구와 세계보건기구 공동위원회(ILO/WHO : 1995)의 정의

① 근로자들의 육체적, 정신적, 사회적 건강을 유지 증진
② 작업조건으로 인한 질병예방 및 건강에 유해한 취업 방지
③ 근로자를 생리적, 심리적으로 적합한 작업환경에 배치

#### 2. 산업위생의 목적

① 작업환경개선 및 직업병의 근원적 예방
② 작업환경 및 작업조건의 인간공학적 개선
③ 작업자의 건강보호 및 생산성 향상

## 3. 산업위생의 범위

### 1) 산업위생의 영역

① 인적 범위 : 사업장에서 일하는 모든 근로자

제조업의 근로자, 서비스업 종사자, 농어민 등 생산 활동에 참여하여 유해환경에 노출되는 모든 사람과 사업장의 유해인자가 지역사회에 영향을 준다면 일반 지역사회 주민도 포함된다.

② 유해인자 : 직장 또는 지역사회에서 건강이나 안녕에 영향을 미칠 수 있는, 작업장 내에서 또는 작업장으로부터 발생하는, 물리적, 화학적 및 생물학적 요인을 파악, 평가하고, 수용 가능한 기준 이내로 관리하는 응용과학의 한 분야이다. 산업위생은 화학, 생물, 물리, 환경공학 등의 바탕 위에 작업환경의 유해요인을 평가하고 개선대책을 제시할 수 있는 전문분야를 말한다.

## 4. 산업위생 활동

### 1) 예측

산업위생 활동에서 처음으로 요구되는 활동으로 기존의 작업환경 및 조건은 물론이고 새로운 물질·공정·기계의 도입, 새로운 제품의 생산 및 부산물의 산출로 인한 근로자들의 건강장애 및 영향도 사전에 예측해야 한다.

### 2) 인지

현재 상황에서 존재 혹은 잠재하고 있는 유해인자 파악을 통하여 물리, 화학, 생물, 인간공학, 공기역학적 인자로 구분할 수 있으며, 이들 특성을 구체적으로 파악하는 것으로서 위해도 평가(Risk Assessment)가 이루어져야 한다.

### 3) 측정

작업환경이나 조건의 유해 정도를 구체적으로 정성적 또는 정량적으로 계측하는 것을 말하며, 간단한 기계조작에 의한 직독식 방법에서부터 고도의 기술이 요구되는 기기분석까지 다양하다.
어떤 방법이든지 기본적인 물리, 화학, 생물 또는 미생물학적인 지식이 요구된다. 특히 공기 중 유해 화학물질의 측정에 있어서는 정확한 공기시료의 채취(Sampling)가 급선무다.

### 4) 평가

유해인자에 대한 양, 정도가 근로자들의 건강에 어떤 영향을 미칠 것인지를 판단하는 의사결정 단계로서 넓은 의미에서는 측정까지도 포함시킨다. 유해정도는 관찰, 인터뷰, 측정에 의해 이루어지며 이렇게 얻어진 값들을 우리나라 고용노동부의 노출기준, 미국 ACGIH의 TLVs, NIOSH의 RELs, OSHA의 PELs, 일본의 관리농도, 기타 문헌 값들과 비교해 보는 것이다.

### 5) 관리

유해인자로부터 근로자를 보호하는 모든 수단을 의미한다.
관리는 크게 공학적인 관리, 행정적인 관리, 개인 보호구에 의한 관리로 나눌 수 있다.
① 공학적인 관리에는 대체, 격리, 포위, 환기방법이 있으며 가장 먼저 시행해야 한다.
② 행정적인 관리는 작업시간, 작업배치의 조정, 근로자에 대한 교육 등이 해당된다.
③ 개인 보호구에 의한 관리는 호흡기 보호구(방진, 방독, 송기 마스크)에 의한 관리가 가장 중요하며 보호의, 장갑, 안전화, 안전벨트 등이 여기에 해당되고 공학적, 행정적인 관리와 병행해야 한다.

# 02 산업위생 역사

Section

## 1. 외국의 산업위생 역사

### 1) 고대

(1) Hippocrates(B.C 460~377 : 그리스)

① 현대의학의 아버지, 의성(醫聖), 직업과 질병 사이의 상관관계 기술(광산의 납중독)
② 질병과 환경 사이에 공기와 물이 큰 영향을 끼친다고 봄
③ 창기(miasma) : 오염된 공기에 의함

(2) Pliny the Elder(A.D 23~79 : 로마)

① 유해분진을 막기 위해 방진 마스크 사용
② 납을 제거하기 위해 방광막을 보호마스크로 사용할 것 주장, 아연, 황의 유해성 기술

(3) Galenos(A.D 130~200 : 그리스)

① 납 중독의 증세 관찰, 특정한 직업에 종사하는 사람에게서 특이한 질병이 생긴다고 지적
② 구리 탄광에서 산 증기(미스트) 관찰 및 위험성 보고

### 2) 중세기

(1) Ulrich Ellenbog(1440~1499)

납과 수은 중독에 관한 증상 및 예방조치에 관한 팸플릿 발간

(2) P. Paracelsus(1493~1541 : 스위스 의사, 연금술사)

① Von der Bergsucht und Anderen Bergkrankheiten 단행본 출판
모든 물질은 그 양(dose)에 따라 독(poison)이 될 수도 있고 치료약(remedy)이 될 수도 있다고 함
② 독성학의 아버지, 금속중독과 수은중독 예견

(3) Georgius Agricola(1499~1555 : 독일 의사)

① De Re Metallica(광물에 대하여) 발간 : 광업의 유해성 언급
② 광부들의 호흡기 질환, 특히 천식증과 소모성 증세에 대하여 상세히 기술

(4) Bernardino Ramazzini(1633~1714 : 이탈리아 의사)

① 산업보건 시조, De Morbis Artificum Diatriba(직업인의 질병) 발간 : 최초로 직업병 언급

② 최초로 직업병의 원인을 작업장에서 사용하는 유해물질, 근로자들의 불안전한 작업자세 및 과격한 동작이라는 점을 명시했다.

③ 수공업 직업병 특유 질병을 14권에 기술

### 3) 산업혁명기(1760~1830) - 1990년 이전

(1) Percival Pott(1713~1788 : 영국 외과의사)

① 세계 최초로 직업성 암인 음낭암 발견, 원인 물질 - PAHs(검댕 중 다핵방향족 탄화수소)

② 10세 이하의 연통 청소부에서 발견

(2) Sir George Baker(18세기 : 영국)

사이다 공장에서 납에 의한 복통 발표

(3) Thomas Percival(1796 : 영국 의사)

산업보건을 위한 최초의 공장의사, 영국 맨체스터

(4) Robert Peel(1802)

산업위생의 원리를 적용한 최초의 법률로 인정받는 '도제건강 및 도덕법' 제정

(5) 1833년 영국에서 산업보건에 관한 효과를 거둔 최초의 법인 공장법(Factories Act) 제정

(6) T.M Legge(1898 : 영국)

1833년 공장법 - 최초의 근로 감독관이 됨, 직업병 예방에 관한 연구와 원칙을 세움

(7) M.V Pettenkofer(1866 : 독일)

뮌헨대학에 위생학 개설, 실험 환경위생학의 시조

(8) Bismark(독일 정치가)

사회보장제도의 시조, 노동자 질병 보호법(1883), 공장재해 보호법(1884) 창시

(9) Rudolf Virchow

근대병리학의 시조, 의학의 사회성 속에서 노동자의 건강보호를 주장

(10) Rehn(1890)

Anilin 염료에서 직업성 방광암 발견

4) 1900년 이후

① Loriga : 진동공구에 의한 수지의 Raynaud 증상을 보고(1911)
② 영국 성냥공장에서 황린의 사용금지 : 영국에서 사용 금지된 최초의 물질
③ 1918년에 Harvard 대학에 산업위생분야의 학위과정 신설
④ 1919년에 국제 노동기구(ILO) 창립
⑤ Alice Hamilton(1869~1970 : 미국 여자의사)
㉠ 미국 Harvard대 교수, 산업보건 분야 선구자, 40년간 직업병의 발견과 작업환경 개선에 노력
㉡ 납, 이황화탄소, 수은중독, 규폐증 등 조사
㉢ 미국 Cincinnati의 NIOSH 연구소를 Hamilton 연구소라고도 함
⑥ 1970년 미국 산업안전보건법(Occupational Safety and Health Act)제정, NIOSH, OSHA 발족
⑦ 1974년 영국 산업안전보건법 제정

산업위생 발전에 기여한 인물과 업적이 잘못 짝지어진 것은? ③

① 렌(Rehn) - Anilin 염료로 인한 직업성 방광암 발견
② 아그리콜라(Agricola) - 〈광물에 대하여〉를 저술
③ 해밀턴(Hamilton) - 사이다 공장에서 납에 의한 복통 보고
④ 로리가(Loriga) - 진동공구에 의한 수지의 Raynaud 증상 보고
⑤ 갈레노스(Galenos) - 구리광산에서의 산증기의 위험성 보고

해설 해밀턴은 납, 이황화탄소, 수은 등의 조사와 NIOSH 설립 전 연구활동에 크게 기여하였다. 사이다 공장에서의 납에 의한 복통을 보고한 사람은 George Baker이다.

## 2. 우리나라의 산업위생 역사

### 1) 일제 통치하

① 광부 노무부조 규칙에 의하여 광부들에게 재해를 보상하도록 규정

② 기업주나 자의적으로 근로자의 건강을 주관하도록 방임

③ 기업체 내에서의 취업규칙은 시혜적인 조치에 불과

### 2) 1945~1953년

① 1945년 최고노동시간법과 부녀자, 연소자보호법 규정(미군정하)

② 1953년 근로기준법(산업위생에 관한 최초의 법령) 제정 공포
16명 이상의 근로자를 고용하는 사업장에 적용, 1975년부터 5명 이상으로 확대 적용

### 3) 1954~1987년

① 1954년 광산에서 진폐증 발견

② 1962년 근로기준법 시행령 제정, 가톨릭 산업의학연구소 설립 - 최초의 작업환경 측정 실시

③ 1963년 전국사업장에 작업환경조사와 건강진단 실시, 산업재해보상보험법 제정, 1964년 시행

④ 1964년 보건사회부 "노정국"에서 "노동청"으로 독립

⑤ 1977년 국립노동과학연구소 설립, 근로복지공사 설립

⑥ 1981년 노동청이 노동부로 승격. 산업안전보건법 공포

⑦ 1982년 산업안전보건법 시행령 및 시행규칙 제정

### 4) 1987년 이후

① 1987년 한국산업안전공단, 한국산업안전교육원 설립

② 1988년 문송면 군 수은중독 사망으로 인해 직업병이 사회적 이슈로 등장

③ 1990년 한국산업위생학회 창립

④ 1992년 한국산업안전공단에 산업보건연구원 개원

⑤ 1995년 이황화탄소($CS_2$) 중독사건의 사회적 문제화 이후 원진레이온(주)의 중국이전
- 모 전자제품 공장의 2-Bromopropane에 의한 생식장애, 재생 불량성 빈혈 발생

⑥ 2000년 전면적인 산업안전보건법 개정

⑦ 2004년 노말 헥산에 의한 외국인 근로자들의 하지마비 사건 발생

⑧ 2006년 DMF에 의한 급성간염으로 중국인 동포 사망사건 발생

⑨ 2015년 핸드폰 부품 공장에서 메탄올으로 인한 시신경 손상사건 발생

최근 발생한 메탄올 중독 사건에 관한 설명으로 옳지 않은 것은? ③

① 주요 중독 건강영향은 시각손상이었다.
② 메탄올은 CNC 가공공정에서 사용되었다.
③ 건강영향은 5년 이상 만성 노출로 발생되었다.
④ 특수건강진단을 실행한 적이 없었다.
⑤ 작업환경 중 메탄올 농도는 노출기준을 훨씬 초과하였다.

# 03 산업위생 윤리강령

Section

## 1. 윤리강령의 목적

1994년 미국 ACGIH, AIHA, AAIH, ABIH에서는 산업위생 전문가가 지켜야 할 윤리강령을 제정 공포하였다. 이 강령은 산업위생 전문가(담당자)가 준수해야 할 지침으로서 근로자의 건강을 보호하고, 작업환경을 개선하며, 산업위생학을 양질의 전문영역이 되도록 하는 것을 목표로 삼고 노력하자는 것이다.

산업위생 전문가는 산업위생 분야에서 밝혀진 원칙들을 적용할 때 근로자의 생명, 건강 및 복지에 미치는 영향들을 전문가적 판단으로 평가할 때 객관적인 견지에서 그들의 직업적 업무를 수행해야 할 책임이 있다.

## 2. 책임과 의무

### 1) 전문가로서의 책임

① 성실성과 전문가적인 능력을 가장 높은 수준으로 유지한다.
② 표준화된 측정방법을 적용하고 그 결과치를 평가할 때 객관성을 유지한다.
③ 전문분야로서의 산업위생을 학문적으로 발전시킨다.
④ 근로자, 지역사회, 그리고 산업위생 분야의 이익을 위해 선진지식을 보급한다.
⑤ 업무 중 취득한 정보에 대해 비밀을 보장한다.
⑥ 전문적 판단과 이해관계의 상황에서 객관성을 유지한다.

### 2) 근로자에 대한 책임

① 산업위생 전문가의 첫 번째 책임은 근로자의 건강을 보호하는 것임을 인식한다.
② 근로자들의 건강과 복지는 산업위생 전문가의 판단에 좌우될 수 있다는 것을 명심하여 외부의 영향에 굴복하지 말고, 건강에 유해한 요소들을 측정, 평가, 관리하는 데 객관적 태도를 유지한다.
③ 건강의 유해 요인들에 대한 정보와 필요한 예방대책에 대해 근로자들과 상담한다.

### 3) 기업주와 고객에 대한 책임

① 쾌적한 작업환경을 달성하기 위해 산업위생 원리들을 적용할 때 책임감을 갖고 행동한다.
② 신뢰를 중요시하고, 정직하게 충고하며, 결과와 권고사항을 보고한다.
③ 결과와 결론을 위해 사용된 모든 자료들을 정확히 기록, 유지하여 보관한다.
④ 근로자의 건강에 대한 궁극적인 책임은 사업주에게 있음을 인식시킨다.

### 4) 일반대중에 대한 책임

① 지역사회에 존재하고 있는 산업위생과 관련된 문제에 대해서 사실대로 보고한다.

② 전문가의 의견은 적절한 지식과 명확한 정의에 기초를 두고 있어야 한다.

## 3. 산업보건지도사의 역할

① 작업환경의 평가 및 개선 지도

② 작업환경개선과 관련된 계획서 및 보고서 작성

③ 근로자 건강진단에 따른 사후관리 지도

④ 직업성 질병 진단(「의료법」에 따른 의사인 산업보건지도사만 해당한다) 및 예방 지도

⑤ 산업보건에 관한 조사·연구

⑥ 안전보건개선계획서의 작성

⑦ 위험성평가의 지도

⑧ 그 밖에 산업보건에 관한 사항의 자문에 대한 응답 및 조언

# 04 산업보건 허용기준

Section

## 1. 허용기준의 정의

### 1) 일반적 정의

근로자가 유해인자에 노출되는 경우 거의 모든 근로자에게 건강상 나쁜 영향을 미치지 아니하는 수준을 말하며, 국가 또는 제정기관에 따라 다르며, 우리나라의 경우 산업안전보건법에 따른 노출기준과 발암성 물질 등 근로자에게 중대한 건강장해를 유발할 우려가 있는 유해인자(38종)에 대한 허용기준이란 용어를 법적으로 사용하고 있다.

### 2) ACGIH 정의

거의 모든 근로자가 건강상 장해를 입지 않고 매일 반복하여 노출될 수 있다고 생각되는 공기 중 유해물질의 농도 또는 물리적 인자의 강도를 말한다.

### 3) 참고 용어

① OSHA(Occupational Safety and Health Administration) : 미국산업안전보건청
  ㉠ PEL(Permissible Exposure Limits) : 법적 효력을 가짐
  ㉡ AL(Action Level) : PEL의 1/2

② NIOSH(National Institute for Occupational Safety and Health) : 미국(국립)산업안전보건연구원
  • REL(Recommended Exposure Limits) : 권고사항

③ AIHA(American Industrial Hygiene Association) : 미국산업위생학회
  • WEEL(Workplace Environmental Exposure Level)

④ ACGIH(American Conference of Governmental Industrial Hygienists) : 미국(정부)산업위생전문가협의회
  ㉠ TLVs(Threshold Limit Values 허용기준) : 권고사항으로 세계적으로 가장 널리 사용
  ㉡ BEIs(Biological Exposure Indices : 생물학적 노출지수)
  근로자가 유해물질에 어느 정도 노출되었는지를 파악하는 지표로서 작업자의 생체시료에서 대사산물 등을 측정하여 유해물질의 노출량을 추정하는 데 사용

⑤ BOHS(British Occupational Hygiene Society) : 영국산업위생학회

⑥ 생물학적 허용한계 : Biological Limit Value(BLV)

⑦ 농도단위 : ppm(가스, 증기), mg/m³(고체, 액체, 분진, 미스트), 개/cm³(석면 개수)

▣ ppm과 mg/m³ 간의 상호 농도변환

분자량(M.W.)의 예 : C : 12, O : 16, S : 32, H : 1

계산방법의 예 : $CS_2 = 12 + 32 \times 2 = 76$

$$mg/m^3 = \frac{ppm \times M.W}{24.45(\text{상온 } 25℃,\ 1\text{기압})}$$

$$ppm = mg/m^3 \times \frac{24.45(\text{상온 } 25℃,\ 1\text{기압})}{M.W}$$

4) 특징

유해요인에 대한 감수성은 개인에 따라 차이가 있으며 노출기준 이하의 작업환경에서도 직업성 질병이 발생되는 경우가 있으므로 노출기준을 직업병 진단에 사용하거나 노출기준 이하의 작업환경이라는 이유만으로 직업성 질병의 이환을 부정하는 근거 또는 반증자료로 사용할 수 없다.

## 2. 허용기준의 종류

### 1) 허용기준의 종류

#### (1) 시간가중 평균농도(TWA ; Time Weighted Average)

① 1일 8시간, 주 40시간 동안의 평균농도로서 거의 모든 근로자가 평상 작업에서 반복하여 노출되더라도 건강장해를 일으키지 않는 공기 중 유해물질의 농도

② 시간가중 평균농도 산출은 1일 8시간 작업을 기준으로 하여 각 유해인자의 측정치에 발생시간을 곱하여 8시간으로 나눈 값으로 산출공식은 다음과 같다.

$$TWA = \frac{C_1 T_1 + C_2 T_2 + \cdots + C_n T_n}{8}$$

여기서, $C_n$ : 유해인자의 측정농도(단위 : mg/m³ 또는 ppm)

$T_n$ : 유해인자의 발생시간(단위 : 시간)

#### (2) 단시간 노출농도(STEL ; Short Term Exposure Limits)

① 이 기준 이하에서는 노출 간격이 1시간 이상인 경우 1일 작업시간 동안 4회까지 노출이 허용될 수 있다.

② 근로자가 견딜 수 없는 자극, 만성 또는 불가역적 조직장애, 사고유발, 응급 시의 대처능력의 저하 및 작업능률 저하 등을 초래할 정도의 마취를 일으키지 않고 단시간(15분) 동안 노출될 수 있는 농도
③ 시간가중 평균농도에 대한 보완적인 기준
④ 만성중독이나 고농도에서 급성중독을 초래하는 유해물질에 적용
⑤ 독성작용이 빨라 근로자에게 치명적인 영향을 예방하기 위한 기준

(3) 최고노출기준(C : Ceiling, 최고허용농도, 천장치)

① 근로자가 작업시간 동안 잠시라도 노출되어서는 안 되는 농도
② 노출기준 앞에 "C"를 붙여 표시
③ 항상 표시된 농도 이하를 유지하여야 함
④ 노출기준에 초과되어 노출시 즉각적으로 비가역적인 반응을 나타냄
⑤ 자극성 가스나 독작용이 빠른 물질 및 TLV-STEL이 설정되지 않는 물질에 적용
⑥ 측정은 실제로 순간농도측정이 불가능하며 따라서 15분간 측정함

(4) 장기간 평균 노출기준(LTA)

발암물질이나 유리규산 등의 농도를 평가 시 건강상의 영향을 고려할 때의 노출기준

(5) SKIN 또는 피부(ACGIH)

유해화학물질의 노출기준 또는 허용기준에 "피부" 또는 "SKIN"이라는 표시가 있을 경우 그 물질은 점막과 눈 그리고 경피로 흡수되어 전신영향을 일으킬 수 있는 물질을 말함

(6) 단시간 상한값(EL, Excursion Limits)

TLV-TWA가 설정되어 있는 유해물질 중에 독성자료가 부족하여 TLV-STEL이 설정되어 있지 않은 물질에 적용될 수 있다.

▣ ACGIH에서의 노출 상한선과 노출시간 권고사항

TLV-TWA의 3배인 경우 : 노출시간 30분 이하
TLV-TWA의 5배인 경우 : 잠시라도 노출되어서는 안 됨

2) 노출기준(허용농도) 적용에 미치는 영향 인자

① 근로시간
② 작업강도
③ 온열조건
④ 이상기압

### 3) 노출기준에 피부(Skin) 표시를 하여야 하는 물질

① 손이나 팔에 의한 흡수가 몸 전체에 흡수에 지대한 영향을 주는 물질
② 반복하여 피부에 도포했을 때 전신작용을 일으키는 물질
③ 급성동물실험 결과 피부 흡수에 의한 치사량($LD_{50}$)이 비교적 낮은 물질(1,000mg/체중kg 이하)
④ 옥탄올-물 분배계수가 높아 피부 흡수가 용이한 물질
⑤ 피부 흡수가 전신작용에 중요한 역할을 하는 물질

ACGIH의 TLV에서 skin 표시대상 물질이 아닌 것은? ①

① 옥탄올-물 분배계수가 낮은 물질
② 반복하여 피부에 도포했을 때 전신작용을 일으키는 물질
③ 손이나 팔에 의한 흡수가 몸 전체 흡수에서 많은 부분을 차지하는 물질
④ 다른 노출경로에 비하여 피부흡수가 전신작용에 중요한 역할을 하는 물질
⑤ 동물을 이용한 급성중독 시험결과, 피부흡수에 의한 $LD_{50}$이 비교적 낮은 물질

### 4) 우리나라 노출기준

① 노출기준은 1일 작업시간 동안의 시간가중 평균 노출기준, 단시간 노출기준, 최고 노출기준으로 표시한다.
② 각 유해인자에 대한 노출기준은 당해 유해인자가 단독으로 존재하는 경우가 노출기준을 말하며, 2종 또는 그 이상의 유해인자가 혼재하는 경우에는 각 유해인자가 상가 작용을 하거나 또는 상승작용을 하여 유해성이 증가될 수 있으므로 사용상 주의를 요한다.
③ 노출기준은 1일 8시간 작업을 기준으로 근로시간, 작업강도, 온열조건, 이상기압 등 노출기준에 영향을 끼칠 수 있는 제반요인에 대해 특별한 고려를 하여야 한다.
④ 유해요인에 대한 감수성은 개인에 따라 차이가 있으며 노출기준 이하의 작업환경에서도 직업상 질병이 발생하는 경우가 있으므로 노출기준 이하의 작업환경이라는 이유만으로 직업성 질병의 이환을 부정하는 근거 또는 반증 자료로 사용할 수 없다.
⑤ 대기오염의 평가 또는 관리상의 지표로 사용할 수 없다.

### 5) ACGIH에서 권고하고 있는 허용농도(TLV) 적용상 주의사항

산업장의 유해조건을 평가하고 개선하기 위한 지침으로만 사용되어야 한다.

① 대기오염평가 및 지표(관리)에 사용할 수 없다.

② 24시간 노출 또는 정상 작업시간을 초과한 노출에 대한 독성 평가에는 적용할 수 없다.

③ 기존의 질병이나 신체적 조건을 판단(증명 또는 반응자료)하기 위한 척도로 사용될 수 없다.

④ 작업조건이 다른 나라에서 ACGIH-TLV를 그대로 사용할 수 없다.

⑤ 안전농도와 위험농도를 정확히 구분하는 경계선이 아니다.

⑥ 독성의 강도를 비교할 수 있는 지표는 아니다.

⑦ 반드시 산업보건(위생) 전문가에 의하여 설명(해석), 적용되어야 한다.

⑧ 피부로 흡수되는 양은 고려하지 않은 기준이다.

⑨ 산업장의 유해조건을 평가하기 위한 지침이며 건강장해를 예방하기 위한 지침이다.

### 6) 혼합물의 허용농도(상가작용을 일으키는 경우로 가정)

#### (1) 노출지수(EI ; Exposure Index) : 공기 중 혼합물질

① 2가지 이상의 독성이 유사한 유해화학 물질이 공기 중에 공존할 때 대부분의 물질은 유해성의 상가작용을 나타내기 때문에 유해성 평가는 다음 식의 계산된 노출지수에 의하여 결정한다.

② 노출지수는 1을 초과하면 노출기준을 초과한다고 평가한다.

③ 다만 혼합된 물질의 유해성이 상승작용 또는 상가작용이 없을 때는 각 물질에 대하여 개별적으로 노출기준 초과 여부를 결정한다.(독립작용)

$$\text{노출지수}(EI) = \frac{C_1}{TLV_1} + \frac{C_2}{TLV_2} + \frac{C_3}{TLV_3} + \cdots + \frac{C_n}{TLV_n}$$

여기서, $C_n$ : 농도

$TLV_n$ : 허용농도

다음과 같이 동시에 2가지 화학물질에 노출되고 있는 경우에 대한 해석 및 작업환경평가에 관한 설명으로 옳지 않은 것은? ⑤

| 화학물질명 | 노출농도(ppm) | 노출기준(ppm) |
|---|---|---|
| 톨루엔 | 25 | 50 |
| 크실렌 | 70 | 100 |

① 작업환경 측정을 위해 활성탄을 사용한다.
② 두 물질은 상가작용을 하는 것으로 판단한다.
③ 작업환경측정 시료는 가스크로마토그래피를 사용하여 분석한다.
④ 톨루엔과 크실렌은 모두 중추신경계를 억제하는 작용을 하는 것으로 알려져 있다.
⑤ 각각의 화학물질은 기준을 초과하지 않았으므로 노출기준을 초과하지 않은 것으로 판단한다.

(2) 액체 혼합물의 구성성분을 알 때 혼합물의 허용농도(노출기준)

$$\text{혼합물 허용농도}(\text{mg/m}^3) = \frac{1}{\dfrac{f_1}{TLV_1} + \dfrac{f_2}{TLV_2} + \cdots + \dfrac{f_n}{TLV_n}}$$

여기서, $f_n$ : 중량구성비
$TLV_n$ : 허용농도($\text{mg/m}^3$)

(3) 서로 다른 증기압을 갖는 경우

$$\text{허용농도} = \frac{F_1 P_1^o}{\dfrac{F_1 P_1^o}{T_1} + \dfrac{F_2 P_2^o}{T_2} + \cdots + \dfrac{F_n P_n^o}{T_n}}$$

여기서, $F_n$ : 몰분율, $P_n^o$ : 섭씨 25도에서의 $P_o$(mmHg), $T_n$ : 허용농도

## 7) 비정상 작업시간에 대한 허용농도 보정

(1) OSHA의 보정방법

① 노출기준 보정계수($RF$)를 구하여 노출기준에 곱하여 계산한다.
② 급성중독을 일으키는 물질(대표 : 일산화탄소)

$$\text{보정된 허용농도} = \text{8시간 허용농도} \times \frac{\text{8시간}}{\text{노출시간/일}}$$

③ 만성중독을 일으키는 물질(대표적 : 중금속)

$$\text{보정된 허용농도} = \text{8시간 허용농도} \times \frac{\text{40시간}}{\text{노출시간/주}}$$

④ 노출기준(허용농도)에 보정 생략할 수 있는 경우
㉠ 천장값(C : Ceiling)으로 되어 있는 노출기준
㉡ 가벼운 자극(만성중독 야기 안함)을 유발하는 물질에 대한 노출기준
㉢ 기술적으로 타당성이 없는 노출기준

(2) Brief와 Scala의 보정방법

노출기준 보정계수($RF$)를 구하여 노출기준에 곱하여 계산한다.

① 노출기준 보정계수($RF$)

㉠ 1일 노출시간 기준 : $TLV\text{보정계수} = \frac{8}{H} \times \frac{24-H}{16}$

㉡ 1주 노출시간 기준 : $TLV\text{보정계수} = \frac{40}{H} \times \frac{168-H}{128}$

여기서, $H$ : 비정상적인 작업시간(노출시간/일) ; 노출시간/주
16 : 휴식시간 의미(128 ; 일주일 휴식시간 의미)

② 보정된 노출기준 = $RF$ × 노출기준(허용농도)

## 3. 허용농도의 설정

### 1) 허용농도 설정의 이론적 배경

① 화학구조의 유사성
② 동물실험자료
③ 인체실험자료
④ 산업장 역학조사 : 허용농도 설성 시 가장 중요함

### 2) 동물실험자료에 근거해서 설정된 노출기준의 한계점

① 다양한 화학물질의 노출상황에 따른 독성을 알아내기 힘듦
② 동물과 사람의 종(species) 차이에 따른 독성의 불확실성이 있음
③ 만성노출에 따른 건강영향을 알아내기 어렵다.
④ 기저질환을 가지고 있는 질환자의 건강영향을 규명하기 힘들다.

동물실험 결과에 근거해서 설정된 노출기준들의 한계점에 관한 설명으로 옳지 않은 것은? ①

① 무관찰 작용량(No Observed Effect Level)을 알아내는 것이 어렵다.
② 다양한 화학물질의 노출상황에 따른 독성을 알아내기 어렵다.
③ 동물과 사람의 종(species) 차이에 따른 독성의 불확실성이 있다.
④ 수십 년 동안 낮은 농도의 화학물질 노출에 따른 건강영향을 알아내기 어렵다.
⑤ 기저질환을 갖고 있는 질환자들의 건강영향을 규명하기 어렵다.

해설 무관찰 작용량 : 가능한 독성영향에 대하여 연구 시 현재의 평가방법으로 독성영향이 관찰되지 않은 수준이다. 양－반응 관계에서 안전하며 동물실험에서 역치량으로 여기는 양이다.

### 3) Hatch의 양－반응 관계와 허용농도 개념

① 기관장애와 기능장애 : 기관장애가 온 후에 기능장해가 옴

② 기관장애의 진전 3단계

㉠ 항상성 유지 : 유해인자 노출에 대해 적응할 수 있는 단계로 정상상태를 유지할 수 있는 단계

㉡ 보상 : 방어기전을 동원하여 기능장애를 방어할 수 있는 단계

㉢ 고장 : 보상이 불가능하여 기관이 파괴되는 단계

③ 양－반응 관계 곡선

반응을 심리, 생리적 반응단계, 질병 전 단계, 질병단계로 구분하며 허용농도는 중간단계를 기준으로 설정

### 4) 공기 중 유해물질의 체내 흡수량과 허용농도 추정

① 분배계수= $\frac{\text{공기}}{\text{혈액(물)}}$

㉠ 흡입된 유해물질의 일부는 폐포를 통하여 체내에 흡수되고 일부는 다시 외부로 배출

㉡ 분배계수는 물질의 폐흡수를 결정하는 것으로 작을수록 폐흡수율은 증가

② 체내 잔류율($R$)= $\frac{C_1 - C_0}{C_1}$

여기서, $C_1$ : 흡입공기 중 유해물질 농도
$C_0$ : 호기 중 유해물질 농도

③ 체내 흡수량(mg) = $C\times T\times V\times R$

여기서, $C$ : 공기 중 유해물질 농도(mg/m$^3$)
$T$ : 노출시간(hr)
$V$ : 폐환기율, 호흡률(m$^3$/hr)
[작업하지 않을 때(남 : 0.4~0.5, 여 : 0.3~0.4), 경작업 시(0.8~1.25)]
$R$ : 체내 잔류율(자료 없는 경우 1.0)

Point

안전흡수량(체내 흡수량, SHD)이 체중 kg당 0.12mg일 경우 1일 8시간 작업 시 허용농도를 계산하시오(근로자의 체중 70kg).

① 안전흡수량=70kg×0.12mg/kg=8.4mg
② 8.4mg(체내 흡수량)=$C$×8hr×1.25m$^3$/hr×1.0이므로
③ $C$=0.84mg/m$^3$

## 4. 생물학적 노출지수(BEIs ; Biological Exposure Indices)

### 1) 정의

혈액, 소변, 호기, 모발 등 생체시료로부터 유해물질 그 자체 또는 유해물질의 대사산물 및 생화학적 변화를 반영하는 지표물질을 말하며 근로자의 전반적인 노출량을 평가하는데 이에 대한 기준으로 BEIs를 사용한다.

### 2) BEIs의 특성

① 생물학적 폭로지표는 작업의 강도, 기온과 습도, 개인의 생활태도에 따라 차이가 있을 수 있다.
② 혈액, 요, 모발, 손톱, 생체조직, 호기 또는 체액 중의 유해물질의 양을 측정, 조사한다.
③ 산업위생분야에서 현 환경이 잠재적으로 갖고 있는 건강장애 위험을 결정하는 데 지침으로 이용된다.
④ 첫 번째 접촉하는 부위에 독성영향을 나타내는 물질이나 흡수가 잘 되지 않는 물질에 대한 노출평가에는 바람직하지 못하다. 즉 흡수가 잘되고 전신적 영향을 나타내는 화학물질에 적용하는 것이 바람직하다.
⑤ 혈액에서 휘발성 물질의 생물학적 노출지수는 정맥 중의 농도를 말한다.
⑥ 유해물의 전반적인 폭로량을 추정할 수 있다.

### 3) BEIs 이용상 주의점

① 생물학적 감시기준으로 사용되는 노출기준이며 산업위생분야에서 전반적인 건강장애, 위험을 평가하는 지침으로 이용된다(노출에 대한 생물학적 모니터링 기준값).

② BEIs는 일주일에 5일, 1일 8시간 작업을 기준으로 특정 유해인자에 대하여 작업환경기준치(TLV)에 해당하는 농도에 노출되었을 때의 생물학적 지표물질의 농도를 말한다.

③ BEIs는 위험하거나 그렇지 않은 노출 사이에 정확한 구별을 해주는 것이 아니다.

④ BEIs는 환경오염(대기, 수질오염, 식품오염)에 대한 비직업적 노출에 대한 안전수준을 결정하는 데 이용해서는 안 된다.

⑤ BEIs는 직업병(직업성 질환)이나 중독정도를 평가하는 데 이용해서는 안 된다.

⑥ BEIs는 일주일에 5일, 하루에 8시간 노출기준으로 적용한다. 즉 작업시간의 증가 시 노출지수를 그대로 적용하는 것은 불가하다.

⑦ 생물학적 노출기준(BEI)이 설정된 화학물질 수가 적은 이유는 건강영향을 추정할 수 있는 바이오마커가 드물기 때문이다.

### 4) 생물학적 결정인자 선택 기준 시 고려사항

① 결정인자가 충분히 특이적이어야 한다.

② 적절한 민감도를 지니고 있어야 한다.

③ 검사에 대한 분석과 생물학적 변이가 적어야 한다.

④ 검사 시 근로자에게 불편을 주지 않아야 한다.

⑤ 생물학적 검사 중 건강위험을 평가하기 위한 유용성 측면을 고려한다.

### 5) 측정항목

① 유해물질 대사산물

② 유해물질 자체

③ 생화학적 변화

### 6) 시료

① 소변(Urine) : 크레아티닌 배설량으로 보정

② 호기(Exhaled air)

③ 혈액(Blood) : 정맥 중 농도를 측정

### 7) 시료의 특징

① 소변(Urine) : 다량의 시료확보 가능, 소변 배설량의 변화로 인한 농도보정이 필요함
② 혈액(Blood) : 구성성분의 개인간 차이가 적음, 약물동력학적 변이요인들의 영향을 많이 받는다.

소변 또는 혈액을 이용한 생물학적 모니터링에 관한 설명으로 옳지 않은 것은? ②
① 혈액을 이용한 생물학적 모니터링은 혈액 구성성분에 개인 간 차이가 적다.
② 혈액을 이용한 생물학적 모니터링은 소변에 비해 약물동력학적 변이 요인들의 영향을 적게 받는다.
③ 소변을 이용한 생물학적 모니터링은 소변 배설량의 변화로 농도보정이 필요하다.
④ 생물학적 모니터링을 위한 혈액 채취는 정맥혈을 기준으로 한다.
⑤ 소변은 많은 양의 시료 확보가 가능하다.
해설 혈액이 소변보다 약물동력학적 영향을 많이 받는다.

### 8) 시료의 채취시기

① 배출이 빠르고 반감기가 5시간 이내인 물질
  ㉠ 작업 전(작업 끝난 후 16시간 경과 시)
  ㉡ 작업 중
  ㉢ 작업 종료시(작업이 끝나기 전 마지막 2시간 이내)
② 반감기가 5시간을 넘어 주중에 축적될 수 있는 물질
  ㉠ 주초(작업 종료 후 2일 경과 시)
  ㉡ 주말(4~5일간 작업 후)
③ 반감기가 길어서 수년간 인체에 축적되는 물질 : 측정시기가 중요하지 않음

### 9) 생체시료채취 및 분석방법

#### (1) 시료채취시간

① 배출이 빠르고 반감기가 짧은 물질에 대해서는 시료채취 시기가 대단히 중요하다. (유해물질의 배출 및 축적되는 속도에 따라 시료채취시기를 적절히 정함)
② 긴 반감기를 가진 화학물질(중금속)은 시료채취시간은 별로 중요하지 않다.
③ 축적이 누적되는 유해물질(납, 카드뮴, PCB 등)인 경우 노출 전에 기본적인 내재용량을 평가하는 것이 바람직하다.

(2) 화학물질의 영향에 대한 생물학적 모니터링 대상

① 납 : 혈중 ZPP(Zinc Protoporphyrin)
② 카드뮴 : 요중 카드뮴
③ 일산화탄소 : 혈액에서 카르복시헤모글로빈
④ 페놀 : 요중 총페놀
⑤ 크실렌 : 요중 메틸마뇨산

<ACGIH에서 권장하는 생물학적 대사산물 및 시료채취시기>

| 화학물질 | 대사산물(측정대상물질) | 시료채취시기 |
|---|---|---|
| 납 | 혈액 중 납 | 중요치 않음 |
| | 요중 납 | |
| | 혈중 징크프로토포피린 | 1개월 노출 후 |
| 카드뮴 | 요중 카드뮴 | 중요치 않음 |
| | 혈액 중 카드뮴 | |
| 일산화탄소 | 호기에서 일산화탄소 | 작업종료시 |
| | 혈액 중 carboxyhemoglobin | |
| 벤젠 | 요중 총페놀 | 작업종료시 |
| 에틸벤젠 | 요중 만델린산 | 작업종료시 |
| 니트로벤젠 | 요중 p-nitrophenol | 작업종료시 |
| 아세톤 | 요중 아세톤 | 작업종료시 |
| 톨루엔 | 혈액, 호기에서 톨루엔 | 작업종료시 |
| | 요중 o-크레졸 | |
| 크실렌 | 요중 메틸마뇨산 | 작업종료시 |
| 스티렌 | 요중 만델린산 | 작업종료시 |
| 트리클로로에틸렌 | 요중 트리클로로초산(삼염화초산) | 주말작업 종료시 |
| 테트라클로로에틸렌 | 요중 트리클로로초산(삼염화초산) | 주말작업 종료시 |
| 트리클로로에탄 | 요중 트리클로로초산(삼염화초산) | 주말작업 종료시 |
| 사염화에틸렌 | 요중 트리클로로초산(삼염화초산) | 주말작업 종료시 |
| | 요중 삼염화 에탄올 | |
| 이황화탄소 | 요중 TTCA | 작업종료시 |

| 화학물질 | 대사산물(측정대상물질) | 시료채취시기 |
|---|---|---|
| 노말헥산(n-헥산) | 요중 2,5-hexanedione | 작업종료시 |
| | 요중 n-헥산 | |
| 메탄올 | 요중 메탄올 | |
| 클로로벤젠 | 요중 총 4-chlorocatechol | 작업종료시 |
| | 요중 총 p-chlorophenol | |
| 크롬(수용성 퓸) | 요중 총크롬 | 주말작업 종료시<br>작업주간 중 |
| N,N-디메틸포름아미드 | 요중 N-메틸포름아미드 | 작업종료시 |
| 페놀 | 요중 총페놀 | 작업종료시 |

# 2절 | 인간과 작업환경

## 01 인간공학

Section

### 1. 인간공학의 정의

#### 1) 일반적 정의

인간의 신체적, 정신적 능력 한계를 고려해 인간에게 적절한 형태로 작업을 맞추는 것. 인간공학의 목표는 설비, 환경, 직무, 도구, 장비, 공정 그리고 훈련방법을 평가하고 디자인하여 특정한 작업자의 능력에 접합시킴으로써, 직업성 장해를 예방하고 피로, 실수, 불안전한 행동의 가능성을 감소시키는 것이다.

#### 2) 미국산업안전보건연구원(NIOSH)의 정의

인간공학은 일을 하는 사람의 능력에 업무의 요구도나 사업장의 상태와 조건을 맞추는 과학, 즉 인간과 기계의 조화 있는 상관관계를 만드는 것이다.

#### 3) 미국산업안전보건청(OSHA)의 정의

① 인간공학은 사람들에게 알맞도록 작업을 맞추어 주는 과학(지식)이다.
② 인간공학은 작업 디자인과 관련된 다른 인간특징 뿐만 아니라 신체적인 능력이나 한계에 대한 학문의 체계를 포함한다.

#### 4) ISO(International Organization for Standardization)의 정의

인간공학은 건강, 안전, 작업성과 등의 개선을 요구하는 작업, 시스템, 제품, 환경을 인간의 신체적, 정신적 능력과 한계에 부합시키는 것이다.

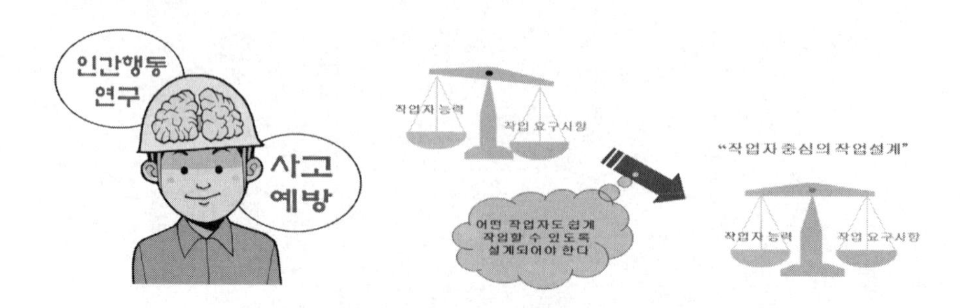

## 2. 인간공학의 목적 및 적용분야

### 1) 인간공학의 목적

① 작업장의 배치, 작업방법, 기계설비, 전반적인 작업환경 등에서 작업자의 신체적인 특성이나 행동하는 데 받는 제약조건 등이 고려된 시스템을 디자인하는 것

② 건강, 안전, 만족 등과 같은 특정한 인생의 가치기준(Human Values)을 유지하거나 높임

③ 인간과 기계 및 작업환경과의 조화가 잘 이루어질 수 있도록 하여 작업자의 안전, 작업능률, 편리성, 쾌적성(만족도)을 향상시키고자 함

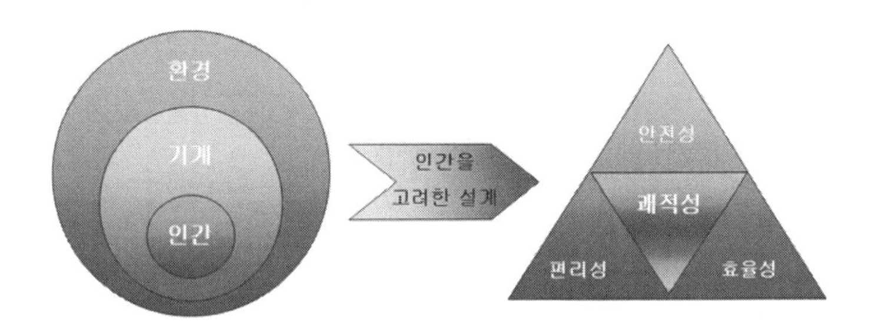


### 2) 인간공학의 필요성

① 산업재해의 감소

② 생산원가의 절감

③ 재해로 인한 손실 감소

④ 직무만족도의 향상

⑤ 기업의 이미지와 상품선호도 향상

⑥ 노사 간의 신뢰구축

### 3) 사업장에서의 인간공학 적용분야

① 작업관련성 유해·위험 작업분석

② 제품설계에 있어 인간에 대한 안전성 평가

③ 작업공간의 설계

④ 인간-기계 인터페이스 디자인

### 4) 산업인간공학의 가치

① 인력 이용률의 향상

② 훈련비용의 절감
③ 사고 및 오용으로부터의 손실 감소
④ 생산성의 향상
⑤ 사용자의 수용도 향상
⑥ 생산 및 정비유지의 경제성 증대

## 3. 신체활동의 에너지 소비

### 1) 에너지 대사율(RMR ; Relative Metabolic Rate)

$$RMR = \frac{\text{운동 대사량}}{\text{기초 대사량}} = \frac{\text{운동 시 산소 소모량} - \text{안정 시 산소 소모량}}{\text{기초 대사량(산소 소비량)}}$$

### 2) 에너지 대사율(RMR)에 따른 작업의 분류

① 초경작업(初經作業) : 0~1
② 경작업(經作業) : 1~2
③ 보통작업(中作業) : 2~4
④ 무거운 작업(重作業) : 4~7
⑤ 초중작업(初重作業) : 7 이상

### 3) 휴식시간 산정

$$R(\text{분}) = \frac{60(E-5)}{E-1.5} \text{(60분 기준)}$$

여기서, $E$ : 작업의 평균에너지(kcal/min)
에너지 값의 상한 : 5(kcal/min)

### 4) 에너지 소비량에 영향을 미치는 인자

① 작업방법 : 특정 작업에서의 에너지 소비는 작업의 수행방법에 따라 달라짐
② 작업자세 : 손과 무릎을 바닥에 댄 자세와 쪼그려 앉는 자세가 다른 자세에 비해 에너지 소비량이 적은 자세로 에너지 소비량은 자세에 따라 달라짐
③ 작업속도 : 적절한 작업속도에서는 별다른 생리적 부담이 없으나 작업속도가 빠른 경우 작업부하가 증가하기 때문에 생리적 스트레스도 증가함
④ 도구설계 : 도구가 얼마나 작업에 적절하게 설계되었느냐가 작업의 효율을 결정

## 4. 생리학적 측정방법

### 1) 근전도(EMG ; Electromyogram)

근육활동의 전위차를 기록한 것으로 심장근의 근전도를, 특히 심전도(ECG ; Electrocar-diogram)라 한다.(정신활동의 부담을 측정하는 방법이 아님)

### 2) 피부전기반사(GSR ; Galvanic Skin Reflex)

작업부하의 정신적 부담도가 피로와 함께 증대하는 양상을 전기저항의 변화에서 측정하는 것

### 3) 플리커값(Flicker Frequency of Fusion light)

뇌의 피로값을 측정하기 위해 실시하며 빛의 성질을 이용하여 뇌의 기능을 측정. 저주파에서 차츰 주파수를 높이면 깜박거림이 없어지고 빛이 일정하게 보이는데, 이 성질을 이용하여 뇌가 피로한지 여부를 측정하는 방법. 일반적으로 피로도가 높을수록 주파수가 낮아진다.

## 5. 개별 작업공간 설계지침

### 1) 부품배치의 원칙

① 중요성의 원칙 : 부품의 작동성능이 목표달성에 긴요한 정도에 따라 우선순위를 결정한다.
② 사용빈도의 원칙 : 부품이 사용되는 빈도에 따른 우선순위를 결정한다.
③ 기능별 배치의 원칙 : 기능적으로 관련된 부품을 모아서 배치한다.
④ 사용 순서의 원칙 : 사용 순서에 맞게 순차적으로 부품들을 배치한다.

### 2) 설계지침

① 주된 시각적 임무
② 주 시각임무와 상호 교환되는 주 조정장치
③ 조정장치와 표시장치 간의 관계
④ 사용순서에 따른 부품의 배치(사용순서의 원칙)
⑤ 자주 사용되는 부품의 편리한 위치에 배치(사용빈도의 원칙)
⑥ 체계 내 또는 다른 체계와의 배치를 일관성 있게 배치
⑦ 팔꿈치 높이에 따라 작업면의 높이를 결정
⑧ 과업수행에 따라 작업면의 높이를 조정
⑨ 높이 조절이 가능한 의자를 제공
⑩ 서 있는 작업자를 위해 바닥에 피로예방 매트를 사용
⑪ 정상 작업영역 안에 공구 및 재료를 배치

3) 작업공간

① 작업공간 포락면(Envelope) : 한 장소에 앉아서 수행하는 작업 활동에서 사람이 작업하는 데 사용하는 공간

② 파악한계(Grasping Reach) : 앉은 작업자가 특정한 수작업을 편히 수행할 수 있는 공간의 외곽한계

③ 특수작업역 : 특정 공간에서 작업하는 구역

4) 수평작업대의 정상 작업역과 최대 작업역

① 정상 작업영역 : 전완을 자연스럽게 수직으로 늘어뜨린 채, 전완만으로 편하게 뻗어 파악할 수 있는 구역(34~45cm)

② 최대 작업영역 : 전완과 상완을 곧게 펴서 파악할 수 있는 구역(55~65cm)

③ 파악한계 : 앉은 작업자가 특정한 수작업을 편히 수행할 수 있는 공간의 외곽한계

(a) 정상작업영역

(b) 최대작업영역

5) 작업대 높이

(1) 최적높이 설계지침

작업대의 높이는 상완을 자연스럽게 수직으로 늘어뜨리고 전완은 수평 또는 약간 아래로 편안하게 유지할 수 있는 수준

(2) 착석식(의자식) 작업대 높이

① 의자의 높이를 조절할 수 있도록 설계하는 것이 바람직

② 섬세한 작업은 작업대를 약간 높게, 거친 작업은 작업대를 약간 낮게 설계

③ 작업면 하부 여유공간이 대퇴부가 가장 큰 사람이 자유롭게 움직일 수 있을 정도로 설계

(3) 입식 작업대 높이

① 정밀작업 : 팔꿈치 높이보다 5~10cm 높게 설계

② 일반작업 : 팔꿈치 높이보다 5~10cm 낮게 설계

③ 힘든 작업(重작업) : 팔꿈치 높이보다 10~20cm 낮게 설계

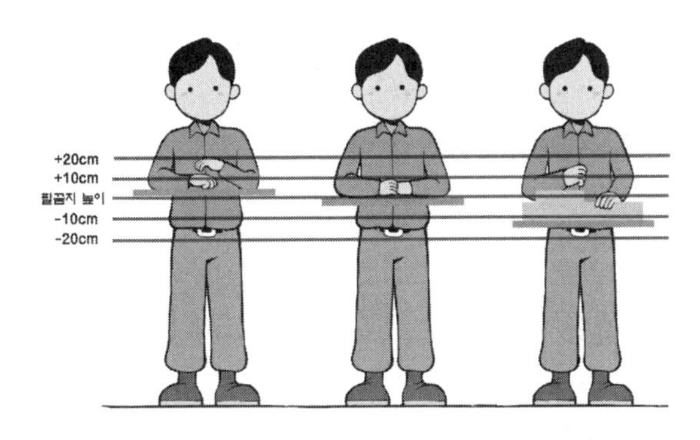


(a) 정밀작업 (b) 일반작업 (c) 힘든 작업

[팔꿈치 높이와 작업대 높이의 관계]

6) 의자설계 원칙

① 체중분포 : 의자에 앉았을 때 대부분의 체중이 골반뼈에 실려야 편안하다.

② 의자 좌판의 높이 : 좌판 앞부분 오금 높이보다 높지 않게 설계
(치수는 5% 되는 사람까지 수용할 수 있게 설계)

③ 의자 좌판의 깊이와 폭 : 폭은 큰 사람에게 맞도록, 깊이는 대퇴를 압박하지 않도록 작은 사람에게 맞도록 설계

④ 몸통의 안정 : 체중이 골반뼈에 실려야 몸통안정이 쉬워진다.

[신체치수와 작업대 및 의자높이의 관계]

[인간공학적 좌식 작업환경]

# 02 신체부담 작업

Section

## 1. 들기 작업

### 1) 직업성 요통

#### (1) 재해성 요통

무거운 물건을 취급할 때 급격한 힘에 의해 근육, 인대 등 연조직의 손상 등이 나타나는 현상

#### (2) 직업성 요통

중량물 취급, 작업자세, 전신 진동, 기타 허리에 과도한 부담을 주는 작업에 의해 급성 혹은 만성적인 요통으로 나타나는 현상으로 일반적으로 장기간 반복하여 무리한 동작을 할 때 발생하는 경우가 많음

### 2) 요통발생에 관여하는 주된 요인

① 작업 습관과 개인적인 생활 태도
② 작업빈도, 물체의 위치와 무게 및 크기 등과 같은 물리적 환경요인
③ 근로자의 육체적 조건
④ 요통 및 기타 장애의 경력
⑤ 올바르지 못한 작업방법 및 자세

### 3) 중량물 취급작업 기준

#### (1) ILO 권고기준(20~35세 남자의 중량물 취급 기준은 24.5kg)

① 중량물 취급작업 근로자에 있어서 등, 허리 및 무릎 장애는 대조군에 비해 약 3배 정도 증가
② 팔꿈치에 대한 장애는 약 10배 증가
③ 엉덩이에 대한 장애는 약 5배 증가

반복적인 중량물 취급

어깨 위에서 중량물 취급

허리를 구부린 상태에서 중량물 취급

(2) NIOSH 감시기준 및 최대 허용기준

① NIOSH 기준의 적용범위

㉠ 보통속도로 두 손으로 들어올리는 작업이라야 한다.(만약 빠른 속도로 들어올리면 가속도가 작용하므로 적용 불가능)

㉡ 물체의 폭이 75cm 이하로서 두 손을 적당히 벌리고 작업할 수 있어야 한다.

㉢ 물체를 들어올리는 자세가 자연스러워야 한다.

㉣ 신발이 작업장 바닥에 닿을 때 미끄럽지 않아야 하며 손으로 물체를 잡을 때 불편이 없어야 한다(Box인 경우는 손잡이가 있어야 한다.).

㉤ 작업장 내의 온도가 적절해야 한다.

② NIOSH 기준에 영향을 미치는 요인

㉠ 물체의 무게

㉡ 물체의 위치(사람과 물체와의 거리)

㉢ 물체의 높이(바닥으로부터 물체가 처음 놓여 있는 장소의 높이)

㉣ 물체를 들어올리는 거리

㉤ 작업빈도 및 작업시간

③ 근육, 골격장애가 많이 발생하는 경우

㉠ 무거운 물체를 취급할 때

㉡ 부피가 큰 물체를 취급할 때

㉢ 물체가 바닥에 놓여 있을 때

㉣ 작업의 빈도가 높을 때

④ 감시기준

$$AL(\text{kg}) = 40\left(\frac{15}{H}\right)(1-0.004\,|\,V-75\,|\,)\left(0.7+\frac{7.5}{D}\right)\left(1-\frac{F}{F_{\max}}\right)$$

여기서, $H$ : 대상물체의 수평거리(대상물체의 중심으로부터 두 발목의 중간지점까지의 거리로 15~80cm 범위)

$V$ : 대상물체의 수직거리(바닥으로부터 물체의 중심까지의 거리로 들어올리기 전 물체의 위치 최고 75cm)

$D$ : 물체의 이동거리(25~200cm)

$F$ : 작업의 빈도(회/min) - 최솟값(0.2회/min), 최빈수($F_{max}$)

| 작업시간 | $V$ > 75cm | $V$ ≤ 75cm |
|---|---|---|
| 1시간 | 18 | 15 |
| 8시간 | 15 | 12 |

⑤ 최대 허용기준

$$MPL = 3AL$$

⑥ 모든 조건이 가장 좋을 때 AL=40kg, MPL=120kg

⑦ 개정된 NIOSH 권고기준

$$RWL(\text{kg}) = LC \times HM \times VM \times DM \times AM \times FM \times CM$$

여기서, $LC$ : 중량상수(23kg)

$HM$ : $25/H$ [수평거리에 따른 승수]

$VM$ : $1-0.003\,|V-75|$ [수직거리에 따른 승수]

$DM$ : $0.82+(4.5/D)$ [물체의 이동거리에 따른 승수]

$AM$ : $1-(0.0032A)$ [$A$ : 물체의 위치가 사람의 정중면에서 벗어난 각도]

$FM$ : 작업빈도에 따른 승수

$CM$ : 물체를 잡는 데 따른 승수

〈물체의 위치에 따른 수평거리의 추정〉

| 물체의 위치 | 수평거리(cm) |
|---|---|
| $V \geq 25$cm | $H=20+W/2$ |
| $V < 25$cm | $H=25+W/2$ |

(3) NIOSH 중량물 취급지수(Lifting Index) : $LI = \dfrac{\text{물체무게(kg)}}{RWL(\text{kg})}$

특정작업에 의한 스트레스 비교·평가 시 사용

**Point**

근로자로부터 40cm 떨어진 물체(9kg)를 바닥으로부터 150cm 들어올리는 작업을 1분에 5회씩 1일 8시간 실시(박스 손잡이는 양호). $AL$, $MPL$, $RWL$, $LI$를 구하시오.

➡ $H$=40cm, $V$=0cm, $D$=150cm, $F$=5회/min, $F_{max}$=12회/min

- $AL(\text{kg}) = 40\left(\frac{15}{40}\right)(1-0.004\,|\,0-75\,|)\left(0.7+\frac{7.5}{150}\right)\left(1-\frac{5}{12}\right) = 4.6\text{kg}$
- $MPL = 3 \times AL = 13.8\text{kg}$
- $RWL(\text{kg}) = 23\left(\frac{25}{40}\right)(1-0.003\,|\,0-75\,|)\left(0.82+\frac{4.5}{150}\right)(1) \times 0.35 \times 1 = 3.3\text{kg}$
- $LI = \frac{\text{물체무게}}{RWL} = \frac{9}{3.3} = 2.7$

### 4) NIOSH 권고치에 의한 중량물 취급작업의 분류와 대책

① MPL을 초과하는 경우 : 반드시 공학적 방법을 적용하여 중량물 취급작업을 다시 설계

② RWL(또는 AL)과 MPL 사이의 영역 : 적절한 근로자의 선택과 적정 배치 및 훈련, 그리고 작업방법의 개선이 필요

③ RWL 이하의 영역 : 권고치 이하로서 대부분의 정상 근로자들에게 적절한 작업조건

### 5) 중량물의 취급

① 사업주는 근로자가 항상 수작업으로 물건을 취급하는 경우에는 동 물건의 중량이 남자 근로자인 경우 체중의 40% 이하, 여자 근로자인 경우 체중의 24% 이하가 되도록 노력하여야 하며, 중량물의 폭은 일반적으로 75센티미터 이상 되지 않도록 하고, 중량물 취급 시에는 어깨와 등을 펴고 무릎을 굽힌 다음 가능한 한 물건을 몸체와 가깝게 잡아당겨 들어올리는 자세를 취하여야 한다.

② 사업주는 중량을 초과하는 물건을 취급하게 할 경우에는 2인 이상이 함께 작업하도록 하고, 이 경우 각 근로자에게 중량이 균일하게 전달되도록 하며, 가능한 취급중량을 표시하여야 한다.

### 6) 물건을 들어올리는 법

① 중량물은 몸에 가깝게 할 것

② 발을 어깨넓이 정도로 벌리고 몸은 정확하게 균형을 유지할 것

③ 무릎을 굽힐 것

④ 목과 등이 거의 일직선이 되도록 할 것

⑤ 등을 반듯이 유지하면서 다리를 펼 것
⑥ 가능하면 중량물을 양손으로 잡을 것
⑦ 가능한 한 신체를 대상물에 접근시켜 중심을 낮게 하는 자세를 취할 것

### 7) 중량물을 들어올리는 작업에 관한 특별조치

#### (1) 중량물의 제한

**산업안전보건기준에 관한 규칙 (중량물의 제한)**
사업주는 인력으로 들어올리는 작업에 근로자를 종사하도록 하는 때에는 과도한 중량으로 인하여 근로자의 목·허리 등 근골격계에 무리한 부담을 주지 아니하도록 최대한 노력하여야 한다.

① 사업주는 근로자가 항상 수작업으로 물건을 취급하는 경우에는 동 물건의 중량이 남자 근로자인 경우 체중의 40% 이하, 여자 근로자인 경우 체중의 24% 이하가 되도록 노력하여야 하며, 중량물의 폭은 일반적으로 75센티미터 이상이 되지 않도록 하고, 부자연스러운 자세 및 동작을 피할 수 있도록 하기 위하여 작업공간을 충분히 확보하여야 함
② 사업주는 수작업으로 중량물을 취급하게 하는 경우에는 가급적 근로자 2인 이상이 함께 작업하도록 하되, 각 근로자에게 중량 부하가 균일하게 전달되도록 노력하여야 함

#### (2) 중량물 취급작업의 조건

**산업안전보건기준에 관한 규칙 (작업조건)**
사업주는 근로자가 취급하는 물품의 중량, 취급빈도, 운반거리, 운반속도 등 인체에 부담을 주는 작업의 조건에 따라 작업시간과 휴식시간 등을 적정하게 배분하여야 한다.

① 사업주는 중량물 취급작업을 연속적으로 수행하는 근로자에 대하여 1회 연속작업의 시간이 1시간을 넘지 않도록 하고 연속작업 1시간에 대하여 10분 이상의 휴식시간을 제공하고 동 휴식시간을 근로자가 적절히 활용할 수 있도록 휴식장소와 요통예방 프로그램 등을 제공할 수 있도록 노력
② 사업주는 중량물 취급작업을 연속적으로 수행하는 근로자에 대하여 중량물 취급작업 이외의 작업을 중간에 수행케 하거나 다른 근로자로 교대실시하는 등의 방법으로 중량물 취급작업이 장기간의 연속작업이 되지 않도록 노력

### (3) 중량의 표시 등

**산업안전보건기준에 관한 규칙 (중량의 표시 등)**

사업주는 5킬로그램 이상의 중량물을 들어올리는 작업에 근로자를 종사하도록 하는 때에는 다음 각호의 조치를 하여야 한다.

① 주로 취급하는 물품에 대하여 근로자가 쉽게 알 수 있도록 물품의 중량과 무게중심에 대하여 작업장 주변에 안내표시할 것

② 물품취급하기 곤란한 물체에 대하여 손잡이를 붙이거나 갈고리, 진공빨판 등 적절한 보조도구를 활용할 것

① 사업주는 일상적으로 근로자가 수작업으로 5kg 이상의 물품을 들어 올리는 작업을 하는 경우에는 근로자가 작업위치에서 쉽게 볼 수 있는 작업장 주변 등에 해당 물품의 중량 및 무게중심에 대한 안내표시를 하여야 하며, 동일 작업장 내의 여러 작업장소에서 다수의 근로자가 5kg 이상의 물품을 들어올리는 수작업을 하는 경우에는 다수의 근로자가 쉽게 볼 수 있는 장소를 선정하여 해당 물품의 중량 및 무게중심에 대한 안내표시를 부착

※ [용어] "주로 취급하는 물품"이란 "단위작업장소를 기준으로 개별 근로자가 아닌 다수의 근로자가 일상적으로 취급하는 물품"을 의미

② 안내표시의 방법

안내표시는 형태 · 규격 등에 제한이 없으나 작업장의 특성에 맞도록 근로자가 해당 물품의 중량과 무게중심에 대해 쉽게 알 수 있도록 작성하여야 하며, 주로 취급하는 물품의 무게중심이 수시로 바뀔 경우에는 주된 작업에 따른 무게중심을 표시하되 작업에 따라 무게 중심이 바뀐다는 사실을 근로자에게 주지시켜야 함

③ 보조도구의 제공

사업주는 전용 운반용구를 사용하지 않는 등 근로자가 취급하기 곤란한 5kg 이상의 물품에 대하여는 손잡이를 붙이거나 갈고리, 진공빨판 등 적절한 보조도구를 제공하여야 함

### (4) 작업자세 등

**산업안전보건기준에 관한 규칙 (작업자세 등)**

사업주는 중량물을 들어올리는 작업에 근로자를 종사하도록 하는 때에는 무게중심을 낮추거나 대상물에 몸을 밀착하도록 하는 등 신체에 부담을 감소시킬 수 있는 자세에 대하여 널리 알려야 한다.

사업주는 5kg 이상의 중량물을 수작업으로 들어올리는 작업에 근로자를 종사하도록 하는 경우에는 신체에 부담을 감소시킬 수 있는 작업자세에 대하여 알려주어야 함

※ 올바른 중량물 작업자세 : 중량물 취급 시에는 다음 각호와 같이 어깨와 등을 펴고 무릎을 굽힌 다음 가능한 한 중량물을 몸체에 가깝게 잡아당겨 들어올리는 자세를 취하여야 함

① 중량물은 몸에 가깝게 할 것
② 발을 어깨넓이 정도로 벌리고 몸은 정확하게 균형을 유지할 것
③ 무릎을 굽힐 것
④ 목과 등이 거의 일직선이 되도록 할 것
⑤ 등을 반듯이 유지하면서 다리를 펼 것
⑥ 가능하면 중량물을 양손으로 잡을 것

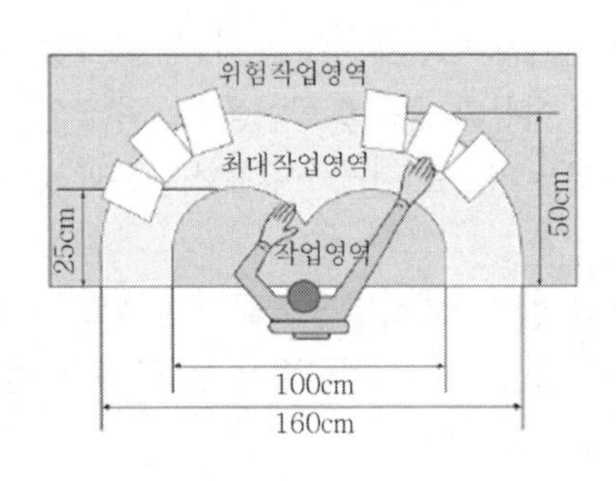

## 2. 단순 및 반복작업

### 1) 단순반복작업

① 단순반복작업이란 오랜 시간 동안 반복되거나 지속되는 동작 또는 작업자세로 수행되는 모든 작업요소를 말한다.

② 이러한 작업들은 근골격계 질환과 관련된 작업형태로 일반적으로 작업량, 작업속도, 작업강도 등을 작업자가 임의로 조정하기 어려운 작업을 관리 대상으로 하고 있다.

③ 작업형태가 단순반복작업으로 세분화되고 경영합리화 등을 통한 작업강도가 강화됨은 물론 공구 사용의 증가 그리고 사무자동화를 통해 컴퓨터 영상단말기(VDT)의 대량 보급 등 작업환경에 많은 변화를 가져오고 있으며, 과거에 비해 직업으로 인한 건강장해에 작업자들의 인식과 관심이 높아지고 국가, 기업 또는 노·사 합의에 의한 규제가 강화되는 등 사회환경에도 많은 변화가 이루어지고 있다.

### 2) 누적외상성 질환(CTDs : Cumulative Trauma Disorders)

누적외상성 질환은 특정한 신체부위의 반복작업과 불편하고 부자연스러운 작업자세, 강한 작업강도, 작업시 요구되는 과도한 힘, 불충분한 휴식, 추운 작업환경, 손과 팔 부위에 작용하는 과도한 진동 등이 원인으로 누적외상성 질환은 이러한 위험요인에 반복적으로 노출되어 목, 어깨, 팔꿈치, 손목, 손가락, 허리, 다리 등 주로 관절 부위를 중심으로 근육과 혈관, 신경 등에 미세한 손상이 생겨 통증과 감각이상을 호소하는 근육골격계의 만성적인 건강장해로 알려져 있다.

## 3. VDT 증후군

### 1) VDT 증후군 정의

VDT 증후군이라 함은 영상표시단말기를 취급하는 작업으로 인하여 발생되는 경견완증후군 및 기타 근골격계 증상, 눈의 피로, 피부증상, 정신신경계 증상 등을 말한다.

### 2) VDT 증후군과 관련된 근골격계 질환의 명칭

① 경견완증후군
② 작업관련 근골격계 질환(미국) : WMSDs(Work-related MusculoSkeletal Disorders)
③ 반복성 긴장장애(캐나다, 북유럽, 호주 등) : RSI(Repetitive Strain Injuries)
④ 누적외상성 질환 : CTDs(Cumulative Trauma Disorders)
⑤ 반복동작장애 : RMS(Repetitive Motion Disorders)
⑥ 과사용증후군 : Overuse Syndromes

### 3) 거북목 증후군

과다하고 잘못된 VDT작업으로 인하여 목이 거북이처럼 앞으로 구부러진 자세로 변형되는 증상을 말한다.

4) VDT 작업의 위험요소

| 작업조건 | 작업자세 | 작업환경 |
|---|---|---|
| 휴식시간, 작업부하 등 | 머리와 목의 각도, 상완 외전 및 들어올림, 손목의 구부러짐과 신전, 정적인 작업자세, 혈관과 신경조직의 압박 등 | 조명, 소음, 온·습도, 환기 등<br>• 조직 : 작업설계, 인원배치, 작업일정<br>• 작업환경 : 조명, 소음, 온도, 사무실 설계<br>• 개인공간 : 가구, 의자, 부속장치, 하드웨어, 소프트웨어<br>• 작업자 : 개인특성 |

5) VDT 작업대 표면에서의 조명기준

① 미국 ANSI : 200~500lux
② 독일 DIN : 500lux
③ 우리나라(고용노동부, 1997) : 300~500lux(바탕색이 검은색), 500~700lux(바탕색이 흰색)

6) VDT에서 발생하는 유해 방사선

① X선 : 전압이 높을수록 증가되며 생성된 대부분의 X선은 CRT에 의하여 흡수됨
② 자외선과 적외선
㉠ 자외선과 적외선의 양 : $0.2 \times 10^{-3}W/m^2 \sim 12.9 \times 10^{-3}W/m^2$
㉡ 허용한계 : $10W/m^2$
③ 라디오파 : 주파수 범위(15~22kHz)
④ 극저주파
⑤ 정전기장
⑥ 음파

7) 올바른 VDT 작업자세

① 의자 등받이 각도 : 자료 입력 시 90~105°, 기타 100~120°
② 팔꿈치 높이 : 의자높이를 조정하여 자판기의 높이와 같도록
③ 팔의 각도 : 위팔과 아래팔이 이루는 각도는 90° 이상
④ 위팔상태 : ③의 상태에서 위팔을 옆구리에 자연스럽게 붙인 상태
⑤ 손목상태 : ④의 상태에서 아래팔과 손목과 손등은 수평
⑥ 시거리 : 눈과 화면의 중심 사이의 거리가 40cm(약 두 뼘) 이상

⑦ 화면의 경사각 : 눈이 화면의 중심을 직각으로 볼 수 있도록 조정
⑧ 의자에 앉은 상태 : 의자 앉는 면과 작업자의 종아리 사이에 손가락이 들어갈 정도의 틈새 확보

[모니터 수직위치 선정요인]

8) VDT 증후군 위험요인 정보

| 구분 | 위험요인 | 권고기준 | 위험요소 |
|---|---|---|---|
| 작업 조건 | VDT 작업시간 | 1일 4시간 이내 | 1일 VDT 작업시간이 4시간 이상 반복될 때 |
| | 휴식시간 | 1시간 작업 | 10분 휴식 연속적인 자료입력 작업이 1시간을 넘지 않도록 해야 함 |
| | 마감시간 | 작업량을 적절히 분배 | 마감시간이나 일자(주말, 월말 등)에 임박하여 작업할 때 피로가 가중됨 |
| 인간 공학적인 조건 | 키보드의 높이 | 높이 조절범위 : 60~70cm | 너무 높으면 어깨 통증의 원인 |
| | 키보드 조건 | 두께 3cm 이내 각도는 5~15° | 각도가 지나치게 크면 손목이 굽혀지게 됨 |
| | 의자의 높이 | 조절범위 : 35~45cm | 너무 높으면 발꿈치가 들리게 됨 |
| | 의자의 깊이 | 38~42cm | 의자의 앉은 면이 너무 깊게 되면 발꿈치가 땅에 닿지 않아 엉덩이가 의자 앞으로 밀리는 원인이 됨 |
| | 의자의 폭 | 40~45cm | 의자 폭이 너무 넓으면 팔걸이 위치가 부적절해짐 |
| | 등받이 각도 | 90~120° | 등받이에 기댄 상체의 각도가 커질수록 요추간 압력이 작아짐 |

| 구분 | 위험요인 | 권고기준 | 위험요소 |
|---|---|---|---|
| 인간 공학적인 조건 | 등받이 형태 | 넓고 요추지지대 필요 | 요추 4~5번을 지지하여 앞으로 굴곡될 수 있도록 하는 요추지지대 필요 |
| | 책상 밑 다리공간 | 60~80cm | 책상 밑에 다리를 움직일 수 있는 공간이 확보되지 않으면 허리가 앞으로 숙여지는 불편한 자세의 원인이 됨 |
| | 손목 지지공간 | 15cm 정도 | 작업대 끝면과 키보드 사이의 지지공간이 확보되지 않으면 어깨 근육에 부담이 됨 |
| 작업자세 | 화면의 높이 | 화면상단과 작업자 눈높이가 일치 | 화면이 너무 낮으면 고개를 숙이고 너무 높으면 고개를 치켜들고서 보게 됨 |
| | 화면과의 거리 | 눈과 50~70cm 사이 | 작업자의 팔길이 정도에 해당됨 |
| | 허리 자세 | 90~100° | 상체를 등받이에 비스듬히 기대면 상체 중량의 일부가 분산되어 요추에 걸리는 압력이 줄어듦 |
| | 팔꿈치 자세 | 90~100° | 상체를 등받이에 기댄 자세에서 전완(팔뚝)과 바닥이 수평이 되어야 함 |
| 조명조건 | 조명 | 500~700lux | 일반 서류작업일 때의 사무실 조명 수준 |
| | 반사광(Glare) | 최소화 | 광원(창문, 조명등)을 등지고 작업하게 되면 화면에 불빛이 반사됨 |

## 4. 근골격계 질환

### 1) 근골격계 질환의 정의

특정한 신체 부위의 반복작업과 불편하고 부자연스런 작업자세, 강한 노동강도, 과도한 힘, 불충분한 휴식, 추운 작업환경, 진동 등이 원인이 되어 목, 어깨, 팔꿈치, 손목, 손가락, 허리, 다리 등 주로 관절 부위를 중심으로 근육과 혈관, 신경 등에 미세한 손상이 생겨 결국 통증과 감각 이상을 호소하는 근골격계의 만성적인 건강장애

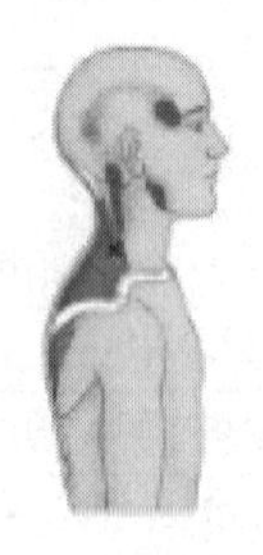
[근막통증 증후군]

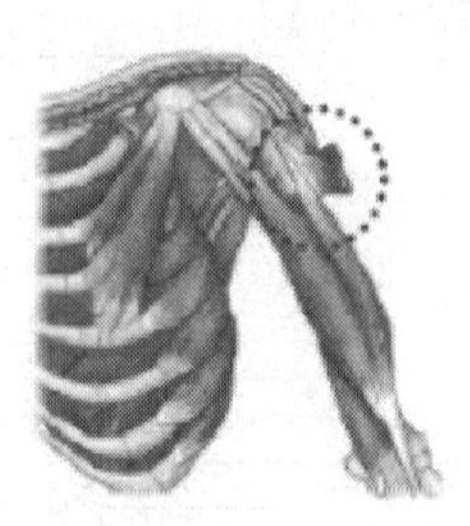
[어깨의 근막통증]

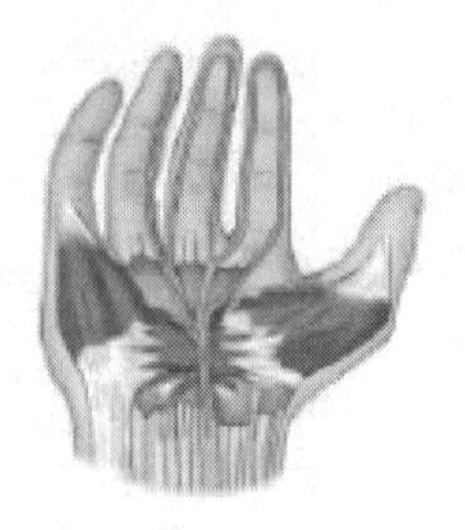
[수근관증후군]

### 2) 근골격계 질환의 종류

① 근육의 질환 : 근막통증 증후군, 근육의 염좌
② 결합조직의 질환 : 건염, 건초염, 활액낭염, 결절종
③ 신경의 질환 : 수근관증후군, 포착증후군

### 3) 근골격계 질환의 작업관련성 위험요인

#### (1) 작업관련성

① 과도한 힘
② 높은 반복성
③ 부적절한 자세
④ 부족한 휴식

#### (2) 사회심리적인 요인

① 직업 만족도
② 근무조건 만족도
③ 상사 및 동료들과의 인간관계
④ 업무적 스트레스
⑤ 기타 정신, 심리상태

#### (3) 작업자 특성요인

① 연령 및 성별　② 과거병력
③ 작업경력　④ 작업습관
⑤ 운동 및 취미활동　⑥ 유전적 소인

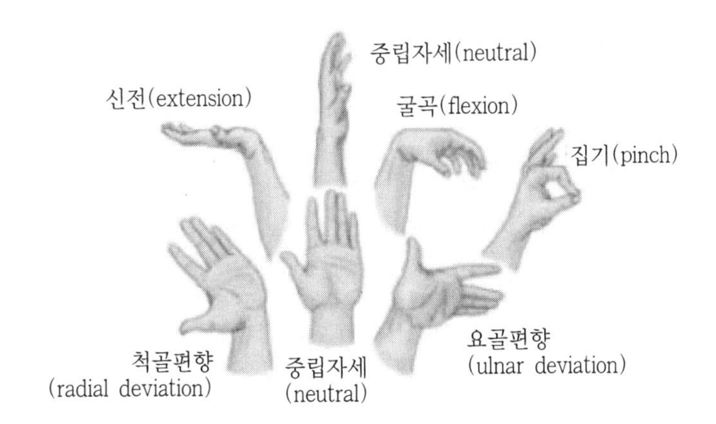

### 4) 신체부위별 근골격계 질환의 종류

| 신체부위 | 질병명 |
|---|---|
| 목 | 근막통증 증후군, 경추부 염좌, 경추부 추간판탈출증 |
| 어깨 | 회전근개 건염, 어깨 충돌 증후군, 관절와순 손상, 유착성 관절낭염, 이두근 건염, 삼두근 건염, 삼각근하 점액낭염 |
| 팔꿈치 | 근막통증 증후군, 주관절 외상과염, 주관절 내상과염 |
| 손 및 손목 | 수근관 증후군, 주부관 증후군, 드퀘르병 건초염, 방아쇠 수지, 결절종, 수완 및 완관절부의 건염 또는 건활막염 |
| 허리 | 근막통증 증후군, 요추부 염좌, 척추분리증 또는 전방전위증, 요추부 추간판탈출증, 척추관 협착증 |
| 무릎 | 슬개건염, 슬개골 연화증, 슬개 대퇴관절 압박증후군, 추벽증후군, 반월판 연골손상, 슬관절 인대손상, 퇴행성 관절염 |
| 발 및 발목 | 발 또는 발목관절의 건염, 족저근막염, 발목관절 염좌, 전족부 염좌, 지간신경종 |

### 5) 근골격계 질환을 예방하기 위한 개선사항

① 반복적인 작업을 연속적으로 수행하는 근로자들에게는 해당 작업 이외의 작업을 중간에 넣어 동일한 작업자세를 피한다.

② 반복의 정도가 심한 경우에는 공정을 자동화하거나 다수의 근로자들이 교대하도록 하여 한 근로자의 반복작업시간을 가능한 줄이도록 한다.

③ 작업대의 높이는 작업정면을 보면서 팔꿈치 각도가 90도를 이루는 자세로 작업할 수 있도록 조절하고 근로자가 작업면의 각도 등을 적절히 조절할 수 있도록 한다.

④ 작업영역은 정상 작업영역 이내에서 이루어지도록 하고 부득이한 경우에 한해 최대 작업영역에서 수행하되 그 작업이 최소화되도록 한다.

### 6) 근골격계 부담작업의 범위(고용노동부 고시)

#### (1) 근골격계 부담작업 11개 기준

**근골격계 부담작업 제1호**

하루에 4시간 이상 집중적으로 자료입력 등을 위해 키보드 또는 마우스를 조작하는 작업

① 이 기준에서 "하루"란 "근로자가 잔업을 포함하여 1일 동안 행하는 총 작업시간"을 말하며, 이는 부담작업의 나머지 기준에서도 동일하게 적용됨
② "4시간 이상"이란 "근로자의 1일 총 작업시간이 아니라 동 기준에 해당하는 부담작업을 실제 수행하는 시간만을 합친 총 누적시간이 4시간 이상이어야 하는 것을 의미하며, 이 원칙은 부담작업의 나머지 기준에서도 동일하게 적용됨
③ "집중적 자료입력"이란 "입력작업의 목표량이 과도하게 미리 정해져 있거나 근로자가 일정 수준 이상 임의로 작업시간이나 휴식시간 등을 조절할 수 없는 경우"를 말함
④ 컴퓨터 작업을 하는 경우라도 키보드나 마우스를 이용한 집중적 자료입력 작업이 아닌 경우에는 동 기준의 적용에서 제외

※ [예시] 컴퓨터를 통한 검색이나 해독작업에서 일어나는 간헐적 입력작업, 쌍방향 통신, 정보취득작업 등은 제외

※ [주의] 대형할인매장 등의 판매대에서 스캐너를 주로 사용하는 입력작업은 동 기준의 적용에서 제외되나 제2호 등의 기준으로 부담작업 여부를 평가하여야 함

**근골격계 부담작업 제2호**
하루에 총 2시간 이상 목, 어깨, 팔꿈치, 손목 또는 손을 사용하여 같은 동작을 반복하는 작업

① 이 기준에서 "같은 동작"이란 "동작이 동일하거나 다소 차이가 있다 하더라도 동일한 신체부위를 유사하게 사용하는 움직임"을 말함
② "반복하는 작업"의 기준은 아래 표를 참고(Kilbom, 1994)

| 신체부위 | 어깨 | 팔꿈치 | 손목/손 |
|---|---|---|---|
| 분당 반복 작업 기준 | 2.5회 | 10회 | 10회 |

**근골격계 부담작업 제3호**
하루에 총 2시간 이상 머리 위에 손이 있거나, 팔꿈치가 어깨 위에 있거나, 팔꿈치를 몸통으로부터 들거나, 팔꿈치를 몸통 뒤쪽에 위치하도록 하는 상태에서 이루어지는 작업

① 이 기준에서 "팔꿈치를 몸통으로부터 드는 경우"란 수직상태를 기준으로 위 팔(어

깨－팔꿈치)이 중력에 반하여 몸통으로부터 전방 내지 측방으로 45도 이상 벌어져 있는 상태를 말함

② 동 기준에 의한 부담작업의 누적시간은 각 신체부위별 부담작업 시간을 각각 합산한 총 누적시간으로 평가하되, 한 작업자세에서 여러 신체부위가 동시에 부담작업에 해당되는 경우에는 그 중 하나의 신체부위 작업시간만을 총 누적시간에 반영

※ [예시] 하루 작업시간 중 머리 위에 손이 위치하는 작업 및 팔꿈치가 어깨 위에 있는 상태에서의 작업이 각각 1시간씩인 경우에는 동 기준에 의한 부담작업은 총 2시간(손＋팔꿈치)이 됨

**근골격계 부담작업 제4호**

지지되지 않은 상태이거나 임의로 자세를 바꿀 수 없는 조건에서, 하루에 총 2시간 이상 목이나 허리를 구부리거나 트는 상태에서 이루어지는 작업

① 이 기준에서 "지지되지 않은 상태"란 "목이나 허리를 구부리거나 비튼 상태에서 발생하는 신체부담을 해소시켜 줄 수 있는 부담 신체부위에 대한 지지대가 없는 경우"를 의미함

② "임의로 자세를 바꿀 수 없는 조건"이란 "근로자 본인이 목이나 허리를 구부리거나 트는 상태를 취하고 싶지 않아도 작업을 하기 위해서는 모든 근로자가 어쩔 수 없이 그러한 자세를 취할 수밖에 없는 경우"를 말함

③ "목이나 허리의 굽힘"은 "특별한 사정이 없는 한 수직상태를 기준으로 목이나 허리를 전방으로 20도 이상 구부리거나 허리를 후방으로 20도 이상 제치는 경우"를 의미하며, 무릎을 바닥에 댄 상태에서 허리를 전방으로 굽히거나 바닥에 앞으로 누워있는 경우는 허리의 굽힘으로 보지 않음

④ "목이나 허리를 튼 상태"는 "특별한 사정이 없는 한 목은 어깨를 고정한 상태에서 5도 이상, 허리는 다리를 고정한 상태에서 20도 이상 좌우로 비튼 상태"를 말함

**근골격계 부담작업 제5호**

하루에 총 2시간 이상 쪼그리고 앉거나 무릎을 굽힌 자세에서 이루어지는 작업

① 이 기준에서 "쪼그리고 앉는 것"은 "수직상태를 기준으로 무릎이 발끝보다 앞으로 나오는 자세 이상으로 무릎을 구부린 상태에서 발이 체중의 대부분을 지탱하고 있는 상태"를 말함

② "무릎을 굽힌 자세"는 "바닥 면에 한쪽 또는 양쪽 무릎을 댄 상태에서 해당 무릎이 체중의 대부분을 지탱하고 있는 자세"를 의미함

**근골격계 부담작업 제6호**

하루에 총 2시간 이상 지지되지 않은 상태에서 1kg 이상의 물건을 한 손의 손가락으로 집어 옮기거나, 2kg 이상에 상응하는 힘을 가하여 한 손의 손가락으로 물건을 쥐는 작업

① 이 기준에서 "지지되지 않는 상태"란 "순전히 혼자만의 힘으로 손가락으로 집어 옮기거나 한 손의 손가락으로 물건을 쥐는 것"을 말함

② "1kg(2kg)에 상응하는 힘"이란 "A4 용지 약 125매(250매)를 손가락으로 집어 올리거나(한 손의 손가락으로 쥐는데) 사용하는 정도의 힘"을 의미하며, 이를 평가할 때는 물체의 부피나 무게와 관계없이 손가락으로 집어 올리는 것(한 손의 손가락으로 쥐는 것)을 여러 번 반복한 다음 A4 용지 약 125매(250매)를 손가락으로 집어 올리는 것과 비교

**근골격계 부담작업 제7호**

하루에 총 2시간 이상 지지되지 않은 상태에서 4.5kg 이상의 물건을 한 손으로 들거나 동일한 힘으로 쥐는 작업

① 이 기준에서 "지지되지 않은 상태"란 "순전히 혼자만의 힘으로 물건을 한 손으로 들거나 쥐는 상태"를 말함

② "4.5kg의 물체를 한 손으로 드는 것과 동일한 힘"이란 "소형 자동차용 점프선의 집게를 한 손으로 쥐어서 여는 정도의 힘"에 해당되며, 이를 평가할 때는 물체의 부피나 무게와 관계없이 한 손으로 물건을 들거나 쥐게 하는 것을 여러 번 반복한 다음 소형 자동차용 점프선의 집게를 한 손으로 쥐어서 여는 것과 비교

**근골격계 부담작업 제8호**

하루에 10회 이상 25kg 이상의 물체를 드는 작업

① 이 기준은 중량물을 중력에 반하여 드는 경우에만 적용되며, 중량물을 밀거나 당기는 작업은 해당되지 않음

② 물체의 무게는 특별한 경우를 제외하고 근로자 1인이 드는 기준으로 근로자 2인 이상이 물체를 드는 작업을 같이 하는 경우에는 근로자 수로 나눈 물체의 무게 값으로 평가함

※ [예시] 30kg의 물체를 근로자 2명이 드는 작업의 경우 특별한 사유가 없는 한 근로자 1명이 부담하는 물체의 무게는 15kg이 되어 동 기준에 의한 부담작업에 해당되지 아니함

③ 근로자 2인 이상이 물체를 드는 작업에서 해당 물체의 무게 중심이 한 쪽으로 치우쳐 있는 등 개별 근로자가 실제 드는 무게에 대하여 노사 간 이견이 있는 경우에는 개별 근로자별로 무게 부하를 정밀 측정하여 부담작업 여부를 평가

**근골격계 부담작업 제9호**

하루에 25회 이상 10kg 이상의 물체를 무릎 아래에서 들거나, 어깨 위에서 들거나, 팔을 뻗은 상태에서 드는 작업

① 이 기준에서 "무릎 아래에서 들거나 어깨 위에서 들거나"란 "드는 물체(물체를 잡는 손의 위치)가 무릎 아래 또는 어깨 위에 있는 상태"를 말함

② "팔을 뻗은 상태"라 함은 "중력에 반하여 팔을 들고 팔꿈치를 곧게 편 상태"를 의미하며 이때 중력의 방향으로 팔을 늘어뜨린 상태(중립자세)는 이 기준 적용에서 제외

**근골격계 부담작업 제10호**

하루에 총 2시간 이상, 분당 2회 이상 4.5kg 이상의 물체를 드는 작업

**근골격계 부담작업 제11호**

하루에 총 2시간 이상 시간당 10회 이상 손 또는 무릎을 사용하여 반복적으로 충격을 가하는 작업

① 이 기준에서 "충격을 가하는 작업"이란 "강하고 빠른 충격을 특정 물체에 전달하기 위하여 손 또는 무릎을 마치 망치처럼 사용하는 작업"을 말함

※ [예시] 홈에 단단하게 끼워지는 부품 조립, 카펫 까는 작업 등

# 03 근골격계부담작업의 정밀 평가 도구

Section

## 1. NIOSH Lifting Equation(NLE)

1991년에 개정된 NIOSH 들기작업 지침이다.

### 1) 목적

들기작업에 대한 권장무게한계(Recommended Weight Limit ; RWL)를 쉽게 산출하도록 하여 작업의 위험성을 예측하여 인간공학적인 작업방법의 개선을 통해 작업자의 직업성 요통을 사전에 예방함을 목적으로 한다.

### 2) 용도

특정 작업에서의 권장무게한계를 제시하므로, 작업장에서 권장무게한계를 넘어서는 경우에는 작업 위치를 바꾸거나, 작업 빈도를 줄여 주거나, 커플링을 좋게 하는 등의 작업설계의 변화를 통해 근골격계 질환을 예방할 수 있으며, 인간공학적 작업 설계를 위해서도 사용할 수 있다. 또한 공식 자체가 간단하여 누구나 쉽게 사용할 수 있다는 장점이 있다.

## 2. 용어 정의

### 1) 권장무게한계(RWL ; Recommended Weight Limit)

권장무게한계란 건강한 작업자가 특정한 들기작업에서 실제 작업시간 동안 허리에 무리를 주지 않고 요통의 위험 없이 들 수 있는 무게의 한계를 말한다. RWL은 여러 작업 변수들에 의해 결정된다.

### 2) 들기 지수(LI ; Lifting Index)

LI는 실제 작업물의 무게와 RWL의 비(Ratio)이며 특정 작업에서의 육체적 스트레스의 상대적인 양을 나타낸다. 즉 LI가 1.0보다 크면 작업 부하가 권장치보다 크다고 할 수 있다.

### 3) 작업 변수와 용어 정의

① 들기작업(Lifting Task) : 들기작업이란 특정 물건을 두 손으로 잡고 기계의 도움 없이 들어 수직으로 이동시키는 작업을 뜻한다.

② 무게(L ; Load Weight) : 작업물의 무게(kg)

③ 수평위치(H ; Horizontal Location) : 두 발 뒤꿈치 뼈의 중점에서 손까지의 거리(cm)이며, 들기작업의 시작점과 종점의 두 군데에서 측정한다.

④ 수직거리(V ; Vertical Location) : 바닥에서 손까지의 거리(cm)로 들기작업의 시작점과 종점의 두 군데에서 측정한다.

⑤ 수직이동거리(D ; Vertical Travel Distance)들기작업에서 수직으로 이동한 거리(cm)이다.

⑥ 비대칭 각도(A ; Asymmetry Angle) : 정면에서 비틀린 정도를 나타내는 각도이며, 들기작업의 시작점과 종점의 두 군데에서 측정한다.

⑦ 들기 빈도(F ; lifting Frequency) : 15분 동안의 평균적인 분당 들어올리는 횟수(회/분)이다.

⑧ 커플링 분류(C ; Coupling Classification) : 커플링이란 드는 물체와 손과의 연결 상태를 말한다. 즉 물체를 들 때 미끄러지거나 떨어뜨리지 않도록 하는 손잡이 등의 상태를 말한다. 커플링의 분류는 좋다(Good), 괜찮다(Fair), 나쁘다(Poor)의 3등급으로 나뉜다.

## 3. 공식의 각 항

$$RWL(\text{kg}) = 23 \times HM \times VM \times DM \times AM \times FM \times CM$$

- $HM$ : 수평계수(Horizontal Multiplier)
- $VM$ : 수직계수(Vertical Multiplier)
- $DM$ : 거리계수(Distance Multiplier)
- $AM$ : 비대칭계수(Asymmetric Multiplier)
- $FM$ : 빈도계수(Frequency Multiplier)
- $CM$ : 커플링계수(Coupling Multiplier)

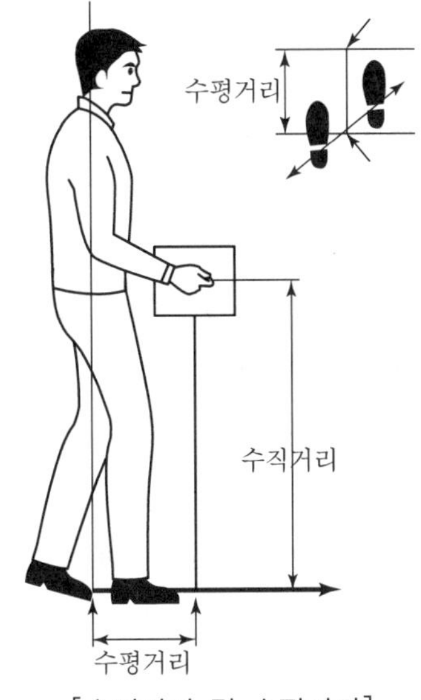


[수직거리 및 수평거리]

처음의 23kg이라는 숫자는 최적의 환경에서 들기작업을 할 때의 최대 허용무게이다. 여기서 최적의 환경이란 허리의 비틀림 없이 정면에서 들기작업을 가끔씩 할 때($F < 0.2$), 작업물이 작업자 몸 가까이 있으며 수평거리($H$)는 15cm, 수직위치($V$)는 75cm, 작업자가 물체를 옮기는 거리의 수직이동거리($D$)가 25cm 이하이며 커플링이 좋은 상태이다. 그리고 나머지 계수들은 모두 1보다 작은 값을 갖도록 하여 각 요인이 권장무게한계값에 미치는 영향을 알 수 있도록 하였다.

### 1) 수평 계수(Horizontal Multiplier)

수평 계수는 수평거리($H$)를 권장무게한계에 고려하기 위한 계수로 $HM = 25\text{cm}/H$로 나타내며 25cm보다 작을 경우는 1이다. 또한 63cm를 초과할 경우 $HM$은 0이 된다. 여기에서 25cm(10인치)는 작업자가 물체를 몸에 가장 가깝게 할 수 있는 최소 수평거리이고 63cm(25인치)는 체구가 작은 사람이 물체를 최대한 멀리 잡고 들 수 있는 수평거리를 기준으로 하였다.

### 2) 수직 계수(Vertical Multiplier)

수직 계수는 작업자와 물체 사이의 수직거리($V$)를 권장무게한계에 고려하기 위한 계수로 $VM = 1 - 0.003 \times |V - 75|$로 나타낸다. 역학적인 분석에 의하면 들기작업을 하는 동안 요추에 걸리는 스트레스는 물체를 바닥에서 들 때 증가하는 것이며 바닥에 있는 물체를 들 때 요통 발생 비율이 크다. 따라서 $V$가 적으면 그만큼 무게를 줄여 주어야 한다. 75cm

이상인 높이에서 물건을 들기 시작할 때에는 다시 심물리적 부하(Psychophysical Stress)가 감소하기 때문에 75cm를 기준값으로 정했다. 그리고 수직 거리가 175cm를 초과할 경우에는 $VM$이 0이 된다.

### 3) 거리 계수(Distance Multiplier)

거리 계수는 물체를 이동시킨 수직거리($D$)를 권장무게한계에 고려하기 위한 계수로서 $DM = 0.82 + (4.5/D)$로 나타내고, 25cm보다 작을 때는 1이고 175cm보다 클 경우는 0이다.

### 4) 비대칭 계수(Asymmetric Multiplier)

비대칭 계수는 1981년 NIOSH 공식에서는 전혀 고려되지 않았던 요소이다. 이전의 공식에서는 정중면에서 대칭적인 들기작업에 대한 평가만을 할 수 있었으며, 비대칭적으로 일어나는 들기작업에 대한 고려는 전혀 없었다. 그러나 개정된 공식에서는 권장무게한계에 비대칭 계수를 고려하였다. AM=1-0.0032A로 표현되며 여기서 A는 정중면과 비대칭 평면 사이의 각도를 말한다. 135도가 넘을 경우는 AM이 0이다. 이렇게 구한 수평계수, 수직계수, 거리계수, 비대칭계수 등 4개의 계수를 각 작업 변수값에 대하여 계산한 것이 뒤에 제시된 요약표에 나타나 있다.

### 5) 빈도 계수(Frequency Multiplier)

빈도 계수는 수학적인 식을 사용하지 않고, 아래의 표와 같이 분당 물체를 드는 횟수에 따라 값을 주었다.

〈빈도 계수〉

| 빈도수 (회/분) | 작업시간 | | | | | |
|---|---|---|---|---|---|---|
| | 1시간 이하 | | 2시간 이하 | | 8시간 이하 | |
| | V<75 | V>75 | V<75 | V>75 | V<75 | V>75 |
| 0.2 | 1.00 | 1.00 | 0.95 | 0.95 | 0.85 | 0.85 |
| 0.5 | 0.97 | 0.97 | 0.92 | 0.92 | 0.81 | 0.81 |
| 1 | 0.94 | 0.94 | 0.88 | 0.88 | 0.75 | 0.75 |
| 2 | 0.91 | 0.91 | 0.84 | 0.84 | 0.65 | 0.65 |
| 3 | 0.88 | 0.88 | 0.79 | 0.49 | 0.55 | 0.55 |
| 4 | 0.84 | 0.84 | 0.72 | 0.72 | 0.45 | 0.45 |
| 5 | 0.80 | 0.80 | 0.60 | 0.60 | 0.35 | 0.35 |
| 6 | 0.75 | 0.75 | 0.50 | 0.50 | 0.27 | 0.27 |

| 빈도수 (회/분) | 작업시간 | | | | | |
|---|---|---|---|---|---|---|
| | 1시간 이하 | | 2시간 이하 | | 8시간 이하 | |
| | V<75 | V>75 | V<75 | V>75 | V<75 | V>75 |
| 7 | 0.70 | 0.70 | 0.42 | 0.42 | 0.22 | 0.22 |
| 8 | 0.60 | 0.60 | 0.35 | 0.35 | 0.18 | 0.18 |
| 9 | 0.52 | 0.52 | 0.30 | 0.30 | 0.00 | 0.15 |
| 10 | 0.45 | 0.45 | 0.26 | 0.26 | 0.00 | 0.13 |
| 11 | 0.41 | 0.41 | 0.00 | 0.23 | 0.00 | 0.00 |
| 12 | 0.37 | 0.37 | 0.00 | 0.21 | 0.00 | 0.00 |
| 13 | 0.00 | 0.34 | 0.00 | 0.00 | 0.00 | 0.00 |
| 14 | 0.00 | 0.00 | 0.00 | 0.00 | 0.00 | 0.00 |
| 15 | 0.00 | 0.00 | 0.00 | 0.00 | 0.00 | 0.00 |

〈HM, VM, DM, AM 계수〉

| H(cm) | HM | V(cm) | VM | D(cm) | DM | A(도) | AM |
|---|---|---|---|---|---|---|---|
| <25 | 1.00 | 0 | 0.78 | <25 | 1.00 | 0 | 1.00 |
| 28 | 0.89 | 10 | 0.81 | 40 | 0.93 | 15 | 0.95 |
| 30 | 0.83 | 20 | 0.84 | 55 | 0.90 | 30 | 0.901 |
| 32 | 0.78 | 30 | 0.87 | 70 | 0.88 | 45 | 0.86 |
| 34 | 0.74 | 40 | 0.90 | 85 | 0.87 | 60 | 0.81 |
| 36 | 0.69 | 50 | 0.93 | 100 | 0.87 | 75 | 0.76 |
| 38 | 0.56 | 60 | 0.96 | 115 | 0.86 | 90 | 0.71 |
| 40 | 0.63 | 70 | 0.99 | 130 | 0.86 | 105 | 0.66 |
| 42 | 0.60 | 80 | 0.99 | 145 | 0.85 | 120 | 0.62 |
| 44 | 0.57 | 90 | 0.96 | 160 | 0.85 | 135 | 0.57 |
| 46 | 0.54 | 100 | 0.93 | 175 | 0.85 | >135 | 0.00 |
| 48 | 0.52 | 110 | 0.90 | >175 | 0.00 | | |
| 50 | 0.50 | 120 | 0.87 | | | | |
| 52 | 0.48 | 130 | 0.84 | | | | |
| 54 | 0.46 | 140 | 0.81 | | | | |
| 56 | 0.45 | 150 | 0.78 | | | | |
| 58 | 0.43 | 160 | 0.75 | | | | |
| 63 | 0.40 | 175 | 0.70 | | | | |

### 6) 커플링 계수(Coupling Multiplier)

커플링 계수는 비대칭 계수와 마찬가지로 1981년에 만들어진 방정식에서는 전혀 고려되지 않았던 요소이다. 커플링은 물체를 들 때에 미끄러지거나 떨어뜨리지 않도록 손잡이 등이 좋은지를 권장무게한계에 반영한 것이다. 물체가 다소 가볍더라도 손잡이가 없어서 자꾸 미끄러진다거나 드는 물체가 부정형이라서 손으로 들기 불편한 경우에는 커플링 계수가 1보다 작게 되어서 권장무게한계도 작아지게 된다. 커플링은 크게 '좋다', '괜찮다', '나쁘다' 3가지로 구분된다.

① 좋다 : 손잡이가 들기 적당하게 위치한 경우, 손잡이는 없지만, 들기 쉽고 편하게 들 수 있는 부분이 존재할 경우
② 괜찮다 : 손잡이나 잡을 수 있는 부분이 있으며 적당하게 위치하지는 않았지만, 손목의 각도를 90도 정도 유지할 수 있을 경우
③ 나쁘다 : 손잡이나 잡을 수 있는 부분이 없거나 불편한 경우, 끝 부분이 날카로운 경우

이러한 각 경우에 대한 커플링 계수는 아래의 표를 이용해서 구할 수 있다.

〈커플링 계수〉

| 커플링 상태 | 수직거리 | |
|---|---|---|
| | 75cm 미만 | 75cm 이상 |
| 좋다 | 1.00 | 1.00 |
| 괜찮다 | 0.95 | 1.00 |
| 나쁘다 | 0.90 | 0.90 |

## 4. OWAS(Ovako Working-posture Analysis System)

### 1) OWAS 개요

Karhu 등(1977)이 철강업에서 작업자들의 부적절한 작업자세를 정의하고 평가하기 위해 개발한 대표적인 작업자세 평가기법

### 2) 평가방법

① 대표적인 작업을 비디오로 촬영
② 신체부위별로 정의된 자세기준에 따라 자세를 기록해 코드화하여 분석

### 3) 장점

① 현장에서의 적용성이 뛰어난 장점
② OWAS는 배우기 쉬움

### 4) 단점

① 작업자세를 너무 단순화했기 때문에 세밀한 분석에 어려움이 있음
② 분석 결과도 작업자세 특성에 대한 정성적인 분석만 가능
③ 작업자세를 4개 작업수준으로 정의하고 있으나, 이 결과 역시 구체적이지 못하기 때문에 작업 개선을 위해서는 추가의 세부 분석 과정이 필요

## 5. RULA에 의한 작업자세 평가

### 1) RULA의 개요

1993년에 McAtamney와 Corlett에 의해 근골격계질환과 관련된 위험인자에 대한 개인 작업자의 노출정도를 평가하기 위한 목적으로 개발

### 2) 평가기법

① 어깨, 팔목, 손목, 목 등 상지(Upper Limb)에 초점을 맞추어서 작업자세로 인한 작업부하를 쉽고 빠르게 평가하기 위하여 만들어진 기법
② 나쁜 작업자세로 인한 상지의 장애(Disorders)를 안고 있는 작업자의 비율이 어느 정도인지를 쉽고 빠르게 파악하는 방법을 제시
③ 근육의 피로에 영향을 주는 인자들인 작업 자세나 정적 또는 반복적인 작업 여부, 작업을 수행하는 데 필요한 힘의 크기 등 작업으로 인한 근육 부하를 평가
④ 포괄적인 인간공학적 평가를 위한 결과를 제공하기 위한 목적으로 개발

3) 평가절차

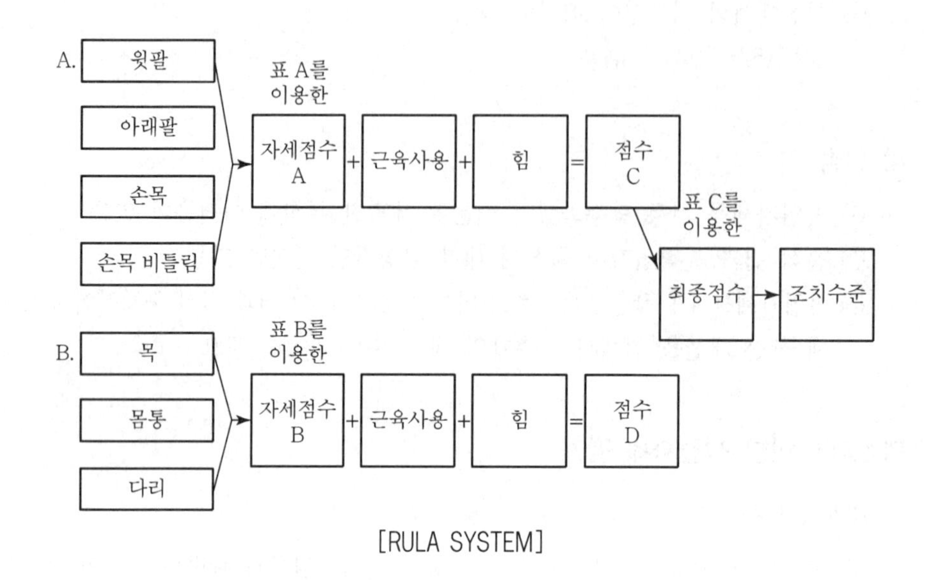


[RULA SYSTEM]

## 6. SI에 의한 인간공학적 작업분석 평가기법(The Strain Index)

1) SI의 개요

① 1995년에 위스콘신 의과대학 예방의학과의 J. Steven Moor와 위스콘신대학의 산업시스템공학과의 Arun Garg에 의해 처음 개발

② 생리학, 생체역학, 상지질환에 대한 병리학을 기초로 한 정량적 평가기법

③ 상지 질환(근골격계질환)의 원인이 되는 위험 요인들이 작업자에게 노출되어 있거나 그렇지 않은 상태를 구별하는 데 사용

2) 평가 요소

상지질환에 대한 정량적 평가기법으로 근육사용 힘(강도), 근육사용 기간, 빈도, 자세, 작업속도, 하루 작업시간 등 6개의 위험요소로 구성되어 있으며 이를 곱한 값으로 상지질환의 위험성을 평가한다.

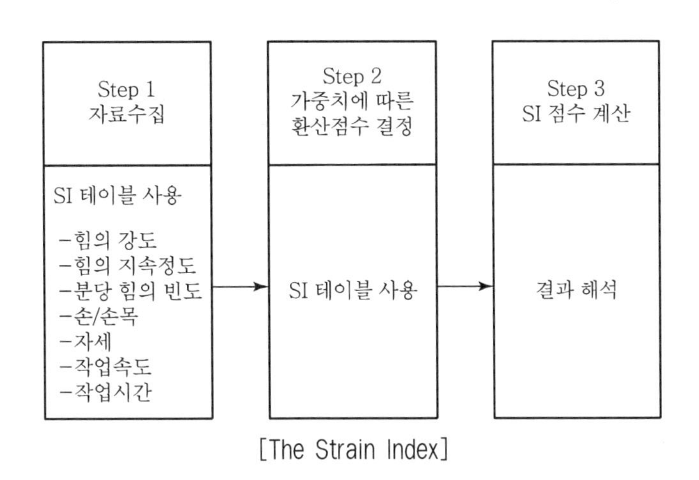


[The Strain Index]

### 3) 분석방법

비디오 테이프에 녹화하여 분석하는 것이 바람직하다.

**참고 비디오 촬영 시 주의사항**

- 가능한 한 신체의 많은 부분에 대해 각 단계별 연속작업이 중단되지 않도록 촬영한다.
- 조도를 충분히 밝게 하여 정지동작이나 슬로우 모션도 명쾌히 보이도록 한다.
- 직무의 변화를 보기 위해 가능하면 3~4 사이클 이상을 기록하고 여러 사람을 기록한다.
- 작업자가 카메라를 의식하여 작업하지 않도록 오랫동안 촬영한다.
- 사이클 타임은 비디오 테이프에 기록된 시간에 의해 결정된다.

## 7. 그 밖의 근골격계부담작업을 평가하는 도구

| 평가도구 | 분석가능 유해요인 | 적용 신체 부위 | 적용가능 업종 |
|---|---|---|---|
| JSI(작업긴장평가지수, Job Strain Index) | 반복동작<br>부적절한 자세<br>과도한 힘 | 손가락<br>손목 | 제조업, 검사업, 재봉업, 육류가공업, 포장업, 자료입력이 많은 작업 등 |
| Snook 밀기당기기 평가표(Snook Push/Pull Hazard Tables) | 반복동작<br>부적절한 자세<br>과도한 힘 | 허리<br>몸통<br>어깨<br>다리 | 음식료품 서비스업, 세탁업, 포장물 운반/배달업, 응급실, 요양원, 앰뷸런스, 쓰레기 수집 등 |

| 평가도구 | 분석가능 유해요인 | 적용 신체 부위 | 적용가능 업종 |
|---|---|---|---|
| ACGIH 상지진동 노출기준(ACGIH Hand/Arm Vibration TLV) | 진동 | 손가락<br>손목<br>어깨 | 연마작업, 연사작업, 드릴작업, 실톱작업, 진동공구 작업 등 |
| GM-UAW유해요인 체크리스트(GM-UAW Risk Factor Checklist) | 반복동작<br>부적절한 자세<br>과도한 힘<br>접촉스트레스<br>진동 | 손가락, 손목, 아래팔, 팔꿈치, 어깨, 목, 몸통, 허리, 다리, 무릎 | 조립작업, 생산작업, 중소규모 조립작업 |
| 워싱턴주 유해요인 체크리스트(WAC 296-62-05174, Washington State Appendix B) | 반복동작<br>부적절한 자세<br>과도한 힘<br>접촉스트레스<br>진동 | 손가락, 손목, 아래팔, 팔꿈치, 어깨, 목, 몸통, 허리, 다리, 무릎 | 조립작업, 생산작업, 자료입력, 정비업, 포장물 운반/배달 등 |

## 8. 노동생리(작업생리)

작업생리학은 여러 가지 활동에 필요한 에너지 소비량과 그에 따른 인체의 작업능력 한계를 연구하는 학문이며, 육체적인 작업에 있어서 필요한 에너지는 근육의 수축을 지원해 줄 수 있을 만큼 충분한 에너지가 필요하다.

노동에 필요한 에너지원은 근육에 저장된 화학에너지(혐기성 대사)와 대사과정(구연산 회로, 호기성 대사)을 거쳐 생성되는 에너지로 구분되며 혐기성과 호기성 대사에 모두 에너지원으로 작용하는 것은 포도당(Glucose)이다.

### 1) 노동에 필요한 에너지원

#### (1) 혐기성 대사(Anaerobic Metabolism)

① 근육에 저장된 화학적 에너지를 의미함

② 혐기성 대사 순서(시간대별)

ATP(아데노신삼인산) → CP(크레아틴인산) → Glycogen(글리코겐) or Glucose (포도당)

③ 혐기성 대사(근육운동)

㉠ ATP ⇋ ADP + P + free energy

㉡ Creatine phosphate + ADP ⇋ creatine + ATP

㉢ Glycogen 또는 Glucose + P + ADP → Lactate + ATP

(2) 호기성 대사(Aerobic metabolism)

① 대사과정(구연산 회로)을 거쳐 생성된 에너지를 의미함

② 대사과정 : (포도당, 단백질, 지방) + 산소 ⇨ 에너지원

## 2) 식품과 영양소

### (1) 3대 영양소

① 당질(탄수화물)

㉠ 포도당의 형태로 에너지원으로 이용

㉡ 연소시 발생 열량은 1g당 4.1kcal

② 지방

1g이 체내에서 산화 연소될 때 9.3kcal의 열량을 내어 육체적인 작업을 하는 근로자가 필요로 하는 영양소 중 영양공급의 측면에서 가장 유리함

③ 단백질

㉠ 몸의 구성성분이며 활성단백질로서도 중요함

㉡ 연소시 발생열량은 1g당 4.1kcal

### (2) 5대 영양소

① 탄수화물, 지방, 단백질

체내에서 산화연소하여 에너지 공급(열량 공급원)

② 무기질 : 신체의 생활기능을 조절하는 영양소

③ 비타민

㉠ 신체의 생활기능을 조절하는 영양소

㉡ 체내에서 합성되시 않기 때문에 식물의 성분으로 섭취해야 함

### (3) 체성분을 구성(체내조직 구성 및 분해)하는 데 관여하는 영양소

① 단백질

② 무기질

③ 물

(4) 여러 영양소의 영양적 작용의 매개가 되고 생활기능을 조절하는 영양소

① 비타민

② 무기질

③ 물

(5) 비타민 결핍증

① 비타민 A : 야맹증, 성장장애

② 비타민 B1

㉠ 각기병, 신경염

㉡ 근육운동(노동)시 보급해야 함

㉢ 작업강도가 높은 근로자의 근육에 호기적 산화로 연소를 도와주는 영양소

③ 비타민 $B_2$ : 구각염

④ 비타민 C : 괴혈병(암모니아 중독)

⑤ 비타민 D : 구루병

⑥ 비타민 E : 생식기증(노화촉진)

⑦ 비타민 F : 피부병

⑧ 비타민 K : 혈액응고지연 작용

### 3) 작업강도 및 관리

인체 내에 열 생산을 주로 담당하고 있는 기관은 골격근과 간장이며 체열 생산이 제일 많은 기관은 골격근이다.

(1) 국민 영양권장량을 결정하는 데 영양기준 설정개념

① 이상량

② 지적량

③ 충분량

④ 소요량

(2) 에너지 소요량에 미치는 영향인자

① 연령

② 성

③ 체격

④ 운동량

⑤ 건강상태

### (3) 작업 시 소비열량(작업 대사량)에 따른 작업강도 분류

① ACGIH에 의한 구분 적용
　㉠ 경작업 : 200kcal/hr까지 작업
　㉡ 중등도작업 : 200~350kcal/hr까지 작업
　㉢ 중작업(심한 작업) : 350~500kcal/hr까지 작업

### (4) 직업에 따른 영양관리

① 근육작업자의 에너지 공급은 당질을 위주로 한다.
② 고온작업자에게는 식수와 식염을 우선 공급하여야 한다.
③ 중작업자에게는 단백질을 공급한다.
④ 저온작업자에게는 지방질을 공급한다.

# 04 산업피로

Section

## 1. 피로의 정의 및 종류

### 1) 피로(산업피로)의 정의

고단하다는 주관적인 느낌이 있으면서 작업능률이 떨어지고 생체기능의 변화를 가져오는 현상

### 2) 산업피로 종류

① 정신피로 : 중추신경계의 피로로서 정신노동 위주일 때 나타난다.
② 육체피로 : 중추신경계의 피로로서 근육노동 위주일 때 나타난다.
③ 국소피로
④ 전신피로
⑤ 보통피로 : 하룻밤을 지내고 완전히 회복되는 피로
⑥ 과로 : 다음날까지 계속되는 피로
⑦ 곤비 : 과로의 축적으로 단기간 휴식으로 회복될 수 없는 발병단계의 피로

## 2. 피로의 원인 및 증상

### 1) 피로의 원인

노동으로 인한 산업피로는 사전 질병예방이라는 측면 외 노동생산성 및 작업능률 향상과 상당한 연관관계가 있다. 이러한 중요성에도 불구하고 아직 피로에 대한 원인은 명확히

밝혀져 있지 않다. 피로는 일상생활이나 작업에서 오는 스트레스, 감정 및 작업 등에 의해 영향을 많이 받고 있으나 통상 피로(Fatigue)는 주로 한 가지 원인보다는 복합적인 원인에 의해서 발생하며 이는 단순히 생리적 부담의 문제만은 아니다

### 2) 피로현상이 나타나는 다섯 가지 이유

① 작업부하 : 작업 공간(작업 자세, 작업 면, 의자, 동작 공간), 작업 방식(동작 순서, 조작 방법, 정보 표시, 작업의 흐름), 작업 밀도(작업 속도, 근육 강도, 주의집중과 긴장도) 등

② 작업환경 조건 : 조명, 환기, 온열조건, 소음과 진동 등의 물리적 환경

③ 작업편성과 작업시간 : 작업편성에서의 분담 책임, 규제제도 세분화된 작업의 정도, 엄격한 작업 관리 등

④ 생활조건 : 통근조건, 주거, 가정생활, 수면 등 휴양을 취하는 방법, 여가, 자유시간의 사용방법 등

⑤ 개인조건 : 적응능력, 기초체력과 영양상태, 심리적 적응, 숙련도 등

### 3) 피로의 발생기전(피로의 본태)

① 산소, 영양소 등 에너지원의 소모

② 물질대사에 의한 노폐물, 다시 말해서 젖산, 초성포도당, 암모니아, 시스틴, 시스테인, 크레아틴, 크레아티닌, 잔여질소 등 소위 피로물질의 체내 축적

③ 체내에서 물리 화학적 변조

④ 여러 가지 신체조절 기능의 저하

### 4) 전신피로의 생리학적 원인

① 산소 공급 부족

산소 소비량은 서서히 증가하다가 작업 강도에 따라 일정한 양에 도달하고 작업이 끝난 후 서서히 감소하는데, 작업이 끝난 후에도 산소가 소비된 것은 작업을 시작할 때 발생한 '산소부채(Oxygen Debt)'를 갚기 위한 것으로 해석된다. 따라서 다음 그림에서 ①은 산소부채, ②는 산소부채 보상 구간을 나타낸다.

② 혈중 포도당 농도의 저하

③ 근육 내 글리코겐양의 감소

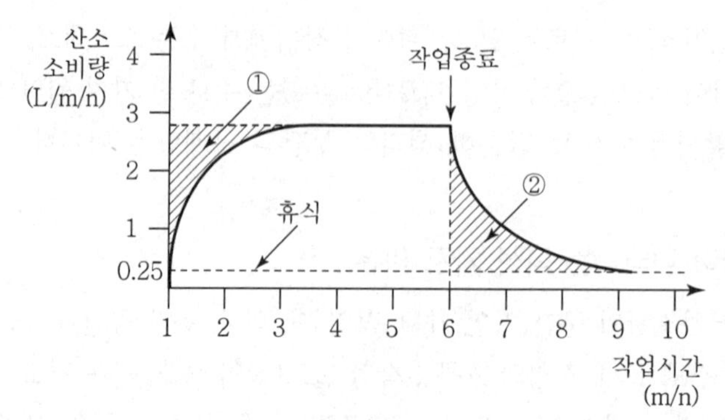


[작업시작 및 종료 시의 산소소비량 : 산소부채의 형성과 보상]

### 5) 피로의 증상

① 순환기능의 변화

맥박이 빨라지고 회복되기까지 시간이 걸린다. 혈압이 초기에는 높아지거나 피로가 진행되면 도리어 낮아진다.

② 호흡기능의 변화

호흡이 얕고 빨라지며 심할 때는 호흡곤란을 일으키는데, 이것은 혈액 중의 이산화탄소량($CO_2$)이 증가하여 호흡중추를 자극하기 때문이다. 체온이 상승하여 호흡중추를 흥분시키기도 한다.

③ 신경기능의 변화

맛, 냄새, 시각, 촉각 등의 자각기능이 둔해지고, 또 무릎 관절의 건반사 등 반사기능이 낮아진다. 중추신경이 피로하면 판단력이 떨어지고 권태감, 졸음이 온다.

④ 혈액 및 소변의 소견

혈당치가 낮아지고 젖산과 탄산량이 증가하여 산혈증(Acidosis)으로 된다. 소변은 양이 줄고 진한 갈색을 나타낸다. 단백질 또는 교질물질의 배설량이 증가한다.

⑤ 체온변화

체온이 높아지나 피로정도가 심해지면 도리어 낮아진다. 체온 조절기능에 장해가 초래되기 때문이다.

⑥ 자각증상

신체적 자각증상으로는 머리가 무겁고 아프며, 전신이 나른하고, 어깨 및 가슴이 결리며, 숨쉬기 어렵고, 팔 다리가 쑤시며 입이 마르고 하품이 나며 식은 땀이 난다. 정신적 자각증상은 머리가 띵해지고 생각이 정리되지 않으며 졸음이 온다. 주의력이 산만해지고 안정되지 못하며 설렌다.

⑦ 근육변화

근육 내 글리코겐량이 감소한다.

피로의 증상으로 옳지 않은 것은? ①

① 초기에는 맥박이 느려지고 혈압이 낮아지나 피로가 진행되면서 높아진다.
② 호흡이 얇아지고 호흡곤란이 오기도 한다.
③ 근육 내 글리코겐양이 감소한다.
④ 혈액의 혈당수치가 낮아지고 젖산과 탄산량이 증가한다.
⑤ 체온이 초기에는 높았다가 피로 정도가 심하면 낮아진다.

해설 맥박이 빨라지고, 혈압이 초기에는 높아지나 시간이 지나며 낮아진다.

### 6) Viteles의 산업피로 본질의 3대 요소

① 생체의 생리적 변화(의학적)
② 피로감각(심리학적)
③ 작업량의 감소(생산적)

### 7) Shimonson의 산업피로의 현상

① 물질대사에 의한 중간대사물질의 축적
② 산소, 영양소 등 활동자원의 소모
③ 체내의 물리, 화학적 변화
④ 여러 가지 신체기능의 저하

### 8) 산업피로 검사방법(산업피로의 판정은 여러 가지 검사를 종합하여 결정함)

| 검사방법 | 검사항목 | 측정방법 및 기기 |
|---|---|---|
| 생리적 방법 | • 근력, 근활동<br>• 반사역치<br>• 대뇌피질활동<br>• 호흡순환기능<br>• 인지역치 | • 근전계(EMG)<br>• 실역측정기(PSR)<br>• 뇌파계(EEG)<br>• Schneider Test, 심전계(ECG)<br>• 청력검사, 근점거리계, Flicker Test |
| 생화학적 방법 | • 혈색소 농도<br>• 혈액수분, 혈단백<br>• 응혈시간<br>• 혈액, 뇨전해질 | • 광도계<br>• 혈청굴절률계<br>• Storanbelt Graph<br>• Na, K, Cl의 상태변동 측정 |

| 검사방법 | 검사항목 | 측정방법 및 기기 |
|---|---|---|
| 생화학적 방법 | • 요단백, 요교질 배설량<br>• 부신피질 기능 | • 요단백 침전, Donaggio 검사<br>• 17-OHCS |
| 심리학적 방법 | • 변별역치<br>• 피부(전위)저항<br>• 동작분석<br>• 행동기록<br>• 연속반응시간<br>• 정신작업<br>• 집중유지기능<br>• 전신자각증상 | • Ebbinghaus 촉각계<br>• 피부전기반사(GSR)<br>• 연속 촬영법<br>• Holygraph(안구운동측정 등)<br>• 전자계산<br>• Kleapelin 가산법<br>• 표적, 조준, 기록장치<br>• CMI, THI |

## 3. 에너지 소비량

### 1) 산소 소비량

① 근로자의 휴식 중 산소소비량≒0.25L/min

② 근로자의 운동 중 산소소비량≒5L/min

### 2) 산소 소비량을 작업대사량으로 환산

산소 소비량 1L≒5kcal(에너지양)

### 3) 육체적 작업능력(PWC)

① 젊은 남성이 일반적으로 평균 16kcal/min 정도의 작업은 피로를 느끼지 않고 하루에 4분간 계속할 수 있는 작업강도 의미(여성평균 : 12kcal/min)

② 하루 8시간(480분) 작업 시에는 PWC의 1/3에 해당됨. 즉 남성은 5.3kcal/min, 여성은 4kcal/min에 해당하며 PWC을 결정할 수 있는 기능은 개인의 심폐기능임

③ 육체적 작업능력에 영향을 미치는 요소와 내용

㉠ 정신적 요소 : 태도, 동기

㉡ 육체적 요소 : 성, 연령, 체격

㉢ 환경 요소 : 고온, 한랭, 소음, 고도, 고기압

㉣ 작업 특징 요소 : 강도, 시간, 기술, 위치, 계획

## 4. 작업강도

### 1) 일반적 작업강도(근로강도)

① 일반적 사항

㉠ 작업강도는 일반적으로 열량소비량을 평가기준으로 한다. 즉 작업을 할 때 소비되는 열량으로 작업의 강도를 측정한다.

㉡ 작업할 때 소비되는 열량을 나타내기 위하여 성별, 연령별 및 체격의 크기를 고려한 작업대사율이라는 지수를 사용한다.

㉢ 작업대사량은 작업강도를 작업에 소요되는 열량의 측면에서 보는 한 지표에 지나지 않는다.

㉣ 작업강도는 생리적으로 가능한 작업시간의 한계를 지배하는 가장 중요한 인자이다.

㉤ 작업대사량은 작업강도를 작업에 소요되는 열량의 측면에서 본 것으로 정신작업에는 적용 불가하다.

㉥ 작업강도가 클수록 실동률이 떨어지므로 휴식시간이 길어진다. 즉 작업강도가 클수록 작업시간이 짧아진다.

② 작업대사율(에너지 대사율 : RMR－Relative Metabolic Rate)

㉠ 작업강도의 단위로서 정하여 에너지의 산소호흡량을 측정 소모량을 결정하는 방식으로 RMR이 클수록 작업강도가 높음을 의미한다.

㉡ 작업강도에 영향을 주는 요소는 에너지 소비량, 작업속도, 작업자세, 작업범위, 작업의 위험성 등이다. 즉, 작업강도가 커지는 경우는 정밀작업일 때, 작업종류가 많을 때, 열량 소비량이 많을 때, 작업속도가 빠를 때, 작업이 복잡할 때, 판단을 요할 때, 위험부담을 느낄 때, 대인 접촉이나 제약조건이 빈번할 때이다.

㉢ 작업강도를 적절하게 유지하기 위해서는 작업기간의 조정 및 교대, 일정기간 휴식, 피로회복, 작업환경 개선 등의 조치를 취하여야 한다.

㉣ 작업을 할 때에는 소비되는 열량으로 작업의 강도를 측정하고, 작업대사율로 주로 평가한다.

㉤ 작업강도는 작업을 할 때 소비되는 열량으로 측정한다.

### 2) 작업강도(RMR) 평가

① $\text{작업대사율} = \dfrac{\text{작업시 소요된 열량} - \text{안정시 소요되는 열량}}{\text{기초대사량}} = \dfrac{\text{작업대사량}}{\text{기초대사량}}$

$= \dfrac{\text{작업시 산소 소비량} - \text{안정시 산소 소비량}}{\text{기초 대사시 산소 소비량}}$

여기서, 기초대사량 : 남(0.95kcal/min, 1,350kcal/day), 여(0.80kcal/min, 1,150kcal/day)

② 작업강도가 커지는 경우

㉠ 정밀작업일 때
㉡ 작업의 종류가 많을 때
㉢ 열량 소비량이 많을 때
㉣ 작업속도가 빠를 때
㉤ 작업이 복잡할 때
㉥ 판단을 요할 때
㉦ 위험을 많이 느낄 때
㉧ 대인접촉이나 제약조건이 빈번할 때

③ 작업강도별 대사율의 분류

| 작업강도 | RMR | 실동률(%) | 기타 |
|---|---|---|---|
| 경 작 업 | 0~1 | 80 이상 | |
| 중등작업 | 1~2 | 80~76 | 쉬지 않고 6시간 계속작업이 가능<br>지적 활동을 포함 |
| 강 작 업 | 2~4 | 76~67 | |
| 중 작 업 | 4~7 | 67~50 | RMR 4 이상이면 휴식 필요 |
| 격심작업 | 7 이상 | 50 이하 | RMR 7 이상이면 수시휴식 필요 |

④ 일본 사이또의 실동률

실동률=85−5×작업대사율(R)

⑤ 오시마의 계속작업의 한계시간

log(계속작업의 한계시간)=3.724−3.25log(R)

여기서, R : RMR=작업대사량/기초대사량

## 5. 작업시간 및 휴식

### 1) 전신피로

① 허용작업시간

$$\log(T_{end}) = b_0 + b_1 E$$

여기서, $T_{end}$ : 허용작업시간(min)

$b_0$, $b_1$ : 작업능력에 따른 상수

$E$ : 작업대사량(kcal/min)

**Point**

35세 남성의 PWC = 16kcal/min이다 작업강도와 작업시간과의 관계식을 구하시오.

▶ PWC일 때 작업시간=4분, PWC/3일 때 작업시간=480분이므로

$\log 4 = b_0 + 16b_1$ , $\log 480 = b_0 + \frac{16}{3}b_1$ 계산을 하게 되면

$b_0 = -0.1949$ , $b_1 = 3.720$

$\log(T_{end}) = 3.720 - 0.1949E$

② 적정휴식시간

$$T_{rest}(\%) = \frac{E_{\max} - E_{task}}{E_{rest} - E_{task}} \times 100$$

여기서, $E_{\max}$ : 1일 8시간 작업에 적합한 대사량(PWC/3)

$E_{task}$ : 해당 작업의 대사량

$E_{rest}$ : 휴식 중에 소모되는 대사량

**Point**

1일 8시간 물체운반 시 $E_{task}$ = 8kcal/min, $E_{rest}$ = 1.5kcal/min이다. 쉬지 않고 계속 일할 수 있는 최대 허용시간과 휴식, 작업시간의 분배는 얼마인지 계산하시오.

▶ $\log(T_{end}) = 3.720 - 0.1949E = 3.720 - 0.1949 \times 8 = 2.161$

$T_{end} = 145\text{min}$

$$T_{rest(\%)} = \frac{E_{\max} - E_{task}}{E_{rest} - E_{task}} \times 100 = \frac{\frac{16}{3} - 8}{1.50 - 8} \times 100 = 41\%$$

피로예방을 위한 휴식시간은 60분이 기준이므로 60분의 41%인 약 25분을 휴식하고, 60분의 59%인 약 35분의 작업을 한다.

∴ 휴식 : 약 25분, 작업 : 약 35분

## 2) 국소피로

① 작업강도 : 10% 미만인 경우는 국소피로는 오지 않으며, 30% 이상인 경우는 제한요소가 되며, 국소피로에 앞서 불쾌감이 일어난다.

$$\%MS = \frac{Required\ force}{Maximum\ strength} \times 100$$

② 적정작업시간

$$\text{적정작업시간(sec)} = 671,120 \times \%MS^{-2.222}$$

약한 손 힘의 평균은 45kp이다. 10kg을 두 손으로 들어올리는 작업을 하고 있다. 작업강도와 적정 작업시간을 계산하시오.

➡ 1kp : 질량 1kg을 중력의 크기로 당기는 힘

10kg을 두 손으로 들어올리므로 한 손에 미치는 힘은 5kp

$\%MS = \dfrac{Required\ force}{Maximum\ strength} \times 100 = \dfrac{5}{45} \times 100 = 11.1\%$

적정작업시간(sec)$671,120 \times \%MS^{-2.222} = 671,120 \times 11.1^{-2.222} = 3,192\text{sec} = 53\text{min}$

즉, 작업강도가 15% 미만이고, 적정작업시간이 약 1시간 미만이므로 국소피로가 작업의 제한요소라고 생각할 수 없다.

### 3) 피로의 측정

① 전신피로 : $HR_{30\sim60}$이 110을 초과하고 $HR_{150\sim180} - HR_{60\sim90}$ =10 미만인 경우 심한 전신피로라 본다.

전신피로를 평가하려면 작업을 마친 직후 회복기의 심박수(Heart Rate, beats/min) ㉠, ㉡, ㉢을 측정하여 산출한다.

㉠ $HR_{30\sim60}$ : 작업종료 후 30~60초 사이의 평균 맥박수

㉡ $HR_{60\sim90}$ : 작업종료 후 60~90초 사이의 평균 맥박수

㉢ $HR_{150\sim180}$ : 작업종료 후 150~180초 사이의 평균 맥박수

② 국소피로 : 피로한 근육에서 측정된 EMG를 정상근육에서 측정된 EMG와 비교할 때의 차이점

㉠ 저주파수(0~40Hz) 힘의 증가

㉡ 고주파수(40~200Hz) 힘의 감소

㉢ 평균 주파수의 감소

㉣ 총 전압의 증가

### 4) 작업 지속시간과 휴식시간

① Flex Time제

근로자가 일하지 않으면 안 되는 중추시간을 제외하고 주 40시간 내에서 자유 출퇴근하는 제도

② 야근 근무 부적격자
㉠ 통근이 먼 사람
㉡ 피로하기 쉬운 사람
㉢ 신경질적인 사람
㉣ 내향성 성격자
㉤ 위장장해가 있는 사람

## 6. 교대작업

### 1) 일반적 설명

① 교대근무라 하는 것은 각각 다른 근무시간대에 서로 다른 사람들이 일을 할 수 있도록 작업 조를 2개조 이상으로 나누어 근무하는 것으로, 일시적 혹은 임의적으로 시행되는 작업형태를 제외한 제도화된 근무형태를 말한다.
② 교대근무는 일반적으로 생산량 확대와 기계 운영의 효율성 등을 높이기 위한 경제적 측면이 강조되고 작업자에 대한 별다른 고려 없이 도입된 측면이 있기 때문에 여러 가지 부작용을 초래하고 있다.
③ 교대근무의 문제점은 사람의 건강에 대한 악영향과 사고빈발로 인한 인적·물적 손실과 이로 인한 손실비용의 증가라고 볼 수 있다.
④ 교대근무를 할 수밖에 없다면 작업자 일주기성의 리듬이 최대한 작업특성에 맞도록 조건을 갖추어 나가고 작업피로를 최대한 줄일 수 있도록 해야 한다.
⑤ 교대제 채택의 경우에는 휴식과 수면에 중점을 두고 근무일수, 작업시간, 교대순서, 휴일 수 등을 정해야 한다.

### 2) 교대제를 기업에서 채택하는 이유

① 의료, 방송 등 공공사업에서 국민생활과 이용자의 편의를 위하여
② 화학공업, 석유정제 등 생산과정이 주야로 연속되지 않으면 안 되는 경우
③ 기계공업, 방직공업 등 시설투자의 상각을 조속히 달성하기 위해 생산설비를 완전 가동하고자 하는 경우

### 3) 야간근무의 생체부담

① 야간작업시 새로 만들어지는 바이오리듬의 형성기간은 수개월 걸린다.
② 야간근무시 가면시간은 1시간 반 이상은 주어야 수면효과가 있다.(주간수면은 비효율적임)

③ 야근은 오래 계속하더라도 완전히 습관화되지 않는다.
④ 야간작업시 체온상승은 주간작업시보다 낮다.
⑤ 체중의 감소가 발생하고 주간근무에 비하여 피로가 쉽게 온다.

4) 교대근무제 관리원칙

① 격일제, 2교대, 3교대, 2조 2교대, 3조 2교대, 4조 2교대, 3조 3교대, 4조 3교대, 다조 3교대로 실시한다.
② 2교대면 최저 3조, 3교대면 4조로 편성하고 40시간 근로일 때는 갑, 을, 병반으로 순환시킨다.
③ 야근의 주기를 4~5일, 연속은 2~3일로 하고 각 반의 근무시간은 8시간으로 한다.
④ 야근 후 다음 반으로 넘어가는 시간은 48시간 이상이 되도록 한다.
⑤ 야근 교대시간은 상오 0시가 좋고 부녀자의 2교대 야근 교대시간은 전반 상오 5~6시, 후반 10시 이후가 좋다.
⑥ 야근은 가면을 하더라도 10시간 이내가 좋으며 근무시간 간격은 15~16시간 이상으로 한다.
⑦ 산모에게는 산후 1년까지 야근을 피해야 한다.
⑧ 보통 근로자가 3kg의 체중감소가 있을 때는 정밀 검사를 받도록 권장한다.
⑨ 근로자가 교대 일정을 미리 알 수 있도록 한다.
⑩ 상대적으로 가벼운 작업은 야간 근무조에 배치하는 등 업무내용을 탄력적으로 조정한다.
⑪ 근무반 교대방향은 아침반 → 저녁반 → 야간반으로 정방향 순환이 되게 한다.

직무스트레스 관리에 관한 설명으로 옳지 않은 것은? ④

① 유산소 운동뿐 아니라 역도 등의 근육 운동도 직무스트레스를 관리하는 방법이 될 수 있다.
② 자기의 주장을 표현할 수 있는 훈련도 좋은 관리 방법 중 하나이다.
③ 명상을 하는 것도 직무스트레스 관리에 도움이 된다.
④ 교대근무 설계 시 야간반 → 저녁반 → 아침반의 순서로 하는 것이 스트레스 관리를 위해서 좋다.
⑤ 야간작업은 연속하여 3일을 넘기지 않도록 설계하는 것이 좋다.

해설 교대근무는 정방향 순환(아침 → 저녁 → 야간)이 바람직하다.

## 7. 산업피로의 예방과 대책

### 1) 예방 대책

① 적절한 신체적·정신적 건강유지를 위한 건강증진 프로그램을 개발한다.

② 유해한 작업환경(소음, 분진, 유해가스, 조명불량 등)은 작업피로를 가중시키므로 개선한다.

③ 만성적인 피로를 없애기 위해서는 개인적으로 지나치지 않을 정도로 충분한 수면을 취한다.

④ 작업과정에 적절한 간격으로 휴식시간을 두고 충분한 영양을 취한다.

### 2) 영양 대책

① 3대 영양소 연소 시 발생 열량

㉠ 지방 1g : 9.3kcal

㉡ 단백질, 탄수화물(당질) : 4.1kcal

② 특수 작업 환경과 권장 영양소

| 권장영양소 | 특수 작업 환경 |
|---|---|
| Vit $B_2$ | 벤젠 급성중독, 이황화탄소 중독 |
| Vit $B_6$ | 벤젠 만성 중독 |
| Vit C | 암모니아 중독 |
| Vit $B_1$ | 일산화탄소 중독 |
| Vit E, Nicotin 산 | 사염화탄소 중독 |
| Fe, Cu | 아연중독 |
| NaCl | 고온환경 |

### 3) 기타 대책

① 힘든 노동은 가급적 기계화·자동화하여 육체적 부담을 줄인다.

② 너무 정적인 작업은 피로를 더하므로 가능하면 동적인 작업으로 전환하도록 한다.

③ 작업에 사용되는 공구 및 작업자세 등을 인간공학적으로 고안한다.

④ 작업 속도 및 휴식 시간 등을 적절히 한다.

⑤ 작업에 숙련이 되면 피로가 경감되고 작업능률은 향상되므로 작업에 숙련되도록 훈련한다.

# 05 산업심리

Section

## 1. 심리검사

### 1) 산업심리의 정의

산업 활동에 종사하는 인간의 문제 특히, 산업현장의 근로자들의 심리적 특성 그리고 이와 연관된 조직의 특성 등을 연구, 고찰, 해결하려는 응용심리학의 한 분야. 산업 및 조직심리학(Industrial and Organizational Psychology)이라고 불리기도 한다.

### 2) 심리검사의 종류

① 계산에 의한 검사
계산검사, 기록검사, 수학응용검사

② 시각적 판단검사
형태 비교검사, 입체도 판단검사, 언어 식별검사, 평면도 판단검사, 명칭 판단검사, 공구 판단검사

③ 운동능력 검사(Motor Ability Test)
㉠ 추적(Tracing) : 아주 작은 통로에 선을 그리는 것
㉡ 두드리기(Tapping) : 가능한 점을 빨리 찍는 것
㉢ 점찍기(Dotting) : 원 속에 점을 빨리 찍는 것
㉣ 복사(Copying) : 간단한 모양을 베끼는 것
㉤ 위치(Location) : 일정한 점들을 이어 크거나 작게 변형
㉥ 블록(Blocks) : 그림의 블록 개수 세기
㉦ 추적(Pursuit) : 미로 속의 선을 따라가기

④ 정밀도검사(정확성 및 기민성) : 교환검사, 회전검사, 조립검사, 분해검사

⑤ 안전검사 : 건강진단, 실시시험, 학과시험, 감각기능검사, 전직조사 및 면접

⑥ 창조성검사 : 상상력을 발동시켜 창조성 개발능력을 점검하는 검사

## 2. 산업심리의 영역

### 1) 심리검사의 특성

① 표준화
검사의 관리를 위한 조건, 절차의 일관성과 통일성에 대한 심리검사의 표준화가 마련되어야 하며, 검사의 재료, 검사받는 시간, 피검사자에게 주어지는 지시, 피검사자의 질문

에 대한 검사자의 처리, 검사 장소 및 분위기까지도 모두 통일되어 있어야 한다.

② 타당도

특정한 시기에 모든 근로자를 검사하고, 그 검사 점수와 근로자의 직무평정 척도를 상호 연관시키는 예언적 타당성을 갖추어야 한다.

③ 신뢰도

실시했을 때 '검사조건이나 시기에 관계없이 얼마나 점수들이 일관성이 있는가, 비슷한 것을 측정하는 검사점수와 얼마나 일관성이 있는가' 하는 것 등

④ 객관도 : 채점이 객관적인 것을 의미

⑤ 실용도 : 실시가 쉬운 검사

## 2) 내용별 심리검사 분류

### (1) 인지적 검사(능력검사)

① 지능검사 : 한국판 웩슬러 성인용 지능검사(K-WAIS), 한국판 웩슬러 지능검사(K-WIS)

② 적성검사 : GATB 일반적성검사, 기타 다양한 특수적성검사

③ 성취도 검사 : 토익, 토플 등의 시험

### (2) 정서적 검사(성격검사)

① 성격검사

직업선호도 검사 중 성격검사(BIG FIVE), 다면적 인성검사(MMPI), 캘리포니아 성격검사(CPI), 성격유형검사(MBTI), 이화방어기제검사(EDMT)

② 흥미검사 : 직업 선호도 검사 중 흥미검사

③ 태도검사 : 구직 욕구검사, 직무만족도검사 등 매우 다양

### (3) 산업심리학

① 산업심리학과 직접 관련이 있는 학문. 인사관리학, 인간공학, 사회심리학, 심리학, 응용심리학, 안전관리학, 신뢰성 공학, 행동과학, 노동과학

② 산업심리학과 간접 관련이 있는 학문. 철학, 윤리학, 교육학, 자연과학(물리학, 화학, 생물학), 사회병리학, 위생학

### (4) 개성, 욕구 및 사회행동의 기본 형태

① 개성

인간의 성격, 능력, 기질의 3가지 요인의 유기적 결합에 의해서 이루어지며 생활환경 및 인간관계에 의해 개인의 생리적 조건과 조화되면서 형성된다.

② 생리적 욕구 : 의식적으로 통제가 힘든 순서
호흡욕구 > 안전욕구 > 해갈욕구 > 배설욕구 > 수면욕구 > 식욕구 > 활동욕구
③ 사회활동 욕구
④ 사회행동의 기본 형태
㉠ 협력(cooperaton) : 조력, 분업
㉡ 대립(opposition) : 공격, 경쟁
㉢ 도피(escape) : 고립, 정신병, 자살
㉣ 융합(accommodation) : 강제, 타협

## 3. 직무 스트레스 원인

### 1) 스트레스의 정의

스트레스란, 적응하기 어려운 환경에 처할 때 느끼는 심리적 · 신체적 긴장상태로 직무몰입과 생산성 감소의 직접적인 원인이 되며, 직무특성 스트레스 요인은 작업속도, 근무시간, 업무 반복성이며, 직무스트레스를 근로자의 피로 및 정신적 스트레스 등으로 정의하고 있다.

### 2) 산업안전보건법상 직무 스트레스 대책

① 작업환경, 작업내용, 근로시간 등 직무스트레스요인에 대하여 평가하고 근로시간 단축, 장 · 단기 순환작업 등 개선대책을 마련하여 시행할 것
② 작업량, 작업일정 등 작업계획수립 시 해당 근로자의 의견을 반영할 것
③ 작업과 휴식을 적정하게 배분하는 등 근로시간과 관련된 근로조건을 개선할 것
④ 근로시간 외의 근로자 활동에 대한 복지차원의 지원에 최선을 다할 것
⑤ 건강진단결과, 상담자료 등을 참고하여 적절하게 근로자를 배치하고 직무스트레스 요인, 건강문제 발생가능성 및 대비책 등에 대하여 해당 근로자에게 충분히 설명할 것
⑥ 뇌혈관 및 심장질환 발병위험도를 평가하여 금연, 고혈압관리 등 건강증진프로그램을 시행할 것

### 3) 작업관련성을 인정하는 질환

① 뇌혈관 또는 심장혈관의 정상적인 기능에 뚜렷한 영향을 줄 수 있는 육체적 · 정인적인 부담을 유발한 경우
② 근로자의 업무량과 업무시간이 발병 전 3일 이상 연속적으로 일상 업무보다 30% 이상 증가되거나 발병 전 1주일 이내에 업무의 양 · 시간 · 강도 · 책임 및 작업환경 등이

일반인이 적응하기 어려운 정도의 만성적인 과로를 초래한 경우로 한정하고 있다. 이때 "과로는 피로감이 단시간 휴식으로 회복되지 않고 몸의 상태가 나빠져 일의 능률저하가 지속되는 현상"으로 일종의 피로축적 현상이라 볼 수 있다.

### 4) 스트레스 요인

"직무 스트레스 요인(Job stressor)"이라 함은 근로자의 능력이나 자원, 바람(요구)과 일치하지 않음으로써 근로자에게 유해한 신체적 또는 정서적 반응을 초래하는 업무적 요인을 말한다.

#### (1) 일반적 요인

① 시간적 압박, 업무시간표 및 속도
장시간 노동, 연장근무, 교대근무 업무시간 내내 자신이 업무를 통제하지 못하고 수동적인 행동을 강요받을 때, 일시적으로 자주 바뀌는 업무시간에 스스로 업무 속도를 조절할 수 있는지의 여부

② 업무구조
심리적 업무요구가 높고, 직무의 재량권이 낮은 업무, 업무조직의 변화, 부서이동, 좌천이나 승진, 업무의 예측가능성

③ 물리적 환경
부족한 조명, 과도한 소음, 비좁은 작업공간, 비위생적 환경, 사무직의 경우도 불편한 책상, 과밀, 부족한 환기와 추운 실내온도 등

④ 조직
업무요구사항이 명확하지 않거나 업무에 대한 전망이 결여되고 책임범위가 명확하지 않은 등의 역할모호성, 과도한 경쟁, 성별에 따른 차별, 역할 갈등, 직장내 관계갈등 등

⑤ 조직 외적인 스트레스 요인
직업 안정성과 승진, 실업 및 자유시장경제와 전 지구적 경제상황에서의 고용안정과 관련된 사항, 직무안정성의 결여

⑥ 비직업성 스트레스 요인
업무 이외의 스트레스 요인들로 개인, 가족, 지역사회가 처한 환경 등

#### (2) 변형 요인

같은 스트레스 요인에 노출되더라도 결과물인 스트레스 반응에 영향을 주는 요인 등을 말하며 스트레스 관리에 있어 변형요인을 조정함으로써 스트레스의 부정적 영향을 약화 시킬 수 있다.

① 개인적 변형요인
스트레스 반응에 대한 잠재적 변형요인으로 행동양식 및 개인적 자원 등
② 환경적 변형요인들
스트레스 반응을 약화시키는 사회적 지지로 감정적 지지, 자존심의 확인, 정보의 제공 등

5) 스트레스의 자극요인

① 자존심의 손상(내적 요인)
② 업무상의 죄책감(내적 요인)
③ 현실에서의 부적응(내적 요인)
④ 직장에서의 대인 관계상의 갈등과 대립(외적 요인)

## 4. 직무 스트레스 평가

1) 직무 스트레스 평가지표

직무 스트레스를 평가하는 생물학적 지표로는 카테콜아민, 코티졸, 도파민, 세로토닌 등의 신경내분비계 지표, 여러 면역지표, 고혈압, 호모시스테인, 심박동수 변이 등의 심혈관계 지표 등이 활용되고 있다.
직무 스트레스를 물리환경, 직무요구, 직무자율, 직무불안정, 관계갈등, 조직체계, 보상부적절, 그리고 직장문화의 8개의 영역으로 구성 평가하고 있으며, 계산된 값은 전국 평균 및 사분위수와 비교하여, 집단 직무스트레스의 수준을 평가하는 데 활용할 수 있다.

2) 스트레스와 건강장해

(1) 스트레스에 의한 인체의 반응

① 경고 반응(Alarm Reaction)
스트레스를 받으면 제일 먼저 놀라게 되고 우리 몸의 생리기능을 관장하는 교감신경계가 흥분을 한다. 즉, 가슴이 두근거리고, 호흡이 가빠지는 등의 생리적 현상이 나타난다.
② 저항 단계(Stage of Reaction)
시간이 지나면 자극에 대해 여유를 갖고 바라보게 되고 적응을 하려 하거나 저항을 하게 된다. 이 시기에 부신 피질 호르몬 등의 스트레스 호르몬이 분비하게 되어 우리 신체가 변화에 적응할 수 있도록 준비시킴으로써 항상성을 유지한다.

③ 소진 단계(Stage of Exhaustion)

스트레스가 계속 지속되면 결국 신체적 방어도 붕괴되고, 적응 에너지도 고갈되며, 이때 경고반응의 신체적 징후가 다시 나타난다. 소진까지 오면 신체의 어느 기관이 고장 나서 병이 되어 있거나 정신분열증 같은 정신병이 생기기도 한다.

(2) 스트레스에 의한 정신 신체적 장애

같은 스트레스인데도 이렇게 여러 가지 다른 정신 신체적 질병이 나타나는 이유는 주로 자율 신경계의 반응과 취약한 신체기관이 개인마다 다르기 때문이다.

① 심혈관계 : 빈맥, 부정맥, 고혈압, 협심증
② 위장관계 : 신경성 구토, 위경련, 가슴앓이, 딸꾹질, 설사, 위궤양, 십이지장 궤양, 변비
③ 호흡기계 : 신경성 기침, 기관지 천식, 과호흡 증후군 등
④ 생식기계 : 빈뇨, 발기부전, 불감증, 조루증, 월경불순, 불임증 등
⑤ 내분비계 : 당뇨병, 비만증, 갑상선 질환 등
⑥ 신경계 : 편두통, 수전증, 서경증 등
⑦ 근육계 : 근육통, 요통, 류마티스 관절염 등
⑧ 피부계 : 두드러기, 원형탈모증, 가려움증, 신경성 피부병, 다한증 등
⑨ 기타 : 알코올 남용, 불안장해, 우울증, 수면장애, 공황장애 등

## 5. 직무 스트레스 관리

### 1) 개인적 차원 관리

① 의뢰 : 다음과 같은 경우 정신과 전문의에게 의뢰하는 것이 좋다.
　㉠ 스트레스 관련 증상이 3개월 이상 계속될 경우
　㉡ 업무상 사고의 위험성이 매우 높을 때
　㉢ 직무 외적 요인 즉, 가족의 문제가 더 큰 요인일 경우
② 직속상사에 대한 건의, 근무 교대주기의 수정 등
③ 근로자와 관리 스케줄 작성
④ 근로자 교육
　㉠ 부적합한 대처기전의 수정
　㉡ 유산소 운동 : 달리기, 수영, 등산, 빨리 걷기 등을 주 3회 이상, 1회당 30분~1시간씩
⑤ 스트레스 관리 기법들
　㉠ 인지행동치료 기법

　자기 관찰, 인지행동치료, 이완훈련, 점진적 근육이완법, 바이오피드백, 명상, 자기주장 훈련

㉡ 기타 기법 : 상담, 정신치료, 최면치료, 요가, 단전호흡, 참선, 마사지

⑥ 개인에 대한 조치는 스트레스의 수준과 정도에 따라 될 수 있으면 구체적으로 이루어지는 것이 좋다.

### 2) 집단적(조직적) 차원 관리

① 집단적 프로그램의 객관적 평가 지표
보건의료비용의 감소, 결근율의 감소, 이직률 감소, 생산성 향상

② 집단적 프로그램의 주관적 평가 지표
삶의 질 증진, 근로자 간 인간관계 개선, 스트레스 대응 능력의 향상, 조직과의 관계 개선, 근로자 참여도 향상, 단계적 문제 해결, 조직문화의 변화 도모

직무스트레스를 해결하기 위한 조직적 접근에 관한 내용으로 옳지 않은 것은? ⑤

① 근로자를 참여시킨다.
② 단계적으로 문제에 접근한다.
③ 조직 문화의 변화를 포함한다.
④ 사업주는 프로그램에 관심을 가져야 하며 책임을 져야 한다.
⑤ 사업장에서 스트레스 관리 목적은 스트레스를 완전히 없애는 것이다.

해설 스트레스를 완전히 없애는 것은 사실상 불가능하며, 적절한 수준의 스트레스는 오히려 능률 향상, 업무 몰입 등 긍정적인 방향으로 작용할 수 있으므로 스트레스를 적절하게 관리하여야 한다.

### 3) 일반적인 스트레스 해소법

① 자기 자신을 돌아보는 반성의 기회를 가끔씩 가진다.
② 주변사람과의 대화를 통해서 해결책을 모색한다.
③ 스트레스는 가급적 빨리 푼다.
④ 출세에 대한 조급한 마음을 가지지 않는다.
⑤ 적절한 수준의 스트레스는 능률 향상, 업무 몰입 등 긍정적인 방향으로 작용하기도 한다.

## 6. 조직과 집단

### 1) 조직의 정의

인간의 집합체이며 어떠한 작업환경 내에서 각 구성원의 노력으로 공통된 목적을 능률적이며 효과적으로 달성하기 위한 인간적 체계(System)를 말한다.

### 2) 조직의 유형 및 특성

① Line형(직계형)

경영자의 지휘와 명령이 위에서 아래로 하나의 계통이 잘 전달되며 소규모 기업에 적합한 방식

㉠ 장점

- 명령계통이 간단 명료, 참모식보다 경제적, 중소기업에 적합

㉡ 단점

- 안전, 보건 정보 불충분, 라인이 과중한 책임을 지기 쉬움
- 안전정보 및 신기술 개발이 어려움

㉢ 특징

- 100명 이하 소규모 작업장에 적합, 생산과 안전보건을 동시에 지시
- 라인 관계자는 안전, 보건을 배려한 생산계획, 작업계획을 작성, 실시하여야 함

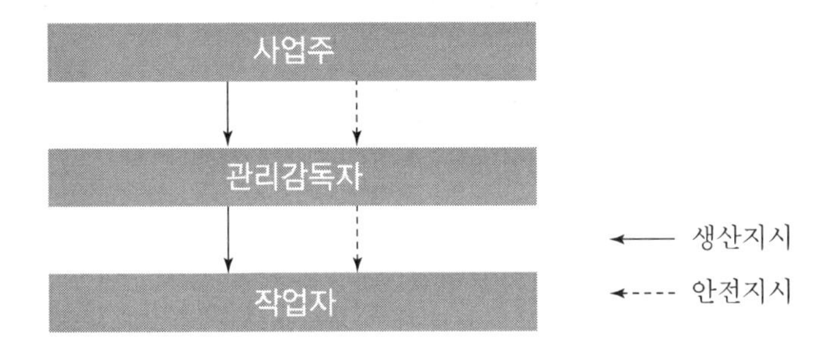


② Staff형(참모형)

안전, 보건을 담당하는 스태프(참모진)를 두고 안전관리에 관한 계획, 조사, 검토, 권고, 보고 등을 행하는 관리방식

㉠ 장점

- 안전, 보건업무가 전담기능에 의해 수행되므로 발전적임
- 경영자에게 조언과 자문역할을 함, 안전, 보건 정보수집이 신속함
- 안전, 보건 업무가 표준화되어 직장에 정착됨

㉡ 단점

- 생산부분에 협력하여 안전명령을 전달하므로 안전, 보건과 생산을 별개로 취급하기 쉬우며 권한다툼이나 조정 때문에 시간과 노력이 소모됨
- 생산부문에는 안전, 보건에 대한 책임과 권한이 없음

㉢ 특징 : 근로자 100~1,000명 정도, 중규모 작업장에 적합함

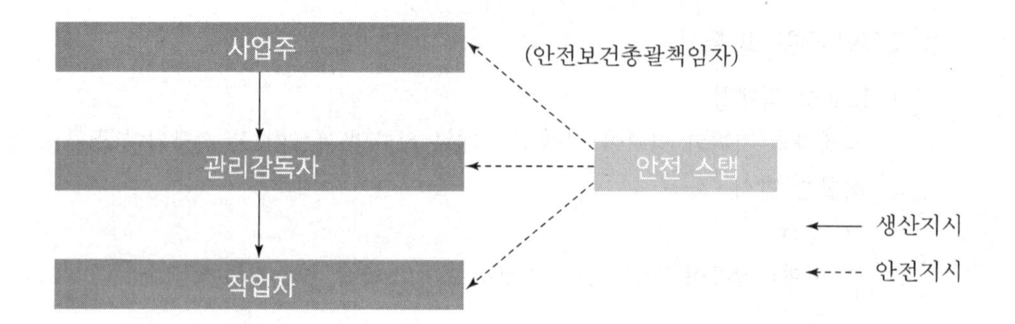


③ Line-Staff형(혼합형)

Line형과 Staff형의 장점을 취한 절충식 조직형태

㉠ 장점

- 안전, 보건 전문가에 의해 입안된 것이 경영자의 지침으로 실시되므로 신속, 정확
- 안전, 보건에 대한 신기술 개발과 보급이 용이
- 안전활동이 생산과 분리되지 않음

㉡ 단점

- 명령계통과 조언, 권고적 참여가 혼돈되기 쉬움
- Staff의 월권행위가 있음, Line이 Staff에 의존 또는 활용하지 않는 경우가 있음

㉢ 특징

- 1,000명 이상 작업장에 적합, 안전에 관한 각종 계획수립은 Staff에서 행함
- 수립된 각종 계획은 Line에서 실시하며 Line형, Staff형 단점을 상호 보완하는 방식

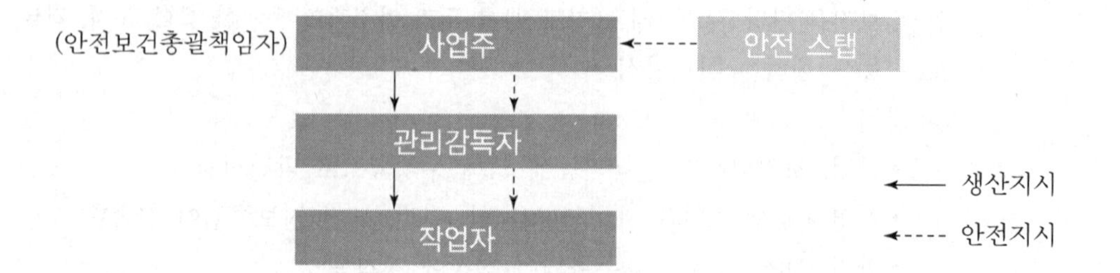

### 3) 집단의 정의

적정 규모의 구성원이 구성원 상호작용으로 집단역학(Group Dynamic)을 통하여 공통의 목표를 달성하기 위한 집합체를 말한다.

### 4) 집단의 기능

① 응집력
② 행동의 규범
③ 집단목표

### 5) 집단의 유형 및 특성

① 공식집단(Formal Group)
구체적 목적을 달성하기 위해 조직에 의해 의도적으로 형성된 집단
㉠ 특성
- 집단 가입 동기는 지명 또는 선발에 의하며 구조적으로 안정적임
- 통제는 투표 또는 공식적 지명으로 이루어짐
- 과업은 정확한 범위가 정해져 있음
- 집단의 유지기간은 미리 정해 놓음

② 비공식 집단(Informal Group)
구성원들 간의 공동 관심사 또는 인간관계에 의해 자연 발생적으로 형성된 집단
㉠ 특성
- 집단가입 동기는 자의적 또는 자연적으로 이루어짐
- 구조적으로 안정적이지 못하며 가변적임, 통제는 자연적으로 지도자가 형성됨
- 과업은 다양하게 변화함, 집단의 유지기간은 구성원 간의 의도에 달려 있음
- 규범 설정시 감정의 논리를 기본적으로 함

## 7. 직업과 적성

### 1) 적성의 정의

특정분야의 업무에 종사할 때 그 영역에서 효과적으로 수행할 수 있는 가능성을 인간의 적성이라 한다.

### 2) 적성의 구분

① 기계적 적성 : 기계작업에 성공하기 쉬운 특성
  ㉠ 손과 팔의 솜씨 : 신속하고 정확한 능력
  ㉡ 공간 시각화 : 형상, 크기의 판단능력
  ㉢ 기계적 이해 : 공간시각능력, 지각속도, 경험, 기술적 지식 등 복합인자로 만들어진 적성
② 사무적 적성 : 지능, 지각속도, 정확성
③ 적성의 요인 4가지 : 직업적성, 지능, 흥미, 인간성

### 3) 적성검사의 종류

① 시각적 판단검사
② 정확도 및 기민성 검사(정밀성 검사)
③ 계산에 의한 검사
④ 속도에 의한 검사

### 4) 적성 발견방법

① 자기 이해 : 자신의 것으로 인지하고 이해하는 방법
② 개발적 경험 : 직장경험, 교육 등을 통한 자신의 능력 발견방법

### 5) 적성검사

① 특수 직업 적성검사 : 특수 직무에서 요구되는 능력 유무 검사
② 일반 직업 적성검사 : 어느 직업분야의 적성을 알기 위한 검사

### 6) 직무분석방법

① 면접법
② 설문지법
③ 직접관찰법
④ 일지작성법
⑤ 결정사건기법

### 7) 적성배치의 효과

① 근로의욕 고취
② 재해의 예방
③ 근로자 자신의 자아실현
④ 생산성 및 능률 향상
⑤ 적성배치에 있어 고려되어야 할 기본사항
  ㉠ 적성검사를 실시하여 개인의 능력을 파악한다.
  ㉡ 직무평가를 통하여 자격수준을 정한다.
  ㉢ 객관적인 감정요소에 따른다.
  ㉣ 인사관리의 기준원칙을 고수한다.

### 8) 인사관리의 중요한 기능

① 조직과 리더십(Leadership)
② 선발(적성검사 및 시험)
③ 배치
④ 작업분석과 업무평가
⑤ 상담 및 노사 간의 이해

# 06 직업성 질환

Section

## 1. 직업성 질환의 정의와 분류

### 1) 직업성 질환의 정의

① 직업성 질환이란 어떤 직업에 종사함으로써 발생하는 업무상 질병을 말하며 직업상의 업무에 의하여 1차적으로 발생하는 질환을 원발성 질환이라 한다.

② 개개인의 맡은 직무로 인하여 가스, 분진, 소음, 진동 등 유해성 인자가 몸에 장·단기간 침투, 축적되어 이로 인하여 발생하는 질환을 총칭하며 대표적인 예로는, 작업관련성 근골격계 질환과 작업관련성 뇌·심혈관질환을 들 수 있다.

### 2) 직업병의 개념

① 직업병은 직업에 의해 발생된 질병으로 직업적 노출과 특정 질병 간에 비교적 명확한 인과관계

② 일반적으로 단일의 원인 요인에 의해서 발병

③ 직업병의 예로는 진폐증이나 소음성 난청 등

④ 직업병의 예방관리 대책은 인과관계가 알려진 유해인자의 노출을 회피하고 예방하는 데에 중점

### 3) 작업관련성 질환의 개념

① 작업관련성 질환은 작업에 의해 악화되거나 작업과 관련하여 많이 발생되는 질병

② 직업병보다 직업성 노출과 특정 질병 간의 인과 관계가 모호

③ 작업관련성 질환은 직업적 노출 외에도 질병 발생에 대한 다른 위험요인들이 있음

④ 개인적 특성이나 환경 및 사회문화적 요인들의 복합적인 영향에 의해 발병

⑤ 작업관련성 질환에 해당하는 예로는 직업성 천식이나 뇌심혈관계질환, 근골격계 질환 등

⑥ 작업관련성 질환의 예방과 관리대책은 다양한 위험요인들의 포괄적인 관리 필요

### 4) 직업성 질환의 분류

#### (1) 재해성 질환

① 시간적으로 명확하게 재해에 의하여 발병한 질환을 말한다.

② 부상에 기인하는 질환(재해성 외상)과 재해에 기인하는 질환(재해성 중독)으로 구분한다.

③ 재해성 질병 인정시 재해의 성질과 강도, 재해가 작용한 신체부위, 재해가 발생할 때까지의 시간적 관계 등을 종합적으로 판단한다.

#### (2) 직업병

① 재해에 의지하지 않고 업무에 수반되어 노출되는 유해물질의 작용으로 급성 또는 만성으로 발생하는 것을 말하며 직업병은 저농도로 장시간에 걸쳐 반복노출로 생긴 질병을 말한다.

② 업무와 관련성이 인정되거나 4일 이상의 요양을 필요로 하는 경우 보상의 대상이 된다.

③ 작업내용과 그 작업에 종사한 기간 또는 유해 작업의 정도를 종합적으로 판단한다.

### 5) 직업성 질환의 특성

① 열악한 작업환경 및 유해인자에 장기간 노출된 후에 발생한다.

② 폭로 시작과 첫 증상이 나타나기까지 장시간이 걸린다.(질병증상이 발현되기까지 시간적 차이가 큼)

③ 인체에 대한 영향이 확인되지 않은 신물질(새로운 물질)이 있다.

④ 임상적 또는 병리적 소견이 일반질병과 구별하기가 어렵다.

⑤ 많은 직업성 요인이 비직업성 요인에 상승작용을 일으킨다.

⑥ 임상의사가 관심이 적어 이를 간과하거나 직업력을 소홀히 한다.

⑦ 보상과 관련이 있다.

### 6) 직업성 질환의 범위

① 직업상 업무에 기인하여 1차적으로 발생하는 원발성 질환을 포함한다.

② 원발성 질환과 합병 작용하여 제2의 질환을 유발하는 경우를 포함한다.

③ 합병증이 원발성 질환과 불가분의 관계를 가지는 경우를 포함한다.

④ 원발성 질환에 떨어진 다른 부위에 같은 원인에 의한 제2의 질환을 일으키는 경우를 포함한다.

### 7) 직업성 질환의 종류

#### (1) 인자별 질환

① 화학물질로 발생한 질병

② 물리적 인자에 의한 질병

③ 생물학적 인자에 의한 질병

(2) 표적장기에 따른 질병

① 직업성 호흡기 질환
② 직업성 피부질환
③ 직업성 근골격계 질환

(3) 직업성 암

석면 외 14여 종, 그리고 그 외에 언급되지 않았지만 이 인자에 대한 근로자의 노출과 암 간의 직접적인 연관이 인정되는 다른 인자에 의해 발생한 암

(4) 기타

탄광부의 안구진탕

8) 직업병의 원인(직업성 질환 유발)

① 물리적 요인 : 소음 진동, 유해광선(전리, 비전리방사선), 온도, 이상기압, 한랭, 조명 등
② 화학적 요인 : 화학물질(대표적 : 유기용제), 금속증기
③ 생물학적 요인 : 각종 바이러스, 진균, 리케차, 쥐 등
④ 인간공학적 요인 : 작업방법, 작업자세, 작업시간, 중량물 취급 등

## 2. 직업성 질환의 원인

1) 직업성 질환 발생원인

① 작업환경의 온도, 복사열, 소음, 진동, 유해광선 등 물리적 원인에 의하여 생기는 것
② 분진에 의한 진폐증
③ 가스, 금속, 유기용제 등 화학적 물질에 의하여 생기는 중독증
④ 세균, 곰팡이 등 생물학적 원인에 의한 것

2) 직접원인

① 물리적 원인
대기 조건의 변화, 진동, 소음, 전리방사선 등의 물리적 장애는 각각 잠함병, 수지진동증후군, 소음성 난청, 백내장 등
② 화학적 원인
작업환경에서 가스, 액체, 분진의 형태로 발생되는 화학물질 역시 다양한 중독증, 진폐증, 직업성 피부질환
③ 부적절한 자세나 과도한 힘

### 3) 간접원인(작업강도와 작업시간)

① 분진 작업자의 경우 작업의 강도는 호흡량을 증가시키며 흡입되는 분진의 총량을 증가시키는 영향을 줌

② 고온다습한 작업환경은 작업장 내 유해가스의 발생량을 늘리고 피부 체표면의 부착과 흡수를 도움

③ 겨울철의 한랭한 기후조건은 종종 환기를 잘 안 해서 중독발생을 촉진함

④ 근로자의 성별, 연령, 인종의 차이도 종종 독성질환의 유병에 차이를 보임

### 4) 업무상 질병 범위(근로기준법)

① 업무상 부상에 기인하는 질병

② 무겁고 힘든 업무로 인한 근육, 건, 관절의 질병과 내장탈장

③ 고열자극성의 가스나 증기, 유해광선 또는 이물로 인한 결막염, 그 밖의 눈 질환

④ 라듐, 방사선, 자외선, 엑스선, 그 밖의 유해방사선으로 인한 질병

⑤ 덥고 뜨거운 장소에서의 업무로 인한 열사병 등 열중증

⑥ 덥고 뜨거운 장소에서의 업무 또는 고열물체를 취급하는 업무로 인한 제2도 이상의 화상 및 춥고 차가운 장소에서의 업무 또는 저온물체를 취급하는 업무로 인한 제2도 이상의 동상

⑦ 분진을 비산하는 장소에서의 업무로 인한 진폐증 및 이에 따르는 폐결핵 등 합병증(규폐증)

⑧ 지하작업으로 인한 안구진탕증

⑨ 이상기압하에서의 업무로 인한 감압병 그 밖의 질병(잠함병)

⑩ 제사 또는 방적 등의 업무로 인한 수지봉와직염 및 피부염

⑪ 착암기 등 진동발생공구 취급작업으로 인하여 유발되는 신경염 그 밖의 질병(레이노씨병)

⑫ 강렬한 소음이 발생되는 장소에서의 업무로 인한 귀질환

⑬ 영상표시단말기(VDT) 등 취급자에게 나타나는 경견완증후군

⑭ 납이나 그 합금 또는 그 화합물로 인한 중독 및 그 속발증
⑮ 수은아말감 또는 그 화합물로 인한 중독 및 그 속발증
⑯ 망간 또는 그 화합물로 인한 중독 및 그 속발증(신경염)
⑰ 크롬, 니켈, 알루미늄 또는 그 화합물로 인한 궤양, 그 밖의 질병(비중격 천공)
⑱ 아연, 그 밖의 금속 증기로 인한 금속열
⑲ 비소 또는 그 화합물로 인한 중독 및 그 속발증
⑳ 인 또는 그 화합물로 인한 중독 및 그 속발증
　㉠ 초산염가스나 아황산가스로 인한 중독 및 그 속발증
　㉡ 황화수소로 인한 중독 및 그 속발증
　㉢ 이황화탄소로 인한 중독 및 그 속발증

## 3. 직업성 질환의 진단과 인정방법

### 1) 직업성 질환 진단목표

① 예방대책 수립
② 적절한 치료
③ 직업성 질환의 여부 확인

### 2) 업무상 질환 진단

업무상 질환임을 진단하기 위해서는 우선 재해성 질환인지 직업성 질환인지 확인해야 한다.

① 재해성 질환
업무기인성 판단이 비교적 양호하다.

② 직업성 질환
어떤 특정 한 가지 물질이나 작업환경에 노출되어 생기는 것보다는 여러 독성물질이나 유해 작업환경에 노출되어 발생하는 경우가 많기 때문에 진단이 복잡하다.

### 3) 직업성 질환 진단시 조사내용

① 유해물질에 노출된 것을 인지하여 인과관계를 밝혀낸 후 원인물질의 유해성을 파악하여 그 질환이 의학적으로 발생할 수 있는지 판단하여야 한다.
② 그 질환이 근로기준법상 질병에 해당하는가를 밝혀낸다.
③ 개인의 유전석 사항, 생활습관 및 정신적·사회적 요인에 대한 조사
④ 직력조사 및 현장조사
⑤ 임상적 진찰소견 및 임상검사 소견

### 4) 직업성 질환 진단방법

① 직업력 조사가 필수적으로 수행

② 임상적인 진찰소견, 그리고 임상적인 검사소견 등의 의학적인 점검이 필요

③ 직업성 유해요인에 대한 노출내용과 정도를 판단하기 위해 산업위생학적인 지식과 점검이 요구

④ 직업성 질환으로 의심되는 환례에서 유사한 동료 노출 근로자들의 역학적 자료 등을 포괄적으로 종합하는 역학적 검토도 요구

⑤ 질병과 직업의 관련성은 직업력 조사결과의 확인으로 판단

### 5) 직업성 질환 직업력 조사

#### (1) 현재 직업

① 현재 근무하고 있는 작업, 현 직장에서 근무기간을 기본적으로 조사

※ 현재 수행하는 업무에 대해서는 한국표준직업분류 등 기존의 분류체계에 맞추기보다 현지의 말로 기록하는 것이 좋다. 그렇게 조사된 업무에 대해서는 다시 동료 근로자들의 입을 통해 업무 재확인을 할 때 접근성을 높일 수 있다.

② 현 직장에서 노출되고 있는 유해요인과 보호구 착용 여부를 알아본다.

※ 보호구 착용 시기와 착용하는 방식을 알아보면 같은 작업이라 하더라도 유해요인에 노출되는 정도를 판단하는 데 도움이 된다.

#### (2) 과거의 직업력

① 생애 처음으로 종사하였던 업무부터 현재까지 연대기적으로 업무를 나열해 보는 것이 좋음

※ 과거에 현재와 동종 업무에 종사하였다면 작업환경 중 유해요인에 노출되는 기간은 과거 동종 업무를 하였던 기간을 현재의 작업시간에 더해서 누적 노출시간으로 평가하는 것이 적합하다.

② 작업형태가 정규직인지, 임시직이라서 다른 부업을 함께 했다면 부업으로 노출되는 작업환경에 대해서도 함께 파악한다.

③ 의무 군복역을 했던 남성의 경우 군대에서의 유해요인 노출을 파악하는 것도 중요

※ 특히 소음성 난청의 경우 군복무 중 총성에 의한 영향도 함께 작용할 수 있다.

#### (3) 같은 직종 근로자들에서 유사한 증상 및 질병의 발생 상황

① 현재 작업환경에 함께 노출되는 근로자들에서도 유사한 질환이 발생하였다면 작업환경 중 노출되는 유해인자에 의해 특정 질환이 집단으로 발생하였을 가능성이 높음

② 근골격계 질환이나 뇌심혈관계 질환, 직업성 천식 등 작업관련성 질환의 경우 직업성 위험요인은 비직업성 위험요인과 복합적으로 작용
③ 같은 공정에 있는 작업자들에게 일어나지 않았다고 해서 업무관련성이 낮다고 평가하는 것은 곤란함

### 6) 직업성 질환 직업 외의 노출요인 조사

① 흡연력
② 음주력
③ 거주 지역조사
④ 취미생활

### 7) 직업성 질환 임상증상과 징후

#### (1) 비특이적 요인

직업성 질환은 자연적으로 발생한 같은 질환명의 다른 질환과 임상증상과 징후가 동일하다. 예를 들어, 직업적으로 석면에 노출되어 발생한 폐암이라 하더라도 흡연에 의해 발생한 폐암과 증상이나 임상소견으로 구분할 수 없이 같은 증상과 징후를 보인다. 그러나 첫 단계에서 수행된 직업력 조사에서 각 항목들, 즉 직업적인 노출의 기간 및 시점이나 다른 동료 근로자들과의 비교를 통하여 직업성 질환에서 감별진단에 도움이 되는 특징들을 찾아낼 수 있다.

#### (2) 다요인적 요인

업무와 관련 없는 비직업성 요인들도 질환 발생에 중요한 위험요인으로 작용할 수 있다. 예를 들어, 뇌심혈관질환의 업무관련성에 대한 판단을 위해서는 고혈압, 고지혈증, 가족력 등 알려져 있는 뇌심혈관질환의 의학적 위험요인들의 파악이 매우 중요하다. 최종적으로 업무관련성을 판단하는 데 있어서 이와 같은 위험요인은 직업성 위험요인과 함께 비교 분석되어야 한다.

① 잠복기

직업성 질환의 경우 직업을 통하여 작업환경의 유해요인에 노출된 시점과 질환이 임상증상이나 징후 등으로 처음 발견된 시기까지는 증상이 없이 외부로는 건강해 보이는 시간적 간격이 있다.

특히 잠복기가 긴 질환, 암과 같은 경우는 직업성 노출과 암 진단 사이의 잠복기를 통해 업무 관련성의 단서를 파악할 수 있다.

② 유해요인에 대한 노출의 정도
화학적 유해요인에서 노출의 정도를 파악하는 단계는 노력에 따라 정량화될 수 있다. 가장 기본적인 노출평가는 1회에 노출이 되는 양의 정도와 노출이 지속되는 시간을 파악하는 것이다.

③ 노출에 대한 반응의 개인차
직업성 질환은 같은 노출에 대해서도 개인차가 있을 수 있다. 예를 들어, TCE에 의한 독성간염과 스티븐존슨증후군은 인종에 따른 개인차가 있는 것으로 알려져 있다. 직업성 천식도 어떤 물질에 대해서는 노출량이나 기간에 관계없이 개인의 면역상태에 따른 발병의 차이가 있다.

④ 직업상 노출이 불가피한 경우

⑤ 다른 질병보다 진단이나 보고율이 낮은 경우

⑥ 진단에 사회적 판단의 개입 여지

### 8) 유해요인 노출 평가

① 노출의 기록
작업공정 시 사용되는 유해요인을 파악하기 위해 작업공정에 사용되는 화학물질, 작업의 주기, 작업자의 작업형태 및 자세 등을 관찰하며, 사용하는 화학물질에 대한 물질안전정보지 등 관련 서류를 확보하고 매월 사용량 등을 파악하여 직업성 질환으로 의심되는 질환 발견이나 잠복기 이전에 변화가 없었는지 확인한다. 회사에서 정기적으로 측정한 작업환경 측정자료나 폐기물에 관련된 자료는 과거의 노출을 추정하는 데 도움이 된다.

② 작업환경 측정
적절한 시료채취방법을 선택하며, 시료를 측정하는 시간은 하루 작업시간을 고려하되, 의심되는 유해인자 노출시간을 고려하여 단기간 노출 등도 파악한다. 다른 유해인자와 함께 노출되는 상황이나 작업환경에 온도와 습도 등은 노출 수준을 추정하는 데 변수로 작용한다.

③ 생물학적 모니터링
생물학적 모니터링은 노출을 통해 체내로 들어온 유해물질이 생체조직에서 변형, 이동 그리고 배설 등의 다양한 생체기전(Biological Mechanism)을 거치는 과정에서 특정 생체시료에 존재하는 처음의 오염물질 자체 또는 오염물질의 대사물질 등을 측정하여 근로자에 대한 오염물질의 노출평가를 수행하는 것을 말하며, 생물학적 모니터링의 장점은 근로자가 실제로 작업환경 중 유해인자에 노출되는 양을 평가하는 데 적합하며, 유해물질 노출에 대한 개인차를 알아낼 수 있으며, 결과를 해석하는 데에는 흡수, 대사

및 배설의 과정과 시간경과, 분석방법과 정도관리, 정상범위의 설정 및 다른 노출물질의 영향 등을 고려해야 한다.

④ 노출의 추정

객관적으로 보이는 노출의 기록물, 작업환경측정자료, 생물학적 모니터링이 모두 불가능한 경우, 보수적으로 해당 근로자의 직업력의 분석을 통해 노출의 강도와 기간을 추정. 이때에는 동료근로자의 진술을 통해 유사 공정의 노출수준을 간접적으로 평가하는 것도 도움이 된다.

### 9) 검사실 검사 및 기타 정밀검사

① 임상병리검사

유해물질에 의하여 영향을 받는 표적 장기나 임상적 증상, 소견에 대응하는 소변, 간기능 또는 혈액학적 검사 등을 포함한다.

② 특정 생화학검사

연 노출 시 혈중 징크프로토포피린(ZPP) 등을 측정하는 것과 같이, 노출 물질로 인해 특수하게 발견되는 대사산물들을 평가하는 것이 진단에 도움이 되며 생물학적 모니터링이 해당된다.

③ 신경학적 검사

신경근육계통의 영향을 평가하기 위하여 근전도 검사나 신경전달속도 검사, 중추신경계의 이상 정도를 판단하기 위한 신경행동검사 등

④ 기타

그 외의 CT, 초음파, MRI 및 각종 첨단 영상 검사들이 확진에 도움이 된다.

### 10) 유발검사

① 직업성 천식이나 피부염과 같이 노출로 인한 증상 발현을 객관적인 징후로 확인할 수 있는 경우, 유발검사를 실시한다.

② 유발검사를 수행할 때에는 그 질환의 증상발현으로 인해 근로자에게 나타날 수 있는 급성 건강 후유증을 대비하기 위해 반드시 의료기관의 협조하에 시도하는 것이 좋다.

③ 유발검사를 수행하는 방법은 각종 학술 문헌을 통하여 다양한 방법이 제시되고 있으나, 아직까지 학회나 정부에서 공인된 방법은 없다.

### 11) 역학적 판단

① 시간적 연관성(Temporal Relationship)

원인이 되는 노출은 결과로 나타난 질환보다 대부분 시간적으로 선행되어야 한다.

② 특이성(Specificity)
역학적으로 특정 원인요인과 결과가 되는 질환은 매우 특이한 관계가 있음. 예를 들어 중피종은 다른 원인에 의한 자연발생이 매우 드물지만 석면에 노출된 근로자들에서는 비교적 흔하게 발생한다.

③ 연관성의 강도(Strength of Association)
통계학적으로 위험성의 강도를 추정하며, 비교위험도나 표준화 사망비는 일반 인구집단에 비해 질환(사망)이 발생할 위험이 해당 수치만큼 배수로 일어날 수 있다고 해석

④ 용량-반응관계(Dose-Response Relationship)
일부 질환에서는 유해인자에 노출된 양이 많고 기간이 길수록 더 확실히 질환의 발생 위험이 높아진다.

⑤ 생물학적 타당성(Biological Plausibility)
원인이 되는 직업성 유해인자의 노출과 결과로 나타나는 질환의 발생은 생물학적으로 타당한 병리기전을 보인다.

⑥ 일치성(Consistency)
알려진 직업성 노출 등 원인요인과 결과로 드러난 질환 사이의 인과관계는 한두 가지의 사례뿐만 아니라 다른 연구나 조사에서도 일관되게 나타나야 한다.

⑦ 가역적인 연관성(Reversible Association)
인과관계가 매우 확고한 경우, 역으로 원인이 되는 노출을 없앤다면 결과가 사라지는 경우 일부 동물실험 등 노출을 온전히 없앨 수 있는 경우에 고려할 수 있는 역학적 조건이다.

⑧ 유사성(Analogy)
인체와 노출 경로와 대사경로가 유사한 동물실험을 통해서도 유해인자와 질환 사이의 인과관계를 발견할 수 있을 때 유사성이 있다.

### 12) 직업성 질환을 인정할 때 고려사항

다음 사항을 조사하여 종합 판정한다.

① 작업내용과 그 작업에 종사한 기간 또는 유해 작업의 정도
② 작업환경, 취급원료, 중간체, 부산물 및 제품 자체의 유해성 유무 또는 공기 중 유해물질 농도
③ 유해물질에 의한 중독증
④ 직업병에서 특이하게 볼 수 있는 증상
⑤ 의학상 특징적으로 발생이 예상되는 임상검사 소견의 유무
⑥ 유해물질에 폭로된 때부터 발병까지의 시간적 간격 및 증상의 경로

⑦ 발병 전의 신체적 이상
⑧ 과거 질병의 유무
⑨ 비슷한 증상을 나타내면서 업무에 기인하지 않은 다른 질환과의 상관성
⑩ 같은 작업장에서 비슷한 증상을 나타내면서도 업무에 기인하지 않은 다른 질환과의 상관성
⑪ 같은 작업장에서 비슷한 증상을 나타내는 환자의 발생 여부

## 4. 직업성 질환의 예방대책

### 1) 예방대책

(1) 생산기술 및 작업환경을 개선하여 철저하게 관리
① 유해물질 발생 방지
② 안전하고 쾌적한 작업환경 확립

(2) 근로자 채용 시부터 의학적 관리
유해물질로 인한 이상소견을 조기 발견, 적절한 조치 강구

(3) 개인위생 관리
근로자가 유해물질에 폭로되지 않도록 함

### 2) 건강진단에 의한 건강관리 구분

① A : 정상자
② $C_1$ : 직업병 요관찰자
③ $C_2$ : 일반질병 요관찰자
④ $D_1$ : 직업병 유소견자
⑤ $D_2$ : 일반질병 유소견자
⑥ R : 질환 의심자

### 3) 특수 건강진단

(1) 직업병을 조기발견하기 위해 유해업무를 보유한 사업장이 당해 업무에 종사하고 있는 근로자에게 유해인자의 유해성에 따라 6개월, 1년 또는 2년의 주기마다 정기적으로 실시하는 건강진단으로 산업안전보건법에 의하여 실시된다.

(2) 목적

업무상 질병을 조기에 발견하여 증세가 더욱 나빠지지 않도록 하고 재발을 방지하기 위한 것으로 업무 기인성을 역학적으로 추적하여 업무에서 비롯되는 질병의 발생을 예방하고자 하는 것

(3) 특수 건강진단을 실시해야 할 작업

① 화학적 인자
유기화합물(109종), 금속류(20종), 산 및 알칼리류(8종), 가스상태물질류(14종), 허가대상물질(12종), 금속가공유

② 분진 7종(곡물, 광물성, 면, 나무, 용접흄, 유리섬유, 석면분진)

③ 물리적 인자 8종
소음, 진동, 방사선, 고기압, 저기압, 유해광선(자외선, 적외선, 마이크로파 및 라디오파)

④ 야간작업(2종)

(4) 근로자 건강진단 실시 결과 직업병 유소견자로 판정받은 후 작업전환을 하거나 작업장소를 변경하고 직업병 유소견 판정의 원인이 된 유해인자에 대한 건강진단이 필요하다는 의사의 소견이 있는 경우에도 특수 건강진단을 실시한다.

(5) 우리나라에서 최근 특수 건강진단을 통해 가장 많이 발생되고 있는 직업병 유소견자는 소음성 난청 유소견자이며 처음으로 학계에 보고된 직업병은 진폐증이다.

(6) 고용노동부장관이 고시하는 발암성 확인물질을 취급하는 근로자들의 건강진단결과 서류를 사업주는 30년 동안 보존하여야 한다.

(7) 배치건강진단은 대상 업무에 종사할 근로자에 대하여 배치예정업무에 대한 적합성 평가를 위하여 사업주가 실시하는 건강진단이다.

(8) 일반적으로는 직업병은 젊은 연령층에서 발병률이 높다.

# 07 실내환경

Section

## 1. 실내오염의 원인

### 1) 자연환경

물리적, 화학적, 생물학적 요인 존재

### 2) 작업환경의 다양성

① 고전적인 유해인자 : 화학적, 물리적, 생물학적 요인
② 최근에는 인간공학적 인자나 스트레스(사회심리학적 요인) 등 다양한 유해요인이 증가
③ 작업환경의 다양성으로 모든 유해요인에 대한 노출기준은 설정되어 있지 않음
④ 개인의 감수성으로, 노출기준 준수만으로는 건강 및 안전이 확보되지 않음

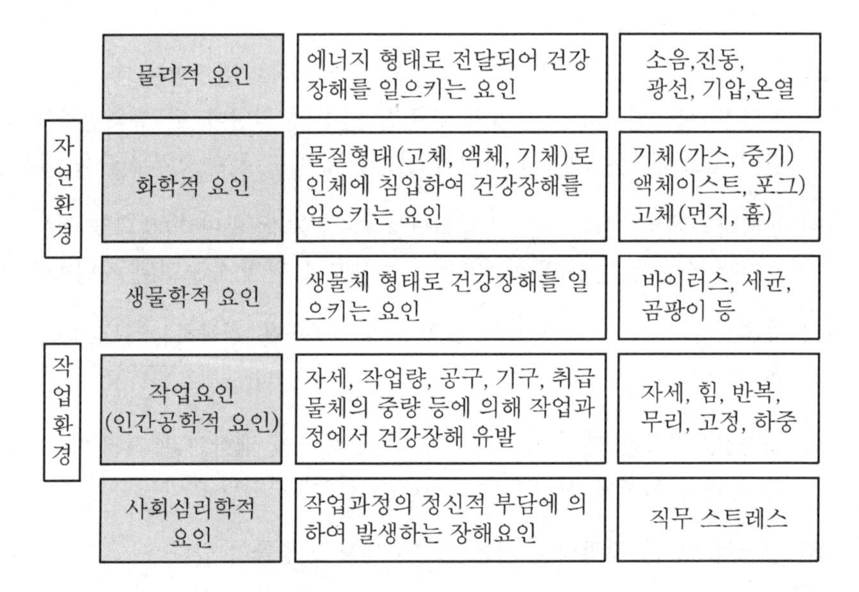

| 구분 | 요인 | 설명 | 예 |
|---|---|---|---|
| 자연환경 | 물리적 요인 | 에너지 형태로 전달되어 건강장해를 일으키는 요인 | 소음,진동, 광선, 기압,온열 |
| 자연환경 | 화학적 요인 | 물질형태(고체, 액체, 기체)로 인체에 침입하여 건강장해를 일으키는 요인 | 기체(가스, 증기) 액체이스트, 포그) 고체(먼지, 흄) |
| 자연환경 | 생물학적 요인 | 생물체 형태로 건강장해를 일으키는 요인 | 바이러스, 세균, 곰팡이 등 |
| 작업환경 | 작업요인 (인간공학적 요인) | 자세, 작업량, 공구, 기구, 취급물체의 중량 등에 의해 작업과정에서 건강장해 유발 | 자세, 힘, 반복, 무리, 고정, 하중 |
| 작업환경 | 사회심리학적 요인 | 작업과정의 정신적 부담에 의하여 발생하는 장해요인 | 직무 스트레스 |

[자연 및 작업환경에 존재하는 유해요인]

### 3) 실내공기 오염의 주요 원인

① 실내외 또는 건축물의 기계적 설비로부터 발생되는 오염물질
② 점유자에 접촉하여 오염물질이 실내로 유입되는 경우
③ 오염물질 자체의 에너지로 실내로 유입되는 경우
④ 점유자 스스로 생활에 의한 오염물질 발생
⑤ 불완전한 HVAC(Heating, Ventilation and Air Conditioning) System

### 4) 실내공기를 지배하는 요인

① 기온
② 습도
③ 기류
④ 열복사
⑤ 감각온도

### 5) 물리적 유해인자

#### (1) 소음

① 작업장에서 일반적으로 노출되며 인간공학적 측면에도 영향을 줌
② 음이 높고, 강도가 크며, 불규칙적으로 발생되는 소음이 유해성이 큼

#### (2) 진동

① 차량, 선박 등의 운전 중에 주파수가 낮은 전신진동 발생
② 병타기, 착암기, 연마기 등을 사용할 때 손과 발 등 특정부위에 전파되는 진동이 국소 진동이며 손가락 말초혈관 순환장애를 유발

#### (3) 이상기온

체온조절은 기온, 기습, 기류(이를 기후의 3요소라 함)의 영향을 크게 받음

#### (4) 전리 및 비전리 방사선

① 전리방사선 : 공통된 특징은 물질을 이온(Ion)화시키는 성질
② 비전리방사선 : 주파수가 감소하는 순서대로 자외선, 가시광선, 적외선, 마이크로파, 라디오파, 초저주파, 극저주파

#### (5) 물리적 인자에 의한 건강영향

① 고온환경 : 고온 환경에 과도하게 노출되었을 때 야기될 수 있는 의학적 장애로 열사병, 열탈진, 열경련, 열허탈, 열피로, 열발진이 있음
② 한랭작업 : 한랭작업에서 발생할 수 있는 건강장해는 동상, 참호족, 저체온증이 있음
③ 이상기압 : 고기압이 인체에 미치는 영향으로 귀, 부비동, 치아, 폐 등에 압력외상으로 인한 기계적 장해와 산소중독 및 질소 마취작용으로 인한 화학적 장해를 들 수 있고, 저기압 또한 항공성 중이염 등의 압력손상, 저산소증과 고산병 등의 건강장해를 유발할 수 있음
④ 유해광선 : 자외선에 급성 또는 만성적으로 노출되는 경우 결막과 각막의 질환(광각막염, 결막염, 익상편, 검열반 등) 발생과 관련되어 있으며 또한 백내장과 눈의

악성종양과 관련되며, 피부암(악성흑색종, 편평상피세포암, 기저세포암)과의 관련성도 보고됨

⑤ 전자기장 : 흡수된 전자파에너지에 의한 가열작용, 전자기장에 유도된 전류에 의한 자극작용, 미약한 전자파의 장기간 누적 효과에 의한 비열 작용(Athermal Effect), 전기장에 대전된 물체와의 접촉이나 스파크 방전에 의한 쇼크 및 화상 등

### 6) 화학적 유해인자

① 가스 : 상온에서 가스상으로 존재하는 물질 – CO, $CO_2$, $SO_2$, $H_2S$, $CH_4$

② 증기 : 상온에서 액체로 존재하는 물질이 증발 시 발생하는 물질 – 아세톤, 솔벤트, 벤젠

③ 미스트 : 작은 방울 형태로 비산하는 물질 – 오일 미스트, 도금액 미스트

④ 먼지 : 기계적인 분쇄, 마찰, 연마, 연삭 등에 의해 발생하는 입자상 물질

㉠ 흡입성 분진(IPM ; Inhale Particulate Mass) : 호흡기의 모든 부위에 침착하더라도 독성을 나타내는 입자상 물질으로서, 입경의 범위는 0~100$\mu$m이다.

㉡ 흉곽성 분진(TPM ; Thoracic Particulate Mass) : 가스교환지역인 기도나 폐포에 침착되었을 때 독성을 나타내는 입자상 물질로서 평균입경은 10$\mu$m이다.

㉢ 호흡성 물질(RPM ; Respirable Particulate Mass): 폐포 깊은 곳에 침착하여 독성을 나타내는 입자상 물질로서 평균입경은 4$\mu$m이다.

⑤ 흄 : 고체물질의 증기가 응고되거나 또는 기체물질의 화학반응으로 생긴 미소한 고체입자로, 공기 중에 부유하는 것 – 용접흄

⑥ 스모크 : 유기물질의 불완전 연소에 의해 생성

입자상 물질에 관한 설명으로 옳지 않은 것은? ②

① 호흡기계의 어느 부위에 침착하더라도 독성을 나타내는 입자상 물질을 흡입성 분진(IPM)이라 한다.
② 흄은 금속의 증기화, 증기물의 산화, 증기물의 가공에 의하여 발생한다.
③ 호흡성 분진(RPM)의 평균 입자 크기는 4$\mu$m이다.
④ 가스교환지역인 폐포나 폐기도에 침착되었을 때 독성을 나타내는 입자상 물질을 흉곽성 분진(TPM)이라 한다.
⑤ 스모크는 유기물질의 불완전 연소에 의하여 생성된다.

해설 흄은 고체물질의 가공 등으로 인하여 증기화되어 공기 중에 부유하는 물질이다.

### 7) 생물학적 유해인자

① 생물체 또는 생물체로부터 방출된 입자, 휘발성분에 의해 건강장해 유발
② 바이오에어로졸 정의는 살아있거나, 살아있는 생물체를 포함하거나 또는 살아있는 생물체로부터 방출된 0.01~100$\mu$m 입경 범위의 부유 입자, 거대 분자 또는 휘발성 성분
③ 고온, 다습하며 유기물을 다루는 작업장에서 발생 가능

## 2. 빌딩 증후군(SBS ; Sick Building Syndrome)

### 1) 정의

빌딩 내 거주자가 밀폐된 공간에서 유해한 환경에 노출되었을 때 눈, 피부, 상기도의 자극, 피부발작, 두통, 피로감 등과 같이 단기간 내에 진행되는 급성적인 증상을 말한다.

### 2) 원인

① 저농도에서 다수 오염물질의 복합적인 영향
② 스트레스 요인(과난방, 낮은 조명, 소음, 흡연 등)
③ 인간공학적 부적합한 자세 및 동작
④ 단열 건축자재(라돈, 포름알데히드, 석면)의 사용 증가

### 3) 증상

① 현기증, 두통, 메스꺼움, 졸음, 무기력, 불쾌감, 눈 및 인후의 자극, 집중력 감소, 피로, 피부발작 등 증상이 다양하게 나타난다.
② 작업능률 저하를 가져온다.
③ 정신적 피로를 야기시킨다.

### 4) 대책

① 실내에 공기정화식물 시재
② 자주(2~3시간 간격) 창문을 통한 실내환기
③ 오염 발생원 제거
④ 공기청정기 등으로 공기정화

5) 기타

① 빌딩증후군은 개인적 요인에 비교적 감염성 질환에 걸리기 쉬운 사람들에게서 많이 나타나는 경향이 있다.

② 빌딩증후군은 건물의 특정부분에 거주하는 거주자들에게 나타날 수도 있고, 건물 전체에 만연되어 있을 수 있다. 또한 공기조절이 잘 안 되고 실내공기가 오염된 상태에서 흡연에 의한 실내공기오염이 가중되고 실내온도, 습도 등이 인체의 생리기능에 부적합함으로써 생기는 일종의 환경유인성 신체 증후군이라 할 수 있다.

## 3. 복합 화학물질 민감 증후군

1) 정의

① 오염물질이 많은 건물에서 살다가 몸에 화학물질이 축적된 사람들이 다른 곳에서 그와 유사한 물질에 노출만 되어도 심각한 반응을 나타내는 경우이며 화학물질 과민증이라고도 한다.

② 미국의 세론, G. 란돌프 박사는 특정화학물질에 오랫동안 접촉하고 있으면 나중에 잠시 접하는 것만으로도 두통이나 기타 여러 가지 증상이 생기는 현상이라고 명명하였다.

2) 증상

① 신경장애 : 불안, 불면, 우울증
② 자율신경장애 : 땀분비 이상, 손발의 냉증, 쉽게 피로함
③ 소화기 장애 : 설사, 변비, 오심
④ 말초신경 장애 : 목이 아픔, 갈증
⑤ 안과적 장애 : 결막의 자극적 증상
⑥ 면역 장애 : 피부염, 천식, 자기면역질환

3) 대책

① 특수공기청정기 등으로 공기정화
② 자주(2~3시간 간격) 창문을 통한 실내 환기
③ 실내 온도, 습도 조절
④ 체내 흡수 화학물질의 총량을 줄임
⑤ 신체 면역기능 향상
⑥ 체내 축적 화학물질을 체외로 배출시킴

## 4. 실내오염 관련 질환

### 1) 새집증후군(SHS : Sick House Syndrome)

집, 건축물 신축 시 사용하는 건축자재나 벽지 등에서 나오는 유해물질로 인해 거주자들이 느끼는 건강상 문제 및 불쾌감을 이르는 용어이며, 주요 원인물질로는 마감재나 건축자재에서 배출되는 휘발성유기화합물(VOCs) 중 포름알데히드(HCHO)와 벤젠, 톨루엔, 클로로포름, 아세톤, 스티렌 등이다.

### 2) 빌딩관련 질병(BRI : Building Related Illness)

① 건물 공기에 대한 노출로 인해 야기된 질병을 의미하며 병인균(Etiology Agent)에 의해 발발되는 레지오넬라병(Legionnaire's Disease), 결핵, 폐렴 등이 있다.

② 증상의 진단이 가능하며 공기 중에 부유하는 물질이 직접적인 원인이 되는 질병을 의미한다. 또한 빌딩증후군(SBS)에 비해 비교적 증상의 발현 및 회복은 느리지만 병의 원인이 파악 가능한 질병이다.

### 3) 산소결핍

공기 중 산소농도가 정상적인 상태보다 부족한 상태, 즉 산소농도가 18% 미만인 상태를 말하며 10% 이하가 되면 의식상실, 경련, 혈압강하, 맥박수 감소를 초래하게 되어 질식으로 인한 사망에 이르게 된다.

#### (1) 산소결핍 개요

① 공기의 조성 : 산소 21%, 질소 78%, 이산화탄소, 아르곤, 헬륨 등 1%

② 산소농도가 18% 미만인 상태

③ 산소 16% 이하 : 체 조직의 산소 부족, 빈맥, 빈 호흡, 구토, 두통

④ 산소 10% 이하 : 의식 상실, 경련, 혈압 강하, 맥박 감소, 질식 사망

⑤ 산소 결핍증 : 산소부족 공기 호흡시 생기는 제반 증상

#### (2) 산소결핍에 의한 건강장해

① 세포 내 젖산 증가

② 호흡중추, 심장중추 자극으로 호흡심도, 호흡수, 심박수 증가

③ 뇌세포(약 140억개)는 다량의 산소가 필요

④ 산소 공급을 위해 뇌에 순환하는 혈액은 200L/일

⑤ 산소함량이 적은 혈액순환으로 뇌혈관 확장 및 많은 혈액 필요

⑥ 대뇌 피질의 기능저하, 파괴, 상실로 뇌세포 전체 파괴로 사망

### 4) 고온

높은 온도에 의한 열중증이 발생할 수 있다.

### 5) 알레르기 질환

알레르기 질환 중 가장 흔한 증상은 천식, 알레르기성 비염, 아토피성 피부염이며 유전적 요소와 환경적 요소의 상호작용으로 발생한다.

### 6) 일산화탄소

불완전연소에 의한 일산화탄소(CO)는 혈중 헤모글로빈과 결합하여 COHb의 결합체를 형성하여 중독증상을 일으켜 중추신경계의 기능을 저하시킨다.

| 농도(ppm) | 증상 |
|---|---|
| 30 | 노출기준(STEL : 200) |
| 200 | 2~3시간 후 경미한 두통, 피로, 권태감, 현기증, 메스꺼움 |
| 400 | 1~2시간 내 두통, 구토증 |
| 800 | 45분 후에 현기증, 구토증, 경련, 2시간 내 의식상실 |
| 1,600 | 20분 후에 두통, 현기증, 메스꺼움(2시간 내 사망) |
| 3,200 | 5~10분 내 두통, 현기증, 메스꺼움(30분 내 사망) |
| 6,400 | 1~2분 후에 두통, 현기증(10~15분 내 사망) |
| 12,800 | 1~3분 후에 사망 |

### 7) 흡연

담배 중에 입자상 물질인 벤조피렌, 니코틴, 페놀, 가스상 물질인 질소산화물, 암모니아, 피리딘, 일산화탄소 등의 유해물질이 함유되어 있으며 흡연은 자신뿐만 아니라 같은 공간에 있는 비흡연자에도 영향을 미치는 실내공기 오염의 중요한 원인 물질이다.

### 8) 석면

건축물의 단열재, 절연재, 흡음재로서 실내천장과 벽에 이용된다. 이는 악성중피종, 폐암, 피부질환 등의 주원인으로 작용한다.

### 9) 포름알데히드

페놀수지의 원료로서 각종 합판, 칩보드가구, 단열재 등으로 사용되어 눈과 상기도를 자극하여 기침, 눈물을 야기 하며, 어지러움, 구토, 피부질환, 정서불안정의 증상을 나타낸다.

### 10) 라돈

방사성 기체로 지하수, 흙, 석고보드, 시멘트 등에서 발생하여 폐암 등을 유발한다.

### 11) 미생물성 물질

곰팡이, 박테리아, 바이러스, 꽃가루 등이며 가습기, 냉·온방장치, 애완동물 등에서 발생하여 알레르기성 질환, 호흡기 질환을 나타낸다.

## 5. 실내오염 평가 및 관리

### 1) 이산화탄소

① 환기의 지표물질
② 실내 $CO_2$ 발생은 대부분 주거자의 호흡에 의함
③ 측정방법으로는 직독식 또는 검지관 KIT로 측정

### 2) 온도와 상대습도

① 실내가 안정된 상태에 있을 때 측정
② 측정방법으로는 온도계, 건습구온도계, 전자온도계로 측정

### 3) 오염물질의 이동

① 화학적 연기의 흐름양상으로 HVAC System, 오염물질 이동 , 압력 차이에 관한 정보를 얻을 수 있음
② 화학적 연기의 속도와 방향으로 공기흐름의 양상을 알 수 있음
③ 화학적 연기는 압력이 높은 곳에서 낮은 곳으로 이동함

### 4) 휘발성 유기화합물(VOCs)

① 총 V.OCs는 흡착튜브 또는 직독식 기기로 측정
② 개개 VOCs는 튜브로 포집하여 가스크로마토그래피로 분석

### 5) 미생물

① 펌프로 채취 후에 배양하여 분석
② 일반적으로 배양기구는 침전판(Settling Plate)을 많이 사용

6) 분진

① 펌프로 필터에 포집하여 포집한 필터의 무게를 측정하거나 현미경으로 분석

② 직접측정방법으로는 광빔에 의하여 생긴 산란광을 광전자증배관에서 계수하는 방법

7) 연소생성물

직독식 측정기구 또는 검지관으로 측정

## 6. 실내오염 관리기준

1) 사무실 공기관리 지침(고용노동부 고시)

| 오염물질 | 관리기준 |
|---|---|
| 미세먼지(PM10) | 100μg/m³ 이하 |
| 초미세먼지(PM2.5) | 50μg/m³ 이하 |
| 이산화탄소($CO_2$) | 1,000ppm 이하 |
| 일산화탄소(CO) | 10ppm 이하 |
| 이산화질소($NO_2$) | 0.1ppm 이하 |
| 포름알데히드(HCHO) | 100μg/m³ 이하 |
| 총휘발성유기화합물(TVOC) | 500μg/m³ 이하 |
| 라돈(radon)* | 148Bq/m³ 이하 |
| 총부유세균 | 800CFU/m³ 이하 |
| 곰팡이 | 500CFU/m³ 이하 |

*라돈은 지상1층을 포함한 지하에 위치한 사무실에만 적용한다.

주1) 관리기준 : 8시간 시간가중평균농도 기준

주2) PM10 : Particle Matters. 입경이 10μm 이하인 먼지

주3) PM10 : Particle Matters. 입경이 2.5μm 이하인 먼지

주4) CFU/m³ : Colony Forming Unit. 1m³ 중에 존재하고 있는 집락형성 세균 개체 수

2) 사무실의 환기기준

공기정화시설을 갖춘 사무실에서 근로자 1인당 필요한 최소 외기량은 0.57m³/min이며, 환기횟수는 시간당 4회 이상으로 한다.

### 3) 사무실 공기관리 상태평가

사업주는 근로자가 건강장해를 호소하는 경우에는 다음 각 호의 방법에 따라 당해 사무실의 공기관리상태를 평가하고 그 결과에 따라 건강장해 예방을 위한 조치를 취한다.

① 근로자가 호소하는 증상(호흡기, 눈 · 피부 자극 등) 조사
② 사무실 내 오염원 조사 등
③ 공기정화설비의 환기량이 적정한지 여부 조사
④ 외부의 오염물질 유입경로 조사

### 4) 사무실 공기질의 측정시기, 횟수 및 시료채취시간

| 오염물질 | 측정횟수(측정시기) | 시료채취시간 |
|---|---|---|
| 미세먼지 (PM10) | 연 1회 이상 | 업무시간 동안 (6시간 이상 연속 측정) |
| 초미세먼지 (PM2.5) | 연 1회 이상 | 업무시간 동안 (6시간 이상 연속 측정) |
| 이산화탄소 ($CO_2$) | 연 1회 이상 | 업무시작 후 2시간 전후 및 종료 전 2시간 전후 (각각 10분간 측정) |
| 일산화탄소 (CO) | 연 1회 이상 | 업무시작 후 1시간 전후 및 종료 전 1시간 전후 (각각 10분간 측정) |
| 이산화질소 ($NO_2$) | 연 1회 이상 | 업무시작 후 1시간~종료 1시간 전 (1시간 측정) |
| 포름알데히드 (HCHO) | 연 1회 이상 및 신축(대수선 포함) 건물 입주 전 | 업무시작 후 1시간~종료 1시간 전 (30분간 2회 측정) |
| 총휘발성 유기화합물 (TVOC) | 연 1회 이상 및 신축(대수선 포함) 건물 입주 전 | 업무시작 후 1시간~종료 1시간 전 (30분간 2회 측정) |
| 라돈 | 연 1회 이상 | 3일 이상~3개월 이내 연속 측정 |
| 총부유세균 | 연 1회 이상 | 업무시작 후 1시간~종료 1시간 전 (최고 실내온도에서 1회 측정) |
| 곰팡이 | 연 1회 이상 | 업무시작 후 1시간~종료 1시간 전 (최고 실내온도에서 1회 측정) |

5) 시료채취 및 측정지점

공기의 측정시료는 사무실 내에서 공기 질이 가장 나쁠 것으로 예상되는 2곳(다만, 사무실 면적이 500m²을 초과하는 경우에는 500m²당 1곳씩 추가) 이상에서 채취하고, 측정은 사무실 바닥면으로부터 0.9~1.5m 높이에서 한다.

6) 측정결과의 평가

사무실 공기질의 측정결과는 측정치 전체에 대한 평균값을 오염물질별 관리기준과 비교하여 평가한다. 다만 이산화탄소는 각 지점에서 측정한 측정치 중 최고값을 기준으로 비교·평가한다.

## 7. 관리적 대책

1) HVAC의 관리

HVAC(실내공기질 공조설비) 시스템의 관리는 최소한 계절별로, 적절한 시간마다 교환 점검을 실시하는 것이 관리상 중요하다.

2) 환기 횟수

환기는 가장 중요한 실내공기질 관리방법이며, 가장 경제적이고 효과적이다.

3) 최적실내온도 및 습도유지

① 최적 온도는 여름(24~27℃), 봄가을(19~23℃), 겨울(18~21℃)이 적당하다.
② 최적 습도는 여름(60%), 봄가을(50%), 겨울(40%)이 적당하다.

4) 베이크 아웃(Bake Out) 환기법에 의한 오염물질의 방출

실내공기의 온도를 높여 건축자재 등에서 방출되는 유해오염물질의 방출량을 일시적으로 증가시킨 후 환기를 하여 실내오염물질을 제거하는 방법이다.

5) 친환경적인 건축자재 사용

6) 자연정화 이용 : 숯, 식물재배, 수족관 설치 등

7) 일반적 이용 : 금연, 난방기구 사용자재, 스프레이 및 세정제 사용억제 등

### 8) 주기적 청소 실시

〈실내공기 오염물질 시료채취 및 분석방법〉

| 오염물질 | 시료채취방법 | 분석방법 |
|---|---|---|
| 미세먼지 (PM10) | PM10 샘플러(Sampler)를 장착한 고용량 시료채취기에 의한 채취 | 중량분석(천칭의 해독도 : 10μg 이상) |
| 초미세먼지 (PM2.5) | PM10 샘플러(Sampler)를 장착한 고용량 시료채취기에 의한 채취 | 중량분석(천칭의 해독도 : 10μg 이상) |
| 이산화탄소 ($CO_2$) | 비분산적외선검출기에 의한 채취 | 검출기의 연속 측정에 의한 직독식 분석 |
| 일산화탄소 (CO) | 비분산적외선검출기 또는 전기화학검출기에 의한 채취 | 검출기의 연속 측정에 의한 직독식 분석 |
| 이산화질소 ($NO_2$) | 고체흡착과에 의한 시료채취 | 분광광도계로 분석 |
| 포름 알데히드 (HCHO) | 2,4-DNPH (2,4-Dinitrophenylhydrazine)가 코팅된 실리카겔관 (Silicagel Tube)이 장착된 시료 채취기에 의한 채취 | 2,4-DNPH(2,4-포름알데히드 유도체를 HPLC-UVD(High Performance Liquid Chromatography-Ultraviolet Detector) 또는 GC-NPD(Gas Chromatography -Nitrogen-Phosphorous Detector)로 분석 |
| 총 휘발성 유기화합물 (TVOC) | 1. 고체흡착관 또는<br>2. 캐니스터(Canister)로 채취 | 1. 고체흡착열탈착법 또는 고체흡착용매추출법을 이용한 GC로 분석<br>2. 캐니스터를 이용한 GC 분석 |
| 라돈 | 라돈연속검출기(자동형), 알파트랙(수동형), 충전막 전리함(수동형) 측정 등 | 3일 이상 3개월 이내 연속 측정 후 방사능감지를 통한 분석 4 |
| 총 부유세균 | 충돌법을 이용한 부유세균채취기 (Bio Air Sampler)로 채취 | 채취·배양된 균주를 세어 공기 체적당 균주 수로 산출 |
| 곰팡이 | 충돌법을 이용한 부유세균채취기 (Bio Air Sampler)로 채취 | 채취·배양된 균주를 세어 공기 체적당 균주 수로 산출 |

Chapter

# 작업관리 02

Chapter

# 제2장 작업관리

Industrial Safety

## 제1절 | 물리적 유해인자 관리

### 01 소음

Section

#### 1. 소음의 정의와 단위

소음(Noise)이란 공기의 진동에 의한 음파 중 인간에게 감각적으로 바람직하지 못한 소리이다. 산업안전보건기준에 관한 규칙에 의한 소음작업이란 1일 8시간작업기준 85dB(A) 이상의 소음이 발생하는 작업을 말한다.

1) 주파수와 진폭

① $c=\lambda f$

여기서, $c$ : 음속(m/sec), $\lambda$ : 파장(m), $f$ : 주파수(Hz)

- 정상조건에서 $c=344.4\text{m/sec}$, $T=\frac{1}{f}$

여기서, $T$ : 주기

- $C=331.42+0.6(\text{t})$

여기서,. t : 음 전달 매질의 온도, ℃

주파수가 1,000Hz인 때의 파장을 구하시오.

➡ $\lambda=\frac{c}{f}=\frac{344.4\text{m/sec}}{1{,}000\text{Hz}}=0.344\text{m}$

② dB(decibel)

- 음압수준을 표시하는 한 방법으로 사용하는 단위
- 사람이 들을 수 있는 음압은 $0.00002\sim 20\text{N/m}^2$ 범위로 dB로 표시하면 0~100dB이다.

2) 음압수준

① $Lp(\mathrm{dB}) = 10\log\left(\frac{P}{P_0}\right)^2 = 20\log\left(\frac{P}{P_0}\right)$

여기서, $P$ : 음압($\mathrm{N/m^2}$), $P_0$ : 기준음압($0.00002\mathrm{N/m^2} = 0.0002\mathrm{dyne/cm^2} = 20\mu\mathrm{Pa}$

② 음압수준 차$= P_2 - P_1 = 20\log\left(\frac{P_2}{P_1}\right)$

③ 음압과 거리의 관계 : 반비례

$$P_2 = P_1\left(\frac{d_1}{d_2}\right) \rightarrow dB_2 = dB_1 + 20\log\left(\frac{d_1}{d_2}\right)$$

3) 음강도(Sound Intensity) - 단위시간에 단위면적을 통과하는 음에너지

① $I = \frac{P^2}{\rho c}$

여기서, $I$ : 음강도($\mathrm{watts/m^2}$), $P$ : 음압
$\rho$ : 공기밀도($1.18\mathrm{kg/m^3}$), $c$ : 공기에서의 음속($344.4\mathrm{m/sec}$)

② 음강도와 거리의 관계 : 자승에 반비례

$$I_2 = I_1\left(\frac{d_1}{d_2}\right)^2$$

4) 음력(Sound Power) - 음원에서 발생하는 에너지

$$I = \frac{W}{S}$$

여기서, $W$ : 음력(watt)

$$W = I \times S = I \times 4\pi r^2 = 4\pi r^2 \times \frac{P^2}{\rho c}$$

5) 음력수준

$$Lw(\mathrm{dB}) = 10\log\frac{W}{W_0}$$

여기서, $W$ : 측정음력, $W_0$ : 기준음력($10^{-12}$watt)

Point

음력이 1watt인 소음원으로부터 30.5m 되는 지점에서의 음압수준을 계산하시오.

방법 I

- $W = \frac{P^2}{\rho c} \times 4\pi r^2$ 이므로
- $P = \{(W \times \rho c)/4\pi r^2\}^{\frac{1}{2}} = \{(1 \times 1.18 \times 344.4)/4\pi\ 30.5^2\}^{\frac{1}{2}} = 0.186\text{N/m}^2$
- $Lp = 20\log\frac{P}{P_0} = 20\log\frac{0.186}{0.00002} = 79.4\text{dB}$

방법 II

- $Lw = 10\log\frac{W}{W_0} = 10\log\frac{1}{10^{-12}} = 120\text{dB}$
- $Lp(\text{dB}) = L_w - 20\log r - 11\text{dB} = 120 - 20\log 30.5 - 11 = 79.3\text{dB}$

### 6) 음의 크기 레벨(Loudness level : $L_L$) - 감각적인 음의 크기를 나타내는 양

Phon : 1,000Hz 순음의 크기와 평균적으로 같은 크기로 느끼는 1,000CPS 순음의 음의 세기 레벨

### 7) 음의 크기(loudness : S)

① 1,000Hz 순음이 40dB일 때 : 1sone

② $S = 2^{(L_L - 40)/10}$ sone

③ $L_L = 33.3\log S + 40$ (phon)

## 2. 소음의 측정

### 1) 등감곡선

정상적인 청력을 가진 18~25세의 사람을 대상으로 순음에 대하여 느끼는 시끄러움의 크기를 실험하여 얻은 곡선

### 2) 소음계와 소음 노출량계

#### (1) 소음계

소음의 주파수를 분석하지 않고 총 음압수준만을 측정하는 기기

(2) 소음노출량계

개인 노출량을 측정하는 기기

(3) 소음계는 주파수에 따른 사람의 느낌을 감안하여 음압을 측정할 수 있고 보정 없이 측정할 수도 있다.

(4) 음압수준의 보정(특성보정치 기준 주파수=1,000Hz)

① A특성치 : 대략 40Phon의 등감곡선과 비슷하게 주파수에 따른 반응을 보정하여 측정한 음압수준

② B특성치 : 대략 70Phon의 등감곡선과 비슷하게 주파수에 따른 반응을 보정하여 측정한 음압수준

③ C특성치 : 대략 85Phon의 등감곡선과 비슷하게 주파수에 따른 반응을 보정하여 측정한 음압수준

④ A특성치와 C특성치의 차가 크면 저주파 음이고 차가 작으면 고주파음

(5) 소음수준과 소음노출량과의 관계

① $Lp = 90 + 16.61\log\frac{D}{12.5T}$

② $TWA = 90 + 16.61\log\frac{D}{100}$

여기서, $Lp$ : 측정시간에 있어서의 평균치 dB(A)
$D$ : 소음노출량계로 측정한 노출량(%),
$T$ : 측정시간(hr)
$TWA$ : 8시간 평균치

8시간 노출량이 115%일 때 음압수준을 구하시오.

➡ $TWA = 90 + 16.61\log\frac{D}{100} = 90 + 16.61\log\frac{115}{100} = 91\text{dB}$

3) 주파수 분석-소음특성을 정확히 평가하기 위해 옥타브밴드 분석기 사용

(1) 옥타브밴드 분석기

중심주파수 31.5, 63, 125, 250, 500, …, 8,000Hz에서 분석할 수 있는 기구

(2) $f_2 = 2f_1$, $f_c = (f_1 \times f_2)^{\frac{1}{2}}$

여기서, $f_1$ : 낮은 쪽 주파수, $f_2$ : 높은 쪽 주파수, $f_c$ : 중심주파수

(3) 더욱 정밀한 주파수 분석이 요구될 경우

① $\frac{1}{2}$옥타브밴드 사용 : $f_2 = (2)^{\frac{1}{2}} f_1$

② $\frac{1}{3}$옥타브밴드 사용 : $f_2 = (2)^{\frac{1}{3}} f_1$

Point

중심주파수가 1,000Hz일 때 밴드의 주파수 범위를 구하시오.

- $f_c = (f_1 f_2)^{\frac{1}{2}} = (2f_1{}^2)^{\frac{1}{2}} = 2\sqrt{f_1}$
- $f_1 = \frac{1}{\sqrt{2}} f_c = 707\text{Hz}$
- $f_2 = f_1 \times 2 = 1{,}414\text{Hz}$

4) 소음의 합산

(1) 소음원이 2개 이상일 때

① 높은 음압수준($L_1$)과 낮은 음압수준($L_2$)의 차이 $d$를 계산 : $d = L_1 - L_2$

② $d$값에 따라 더해 줄 값($L_3$)을 그림이나 표에서 구한다.

③ 2개 중 높은 음압수준 $L_1$에 $L_3$값을 더하여 합산 : $L_R = L_1 + L_3$

(2) 주파수별 음압수준을 합산할 때

소음원이 2개 이상일 때의 계산과 같은 방법으로 소음이 큰 것부터 작은 것으로 계산

(3) 계산식으로 합산할 때

$$PWL = 10\log\left(10^{N_1/10} + 10^{N_2/10} + \cdots + 10^{N_n/10}\right)$$

## 3. 소음에 대한 허용기준

1) 청력장애

주파수 500, 1,000, 2,000, 3,000 및 4,000Hz에서 평균 25dB 이상의 청력손실을 초래한 경우를 말함

### 2) 허용기준

(1) 근로자가 40년간 노출될 때 근로자의 절반에서 500, 1,000, 2,000, 3,000Hz에서의 평균 청력손실이 25dB를 초과하지 않도록 보호해야 함

(2) 연속음의 허용기준(우리나라 고용노동부의 노출기준)

| 1일 노출시간 | 8 | 4 | 2 | 1 | 1/2 | 1/4 | 115dB(A)을 초과해서는 안 된다. |
|---|---|---|---|---|---|---|---|
| 음압수준dB(A) | 90 | 95 | 100 | 105 | 110 | 115 | |

① 한국 : 1일 8시간 노출 시 노출기준은 90dB이고 5dB 증가할 때마다 노출시간은 반감됨(미국 ACGIH의 허용기준)

| 1일 노출시간 | 8 | 4 | 2 | 1 | 1/2 | 1/4 | 1/8 | 1/16 |
|---|---|---|---|---|---|---|---|---|
| 허용기준dB(A) | 85 | 88 | 91 | 94 | 97 | 100 | 103 | 106 |

② 미국 ACGIH : 1일 8시간 노출 시 노출기준은 85dB이고 3dB 증가할 때마다 노출시간은 반감됨

(3) 충격음의 허용기준(우리나라 고용노동부의 노출기준)

| 1일 노출기준 | 100회 | 1,000회 | 10,000회 | 140dB(A)을 초과해서는 안 된다. |
|---|---|---|---|---|
| dB | 140 | 130 | 120 | |

### 3) 소음노출지수

$$\text{노출지수} = \frac{C_1}{T_1} + \frac{C_2}{T_2} + \cdots + \frac{C_n}{T_n}$$

여기서, $C_n$ : 노출시간, $T_n$ : 허용노출시간

### 4) 고용노동부 등가소음 레벨

$$Leq = 16.61 \times \log\left(\frac{T_1 \times 10^{\frac{LA_1}{16.61}} + T_2 \times 10^{\frac{LA_2}{16.61}} + \cdots + T_n \times 10^{\frac{LA_n}{16.61}}}{T_1 + T_2 + \cdots + T_n}\right)$$

여기서, $LA_n$ : 각 소음레벨의 측정치 dB(A)
$T_n$ : 각 소음레벨 측정치 발생시간(min)

## 5) 청력손실계산

### (1) 4분법(가장 많이 쓰이는 계산법)

$$평균청력손실(dB) = \frac{a+2b+c}{4}$$

여기서, $a$ : 500Hz에서의 청력손실
$b$ : 1,000Hz에서의 청력손실
$c$ : 2,000Hz에서의 청력손실

### (2) 3분법

$$평균청력손실(dB) = \frac{a+b+c}{3}$$

여기서, $a$ : 500Hz에서의 청력손실
$b$ : 1,000Hz에서의 청력손실
$c$ : 2,000Hz에서의 청력손실

### (3) 6분법

$$평균청력손실(dB) = \frac{a+2b+2c+d}{6}$$

여기서, $a$ : 500Hz에서의 청력손실
$b$ : 1,000Hz에서의 청력손실
$c$ : 2,000Hz에서의 청력손실
$d$ : 4,000Hz에서의 청력손실

다음은 A 근로자의 우측 귀의 주파수별 청력손실치를 나타낸 것이다. 소음성 난청 $D_1$ (직업병 유소견자)의 판정기준이 되는 3분법에 의한 평균 청력손실치(dB)는? ②

| 주파수(Hz) | 250 | 500 | 1,000 | 2,000 | 3,000 | 4,000 | 5,000 |
|---|---|---|---|---|---|---|---|
| 청력손실치(dB) | 10 | 20 | 30 | 40 | 40 | 60 | 80 |

① 20 ② 30 ③ 35 ④ 43 ⑤ 47

해설 3분법에 의한 평균청력손실 = a + b + c/3
= 20 + 30 + 40/3
= 30(dB)

## 4. 청각의 작용기전과 소음 특성

### 1) 청각의 작용기전

① 공기의 진동 → 기계적 진동 → 액체의 진동 → 신경자극

| ↓ | ↓ | ↓ | ↓ | ↓ | ↓ |
|---|---|---|---|---|---|
| 고막 | 이소골<br>(3개) | 전정관 | 외임파<br>내임파 | 코르티<br>기관 | 신경<br>섬유 |

② 음의 대소 : 섬모가 받는 자극의 크기

③ 음의 고저 : 자극 받는 섬모의 위치(입구 : 고주파, 와우관 속 : 저주파)

### 2) 소음의 종류

① 순음 : 전기적으로 발생시킬 수 있으며 규칙적 진동이므로 피해를 주지 않음

② 복합음 : 여러 가지 소리의 집합 형태로 소음성 질환을 일으킴

③ 광대역 소음 : 주파수 밴드가 넓은 소음으로 방적실, jet기 조종 시 발생

④ 협대역 소음 : 대부분의 단위 소음이 여기에 속하며 회전톱, 절단 공구 사용 시 발생

⑤ 충격음 : 일시적인 충격 파동으로 일어나며 공기햄머, Rivet gun 사용 시 발생

### 3) 소음의 특성

① 파동 - 매질의 변형운동으로 이루어지는 에너지 전달

② 소리 - 물리적 압력변동(정상 대기압의 주기적 변동)

③ Hz(Hertz) - 매초당 주기 진동의 수

④ CPS(Cycle Per Second) - 물체의 진동과 소리의 주파수가 일치

⑤ 가청영역 - 20~20,000Hz, 언어 - 250~3,000Hz, 소음 - 4,000Hz, 저진동 범위 - 20~500Hz

⑥ 음의 기본요소

- 음의 강도(또는 크기)와 진동수 (또는 음조)의 2가지로 구분
- 음의 고저, 음의 강약, 음조의 3가지로 구분

⑦ masking(음폐현상) - dB이 높은 음과 낮은 음이 공존할 때 낮은 음이 강한 음에 가로막혀 숨겨져 들리지 않게 되는 현상으로 소음의 강도가 클수록, 음폐음의 주파수보다 높을수록 크다.

⑧ 복합소음 - 소음수준이 같은 2대의 기계는 3dB 증가한다.

## 5. 소음의 생체에 대한 작용

### 1) 청력에 대한 작용

#### (1) 일과성 청력장해(청력피로)

① 4,000Hz~6,000Hz에서 일과성 청력손실(신경의 전도성의 저하)
② 폭로 후 2시간 이내 발생, 중지 후 1~2시간에 회복(수초~수일 후 복원)

#### (2) 영구적 청력장해(소음성 난청, 직업성 난청)

① 범위는 3,000Hz~6,000Hz이고 4,000Hz에서 가장 심함
② 신경의 비가역적 파괴, 코오티관(달팽이 모양의 와우각)
③ C5-dip 현상 : 소음성 난청은 청력손실 주파수 대역인 3,000Hz~6,000Hz에 걸쳐 계곡형의 청력의 저하가 일어나는 현상으로 4,000Hz에서 가장 심함
④ 노인성 난청 : 고주파음 6,000Hz부터 난청이 시작

### 2) 소음성 난청에 영향을 미치는 요소

① 음압수준 : 높을수록 유해
② 소음의 특성 : 고주파음이 저주파음보다 더욱 유해
③ 노출시간 분포 : 계속적 노출이 간헐적 노출보다 유해
④ 개인의 감수성

### 3) 회화 방해(SIL : Speech Interfere Level)

① 500~2000Hz에서 발생하며, 보통 10dB 이상의 차이가 필요(사람 대화 음압 : 60dB)
② 600~1,200Hz, 1,200~2,400Hz, 2,400~4,800Hz의 3개 옥타브를 산술평균하여 나타냄

### 4) 작업 방해

① 작업능률 저하, 에너시 소비량 증가
② 작업강도, 지속시간에 따라 피해의 정도는 달라짐

### 5) 수면 방해

55dB(A)일 때는 30dB(A)보다 2배 늦게 잠들고 잠깨는 시간을 60% 단축

6) 일반 생리반응

① 발한, 혈압증가, 맥박 증가, 동공팽창, 전신 근육 긴장, 호흡이 변함
② 소음 폭로가 반복되면 감퇴

## 6. 소음관리

### 1) 소음 예방 대책

① 소음원의 제거 및 억제
② 소음원에 대한 격리와 밀폐
③ 흡음재 및 차음재의 사용
④ 음향처리제의 사용
⑤ 소음에 대한 노출시간의 단축
⑥ 보호구 사용

### 2) 소음 전파와 흡음

(1) **자유공간에서의 소음원과 음압수준** : 거리가 2배 증가하면 음압수준은 6dB 감소
(자유공간 : 경계가 없어서 음의 전파에 방해를 받지 않는 영역)

$$Lp(dB) = Lw - 20\log r - 11dB$$

여기서, $Lw$ : 음력수준, $r$ : 소음원과의 거리(m)

작업장에서 사용하는 압축기(compressor)로부터 50m 떨어진 거리에서 측정한 음압수준(sound pressure level)이 130dB였다면, 압축기로부터 25m와 100m 떨어진 거리에서 측정한 음압수준(dB)은 각각 얼마인가?(단, 작업장은 경계가 없어서 음의 전파에 방해를 받지 않은 영역이다.) ③

① 132, 128
② 134, 126
③ 136, 124
④ 140, 120
⑤ 150, 120

### (2) 반자유공간의 경우(평면상에서 음원이 높아진 경우)

$$Lp(dB) = Lw - 20\log r - 8dB$$

여기서, $Lw$ : 음력수준, $r$ : 소음원과의 거리(m)

$$Lw(dB) = Lp + 20\log r + 8dB$$

### (3) 작업장 내의 흡음

$$A = \sum_{i=1}^{n} S_i \alpha_i$$

여기서, $A$ : 총흡음량(sabin), $S_i$ : 해당표면의 면적($m^2$), $\alpha$ : 해당표면 흡음계수

① $\alpha$ : 표면에서 흡수된 음 에너지와 표면에 투입된 음 에너지의 비
② sabin : 100% 흡음하는 표면 $1m^2$를 1sabin으로 함

### (4) 소음원의 방향성

① 음의 반향이 전혀 없는 자유공간의 중심에 소음원이 매달려 있을 때 : $Q=1$
② 소음원이 큰 작업장의 한가운데 바닥에 놓여 있을 때 : $Q=2$
③ 소음원이 작업장 벽 근처의 바닥에 놓여 있을 때 : $Q=4$
④ 소음원이 작업장 모퉁이에 놓여 있을 때 : $Q=8$
⑤ 소음원이 ③과 ④의 중간에 있을 때 : $Q=6$

### (5) 흡음과 소음감소(감음량, NR)

$$NR(\text{dB}) = 10\log\frac{A_2}{A_1}$$

여기서, $A_1$ : 흡음물질을 처리하기 전의 총흡음량(sabins)
$A_2$ : 흡음물질을 처리한 후의 총흡음량(sabins)

**Point**

현재 총흡음량이 1,000sabins인 작업장의 천장에 흡음물질을 첨가하여 3,000sabins를 더할 경우 감음량을 구하시오.

➡ $NR(\text{dB}) = 10\log\frac{A_2}{A_1} = 10\log\frac{1,000+3,000}{1,000} = 6\text{dB}$

### 3) 작업장 내 흡음 측정법

#### (1) sabin법

작업장의 기계에 의한 흡음이 고려되지 않아 흡음을 실제보다 과소평가할 수 있음

#### (2) 음의 반향시간을 이용하는 방법

반향시간 : 음압수준이 60dB로 감소되는 데 소용되는 시간

$$T(\mathrm{sec}) = 0.161\frac{V}{A}$$

여기서, $V$ : 작업공간 부피($\mathrm{m}^3$), $A$ : 총흡음량

#### (3) 음력법

$$Lp(\mathrm{dB}) = Lw + 10\log\left(\frac{Q}{4\pi r^2} + \frac{4}{R}\right)$$

여기서, $R$ : 실내상수 $\left(R = \frac{S\alpha'}{1-\alpha'}\right)$, $\alpha'$ : 평균 흡음계수, $S$ : 총표면적

$$\rightarrow\ Lp(\mathrm{dB}) = Lw + 10\log\left(\frac{Q}{4\pi r^2} + \frac{4}{S\alpha'}\right)$$

여기서, $S\alpha' = A$(총흡음량)

이때 $r$이 크면 $\frac{Q}{4\pi r^2}$은 무시

$$\rightarrow\ A = 10\frac{Lw - Lp + 6}{10}$$

#### (4) 거리에 의한 소음 소실을 이용하는 방법

$$\begin{aligned}\Delta Lp(\mathrm{dB}) &= Lp_r - Lp_{2r}\\ &= Lw + 10\log\left(\frac{Q}{4\pi r^2} + \frac{4}{A}\right) - Lw - 10\log\left(\frac{Q}{4\pi(2r)^2} + \frac{4}{A}\right)\\ &= 10\log\left(\frac{Q}{4\pi^2} + \frac{4}{A}\right) - 10\log\left(\frac{Q}{4\pi(2r)^2} + \frac{4}{A}\right)\end{aligned}$$

$$\rightarrow\ A(\mathrm{Sabins}) = \frac{64\pi r^2(1 - 10^{\Delta Lp/10})}{Q(10^{\Delta Lp/10} - 4)}$$

### 4) 소음원에 대한 격리와 밀폐

(1) $TL(\text{dB}) = 10\log\left(\frac{P_1}{P_2}\right)$

여기서, $TL$ : 차음값, $P_1$ : 차음벽을 통과하기 전 음력, $P_2$ : 차음벽을 통과한 후 음력

(2) 차음효과

저주파(2~5dB), 고주파(10~15dB)

(3) 차음효과 높이는 방법

① 밀도가 높은 차음물질 사용
② 단일벽층보다 2중, 3중벽 사용
③ 부분밀폐보다 완전밀폐방식 선택

### 5) 개인보호구

(1) 귀마개

2,000Hz에서 20dB, 4,000Hz에서 25dB의 차음력

(2) 귀덮개

저음일 경우 20dB, 고음일 경우 45dB의 차음력

(3) 귀마개와 귀덮개를 모두 사용해야 하는 경우

120dB 이상 소음

(4) 귀마개의 장점

① 작아서 편리하다.
② 안경, 귀걸이, 머리카락, 모자 등에 의해 방해를 받지 않는다.
③ 고온에서 착용해도 불편이 없다.
④ 작은방에서도 고개를 움직이는 데 불편이 없다.
⑤ 가격이 귀덮개보다 저렴하다.

(5) 귀마개의 단점

① 일정한 크기의 귀마개나 주형으로 만든 귀마개는 사람의 귀에 맞도록 조절하는 데 많은 시간과 노력이 요구된다.
② 좋은 귀마개라도 차음효과가 귀덮개보다 떨어지고 사용자 간의 개인차가 크다.
③ 귀마개에 묻어 있는 오염물질이 귀에 들어갈 수 있다.

④ 잘 보이지 않아 귀마개의 사용 여부를 확인하는 데 어려움이 있다.
⑤ 귀가 건강한 사람만 사용할 수 있다.

(6) 귀덮개의 장점

① 귀마개보다 일관성 있는 차음효과를 얻을 수 있다.
② 동일한 크기의 귀덮개를 대부분의 근로자가 사용할 수 있다.
③ 귀덮개를 멀리서도 볼 수 있으므로 사용 여부를 확인하기 쉽다.
④ 귀에 염증이 있어도 사용할 수 있다.
⑤ 크기가 커서 보관장소가 바뀌거나 잃어버릴 염려가 없다.

(7) 귀덮개의 단점

① 고온에 불편하다.
② 운반과 보관이 쉽지 않다.
③ 안경, 귀걸이, 모자, 머리카락 등이 착용에 불편을 준다.
④ 귀덮개의 밴드에 의해 차음효과가 감소될 수 있다.
⑤ 작은방에서 고개를 움직이는 데 불편하다.
⑥ 가격이 귀마개보다 비싸다.

### 6) 귀마개 차음효과의 예측

(1) NIOSH 제1방법(Long method)

① 주파수별 소음을 측정한다.
② A특성 보정치를 감하여 A특성치를 계산한다.
③ A특성치를 합산한다.
④ 주파수별 차음평균치, 표준편차 × 2 - 제조회사에서 제공되는 값
⑤ 착용시 주파수별 음압수준을 구한다.
(보호구 착용시 주파수별 음압수준 = dB(A) - 차음평균치 + 2 × 표준편차)
⑥ 차음효과 = 총음압수준 dB(A)값 - 보호구 착용시의 총음압수준 dB(A)

(2) 미국 EPA의 NRR 계산법(단일숫자에 의한 평가방법)

① 주파수별 소음을 측정한다.
② C특성 보정치를 감하여 C특성치를 계산한다.
③ C특성치를 합산한다.
④ A특성 보정치를 감하여 A특성치를 계산한다.
⑤ A특성치를 합산한다.
⑥ 주파수별 차음평균치, 표준편차 × 2

⑦ 착용 시 주파수별 음압수준을 구한다.

보호구 착용시 주파수별 음압수준={dB(A) - 차음평균치+(2 × 표준편차)}

⑧ $NRR$=총음압수준 dB(C) - 보호구 착용 시의 총음압수준 dB(A) - 3

(3) 미국 OSHA의 계산방법

차음효과=( $NRR$ - 7)×50%

모 작업장의 음압수준이 100dB(A)이고 귀덮개( $NRR$=19) 착용 시 노출 음압수준을 구하시오.

- 차음효과=( $NRR$ - 7) × 50%=(19 - 7) × 0.5=6dB
- 노출음압수준=100dB - 6dB=94dB(A)

# 02 진동

Section

## 1. 진동의 성질

1) 진동 : 물체의 전후 운동

2) 변위 : 일정 시간 내에 도달하는 위치까지의 거리

3) 진동의 강도 : 정상 정지위치로부터 최대변위

4) 속도 : 변위의 시간 변화율

5) 가속도 : 속도의 시간 변화율

6) 공명 : 발생한 진동에 맞추어 생체가 진동하는 성질(진동의 증폭)

[예] 5Hz : 전신공명, 둔부에 5Hz 1g 진동 → 둔부에 2.5g

7) 멀미(motion sickness)

진동에 의한 가속도 자극이 내이의 전정, 반고리관에 작용하여 야기된 자율신경계를 중심으로 하는 일과성의 병적 반응

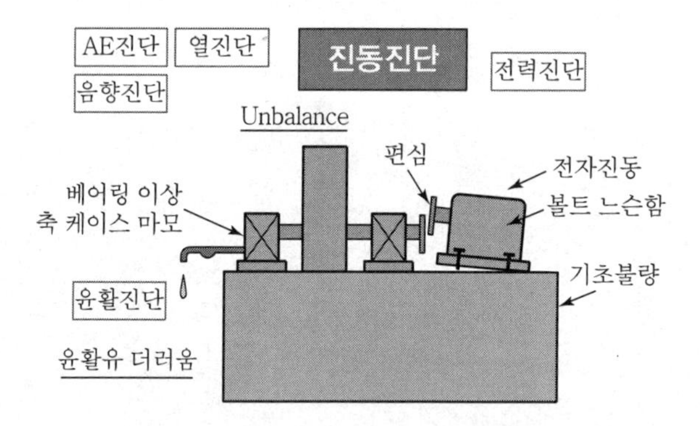


## 2. 진동의 측정 및 평가

1) 진동의 측정

(1) 진동가속도의 측정

소음 측정기 이용(마이크 대신 pick up 사용)

(2) 진동 가속도 레벨

진동 가속도 레벨계의 감각보정회로를 통하지 않고 측정한 값(진동의 물리량 레벨)

(3) 진동 레벨

감각 보정회로를 거쳐 인체의 감각량으로 환산된 것

① dB(V) : 수직감각 보정회로

② dB(H) : 수평감각 보정회로

(4) 진동수준계(Vibration level meter)

① 60~120dB의 측정 범위(기준 가속도 $a_0 = 10^{-5}\mathrm{m/s^2}$)

② 1~90Hz(진동량의 증폭장치 + 인체의 진동감각에 맞춘 filter)

↑ 소음기의 보정회로와 같은 역할

(5) 진동의 측정 : dB(기준치 $= 10^{-5}\mathrm{m/s^2}$)

(6) 인위적 진동

① 폭발, 타격 등에 의한 충격진동

② 지속적인 정상진동(기계)

③ 충격 및 정상진동의 중첩

## 2) 진동의 평가 및 허용기준

(1) 전신진동

① 대상 : 1~80Hz(이 이상은 인체 표면에서 감쇠됨)

② 생체반응 : 진동의 강도, 진동수, 방향, 폭로시간에 관계

③ 작업능률 유지를 위해 피로의 능력감퇴 경계

④ 수직진동 : 4~8Hz에서 최저 → 가장 민감(8시간 폭로기준 : 90dB에 상당)

⑤ 수평진동 : 1~2Hz에서 최저 → 가장 민감

⑥ 진동수에 따른 등청감곡선과 같은 것 : 등청감각곡선

⑦ 폭로한계 = 피로와 능력감퇴경계의 2배(+6dB) ← 건강과 안전 유지

⑧ 쾌감감퇴경계 = 피로와 능력감퇴경계의 1/3배(−10dB) ← 쾌감 유지

(2) 국소진동

폭로시간이 8시간 이하인 경우의 보정

(3) 진동의 허용치 3가지

① 작업능률 저하 한계
② 쾌감의 저하 한계
③ 건강 및 안전 유지의 한계

## 3. 진동이 인체에 미치는 영향 및 대책

### 1) 진동에 의한 장애

(1) 전신진동의 영향

2~100Hz가 문제됨([비교] 국제적 합의사항은 1~80Hz)

① 시력저하, 안구 공진에 의한 시력 저하, 내장의 공진에 의한 위장의 영향, 순환기 장해 말초신경 수축, 혈압상승, 맥박증가, 발한 및 피부저항의 저하, 산소소비량 증가, 폐환기 촉진
② 공명 주파수 : 상체(5Hz), 두부(20~30Hz), 안구(60~90Hz), 내장(4kHz)

(2) 국소진동의 영향

8~1,500Hz가 문제됨([비교] 국제적 합의사항은 6~1,000Hz)

• 백납병(Raynaud's disease)
말초 혈관 순환장애로 발작성이 있는 간헐적인 수지 동맥의 혈관수축이 일어나는 병으로 5~15분 정도 지속되며 감각마비, 창백해지는 증상이 나타남

### 2) 전신진동대책

(1) 인체보호를 위한 4단계

① 진동 노출의 측정 및 예측
② 폭로한계와 진동대책의 적절한 범위의 적용과 채택
③ 진동대책의 감소량과 대책의 형태 결정
④ 근로자 보호를 위한 경제적인 개선책과 가장 효율적인 방법을 선택하고 적용

(2) 근로자와 발진원 사이의 진동대책

① 구조물의 진동을 최소화
② 발진원의 격리
③ 전파 경로에 대한 수용자의 위치
④ 수용자의 격리
⑤ 측면 전파 방지

### (3) 인체에 도달되는 진동장해의 최소화 대책

① 진동의 폭로기간을 최소화

② 작업 중 적절한 휴식

③ 피할 수 없는 진동인 경우 최선의 작업을 위한 작업장 관리, 작업역할 면에서 인간공학적 설계

④ 심한 운전 혹은 진동에 폭로시 필요한 근로자의 훈련과 경험을 갖는다.

⑤ 근로자의 신체적 적합성, 금연

⑥ 진동의 감수성을 촉진시키려는 물리적, 화학적 유해물질의 제거 또는 회피

⑦ 심한진동이나 운전에 있어서 직업적으로 폭로된 근로자들을 의학적 면에서 부적격자로 제외

⑧ 초과된 진동을 최소화시키기 위한 공학적 설계와 관리

## 3) 국소진동의 대책

① 진동공구에서의 진동 발생을 감소 : Chain Saw의 설계를 motor driven machine으로 바꿈

② 진동공구의 무게를 10kg 이상 초과하지 않게 할 것

③ 손에 진동이 도달하는 것을 감소시키며, 진동의 감폭을 위하여 장갑 사용

④ 적절한 휴식

## 4) 기계의 방진원리

① 기계실 마루구조의 강성을 증가시킴과 동시에 기계를 유효한 방법으로 방진하여 진동이 구조체에 전달되는 것을 약하게 하여 방진을 함

② 방진용 완충재의 두께가 2배로 되면 용수철 정수는 1/2이 되고 면적이 2배로 되면 용수철 정수도 2배가 되므로 재료의 특성을 나타내는 데는 양구율을 사용하는 편이 좋음

즉, 용수철 정수 $R$은

$$R = E \cdot \frac{s}{d}$$

$$f_n = \frac{1}{2\pi}\sqrt{\frac{R_a}{m}} = \frac{1}{2\pi}\sqrt{\frac{E}{md}}$$

여기서, $f_n$ : 고유 진동수, $R_a$ : 방진재의 단위 면적당 용수철 정수(N/m · m²)
$m$ : 띄운 마루의 면밀도(kg/m²), $E$ : 방진재의 양구율(N/m²)
$d$ : 방진재의 두께(m), $s$ : 방진재의 면적(m²)

### 5) 방진 재료

#### (1) 강철로 된 코일 용수철

① 장점 : 설계요소가 명확하여 처짐양도 크게 취할 수 있어 낮은 진동수의 차단이 생김

② 단점 : 저항성분이 작아서 공진점의 진폭을 억제하려면 오일 댐퍼 등의 저항요소가 필요, 코일 용수철 자체의 종진동에 의하여 저항을 하게 됨

#### (2) 방진고무

① 장점

㉠ 여러 가지 형태로 된 철물로 튼튼하게 부착할 수 있음

㉡ 설계 자료가 잘 되어 있어서 용수철 정수를 광범위하게 선택 가능

㉢ 고무의 내부마찰로 적당한 저항력을 가지며 공진시의 진폭도 지나치게 커지지 않음

② 단점 : 내후성, 내유성, 내약품성이 약함

#### (3) 코르크

① 재질이 일정하지 않으며 균일하지 않으므로 정확한 설계가 곤란함

② 처짐을 크게 할 수 없으므로 고유 진동수는 10Hz 전후밖에 되지 않아 진동방지라기 보다 고체음의 전파방지에 유익

#### (4) 펠트(felt)

① 경미한 것 이외에는 사용하지 않음

② 재질도 여러 가지이며 방진재료라기 보다는 지지용으로 강체 간의 고체음 전파를 전열시키는 데 사용

#### (5) 공기 용수철

① 차량에 많이 쓰이며 구조가 복잡하여도 성능이 좋음

② 기계류나 특수한 시험실 등의 고급 방진지지용으로 사용

#### (6) 각종 방진재료의 비교

| 구 분 | 코일용수철 | 방진고무 | 코르크 | Felt |
|---|---|---|---|---|
| 정적처짐의 제한 | 설계자유 | 최대두께의 10%까지 | 두께(최대 10cm)의 6%까지 | - |
| 정적처짐의 할증률 | 1 | 1.1~1.6 | 1.8~5 | 9~17 |
| 유효범위 F[Hz] | 5Hz 이하 | 5Hz 이하 | 40Hz 이상 | 100Hz 이상 |
| 허용하중[kg/cm$^3$] | 설계자유 | 2~6 | 2.5~4 | 0.2~1.5 |

# 03 조명과 기압

Section

## 1. 조명

### 1) 자연 채광

#### (1) 채광

태양광선이 창을 통하여 실내를 밝힘으로써 필요한 밝기를 얻는 것

#### (2) 천공광

태양의 복사에너지에 의한 광이 하늘에서 구름, 먼지 등으로 확산, 산란되어 형성

#### (3) 태양복사광선의 세 가지 작용

① 적외선에 의한 열효과(=열선)

② 가시광선에 의한 광효과 : 맑은 날 10만 럭스까지 달함

③ 자외선에 의한 살균작용, 건강선(280~320nm의 광선)에 의한 비타민 D 형성작용

#### (4) 채광계획

① 창의 방향 : 남향(많은 채광을 요할 시), 북향(균일한 조명을 요하는 작업실)

② 창의 면적 : 바닥 면적의 15~20%

③ 실내 각점의 개각은 4~5°, 입사각은 28° 이상

### 2) 인공 조명

#### (1) 조명기구

① 형광방전등 : 자외선을 방사하는 방전관의 관벽에 적당한 조성비의 형광물질을 칠한 것으로 백색에 가까운 빛을 얻는 광원으로 사용

㉠ 장점

- 백열전구, 수은등보다 효율이 높고 1/3~1/4의 전력으로 같은 조도를 얻을 수 있음
- 수명이 백열전구보다 7배 정도 길어 약 7,000시간 정도임
- 형광방전관이 방사열을 내지 않음(백열전구의 약 2/3)
- 형광방전관의 종합 효율이 전구의 약 3배이므로 광원으로서의 방사열은 전구의 2/9

㉡ 단점 : 전원의 전압이 낮으면 들어오지 않으므로 보조기구 필요

② 수은등

㉠ 수은의 증기압에 의한 분류 : 저압 수은등, 고압 수은등, 초고압 수은등

㉡ 저압 수은등 : 고효율 광원으로 공장 조명용에 사용되었으나 현재는 고압 수은등으로 대체

㉢ 고압 수은등 : 광색에 붉은 색이 부족하여 백열전구와 고압 수은등의 빛을 혼합시키면 주광에 가까운 빛을 얻을 수 있음

㉣ 형광 수은등 : 수은등의 청색에 백색을 가한 것, 일반조명용, 공장조명, 스포츠조명으로 적합

③ 백열등

㉠ 가장 오래 전부터 사용, 유리구 내에 필라멘트를 봉입하여 전류를 통하면 고온방사에 의하여 발광

㉡ 텅스텐 필라멘트 : 진공 중 고온으로 가열하면 증발하고 단선되므로 전구 내에 질소 10%와 아르곤 90%를 혼합한 소량의 가스를 넣음

④ 나트륨등

효율은 극히 높지만 광색이 등황색으로 색의 식별에 좋지 않아 차도의 조명으로 사용

### (2) 조명방법

① 직접 조명

㉠ 반사 갓을 이용하여 광속의 90~100%가 아래로 향하게 하는 방식

㉡ 균일한 조명도를 얻기 어려우나 조명률은 가장 좋음

㉢ 경제적이고 설치가 간편하며, 벽체 · 천장 등의 오염으로 조도의 감소가 적음

㉣ 눈부심이 심하고 그림자가 뚜렷함

㉤ 국부적인 채광에 이용, 천장이 높거나 암색일 때 사용

② 반직접 조명
  ㉠ 광원으로부터의 발산 광속의 60~90%가 아래로 향하게 하는 방식
  ㉡ 그림자, 과도휘도(눈부심)가 없음
  ㉢ 반사적 현휘가 없는 균등한 조명을 얻을 수 있음
  ㉣ 천장의 높이가 적당하고, 천장의 벽체 상부가 밝은 색이어서 반사가 잘 될 때 만 사용
  ㉤ 천장과 벽체의 반사유지에 비용이 들며, 백색페인트도 85%밖에 반사하지 않으므로 광원의 촉광수는 그 만큼 높여야 함
③ 전반 확산 조명
  ㉠ 발산 광속비의 40~60%가 위로 향하게 하는 방식
  ㉡ 눈부심이 없고 부드러운 빛을 얻을 수 있음
④ 간접 조명
  ㉠ 광속의 90~100%가 위로 향해 발산하여 천장・벽에서 반사, 확산시켜 균일한 조명도를 얻을 수 있는 방식
  ㉡ 빛이 은은하고 그림자도 별로 생기지 않음
  ㉢ 눈부심이 없고 균일한 조명도를 얻을 수 있음
  ㉣ 조명률이 떨어지므로 경비가 많이 소요
⑤ 반간접 조명
  ㉠ 광속의 60~90%가 위로 향하게 하는 방식
  ㉡ 그늘이 심하게 지지 않고 빛도 부드러움
  ㉢ 세밀한 일을 장시간 하게 되는 교실이나 사무실에서 사용
⑥ 전반 조명
  균등한 조도를 얻기 위하여 광원을 일정한 간격과 일정한 높이로 배치한 방식
⑦ 국소 조명
  ㉠ 작업면상의 필요한 장소만 높은 조도를 취하는 방식
  ㉡ 밝고 어둠의 차이가 많아 눈부심을 일으켜 눈을 피로하게 함
⑧ 전반, 국소를 병용한 조명
  ㉠ 작업면 전반에 걸쳐 적당한 조도를 나타내며 필요한 장소에 높은 조도를 주는 조명방식
  ㉡ 피해를 줄이고 작업능률을 높이는 데 가장 효과적인 방식

(3) 인공 조명 시 고려해야 할 사항

① 조도는 작업상 충분할 것
② 광색은 주광색에 가까울 것
③ 유해가스를 발생하지 않을 것
④ 폭발과 발화성이 없을 것
⑤ 취급이 간편하고 경제적일 것
⑥ 균등한 조도를 유지할 것
⑦ 광원은 작업상 간접조명이 좋으며 좌측 상방에 설치하는 것이 좋다.

## 3) 공장 조명의 목적

① 눈의 피로를 감소하고 재해를 방지
② 작업의 능률 향상
③ 정밀작업이 가능하고 불량률이 감소
④ 쾌적한 작업환경 조성

## 4) 작업에 따른 조도기준

① 초정밀 작업 : 750Lux 이상
② 정밀 작업 : 300Lux 이상
③ 보통 작업 : 150Lux 이상
④ 그 밖의 작업 : 75Lux 이상

## 5) 조도의 단위

① 촉광(Candle) : 빛의 세기인 광도를 나타내는 단위, 지름이 1inch(2.54cm) 되는 촛불이 수평방향으로 비칠 때 빛의 광강도를 나타내는 단위
② 루멘(Lumen : lm) : 1촉광의 광원으로부터 한 단위입체각으로 나가는 광속의 단위. 광속이란 광원으로 나오는 빛의 양을 의미
③ foot-candle(fc) : 1루멘 광원으로부터 1foot 떨어진 평면상에 수직으로 비칠 때 그 평면의 빛밝기(1lumen/$ft^2$)

$$1fc = 10.8\text{lumen/m}^2 = 10.8\text{Lux}$$

④ Lux : 1$m^2$의 평면에 1루멘의 빛이 비칠 때의 밝기(Lux=lumen/$m^2$). 조도는 광속의 양에 비례하고, 입사면의 단면적에 비례

⑤ Lambert(L) : 빛을 완전히 확산시키는 평면의 1cm²에서 1루멘의 빛을 발하거나 반사시킬 때의 밝기를 나타내는 단위(0.318cd/cm²)

⑥ 반사율 : 빛을 받는 평면에서 반사되는 빛의 밝기 즉 조도에 대한 휘도의 비. 평면에서 검은색의 반사율은 0이고, 흰색은 100%에 근접

$$\text{반사율}(\%) = \frac{\text{광속발산도(fL)}}{\text{조명(fc)}} \times 100$$

- 옥내 최적 반사율 : 천장(80~90%) 벽, 창문 발(40~60%), 가구, 사무용 기기, 책상(25~45%), 바닥(20~40%)

⑦ 광속 발산비(luminance) : 주어진 장소와 주위의 광속발산도의 비이며, 사무실 및 산업상황에서의 추천 광속 발사비는 보통 3:1

⑧ 대비 : 표적의 광속발산도와 배경의 광속발산도의 차를 나타내는 척도

$$\text{대비} = \frac{L_b - L_t}{L_b} \times 100$$

## 6) 시식별에 영향을 주는 조건

① 조도
② 대비
③ 시간
④ 광속 발산비
⑤ 휘광
⑥ 이동 - 이동률이 초당 60° 이상이 되면 시력이 급격히 저하됨

## 7) 휘광(glare)의 처리

### (1) 광원으로부터의 직사휘광처리

① 광원의 휘도를 줄인다.
② 광원을 시선에서 멀리 위치시킨다.
③ 휘광원 주위를 밝게 하여 광속발산비(휘도)를 줄인다.
④ 가리개(shield), 갓(hood), 혹은 차양(visor)을 사용한다.

(2) 창문으로부터 직사휘광처리

① 창문을 높이 단다.
② 창위(실외)에 드리우개(overhang)를 설치한다.
③ 창문(안쪽)에 수직날개(fin)들을 달아 직시선을 제한한다.
④ 차양(shade) 혹은 발(blind)을 사용한다.

(3) 반사휘광의 처리

① 발광체의 휘도를 줄인다.
② 일반(간접)조명 수준을 높인다.
③ 산란광, 간접광, 조절판(baffle), 창문에 차양(shade) 등을 사용한다.
④ 반사광이 눈에 비치지 않게 광원을 위치시킨다.
⑤ 무광택도료, 빛을 산란시키는 표면색을 한 사무용 기기, 윤을 없앤 종이 등을 사용한다.

## 2. 기압

이상기압이란 정상기압(760mmHg, 1atm)보다 높거나 낮은 기압

### 1) 고압 환경

(1) 1차성 압력 현상(기계적 장해)에 의한 생체 변환

① 인체와 환경 사이의 압력차이로 인한 기계적 작용(기압외상)
② 1psi 이하의 기압차이에서도 울혈, 부종, 출혈, 동통이 발생
③ 부비강, 치아가 기압증가에 의하여 압박장해
④ 흉곽이 잔기량보다 적은 용량까지 압축되면 폐압박 현상

(2) 2차성 압력현상(화학적 장해)에 의한 생체 변환

① 고압에서 대기가스의 독성 때문에 나타나는 현상
② 질소 마취
㉠ 4기압 이상에서 공기 중의 질소가스가 마취작용
㉡ 작업력의 저하, 기분의 변환 등 다행증(euphoria)이 발생
③ 산소중독
㉠ 산소분압이 2기압을 넘으면 발생
㉡ 수지와 족지의 작열통, 시력장해, 현청, 정신혼란, 근육경련, 오심, 현훈

④ 이산화탄소
㉠ 산소독성과 질소의 마취현상을 증강
㉡ 동통성 관절장해는 이산화탄소 분압의 증가로 발생
㉢ 고압 환경에서 이산화탄소의 농도는 0.2%를 초과하지 말아야 함

### 2) 저압환경

#### (1) 생체작용의 종류

① 폐장 내의 가스 팽창효과
② 질소 기포 형성효과
기포형성에 영향을 미치는 요인 : 조직에 용해된 가스양, 혈류를 변화시키는 주위 상태(연령, 기온, 온도, 공포감, 음주 등), 감압 속도

#### (2) 질소 기포형성으로 나타나는 증상

① 급성장해 : 동통성 관절장해, 질식양증상, 마비
② 만성장해 : 비감염성 골괴사, 감염성 골괴사

#### (3) 증상의 종류

① 고공 증상 : 산소부족, 동통성 관절장해, 신경장해, 공기전색, 항공치통, 항공이염, 항공부비강염
② 고산병 : 우울증, 두통, 오심, 구토, 식욕상실, 흥분성 등
③ 고공성 폐수종 : 진행성 기침과 호흡곤란 증세

## 3. 산소결핍

### 1) 산소결핍

공기 중의 산소농도가 18% 미만인 상태로 저산소증이라고도 함

### 2) 산소결핍에 대한 생체반응

① 정상공기의 산소함유량 : 20.93%
㉠ 산소분압(mmHg) = 기압(mmHg) × 산소농도(%)/100
㉡ 산소농도계의 지시(%) = 실제의 산소농도(%) × 절대압, [절대압 : 게이지압력 + 1]
㉢ 가압 중 산소농도(%) = 산소농도계의 지시(%)/게이지압력+1

② 산소결핍에 가장 민감한 조직 : 뇌의 대뇌피질
  ㉠ 뇌 : 1일 500kcal의 에너지 소비, 산소 소비는 1일 100ℓ
  ㉡ 산소 공급 정지 1.5분 이내는 모든 활동성이 복구되나 2분 이상이면 비가역적인 파괴가 발생
③ 연수 등의 중추부는 산소결핍에 의하여 활동이 정지되나 대뇌피질보다 저항력이 큼(식물인간)

### 3) 산소결핍의 위험성

① 12~16% : 맥박, 호흡수 증가, 근육작업이 어려움, 두통, 오심, 이명(90~120mmHg)
② 9~14% : 판단력 둔화, 발양 상태, 불안전한 정신상태, 당시의 기억 없음, 전신탈력, 체온상승, 호흡장해, 청색증 유발(74~87mmHg)
③ 6~10% : 의식불명, 중추신경 장해, 경련, 청색증 유발, 4~5분 내 치료 시 회복가능(33~74mmHg)
④ 6% 이하 : 40초 내 혼수상태, 호흡정지, 사망(33mmHg 이하)

### 4) 산소결핍에 대한 대책

① 예방대책 : 작업 전·중 산소농도 측정, 환기(산소농도 18% 이상 유지), 송기마스크 등 적정한 보호구 착용
② 산소결핍 위험 작업 시
  ㉠ 작업자에 대한 교육, 인원의 점검, 출입의 금지, 연락, 감시자의 배치
  ㉡ 사고 시의 대피 등, 대피용 기구의 비치, 구출 시의 공기호흡기 등의 사용

## 4. 습도

### 1) 습도의 산업 위생학적 의의

① 습도 : 공기 중에 있는 수증기를 말하며 작업환경과 밀접한 관계
② 적정 습도 : 40~70%의 비교습도가 근로자에게 쾌감을 줌
③ 습도의 변화 : 기온의 변화와 반대 현상, 정오부터 2시까지는 최저, 밤부터 아침까지 최고치

### 2) 습도 표시법

① 절대습도 : 공기 $1m^3$ 중에 포함되어 있는 수증기의 양(g) 또는 수증기의 장력(mmHg)

② 포화습도 : 일정 공기 중의 수증기량이 한계를 넘을 때 공기 중의 수증기량(g)이나 장력(mmHg)

즉, 공기 $1m^3$이 포화상태에서 함유할 수 있는 수증기량 또는 장력

③ 비교습도(상대습도)

㉠ 포화습도에 대한 절대습도의 비를 %로 나타낸 단위

㉡ $\text{비교습도} = \dfrac{\text{절대습도}}{\text{포화습도}} \times 100$

㉢ 밀폐된 공장에서 온도 변화가 있을 시 : 절대습도는 변함이 없으나 상대습도, 포화습도는 변함

④ 포차 : 공기 $1m^3$이 포화상태에서 함유할 수 있는 수증기량(또는 장력)과 현재 함유한 수증기량(또는 장력)과의 차이

⑤ 노점(dew point)

㉠ 포화습도에 달하지 못하였던 공기라도 기온이 하강하면 그 함유할 수 있는 최대 수증기량도 적어지므로 드리어 포화상태에 달하여 더욱 온도가 내려가면 과잉의 수증기를 응축하여 이슬이 될 수 있는데 이와 같이 포화상태에 달한 온도를 그 공기의 노점이라 함

㉡ 함유한 수증기량이 많을수록 그 공기의 노점은 높아짐

### 3) 습도의 측정

#### (1) 습도의 측정

아스만 통풍온습도계, 아우구스트 건습계, 회전습도계, 모발습도계, 자기습도계

#### (2) 아스만 통풍온습도계

① 습구의 거즈를 스포이드로 적시고 부속된 나사로 태엽을 감고 팬이 회전하기 시작한 뒤 4~5분이 경과한 후 건습구 온도를 읽어 습도표를 사용하여 습도를 구하는 방식

② 정밀 계산을 위한 기압의 보정(A. Sprung식을 사용)

③ 습구가 결빙되지 않았을 때 : $f = F' - 0.44(t - t')\dfrac{B}{755}$

④ 습구가 결빙되었을 때 : $f = F' - 0.5(t - t')\dfrac{B}{755}$

⑤ 습도(%)$=\frac{f}{F}\times 100$

여기서, $t$ : 건구온도, $t'$ : 습구온도, $f$ : 수증기 장력
$F'$ : $t'$에 대한 수증기 최대 장력
$B$ : 온·습도 및 중력의 보정을 한 기압계시도
$F$ : $t$에 대한 수증기 최대 장력

### (3) 아우구스트 건습계

① 동일한 한란계 건구 온도계, 습구 온도계를 취하여 그중 1개 습구 온도계의 구부를 하얀천으로 싸서 그 심지를 물컵에 담가 건구온도, 습구온도를 각각 읽는다.
② 작업환경 중의 공기의 습도를 측정할 때에는 호흡이 닿지 않도록 될 수 있는 대로 떨어져서 수평으로 보고 습도가 올라가기 쉬운 건구부터 먼저 읽고 습도표로부터 습도를 구함

### (4) 모발습도계

① 모발이 습도에 대하여 예민하게 신축되는 것을 이용하여 만든 습도계
② 모발에 먼지가 묻을 시 모필로 털거나 모필에 벤젠을 묻혀서 가볍게 닦아낸다.
③ 섭씨 20도에서 5도 사이는 거의 온도차가 나지 않으나 온도가 낮을 때는 아우구스트 습도계나 아스만 통풍온습도계로 보정할 필요가 있다.

### (5) 자기습도계

모발에 대한 신축도를 자기온도계와 같은 원리로 기록하게 하는 방식

# 04 극한 온도

Section

## 1. 고온에 의한 장해

### 1) 원인

#### (1) 외적 요인

① 고열
② 높은 습도 : 발한증발 억제로 체온조절에 충분히 기여치 못해 체온의 상승을 야기
③ 대류에 의한 열방산 : 37℃ 넘으면 인체에서 열 흡수를 촉진
④ 작업밀도 : 중근작업이나 휴식시간이 짧은 경우

#### (2) 내적 요인

① 비만이거나 순환기 기능이 저하된 작업자의 경우
② 경험연수나 숙련도의 여부

### 2) 건강장해

#### (1) 열경련(Heat cramp)

① 고온환경에서 심한 육체적 노동을 할 경우 발생, 지나친 발한에 의한 탈수와 염분소실이 원인
② 증상
㉠ 전구증상 : 현기증, 이명, 두통, 구토, 구역 등
㉡ 주증상 : 작업상 많이 사용한 수의근의 유통성 경련
③ 치료방법
㉠ 바람이 잘 통하는 곳에 환자를 눕히고 작업복을 벗겨 체열방출 촉진
㉡ 수분(생리식염수 1~2L를 정맥 주사), 염분(0.1% 식염수를 음용) 보충

#### (2) 열사병(Heat stroke)

① 고온 다습한 환경에서 육체적 노동을 하거나 태양의 복사선을 두부에 직접적으로 받는 경우에 발생하며 발한에 의한 체열방출 장해로 체내에 열이 축적되어 발생
② 증상
㉠ 뇌막혈관이 출혈되면 뇌온도의 상승으로 체온조절중추의 기능이 장해를 받음
㉡ 땀을 흘리지 못하여 체열방산이 안 되어 체온이 41~43℃까지 급상승되고, 혼수상태에 이르며, 피부가 건조하게 됨

③ 치사율 - 치료를 안 할 경우 : 100%, 체온이 43℃ 이상 : 80%, 43℃ 이하 : 40%

④ 치료

㉠ 체온을 39℃까지 급속히 내린다.

㉡ 울혈방지와 체온이동을 돕기 위한 마사지를 한다.

㉢ 호흡 곤란시 산소 공급

㉣ 체열의 생산을 억제하기 위한 항신진대사제 투여

(3) 열피로 또는 열피비(Heat exhaustion)

① 고온환경에 오래 폭로되어 말초혈관 운동신경의 조절장애와 심박출량의 부족으로 순환부전, 대뇌피질의 혈류량 부족, 혈관의 확장, 탈수상태가 원인

② 증상

㉠ 전구증상 : 전신의 권태감, 탈력감, 두통, 현기증, 귀울림, 구역질

㉡ 증상 : 의식이 흐려짐, 허탈상태에 빠짐, 최저혈압의 하강이 현저함

③ 치료

㉠ 시원하고 쾌적한 환경에서 휴식을 취하고 탈수가 심하면 5% 포도당 용액을 정맥주사 함

㉡ 더운 커피를 마시게 하거나 강심제 투여

㉢ 며칠 동안 순환기 계통의 이상 유무 관찰

(4) 열성 발진(Heat rashes)

① 습한 기후대, 고온다습한 대기에 장시간 폭로시 한선의 개구부가 땀에 붙은 피부의 케라틴으로 막히고 한선에 염증이 일어남

② 증상

㉠ 피부에 작은 발적한 수포 발생, 범위가 넓어지면 발한도 장해를 받음

㉡ 작업자의 내열성을 크게 저하시킴

(5) 열쇠약(Heat prostration)

① 고온에 의한 만성 체력소모, 만성형의 건강장해로 좁은 의미에서 말하는 열중증에는 포함 안 됨

② 증상 : 전신권태, 식욕부진, 위장장해, 불면, 빈혈

3) 대책

(1) 작업 환경 개선

① 열복사의 확산 방지, 대류에 의한 환기 촉진, 휴게실의 냉방화, 건물의 열효율 검토

② 발생원 제어[보온, 열전도율 작은 것으로 차폐(반사식 : 알루미늄, 흡수식 : 철)]

③ 중앙냉방방법 : 캐리어 시스템(13~15℃ 지하수를 이용)
④ 국소적인 방법 : 룸쿨러, 에어컨디셔너

(2) 작업 조건 개선

작업강도 중등도(RMR 2~4)일 경우 휴식 대 작업의 비율을 1 : 1로 조정

(3) 개인 방호

알루미늄 박판을 붙인 방열복, 환기식 또는 냉수환류식 방서복, 방열면, 방열모자, 방열 안경

(4) 적정 배치

① 고온순화(2~3일) 고려하여 배치
② 식염 요구량 : 보통 1시간마다 0.5g, 땀을 흘리는 작업에서는 1시간에 2g
③ 정상인 경우 식염 : 혈액 100mL 중 450~500mg, 열경련 유발 근로자 : 403.8mg

## 2. 저온에 의한 건강장해

### 1) 건강장해

(1) 저체온증

① 직장온도가 35℃ 이하로 떨어지는 경우에 발생
② 맥박, 호흡이 떨어지며 직장온도가 30℃ 이하가 되면 위험상태에 이름

(2) 동상

① 피부의 이론상 빙점은 -1℃이고 피부 빙점 이하의 물체와 접촉 시 발생
② 조직심부의 온도가 10℃에 달하면 조직표면 동결
→ 피부, 근육, 혈관, 신경 등의 손상 → 1, 2, 3도 동상 → 괴사 발생
③ 동상의 종류
㉠ 제1도 : 피부표면의 혈관 수축에 이해 청백색을 띠고 이어서 마비에 의한 혈관 확장이 일어나 홍조를 띠게 되는데 이후 울혈이 나타나 피부가 자색을 띠기 시작하면 증상이 진행됨을 나타내며 동통 후 저리는 느낌이 뒤따름(따갑고 가려우며 발적)
㉡ 제2도 : 혈관마비는 동맥에까지 이르고 심한 울혈에 의해 피부에 종창을 초래하고 압박, 마찰 등에 의해 수포가 생기며 지각은 둔해지고 가벼운 정도의 동통을 동반함(수포동반 염증 발생)
㉢ 제3도 : 혈행의 저하로 인하여 피부는 농백색으로 동결되고 괴사가 발생하고 -15~-20℃ 혹한에서 심부 조직까지 동결되며 조직의 괴사와 괴저 발생

④ 조직손상의 종류 : 지속성 국소빈혈, 혈전형성, 심부창백, 괴저

(3) 동창 : 가벼운 동상과 동일시함

(4) 참호족, 침수족

① 한냉에 장기간 폭로됨과 동시에 습기나 물에 잠기면 발생하며 지속적인 국소 산소결핍으로 인한 모세혈관벽의 손상을 일으킴

② 증상 : 부종, 작열감, 심한 동통, 소양감, 수포, 괴사

(5) Raynaud 현상(백납병)

2) 대책

① 난방방법 – 수증기 및 온수난방, 온풍난방

② 작업 시간의 규제

③ 작업 조건의 개선

④ 작업복 개발 – 보온성, 통기성, 투습성 등을 고려

# 05 유해광선

Section

## 1. 전리방사선에 의한 장해

### 1) 전리방사선이 영향을 미치는 부위

골수, 임파구 및 임파조직, 성세포(인체의 조직 중 감수성이 가장 큰 조직은 세포의 증식력, 재생기전이 왕성 할수록, 세포핵 분열이 영속적일수록, 형태와 기능이 미완성일수록 감수성이 크다)

#### (1) 전리방사선의 생체 구성성분 손상 순서

① 분자수준에서의 손상
② 세포수준의 손상
③ 조직 및 기관수준의 손상
④ 발암현상

### 2) 전리방사선이 인체에 미치는 영향

① 투과력 : $\gamma$선과 X선이 가장 크고, 다음은 $\beta$선과 $\alpha$선의 순
② 전리작용 : 투과력과 정반대. 방사능 물질이 인체에 침투하였을 경우 $\alpha$입자가 가장 위험하나 실제 보건상의 문제는 투과력이기 때문에 X($\gamma$)선에 의한 피폭이 더 위험하다.
③ 피폭방법
㉠ 체외피폭 : 가장 흔한 피폭방법
㉡ 표면피폭 : 방사능 물질이 피부에 부착된 경우
㉢ 체내피폭 : 방사능 물질의 가스나 분진을 흡입한 경우

### 3) 종류와 특성

| 종류 | 형태 | 방사선 원 | RBE | 피해부위 |
|---|---|---|---|---|
| $\alpha$선 | 고속도의 He핵(입자) | 방사선원자핵 | 10 | 내부폭로 |
| $\beta$선 | 고속도의 전자(입자) | 방사선원자핵 | 1 | 내부폭로 |
| $\gamma$선 | 전자파(광자선) | 방사선원자핵 | 1 | 외부폭로 |
| X선 | 전자파(광자선) | X선관 | 1 | 외부폭로 |
| 중성자 | 중성입자(입자) | 핵분열 및 핵변환반응 | 10 | 외부폭로 |

① RBE(Relative Biological Effectiveness) : 상대적 생물학적 효과 비, rad를 기준으로 방사선효과를 상대적으로 나타낸 것

② rem = rad × RBE 진동수 = $3.0 \times 10^{11}$Hz 이하

③ 파장 = $1.0 \times 10^{-7}$m 이상(즉, 100nm), 광자당 에너지 = $1.2 \times 10^{1}$eV 이하

### 4) 방사선의 단위

| 구분 | | 새로운 단위(SI 단위) | 종전 단위 | 환산 | 비고 |
|---|---|---|---|---|---|
| 방사능 단위 | | 베크렐(Bq) : 1초간에 원자 1개의 변환 | 큐리(Ci) : 1초간에 원자 $3.7 \times 10^{10}$개의 변환, 1Ci는 $Ra^{226}$ 1g의 방사능과 거의 같다. | 1Ci = $3.7 \times 10^{10}$Bq<br>1Bq = $2.7 \times 10^{-11}$Ci | 방사능 물질 |
| 방사선량에 관한 단위 | 조사선량 | 쿨롱/킬로그램(C/kg) : 공기 1kg 중에 1쿨롱의 이온을 만드는 $\gamma$(X)선의 양 | 뢴트겐(R) : 공기 1kg 중에 $2.58 \times 10^{-4}$ 쿨롱의 에너지를 생성하는 선량 | 1R = $2.58 \times 10^{-4}$C/kg<br>1C/kg = $3.88 \times 10^{3}$R | X선, $\gamma$선만 해당 |
| | 흡수선량 | 그레이(Gy) : 1kg당 1J의 에너지의 흡수가 있을 때의 선량 | 라드(rad) : 1kg당 1/100J( = 1erg)의 에너지의 흡수가 있을 때의 선량 | 1rad = 0.01Gy<br>1Gy = 100rad | 모든 방사선 |
| | 등가선량 | 시버트(Sv) : 흡수선량(Gy)×방사선가중치 | 렘(rem) : 흡수선량(rad)×방사선가중치 | 1rem = 0.01Sv<br>1Sv = 100rem | 가중치<br>X($\gamma$)선<br>$\beta$입자 : 1<br>$\alpha$입자 : 10 |

### 5) 측정

Geiger Müller Counter, Dosimeter, Scintillation Counter를 사용

### 6) 생체작용

| 피폭선량(rem) | 증 상 |
|---|---|
| 25 이하 | 일반적인 임상증상은 없으나 만성적 영향은 배제하지 않음 |
| 25~100 | 임파구, 백혈구의 일시적 감소 |
| 100~200 | 전신권태, 오심, 만성적 영향이 나타남. 125rem에서는 구토 |

| 피폭선량(rem) | 증상 |
|---|---|
| 200~300 | 2주 후부터 전신 위화감, 인후통, 혈색 불량, 설사 |
| 300~600 | 1주일 후부터 탈모, 식욕저하, 발열, 출혈, 설사[350rem : 50% 치사량] |
| 600 이상 | 설사, 출혈, 인후염, 발열, 급속히 쇠약 100% 치사량 |

### 7) 노출기준

미국 ACGIH에서는 ICRP(International commission on radiological protection)의 가이드라인을 받아들여 직업적인 노출인 경우 다음과 같이 정하였다.

① 방사선 기준치(ACGIH, 2002년)

| 노출형태 | 노출량 | 노출형태 | 노출량 |
|---|---|---|---|
| 1) 매년 유효량<br>2) 5년 동안 평균 | 50mSv(=5rem)<br>20mSv/yr | 신체부위별 1년 노출<br>1) 수정체<br>2) 피부<br>3) 팔, 다리 | <br>150mSv<br>500mSv<br>500mSv |

② 1965년 ICRP(International Commission on Radiological Protection)의 용인선량을 허용기준으로 채택

| 신체장해 | | | 후세 장해 | |
|---|---|---|---|---|
| 조기장해 | 만성장해 | 전신성 노화 촉진 장해 | 임신 태아 이상 | 유전장해 |
| ① 전신 : 급성 방사선증(ARS)<br>• 뇌신경계(2,000rad)<br>• 장관계(500~1,500rad)<br>• 조혈기관(300~400rad)<br>• 만성조혈장해 : 백혈구 감소, 빈혈<br>② 국소<br>급성피부염, 결막염, 만성피부염, 건성 또는 궤양<br>③ 방사능 중독증<br>갑상선 장해, 소화기 장해, 폐기능 장해 | • 갑상선암<br>• 조혈기관의 암<br>• 백혈병<br>• 재생불량성 빈혈<br>• 피부암<br>• 폐실질암<br>• 기도부암<br>• 골괴양<br>• 담낭암<br>• 백내장(수정체의 진행성 혼탁) | • 수명단축<br>• 조로장해 | • 불임증<br>• 이상임신<br>• 이상분만<br>• 태아 이상<br>• 기형아 출산 | • 생식세포의 유전자 돌연변이<br>• 염색체 이상에 의한 기형<br>• 대사 이상 |

• 급성 방사선증(Acute Radiation Syndrome)은 전신 외부 피폭에 의해 나타나는 증상

8) 대책

전리방사선 관리의 4대 원칙 : 경고장치 설치, 축적량 체크, 의학적 건강진단, 사고시 응급처치

| 시설과 작업 방법의 관리 | | | | 건강관리 |
|---|---|---|---|---|
| 차폐물의 설치 | 원격조정 작업 | 작업시간 단축 | 취급방법 개선 | |
| ① $\alpha$선, $\beta$선<br>• 알루미늄판<br>• 얇은 철판<br>• 4mm 초자판<br>② X선, $\gamma$선<br>• 납판, 철판<br>• 콘크리트벽 (두께 늘림) | 거리의 2승에 비례하여 약해짐 | • 가능한 한 짧은 시간을 접하도록 함<br>• film badge나 pocket chamber 선량계로 피폭선량을 상시 측정하여 허용치를 단 한번이라도 초과하지 않도록 관리 | • 피부의 노출을 피함<br>• 국소배기장치가 가동되는 globe box 이용<br>• 흡연, 식사 전후에 세수를 하고 표면 오염을 막도록 함 | 정기 건강 진단으로 백혈구 수가<br>• 4,000/$mm^3$이면 요양<br>• 4,000～5,000$mm^3$이면 요주의자로 관리 |

## 2. 비전리 방사선에 의한 장해

1) 자외선(200～380nm)

(1) 배출원

태양광선(약 5%), 수은등, 수은 아크등, 탄소아크등, 수소방전관, 헬륨방전관, 전기용접, 노작업

(2) 물리·화학적 성질

① 분류

㉠ 100～400nm의 전자파

㉡ 200～280nm 원자외선(UVC), 280～314nm 중자외선(UVB), 315～400nm 근자외선(UVA)

② 건강선(Dorno-ray) : 290～315nm

③ 구름이나 눈에 반사되며 고층 구름이 낀 맑은 날에 가장 많고 대기오염의 지표로 사용

④ 측정 : 광전관식 자외선계

⑤ 일명 화학선이라고 하며 광화학반응으로 단백질과 핵산분자의 파괴, 변성작용

⑥ 원자외선 영역인 280nm 부근에서 유해작용이 강함

### (3) 피부 장해(피부 투과작용, 색소 침착작용, 순화현상, 비타민 D 합성)

① 각질층의 표피세포(Malpighi 층) : Histamine의 양이 많아져 모세혈관 수축, 홍반, 색소 침착

② 수포, 표피박리, 부종

비타민 D의 합성 : 290~320nm에서 피하조직 내의 ergosterin dehydro-cholesterol (이와 유사한 steroid계)을 활성화하여 합성됨

③ 홍반 : 297nm, 멜라닌 색소 침착 : 300~420nm

㉠ 피부암 : 280~320nm

㉡ 광성 피부염 : 건조, 탄력성을 잃고 자극이 강해 염증, 주름살이 많아지는 증상

### (4) 안장해

① 6~12시간에 증상이 최고도에 달함

② 결막염, 수포형성, 안검부종, 전광성 안염, 수정체에 단백질 변성

㉠ 흡수부위 : 각막, 결막(295nm 이하), 수정체 이상(295~380nm), 망막(390~400nm)

㉡ 살균작용 : 250~280nm

㉢ 불활성 가스 용접 시 $O_3$이 생겨 피해를 더하고 트리클로로에틸렌은 원자외선에서 광화학반응을 일으켜 포스겐을 발생시킴

### (5) 전신 건강장해

① 자극작용

② 신진대사가 항진

㉠ 적혈구, 백혈구, 혈소판 증가

㉡ 2차적인 증상 : 두통, 흥분, 피로, 불면, 체온상승

### (6) 기타 작용

① 불활성 가스 용접 시 $O_3$이 생겨 피해를 더함

② 트리클로로에틸렌은 원자외선에서 전신에 포스겐을 발생

## 2) 가시광선(380~780nm)

### (1) 배출원

조명 불량한 모든 사업장, 제도사, 전자기구 조립공, 조각공, 보석 세공공, 시계 제작업 등

### (2) 물리·화학적 성질

① 400~700nm의 파장을 갖는 전자파

② 직접작용은 잘 알려지지 않고 Biological rhythm(생물학적 리듬)에서 보는 간접작용이 있음

(3) 건강장해

① 조명 부족 시

㉠ 안정피로, 근시 : 작은 대상물 장시간 직시할 경우

㉡ 안정피로의 증상 : 두통, 눈의 피로감, 자극증세

㉢ 갱내부의 안구 진탕증 : 특히 CO, $CO_2$, $CH_4$가 있는 갱내에서 발생

㉣ 녹내장, 백내장, 망막변성 등 기질적 안질환은 조명부족과 무관함

② 조명 과잉 시

㉠ 시력장해, 시야협착 : 강력한 광선이 망막을 자극해서 잔상을 동반하는 장해

㉡ 망막변성, 황반부 변성

㉢ 광시, 암순응의 저하 : 장시간 강렬한 광선에 폭로될 경우

### 3) 적외선(780nm~ )

(1) 배출원

광물이나 금속의 용해작업, 노작업, 노의 감시작업, 제강, 단조, 용접, 야금공정, 초자제조공정

(2) 물리·화학적 성질

① 보통 IR-A를 말하며 700~1,400nm(피해는 780nm에서 크다.)
파장(IR-B&C : 1.4$\mu$m~$10^{-3}\mu$m)

② 분류

㉠ 근적외선(700~1,500nm), 중적외선(1,500~3,000nm)

㉡ 원적외선(3,000~6,000nm 또는 6,000~12,000nm)

③ 일명 열선이라고 하며 온도에 비례하여 적외선을 복사

④ 태양에너지의 52%를 차지

⑤ 측정 : 복사계, 광전관식 적외선계

⑥ 중·원적외선 : 체표조직에서 흡수되어 피부온도가 상승, 근적외선 : 심부조직까지 침투

(3) 피부장해

① 괴사

② 혈관 확장으로 습진, 괴사, 화상, 암으로 진행됨

③ 습진, 암변성 : 장기간의 조사

④ 피부와 심부조직 화상 : 강렬한 조직 괴사
⑤ 국소의 혈액순환을 돕고 진통작용이 있어 치료에 응용

(4) 안장해

① 1,400nm 이상의 적외선 : 각막 손상
② 적외선 백내장 : 1,400nm 이하의 적외선의 만성폭로로 발생(초자공 백내장, 대장공 백내장)
③ 망막손상 및 안구 건조증 유발

(5) 두부장해

① 두통, 현훈, 자극작용 : 장시간 조사시
② 강력한 적외선은 뇌막자극 증상을 유발하고, 의식상실, 경련 등을 동반한 열사병을 일으켜 사망

4) 레이저(Light Amplification by Stimulated Emission of Radiation)

(1) 발광파장 : 크세논 레이저(172nm) 등 60종 이상

(2) 특징 : 단색성, 간섭성, 지향성, 집속성, 고출력성

(3) 물리·화학적 성질

① 자외선, 가시광선, 적외선의 파장을 적은 단면에 대량의 에너지로 집중시켜 사용
② 원자와 분자가 지니는 성질을 살려서 순수광선을 방출하는 장치에서 발생되므로 단일파장으로 작용하고 예리하면서 강력함

(4) 피부장해

① 열응고, 탄화, 괴사 등의 피부화상
② 경증은 발적에 그침

(5) 안장해

① 각막염 : 자외선 대역(400nm 이하), 적외선 대역(1,400nm)
② 백내장 : 자외선 대역(300~400nm), 적외선 대역(700~1400nm)
③ 망막염 : 근자외선 대역(320~400nm), 가시광선(400~700nm), 근적외선(700~1,500nm)
④ 자외선 대역(200~380nm)
각막에 대부분 흡수되어 각막 상피의 박리나 기질의 흐림현상 발생

⑤ 350nm～1,400nm : 망막에 초점을 맺기 위해 방사조도가 증가하여 망막조직 손상 → 시력결손

⑥ 1,400nm 이상 : 각막이나 결막 등 손상

5) 마이크로파와 라디오파

(1) 물리·화학적 성질

① 10kHz에서 300GHz까지의 주파수로 6분(0.1시간)에 0.4W/kg의 흡수율(SAR)을 기준

② ACGIH에서 분진이나 화합물질(2년)과는 달리 마이크로파는 1년을 공시시간으로 하고 안전과 위험의 경계선이 아닌 규제의 지침으로 제시하고 있음

③ 마이크로파의 에너지양은 거리의 제곱에 반비례한다.

(2) 피부 장해

150MHz 이하는 흡수되어도 감지할 수 없으나 1,000～3,000MHz에서는 심부까지 흡수

(3) 안장해 : 1,000～10,000MHz에서 백내장이 생기고 Ascorbic acid의 감소증상발생

(4) 중추신경계 : 300～1,200MHz에서 민감하고 특히 대뇌 측두엽 표면부가 민감

(5) 혈액 : 백혈구 증가, 혈소판 감소, 히스타민 증가(또는 감소)

(6) 내장조직 이상 : 150～1,200MHz

(7) 유전 생식기능 상실

# 제2절 | 산업독성학

## 01 산업독성학 개요

### 1. 산업독성학의 정의와 범위

#### 1) 정의

독성학의 한 분야로서 근로자들이 작업장 내에 존재하는 유해화학물질에 폭로되었을 때 근로자들에게 발생할 수 있는 건강에 대한 영향을 평가하는 학문

#### 2) 독성의 분류

(1) 지속기간에 의한 분류

① 급성독성 : 단기간(1~14일)에 독성이 발생하는 것으로 가역적인 영향

② 만성독성 : 장기간(1년 이상)에 걸쳐서 독성이 발생하는 것으로 비가역적인 영향

(2) 작용부위에 의한 분류

① 국부독성 : 독성물질과 생체시스템 사이에서 발생되는 폭로 또는 독성작용이 국부적

② 전신독성 : 독성물질 흡수 후 피의 흐름에 동반하여 표적장기로 이동하여 독성 발생

### 2. 유해물질의 분류

#### 1) 물리적 성상에 의한 분류

| 구분 | 가스 · 증기 | 미스트 · 안개 | 먼지 | 흄 | 스모그 |
|---|---|---|---|---|---|
| 직경($\mu$m) | 0.001~0.1 | 0.5~150 | 0.1~50 | 0.01~1 | 0.01~0.1 |

* Fume : 금속흄(납, 카드뮴), 금속 열발생(아연, 알루미늄, 망간, 마그네슘)

#### 2) 화학적 성질에 의한 분류

(1) 무기성 독성물질

납, 수은, 중금속류, 인, 불소, 질소, 황과 같은 무기물질, 산류와 알칼리류 화합물

(2) 유기성 독성물질

작용기에 의하여 방향족류, 지방족류, 알코올류, 에테르류, 케톤류, 에스테르류, 알데히드류 등, 유기물질을 구성하고 있는 원소종류에 의하여 할로겐 화합물, 아민류, 페놀류, 글리콜류, 유기인제류 등

### 3) 생리적 작용에 의한 분류

(1) 자극제

① 피부 및 점막에 작용하여 부식하거나 수포 형성
② 고농도(호흡정지), 구강(치아 산식증), 눈(결막염과 각막염), 안구부식
③ 상기도 점막 자극제
㉠ 물에 잘 녹는 물질
㉡ 암모니아, 염산, 아황산가스, 포름알데히드, 아크로레인, 아세트알데히드, 크롬산, 산화에틸렌, 불산 등
④ 상기도 점막 및 폐조직 자극제
㉠ 물에 대한 용해도가 중증도인 물질
㉡ 염소, 브롬, 불소, 요오드, 청산화물, 황산디메틸 및 디에틸, 삼염화인, 오염화인, 오존 등
⑤ 종말기관지 및 폐포점막 자극제
㉠ 물에 잘 녹지 않는 물질
㉡ 이산화질소, 염화비소, 포스겐

(2) 질식제

① 조직 내의 산화작용 방해
② 단순 질식제
㉠ 생리적으로 아무런 작용을 하지 않으나 공기 중에 많이 존재하면 산소 공급의 부족을 초래
㉡ 수소, 헬륨, 탄산가스, 질소, 에탄, 메탄, 아산화질소 등
③ 화학적 질식제
㉠ 혈액 중의 혈색소와 결합하여 산소운반능력 방해
㉡ 조직세포에 있는 철 산화효소를 불활성화시켜 세포의 산소수용능력을 잃게 하여 세포 내 질식 발생
㉢ 일산화탄소, 시안화수소, 아닐린, 메틸아닐린, 디메틸아닐린, 톨루이딘, 니트로벤젠, 황화수소 등

(3) 마취제와 진정제

① 주작용은 단순 마취작용이며 전신중독은 일으키지 않는다.

② 뇌순환 혈관 중의 농도에 따라 중추신경작용을 억제한다.

(4) 전신 중독제

① 화학물질에 의한 전신중독

㉠ 간장장해 물질 : 할로겐화 탄화수소, 독버섯의 유독성분, 아플라톡신, DMF

㉡ 신장장해 물질 : 할로겐화 탄화수소, 우라늄

㉢ 조혈장기 장해 물질 : 벤젠, TNT, 납

㉣ 신경장해물질 : 망간, 수은, 탈륨, 에틸납, 이황화탄소(정신병을 동반한 뇌병증), 메틸알코올, 티오펜, 유기인계 농약

㉤ 유독성 금속 : 납, 수은, 카드뮴, 안티몬, 망간, 베릴륨

㉥ 유독성 비금속 : 비소화합물, 인, 셀레늄, 황화합물, 불소화합물

② 입자상 물질에 의한 전신독성

㉠ 진폐증 및 알러지성 먼지 : 유리규산, 석면, 활석, 산화베릴륨, 흑연 등

㉡ 발열성 금속 : 산화아연, 산화마그네슘, 산화알루미늄 등의 퓸

㉢ 방사선 먼지 : 방사능 동위원소 물질

㉣ 비활성 먼지 : 석탄, 석회석, 시멘트

## 3. 유해물질의 폭로경로, 결정인자 및 허용한계

### 1) 호흡기 폭로(호흡기 폭로가 가장 빈번)

① 폐포에 이른 유해물질은 폐포 내(총면적 140m$^2$)의 모세혈관으로 흡수되어 전신에 분포

② 폐포에 도달하는 먼지의 크기는 0.5~5$\mu$m

③ 폐포에 이른 작은 먼지는 임파관을 통하여 폐문임파선으로 운반

### 2) 피부 폭로

① 화학물질이 침투될 수 있는 피부면적 : 약 1.6m$^2$

② 피부의 호흡 작용 : 전호흡량의 15%

### 3) 소화기 폭로

① 입으로 들어가는 경우는 간접적인 방법(예 : 흡연 시)

② 호흡기로 들어간 유해물질이 가래에 섞여 소화기로 들어간다.

③ 우발적, 고의에 의하여 섭취

### 4) 유해물질의 독성을 결정하는 인자

① 인체 내 침입경로

② 유해물질의 물리화학적 성상

③ 노출농도와 노출시간

노출농도 : 노출 양=노출농도(C) × 노출시간(t)

④ 개인의 감수성 : 인종, 연령, 성별, 선천적 체질, 질병의 유무 등

⑤ 기상조건 : 장마철, 여름, 기온역전, 스모그

⑥ 작업강도

㉠ 호흡량, 혈액순환속도, 발한이 증가하여 유해물질의 침입이나 흡수량에 영향을 줌

㉡ 앉아서 하는 작업 : 3~4ℓ/min, 강한 작업 : 30~40ℓ/min 산소요구량 필요

### 5) 화학물질의 양-반응

① 양-반응 곡선 : 독물의 누적 투여량과 감응작용에 대한 곡선으로 보통 직선으로 나타남

② 최소치사량($LD_{50}$) : 양-반응곡선에서 50%의 동물이 일정시간(통상 30일) 동안에 죽는 치사량

③ 최소치사농도($LC_{50}$) : 실험동물 호흡기를 통한 기체 또는 휘발성 물질을 흡입할 경우 50% 치사 최저농도

④ 유효량(ED) : 독물을 투여했을 때 감응작용이 하나의 바람직한 효과를 나타낼 때의 투여량

⑤ 최소작용량($ED_{50}$) : 사망을 기준으로 하는 대신에 약물을 투여한 동물의 50%가 일정한 반응

⑥ 중독량(TD) : 독물 투여했을 때 감응작용이 죽음 외의 바람직하지 않은 독성을 나타낼 때의 투여량

⑦ 안전한계(Margin of Safety, MS)

㉠ 화학물질의 투여에 의한 독성범위로 $TD_{50}$을 $ED_{50}$으로 나눈 값

즉, 치료지수=$LD_{50}/ED_{50}$

㉡ 중독곡선과 유효량 곡선 사이의 투여량

㉢ 무해한 감응작용과 유해한 감응작용 사이에 존재하는 투여량

⑧ 폭로량과 생체반응, 영향의 관계

㉠ 양-효과 관계 : 폭로량이 많을수록 생체반응의 질적 변화

㉡ 양-반응 관계 : 폭로량이 많을수록 생체반응의 양적 증가

# 02 독성물질의 신진대사

Section

## 1. 독성물질과 생체

### 1) 독성물질의 생체 내 이동경로

독성물질 침투 → 혈액에 의한 이동(배설로 일부 제거) → 표적장기에 축적 → 독성작용 발휘

### 2) 표적장기

#### (1) 정의

대상 물질이 독성작용을 발휘하는 장기

#### (2) 이유

① 납은 90% 이상이 뼈에 축적되지만 주로 신장, 중추신경계, 말초신경계, 조혈기관에 장해

② 중금속을 이용한 방어 메커니즘 발생
단백질인 메탈로치오네인(metallothionein)을 합성할 뿐만 아니라 이것과 결합하여 포획에 의한 방어기전으로 역할을 수행

## 2. 흡수경로

### 1) 소화기관

#### (1) 기능

① 침이나 소화액에 녹아서 위장관에서 흡수되며 흡수는 세포막의 투과원리와 동일

② 독성은 호흡기와 피부로 흡수된 경우보다 훨씬 낫다.

③ 위장관에서 산 · 알칼리에 의하여 중화되며 소화액에 의해 분해되고 간에서 해독된다.

④ 위의 산도에 의해 유해물질이 화학반응을 일으켜 다른 물질로 되는 수도 있다.

### 2) 피부

#### (1) 흡수작용에 대한 장벽역할

① 표피세포의 케라틴 층

② 각질층

(2) 흡수를 증가시키는 요인

① 피부의 마모
② 수화도 : 수화도가 크면 투과도는 증가
③ 용매작용 : dimetyl sulfoxide

### 3) 호흡기관

(1) 입자상 물질

① 비후두 영역 : 직경 0~100$\mu$m 이상인 입자, 흡입성 분진
② 기관지 영역 : 직경 10~4$\mu$m 범위의 입자, 흉곽성 분진
③ 폐포 영역 : 직경이 4$\mu$m 이하인 입자, 호흡성 분진
④ 호흡배기 영역 : 0.5$\mu$m 이하인 입자, 브라운 운동으로 배출

(2) 가스와 증기

① 폐 내에서 가스와 증기의 흡수는 혈액 내 용해도에 의하여 좌우
② 혈액 내 용해도가 높은 화합물의 흡수는 호흡률에 의하여 지배 : 클로로포름
③ 혈액 내 용해도가 낮은 화합물의 흡수는 혈류량에 의하여 지배 : 에틸렌

## 3. 분해 및 제거작용

### 1) 생체반응

(1) 제1단계 반응 : 분해반응 또는 이화반응

① 산화반응
② 환원반응
③ 가수분해

(2) 제2단계 반응 : 결합반응

① 글루쿠로니트로화
② 메르캅탄산 유도체의 생성

### 2) 제거작용

① 제1경로 : 담즙으로 되어 장기에서 대변으로 배출
② 제2경로 : 신장을 통해 뇨로 배출
③ 기타 : 폐에서 내쉬는 숨(유기용제의 경우), 땀, 기름, 모발, 손톱, 발톱 등

# 03 표적장기 중독

Section

## 1. 혈액 중독

### 1) 조혈작용

#### (1) 혈구의 생성

① 간충조직세포가 골수 내에서 분화과정을 거쳐서 성숙세포(수임세포)로 출현하고, 이것이 적혈구, 혈소판, 백혈구의 성분이 된다.
② 적혈구 : 산소전달역할을 하며 감소 시 빈혈증 발생
③ 혈소판 : 출혈시 응결시키는 역할을 하며 감소 시 혈소판 감소증 발생
④ 백혈구 : 노폐물을 제거하고 이물질에 대한 방어 역할

### 2) 적혈구

(1) 태아 때에는 간장, 비장, 임파절에서 생성되고 임신말기부터 평생 동안은 골수에서만 생성

#### (2) 빈혈증

① 소적혈구색소 감소성 빈혈증 : 적혈구가 저함량의 헤모글로빈을 갖는 경우 발생
② 용혈성 빈혈증 : 비정상적인 취약성으로 적혈구를 잃게 되었을 경우 발생
③ 거대적혈구 모세포 빈혈증 : 엽산이나 비타민 $B_{12}$ 부족에 의하여 DNA의 합성 결여로 발생
④ 재생불량성 빈혈증 : 골수의 손실이나 기능장해로 인한 적혈구의 감소 발생

### 3) 백혈구

#### (1) 식균세포 : 식균작용

① 과립백혈구
② 단핵세포

#### (2) 면역세포 : 면역작용

① T세포 : 흉선에서 생성
② B세포 : 골수에서 생성

### 4) 산소운반 작용

#### (1) 헤모글로빈(Hb)

① 적혈구의 산소운반 단백질로 4개의 펩티드 결합(2개의 $\alpha$결합과 2개의 $\beta$결합)으로 이뤄진다.

② Heme기의 활성부는 철분자이다

#### (2) Heme에 있는 철분자

① 협화작용 : 철분자가 산화됨에 의하여 헤모글로빈 분자의 3차원구조에서 변화가 생겨서 결국 산소와의 결합력에 영향을 미치는 변화양상을 말한다.

② 협화작용에 의하여 4개의 산소분자가 Heme을 이탈하여 헤모글로빈과 산소분자 사이에는 S자 모양의 해리곡선관계를 나타내게 된다.

### 5) 생리적 조절제

#### (1) 헤모글로빈과 산소분자 사이에 이루어진 S자 모양의 해리곡선의 위치를 좌우로 이동시킬 수 있다.

#### (2) 우측으로 이동시키는 요인

① pH
② 2, 3-diphosphoglycerate
③ Hb의 친화력 감소
④ 허혈성 질병에 도움

#### (3) 좌측으로 이동시키는 요인

① CO

② 조직 내 산소함량이 감소하여 혈액에 의한 산소방출이 어려워지므로 바람직하지 않다.

### 6) 산소부족증

#### (1) 무산소증과 동의어

#### (2) 형태

① 질식성 산소부족증
② 무산소성 산소부족증
③ 부적절한 호흡이나 화학적 방해작용이 원인

(3) 일산화탄소 중독의 이중 작용

① 산소운반 저해 작용(산소보다 Hb에 친화력이 210배 크기 때문)

② 산소해지 저해 작용(HbCO의 농도가 증가하기 때문)

(4) Methelmoglobin(MetHb)

① Heme은 철이 보통 +2로 존재하지만 이들 물질에 의해 산화작용을 받아 +3가 철이 된다.

② 결과로 녹갈색 또는 녹흑색의 MetHb 생성

③ MetHb은 산소, CO와 결합하지 않는다.

(5) MetHb을 생성하는 화합물

① 아질산염

② 질산염

③ 니트로 화합물

④ 염소산염

## 7) 세포독성 산소부족증

(1) 세포 내에서 산소의 이용에 방해를 받아서 발생하는 산소부족증

(2) 일반적으로 조직 내 산소농도는 높게 존재

(3) 종류

① 시안중독 – 치토크롬 옥시다제의 억제작용

㉠ $NaNO_2$ 정맥주사로 치료

㉡ 티오황산염 투여로 치료

② 황화수소 중독

㉠ $NaNO_2$ 정맥주사 또는 흡입으로 치료

㉡ 아질산아밀, 티오황산염 투여로 치료

## 8) 화학적 혈액 장해

(1) 종류

① 혈소판 감소증 : 혈액 중의 혈소판 수가 비정상적으로 적어져서 나타나는 증상

② 무과립 백혈구증 : 다형핵 백혈구의 심한 감소로 백혈구가 감소되어 나타나는 증상

③ 재생불능성 빈혈증 : 세포가 적거나 세포가 없는 상태의 골수로 인한 증상

④ 범혈구 감소증 : 모든 혈액성분이 감소되는 증상
⑤ 용혈성 빈혈증 : 적혈구의 파괴나 분해에 기인하여 적혈구 수가 감소되어 나타나는 증상
㉠ 적혈구의 유전적 구조결함
㉡ 면역성의 용혈성 빈혈증
㉢ 적혈구의 당분해 경로에서 효소의 부족에 기인하여 발생되는 빈혈증상

### 9) 혈액독성의 평가

① 헤마토크리트(혈구용적) : 정상치(남자 40~54%, 여자 36~47%)
㉠ 정상치 이상 : 탈수증, 다혈구증
㉡ 정상치 이하 : 빈혈 의심
② 헤모글로빈(혈색소) : 정상치(남자 13.5~18g/100ml, 여자 11.5~16.6g/100ml)
㉠ 정상치 이상 : 혈색소증 의심
㉡ 정상치 이하 : 빈혈, 신장과 간장 질환, 관절염, 암 의심
③ 적혈구 수 : 정상치 남자 490~650만 개/$mm^3$, 여자 390~560만 개/$mm^3$
㉠ 정상치 이상 : 신장질환, 저산소증, 폐질환, 탈수증, 흡연 의심
㉡ 정상치 이하 : 용혈성 빈혈, 재생불량성 빈혈 의심
④ 백혈구 수 : 정상치 4천~만 개/$mm^3$
㉠ 정상치 이상 : 급성 충수염, 세균성 감염, 백혈병 의심
㉡ 정상치 이하 : 재생 불량성 빈혈, 바이러스 감염 의심
⑤ 혈소판 수 : 정상치 15~45만 개/$mm^3$
㉠ 정상치 이상 : 만성백혈병 의심
㉡ 정상치 이하 : 골수기능 저하, 감염증 의심

## 2. 간장 독성

### 1) 간장의 일반적 기능

① 탄수화물의 저장과 대사작용
② 호르몬의 내인성 폐기물 및 이물질의 대사작용
③ 혈액 단백질의 합성
④ 요소의 생성
⑤ 지방의 대사작용
⑥ 담즙의 생성

### 2) 화학물질의 생활성화와 무독화

① 생활성화 작용은 불활성이고 무독한 화학물질을 활성적인 형태로 전환하는 것이다.
② 생활성화 작용은 유익한 측면보다 유익하지 못한 측면이 더 많다.
③ 독성물질의 대사경로

화학물질 침입 → 제1단계 : 무독화 경로
→ 제2단계 : 활성화 또는 독성화 경로
→ 제3단계 : 해독경로
→ 제4단계 : 독성발생

### 3) 간장 손상

#### (1) 간장의 손상영역별 독성물질

① 소엽 중심 영역 손상물질
[아세타미노펜] [클로로포름] [아플라톡신] [디디티]
[브로모 벤젠] [디니트로 벤젠] [사염화탄소] [트리클로로에틸렌]
② 소엽 중간 영역 손상물질
[안트라피리미틴] [푸로세마이드] [베릴륨] [나이그로신] [사염화탄소] [파라퀴트]
③ 문맥 주변 영역 손상물질
[아크로레닌] [철] [아비트신] [망간화합물] [아릴 알코올] [인화합물] [비소]

#### (2) 간장의 손상종류별 독성물질

① 괴저발생 원인물질
[타이레놀] [사염화탄소] [아플라톡신] [디메틸 니트로사민]
[아릴알코올] [인화합물] [브로모 벤젠] [우레탄]
② 담즙 분비 정지 발생의 원인물질
[동화작용성 스테로이드] [에스트라디알] [아르스펜 아민]
[메파진] [클로르 프로마진] [티오라다진] [디아조팜]

#### (3) 병리조직학적 간장손상

① 급성손상
㉠ 지질의 축적
㉡ 담즙 분비 정지
㉢ 괴저
㉣ 간염

② 만성손상
㉠ 경변증
㉡간장세포 암종

### 4) 간장 손상의 평가

#### (1) 간장기능시험법

① 물감 시험법
② 프롬트롬빈 시간
③ 혈청 알부민
④ 빌리루빈

#### (2) 효소측정방법

① 아미노 트란스퍼라제
② 혈청 알칼리포스퍼라제
③ 혈청 5-뉴크로티아제
④ 기타 효소

## 3. 신장 독성

### 1) 기능

① 신장 적혈구 생성인자(REF)
㉠ 산소부족증
㉡ 안드로겐
㉢ 코발트염
㉣ Erythropoietin
② 혈압의 조절 : 단백질 분해효소인 resin 생성으로 가능
③ 비타민 D의 대사작용

### 2) 구조

① 배설시스템의 구성요소
신장동맥, 신장정맥, 대동맥, 뇨관, 방광, 요도
② 네프론의 구성성분
㉠ 혈액이 순환하는 혈관부위

㉡ 사구체
㉢ 근위곡부 세뇨관
㉣ 근위직부 세뇨관
㉤ Henle루프의 박하행지
㉥ Henle루프의 박상행지
㉦ Henle루프의 후상행지
㉧ 원위곡부 세뇨관
㉨ 집수관

### 3) 독성

#### (1) 신장의 혈류

① 신장을 관류하는 혈류는 상당히 많다.
② 혈류와 요생성량 사이에는 물질지수의 차이가 크기 때문에 신장이 요구하는 대사에너지는 크다.
③ 휴식 중 산소소비량의 10%는 신장 기능을 위하여 사용한다.
④ 신장은 국소빈혈(허혈빈혈)을 유도하는 유해물질에 민감하다.

#### (2) 신장증 또는 신장장해

① 네프론 구성요소들이 변질, 괴저, 손상되는 것
② 사구체의 여과활동 정지 : 단백뇨 증세
③ 네프론의 재흡수작용 장해 : 아미노산뇨증, 당뇨, 이뇨현상, 다뇨증
④ 세뇨관의 배설작용 장해

### 4) 신장기능의 평가

① 배설속도에 영향을 미치는 요인
㉠ 사구체의 여과작용
㉡ 세뇨관의 재흡수작용
㉢ 세뇨관의 배설작용
② 사구체의 여과율(GFR)
㉠ 사구체는 통과하지만 세뇨관에서 배설, 재흡수되지 않는 화학물질의 배설농도와 혈장 내 농도를 측정
㉡ 사구체 여과율을 측정하려면 이눌린이 체내에서 평형이어야 하고, 평형시에 뇨의 표본과 혈장시료를 채취하여야 한다.

㉢ 제거율$(CL) = \dfrac{(\text{뇨중 화학물질의 농도}) \times (\text{단위당 배설된 뇨량})}{\text{혈장 중 화학물질의 농도}}$

③ 신장의 혈류

㉠ PAH와 같은 유기산을 이용하여 계산

㉡ 위의 방법으로 PAH의 제거율을 계산

④ 배설률

㉠ 신장의 손상을 평가할 수 있는 계산식

㉡ $CL = \dfrac{\text{화학물질에 대한 신장 혈장의 제거율(mL/min)}}{\text{통상적인 GFR(mL/min)}}$

㉢ 비율이 1.0 이하이면 여과, 배설, 재흡수가 부분적이다.

㉣ 비율이 1.0 이상이면 여과, 배설될 뿐만 아니라 동시에 분비됨을 의미한다.

⑤ 기타

㉠ 요의 pH 측정

㉡ 요의 부피 측정

㉢ Na와 K의 배설량 측정

### 5) 신장 독성물질

① 금속

[카드뮴] [납] [수은] [비소] [비스무스] [크롬] [플라티늄] [탈리윰] [우라늄]

② 할로겐화 탄화수소

[사염화탄소] [클로로포름] [메톡시플루란]

③ 폐쇄성 뇨로증의 원인물질

[Methotrexate] [sulfonamide] [에틸렌 글리콜]

④ 신장장해 유발성 가스

[비소가스] [헤로인]

## 4. 폐 독성

### 1) 폐의 구조

① 비강 : 호흡공기의 온도 및 수분조절, 공기에 함유된 오염물질 제거 기능

② 기관지 : 공기를 폐로 유입시키는 공기관 역할과 소비된 공기를 제거하는 통로, 섬모운동을 통해 먼지를 배출한다.

③ 폐포 : 약 3억 개로 총표면적이 약 $70m^2$로 기체교환이 일어나는 장소, 대식세포가 오염물질을 제거

## 2) 폐포의 기체교환

### (1) 폐포의 구성

① 폐포의 격벽 : 약 $2\mu m$

② 폐포의 구성 : 폐포상피, 기저막, 조직간 공간, 폐의 모세관내피 기저막, 폐의 모세관 내피, 혈장, 혈구

### (2) 기체교환

① 과정 : 폐포공간 → 폐포상피 → 조직간 공간 → 모세관 내피 → 혈장 → 헤모글로빈

② 모세관막이 손상되면 반흔조직이 생성

㉠ 막의 두께를 증가시킨다.

㉡ 폐포 격막의 탄력성을 변화시킨다.

## 3) 폐의 방어기전

① 점막성 섬모 메커니즘

㉠ 점막층 상부 : 점착성 두꺼운 점액

점막층 하부 : 섬모와 접촉하고 있는 수용성의 얇은 점액

㉡ 하부의 졸층 : 섬모의 자유로운 율동을 가능케 함

㉢ 상부의 겔층 : 연속적으로 호흡통로의 입구를 향하게 함

② 폐포의 식균작용

③ 폐포의 대식세포에서 일어나는 폐의 두 번째 방어기전

폐포에 침착된 먼지에 관한 설명으로 옳지 않은 것은? ②

① 서서히 용해된다.

② 점액-섬모운동에 의해 밖으로 배출된다.

③ 유리규산이 포함된 먼지는 식세포를 사멸시킨다.

④ 폐포벽을 뚫고 림프계나 다른 조직으로 이동한다.

⑤ 제거되지 않은 먼지는 폐에 남아 진폐증을 일으킨다.

## 4) 폐의 손상

① 폐의 침착 메커니즘 : 충돌, 침전, 확산

② 대기오염물질 : CO, 황산화물, 광화학적 산화물, 분진, 질소산화물

③ 흡연
④ 화학적 물질 : 화학증기, 금속 fume

## 5) 진폐증

### (1) 흡입성 분진의 종류에 따른 분류

① 무기성 분진에 의한 진폐증
규폐증, 탄광부 진폐증, 용접공폐증, 활석폐증, 베릴륨폐증, 석면폐증, 흑연폐증, 알미늄폐증, 탄소폐증, 철폐증, 규조토폐증, 주석폐증, 칼륨폐증, 바륨폐증
② 유기성 분진에 의한 진폐증
면폐증, 설탕폐증, 농부폐증, 목재분진폐증, 연초폐증, 모발분진폐증

### (2) 병리적 변화에 따른 분류

① 교원성 진폐증
㉠ 폐포조직의 비가역적 변화나 파괴
㉡ 폐조직의 병리적 반응이 영구적이며 교원성 간질반응이 명백하고 그 정도가 심하다.
㉢ 규폐증, 석면폐증, 면폐증, 베릴륨폐증, 탄광부진폐증 등이 대표적인 예
② 비교원성 진폐증
㉠ 폐조직이 정상이며 간질반응이 경미하다.
㉡ 망상섬유로 구성되어 있고 조직반응이 가역적인 경우가 많다.
㉢ 용접공폐증, 주석폐증, 칼륨폐증 등이 대표적인 예

### (3) 흉부사진상 진폐증의 진행정도에 따른 분류

① 소음영 : 불규칙성 음영
② 큰 음영

다음 질환의 유해인자에 대한 노출이 중단되면 방사선학적 소견상 자연적 완화를 기대할 수 있는 진폐증은? ⑤

① 면폐증 ② 규폐증 ③ 베릴륨폐증
④ 탄광부진폐증 ⑤ 용접공폐증

해설 용접공폐증은 비교원성 진폐증으로 유해인자에 노출이 중단되면 가역적인 변화(질병의 완화)가 가능하다.

### 6) 폐기능의 검사

#### (1) 단순 폐기능 검사(simple spirometry)

① 폐활량계를 가지고 숨을 들이쉬게 한 다음 날숨을 불어 보게 하여 측정한다.
② 1초간 노력성 호기량/노력성 폐활량의 비율이 0.7 보다 작으면 비정상으로 판단.
③ 1초간 노력성 호기량(FEV1, forced expired volume in one second, 일초율)
- 숨을 최대한 들이 쉰 다음 자기의 노력을 다해 내쉴 때 첫 1초간 내쉰 호기량

④ 노력성 폐활량(FVC, Forced vital capacity)
- 최대로 숨을 들이쉬게 한 다음 최대한 숨을 내쉴때의 날숨의 총량

⑤ 전폐용량(TLC, Total lung capacity)
- 최대로 숨을 들이쉰 다음의 폐용적

⑥ 잔기량(RV, Residual volume)
- 숨을 최대로 내쉬고 더 이상 내쉴 숨이 없을 때의 폐용적, 약 1,200ml

⑦ 기능적 잔기량(FRC, Functional residual capacity)
- 평상시 호흡을 하는데 숨을 내쉰 후 다음 숨을 들이시기 직전의 폐용적

#### (2) 폐기능 검사의 활용

① 기관지 천식과 같은 폐쇄성 질환에서는 FEV1이 FVC보다 더 많이 감소한다.
② 검사결과는 같은 성, 연령, 신장, 인종 등의 참고값과 비교하여 해석하여야 한다.
③ 신뢰할 만한 검사가 되기 위해서 최대한으로 숨을 들이마시어 TLC에 도달한 다음 검사를 시작해야 한다.

| 폐기능 검사의 이상 | | | |
|---|---|---|---|
| | 폐쇄성 환기장애 | 제한성 환기장애 | 혼합형 환기장애 |
| FEV1 | 감소 | 감소 또는 정상 | 감소 |
| FVC | 감소 또는 정상 | 감소 | 감소 |
| FEV1/FVC | 감소 | 정상 또는 증가 | 감소 |

### 7) 폐질환의 평가

#### (1) 채용 전 평가 내용

① 의학적 설문조사
② 흉부 X-선 촬영

③ 폐활량 측정

㉠ 강제 폐활량(FVC)

㉡ 1초 동안에 강제호기량($FEV_1$)

㉢ 폐활량의 50% 정도

㉣ FEV1에 대한 FVC×100의 측정치 비율(즉, $FEV_1$/FVC×100)

(2) 채용 후 평가 내용

① 의학적 설문조사

② 흉부 X-선 촬영

③ 폐활량 측정

근로자의 폐기능 검사에 관한 설명으로 옳지 않은 것은?(단, TLC : 총폐활량, FVC : 노력성 폐활량, FEV1 : 일초율) ⑤

① 기관지 천식과 같은 폐쇄성 질환에서는 FEV1이 FVC보다 더 많이 감소한다.
② 검사결과는 같은 성, 연령, 신장, 인종 등의 참고값과 비교하여 해석하여야 한다.
③ FVC는 최대로 흡입한 후 최대한 내쉰 총공기량이며, FEV1은 검사하는 동안 처음 1초간 내쉰 공기량이다.
④ 신뢰할 만한 검사가 되기 위해서 최대한으로 숨을 들이마셔 TLC에 도달한 다음 검사를 시작해야 한다.
⑤ 폐섬유화와 같은 제한성 질환에서는 FEV1과 FVC 모두 감소하여 특징적으로 FEV1/FVC비가 정상이거나 작아진다.

해설 폐섬유화와 같은 제한성 질환에서는 FEV1/FVC비가 정상이거나 증가한다.

## 5. 신경 독성

### 1) 신경전달 방해물질

① 차단제 : 전기적 자극의 연속성을 차단

㉠ 보툴리늄 톡신 : 아세틸콜린의 방출을 방해

㉡ 테트로도 톡신 : 나트륨의 유입 차단

② 탈분극제 : 세포를 탈분극화시키거나 세포 내에 통상적으로 존재하는 전기화학적 구배를 제거

㉠ 바트라코 톡신

㉡ 디디티

㉢ 피레트린

③ 자극제 : 뉴론의 흥분을 증가시키는 물질
　㉠ 스트리크린
　㉡ 피크로 톡신
　㉢ 크산틴
④ 자극 억제제 : 뉴론의 흥분을 저하시키는 물질
　㉠ 휘발성 유기용제 : 사염화탄소, 부탄, 염화메틸렌, 할로탄 등
　㉡ 알코올
　㉢ 바르비투르산염
⑤ 감수체 길항물질
　㉠ 항콜린 작용성 화합물
　㉡ 항아드레날린 작용성 화합물
⑥ 안티콜린 에스트라제 : 아세틸콜린 에스트라제를 억제시켜 콜린작용성 신경의 자극을 증가
　㉠ 유기 인산계 농약
　㉡ 카바메이트계 농약
⑦ 신경근 차단제 - 근육과 제어신경 사이의 접합부에 대하여 길항작용
　㉠ 큐라렌
　㉡ 석시닐 콜린

### 2) 신경계 산소결핍 종류

① 질식성 산소결핍증
　㉠ 혈류는 적절하지만 산소전달이 부적절하여 발생
　㉡ 큐라렌, 바르비투르산염, 마약, 이산화탄소, 일산화타소, 메트헤모글로빈
② 허혈성 산소결핍증 : 산소의 함량은 적절하지만 혈류가 저하되어 발생
③ 세포독성 산소결핍증
　혈류나 혈액의 산소함량은 정상이지만 산소의 이용능력이 방해받거나 세포의 대사능력이 저하되는 증세

### 3) 신경손상의 평가

① 환자의 병력조사
② 정신적 상태
③ 12개의 뇌신경 시험
④ 운동과 반사작용

⑤ 감각작용
⑥ 보완시험(X-선 촬영, 컴퓨터 단층검사, 뇌파 기록법)

## 6. 피부 독성

### 1) 피부의 구성

① 표피
- 각화층 : 분리층, 결막층
- 과립층
- 유극층
- 기저층

② 진피
- 땀샘
- 피지선
- 한선
- 혈관
- 결체조직
- 지방
- 모낭
- 실핏줄

③ 피하지방

### 2) 신진대사 활동

① AHH 효소
- NASPH+$O_2$를 필요로 하는 혼합기능성 옥시다제
- 모든 포유동물의 조직 내에 존재하며 유도작용을 한다.
- 치토크롬 P-450에 의존성이 크다.
- 마른버짐 환자는 AHH를 잘 유도하지 못한다.
- 진피에서보다는 표피에서 5배 이상 활성적이다.

② 사람의 피부가 행하는 신진대사활동
- 포피린과 헤메의 합성 및 헤메 등의 산화적 신진대사
- 치토크롬 P-450과 P-448의 합성
- 알코올과 방향족고리 화합물의 산화, 지환성 히드록시화 탈아민화
- 카르보닐, C=C의 환원
- 결합반응-글루쿠로니트로화, 황산화, 메틸화

### 3) 피부의 방어작용

① 직접적 작용
- 수분손실 방지-피부 각질층

- 화학적 침투작용 – 피부각질층, 피부표면지질, 에크린, 땀, 신진대사에 의한 무독화, 식균작용, 면역반응
- 자외선 – 표피, 피부각질층, 멜라닌 착색
- 미생물 – 표피장벽, 피부표면지질, 식균작용, 면역반응
- 주변온도 – 에크린, 땀, 피부혈관, 피하지방

② 간접적 작용

- 색소침착(착색), 피부두께, 연령 및 성, 체질 및 체형, 개인위생 및 환경위생, 치료투약, 계절 질병(과민성 피부염), 피부의 경화, 땀의 발산

### 4) 접촉성 피부염

#### (1) 발병인자 : 부위, 개인에 따라 차이가 남

#### (2) 과민반응 발생인자

① 성별 : 여성이 남성보다 민감

② 연령 : 65세 이상이 더 민감

③ 계절 : 겨울철이 여름철보다 감응성이 훨씬 크다.

④ 부위 : 얼굴이 가장 민감(얼굴 > 등 > 팔)

#### (3) 원인물질

① 수분

② 청정제 : 비누, 유기용제, 계면활성제 등

③ 알칼리류 : 에폭시화 수지경화제, 삼인산 나트륨염, 실리케이트, 석회, 시멘트, 가성소다, 암모니아, 소다수, 비누 등

④ 산류 : 알칼리류보다 손상이 약함

⑤ 유기용제 : 방향족 용매의 자극성이 강함

⑥ 산화제 : 과신화물, 벤조일 과산화물, 사이클로 헥사논

⑦ 기름 : 유화제, 산화방지제, 방부제, 방식제, 광물성 절삭유 등

#### (4) 착색 이상 원인물질

① 색소 증가 원인물질 : 콜타르, 석유류, 야채, 과일, 햇빛, 만성피부염

② 색소 감소 원인물질 : 화상, 겉상처, 만성피부염, 하이드로퀴논, 모노벤질에테르, 3차부틸 카테콜, 3차아밀 페놀, 3차부틸 페놀

# 04 유기용제

Section

## 1. 유기용제의 특징

### 1) 유기용제의 공통 특성

① 상온 · 상압에서 액체이며 휘발성이 강하다.
② 지방용해성 – 비장이 많은 장기(중추신경계, 부신피질)와 쉽게 결합
③ 피부접촉 시 지방을 녹여 체내에 흡수
④ 공통작용 – 피부자극, 마취작용

### 2) 유기용제 그룹별 특징

① 방향족 화합물, 환상 화합물 – 쇄상화합물보다 독성이 강하고 주로 조혈기관(골수)을 침범
② 지방족 탄화수소 – 마취작용, 저급한 것보다 고급한 것일수록 마취작용이 강하다.
③ 할로겐화 탄화수소 – 그 母 화합물보다 독성이 증가, 간장, 신장, 심장 등의 내장기관에 침투
④ 방향족 니트로 · 아미노 화합물 – 메트헤모글로빈 생성

## 2. 유기용제의 독성

### 1) 중추신경계(CNS)의 활성 저하

① CNS 억제제는 마취제처럼 뇌와 척추의 활동을 억제시키고, 중추신경을 억제시키며, 사람을 자극하여 무감각하게 함으로써 결국 의식을 잃게 하거나 혼수상태가 되게 한다.
② CNS 억제작용의 크기순서
알칸 < 알켄 < 알코올 < 유기산 < 에스테르 < 에테르 < 할로겐 화합물

### 2) 생체막과 조직에 대한 자극

① 모든 유기화학물질은 자극적인 특성을 갖고 있다.
② 단백질과 지질로 된 격막의 세포가 유기용매에 의하여 지방이나 지질이 추출되면 자극이 생기고 손상되어 피부나 허파, 눈까지 상하게 할 수 있다.
③ 자극작용 크기순서 : 알칸 < 알코올 < 알데히드 또는 케톤 < 유기산 < 아민류

### 3) 기타 독성

① 급성독성 - 간장독성, 신장독성, 심장박동 부조화 등

② 만성독성 - 할로겐화 탄화수소가 주로 일으킨다.

## 3. 지방족 유기용제의 독성

### 1) 포화지방족 유기용제(알칸)

① 급성독성의 측면에서 독성이 가장 약한 분류의 용매

② 고농도에서도 미미하게 점막을 자극하여 약간의 마취성

③ 가볍고 휘발성인 액상화합물인 알칸류의 액상 용매 - CNS억제작용과 자극성(펜탄, 헥산, 헵탄, 옥탄, 논난 등)

④ 데칸으로 시작되는 액상 파라핀류(지방성 용매) - 피부를 자극하는 자극제, 피부염(반복적, 장기적)

### 2) 불포화 지방족 유기용제(알켄류)

알켄을 올레핀류라고도 하며 독성학적 측면에서 알칸과 비슷

### 3) 고리형 지방족 유기용제

① 탄소수가 같은 고리가 열린 알칸과 유사

② 마취제, CNS 억제제로 작용

## 4. 방향족 유기용제의 독성

### 1) 방향족 유기용제

① 한 개 이상의 벤젠고리로 구성되어 있는 방향족 화합물

② 크기순서 - 벤젠 < 알킬벤젠 < 아릴벤젠 < 치환벤젠 < 고리형 지방족 치환벤젠

③ 지방족 화합물보다 자극성이 훨씬 강하다.

④ CNS 억제작용이 지방족 화합물과 다르다.

- 지방족 화합물 - tendon reflex를 억제시켜 혼수시킨다.
- 방향족 화합물 - 운동신경의 이완, 전율, 과잉반사 등을 일으켜 경련을 동반하면서 혼수상태에 이르게 한다.

## 2) 벤젠

### (1) 독성

① 중추신경계, 자극성

② 급성 독성 : 심장 감작성, 부조화 증상, 호흡기 염증, 폐출혈, 신장출혈, 뇌부종, 홍반

③ 만성 독성

골수독소 → 혈액의 응고력 저하(범혈구 감소증, 재생불량성 빈혈증) → 골수과다 증식증 → 성장 부전증 → 백혈병

### (2) 생물학적 감시

① 요 중 페놀 배설량

② 호기 중 벤젠

## 3) 톨루엔

### (1) 독성

① 골수 및 조혈기능 장해가 일어나지 않는다.

② 급성독성

- 100ppm 이상에 폭로되면 눈, 목, 기도, 피부에 자각증상이 발생
- 마취 전구증상이 발생

③ 만성독성

비만성 뇌증, 비가역적 신경장해, 간장과 신장장해

### (2) 생물학적 감시

① 요 중 o-크레졸 측정

② 정맥 내의 톨루엔 측정

③ 호기 중 톨루엔 측정

## 4) 크실렌

### (1) 독성

① 골수 및 조혈기능 장해가 일어나지 않는다.

② 급성중독은 중추신경계 장해와 눈, 코, 목, 피부의 자극증상

③ 고농도에서는 신장 및 간장 장해

(2) 생물학적 감시

요 중 크실렌(Xylene, methyl hippuric acid) 측정

5) 다환 방향족 탄화수소(PAHs)

(1) 성질 - 비극성, 지용성

(2) 폭로원 - 담배 흡연시, 산업적 연소시

(3) 독성

① 발암성 - 개시작용, 촉진작용, 중간대사산물이 암을 일으킨다.

② 조직독성

- 신장, 간장의 퇴행성 변화
- 조혈계통, 임파계통의 독성작용

③ 최기형성

문제

유기용제와 독성영향이 잘못 짝지어진 것은? ①

① 톨루엔 - 조혈장애 ② 벤젠 - 재생불량성 빈혈
③ 이황화탄소 - 말초신경장애 ④ 메틸알코올 - 위축성 시신경염
⑤ 2 - 브로모프로판 - 생식독성

해설 톨루엔과 크실렌은 골수 및 조혈기능 장애를 일으키지 않는다.

## 5. 알코올의 독성

### 1) 알코올의 독성

(1) CNS 억제작용 - 억제작용 크기

3차 알코올 > 2차 알코올 > 1차 알코올

(2) 자극작용

① 알코올은 미미한 자극제이지만 작용기가 없는 유기화합물보다는 자극성이 크다.

② 알코올의 자극성은 분자의 크기가 작아질수록 증가 - 분자의 크기가 증가할수록 알코올기가 당해분자의 화학적 특성에 미치는 영향이 적기 때문

(3) 조직독성

분자량이 증가하면 조직독성은 증가 - 분자량의 증가에 따라 지용성이 증가하기 때문

2) 메탄올의 독성

① 에탄올과 같이 CNS 억제작용은 크지 않다.
② 산성증이 많이 발생
③ 메탄올의 산화생성물(포름알데히드)이 망막세포에 미치는 독성이 크다.
④ 위축성 시신경염이 발생한다. 2016년 발생한 CNC가공 근로자의 시신경 손상 사례가 존재한다.

3) 에탄올의 독성

① 국부적 자극제로 작용하여 세포의 원형질을 침전시키거나 탈수시켜 세포를 손상
② 피부혈관을 확장시키며 심장혈관을 억압한다.
③ 위장 분비를 증가시켜 위염을 일으켜 궤양으로 진행
④ 간장에 지방 축적 - 경화증, 간암
⑤ 뇌하수체의 뇨억제 호르몬의 방출을 억제

## 6. 알데히드와 케톤의 독성

1) 알데히드류

① 피부, 눈, 소화관의 점막을 자극
② 마취성
③ 조직독성
④ 감작성
⑤ 변이원성

2) 포름알데히드

① 0.0~0.5ppm : 영향 없음
② 0.05~1.5ppm : 냄새의 한계치
③ 0.05~2.0ppm : 눈 자극
④ 0.1~25ppm : 상부호흡통로 자극
⑤ 5~30ppm : 상부호흡통로와 허파 자극

⑥ 50~100ppm : 폐부종, 폐렴
⑦ 100ppm : 사망

3) 케톤
① CNS 억제작용
② 자극작용
③ 호흡부전증(과량 흡입 시 사망)

## 7. 페놀의 독성

1) 단백질을 변성시키고 침전시킬 수 있다.

2) 국소마취 특성 - CNS 억제작용

3) 부식성을 갖고 있고 자극성도 심하여 직접 접촉하면 심한 화상을 입게 된다.

(1) 디히드록시 화합물 - 국소적인 자극성이 크다.

(2) 트리히드록시 화합물
① 국소적인 자극
② 혈중의 산소함량을 감소시킴

(3) 염소화 페놀
① 자극이 강하고 근육경련과 근육쇠약 발생
② 과량 폭로 시 발작성 경련과 혼수 및 사망
③ 세포의 호흡작용을 직접적으로 억제 - 경구폭로 시 독성이 크다.

## 8. 아민류의 독성

1) 일반적 독성
① 가장 독성이 강한 유기용제
② 자극성이 강하므로 다른 유기용제보다 취급상의 위험이 크다.
③ pH 10 이상이어서 피부 접촉 시 화상
④ 화합물의 크기, 치환의 정도는 아민기의 부식성에 별다른 영향을 미치지 않는다.
⑤ 피부를 통할 때와 흡입할 때에 급성적인 치사량이 비슷
⑥ 조직독성 - 폐부종, 폐출혈, 간장괴저, 신장괴저, 신장염, 신장근의 퇴행
⑦ 불포화 아민류는 조직독성과 피부독성이 더 크다.

### 2) 아민류 독성의 2가지 공통적 특징

① MetHb 생성
② 당해 화학물질에 대한 감작화

### 3) 알킬아민이 유도하는 교감신경 흥분성

① 알킬연쇄의 크기가 증가할수록 신경흥분이 증가
② 탄소수가 6개 이상인 알킬아민은 심장박동수가 느려지고, 혈관이 확장되는 감응작용을 한다.
③ 알킬연쇄의 분자가 증가할수록 당해 화학물질의 활성이 감소된다.
④ 혈관수축은 1차아민, 2차아민, 3차아민 순이다.
⑤ 고농도에 급성적으로 폭로되면 발작성 경련에 의하여 사망

### 4) 아민류의 발암작용

① 벤지딘, 2-나프틸아민, 4-아미노디페닐, 아닐린 : 방광종양
② 니트로스아민 : 간암유발

## 9. 할로겐화탄화수소의 독성

### 1) 특성

① 탄화수소 중 수소원자가 할로겐원소로 치환된 것
② 할로겐화 지방족 화합물은 인화점이 낮은 우수한 유기용제
③ 외과수술에서 전신 마취제로 사용됨
④ 아드레날린에 대한 심장의 감수성을 변화시켜 심부정맥, 심장정지를 일으킬 수 있음
⑤ 간장과 신장을 손상시킬 잠재성이 있음
⑥ 분자의 크기가 증가하면 전신독성도 증가
⑦ 염소화정도가 커질수록 CNS 억제와 간/신장의 손상도 커짐
⑧ 불포화 화합물은 포화화합물보다 독성의 잠재성이 더 큼
⑨ 방향족 고리로 치환되면 전신독성이 크게 저하됨
⑩ 할로겐화 화합물은 강한 자극제이나 염소를 불소로 치환 시 현저한 독성 감소

## 2) 할로겐화 메탄 화합물

(1) 염화메틸 : 냉동매체, 에어로졸 분사제, 용매, 화학적 중간체

독성 : 근운동의 부조화, 허약, 어지러움, 경련, 언어곤란, 오심, 시야 흐림, 복통, 설사 등 급성독성은 알코올에 만취된 것과 비슷한 증상

(2) 브롬화 메틸

① 자극성이 강하다.
② 증기에 접촉되면 피부에 심한 화상을 입거나 폐에 심한 자극을 받는다.
③ 신경계의 영향이 심하다.
④ 회복이 매우 느리고 불안하다.

(3) 염화메틸렌

① 4개의 염소화 메탄 중에서 가장 독성이 적다.
② 고도의 증기에서만 만취한 상태로 만들게 된다.
③ 피부자극은 적지만 눈에 폭로되면 고통스럽다.
④ 폭로가 계속되면 냄새에 순응되어 감지능력이 저하된다.

(4) 클로로포름

① 급성독성은 CNS 억제에 기인한다.
② 급성폭로에 의하여 간과 신장이 손상되고 심장도 예민하게 된다.
③ 피부자극은 적지만 눈에 폭로되면 고통스럽다.
④ 폭로가 계속되면 냄새에 순응되어 감지능력이 저하된다.

(5) 염화비닐

① 피부 자극제다.
② 액체에 노출되면 증발에 의하여 동상 발생, 눈이 심하게 자극받는다.
③ CNS를 억제하므로 경도의 알코올 중독과 비슷한 증상을 일으킨다.
④ 급성 폭로시 증상 : 현기증, 오심, 시야혼탁, 청력저하, 사망(고농도 노출 시)
⑤ 만성 폭로시 증상 : 관절－뼈 연화증, 피부경화증, 간암인 혈관육종, 레이노드씨 증상 등

유기화합물의 신경독성에 관한 설명으로 옳지 않은 것은? ②

① 대부분의 유기용제는 비특이적인 독성으로 마취작용을 갖고 있다.
② 포화지방족 유기용제(알칸류)는 다른 유기화합물보다 강한 급성 독성을 나타낸다.
③ 마취제처럼 뇌와 척추의 활동을 저해한다.
④ 작업자를 자극하여 무감각하게 하고, 결국은 무의식 혹은 혼수상태가 된다.
⑤ 이황화탄소($CS_2$)는 급성 정신병을 동반한 뇌병증을 보인다.

해설 자극작용 크기순서 : 알칸<알코올<알데히드 또는 케톤<유기산<아민류

# 05 중금속

Section

## 1. 납

### 1) 종류 및 폭로

#### (1) 종류 및 허용한계

① 무기연－금속연, 연의 산화물(일산화연, 삼산화이연, 사산화삼연), 염의 염류(아질산연, 질산연, 과염소산연, 황산연, 크롬산연, 인산연, 황화연, 염기성 탄산염, 비산연)

② 유기연－4 메틸연(TML), 4 에틸연(TEL)

③ 허용한계－무기연(0.2mg/$m^3$), 유기연(0.075mg/$m^3$)

#### (2) 작업환경

① 납의 분진이나 흄이 발생하는 장소

- 납제련, 납재생, 납용접, 축전지제조, 크리스탈 유리제조

② 여러 종류의 납 화합물을 발생하는 곳

- 염화비닐수지 가공업, 페인트나 안료의 제조, 도자기 제조

③ 알킬 납 발생－석유 정제업

#### (3) 소아의 경우 이미증(pica) 환자 발생

단맛을 내는 납을 포함하고 있는 페인트 껍질을 섭취함으로써 납중독이 발생된 경우

#### (4) 납 중독을 증가시키는 요인

① 철분 부족

② 칼슘 부족

③ 비타민 D 부족

### 2) 체내 신진대사

#### (1) 납의 흡수

① 피부－유기납의 경우

② 소화기

- 무기 및 유기납 화합물
- 장에서 분비되는 염산 : 장관내 흡수를 촉진
- 호흡기로 흡입된 납 중 상기도관에 침착된 것 : 소화기로 들어가 흡수
- 약 10%만이 소장에서 흡수되고 나머지는 대변으로 배설

③ 호흡기

- 대부분 납은 소화기를 통하여 흡수
- 납의 50%는 폐와 기도에 침착되어 서서히 흡수

(2) 체내에 축적된 납

① 축적되어 있는 상태의 종류

- 혈액 및 연부조직에 축적되어 있으면서 빠르게 교환이 가능한 납
- 피부 및 근육에 있으면서 교환성이 중간정도 되는 납
- 뼈에서 안정된 상태로 존재하는 납(뼈에는 약 90%가 축적)

② 체내 대사활동

- 혈액 중에 있는 납은 축적량의 2%에 불과
- 혈액 내에 있는 납의 90%는 적혈구와 결합되어 존재
- 혈중에 있는 납의 양은 최근에 폭로된 납을 나타낼 뿐이다.

③ 흡수지표 및 배설

- 소변과 대변
- 요중의 납농도가 더 좋은 흡수지표
- 태반과 모유를 통하여 배설

### 3) 납중독의 병리현상

(1) 조혈기능에 대한 영향

- 무기납 : 말초신경을 수축시키고 혈액 및 골수에 영향
- $\delta$-ALAD 활성치 저하
- 혈청 및 요중 $\alpha$-ALA($\alpha$-아미노레불린산) 증가
- 적혈구 내 프로토폴피린 증가
- 요중 코프로폴피린 증가
- 혈색소량 저하
- 적혈구수 감소 및 수명 단축, 망상 적혈구 수의 증가, 호염기성 점적혈구수 증가
- 혈청 내 철 증가

(2) 신장기능의 변화

- 세포핵 속에 봉입체 생성(세포질 내의 납농도를 감소시키기 위한 기전)
- 납독성 통풍증후가 나타난다.

(3) 신경조직의 변화

- 소뇌, 모세혈관 내피세포

### 4) 증후 및 증상

(1) 납 중독의 4대 징후－잇몸에 특징적인 납선(Lead line), 납빈혈, 염기성 적혈구 수의 증가, 요중 코프로포르피린 검출

(2) 위장장해

① 초기－식욕부진, 변비, 복부 팽창감

② 중・말기－급성 복부산통, 권태감, 전신쇠약증상, 불면증, 근육통, 관절통, 두통

(3) 신경 및 근육계통의 장해

① 사지의 신근이 쇠약하거나 마비, 팔과 손의 마비

② 신근 쇠약은 마비에 앞서 2~3주 전에 나타나므로 조기진단에 의해 예방할 수 있다.

③ 근육통, 관절염, 다른 근육의 경직

(4) 중추신경계 장해

① 급성 뇌증으로 알려진 심한 뇌중독 증상－유기연에 폭로된 경우 특징적으로 나타남

② 심한 흥분과 정신착란, 혼수상태, 조증, 허탈상태(혼수상태로 이전)

(5) 급성중독

신전근의 마비와 통증, 창백, 구토, 설사, 혈변

(6) 만성중독

구역질, 변비 등의 위장병, 근육마비, 정신장해, 환각, 두통과 빈혈

### 5) 진단 및 치료

(1) 진단 : 직업력, 병력, 임상검사를 통한 진단을 한다.

① 빈혈검사

② 요 중의 코프로포르피린 및 $\delta$－아미노레불린산의 배설량 측정

③ 혈액 및 요 중의 납량 정량

④ 혈액 중의 $\alpha$－ALA탈수효소 활성치 측정

(2) 치료－배설촉진제(Ca－EDTA, penicillamine) 사용

신장기능이 나쁜 사람과 예방목적의 투여는 절대 불허

(3) 급성중독

경구섭취 시 3% 황산소다용액으로 위세척을 하고 $CaNa_2$-EDTA로 치료

(4) 만성중독

① 전리된 납을 비전리납으로 변화시키는 $CaNa_2$-EDTA와 페니실라민(penicillamine)을 사용

② 대증요법, 진정제, 안정제, 비타민 $B_1$과 $B_2$

## 2. 수은(원형질 독)

### 1) 종류 및 폭로

(1) 종류 및 허용한계

① 무기수은 : 각종 전기기구 및 각종계기 제작에 사용, 다른 금속과 아말감을 형성, 전기분해장치의 음극, 사진, 안료 및 색소, 약품, 소독제, 화학시약 등의 제조에 사용

② 유기수은 : 페닐수은등 알릴 수은 화합물, 메틸 및 에틸수은등 알킬수은 화합물

③ 허용한계 : 무기수은(0.05mg/$m^3$), 유기수은(0.01mg/$m^3$)

(2) 주용도

수은 온도계, 체온계, 알칼리망간 건전지, 버튼형 수은전지, 수은 정류기, 수은전극, 수은아말감, 금과 은의 정련, 실험실 기구, 수은등, 수은 스위치, 화학실험용 금, 은 청공, 주석 등의 도금, 피류, 박제제조, 사진공업, 도료, 안료, 인견제조

(3) 폭로 위험성이 높은 작업

수은 광산, 수은 추출작업

### 2) 체내 신진대사

(1) 흡수

① 수은증기의 호흡기를 통한 흡수

② 흡수된 수은증기의 80%는 폐포에서 흡수

③ 경구섭취는 섭취량의 0.01%

④ 금속수은은 피부로도 흡수가 가능하며 직접 피하로 들어가면 주요 장기의 피해가 크다.

⑤ 무기수은류는 호흡기나 경구적 어느 경로라도 흡수되지만 소화기계를 통해 흡수되지는 않는다.

⑥ 수은에 폭로되지 않은 사람도 음식물을 통하여 5~20㎍을 섭취하면 소변과 대변으로 배출된다.

(2) 체내 이동

① 쉽게 혈관을 통하여 이동

② 뇌관문을 쉽게 통과

③ 혈액뇌장벽(Brain Blood Barrier, BBB)이나 태반을 통과

(3) 표적장기

① 금속 수은-신장과 뇌

② 무기수은-신장

③ 간, 비장, 신경, 심장, 근육, 폐, 모발, 손톱 등

④ SH- 기능기와의 친화력이 높아 SH- 기능기를 가진 효소에 작용

(4) 배설

① 주로 소변과 대변

② 미량-피부, 타액, 땀, 호기중, 한선 등

### 3) 중독 증상 및 징후

(1) 수은중독의 특징

① 구내염

② 근육진전

③ 정신증상

④ 기능장해

(2) 초기증상

안색이 누렇게 되고, 두통, 구토, 복통, 설사 등 소화불량 증세

(3) 구내염 증상

① 금속성 입맛이 나고 치은부(잇몸)가 붓고, 압통이 있고 쉽게 출혈이 있고 궤양을 형성

② 말을 하기 어려울 정도로 침을 흘리고 때로는 구내염 증상 없이 침만 흘리는 경우도 있다.

(4) 치은부 증상

① 황화수은의 청회색 침전물이 침착

② 치조농양으로 치아의 뿌리가 삭아서 빠진다.

(5) 근육진전(Hatter's Shake)

① 안검, 혀, 손가락에서 볼 수 있다.
② 잠잘 때, 육체적 안정을 취할 때는 흔히 없어진다.
③ 간단한 시험방법
- 컵에 담긴 물을 마시게 한다.
- 담배를 권한다.
- 글씨를 쓰게 한다.

(6) 정신증상

① 정신흥분 중에는 불면증, 근심걱정, 겁이 많아지고, 부끄러움을 많이 탄다.
② 우울, 무욕상태, 졸음 등의 정신장해
③ 정신변화를 일으켜 환각, 기억력 상실 등으로 지능활동이 떨어진다.

(7) 전신증상

주로 중추신경계통, 특히 뇌조직을 침범하여 심할 경우는 불가역적인 뇌손상을 입어 정신기능이 소실

(8) 급성중독

신장장해, 구강의 염증, 폐렴, 기관지 자극증상

(9) 만성중독

구강, 잇몸의 염증, 위장장해, 정신장해, 보행실조, 시력마비, 경련, 혼수상태 → 사망

**수은 화합물의 흡수와 대사 및 건강영향에 관한 설명으로 옳지 않은 것은? ④**

① 수은은 혈액뇌장벽(Brain Blood Barrier ; BBB)이나 태반을 통과할 수 있는 것으로 알려져 있다.
② 무기수은은 위장이나 소장과 같은 소화기계를 통해서는 거의 흡수되지 않는 것으로 알려져 있다.
③ 무기수은은 상온에서 기화되므로 수은온도계 제조공정에서 수은을 주입하는 근로자는 호흡기를 통해 체내로 수은이 흡수될 가능성이 높은 것으로 알려져 있다.
④ 수은은 인체에 흡수되면 대부분 뼈에 축적되며, 뼈에 축적된 수은은 서서히 혈액으로 빠져나와 뇌로 이동하여 뇌병변장해를 일으키는 것으로 알려져 있다.
⑤ 수은은 SH- 기능기와의 친화력이 높아 SH- 기능기를 가진 효소에 작용하여 기능장해를 일으키는 것으로 알려져 있다.

해설 인체에 흡수되어 대부분 뼈에 축적되는 물질은 납(Pb)이다.

### 4) 진단 및 대책

#### (1) 진단

① 간기능 검사

② 신기능 검사

③ 요중의 수은량 측정[무기수은의 경우 0.3(0.1-0.5)mg/liter, 유기수은의 경우 5mg/liter 이상]

#### (2) 급성중독

① 우유와 계란의 흰자를 먹여서 수은과 단백질을 결합시켜 침전

② 위세척-위의 점막이 손상된 상태이므로 조심해야 하고 세척액은 200~300ml를 넘지 않도록 유의해야 하며 세척액으로는 우유에 수탄 3~4수저를 섞어서 쓰면 더욱 효과적이다.

③ BAL(British Anti Lewisite) 투여

④ 마늘계통 식물 섭취

#### (3) 만성중독

① 수은취급 즉시 중단하고 마늘계통의 식물 섭취

② BAL을 투여하여 수은 배설량이 증가하면 진단을 해야 한다.

③ N-acetyl-D-penicillamine 200mg/kg을 연령과 체격에 따라 하루 4번씩 10일 동안 투여

④ 임상증세가 심할 때-10% calcium gluconate 20ml를 하루에 2번 정맥주사

⑤ 하루 10liter 정도의 다량 등장 식염수를 공급하면 이뇨작용을 촉진하여 신기능을 보호할 수 있다.

⑥ EDTA의 투여는 금기

#### (4) 요중 수은 배설량이 0.2mg/liter 이상이 되면 정밀검사를 하여 중독 여부를 판단

## 3. 크롬

### 1) 원자가의 중요성

① 3가 크롬은 피부흡수가 어려우나 6가 크롬은 쉽게 피부를 통과하여 폭로의 관점에서 6가 크롬이 더 해롭다.

② 위액-6가 크롬을 3가 크롬으로 즉시 환원시키기 때문에 화학적 형태와 pH에 따라 섭취량의 1~25%가 체내에 흡수

③ 6가 크롬은 세포 내에서 수분~수시간 만에 발암성을 가진 3가 형태로 환원 세포질

내에서의 환원은 독성이 적으나 DNA 부근에서의 환원은 강한 변이원성을 나타낸다.

④ 3가 크롬은 세포 내에서 핵산, nuclear enzyme, nucleotide와 같은 세포액과 결합 시 발암성을 나타낸다.

유해중금속의 인체 노출 및 흡수, 독성에 관한 설명으로 옳지 않은 것은? ④

① 작업장에서 망간의 주요 노출 경로는 호흡기다.
② 납의 주요 표적기관은 중추신경계와 조혈기계이다.
③ 유기수은은 무기수은 화합물보다 독성이 상대적으로 강하다.
④ 6가 크롬은 세포막을 통과한 뒤 세포내에서 3가 크롬으로 산화되어 폐섬유화를 초래한다.
⑤ 카드뮴은 폐렴, 폐수종, 신장질환 등을 일으킨다.

해설 3가 크롬은 폐섬유화를 초래하지 않고 단백질 구조물 등과 결합하여 DNA 손상을 유발한다.

## 2) 허용농도 및 폭로

① 허용농도 - 크롬산 및 크롬산납(0.05mg/m$^3$), 3가 크롬화합물, 금속크롬(0.5mg/m$^3$), 크롬(6가)화합물(불용성 무기화합물) - 0.01mg/m$^3$ 이하, 크롬(6가)화합물(수용성 무기화합물) - 0.05mg/m$^3$ 이하

② 폭로작업
㉠ 크롬산 납 - 안료, 가죽제조, 염색 등
㉡ 크롬산 - 도금, 강철의 합금 스테인리스 스틸, 니크롬선, 내화벽돌의 제조, 시멘트 제조업, 화학비료공업, 석판 인쇄업

## 3) 체내 신진대사

### (1) 흡수

신호흡기, 높은 수용성은 크롬화합물의 흡수와 독성을 증가

### (2) 생체 전환

① 자연 중에 존재하는 대부분은 3가로서 이것이 체내에서 6가로 전환되지는 않는다.
② 6가 크롬은 생체막을 용이하게 통과하여 3가로 환원
③ 환원되는 정도는 폭로된 장기 중 환원제의 양에 의하여 좌우

(3) 배설

① 주로 소변, 대변은 미량

② 동물실험에서 배설의 반감기 - 6가 크롬(22일), 3가 크롬(92일)

## 4) 증상 및 징후

### (1) 급성중독

① 심한 신장장해 - 심한 과뇨증이 진전되면 무뇨증을 일으켜 요독증으로 1~2일 길어야 7~8일 안에 사망

② 위장장해 - 심한 복통과 빈혈을 동반하는 심한 설사 및 구토

③ 급성폐렴 발생

### (2) 만성중독

① 코, 폐, 위장 점막에 병변 발생

② 위장장해 - 기침, 두통, 호흡곤란, 심호흡 때의 흉통, 발열, 체중감소, 식욕감퇴, 구역, 구토

③ 비점막의 염증증상 - 빠르면 2개월 이내에 나타나며 계속 진행하면 비중격의 연골부에 둥근 구멍이 뚫린다.

④ 기도, 기관지 자극증상과 부종

⑤ 기관지암과 폐암 발생 - 장기간(7~47년 흡입시)

### (3) 점막장해

① 눈의 점막 - 눈물, 결막염증, 안검과 결막의 궤양

② 비점막 - 비염 → 회백색의 반점 → 종창 → 궤양 → 비중격 천공

### (4) 피부장해(손톱주위, 손 및 전박부에 잘 생김)

크롬산과 크롬산염이 피부의 개구부를 통하여 들어가 깊고 둥근 궤양을 형성

### (5) 기타

① 취각장해

② 신장, 간장, 소화기 장해

③ 조혈장기에 영향

### 5) 치료 및 대책

(1) 크롬을 먹었을 경우의 응급조치 - 우유, 환원제로서 비타민 C

(2) 만성 크롬중독

① 폭로중단 이외에 특별한 방법이 없다.
② BAL, EDTA는 아무런 효과가 없다.
③ 코와 피부의 궤양은 10% $CaNa_2$ EDTA, 5% 티오황산소다(sodium thiosulfate) 용액, 5~10% 구연산 소다 용액을 사용

## 4. 카드뮴

### 1) 허용농도 및 폭로

① 허용농도 - 카드뮴 및 그 화합물(0.01mg/$m^3$, 호흡성, 1A)
② 폭로 : 도자기, 페인트의 안료, 니켈카드뮴 배터리, 살균제 등

### 2) 체내 대사

① 경구 흡수율은 5~8%로 호흡기 흡수율보다 작으나 칼슘, 철의 결핍 또는 단백질이 적은 식사를 할 경우 흡수율이 증가한다.
② 폐에 카드뮴 침착률은 0.1$\mu$m가 50%, 2$\mu$m가 20%
③ 카드뮴이 체내에서 이동 및 분해하는 데는 분자량 10,500 정도의 저분자 단백질인 Metallothionein이 관여
④ 태반은 Metallothionein을 형성하여 모체 내 카드뮴이 태아로 이동하는 것을 방지하지만 카드뮴 폭로가 많은 경우 태아에서도 검출
⑤ 체내에 흡수된 카드뮴 - 혈액을 거쳐 2/3는 간과 신장으로 이동

### 3) 증상 및 징후

(1) 급성중독

① 구토를 동반하는 설사와 급성 위장염
② 두통, 금속성 맛, 근육통, 복통, 체중감소, 착색뇨
③ 간, 신장 기능장해
④ 폐부종, 폐수종
⑤ 산화카드뮴 $LD_{50}$ - 치사폭로지수(=농도 × 폭로시간)는 일반인의 경우 200~2,900 정도

(2) 만성중독

① 자각증상 : 가래, 기침, 후각 이상, 식욕부진, 위장장해, 체중감소, 치은부에서 연한 황색환상 색소침착

② 신장기능 장해 : 신세뇨관에 장해를 주어 요중 카드뮴 배설량 증가, 단백뇨, 아미노산뇨, 당뇨, 인의 신세뇨관 재흡수 저하, 신석증 유발

③ 폐기능 장해 : 만성기관지염, 하기도의 진행성 섬유증

④ 골격계 장해 : 다량의 칼슘배설이 발생, 골연화증, 뼈 통증, 철결핍성빈혈 유발

4) 치료

① BAL이나 Ca-ETDA 등 금속배설 촉진제의 사용을 금지

② 안정을 취하고 대중요법을 하는 동시에 산소흡입과 적절한 양의 스테로이드를 투여하면 효과적

③ 치아에 황색환상 색소침착 발생시 : 10~20% 클루쿠론산칼슘 20ml 정맥주사

④ 비타민 D를 600,000 단위씩 1주 간격으로 6회 피하주사하면 효과적이다.

## 5. 망간

1) 허용농도 및 폭로

① 허용농도 : 망간 및 무기화합물, 망간( $-1mg/m^3$)

② 폭로 : 가장 위험성이 많은 작업은 분쇄하는 작업, 특수강철 제조업, 건전지 제조업, 전기용접봉 제조업, 도자기 제조업, 타일 제조업, 용접작업 등

③ 만성중독-2가 망간 화합물, 부식성-3가 이상의 망간 화합물

2) 체내 대사

① 호흡기를 통한 경로가 가장 많고 위험

② 소화기로 들어간 망간의 4%가 체내로 흡수

③ 체내에 흡수된 망간 중 10~20%는 간에 축적, 뇌혈관막과 태반을 통과

④ 폐, 비장에도 축적되고, 손톱, 머리카락에도 축적

### 3) 증상 및 징후

#### (1) 초기단계

① 무력증, 식욕감퇴, 두통, 현기증, 무관심, 무감동, 정서장해, 행동장해, 흥분성 발작, 망간 정신병, 발언이상, 보행장해, 경련, 배통 등
② 중독자의 80% - 성적흥분 → 성욕감퇴 → 무관심 상태

#### (2) 중기단계 - 파킨슨증후가 점차로 분명해짐

#### (3) 말기단계

① 근강직
② 감각기능은 정상이나 정신력은 늦어지고, 글씨 쓰는 것이 불규칙하게 되며 글자를 읽을 수 없게 됨
③ 맥박에도 변화가 오는 수가 있다.

### 4) 대책

① 초기에 망간폭로를 중단하는 것이 중요
② 진행된 망간 중독에는 치료약이 없다.
③ BAL, Ca - ETDA, Calcium disodium - EDTA - 치료효과 없음
④ penicillamine, penthanil, L - dopa - 치료 가능성 있음

## 6. 베릴륨

### 1) 허용농도 및 폭로

① 허용농도 - 베릴륨 및 그 화합물(0.002mg/$m^3$, 1A)
② 폭로 - 베릴륨 광석, 우주항공산업, 정밀기기제작, 컴퓨터 제작, 형광등 제조, X - 선 관구, 네온사인제조, 합금, 도자기 제조업, 원자력 공업 등

### 2) 체내 대사

① 주된 흡수경로는 호흡기이며, 소변이나 대변으로 배설
② 비용해성 물질 - 폐에 축적, 용해성 물질 - 점차 신체 각 기관에 재분배
③ 태반을 통과할 수 있고 모유를 통하여 신생아에 전달될 수 있다.

### 3) 증상 및 징후

#### (1) 급성중독

① 염화물, 황화물, 불화물 같은 용해성 베릴륨 화합물의 경우
② 인후염, 기관지염, 모세기관지염, 폐부종의 증세
③ 피부창상부위에 접촉시 난치성 궤양인 피하육하종이 발생

#### (2) 만성중독

① 금속 베릴륨, 산화 베릴륨 등과 같은 비용해성 베릴륨 화합물
② 폐에 유가종성 변화가 나타나고 피부, 간장, 신장, 비장, 임파절, 심근층에 나타나기도 한다.
③ 초기증상 : 운동시 호흡곤란, 마른기침, 열 등의 발생
④ 말기증상 : 호흡곤란이 심해지고 흉부통증, 피로감, 전신권태, 무력증, 체중감소
⑤ 수술, 호흡기 감염, 임신시 질병의 진행이 급격하고, 호흡부전, 심부전을 일으킨다.

### 4) 대책

① 급성 폐렴의 치료에는 산소와 스테로이드를 투여
② 만성 중독 시에도 스테로이드 투여
③ 피부병소는 깨끗이 세척하고 스테로이드 제제 연고를 바름

## 7. 비소

### 1) 허용농도 및 폭로

① 허용농도 : TWA 0.01mg/m$^3$, 발암성 1A,
삼수소화비소($AsH_3$) : 0.005mg/m$^3$
② 폭로 : 철광석과 석탄에 함유, 비소제련, 비소광석 용해, 목재방부재 제조, 살충제, 약제조, 야금과 전자산업, 납과 비소의 합금, 금속광석 또는 잔사 추출, 산의 저장탱크 청소, 아세틸렌 용접
③ 삼수소화 비소 : 산업장에서 우발적으로 발생

## 2) 체내 대사

### (1) 흡입

① 호흡기를 통하여 흡입
② 상처에 접촉시 피부를 통하여 흡수 가능
③ 비소산은 정상피부에서도 흡수가 가능

### (2) 체내 반응

① 생체 내의 SH기를 갖고 있는 효소작용을 저해하여 세포호흡에 장해
② 체내에서 3가 비소는 5가로 산화되고, 그 반대도 가능함
③ 뼈 속에서는 비산칼륨의 형태로 존재하고, 모발과 손톱의 SH기와 결합하여 축적
④ 무기물질의 경우 장관계에서 매우 잘 흡수됨

## 3) 증상 및 징후

### (1) 급성중독

① 비소화합물을 먹었을 때 한하여 발생
② 증상 : 심한 구토와 설사, 근육경직, 안면부종, 심장이상, 쇼크, 탈수
③ 무기비소 흡입 : 비염, 인두염, 후두염등 상기도에 염증
④ 피부접촉 : 접촉성 피부염, 모낭염, 습진성 발진, 피부궤양

### (2) 만성중독

① 장기간 폭로 : 피부 색소침착, 피부 각화 , 호흡기, 심장, 혈액, 조혈기관, 신경계에 영향
② 체내에 흡수된 비소제 : 구토, 위경련, 설사
③ 전신중독 증상의 일부 : 피부장해

## 4) 대책

① 먹었을 경우 토하게 하고, 활성화된 Charcoal과 설사약을 투여
② 확진되면 Dimercaprol로 시작
③ 삼산화 비소 중독시 Dimercaprol이 효과가 없다.

문제

다음에서 설명하는 금속은? ①

- 화학물질 및 물리적 인자의 노출기준에서 발암성 구분은 1A이며, 노출기준(TWA)은 0.01mg/m³이다.
- 무기물질의 경우 장관계에서 매우 잘 흡수된다.
- 무기물질에 만성적으로 노출되는 경우 피부 색소침착, 피부각화 등의 피부증상이 가장 흔하게 나타난다.

① 비소 ② 납 ③ 수은
④ 망간 ⑤ 크롬

## 8. 니켈

### 1) 허용농도 및 폭로

① 허용농도 - 금속 : 1mg/m³, 2, 가용성화합물 : 0.1mg/m³, 1A, 불용성무기화합물 : 0.2mg/m³, 1A, 니켈카르보닐 : 0.001mg/cm³, 1A

② 폭로 - 합금제조, 도금작업, 안료, 촉매, 니켈전지 등의 제조

### 2) 병리

① 폐나 비강의 발암작용

② 호흡기 장해와 전신중독 - 니켈 카보닐

③ 만성비염, 부비동염, 비중격 천공 - 수용성 니켈 연무질

④ 접촉성 피부염

⑤ 감작성 - 정신과민 반응

⑥ 최기성 및 태독성

### 3) 치료

① 격리

② 중추신경 증상(CO 중독의 경우와 같다.)

③ 배설촉진

## 9. 인

1) 허용농도 : 황린, $0.1mg/m^3$
2) 폭로 : 황린, 인산 제조작업 또는 세산작업 과정, 농약제조, 농약사용
3) 증상 : 권태, 식욕부진, 소화기 장애, 빈혈, 황달증세, 황린, 인산염의 증기를 흡입하면 중독이 일어나며 독성이 매우 심함

## 10. 금속 증기열

1) 금속 증기열 : 고농도의 금속산화물을 흡입함으로써 발병되는 일시적인 질병
2) 발생 장소 : 용접, 전기도금, 제련과정
3) 원인 : 아연, 마그네슘, 망간 산화물의 증기, 기타 다른 금속
4) 증상 : 체온상승, 오한, 갈증, 기침, 가슴 답답함, 호흡곤란
   • 12~24시간이 지나면 완전히 없어진다.

## 11. 피해 기관 및 부위

| 피해 기관 및 부위 | 중금속 물질 | 비 고 |
|---|---|---|
| 폐포 | 망간, 아연, 대마섬유분진 | 열발생 물질 |
| 창자, 뇌 | 수은 | 전신작용 물질 |
| 뼈, 치아 | 불소 | |
| 혈관, 신장 | 카드뮴 | |
| 뼈 | 스트론튬 | 발암 물질 |
| 폐, 비강 | 카르보닐 니켈 | |
| 코 | 크롬 | |
| 늑막 | 석면 | |
| 고환 | 셀레늄 | |
| 피부 | 비소 | |
| 갑상선 | 전리방사선 | |
| 전신 | 유기수은, 납, 비소, 카드뮴, 불소 | 돌연변이 물질 |

# 06 발암성 물질

Section

## 1. 암의 개념

### 1) 형질 변환

#### (1) 정의

정상세포가 암세포로 변화할 때 나타나는 세포의 성질변화

#### (2) 형질변화의 내용

① 접촉저지 기능의 상실
② 무한정 증식
③ 세포 고유의 기능 망각
④ 세포의 구조변화와 이질성
⑤ 세포 사이의 접착력 저하

### 2) 암 유전자가 활성화되는 이유

선천적인 염색체 이상 – 망막의 아세포종, 신장의 윌름종양, 만성골수성 백혈병

### 3) 악성종양과 양성종양

#### (1) 악성종양

① 포위되지 않은 상태
② 침윤성이 있다.
③ 분화성이 낮다.
④ 세포분열이 강하다.
⑤ 급속 성장
⑥ 퇴행성이 변동한다.
⑦ 전이성이 있다.

#### (2) 양성종양 – 악성종양과 반대

### 4) 용어 정의

① 발암물질 – 동물과 인간에 대하여 종양을 유발할 수 있는 화학물질

② 발암성 - 암의 원인이나 발생으로 양성종양과 악성종양 모두를 내포하는 발암작용
③ 선행발암물질 - 발암작용을 발현하기 이전에 다른 형태의 화학물질로 신진대사될 필요성이 있는 물질
④ 직접발암물질 - 신진대사되지 않은 본래로의 형태로도 직접 암을 발생시킬 수 있는 물질
⑤ 간접발암물질 - 다른 발암물질과 함께 투여할 경우 다른 발암물질의 발암활성을 증가시키는 물질
⑥ 발암개시제 - 세포나 조직 내에서 발암작용을 유발하는 물질
⑦ 발암촉진제 - 발암물질의 발생속도를 증가시키거나 잠복기간을 단축시키는 물질

## 2. 암 유발 메커니즘의 평가

### 1) 암의 유발 메커니즘

#### (1) 제1단계 - 개시단계

① 화학물질이 세포에 들어와서 발암물질로 신진대사
② 발암물질이 세포의 유전자 코드를 공격하여 비가역적으로 변환
③ 돌연변이가 고착되어 복귀되지 않으며 표면적으로도 완전히 다른 세포로 분열

#### (2) 제2단계 - 촉진단계

① 개시작용을 받은 세포는 생리학적 및 생화학적 제한을 탈피하여 새로운 면역학적 및 생화학적 특성을 획득
② 세포는 더 이상 정상적인 세포작용과 조직작용을 하지 못하고 급격히 증식
③ 정상적인 면역작용에서 탈피
④ 변환세포가 상당한 덩어리를 이루게 되면 종양이 된다.

#### (3) 제3단계 - 진행단계

유해인자 노출에 따른 암 발생 단계로 옳은 것은? ③

① 진행(progression) → 개시(initiation) → 촉진(promotion)
② 촉진 → 개시 → 진행
③ 개시 → 촉진 → 진행
④ 개시 → 진행 → 촉진
⑤ 촉진 → 진행 → 개시

### 2) 발암물질 평가

(1) 제1단계 - 화학적 구조와 활성의 상관성

① 화학물질의 이용구조와 활성을 분류별로 분류

② 변이원성과 발암성을 확인하고 예측

(2) 제2단계 - 변이원성 시험

① 유해성이 분명하고 유전자 독성적 발암성이 있을 법한 변이원성 물질 확인

② 세균에 의한 변이원성 시험(Ames 시험)

③ DNA 복귀시험

④ 포유동물의 변이원성 시험

⑤ 염색체적인 해석, 미소 핵시험(잠정적인 염색체 파손성)

⑥ 세포변환 - 실험생체의 발암성

(3) 제3단계 - 발암작용의 단기간적 생물검정

① 당해 물질의 생체내 변이원성 확인, 후성적 발암작용 시험

② 마우스의 피부종양 유발성(개시작용, 촉진작용의 시험)

③ 마우스의 허파종양 시험

④ 마우스의 유선종양 시험

⑤ 래트의 간장병변 시험

⑥ 래트의 간장에 대한 발암개시 작용, 촉진작용

(4) 제4단계 - 설치류에 대한 발암작용의 만성적 생물검정

① 최종적이므로 위해성을 외삽하여 독물량 - 감응작용의 자료를 구한다.

② 당해 화학물질이 미치는 생물종, 혈통, 조직에 대한 특이성을 구한다.

③ 독성 비교종의 상대적 우선순위와 크기를 결정한다.

(5) 제5단계 - 역학조사

## 3. 작업장에서의 발암물질

### 1) 발암 확인 물질

(1) 금속 및 물리적 인자

| | |
|---|---|
| ① 비소 | ② 석면 |
| ③ 6가 크롬 | ④ 방사선 |

(2) 알킬화 화합물

① 아자리딘(에틸렌 이민) ② 비스(클로르 메틸에테르)

(3) 탄화수소 화합물

① 방향족(벤젠, 검댕, 타르) ② 지방족, 염화비닐

(4) 방향족 아민

① 벤지딘 ② 2-나프탈렌

(5) 불포화 아질산염

아크릴로 니트릴

### 2) ACGIH에서 제시한 발암물질(인체발암 확인)

① 아크릴로 니트릴
② 4-아미노 비페닐(p-크릴아민)
③ 석면
④ 벤지딘
⑤ 비스(클로르메틸) 에테르
⑥ 크롬 화합물
⑦ 6가 크롬
⑧ 콜타르피치 휘발물질
⑨ $\beta$-나프틸 아민
⑩ 니켈 황화합물의 배소물, 흄, 먼지
⑪ 4-니트로 비페닐
⑫ 염화비닐

### 3) 대표적인 작업장 발암물질

| 화학물질 | 영향을 받는 장기 | 작업자 |
|---|---|---|
| 석면 | 폐, 흉막 | 절연체작업자, 선박 건조공,<br>건설작업자, 광부 |
| Auramine, Benzidine<br>2-naphthylamine,<br>Magenta<br>4-aminobiphenyl | 방광 | 염직물생산공, 페인트제조공, 염색공,<br>고무제품생산공 |

| 화학물질 | 영향을 받는 장기 | 작업자 |
| --- | --- | --- |
| 벤젠 | 골수 | 염색공, 페인트공, 구두공,<br>석유화학제품설비 정비공 |
| 크롬 | 비강, 폐, 인두 | 공정관리자, 크롬생산공, 용접공 |
| 콜타르 피치,<br>기타 석탄연소물 | 폐, 인두, 피부, 방광 | 콜타르 및 피치생산공,<br>석탄가스작업자, 가스제조공 |
| 니켈 | 부비동, 폐 | 제련공, 전기분해공 |
| 염화비닐 | 간 | 플라스틱작업자 |

## 4. 발암에 미치는 요인

1) 개인의 유전자 구성

2) 흡연

3) 음주

4) 음식물

(1) 발암 억제작용 – 비타민 A, B, C, E, 산화방지제

(2) 지방질이 발암을 촉진하는 이유

① 호르몬 농도를 변화시킨다.
② 세포막의 조성을 변화시킨다.
③ 지방산이 증가하여 면역작용을 억제한다.
④ 촉진제로 작용하는 담즙산의 생성을 증가
⑤ 촉진제로 작용하는 prostaglandin의 선행물질로서 역할을 한다.

(3) 철, 아연, 셀레늄이 부족해도 발암률 증가

# 제3절 | 작업환경 관리

## 01 작업환경 관리원칙 Section

### 1. 작업환경개선의 4원칙

1) 대치(Substitution)

① 공정의 변경
② 시설의 변경
③ 물질의 대치

2) 격리(Isolation)

① 저장물질의 격리
② 시설의 격리
- 방사능 물질은 원격조정이나 자동화 감시체제
- 시끄러운 기기류에 방음 커버를 씌운 경우

③ 공정의 격리
- 일반적으로 비용이 많이 듦
- 자동차의 도장 공정, 전기도금에 일반화되어 있음

④ 작업자의 격리 : 위생보호구 사용

3) 환기(Ventilation)

① 국소환기
② 전체환기

4) 교육(Education)

① 경영자
② 기술자
③ 감독자
④ 작업자

| 관리원칙 | 관리방법 | 처 리 순 서 |
|---|---|---|
| 대 치 | 공 정 | 1. 페인트분무를 담그거나 전기 흡착식 방법으로 한다.(페인트성분 비산방지)<br>2. 납을 저속 Oscillating type sander로 깎아낸다.(납성분 비산방지)<br>3. 금속을 톱으로 자른다.(소음 감소) |
| | 시 설 | 1. 가연성 물질을 철제통에 저장한다.(화재방지)<br>2. 흄 배출 후드에 안전 유리창을 만든다.(누출방지)<br>3. 염화탄화수소 취급장에서 폴리비닐알코올 장갑을 사용한다.(용해, 파손방지) |
| | 물 질 | 1. 성냥제조 시 황린을 적린으로 대치한다.<br>2. 세탁소에서 석유납사를 퍼클로로에틸렌으로 한다.<br>3. 야광시계 자판에 라듐을 인으로 대치한다.<br>4. 벤젠을 크실렌으로 한다. |
| 격 리 | 저 장<br>물 질 | 1. 인화성 물질을 탱크 사이로 도랑을 파고 제방을 만든다.(폭발, 인화방지)<br>2. 독성이 강할 때는 환기장치를 만든다. |
| | 시 설 | 고압이나 고속회전 기계, 방사능 물질은 원격조정이나 자동화 감시체제 |
| | 공 정 | 1. 방사선, 정유공장, 화학공장에서 포집, 분석, 전산처리를 중앙집중식으로 처리<br>2. 자동차 색칠, 전기도금공정에서도 사용한다. |
| | 작업자 | 위생보호구의 사용(일시적으로 접촉되는 피해를 줄임) |
| 환 기 | 국 소<br>환 기 | 1. 후드의 모양과 크기, 성능, 위치가 효율을 높인다.<br>예) 납 농도를 0.15mg/m$^3$로 하는 데는 부스형의 후드가 적당<br>2. 배기관의 성능이 확실해야 한다.<br>3. 공기 속도를 조절하고 개구부에 난류가 생기지 않아야 한다.<br>4. 유해물질의 성질, 발생양상에 따라 설계되어야 한다. |
| | 전 체<br>환 기 | 1. 유독 물질에는 큰 효과가 없으므로 주로 고온 다습을 조절하거나 분진, 냄새, 가스를 희석하는 데 사용한다.<br>2. 배기와 급기조절에 필요하며 실내외의 기류에 큰 영향을 받는다. |

## 2. 기타 작업장의 작업환경

### 1) 온도

#### (1) 안락 한계

① 한기 : 17~19℃

② 열기 : 22~24℃

#### (2) 불쾌 한계

① 한기 : 17℃

② 열기 : 24~41℃

#### (3) 증상

① 10℃ 이하 : 옥외작업 금지, 수족이 굳어짐

② 13~15.5℃ : 손재주 저하

③ 18~21℃ : 최적상태

④ 37℃ : 갱내 온도는 37℃ 이하로 유지

#### (4) 감각온도(실효온도)

① 기온, 습도, 기류의 조건에 따라 결정되는 체감 온도

② 기류속도가 0.5m/sec 이상일 경우 고온의 영향이 과대평가된다.

#### (5) 적정 감각온도

① 사무 또는 연구시 : 60~65(ET)

② 가벼운 육체 작업시 : 55~65(ET)

③ 힘든 근육 작업시 : 50~62.5(ET)

#### (6) 수정 감각온도

건구온도대신 흑구온도, 기습, 기류의 조건에 따라 결정되는 체감온도

#### (7) 습구흑구 온도지수(WBGT)

① 사용하기 쉽고 수정감각온도의 값과 비슷하며 우리나라 허용기준에 사용하는 지수

② 직장온도가 38℃ 이상이면 작업 중단

③ 옥외작업(태양광선이 내리쬐는 장소) : WBGT = 0.7 × 습구온도 + 0.2 × 흑구온도 + 0.1 × 건구온도 [온도 : 섭씨]

④ 옥내 또는 옥외(태양광선이 내리쬐지 않는 장소) : WBGT = 0.7 × 습구온도 + 0.3 × 흑구온도 [온도 : 섭씨]

### 2) 불쾌지수

① 섭씨(건구온도+습구온도)×0.72+40.6
② 화씨(건구온도+습구온도)×0.4+15
③ 70 이상 : 예민한 사람부터 불쾌감을 느낌
75 이상 : 절반의 사람이 불쾌감을 느낌
80 이상 : 모든 사람이 불쾌감을 느낌

### 3) 습도

대부분의 사람들은 70%까지는 안락하지만 가장 바람직한 상대습도는 30~35%

### 4) 기류

① 인체에 적당한 속도 : 6~7m/min
② 환기를 위한 창의 면적 : 바닥면적의 1/20 이상
③ 기온이 10℃ 이하일 때는 1m/sec 이상의 기류에 직접접촉을 금해야 한다.

### 5) 유해가스

① 이산화탄소의 영향

| $CO_2$ 농도 | 영향 |
|---|---|
| 1~2% | 작업 능률 저하, 실수 유발 |
| 3% 이상 | 약간의 호흡 장해 |
| 5~10% | 일정 시간 머물면 치명적 |

- 환기 지표 – $CO_2$ 농도 0.1%가 넘으면 환기 실시(농도는 0.1% 이하)
- 밀폐된 실내의 $CO_2$ 농도 – 0.5% 이하
- 갱내의 $CO_2$ 농도 – 1.5% 이하로 유지
- 고기압 실내의 탄산가스 분압이 0.01kg/cm$^2$ 이상이면 환기 실시

② 일산화탄소의 영향
- 일산화탄소는 산소보다 헤모글로빈과의 결합력이 200배 이상 강함
- CO 농도가 100ppm(0.01%) 이상일 경우 : 환기 상태를 개선, 가스 배출원 제거

### 6) 환기와 기적

① 환기

- 호흡용 신선한 공기 공급
- 유해물질의 제거
- 가연성 물질 제거가 목적임
- 근로자 1인당 $50m^3$ 이상, 고압실 내에서는 $40m^3$ 이상, 자연환기가 불충분한 장소에서는 $100m^3$ 이상 환기

② 기적

$$S=\frac{V-v}{N}$$

여기서, $S$ : 기적, $N$ : 실제 사람 수
$v$ : 방안의 설비가 차지하는 체적[$m^3$]
$V$ : 바닥에서 4m 이하의 높이에 있는 방의 체적[$m^3$]

- 1인당 기적(공기의 체적) - $10m^3$ 이상
- 고압실 내 기적 - $4m^3$ 이상

# 02 작업환경측정

## 1. 작업환경측정의 정의 및 순서

### 1) 작업환경측정의 정의

작업장이나 공정의 특성에 대한 예비조사를 근거로 시료를 채취하고, 채취한 시료를 분석한 후 그 결과를 작성 제출하는 것

### 2) 작업환경측정 순서

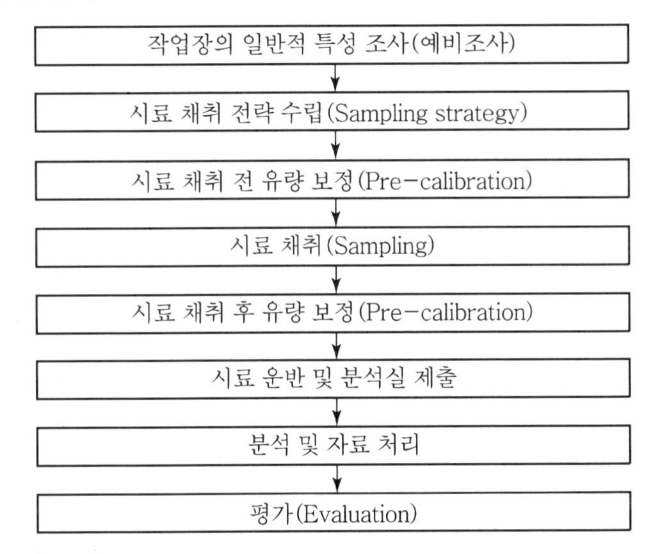


## 2. 작업환경측정의 진행

### 1) 작업환경측정 구분(AIHA)

① 기초자료 확보를 위한 측정(Baseline)

- 동일노출그룹(HEG)별로 유해물질의 노출농도 범위, 분포 평가

② 진단을 위한 측정(Diagnostic)

- 특정 작업이나 상황에 대한 노출 평가
- 노출 위험 원인 파악 및 적절한 대책 수립

③ 법적인 허용기준 초과여부를 판단하기 위한 측정(Compliance)

- 최악의 노출 상황이나 가장 많이 노출되는 근로자 대상

※ 동일노출그룹(HEG : Homogeneous Exposure Group)

① 정의 : 노출되는 유해인자의 농도와 특성이 유사하거나 동일한 근로자그룹
② 설정 : 조직, 공정, 작업범주, 공정과 작업내용별로 구분하여 설정
③ 활용 : 채취 시료수를 경제적으로 결정, 역학조사시 유해요인 노출원인 및 농도 추정, 모든 근로자의 노출농도 평가

## 2) 작업환경측정

### (1) 예비조사

작업장, 작업공정, 작업내용, 발생되는 유해인자와 허용기준, 잠재된 노출 가능성과 관련된 기본적인 특성 조사

① 예비조사의 목적 : 동일 노출 그룹(HEG)의 설정과 올바른 시료 채취 전략 수립
② 조사 항목
- 작업장과 공정 특성 : 공정 도면과 공정 보고서 활용
- 작업특성 : 작업분류/업무별 근로자수, 작업내용 설명, 업무 분석 등 파악
- 유해인자의 특성 : 사용량, 사용시기, 물질별 유해성 자료(PEL, TLV 등)

### (2) 시료채취(Sampling)

① 시료채취의 목적
- 유해물질에 대한 근로자의 허용기준 초과여부 결정
- 노출원 파악, 평가 및 대책 수립
- 과다 노출 가능성을 최소화
- 과거 노출 농도의 타당성 조사
- 역학 조사시 노출 수준 파악

② 시료채취방법의 구분

㉠ 채취 위치에 따른 구분

ⓐ 개인 시료(Personal Monitoring)
- 근로자의 호흡기 위치에서 시료 채취
- 유해물질에 노출된 양을 간접적으로 측정

※ 호흡기 위치 : 호흡기를 중심으로 반경 30cm인 반구

ⓑ 지역 시료(Area Monitoring)
- 근로자의 작업행동 범위에서 호흡기 높이에 고정하여 채취하는 시료
- 근로자에게 노출되는 유해인자의 배경농도와 시간별 변화 등을 평가
- 특정 공정의 계절별 농도 변화, 농도 분포의 변화, 공정의 주기별 농도변화, 환기장치의 효율성 변화 등 파악

㉡ 채취시간에 따른 분류

ⓐ 장시간 채취시료

- 전 작업시간 단일시료 채취(Full Period, Single Sampling)
  - 전 작업시간에 1개 시료 채취
  - 단점 : Filter 등의 파과, 과부하 등으로 인한 손실
- 전 작업시간 연속시료 채취(Full Period, Consecutive Sampling)
  - 전 작업시간 중 일정 시간별로 나누어 여러 개의 시료 채취
- 부분적 연속시료 채취(Partial Period, Consecutive Sampling)
  - 임의 시간동안 수개의 시료 채취(4~8시간)

ⓑ 단시간 채취시료(Short-term or Grab Sampling)

- 무작위로 선택된 시간에 여러 번 단시간 동안 측정

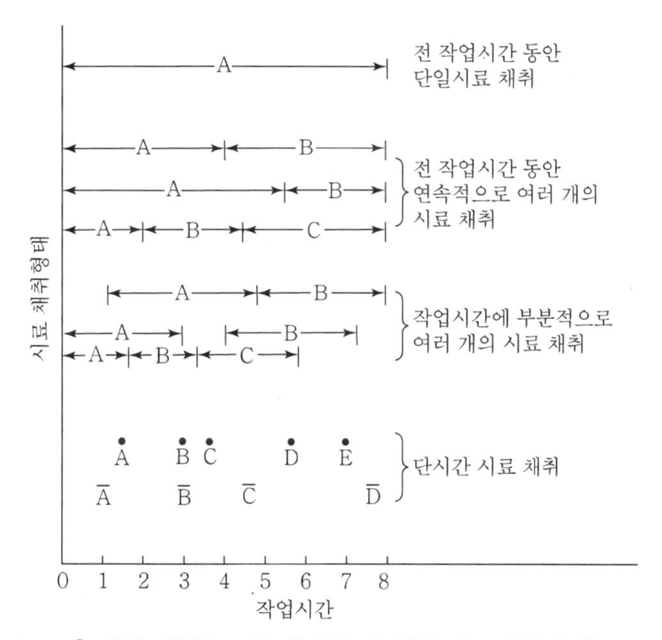


**[8시간 평균농도를 측정하기 위한 시료채취방법]**

(3) 채취 시료 수

시료수 : 근로자 노출의 타당성을 판단하는 데 통계적인 강도 제시

① AIHA(Hawkins 등, 1991)

- 노출농도 평가 : 무작위 추출 시료 6개 이상(동일노출그룹 별로)

※ "무작위" : 측정하고자 하는 기간 동안 서로 다른 날에 서로 다른 근로자에게서 시료를 채취함을 의미

② NIOSH(1994)

- 최소 시료수 : 7개
- 근로자 수 증가에 따라 시료수 증가
- 통계적 의미 : 90%의 신뢰성을 가지고 동일노출그룹에서 가장 높은 농도에 노출되는 10% 중에 적어도 1명 이상 포함

〈NIOSH의 근로자 수에 따른 채취 시료 수〉

| 그룹의<br>노출근로자수(N) | 시료수<br>(시료채취자수) | 그룹의<br>노출근로자수(N) | 시료수<br>(시료채취자수) |
|---|---|---|---|
| 8 | 7 | 18~20 | 13 |
| 9 | 8 | 21~24 | 14 |
| 10 | 9 | 25~29 | 15 |
| 11~12 | 10 | 30~37 | 16 |
| 13~14 | 11 | 38~49 | 17 |
| 15~17 | 12 | 50 | 18 |

※ 근로자 수가 7명 이하면 모두 채취하여야 함

③ 우리나라(고용노동부 고시) 시료채취 근로자수

㉠ 단위작업장소에서 최고노출근로자 2명 이상에 대하여 동시에 측정하되, 단위작업장소에서 근로자가 1명인 경우에는 그러하지 아니하며, 동일 작업근로자수가 10명을 초과하는 경우에는 매 5명당 1명(1개 지점) 이상 추가하여 측정하여야 한다. 다만 동일 작업근로자수가 100명을 초과하는 경우에는 최대 시료채취 근로자수를 20명으로 조정할 수 있다.

㉡ 지역시료채취방법에 따른 측정시료의 개수는 단위작업장소에서 2명 이상에 대하여 동시에 측정하여야 한다. 다만, 단위작업장소의 넓이가 50평방미터 이상인 경우에는 매 30평방미터마다 1개 지점 이상을 추가로 측정하여야 한다.

### 3) 시료채취방법

작업환경 중에 존재하는 유해물질의 특성에 따라 시료채취 매체와 채취방법이 달라짐

#### (1) 흡착(Adsorption)

① 활성탄관(Charcoal Tube) : 비극성류의 유기용제

- 방향족유기용제, 지방족유기용제, 에스테르류, 알코올류

② 실리카겔관(Silicagel Tube) : 극성류의 유기용제, 산 등
- 불소, 염산, 방향족아민류, 지방족아민류

③ 흡착에 영향을 주는 인자
- 습도 : 수증기는 극성 흡착제에 의하여 쉽게 흡착된다.
- 온도 : 온도가 증가하면 흡착이 감소
- 유량속도 : 유량속도가 크고 코팅된 흡착제일수록 파과현상이 크게 나타난다.
- 유해물질 농도 : 농도가 높으면 파과현상이 일어나기 쉽다.
- 혼합물 : 흡착제와 강한 결합을 하는 물질에 의하여 치환반응이 일어난다.
- 흡착제 성질 : 입자크기가 작아지면 포집효율이 증가하고 압력은 감소한다.

공기 중 유해인자에 대해 고체흡착제를 이용하여 시료를 포집할 때, 흡착에 영향을 주는 인자에 관한 설명으로 옳은 것은? ⑤

① 습도 : 비극성 흡착제를 사용할 때 수증기가 흡착되기 때문에 파과가 일어난다.
② 흡착제의 크기 : 입자의 크기가 클수록 표면적이 증가하므로 채취효율이 증가한다.
③ 온도 : 흡착은 열역학적으로 발열반응이므로 온도가 높을수록 흡착에 좋은 조건이 된다.
④ 유해물질의 농도 : 공기 중 유해물질의 농도가 낮을수록 흡착량이 많고 파과가 일어나기 쉽다.
⑤ 시료채취속도 : 시료채취속도가 높으면 파과가 일어나기 쉬우며 코팅된 흡착제일수록 그 경향이 강하다.

(2) 여과(Filtration)

① 유리섬유 여과지(Glass Fiber Filter) : 메르캅탄, 벤지딘, 디클로로벤지딘
② PVC 여과지 : 석탄분진, 유리규산, 기타 분진
③ 셀룰로오스 에스테르 막여과지 : 석면, 각종 금속분진
④ 기타 : 은믹여과지, PTFE 여과지(Polytetrafluoroethylene) 등

공기 중 유해물질과 이를 채취하기 위한 여과지가 잘못 짝지어진 것은? ③

① 흡입성 분진 - PVC 필터
② 호흡성 분진 - PVC 필터
③ 석면 - PVC 필터
④ 납(금속) - MCE 필터
⑤ 농약 - 유리섬유 필터

(3) 임핀저(Impinger) 또는 버블러(Bubbler)

① 이소시아네이트류, 톨루엔디아민

② 활성탄, 실리카겔 관으로 채취 불가능한 가스, 증기, 산 등

(4) **공시료** : 채취하고자 하는 공기에 노출되지 아니한 시료

① 목적 : 현장시료의 동정(identification)과 정량과정에서 오염과 오차 방지

② 공시료수 : 10개당 2개, 각 시료 세트당 10개(NIOSH)가 최대로 제안함

### 4) 시료의 운반과 분석실 제출

① 운반 : 현장시료의 특성 보존을 위하여 가능한 빨리 분석실로 운반하고, 운반시는 시료가 파손되거나 변질되지 않도록 주의

② 여과지

- 시료 채취 후 마개를 카세트에 다시 장착하고 포장하여 운반
- 포장은 카세트의 연결부위가 이탈하거나 마개가 열리지 않도록 단단히 고정

③ 고체흡착관

- 시료 채취 후 플라스틱 마개로 흡착관 밀봉
- 밀봉부위를 파라필름으로 밀폐
- 하절기 고온에서 시료변질 가능성이 있으므로 냉장 보관하여 운반

④ 액체시료

- 시료 채취 후 임핀저를 제거하고, 흡수용액으로 헹궈낸 후 다른 유리병에 옮김
- 유리병을 테플론으로 된 마개로 밀봉하고, 파라필름으로 밀폐
- 다른 용기와 부딪히지 않게 조치하여 운반

⑤ 현장시료의 분석실 제출

현장시료는 분석의뢰서에 필요한 사항을 기록하고 공시료와 함께 분석의뢰

⑥ 분석의뢰서 기록사항

- 분석물질
- 측정자 이름
- 측정일시, 장소
- 시료채취방법 및 시료수
- 공기채취량(유량 및 채취시간)
- 방해물질의 존재 여부 및 과거측정농도 혹은 예상농도
- 운송방법 및 기타

### 5) 시료분석 및 자료처리

#### (1) 분석 및 자료처리

NIOSH, OSHA 및 기타 공인된 분석방법에 의거 분석하고, 자료처리

#### (2) 정도관리

- 분석실의 종합적인 분석 및 자료처리의 능력 검정과 데이터의 신뢰도 증대 목적
- 연 2회 금속 및 유기용제에 대하여 실시(우리나라)
  ※ 미국의 정도관리 : PAT(Proficiency Analytical Testing) Program
- 1년에 4회 금속, 유기용제, 석면, 유리규산 대상으로 실시
- OSHA와 NIOSH 합동 실시

## 3. 측정기구의 보정(Calibration)

### 1) 측정치 오차

① 정의 : 측정오차(error)란 측정치와 참값(true value)과의 차이

② 오차의 발생 : 시료채취와 분석과정에서 가장 많이 발생

③ 오차의 원인

- 시료채취 효율 감소
- 측정 장치의 누출
- 공기유량(flow rate)과 용량(volume)
- 측정시간의 부정확
- 시료채취, 운반 및 보관시 시료의 불안정
- 분석물질의 회수성 저하
- 공기 중 방해물질의 존재
- 환경적 요인 : 온도, 압력, 습도 등

### 2) 보정

#### (1) 기구보정

- 시료채취기구에 대한 유량 및 용량 보정
- 직독식 측정기기에 대한 지시값 또는 농도보정

#### (2) 보정방법

- 1차, 2차 표준기구에 의한 보정이 있으나, 일반적인 작업환경 측정에 필요한 기구의 보정은 1차 표준기구 활용

- 1차 표준기구 : 비누거품미터, 가스미터, 피토튜브 등
  ※ 비누거품미터(Soap Bubble Meter)
- 뷰렛 내에 형성된 거품막이 뷰렛의 일정한 부피로 펌프에 의해서 이동되는 시간을 측정하여 공기유량 계산
- 거품과 뷰렛 벽면과의 마찰은 거의 없음
- 유량 범위 : 0.001~10L/분
- 정확도 : 1% 내외
- 고유량에서는 가스가 거품을 통과할 수 있으므로 정확성이 떨어짐

## 4. 자료의 평가(Evaluation)

### 1) 대표치의 종류

#### (1) 평균치(MEAN)

① 산술평균($\overline{X}$)

$$\overline{X}=\frac{x_1+x_2\cdots\cdots\ x_n}{N}$$

② 시간가중평균(TWA ; Time Weighted Average)

$$TWA=\frac{t_1x_1+t_2x_2+\cdots\cdots+t_nx_n}{t_1+t_2\cdots\cdots+t_n}$$

여기서, $t$ : 시료채취시간(min)
$x$ : 시료채취 시간별 농도(mg/m$^3$)

③ 기하평균(GM ; Geometric Mean)

$$GM=\sqrt[n]{x_1\cdot x_2\cdots\cdots\ x_n}$$

#### (2) 중앙치

N개의 측정치를 크기 순서대로 배열하였을 때 그 중앙에 오는 값을 중앙치라 한다.

① 측정치가 홀수일 때 : $\frac{N+1}{2}$번째의 값이 중앙치

② 측정치가 짝수일 때 : $\frac{N}{2}$번째 값과 $\frac{N}{2}$+1번째 값의 산술평균값이 중앙치

(3) 최빈치

변수의 측정치 중에서 도수가 가장 큰 것을 최빈치라 한다.

## 2) 정확도를 나타내는 방법

(1) 오차

측정값과 참값의 차이를 오차라 하며, 오차가 작을수록 정확도가 높아진다. 시료채취와 분석과정에서 가장 많이 발생한다.

① 측정할 수 있는 오차
㉠ 사람의 노력에 의하여 그 크기를 알 수 있고 보정해 줄 수 있는 오차
㉡ 기기 및 시약의 오차
㉢ 조작오차 : 실험조작의 잘못에서 오는 오차
㉣ 개인오차 : 개인의 실수, 습관 등에 의해서 오는 오차
㉤ 방법오차 : 분석방법 자체에 원인이 있는 오차

② 측정할 수 없는 오차
㉠ 원인을 알 수 없고 그 양을 측정할 수 없는 오차로 우발오차라고 한다.
㉡ 불확정성이 원인이다.

(2) 오차의 종류

① 계통적 오차(Systemic Error, Determinate Error, Assignable Error, Bias)
측정치가 참값에서 일정하게 벗어난 정도를 말하며, 회수율의 비효율성, 공시료 오염, 표준액, 오차 등에 의해서 발생한다.

② 상가적 오차(Additive Error)
분석물질의 농도에 관계없이 크기가 일정한 오차를 말한다. 이론치와 측정치의 관계식은 직선관계이고 단위 경사도를 가지며 절편은 0이 아니다.

③ 비례적 오차(Proportional Error)
오차의 크기가 분석물질의 농도와 비례하는 오차를 말한다. 이론치와 측정치의 관계식은 단위가 아닌 경사도를 가지는 곡선관계이다.

(3) 오차의 원인

① 시료채취 효율 감소
② 측정 장치의 누출
③ 공기유량(Flow Rate)과 용량(Volume)
④ 측정시간의 부정확
⑤ 시료채취, 운반 및 보관 시 시료의 불안정

⑥ 분석물질의 회수성 저하

⑦ 공기 중 방해물질의 존재

⑧ 환경적 요인 : 온도, 압력, 습도 등

### 3) 정밀도를 나타내는 방법

#### (1) 산포도(Dispersion)

자료들이 평균 가까이에 모여 분포하고 있는지, 혹은 흩어져서 분포하고 있는지를 측정하는 것을 말한다.

#### (2) 편차(Deviation)

측정치와 평균치의 차이를 말한다.

#### (3) 표준편차(SD ; Standard Deviation)

① 편차를 제곱하여 평균한 것을 분산(variance, S)이라고 한다.

② 분산의 제곱근을 표준편차(S, $\sigma$)라고 한다.

#### (4) 표준오차(SE ; Standard Error)

동일한 모집단에서 시료를 반복 채취하여 각각의 평균값을 계산한 후에 이들 평균치의 표준편차를 표준오차라고 한다.

#### (5) 범위(Range)

변수의 최대치와 최소치의 차이를 말한다.

#### (6) 제10~90백분위 범위

① 범위의 결점을 제거하기 위하여 사용한다.

② 도수분포 양 끝의 10%씩을 제외한 중앙의 80%를 갖는 범위를 말한다.

#### (7) 변이계수(CV ; Coefficient of Variation)

① 상대적 산포도이다.

② 표준편차를 평균으로 나누어 구할 수 있다.

$$\text{변이계수(CV)} = \frac{\text{표준편차}}{\text{평균값}}$$

### 4) 자료의 분포

#### (1) 정규분포(Normal Distribution)

- 자료 분포의 형태가 평균을 중심으로 좌우 대칭인 종모양을 이루는 분포
- 일반적인 자료의 통계처리에 이용

$$f(x) = \frac{1}{\sigma\sqrt{2\pi}} exp\left\{\frac{-\frac{1}{2}(x-\mu)^2}{\sigma^2}\right\},\ 0 < x < \infty$$

$\mu$ : 실제 평균값(true mean)
$\sigma$ : 실제 표준편차
$x$ : 임의 변수(측정치)

#### (2) 대수정규분포(Log Normal Distribution)

- 자료분포의 형태가 좌측 또는 우측방향으로 비대칭이며 한쪽으로 무한히 뻗어 있는 분포형태
- 임의변수들의 누적분포를 대수정규확률지(Log Normal Probability Paper)에 그리면 직선으로 나타남
- 산업위생통계에서 많이 이용(먼지, 입자상물질, 석면, 벤젠, 방사성물질 농도 등)

### 5) 기하평균(GM)과 기하표준편차(GSD) 계산

#### (1) 그래프법

- 측정데이터를 대수정규확률지에 기록
- GM : 누적도수 50%에 해당하는 값(농도)
- GSD : 누적도수 84.1% 또는 15.9%에 해당하는 값(농도)를 구한 후 계산

$$GSD = \frac{84.1\%\text{에 해당하는 값}}{50\%\text{에 해당하는 값}}\ \text{또는}\ \frac{50\%\text{에 해당하는 값}}{15.9\%\text{에 해당하는 값}}$$

#### (2) 대수변환법

① 측정데이터 : $x_1$, $x_2$, ⋯, $x_n$
② 대수값으로 변환 : $\log x_1$, $\log x_2$, ⋯, $\log x_n$
③ 대수로 변환된 값들의 평균을 계산(산술평균)
④ 대수로 변화된 값들의 표준편차 계산
⑤ ③의 평균치를 역대수 값으로 변환하여 GM 계산
⑥ ④의 표준편차를 역대수 값으로 변환하여 GSD 계산

## 6) 자료의 평가방법(미국 OSHA 방법)

### (1) 용어 정의

① 시료채취 및 분석오차(SAE ; Sampling & Analytical Error)
- 공기 중 유해물질을 채취하거나 분석하는 과정에 발생하는 오차

② 신뢰하한값(LCL)과 신뢰상한값(UCL)
- 신뢰하한값(LCL ; Lower Confidence Limit) : 신뢰구간의 최하한 값
- 신뢰상한값(UCL ; Upper Confidence Limit) : 신뢰구간의 최상한 값

## 7) 시료채취방법에 따른 평가 과정(미국 OSHA 방법)

### (1) 전 작업시간, 단일시료채취법에 의한 측정치

① 측정농도(X), 허용농도(PEL) 및 시료채취 및 분석오차(SAE)를 구한다.

② 표준화값(Y)을 구한다.

$$Y(\text{표준화 값}) = \frac{X(\text{측정농도})}{PEL(\text{허용농도})}$$

③ SAE를 이용하여 95% 신뢰도의 상한값 및 하한값을 구한다.

$$UCL = Y + SAE$$
$$LCL = Y - SAE$$

④ 판정
- $UCL \leq 1$ : 측정치는 허용기준 이하
- $LCL \leq 1$이고 $UCL > 1$이면 측정치는 허용기준 초과가능성이 있음
- $LCL > 1$이면 측정치는 허용기준 초과

### (2) 전 작업시간, 여러 개의 시료채취법에 의한 측정치

① 측정된 $n$개의 유해물질 노출농도($X_1$, $X_2$, ⋯, $X_n$)과 각각의 채취시간($T_1$, $T_2$, ⋯, $T_n$)을 구한다.

② 평균노출농도(TWA)를 산출한다.

③ 허용기준을 이용하여 표준화값(Y)을 산출한다.

$$Y(\text{표준화 값}) = \frac{TWA(\text{평균농도})}{PEL(\text{허용농도})}$$

④ 95%의 신뢰도를 가진 UCL과 LCL을 구한다.

$$UCL = Y + SAE$$
$$LCL = Y - SAE$$

⑤ 판정

- $UCL \leq 1$ : 측정치는 허용기준 이하
- $LCL > 1$이면 측정치는 허용기준 초과

$LCL \leq 1$이고 $UCL > 1$이면 측정치는 허용기준 초과가능성이 있음

※ 이 경우의 허용기준 초과 판정은 다음 식에 의하여 $LCL$ 값을 계산

$$LCL = Y - \frac{SAE\sqrt{T_1^{\,2}X_1^{\,2} + T_2^{\,2}X_2^{\,2} + \cdots + T_n^{\,2}X_n^{\,2}}}{PEL(T_1 + T_2 + \cdots + T_n)}$$

만약, $LCL > 1$이면 허용기준 초과

## 5. 직독식 측정기구(Directing-reading Instrument)

### 1) 직독식 기구의 종류

① 가스검지관

② 입자상물질 측정기

③ 가스모니터

④ 휴대용 가스크로마토그래피

⑤ 휴대용 적외선 분광광도계

### 2) 직독식 기구의 특징

#### (1) 특징

① 직독식 기구는 외형상 부피가 적고, 휴대용이다(무게 4.5kg 이하이고, 축전시 내상형).

② 측정과 작동이 용이하며, 인력과 분석비 절감 효과

③ 현장에서 즉각적인 자료 요구시 유용하게 이용

④ 현장에서 실제 작업시간이나 어떤 순간의 유해인자의 수준과 변화를 쉽게 파악

#### (2) 직독식 기구의 활용

① 유해인자에 대한 예비적인 정보가 필요할 경우

② 시료채취 전략 수립시

③ 단시간 노출허용기준이나 최고허용농도 평가를 위한 경우
④ 유해물질의 누출 여부 조사
⑤ 질식 우려가 있는 작업장소의 사전 위험요소 존재 여부 확인시

### 3) 가스 검지관(Gas Detector Tube)

고체 반응물질을 유리관 안에 넣은 검지관을 이용하여 오염물질과 시료채취 매체와의 반응으로 색변화를 유도하여 공기 중 오염물질 농도를 직접 판독

#### (1) 최초의 검지관 : 1919년 광산에서 CO 유무 측정용(Drager사)

① 오산화요오드(Iodine pentaoxide)와 황산을 부석(pumice)에 입힌 유리관 사용

#### (2) 오염물질 측정방법

① 오염물질의 농도에 비례한 검지관의 변색층 길이를 읽어 농도측정
② 검지관 내에서 오염물질에 의한 반응으로 나타난 색 변화를 표준색표와 비교하여 농도 결정

### 4) 검지관 사용의 장단점

#### (1) 장점

① 사용이 간편하고, 복잡한 분석실 분석이 필요 없다.
② 반응시간이 빠르다.
③ 비전문가도 쉽게 사용 가능하다.
④ 다른 측정방법이 복잡하거나, 빠른 측정이 요구될 때 이용
⑤ 맨홀, 밀폐공간 등 산소결핍이나 폭발의 위험이 있는 장소에서 안전하게 이용 가능

#### (2) 단점

① 민감도(sensitivity)가 낮다.
② 특이도(specificity)가 낮다.
③ 대부분 단시간 측정만 가능하다.
④ 각각 오염물질에 맞는 검지관을 선정하여 측정해야 한다.
⑤ 색변화가 선명하지 않아 판독상에 오차가 크다.

# 03 산업환기

Section

## 1. 환기의 원리

### 1) 환기의 정의

작업환경상의 유해요인인 분진, 용매, 각종 유해 화학물질과 중금속 그리고 불필요한 고열을 제거하여 작업환경을 관리하는 기술로서 자연 또는 기계적 수단을 통해 실내의 오염공기를 실외로 배출하고 실외의 신선한 공기를 도입하여 실내의 오염공기를 희석시키는 방법

### 2) 환기의 분류

#### (1) 물리적 힘의 사용 여부에 따른 환기의 분류

① 자연환기 : 외부풍력에 의한 실내외 공기의 압력차와 실내외의 온도에 의해 발생되는 온도차에 즉, 실내외의 풍력차와 온도차에 의한 자연적 공기 흐름에 의한 환기
② 기계환기 : 배기법, 흡기법(고열작업장에서 주로 사용), 흡배기법

#### (2) 환기범위에 따른 환기의 분류 – 국소배기, 전체환기(희석환기)

### 3) 환기의 목적

① 유해물질의 농도를 허용기준치 이하로 낮추기 위함
② 공기정화 기준을 더욱 높여 물리적, 화학적 및 위생적으로 작업환경을 고도로 개선시키기 위함
③ 근로자의 건강을 도모하고 작업능률을 향상시키기 위함
④ 화재나 폭발 등의 산업재해를 방지하기 위함
⑤ 냉방 또는 난방
⑥ 오염물질의 제거 및 희석
⑦ 조절된 공기의 공급

### 4) 산업환기 시스템의 분류

① 작업장 내부 오염된 공기를 급배기방법에 따라 전체환기(General Ventilation)와 국소배기(Local Ventilation)로 분류
② 전체환기는 동력 사용 유무에 따라 강제환기와 자연환기로 구분

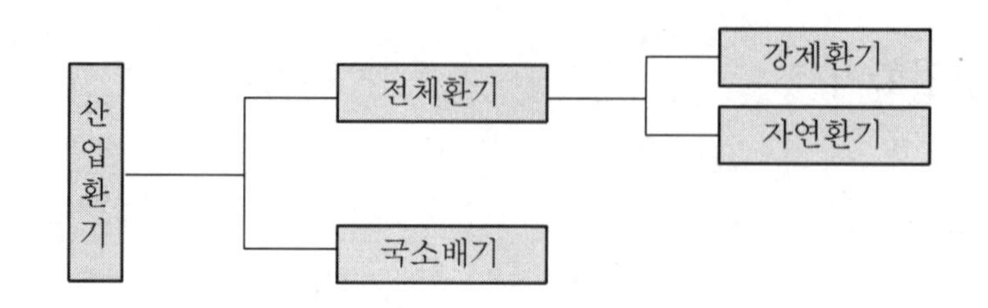


## 2. 전체환기

### 1) 전체환기의 정의

실내의 오염공기를 실외로 배출하고 실외의 신선한 공기를 도입하여 실내의 오염공기를 희석시키는 방법

### 2) 전체환기의 목적

근로자의 건강을 보호하기 위함과 동시에 가연성 가스의 폭발을 대비하는 목적으로 설치됨

### 3) 전체환기 조건 및 고려사항

(1) 전체환기법을 적용하고자 할 때 갖추어야 할 조건

① 오염발생원에서 발생하는 유해물질의 양이 적어 국소배기로 하면 비경제적인 경우
② 근로자의 근무장소가 오염발생원으로부터 멀리 떨어져 있어 유해물질의 농도가 허용기준 이하일 때
③ 오염물질의 독성이 낮은 경우
④ 오염물질의 발생량이 균일한 경우
⑤ 한 작업장 내에 오염발생원이 분산되어 있는 경우
⑥ 오염발생원의 위치가 움직이는 경우
⑦ 기타 국소배기가 불가능한 경우

| 전체환기 | 국소배기 대안 |
|---|---|
| | 이동성이 강한 작업 |
| | 발생원이 작업장 전체에 산재해 있는 경우 |
| | 저독성, 저농도 유해물질의 희석환기 |
| | 화재·폭발 방지 |
| | 작업장 내부 온열관리 |

(2) 전체환기 시스템을 설계할 때 고려사항

① 필요 환기량은 오염물질을 충분히 희석하기 위하여 실제 데이터를 사용하여야 한다.
② 오염 발생원의 근처에 배기구를 설치한다.
③ 급기구나 배기구는 환기용 공기가 오염영역을 통과하도록 위치시킨다.
④ 충만실 등을 이용하여 배기하는 공기 양만큼 보충한다.
⑤ 작업자와 배기구 사이에 오염 발생원을 위치시킨다.
⑥ 배기한 공기가 다시 급기 되지 않게 한다.
⑦ 인접한 작업공간이 존재할 경우는 배기를 급기보다 약간 많이 하고 존재하지 않을 경우에는 급기를 배기보다 약간 많이 한다.

4) 강제환기방법

① 급기는 루버나 창문을 이용한 자연급기 또는 팬을 이용한 강제급기 모두 사용
② 지붕 또는 벽면에 배기팬을 설치하여 오염물질을 환기시키는 방법

5) 자연환기방법

① 자연환기는 실내외 온도차 및 풍력 등 자연적인 힘을 이용한 환기 방법
② 지붕 모니터 등을 이용하여 공장 내 오염물질을 배출시킴

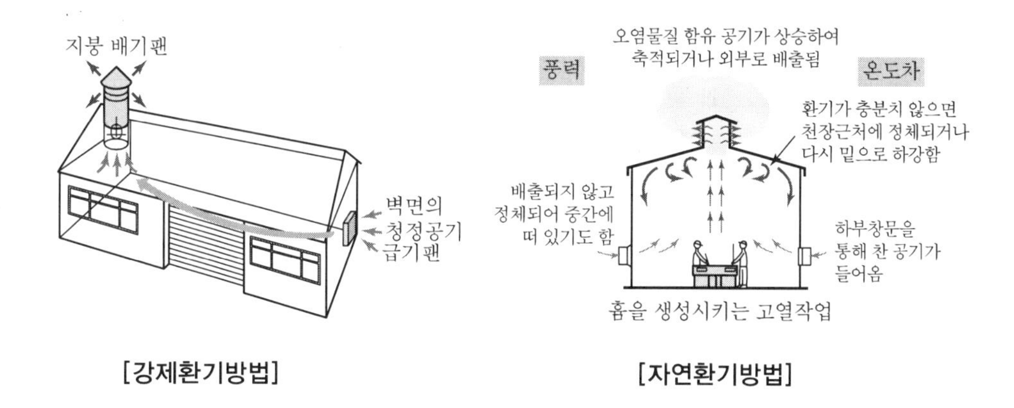


[강제환기방법] [자연환기방법]

〈강제환기와 자연환기 비교〉

| | 장점 | 단점 |
|---|---|---|
| 강제환기 | • 필요 환기량을 송풍기 용량으로 조절<br>• 작업환경을 일정하게 유지 | • 송풍기 가동에 따른 소음, 진동뿐만 아니라 막대한 에너지 비용 발생 |
| 자연환기 | • 소음 및 운전비가 필요 없음<br>• 적당한 온도차와 바람이 있다면 기계환기보다 효과적임<br>• 효율적인 자연환기는 냉방비 절감효과가 있음 | • 환기량의 변화가 심함(기상조건, 작업장 내부조건)<br>• 환기량 예측자료가 없음<br>• 벤틸레이터 형태에 따른 효율 평가자료가 없음 |

6) 유체역학적 기초지식(물리적 성질)

① 산업환기에서의 표준공기 – 21°C, 1기압, 상대습도 50%의 공기를 말함
밀도는 1.203kg/m³, 비중량은 1.203kgf/m³

② Boyle – Charles의 법칙

$$\frac{P_1 V_1}{T_1} = \frac{P_2 V_2}{T_2}$$

③ 연속방정식 – 질량보존의 법칙

$$Q = AV$$

④ 베르누이의 정리 – 에너지 보존의 법칙

$$P_s + \frac{\gamma}{2g} V^2 = const$$

(1) 레이놀즈 수

$$Re = \frac{\text{관성력}}{\text{점성력}} = \frac{VD\gamma}{\mu} = \frac{VD}{\nu}$$

여기서, $V$ : 관내 유속, $D$ : 관의 직경, $\gamma$ : 공기 밀도, $\mu$ : 유체의 동점성 계수

① 층류 : 유체입자가 서로 층의 상태로 흐르면서 상하 뒤섞임이 없이 질서정연하게 흐르는 상태

→ 마찰계수 : $f = \frac{64}{Re}$

② 난류 : 관내 유체가 빠르게 흐를 때 나선형 흐름의 혼합상태가 되는 경우

→ 마찰계수 : $f = \frac{0.314}{4\sqrt{Re}}$ 또는 상대조도($\frac{e}{D}$)와 $Re$를 통하여 그래프로 찾음

③ 층류와 난류의 레이놀즈 수 구분

$Re < 2{,}100$ : 층류, $2{,}100 < Re < 4{,}000$ : 천이구역, $Re > 4{,}000$ : 난류

(2) **압력** – 단위체적당 유체질량에 작용하는 힘

① 정압(Ps) : 단위체적의 유체가 압력이라는 형태로 나타나는 에너지로 유체부분에 압축작용이 미치는 것을 말하고 잠재에너지라고 하며, 모든 방향으로 동일한 크기의 압력이 작용

② 동압(Pd) : 속도압이라고도 하며, 이동하는 공기가 이동하는 방향으로 작용하는 압력으로 유체가 흐르는 방향으로 항상 양압(+)을 나타냄

③ 전압(Pt) = Ps+Pd

## 7) 환기지표

(1) **환기지표** – 실내허용 농도라고도 하며 $CO_2$가 0.1% 이내

① 환기횟수

$$n = \frac{V}{R}$$

여기서, $n$ : 환기횟수(회/시간), $V$ : 환기량($m^3$/hr), $R$ : 실내용적($m^3$)

② $CO_2$ 제거 목적의 환기량

$$Q = \frac{M}{K-k} \times 100$$

여기서, $Q$ : 환기량($m^3$/hr), $M$ : 실내 $CO_2$ 발생량($m^3$/hr)
$K$ : $CO_2$의 허용농도(=0.1%), $k$ : 외기의 $CO_2$ 농도(=0.03%)

③ 방열 목적의 필요 환기량

$$Q = \frac{H_s}{C_p \cdot \Delta t} = \frac{H_s}{0.3 \cdot \Delta t} [m^3/hr]$$

여기서, $H_s$ : 작업장 내의 열부하(kcal/hr)
$\Delta t$ : 실내외의 온도차
$C_p$ : 정압비열($m^3$ · ℃)

$$Ht = 860\,W \cdot f \cdot F \cdot R$$

여기서, $Ht$ : 조명기구의 발열량, $W$ : 전체 조명의 kW 수(1kW의 발열량 860cal/hr)
$f$ : 소비전력 계수, $F$ : 조명기구의 사용비율(백열전등 : 1.2, 형광등 : 1.2)
$R$ : 조명기구에서 방출되는 열량(보통 1)

### (2) 수증기 제거 목적의 환기량

① 용량단위로 표시할 경우 : $Q = \dfrac{W}{\gamma(K_i - K_0)} = \dfrac{W}{1.2 \cdot \Delta K}[\mathrm{m}^3/\mathrm{hr}]$

여기서, $\gamma$ : 공기의 비중량, $K_i$ : 실내의 중량 절대습도(kgf/kgf 건기)
$K_0$ : 실내외의 중량 절대습도(kgf/kgf 건기)

② 중량단위로 표시할 경우 : $G = \dfrac{W}{(K_i - K_0)} = \dfrac{W}{\Delta K}[\mathrm{kg/hr}]$ $[G = \gamma Q]$

### (3) 유해가스 발생시 필요 환기량

① 유해가스 농도의 변화량이 멈춘 상태

$$Q = \frac{KG}{C}$$

여기서, $Q$ : 환기량(m$^3$/hr), $C$ : 공기 중 유해가스 농도, $G$ : 유해가스 발생량(m$^3$/hr)
$K$ : 여유계수

위 식에서 $G = \dfrac{F \times S \times W}{M_w}$ 이므로

$$Q = \frac{F \times S \times W \times K \times 10^6}{M_w \times TLV}$$ ← 건강을 위한 일반환기

여기서, $F$ : $W$의 단위에 따른 단위환산계수, $S$ : 유해물질 비중, $W$ : 유해물질 사용량
$M_w$ : 기체상태의 유해가스 분자량

② 발생량이 증가하는 상태

$$t = -\frac{V}{Q'} ln\left(\frac{G - Q'C}{G}\right) \qquad C = \frac{G\left(1 - e^{-\frac{Q'}{V}t}\right)}{Q'}$$

여기서, $Q'$ : 유효환기량(m$^3$/hr)

③ 발생량이 멈춘 상태

$$\Delta t = -\frac{V}{Q'} ln\left(\frac{C_2}{C_1}\right)$$

#### (4) 화재폭발 방지를 위한 환기

환기량을 구한 후 보일샤를의 법칙으로 온도를 보정해야 함

$$Q = \frac{F \times S \times W \times C \times 100}{M \times LEL \times B}$$

여기서, $F$ : $W$의 단위에 따른 단위환산계수
$S$ : 유해물질 비중
$W$ : 유해물질 사용량
$M$ : 기체상태의 유해가스 분자량
$C$ : 안전조건을 고려한 폭발방지 최저농도($LEL$)에 좌우되는 무차원 안전 계수(때로는 $LEL$의 25%를 넘지 않는 농도를 사용해야 하므로 $C=4$가 될 수 있으나 보통은 $C$의 값이 10 또는 이보다 높다.
$B$ : 상승온도에서 $LEL$의 감소를 나타내는 상수로서 온도 120°C까지는 $B=1$, 120°C 이상에서는 $B=0.7$
$LEL$ : 폭발방지 최저농도, %

### 8) 고열관리를 위한 환기

#### (1) 대류에 의한 열흡수의 경감

① 방열 : 가열체의 표면을 방열제로 둘러싸, 작업환경에서의 열의 대류와 복사열의 영향을 막아줌
② 일반환기 : 복사열의 차단과 동시에 흡입구를 될수록 바닥에 가깝게 낮춤
③ 국소환기
④ 냉방 : 국소냉방 시의 기류속도는 대류에 의한 열의 흡수를 줄이고, 증발에 의한 체온방산을 증가하여 체온을 유지할 수 있을 정도이어야 함

#### (2) 복사열의 차단

① 열차단판 : 알루미늄 박판, 알루미늄 칠한 금속판, 방열성이 낮은 판
② 감시작업에서 시야 방해가 없어야 하는 경우 : 적외선을 반사시키는 유리판, 방열망

## 3. 국소배기

### 1) 국소배기 조건

① 배기관은 유해물질이 발산하는 부위의 공기를 모두 빨아낼 수 있는 성능을 갖추어야 한다.

② 후두의 모양과 크기, 위치 등은 오염물질을 제거하는 데 효과적으로 설치하여야 한다.

③ 먼지를 제거할 때에는 공기속도를 조절하여 배기관 안에서 먼지가 일어나지 않도록 한다.

④ 흡인되는 공기가 근로자의 호흡기를 거치지 않도록 한다.

⑤ 유독물질의 경우에는 굴뚝에 흡인장치를 보강하여야 한다.

### 2) 국소배기장치의 장점(전체환기와 비교시)

① 발생원에서 유해물질을 포집하여 제거하므로 전체환기보다 환기효율이 좋다.

② 필요 송풍량은 전체환기의 필요 송풍량보다 적어 보다 경제적이다.

③ 분진의 제거도 가능하다.

### 3) 국소배기장치의 구성

후드 → 송풍관(Duct) → 공기정화장치 → 송풍기 → 배출구

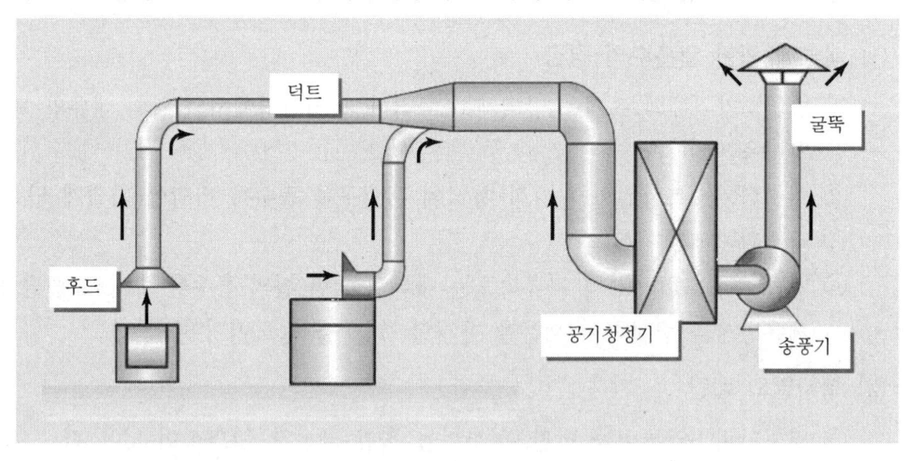


### 4) 송풍관

① 흡입송풍관 : 후드에서 송풍기까지의 송풍관으로 내부는 부압상태

② 배기송풍관 : 송풍기에서 배기구까지의 송풍관으로 내부는 정압상태

③ 가지송풍관 : 후드와 주 송풍관을 연결하는 송풍관
④ 주송풍관 : 2개 이상의 가지 송풍관이 합류된 송풍관
⑤ Take Off－후드와 송풍관의 연결부분으로 후드에서 송풍관으로 기류가 흐르는 복잡한 부분

### 5) 공기정화장치

① 집진장치 : 입자상 오염물질을 포집하는 공기정화장치
② 유해가스 처리장치 : 가스상 오염물질을 제거하는 공기청정장치

### 6) 국소배기장치의 설계 순서

① 후드의 형식 선정
② 제어속도 결정－포착점에서의 적정한 흡인속도
③ 소요풍량 계산－소요송풍량$Q$(m$^3$/min)＝제어속도$V$(m/sec)×후드의 개구면적$A$(m$^2$)×60
④ 반송속도 결정－배관 기저부에 분진이 쌓이지 않는 반송속도
⑤ 배관내경 산출－반송속도와 송풍량으로 덕트의 내경(cm) 산출
⑥ 후드의 크기 결정
- 후드 개구면적 $A$와 반송관 단면적 $a$와의 관계 : $A \geqq 5a$
- 후드전면에서 반송관까지 길이 $D$와 덕트관경 $d$와의 관계 : $D>3d$

⑦ 배관의 배치와 설치장소 선정
⑧ 공기정화장치 선정－환경보전법 배출허용기준에 알맞는 장치선정
⑨ 국소배기 계통도와 배치도 작성－후드, 덕트, 공기정화장치, 송풍기, 배풍기 등의 계통도와 배치도 작성
⑩ 총압력 손실량 계산 : 후드, 덕트, 공기정화장치 등의 총압력 손실 합계 산출
⑪ 송풍기 선정
총압력손실과 총배기량으로 송풍기 풍량과 풍정압 및 소요동력을 결정하여 산정

## 4. 후드

### 1) 후드 종류(모양에 따른 분류)

① 포위식 후드
유해물질 발생원이 후드로 완전히 포위된 즉, 후드 내부에 유해물질 발생원이 위치하는 형태의 후드

② 외부식 후드

유해물질 발생원을 후드 외부에 두고 송풍기에 의한 흡인력으로 후드 개구부로 유해물질을 흡인한 후 제거하는 후드

③ 레시버식 후드

공정에서 발생하는 방향성을 가진 기류에 의해 유해물질을 흡인한 후 제거하는 후드

## 2) 후드 종류별 장단점

① 외부식 후드의 장점

- 다른 종류의 후드보다 작업방해가 적다.
- 후드가 발생원에 직접 부착되어 있기 때문에 근로자가 발생원과 환기설비 사이에서 작업할 수 없다.

② 외부식 후드의 단점

- 다른 후드에 비하여 필요 송풍량이 많다.
- 후드의 성능은 난기류에 영향을 받는다.
- 후드 주변의 기류속도가 매우 빠르기 때문에 쉽게 흡인될 수 있는 물질 즉, 유기용제, 미세 분말 및 원료의 흡인으로 인한 손실을 야기할 수 있다.

③ 레시버식 그라인더형 후드의 단점

- 받침대에 물품을 올려 연삭, 연마작업시 발생분진의 대부분은 받침대위에서 수반기류에 휘말려서 커버 하부의 개구부로 흡인되지 않고 발진하게 된다.
- 분진의 비산 방향이 개구면으로 향하지 않기 때문에 흡입이 잘 되지 못한다.

④ 포위식 후드의 장점

- 작업장의 완전한 오염방지가 가능
- 최소의 환기량으로 유해물질 제거가 가능
- 난기류 등의 영향을 거의 받지 않음

## 3) 후드 종류별 송풍량 절약방법

① 포위식 후드의 송풍량 절약방법(아래 식에서 $k$값을 작게)

$$Q = 60 \times A \cdot Vc \cdot k$$

여기서, $k$ : 불균일에 대한 보정계수

- 포위는 조금 크게 하고 내부의 공기체적을 크게하여 잔류효과를 발휘시킨다.
- 포위의 개구부와 기계설비의 부분이 너무 접근되지 않도록 한다.

② 포위식 부스형의 송풍량 절약방법($k$값을 작게)
- 부스의 안을 되도록 깊게 한다.
- 개구면의 상부를 막는다.
- Take Off는 되도록 구석에 부착한다.
- Take Off를 경사지게 한다.

③ 외부식 후드의 송풍량 절약방법
- 발생원의 형태와 크기에 맞는 후드를 선택하고 후드 개구면을 발생원에 가능한 접근시켜 설치
- 후드형식은 원형이든 장방형이든 잘 정돈된 형식으로 선택하고 한 가지로 국한시킬 필요는 없음
- 가능하면 발생원의 일부만이라도 후드 개구 안에 들어가도록 설치
- 후드의 크기는 유해물질이 새지 않을 정도의 크기로 가능한 작은 편이 좋다.
- 작업상 방해가 되지 않는 범위에서 가능한 플랜지, 칸막이, 커튼 등을 사용하여 주위에서 유입되는 난기류를 적게 한다.
- 유해물질의 발생방향이 결정되어 있는 경우에는 개구면이 그 방향을 덮도록 레시버식 후드를 설치

### 4) 충만실(Plenum Chamber)을 사용하는 이유

개구면의 흡입풍속의 강약을 없애 유속을 일정하게 하기 위하여

### 5) 후드의 흡인방향 및 형식분류

흡인방향 : 상방(U), 측방(L), 하방(D), 사방(O), 유해물질의 발생방향(R)로 형식기호 앞에 붙여 사용

### 6) 후드의 기본설계(후드 선택상 유의할 사항)

① 필요 송풍량의 최소화
- 난기류 영향 최소화와 유해물질 확산방지 : 플랜지, 공기조절판 등의 사용
- 오염물질 발생원에 가장 가깝게 후드 설치
- 후드 개구부로 유입되는 공기의 속도분포가 균일하게
- 발생원과 후드 사이의 장해물 제거

② 작업방해를 최소화 할 것

③ 작업자의 호흡영역을 보호할 것

④ 오염물질의 물리화학적 성질을 고려하여 후드 재료 선정
⑤ ACGIH의 설계지침이나 OSHA의 기준 준수
⑥ 일반적인 후드 선택의 오류를 범하지 말 것

### 7) 후드를 사용하여 흡진할 때의 유의할 점

① 후드는 매연을 충분히 포착하고 잉여 공기의 흡입을 줄이기 위하여 가능한 발생원에 가까이 접근시킨다.
② 발생원과 후드 간의 장해물에 의한 기류의 흐름을 충분히 고려하고 필요에 따라 에어커튼도 이용한다.
③ 국소적인 흡인방식을 이용한다.
④ 후드의 개구면적을 작게 하여 흡인 개구부의 포착속도를 높인다.
⑤ 충분한 포집속도를 유지한다.

### 8) 제어속도(=포착속도=포집속도)

① 비산한계점 : 발생원에서 비산한 유해물질 입자가 운동에너지를 상실(비산속도 $Vg=0$)하여 비산한 후 침전하는 거리의 최대 한계점
② 포착점 : 유해물질 발생원과 비산한계점 사이에 설계의 편의상 정하는 가상적인 지점
- 포위식 후드 : 개구면상의 한점
- 외부식 후드 : 후드의 개구면에서 가장 멀리 떨어진 작업점

즉, 유해물질이 작업자에 가장 가까이 접근하였다가 후드 쪽으로 되돌아가는 지점
③ 제어속도
- 발생원에서 비산되는 오염물질을 비산한계점 내에서 후드개구부 내부로 흡입하는데 필요한 최소속도, 발생원에서 비산한 유해물질 입자가 포착점으로 비산속도 $Vg$로 날아올 때, 이 입자를 더 이상 작업자 쪽으로 날아가지 않게 후드로 흡인하는데 필요한 최소의 기류속도(위와 같은 의미임)

$Vs = Vc - Vg$ (벡터량으로 $Vs$, $Vc$는 같은 방향이고 $Vg$는 반대방향)

- 포위식 후드의 제어속도 : 후드 개구면에서의 최소풍속
- 외부식 후드의 제어속도 : 분진을 흡인하고자 하는 범위 내에서 당해 후드 개구면으로부터 가장 먼 거리의 작업위치에서의 풍속
- 큰 부피의 후드는 작은 부피의 후드보다 동일한 포착속도에 대한 필요 공기량이 적음

④ 부피가 큰 측장 슬롯형 후드에서의 특징
- 후드 속으로 흐르는 공기덩어리(기단)가 존재
- 큰 후드에서는 작은 후드보다 오염물질이 장시간 존재
- 커다란 부피의 공기는 작은 부피의 공기보다 자체의 희석작용이 큼

⑤ 제어속도 결정시 고려사항
- 유해물질의 발생조건
- 난기류 속도
- 유해물질의 종류

⑥ 제어속도와 추천작업

〈관리대상 유해물질일 경우 제어속도〉

| 물질의 상태 | 후드 형식 | 제어속도(m/s) |
|---|---|---|
| 가스 상태 | 포위식 포위형 | 0.4 |
| | 외부식 측방흡인형 | 0.5 |
| | 외부식 하방흡인형 | 0.5 |
| | 외부식 상방흡인형 | 1.0 |
| 입자 상태 | 포위식 포위형 | 0.7 |
| | 외부식 측방흡인형 | 1.0 |
| | 외부식 하방흡인형 | 1.0 |
| | 외부식 상방흡인형 | 1.2 |

| 오염물질의 발생상황 | 예 | 제어속도(m/s) |
|---|---|---|
| 조용한 대기 중에 실제로 거의 속도가 없는 상태에서 발생하는 경우 | 액면에서 발생하는 가스, 증기, 흄 등 | 0.25~0.5 |
| 비교적 조용한 대기 중에 낮은 속도로 비산하는 경우 | 부스식 후드에서 스프레이 도장작업, 단속적 용기 충전작업, 저속 컨베이어, 용접, 도금, 산세척 | 0.5~1.0 |
| 빠른 기동이 있는 작업장소에서 활발하게 비산하는 경우 | 깊고 작은 부스식 후드의 스프레이 도장작업, 용기충전, 분쇄기, 컨베이어의 낙하구멍, 파쇄기 | 1.0~2.5 |
| 대단히 빠르게 기동하는 작업장소에 높은 초기속도로 비산하는 경우 | 연마작업, 암석연마, 블라스트 작업, tumbling 작업 | 2.5~10.0 |

9) 후드형태별 환기량

〈후드형태별 필요 환기량 계산식〉

| 미국 ACGIH 자료 | | | |
|---|---|---|---|
| 후드 형태 | $W:L$ | 필요 환기량 | 비 고 |
| 포위식 | 해당 없음 | $Q=60\,VA$ | $Q$ : 유량($m^3/min$)<br>$V$ : 제어속도($m/s$)<br>$A$ : 면적($m^2$)<br>$X$ : 제어풍속($m/s$)<br>$L$ : 장변의 길이($m$)<br>$W$ : 단변의 길이($m$) |
| 캐노피 상방외부식<br>사방개방 | 해당 없음 | $Q=1.4PVd$ | |
| 복수 슬롯형 | 0.2 이상 | $Q=60\,V(10X^2+A)$ | |
| 플랜지가 부착된<br>복수 슬롯형 | 0.2 이상 | $Q=60\times0.75\,V(10X^2+A)$ | |
| 슬롯 | 0.2 이하 | $Q=60\times3.7\,LVX$ | |
| 플랜지 슬롯 | 0.2 이하 | $Q=60\times2.6\,LVX$ | |
| 외부식<br>(원형, 사각형) | 0.2 이상<br>및 원형 | $Q=60\,V(10X^2+A)$ | |
| 작업대위 외부식<br>(원형, 사각형) | 0.2 이상<br>및 원형 | $Q=60\times V(5X^2+A)$ | |
| 플랜지가 부착된<br>외부식(원형, 사각형) | 0.2 이상<br>및 원형 | $Q=60\times0.75\,V(10X^2+A)$ | |
| 작업대위 플랜지가 부착된<br>외부식(원형, 사각형) | 0.2 이상<br>및 원형 | $Q=60\times0.5\,V(10X^2+A)$ | |

| 일본 노동성 자료 | | | |
|---|---|---|---|
| 상방 외부식 장방형<br>(4측면개방) | $H/L\leq0.63$ | 댈라밸리식<br>$Q=60\times1.4PHV$ | $P$ : 후드둘레($m$)<br>$=2(L+W)$<br>$W$ : 캐노피의 단변($m$)<br>$L$ : 캐노피의 장변($m$)<br>$H$ : 처리조 표면에서 캐노피 개구면까지의 높이($m$) |
| 정사각형, 원형후드 | $H/L\leq3/4$ | 토마스식<br>$Q=60\times14.5H^{1.5}W^{0.2}V$ | |
| 장방형후드 | | $Q=60\times14.5(H/W)^{1.8}$<br>$(W/L)\,V$ | |
| 상방외측식 장방형<br>(3측면개방) | $H/L\leq3/4$ | 토마스식<br>$Q=60\times8.5H^{1.8}W^{0.2}V$ | |

### 10) 후드의 압력손실

① 압력손실계수 $F$를 알고 있을 때

$$\Delta P = F \times Pv \quad (Pv: \text{속도압})$$

② 유입계수 $Ce$를 알고 있을 때

$$F = \frac{1 - Ce^2}{Ce^2}$$

③ 압력손실계수 $F$를 모를 때
일반적인 후드에서 $F = \Delta P / Pv = 1$이라고 가정하고 $\Delta P$를 구함

### 11) 후드의 정압

$$Ps = (F+1)Pv$$

### 12) Push-Pull형 국소환기장치

① 분류

㉠ Push-Pull형 국소환기장치
유해한 가스, 증기 혹은 먼지를 발생하는 국소에서 흡인, 배출하는 설비

㉡ Push-Pull형 입체식 환기장치
작업시 신선한 공기를 공급해서 유해한 가스, 증기 혹은 먼지를 흡인, 배출하는 설비

㉢ Push-Pull형 차단장치
유해한 가스, 증기 혹은 먼지, 고열 등으로부터 근로자를 차단시키는 설비

② 특징

- 도금조와 같이 상부가 개방되어 있고 그 면적이 넓어 한쪽 방향에 후드를 설치하는 것으로는 충분한 흡인력이 발생되지 않은 경우에 적용하고 포집효율을 증가시키면서 필요유량을 대폭 감소시킬 수 있는 장점이 있다.
- 제어 길이가 비교적 길어서 외부식 후드에 문제가 되는 경우에 공기를 불어주고, 당겨주는 장치로 되어 있어 작업자의 방해가 적고 적용이 용이하다.
- 단점은 원료의 손실이 크고 설계방법이 어려우며, 효과적으로 성능을 발휘하지 못하는 경우가 있다.
- 제어속도는 Push 제트기류에 의해 발생한다.

- 노즐로는 하나의 긴 슬롯, 구멍 뚫린 파이프 또는 개별 노즐을 여러 개 사용하는 방법이 있다.

③ 설계방법(ACGIH, 한국산업안전보건공단 권고사항)

- 푸쉬노즐 분기관(Push nozzle manifold) : 원형, 직사각형 또는 정사각형으로 하되, 분기관의 면적은 노즐 개구면적의 2.5배 이상으로 함
- 푸쉬노즐 각도(Nozzle angle) : 제트공기가 방해받지 않도록 아래 방향을 향하고, 0°~20°를 유지하여야 한다.
- 노즐 개구(Nozzle opening) : 3~6mm 슬롯형으로 설계하거나 직경 4~6mm 구멍을 3~8mm 간격으로 설계한다.
- 분기관 또는 슬롯의 끝부분 : 조 내벽에서 13~25mm 안쪽에 위치시킴으로써 분사된 제트기류가 조 밖으로 빠져나가는 것을 방지해야한다.
- 배기구(Exhaust opening) : 슬롯 속도가 10m/s가 되도록 설계한다.
- 조의 액면 : 조에 작업물체를 넣지 않았을 때 액면이 조의 상부에서 200mm 이상 내려가지 않게 한다.
- 배기구의 폭 : 조의 플랜지를 포함한 폭보다 조금 더 넓게 설계한다.
- 방해기류가 있을 때에는 푸쉬-풀 유량을 동시에 20% 범위에서 적절히 증가시키도록 한다.

문제

도금조에서 사용되는 푸시-풀(push-pull) 배기장치의 설계에 있어서 ACGIH에서 권장하는 사항이 아닌 것은? ②

① 푸시노즐의 각도는 하방으로 0°~20° 이내이어야 한다.
② 도금조의 액체표면은 배기후드 밑에서부터 30cm를 벗어나지 않게 한다.
③ 풀(배출구 슬롯) 쪽의 후드 개구면은 슬롯속도가 10m/s를 유지하도록 설계한다.
④ 노즐의 형태는 3~6mm 크기의 수평슬롯이나 4~6mm 구멍으로 직경의 3~8배 간격으로 배치한 것을 사용한다.
⑤ 푸시노즐의 단면이 원형, 직사각형, 정사각형 중 어느 것이나 무방하나, 단면적은 전체노즐 단면적의 2.5배 이상의 크기이어야 한다.

해설 도금조의 액면은 배기후드 밑에서부터 20cm(200mm) 이상 내려가지 않게 하여야 한다.

## 5. 덕트

### 1) 통기저항 및 반송속도

① 통기저항 : 송풍관의 내부를 흐르는 공기 흐름을 방해하는 저항

② 반송속도 : 국소배기장치에서 분진을 흡인 제거하는 경우에 송풍관 내에 먼지가 쌓이지 않게 하기 위해 필요한 풍속으로 $V_T$로 표시

| 오염물질 | 예 | $V_T$(m/sec) |
|---|---|---|
| 가스, 증기, 미스트 | 각종 가스, 증기, 미스트 | 5~10 |
| 흄, 매우 가벼운 건조분진 | 산화아연, 산화알루미늄, 산화철 등의 흄, 나무, 고무 플라스틱, 면 등의 미세한 분진 | 10 |
| 가벼운 건조분진 | 원면, 곡물분진, 고무, 플라스틱, 톱밥 등의 분진 버프 연마분진, 경금속분진 | 15 |
| 일반 공업분진 | 털, 나무부스러기, 대패부스러기, 샌드블라스트 그라인더 분진, 내화벽돌 분진 | 20 |
| 무거운 분진 | 납분진, 주물사, 금속가루 분진 | 25 |
| 무겁고 습한 분진 | 습한 납분진, 철분진, 주물사, 요업재료 | 25 이상 |

③ 반송속도 결정요소 : 작업 종류, 분진 종류, 분진 성질, 배관 형태

2) 덕트 배치시 유의사항

① 압력손실을 적게 하기 위해서 가능한 짧게 되도록 배치한다.
② 곡관의 수는 되도록 적게 한다.
③ 길게 옆으로 된 송풍관에서는 먼지의 퇴적을 방지하기 위하여 1/100 정도 하향 구배를 만든다.
④ 구부러짐 전후나 긴 직관부의 도중에는 적당한 간격으로 청소구를 설치한다.
⑤ 곡관은 되도록 곡률 반경을 크게 하여 부드럽게 구부린다(덕트 직경의 2배 이상).
⑥ 송풍관 단면은 되도록 급격한 변화를 피한다.

### 3) 덕트 재료

① 아연도금 강판(함석판) : 유기용제 등의 부식, 마모의 우려가 없는 것
② 스테인리스 강판, 경질염화 비닐판 : 강산이나 염산을 유리하는 염소계 용제(테트라클로로에틸렌)
③ 강판 : 가성소다 등의 알칼리
④ 흑피강판 : 주물사와 같이 마모의 우려가 있는 입자나 고온가스의 배기
⑤ 중질 콘크리트 송풍관 : 전리 방사성 물질의 배기용

### 4) 덕트 크기와 에너지 대책

유기용제와 같이 막힐 염려가 없는 가스, 증기의 경우 : 송풍관을 크게(2배) → 유속은 줄어듦(1/4배 감소) → 송풍관 마찰저항 줄어듦(1/16배 감소) → 동력도 줄어들어 경제적임(1/16배 감소)

### 5) 구조설계의 주의점

① 압력 검출구 : 아래와 같은 문제점으로 압력에 변화가 생길 수 있으므로 가장 먼저 송풍관 수개소에 압력을 정기적으로 검사할 필요가 있을 경우에 설치
② 송풍관에서 쉽게 일어날 수 있는 문제점
- 관내에 먼지가 쌓여서 기류의 움직임에 장애를 줄 수 있다.
- 관의 접속부에 틈이 생겨 기류가 밖으로 샐 수 있다.
- 마모성 먼지 때문에 관의 일부(곡관, 분지관)에 마모가 일어나 공기의 누출이 있을 수 있다.
- 부식성 함진 기류 때문에 관의 어떤 부위에서 부식이 일어나 공기가 누출될 수 있다.

③ 송풍관 점검공 : 송풍관의 접속방법, 접속부의 기밀재료, 관의 재료, 두께 등을 참작하여 점검공을 설치하여 문제가 생기면 대책을 세울 수 있는 시설의 구조가 필요
④ 기류 차단판 : 시설의 보수점검과 흡인 공기량 조절에 필요
⑤ 재료선정시 송풍관의 재료, 판의 두께는 소요압력과 기체의 물성을 조사한 후에 결정

### 6) 덕트에서의 압력손실 – 압력손실은 속도압($Pv = \dfrac{\gamma V^2}{2g}$)에 비례하여 커짐

① 원형직선 송풍관의 압력손실

$$\Delta P = 4\lambda \times \frac{l}{D} \times \frac{\gamma V^2}{2g} [\mathrm{mmH_2O}]$$

② 방형직선 송풍관의 압력손실

$$\Delta P = \lambda \times l \times \left(\frac{a+b}{2ab}\right) \times \frac{\gamma V^2}{2g} [\mathrm{mmH_2O}]$$

- 상당직경(Equivalent Diameter, de) : 한변의 길이가 다른 한변 길이보다 3/4 이상일 때에는 양변의 평균을 원형관의 직경으로 생각하여 산출하는 직경

$de = 1.30 \sqrt{\frac{(a+b)^5}{(a+b)^2}}$ → 이것을 가지고 원형 송풍관의 D를 대체

③ 곡관의 각이 90°일 때 압력손실
- 송풍관의 크기, 모양, 속도, 관경과 곡률반경의 비($r/d$), 곡관에 연결된 송풍관의 상태에 좌우됨
- $(r/d)$에 대한 $Pv$의 백분율로 나타낼 경우 : $(r/d)$와 $Pv$의 관계에서 주어지는 값 ($Pv\%$)

$$\Delta P = \frac{Pv(\%)}{100} \times Pv(\mathrm{mmH_2O})$$

- 압력손실계수($\zeta$)를 사용하여 계산하는 경우

$$\Delta P = \zeta \times Pv$$

여기서, $\zeta$ : r/d에 의해 정하여지는 값, 장방형 곡관의 경우는 $l/l_2$와 $r/l_2$에 의해 정하여지는 값

④ 곡관의 각이 90°가 아닐 때

$$\Delta P = \zeta \times Pv \times \frac{\theta}{90}$$

여기서, $\theta$ : 곡관의 각

⑤ 분지관의 압력손실
- 주덕트의 압력손실 : $\Delta P = \zeta \times Pv_1$ [$\zeta$: 곡선각 $\theta$에 의해 정해지는 값]
- 가지덕트의 압력손실 : $\Delta P = \zeta \times Pv_2$ [$\zeta$: 곡선각 $\theta$에 의해 정해지는 값]

⑥ 확대관의 압력손실
- 압력손실 확대관측정압

$$(Ps_2 - Ps_{1)} = (Pv_1 - Pv_2) - \zeta(Pv_1 - Pv_2) = \zeta'(Pv_1 - Pv_2), \ [\zeta' = 1 - \zeta]$$

- 압력손실계수 $\zeta$로 구하는 방법

$$\Delta P = \zeta(Pv_1 - Pv_2)$$ [$\zeta$ : 곡선각 $\theta$에 의해 정해지는 값]

- 정압회복계수 $\zeta'$로 구하는 방법

$$\Delta P = (Ps_2 - Ps_1) + \zeta'(Pv_1 - Pv_2)$$ [$\zeta'$ : 곡선각 $\theta$에 의해 정해지는 값]

⑦ 축소관의 압력손실

- 압력손실 축소관측정압

$$Ps_2 - Ps_1 = -(Pv_2 - Pv_1) - \zeta(Pv_2 - Pv_1)$$ [$\zeta$ : 곡선각 $\theta$에 의해 정해지는 값]

- 압력손실계수로 구하는 방법

$$\Delta P = \zeta(Pv_2 - Pv_1)$$ [$\zeta$ : 곡선각 $\theta$에 의해 정해지는 값]

⑧ 댐퍼의 압력손실

$$\Delta P = \zeta \times Pv$$ [$\zeta$ : 원형나비형 댐퍼 : 0.2, 사각형나비형 댐퍼와 평행익댐퍼 : 0.3]

⑨ 공기정화장치의 압력손실

$$\Delta Pa = \Delta Pc \times \left(\frac{Qa}{Qc}\right)^2$$

여기서, $\Delta Pa$ : 실제 처리풍량($Q_a$)일 때의 압력손실
$\Delta Pc$ : 정격 처리풍량($Q_c$)일 때의 압력손실

$$\Delta Pc = \zeta \times Pv_c$$

여기서, $\zeta$ : 송풍기 사양서의 압력손실계수
$Pv_c$ : 정격처리풍량일 때의 속도압

⑩ 배기구의 압력손실

- 직관형 : $\Delta P = \zeta \times Pv$ [$\zeta$ : 1.0]
- 웨더캡 부착 : $\Delta P = \zeta \times Pv$ [$\zeta$ : $h/d$에 의해 정해지는 값]
- 엘보형 : $\Delta P = \zeta \times Pv$ [$\zeta$ : 1 + 댐퍼의 $\zeta$]
- 루버형 : $\Delta P = \zeta \times Pv$ [$\zeta$ : $a/A$에 의해 정해지는 값]

## 6. 제진장치

### 1) 중력 제진장치

① 원리

- 함진배기 중의 입자를 중력에 의하여 포집하는 장치로 함진배기를 수평으로 배출시 중력침강을 이용
- 스토크(Stokes) 법칙 : 분체표면에 작용하는 유체의 점성으로 인한 마찰력으로 받는 저항으로 입자경 10㎛~3㎛ 범위에서 스토크의 법칙을 따름

$$Ug = \frac{d^2(\rho_s - \rho)g}{18\mu}$$

여기서, $Uh$ : 입자 분리속도(m/sec), $d$ : 입경(m), $\rho_s$ : 입자밀도($kg/m^3$)
$\rho$ : 가스밀도($kg/m^3$), g : 중력가속도($m/sec^2$), $\mu$ : 배기의 점도($kg/m^3$)

② 특징

- 설비비가 제진장치 중 가장 싸고 장치가 간단하다.
- 처리가스량이 증가하면 집진율도 증가한다.
- 압력손실이 5~10mm$H_2O$(50~100Pa)로 다른 장치에 비해 비교적 적다.
- 50정도 이상의 입자밖에 분리되지 않기 때문에 다른 집진장치의 전처리로 사용한다.

③ 기능의 판정

- 침강실 내의 처리가스 속도가 작을수록 미립자가 포집된다.
- 침강실 내의 배기 기류는 균일해야 한다.
- 침강실의 $h$가 작고 $l$이 클수록 제진율은 높아진다.

④ 형식과 구조

- 중력 침강실
- 다단 침강실

### 2) 관성력 제진장치

① 원리

- 충돌식 : 함진배기를 각종의 장해물에 충돌시켜 공기와 분진을 분리, 제거하는 방법
- 반전식 : 기류의 급격한 방향전환으로 입자의 관성력에 의하여 공기와 분진을 분리, 제거하는 방법

② 특징

- 풍속을 빠르게 하면 압력손실의 증가와 포집된 분진의 재비산 문제가 발생하기 때문에 20㎛ 이상 입자의 집진에 사용된다.

- 압력손실은 10~100mmH$_2$O로 형식에 따라 다양하나 통상 102mmH$_2$O(1kPa) 정도로 사용된다.
- 멀티버플(압력손실 150mmH$_2$O) : 액체 입자 포집에 사용되며 1$\mu$m 전후의 미스트를 포집할 수 있지만 완전한 처리를 위해 출구에 충전층을 설치하는 것이 좋다.

③ 기능의 판정

- 충돌 전 처리 배기속도는 적당히 빠르게 하고 처리 후의 출구 가스속도는 늦을수록 미립자 제거가 쉽다.
- 기류의 방향 전환 각도가 적고 전환횟수가 많을수록 압력손실은 높아지지만 제진효율은 높아진다.

④ 형식과 구조

- 충돌식 : 일단형, 다단형, 미로형(채널형), 미로형(노즐형)
- 반전식 : 곡관형, 루버형, 패킷형, 멀티배플형

### 3) 원심력 제진장치

① 원리

- 고체 또는 액체상태의 분진을 가스로부터 분리시키기 위하여 가스를 회전시킬 때 발생되는 원심력을 이용하는 가스정화기로 사이클론이라고도 함
- 분리계수 : 대구경 원심분리기(S=5), 소구경의 저항이 큰 것(S=약 2,500)

$$S=\frac{\text{원심력}}{\text{중력}}=\frac{Fc}{Fg}=\frac{Vp^2}{gR}=\frac{Wc\,(\text{원심력에 의한 침강속도})}{Ws\,(\text{중력에 의한 침강속도})}=\frac{U^2}{gR}$$

여기서, $S$ : 분리계수, $V_p$ : 입자의 접선방향속도, $R$ : 반경, $U$ : 입자의 원주속도

② 특징

- 입구속도 : 보통 7~15m/sec 범위(압력손실 증가, 제진효율 향상, 경제성 등의 이유)
- 처리 배기량이 많아질수록 내관경이 커져서 미립자의 분리가 잘 되지 않는다.
- 멀티클론 : 처리배기량이 많고 고집진율을 요할 시 소구경 사이클론을 병렬로 연결 사용하는 형식
- 구조가 간단하며 시설비도 싸고 유지관리가 편해 단독집진이나 다른 집진장치의 전처리용으로 광범위하게 사용된다.
- 실용범위는 수 $\mu$입자까지 포집이 되며 압력손실은 100mmH$_2$O 이하이다.

③ 기능의 판정

- 블로다운 효과를 적용하면 효율이 높아진다.
- 배기관경(내관)이 작을수록 입경이 작은 먼지를 제거할 수 있다.

- 입구 기류는 한계가 있지만 속도가 빠를수록 효율이 높은 반면 압력손실도 높아진다.
- 일반적으로 축류식 직진형, 접선유입식 소구경 멀티클론에서 플로다운 효과를 얻을 수 있다.
- 사이클론의 직렬단수, 적당한 더스트 박스의 모양과 크기도 효율에 관계된다.

④ 형식과 구조
- 접선 유입식 : 직상형, 소용돌이형
- 축류식 : 반전형, 직진형

## 4) 세정 제진장치

① 원리
- 액적, 액막, 기포 등에 의해 배기를 세정하여 입자에 부착, 입자 상호의 응집을 촉진시켜 입자를 분리시키는 장치
- 원리는 관성제진의 경우와 비슷하나 수면 또는 물방울과 먼지 입자와의 접촉에 의하여 제거된다는 점이 다르다.
- 사용하는 액체는 보통 물이지만 특수한 경우 표면활성제를 혼합하는 경우도 있다.
- 함진 기체와의 접촉면적을 높여 포집효과를 높이기 위해 분무시키는 물방울의 모양과 크기 및 노즐의 종류를 달리하거나 또는 분출시키는 수압을 높여준다.
- 기류에 의해 최종적으로 형성되는 물방울 반경

$$2r = \frac{585}{v}\sqrt{\frac{T}{\rho_1}} + 597\left(\frac{\mu_1}{\sqrt{T\rho_1}}\right)^{0.45L1.5}$$

여기서, $v$ : m/sec, $T$ : 액체 표면장력(dyne/cm²)
$\rho_1$ : 액밀도(g/cm³), $\mu_1$ : 액체 점성계수(g/cm · sec), $L$ : 주수율(ℓ/m³)

20°C에서는

$$Zr = \frac{5,000}{v} + 29^{L1.5}$$

② 특징
- 소요공간이 작다.
- 먼지 재비산이 없고 유해 가스를 동시에 제거 가능하다.
- 제진효율은 높지만 경제적인 문제점이 많다.
- 비산된 먼지가 물방울에 포집되어 인근에 떨어져 주민들과 분쟁을 일으키는 경우가 많으므로 최종적으로 디미스터를 사용해야 한다.

- 너무 작은 물방울이 만들어지면 그 자체가 먼지에 포집되기 때문에 안전하게 포집되지 않는다.

③ 기능의 판정

- 가압수식(세정액의 미립화부, 충전탑을 제외) : 스로트부의 배기속도가 클수록 집진율이 높음
- 회전식 : 고속도가 클수록 집진율 높음
- 충전탑 : 공탑 내의 배기속도(보통 1m/sec 정도)가 작을수록 좋음
- 분무압력은 높을수록 물방울의 입경은 작아지며 세정효과는 높아진다.
- 사용수량이 많고 액적, 액막 등의 표면적이 클수록 제진효율은 크다.
- 충전재 표면적의 충전밀도는 크고 처리가스의 체류시간이 길수록 집진효율은 높다.
- 최종 배출되기 전에 사용된 기액분리 기능은 높을수록 세정집진장치의 성능도 높아진다.

(1) **가압수식** : 물을 가압 공급하여 함진배기를 세정하는 방식

① 벤투리 스크러버

- 가압수식에서 가장 집진율이 높아 광범위하게 사용
- 스로트부의 처리배기 속도는 보통 60~90m/sec, 압력손실은 300~800mm$H_2O$
- 사용유량 : 더스트의 입경, 친수성에 따라 다르지만 일반적으로 10$\mu$m 이상의 큰입자는 0.3L/$m^3$, 전후 10$\mu$m 이하의 미립자 또는 친수성이 작은 물방울은 입경과 먼지 입경의 비는 충돌 효율면에서 5 : 1이 좋음
- 스로트를 청정 배기 중의 미스트를 제거하기 위하여 사이클론을 디미스터로 사용하며 이때의 압력손실은 아래와 같음

$$\Delta P = \frac{(1+L)\rho V_t^2}{2g}$$

여기서, $V_t$ : m/sec, $L$ : $\ell/m^3$, $\rho$ : kg/$m^3$

② 제트 스크러버

- 먼지 입자와 물방울의 접촉이 좋아서 제진효율이 좋음
- 이젝터의 일종으로 압력수의 고압분무로 배기를 흡인하여 스로트 부분에서 먼지를 물방울에 포집하여 송풍기를 사용하지 않는 것이 특징
- 주수율이 약 10L/$m^3$ 전후로 용수량이 많아 유지 관리비가 많이 드는 것이 단점
- 처리배기량이 많은 경우에는 주수율 때문에 사용하지 않음
- 사이클론을 디미스터로 사용할 때는 편의상 벤투리와셔로 함

③ 사이클론 스크러버

- 탑원통 측면에서 내과내로 원심효과를 일으키게 연결시켜 함진배기는 측벽을 따라 빠른 속도로 회전 이동된다. 이때 중심부에서 사방으로 압력수를 분무하여 세정 집진하고 또한 내관에서 외관으로 빠지는 부분에 축적식으로 세정집진
- 일반적인 압력손실은 100~200mm$H_2O$로 S형 임페라(Impera : 축수식)를 붙인 것은 압력손실이 높고 제진 효율도 좋음

④ 충전탑

- 압력손실 : 형식, 충전재, 충전층의 두께, 처리가스 속도 등에 따라 다르지만 대략 100~250mm$H_2O$
- 사용수량(액가스비) : 2~3L/$m^3$
- 충전재 : 플라스틱과 같이 가벼운 재질로 보통 직경이 1~1.5인치이고 표면이 매끈한 것을 충진층에 넣어 배기가스와 액체와의 접촉면적을 크게 함으로써 함진배기를 세정

### (2) 유수식

제진실 내에 일정한 양 또는 액체를 채워 넣고 처리배기의 유입에 의하여 다량의 액적, 액막, 기포를 형성시켜 함진배기를 세정하는 방식

① 종류 : S형, 임페라형, 로타형, 분수형, 나선 가이트 베인형

② 보유액을 순환시키기 때문에 보충액량이 적음

③ 압력손실 : 대략 120~200mm$H_2O$

### (3) 회전식

송풍기의 회전을 이용하여 물방울, 수막, 기포를 형성시켜 세정시키는 방식

① Theisen Washer

- 원심 송풍기로 중심에서 분무하여 회전날개 대신 봉상 날개를 부착시키고 그 사이에 고정봉이 있음
- 미세먼지까지 99% 제거하고 별도의 송풍기는 필요 없음
- 고장이 적어 유지관리가 편함
- 처리 후 디미스터가 필요하며 동력비가 많이 듦

② 임펄스 스크러버

- 장치의 크기는 다른 것에 비하여 작으므로 소요공간이 줄어듦
- 용수량 : 0.3L/$m^3$
- 회전판의 회전속도에 따라 물방울 직경이 결정되므로 펌프의 마모가 적음

5) 여포(여과) 제진장치

(1) 원리

① 함진배기를 여재로 통과시켜 입자를 분리 포집하는 장치로 내면여과와 표면여과로 나뉜다.

② 내면여과 : 패키지형 필터 방사성 먼지용, 에어필터 등이 내면여과방식

- 여재를 비교적 엉성하게 틀 속에 충전하여 이 여과층을 통과할 때 함진배기는 청정되고 입자는 여재 내면에 포집
- 여과속도가 적고 압력손실은 보통 $30mmH_2O$

③ 표면여과

- 여포나 여지는 비교적 얇은 여재를 써서 표면에 부착된 입자층을 여과층으로 미립자 포집
- 입자의 부착이 일정량이 되면 털어서 떨어뜨리는 방식
- 초층이 형성되면 $1\mu m$ 이하의 미립자도 포집

④ 충전층 내에 먼지가 부착되면 충전층 내의 공간이 적어져서 제진효율은 높아진다.

⑤ 충전층 내의 부착 먼지가 많아지면 다시 떨어져서 제진효율은 저하된다.

⑥ 여과속도

$$U_f = \frac{Q}{A} \times 100$$

여기서, $U_f$ : cm/sec, $Q$ : 처리배기량($m^3$/sec), $A$ : 여포의 총면적($m^2$)

⑦ 제진효율

$$\eta = \left(1 - \frac{C_e Q_e}{C_i Q_i}\right) \times 100$$

여기서, $C$ : 먼지농도, $Q$ : 가스양, $i$ : 입구 측, $e$ : 출구 측

(2) 특징

① 먼지의 부하가 크게 되면 집진율은 상승하나 압력손실이 커진다.

② 가스가 노점온도 이하가 되면 수분이 생성되므로 주의하여 사용해야 한다.

③ 충전층의 수명은 충전층의 두께와 충전율이 클수록 길어진다.

④ 충전층의 수명은 충전 섬유직경과 기속이 빠를수록 짧아진다.

⑤ 여포의 통과 유속 : 3~5m/sec 이하

⑥ 표면여과 가스통과 유속 : 0.5~2cm/sec

⑦ 230°F의 함진가스 제진시 여과포(폴리아미드), 고온에 잘견디는 여과포(글라스파이버)

### (3) 기능의 판정

① 여과속도가 작을수록 미세한 입자를 포집

② 털어서 떨어뜨리는 방식에 있어서 간헐식은 고집진율에 적합하고, 연속식은 고농도의 함진배기 처리에 적합

③ 매연의 성상과 털어서 떨어뜨리는 기구에 적합한 여포의 재질단은 유리섬유의 실리콘처리

④ 합성섬유의 내열 등이 그 기능에 영향을 준다.

### (4) 형식과 구조

① 여포의 모양에 의한 분류 : 원통식, 평판식, 봉투형식

② 털어서 떨어뜨리는 방법에 의한 분류 : 횡진동형, 상하진동형, 역기류진동형, 역기류형, 역기류분사형, 맥동분사형

### (5) 원통식

일반적으로 사용하는 장치로 더스트 튜브 컬렉터라 부르며 압력손실이 약 $100mmH_2O$가 되면 진동기가 작동되어 먼지를 떨어뜨림

### (6) 평판식 역기류형

여포의 다공성을 유지하기 위해서 고속역류를 주입시키며 일정한 간격으로 회전하면서 각 여포의 다공성을 높여줌

### (7) 역기류 분사형

맥기류형이라고도 하며 여포주머니의 상부에 압축공기를 저장하였다가 각 여과 주머니에 공급하여 여포 외면에 붙은 먼지를 호퍼에 떨어뜨리도록 고안되었음

## 6) 전기 제진장치

① 원리 - 입자에 작용하는 전기력에 의해 제진

- 대전입자의 하전에 의한 coulomb력이 주로 작용
- 전계경도에 의한 힘
- 입자 간의 흡인력
- 전기풍에 의한 힘

$$\eta = 1 - e^{-AV/Q} = 1 - e^{-2VL/RU} = \frac{Ci - Co}{Ci}$$

여기서, $V$ : 입자분리속도(cm/s), $L$ : 관길이(cm)
$R$ : 반경, $U$ : 처리배기 평균속도(cm/sec)

② 특징

- 초기시설비가 많이 드나 유지관리가 편하다.
- 대량의 오염된 가스의 제진이 가능하다.
- 대지가 많이 요구되며 기체상태 오염물은 제거가 불가능하다.
- 집진된 분진을 집진극으로부터 제거하기 어렵다.
- 성능이 좋고 0.01$\mu$m 정도의 미세입자의 포집이 가능하며 고집진율(99.9% 이상)을 얻을 수 있다.
- 압력손실(건식=100mm$H_2O$, 습식=20mm$H_2O$ 정도)이 적어 송풍기의 동력비가 적게 든다.
- 배기온도는 500℃ 전후이며, 습도는 100%이고 폭발가스의 처리도 가능하다.

③ 기능의 판정

- 집진실의 크기는 처리배기 속도가 크면 재비산하므로 보통 건식에서는 1~2m/sec 이하로 하면 하전시간이 길어 제진율도 높아진다.
- 집진극은 열부식에 대한 기계적 강도, 포집먼지의 재비산 방지 또는 털어서 떨어뜨리는 효과 등에 유의해야 한다.

④ 방전극은 코로나 방전 면에는 가늘수록 좋으나 단선방지가 주요한 요건으로 진동 흔들림에 대한 강도에 유의해야 한다.

⑤ 전원은 실효전압 방전전류가 충분히 공급되고 스파크에 대응하는 제어방식 또는 부하변동에 의한 전압, 전류의 제어 등에 유의해야 한다.

⑥ 형식과 구조

- 하전식 : 1단식, 2단식
- 집진극식 : 평판형, 관형, 원통형, 격자형
- 건습식 : 건식, 습식

### 7) 각종 제진장치에 따른 효율

| 제진장치명 | 제진효율 |
|---|---|
| 기 계 집 진 | 50~95% |
| 세 정 집 진 | 75~99% |
| 여 과 집 진 | 95~99% |
| 전 기 집 진 | 80~99.5% |
| 연 소 집 진 | 50~99% |

## 7. 유해가스 처리방법

### 1) 흡수법

① 흡수법 : 가스 중의 특정성분을 액체에 흡수시키는 방법으로 배출가스 처리는 주로 물이나 수용액을 사용하기 때문에 물에 대한 가스의 용해도가 중요한 요인

② 헨리의 법칙

$$P = HC$$

여기서, $P$ : 용질가스의 기상분압(atm)
$H$ : 헨리상수(atm · $m^3$/kg · mole), $C$ : 액상농도(kg · mole/$m^3$)

- 헨리법칙에 잘 적용되는 기체 : 물에 대한 용해도가 적은 $O_2$, $N_2$, $CO_2$, $NO_2$, $H_2S$
- 헨리법칙에 적용되지 않는 기체 : 물에 잘 용해되는 HF, HCl, $Cl_2$, $NH_3$, $SiF_4$

③ 평형용해도
유해가스의 흡수처리에 있어서 용질인 유해가스는 불황성의 공기로부터 분리되어 비휘발성인 흡수제에 용해된다.

④ 물질이동계수($K_L$)
배기가스 중 오염물질을 제거하는 방법은 분자확산 및 난류확산 이동 시에 존재하는 가스의 경막과 액 자체의 농도차로 나타낸다.

⑤ 흡수탑의 높이

### 2) 흡착법

① 흡착제 종류
- 활성탄 : 가장 많이 사용되며, 표면적이 $10^5 \sim 10^6 m^3$/kg으로 넓다.
- 실리카겔 : 250℃ 이하에서 물과 유기물을 잘 흡착
- 활성 알루미나 : 물과 유기물을 잘 흡착하며, 175~325℃로 가열하여 재사용 가능
- 합성제올라이트 : 극성이 다른 물질이나 포화가 다른 탄화수소 물질의 분리가 가능

② 등온흔합곡선 : 어떤 온도에서 용질의 분압이 증가하면 흡착되는 양이 증가하며 일정한 용질의 분압하에서는 온도가 증가하면 흡착되는 양은 감소함을 나타낸 평형곡선

③ Break Point(파과점) : 오염물질의 흡착이 이뤄지지 않고 그대로 통과되는 시점

④ 흡착탑
- 고정층, 이동층 및 유동층으로 분류
- 활성탄을 1.5cm의 얇은 층을 넣는 흡착탑으로 상당히 오염물이 많은 건축에서 배출되는 공기의 정화를 위하여 사용

### 3) 흡수장치

① 충전탑

여러 형태로 플라스틱 등의 충전물이 들어 있는 수직탑으로서 흡수제는 탑의 상부로 넣고 오염된 가스는 하부에서 공급하여 접촉시켜 제거

② 다공판탑

오염된 가스나 증기가 수직관의 다공판 위에 기포를 형성하면서 흡수제로 제거하는 방법으로 고체 부유물과 잘 흡수하지 않는 가스에 효과적

③ 분무탑

액적과 분무액을 수직관으로 흡수제를 기체에 분무시켜 난류를 형성하여 흡수하는 방법으로 흡수가 잘되는 기체에 효과적(분진과 10$\mu$m보다 큰 액적을 다량 제거시 효과적)

④ 액체분사 흡수탑

이중관인 흡수탑에서 현관에 흡수제를 넣고 상부에서 도입된 오염된 기체와 접촉시키는 방법으로 이때 흡수제를 미세입자하면 흡수효과를 증진할 수 있음

### 4) 연소법

① 직접연소　② 가열연소　③ 촉매연소

## 8. 송풍기

### 1) 송풍기의 전압과 정압

① $Pt = (Ps_2 - Ps_1) + (Pd_2 - Pd_1)$

여기서, $Pd_{1,} Ps_1$ : 흡입구 측, $Pd_{2,} Ps_2$ : 토출구 측

② $Ps = Pt - Pd_2$

### 2) 송풍기의 종류 및 특성

#### (1) 압력에 의한 분류

| 송풍기 | | 압축기 |
|---|---|---|
| Fan | Blower | |
| 1,000mm$H_2O$ 미만<br>(0.1kg/cm$^2$ 미만) | 1,000mm$H_2O$~10,000mm$H_2O$<br>(0.1kg/cm$^2$~1kg/cm$^2$) | 10,000mm$H_2O$ 이상<br>(1kg/cm$^2$ 이상) |

(2) 토출압 원심 송풍기의 익근 출구각도에 의한 분류

① 다익송풍기(전향날개형 송풍기)

- 같은 주속에서 가장 높은 풍압을 발생한다.
- 동력의 상승률이 크다.
- 효율이 3종류 중 가장 나빠서 큰 마력의 용도에는 사용하지 않는다.
- 익근차가 작어서 풍압을 발생하기에 적당하기 때문에 제한된 장소에서 쓰기 좋다.
- 상승구배 특성이다.

② 터보송풍기(후향날개형 송풍기)

- 장소의 제약을 받지 않는다.
- 효율이 좋은 것이 요구될 때 이 형식이 가장 좋다.
- 하향구배 특성이므로 풍압이 바뀌어도 풍량의 변화가 비교적 작고 송풍기를 병렬로 배열해도 풍량에는 지장이 없다.
- 소요풍압이 떨어져도 마력이 크게 올라가지 않는다.
- 효율면에서 가장 좋은 송풍기이다.

③ 평판송풍기향(방사날개형 송풍기)

- 터보 송풍기와 다익 송풍기의 중간정도의 성능을 가진다.
- 직선 익근을 반경, 방향으로 부착시킨 것으로 구조가 간단하고 보수가 쉬운 점에서 제진장치로서 먼지를 직접 흡인하여 익근차의 마모가 약간 있는 경우에도 적합하다.

(3) 송풍기 효율과 여유율 비교

| 송풍기 형식 | 송풍기 효율($\eta$) | 여유율($\alpha$) |
|---|---|---|
| 다익형 | 0.40~0.77 | 1.15~1.25 |
| 터보형 | 0.65~0.80 | 1.10~1.50 |
| 평판형 | 0.60~0.77 | 1.15~1.25 |

① 효율면 : 터보형 > 평판형 > 다익형

② 풍압면 : 다익형 > 평판형 > 터보형

## 3) 송풍기 선정요령

① 공기정화장치용 송풍기로서 주의할 점

- 송풍량과 송풍압력을 완전히 만족시켜 예상되는 풍량의 변동 범위 내에서 과부하하지 않고 안전한 운전이 될 것
- 송풍배기의 입자농도와 그 마모성을 참작하여 송풍기의 형식과 내마모 구조를 고려할 것

- 먼지와 함께 부식성 가스를 흡인하는 경우 송풍기의 자재선정에 유의할 것
- 흡인과 배출 쪽 방향에 따라 송풍기 자체의 성능에 악영향을 미치지 않도록 주의할 것
- 송풍기와 배관 간에 플렉시블 바이패스를 끼워 진동을 절연시킬 것
- 송풍관의 중량을 송풍기에 가중시키지 말 것
- 익근차의 교환, 기타 보수에 편리한 위치에 배치할 것

② 송풍기의 견적상 필요한 사양서

| | | |
|---|---|---|
| • 풍량 | • 풍압 | • 배기가스 성분, 성질, 온도 |
| • 흡인배출의 방향 | • 입자농도, 먼지 종류 | • 설치장소 |
| • 가동시간 | • 전원 | • 기타 희망사항 |

### 4) 소요동력과 풍량조절

① 소요동력

- 정압공기동력(kW)

$$\text{AHPs} = \frac{Qs}{K}(Ps_o - Ps_i) = \frac{Qs \times Psf}{6,120}$$

여기서, $Qs$ : $m^3/min$
$K$ : 정수(kW)인 경우 6,120
$Psf$ : 송풍기 전후 정압차

$$Ps_i = -Pt_i - Pd_i$$

$$Ps_o = Pt_o - Pd_o$$

여기서, $Pt_i$, $Ps_i$, $Pd_i$ : 흡입구 측, $Pt_o$, $Ps_o$, $Pd_o$ : 토출구 측

- 전압공기동력(kW)

$$\text{AHPt} = \frac{Qs}{K}[(Ps_o - Ps_i) - ((Pv_o - Pv_i)) = \frac{Qs \times Ptf}{6,120}$$

- 소용동력(축동력 : kW)

$$\text{SHP} = \frac{\text{전압공기동력}}{\text{송풍기효율}} = \frac{Qs \times Ptf}{6,120 \times \eta}$$

② 풍량조절방법

- 회전수변화법 : 풍량을 크게 바꿀 때 가장 적절한 방법

- 베인컨트롤법 : 익근차 입구에 방사상 6~8장의 익근을 부착하여 그 각도를 변화시키는 방법으로 구조가 복잡하기 때문에 대형 집진용으로는 적합하지 않음
- 댐퍼부착방법 : 가장 손쉬운 방법으로 가장 흔하게 사용되지만 압력손실이 크므로 자주 조이는 것은 운전 효율을 나쁘게 하는 결과가 됨

③ 회전수와의 관계

- 풍량∝회전수
- 풍압∝회전수$^2$
- 소요동력∝회전수$^3$
- 유속∝회전수

## 9. 환기시스템계의 총 압력손실

### 1) 총 압력손실 계산 목적

① 각 후드의 제어풍량을 얻기 위함

② 배관계 각 부분의 소요 반송속도를 얻기 위함

③ 국소환기장치 전체의 압력손실에 맞는 송풍기 동력, 형식 및 규모를 정하기 위함

### 2) 압력손실 산출법

① 유속조절 평형법(정압조절 평형법)

- 분지관이 적고 먼지를 대상으로 하는 경우에 사용하는 방법
- 저항이 큰쪽의 송풍관을 약간 크게 하여 저항을 줄이든지 저항이 작은 쪽의 송풍관을 약간 가늘게 하여 저항을 증가시키든지 또는 양쪽을 병용해서 저항의 밸런스를 잡는 방법
- 가지덕트 간의 정압차가 20% 이상인 경우 : 압력손실 큰 덕트의 크기를 다시 설계

$$D' = D \times \sqrt[4]{\frac{Ps_1}{Ps_2}}$$

여기서, $D$ : 임시로 정한 직경, $D'$ : 수정된 직경
$Ps_1$ : 변경하고자 하는 송풍관에서의 정압, $Ps_2$ : 나머시 송풍관 정압

- 가지덕트 간의 정압차가 20% 이하인 경우 : 압력손실이 작은 덕트의 송풍량을 증가

$$Q' = Q \times \sqrt{\frac{Ps_2}{Ps_1}}$$

여기서, $Q$ : 초기 설계 유량, $Q'$ : 수정유량
$Ps_1$ : 변경하고자 하는 송풍관에서의 정압, $Ps_2$ : 나머지 송풍관 정압

② 저항조절 평형법(댐퍼조절 평형법)

- 배출원이 많아서 여러 개의 후드를 배관에 연결하는 경우에 사용하는 방법, 즉 배관의 압력손실이 많을 때 인용하는 압력손실의 계산
- 저항이 작은 쪽의 송풍관에 댐퍼를 설치하여 저항이 같아지도록 조여주는 방법

## 10. 국소배기장치 점검, 보수관리의 유의사항

### 1) 점검 준비

① 국소배기장치의 계통도

② 점검기록용지

③ 측정공 : 후드의 위쪽, 송풍관의 주요장소, 송풍기 및 공기청정장치의 전후에 정압 측정용 구멍을 뚫어 둠

### 2) 각 부위의 불량원인

#### (1) 후드의 불량원인

- 송풍기의 송풍량이 부족하다.
- 발생원에서 개구면까지의 거리가 멀다.
- 송풍관 계통에서의 분진 등의 퇴적 때문에 압력손실이 증가하여 소요 송풍량을 얻을 수 없다.
- 위기의 영향으로 후드 개구면 및 발생원과 가까운 기류가 제어되지 않는다.
- 유해물의 비산속도가 커서 후드의 제어권 밖으로 날아가거나 또한 비산방향으로 개구면이 정확하게 향해 있지 않다.
- 제진장치 내에 분진이 퇴적하여 압력손실의 증대 때문에 소요 송풍량을 얻을 수 없다.
- 송풍관 계통에서의 다량의 공기가 도중에서 유입되고 있다.
- 설비증가 때문에 분지관이 나중에 설치되어서 송풍기의 송풍량, 풍압이 부족하게 된다.
- 후드의 지극히 가까운 곳에 장해물이 있거나 후드의 형식이 작업조건에 적합하지 않다.

#### (2) 덕트의 불량원인

① 함몰 : 설치할 때의 여러 가지 충격

- 내부의 고부압

② 파손 : 마모
- 부식
- 인위적 손상

③ 접속개소의 헐거움
- 너트의 조임을 잊음
- 진동에 의한 너트의 헐거움 및 납땜의 떨어짐
- 퇴적분진의 중량에 의하여 휘는 것

④ 분진의 퇴적

### 3) 공기정화장치(점검항목에 위배되면 대책을 강구)

① 백필터
- 여과포에 구멍이 뚫려 있지 않은가?
- 여포장치부위가 풀렸거나 벗겨져 있지 않은가?
- 분진포집실 및 분진을 끄집어내는 구멍에서 공기가 새지 않는가?
- 분진이 분진실에 충만되어 있지 않은가?
- 여포가 구겨져 있지 않은가?

② 벤투리 스크러버
- 내벽에 분진이 부착 또는 퇴적되어 있지 않은가?
- 세정수는 규정량을 분출하고 있는가? 또 일정하게 분출하고 있는가?
- 부식된 부위는 없는가?

③ 사이클론
- 외통상부 및 원추하부에 마모에 의한 구멍이 뚫어져 있지 않은가?
- 분진실(hopper) 및 분진을 끌어내는 구멍으로 공기가 유입하고 있지 않은가?
- 내부에 역류를 일으키는 돌기나 요철이 없는가?
- 원추하부에 분진이 퇴적되어 있지 않은가?
- 분진이 분진실에 꽉 차 있지 않은가?

### 4) 송풍기의 설치 시 유의사항

① 분진을 함유한 오염공기를 취급하는 송풍기
- 집진장치 후단에 송풍기를 설치
- 접촉하는 송풍기의 날개와 케이싱의 내면에 라이너를 발라서 마모로부터 보호
- 간단한 방법이나 라이너는 고속의 익근차에는 강도상 채용될 수 없으므로 날개를 소모품으로 교환하기 쉬운 레이디얼 송풍기 사용

② 부식성 가스를 취급하는 송풍기
- 접촉되는 부분을 내식재료로 제작하는 방법과 내식피복을 실시하는 방법 중 선택
- 터보송풍기, 레이디얼형 송풍기 사용

③ 고온가스를 취급하는 송풍기
- 흡입공기의 최고온도를 확실히 조사하여 열변형, 축의 신축 및 축수의 소손에 의한 사고를 예방
- 터보송풍기, 레이디얼 송풍기, 다익송풍기를 사용

### 5) 국소배기장치의 안전검사

사업장에 설치가 끝난 날부터 3년 이내에 최초 안전검사를 실시하되, 그 이후부터 2년마다 실시(노출기준의 50%를 상회시 실시)

#### (1) 안전검사에 필요한 도구(필수도구)

① 발연관
흰 연기를 발생하여 오염물질의 확산 및 이동관찰, 제어속도의 측정, 포착점의 거리 결정, 후드로 오염물질이 흡인되지 않는 이유 규명, 후드 성능과 관련된 난기류의 영향 평가, 덕트의 누출입 확인 등에 사용

② 청음기 또는 청음봉
청진기 중에서 구조가 가장 간단한 것으로 공기의 누출입에 의한 음과 모터 축수 상자의 이상음 점검시 사용

③ 절연저항계 : 모터의 권선과 케이스, 권선과 접지단자 사이의 절연저항 측정시 사용

④ 표면온도계 및 초자온도계
모터의 표면과 축수의 온도를 측정하는데 사용, 송풍기를 1시간 이상 운전한 후 축수의 표면온도가 70℃ 이하, 표면온도와 주위온도와의 차는 40℃ 이하가 되어야 함

⑤ 줄자 : 국소환기설비의 길이를 측정

#### (2) 필요에 따라 갖추어야 할 검사도구

- 테스트 해머
- 초음파 두께측정기
- 열선풍속계
- 스크레이퍼
- 피토관
- 나무봉 또는 대나무봉
- 마노미터
- 정압프로브가 달린 열선풍속계
- 회전계(rpm 측정기)
- 시계

Chapter 03

# 산업위생 보호구

Chapter

# 제3장 산업위생 보호구

Industrial Safety

## 01 보호구 개요

Section

### 1. 보호구 구비조건

#### 1) 보호구의 개요

보호구란 산업재해를 예방하기 위하여 작업자의 신체 일부 혹은 전부에 착용하는 각종 보호장구들을 말한다.

① 개인보호구 : 유해물질로부터의 작업자 건강장해를 예방하기 위한 보호구

② 안전보호구 : 사고성 재해와 같은 각종 위험으로부터 작업자를 사전 보호하기 보호구

산업안전보건법에서 사업주는 작업장에서 문제되는 각종 유해물질로부터 노동자들의 건강을 보호하기 위하여 소정의 필요한 조치를 해야 한다. 필요한 조치라 하는 것은 환기시설, 작업장 격리 등과 같은 적극적인 작업환경개선을 말하는 것이며, 만약 공정상 개선이 불가능할 경우에는 적절한 양질의 보호구를 제공하여 차선책으로 노동자들의 건강을 보호해야 하는 마지막 수단으로서의 사업주 의무사항을 말한다.

따라서 개인보호구의 착용은 다음과 같은 경우에 한해서만 이루어져야 한다.

① 작업환경을 개선하기 전 일정기간 동안 임시로 착용하는 경우

② 일상작업이 아닌 특수한 경우에만 간헐적으로 작업이 이루어지는 경우

③ 작업 공정상 작업환경 개선을 통해 유해요인을 줄이거나 완전히 제거하지 못하는 경우

## 2) 보호구의 구비 요건

① 착용하여 작업하기 쉬울 것
② 유해 · 위험물로부터 보호성능이 충분할 것
③ 사용되는 재료는 작업자에게 해로운 영향을 주지 않을 것
④ 마무리가 양호할 것
⑤ 외관이나 디자인이 양호할 것

## 3) 보호구 관리

### (1) 보호구 관리규정의 제정

① 목적 및 적용범위를 명시한다.
② 관리 부서를 지정하되 통상적으로 안전 · 보건 관리자가 소속되어 있는 부서로 한다.

③ 지급대상을 정한다. 이때 작업환경측정결과는 위생보호구 지급대상의 참고자료가 될 수 있다.
④ 지급수량과 지급주기를 정하되 지급수량은 해당 근로자 수에 맞게 지급하여 전용으로 사용하게 하며, 지급주기는 작업 특성과 실태, 작업 환경의 정도, 보호구별 특성에 따라 사업장 실정에 적합하게 정한다.
⑤ 관리부서는 보호구의 지급 및 교체에 관한 관리대장을 작성하여야 하고 관리대장에는 작업공정과 사용 유해 · 위험 요소도 병기하면 좋다.
⑥ 사용자가 지켜야 할 준수사항을 명시하도록 한다.
⑦ 취급 책임자를 지정하도록 한다.

### (2) 착용방법에 대한 지도 감독 실시

이를 위한 근로자 교육계획을 작성하여 실시하고, 지도 감독을 실시한다.

## 2. 보호구 선정시 유의사항

### 1) 올바른 개인보호구의 선택과 착용을 위한 관리 단계

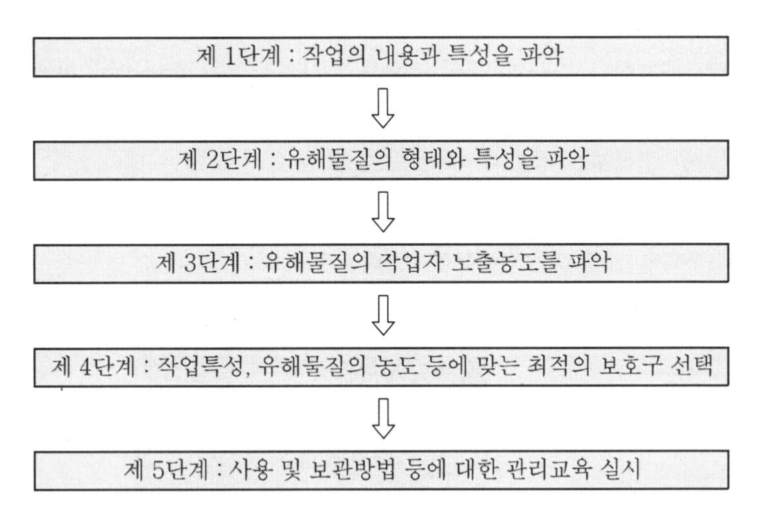


### 2) 제1단계 : 작업의 내용과 특성을 파악

#### (1) 동시에 복합적인 유해물질이 발생되는 작업장

유기용제와 동시에 산성가스가 발생된다면 마스크의 종류를 [유기용제용 + 산성가스용]으로 정화통을 바꾸어야 하기 때문에 주의 깊게 작업특성과 발생물질을 파악해야 한다. 또한 너무 많은 종류의 유해물질이 발생되어 한가지 이상의 보호구를 착용해야 할 때에는 깨끗한 공기를 공급해주는 에어마스크를 착용해야 하고 만약 입자상태의 분진과 가스상의 물질이 동시에 발생될 때는 가스용 방독마스크에 먼지를 걸러줄 수 있는 필터가 부착된 방독마스크를 착용해야 된다.

#### (2) 작업이 중(重)작업이어서 많은 호흡량을 필요로 하는 작업장

호흡량을 필요로 하는 격한 작업을 해야 하는 작업자가 정화통이 부착된 방독마스크를 착용하고서 작업을 하게 된다면 몇 분 지나지 않아 심한 호흡곤란을 느껴 더 이상 작업을 지속할 수 없게 된다.

따라서 이러한 작업 특성이 있는 곳에서는 공기 공급식 에어마스크를 착용해야만 한다. 또한 호흡량이 많으면 방독마스크에 부착된 정화통의 수명이 상대적으로 단축될 수 있으므로 마스크 교체 시기를 주의 깊게 관찰해야 한다.

#### (3) 사고의 위험요소가 많아 충분한 시계(視界)와 청력(聽力)이 확보되어야 하는 작업장

항상 신호를 듣고서 작업을 해야 하는 사람이 귀덮개를 착용하고서 작업을 하게 된다면 안전사고의 위험이 있게 되고, 또한 작업자가 주시해야 할 시계가 넓은 사람이 정화통이 큰 방독마스크를 착용하고서 작업을 하게 되면 시계가 한정되어 앞을 잘 보지 못해 사고의 위험을 초래할 수도 있으므로 주의를 해야 한다.

(4) 지하 맨홀과 같은 산소결핍의 위험이 있는 작업장

지하 맨홀이나 광산과 같은 곳에서는 산소농도가 희박하여 쉽게 산소결핍이 될 수 있다.

이러한 곳에서는 반드시 에어마스크를 쓰고서 작업을 해야 하고 작업은 2인 이상이 한조가 되어 이루어져야 한다.

(5) 특정물질에 부식성이 있는 유해물질이 발생되는 작업장

이황화탄소가 발생되는 작업장에서 고무나 금속성 재질의 보호구를 착용하게 되면 고무나 금속이 쉽게 부식될 수 있고 자외선이 발생되는 곳에서 고무제품의 보호구 또는 부속품을 사용하면 고무가 쉽게 부식되어 못쓰게 되는 경우가 있으므로 주의해야 한다.

(6) 유해물질이 비산(飛散)하는 작업장

산이나 알칼리 세척작업과 같이 피부에 유해성을 나타낼 수 있는 유해물질이 작업 중에 튀거나 비산하는 작업장에서는 눈을 보호할 수 있는 눈보호구, 안면과 기타 노출된 피부를 보호할 수 있는 피부보호구, 기타 호흡보호구 등을 동시에 착용해야 하므로 유해물질의 발생 특성을 잘 파악해야 한다.

(7) 장시간 작업을 해야 하는 작업장

항상 비상용 보호구를 가까운 곳에 비치하여 이미 착용하고 있는 보호구의 사용시간(파과시간)이 다 되었거나 아니면 갑작스런 보호구의 이상 유무에 대처해야 한다.

(8) 작업장 내 수분이 많이 존재하는 작업장

호흡마스크의 경우 정화통의 정화능력이 저하되고 그 수명이 단축될 수 있어 마스크의 교체시기를 빨리 해주어야 한다.

(9) 고온작업장

공기 온도가 상승함에 따라 유해물질의 활성 및 휘발성이 커져 보호구의 사용시간을 단축시킴은 물론 유해물질이 체내로 흡입될 수 있는 양호한 상태로 변하기 때문에 특히 주의해야 한다.

(10) 유해물질의 농도가 고농도인 작업장

단순한 호흡보호구로서는 정화능력에 한계가 있으므로 고성능의 에어마스크를 착용해야만 한다.

### 3) 제2단계 : 유해물질의 형태와 특성을 파악

(1) 호흡기에 건강장해를 주는 유해물질의 형태

① 분진(Dust)

고체상의 물질이 파쇄 또는 분쇄될 때 발생되는 미세한 입자상의 물질로 육안으로 확인이 가능하며 분진입자의 크기는 보통 0.1~30$\mu$m 정도인데 직경이 작을수록 공기 중에 떠다니는 시간이 길어지고 인체에 흡입될 수 있는 가능성이 높아지게 된다.

특히 입자의 크기에 따라 폐까지 도달되어 진폐증을 일으킬 수 있는 분진을 호흡성분진이라 하며 크기는 0.5~5.0$\mu$m 정도이고 그 중에서도 0.5~2.5$\mu$m 크기의 분진이 가장 중요한 것으로 알려져 있다.

② 흄(Fumes)

금속이 높은 열에 의해서 용융되거나 기화, 급속냉각되었을 때 발생되는 매우 미세한 금속 입자로서 크기는 분진 입자보다 작은 0.001~1.0$\mu$m 정도이다. 육안으로 확인이 가능하며 직입장에서 흔히 경험할 수 있는 대표적인 작업은 용접작업이다. 흄이 발생되는 작업장에서는 흄용 호흡보호구를 착용해야 한다.

③ 미스트(Mists)

액체가 미세한 입자상태로 공기 중에 부유하고 있는 형태로 보통 액체물질의 스프레이 작업공정에서 발생 될수 있다. 입자의 크기는 분진보다는 작고 흄보다는 약간 큰 0.01~10$\mu$m 정도이며, 미스트가 발생되는 업장에서는 [미스트용 호흡보호구]를 착용하는데 보통 분진용 호흡보호구와 겸용으로 쓰고 있다.

④ 증기(Vapors)

액체 또는 고체물질이 증발하여 발생하는 미세한 입자상의 물질로 가스상의 물질보다는 크고 흄보다는 작은 크기인 0.005$\mu$m 정도로서 보통 육안으로 확인이 가능하다. 이러한 증기상의 물질이 발생되는 작업장에서는 가스상의 물질과 마찬가지로 정화통이 부착된 호흡보호구를 착용해야 하는데 보통 가스/증기용을 겸용으로 많이 사용하고 있다.

⑤ 가스(Gases)

실온에서 공기 중에 확산되는 기체상의 물질로 물질에 따라 냄새가 나는 경우가 있지만 눈에 보이지 않기 때문에 작업자가 감지하기가 곤란하다. 입자의 크기가 보통 0.0005$\mu$m 정도로 극히 작기 때문에 방진용 호흡보호구로는 걸러지지 않고 특별한 정화통이나 흡수물질을 이용해서 공기를 정화시켜야만 한다.

따라서 가스의 종류에 따라 정화통도 여러 가지로 구분되고 있으며 만약 부적합한 정화통이 부착된 보호구를 착용하게 되면 아무런 보호효과가 없으므로 보호구 선택 시에 반드시 해당되는 가스의 종류를 확인해야 한다.

(2) 기타 물리적인 유해인자

소리나 빛과 같이 물리적인 특성에 의해 건강장해를 주는 유해인자로 소음, 진동, 유해광선, 고열 등이 있으며 보통 귀마개, 방진장갑, 차광안경, 방열복 등의 보호구를 착용하면 된다.

## 4) 제3단계 : 유해물질의 작업자 노출농도를 파악

(1) 농도의 개념 및 종류

유해물질의 농도는 공기 중에 존재하는 어떤 물질의 부피, 무게, 개수 등으로 표시되는데 보통입자상의 물질인 분진이나 각종 중금속들은 단위 부피 $m^3$당 존재하는 오염물질의 무게를 나타내는 $mg/m^3$으로 표시하고, 가스나 증기상의 물질은 1/100만 단위인 ppm으로 그리고 석면은 단위부피(cc)당 존재하는 섬유의 수를 나타내는 [Fibers/cc]로 표시한다.

(2) 농도에 따른 보호구의 선택

① 유해가스의 농도가 비교적 저농도인 작업장 : 정화통이 부착된 반면형 방독마스크 착용. 농도에 따라 정화통이 한 개인 것(Single type)과 두 개인 것(Dual type)을 구분하여 비교적 농도가 높고 작업시 소비되는 호흡량이 많을 때는 후자의 것을 사용하는 게 좋다. 이때 선택되는 정화통의 종류는 물질의 종류에 따라 엄격하게 구분하여 사용해야 하고 또한 정화통의 교체시기도 유해물질의 농도나 온도, 습도

등과 같은 작업장의 조건에 따라 적절하게 조절한다.

② 유해가스의 농도가 비교적 고농도일 때 : 정화통이 부착된 방독마스크만을 사용할 경우 가스가 완벽하게 정화되지 않은 채 작업자 호흡기로 흡입되거나 아니면 정화통을 수시로 교체해 주어야 하는 번거로움이 있으므로 유해물질의 농도가 아주 높은 작업장에서는 깨끗한 공기를 공급해주는 에어마스크를 착용해야 한다.

### 5) 제4단계 : 최종적으로 보호구를 선택하기 위한 확인 단계

(1) 보호 목적

(2) 작업 특성

(3) 유해물질의 특성

(4) 유해물질의 농도

(5) 유해물질의 종류에 맞게 선택되었는지를 확인

### 6) 제5단계 : 사용 및 보관방법 등에 대한 관리교육 실시(사후관리 단계)

(1) 유해물질의 유해성에 대한 교육

(2) 착용방법에 대한 교육

① 목끈을 먼저 채운 후 마스크를 턱밑에서 위쪽으로 끼우듯이 착용
② 머리끈을 채운다.
③ 목끈과 머리끈을 각자의 사이즈에 맞게 조절
④ 마스크의 전체 모형이 얼굴형태에 잘 맞도록 조절
⑤ 목끈과 머리끈을 고정
⑥ 착용검사를 실시

(3) 착용검사에 대한 교육

보호구 착용이 완료되었으면 다음과 같은 착용검사를 통해 보호구의 안면부가 제대로 얼굴에 밀착되었는지, 배기밸브에 손상된 부분은 없는지에 대한 검사를 반드시 실시해야 한다. 최근에는 이러한 보호구의 손상 여부를 점검하는 수준을 넘어 보호구의 밀착성테스트(Fitting test)를 하는 도구들이 많이 개발되어 시판되고 있다.

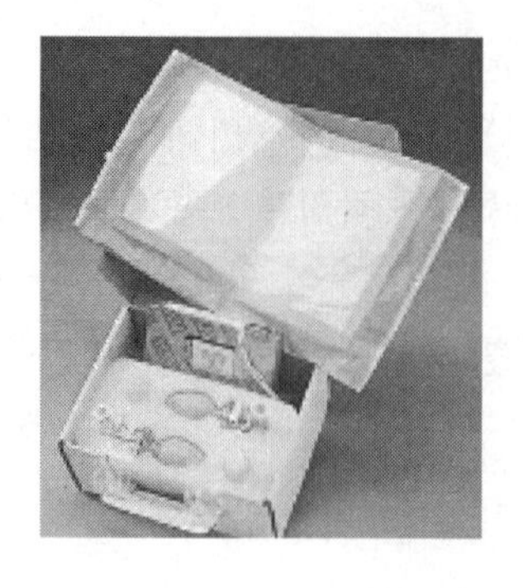

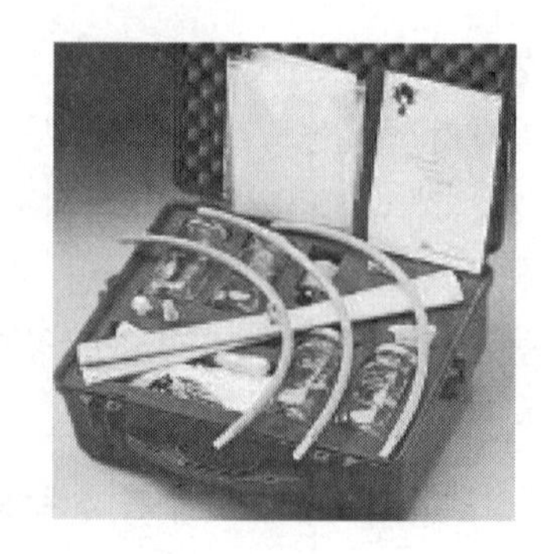

(4) 음압 착용검사

공기를 들이마실 때 호흡에 필요한 공기가 정화통을 통해서 들어오는지 아니면 다른 누설부위로 공기가 새는지에 대한 검사방법

① 손바닥으로 정화통의 전면부를 완전히 막는다.

② 약 10초 동안 숨을 들이킨다.

③ 공기가 새어 들어오는 부분이 없이 마스크 표면이 얼굴에 달라붙어야 한다.

(5) 양압 착용검사

공기를 내쉴 때 배기 밸브가 제 기능을 나타내는지에 대한 검사

① 손바닥으로 배기밸브를 막는다.

② 숨을 내쉰다.

③ 공기가 새는 부분이 없이 일정한 압력이 작용되어야 한다.

(6) 보호구의 사용한도시간(파과시간)

① 포집효율의 저하가 없고, 호흡저항의 현저한 상승이 없고, 변형 등에 의한 안면과의 밀착성의 저하가 없는 상태에서 보호구의 기능을 손상하는 일 없이 사용 가능한 시간

② 작업특성에 맞는 사용한도 시간을 결정하여 보호구를 주기적으로 교체

(7) 사용한도시간에 영향을 주는 요인

① 작업장의 유해물질 농도가 높을수록 사용한도시간 감소

② 보호구 착용자의 호흡률이 클수록 사용한도시간 감소

③ 공기 중의 상대습도가 높을수록 사용한도시간 감소

④ 유해물질의 휘발성이 높을수록 사용한도시간 감소

(8) 보호구의 교체시기 결정방법

① 냄새나 맛을 느낄 수 있는 유해물질의 경우 보호구를 착용한 상태에서 냄새나 맛을 감지할 수 있을 때

② 보호구를 착용한 상태에서 처음 착용시보다 많은 호흡저항이 느껴질 때. 이때 면체 여과식 보호구는 폐기처리하고 분리식은 필터나 정화통만을 교체
③ 작업장 내의 상대습도가 높고 온도가 고온일 때 그리고 많은 호흡량을 필요로 하는 작업일 때는 다른 작업에 비해 교체시기를 빨리 해주어야 함
④ 냄새나 맛을 감지할 수 없는 유해물질의 경우 제품에 표시되어 있는 사용한도시간과 작업장 내 유해물질의 농도를 참고로 일정한 교체시기를 정해 놓고 주기적으로 교체

(9) 관리 및 보수에 대한 교육

① 보호구의 수시점검은 작업자 개인이 수시로 할 수 있도록 하고 정기점검은 해당 부서 및 공정별로 책임자를 선정하여 주기적으로 실시
② 항상 서늘하고 건조한 독립된 장소에 보관
③ 보관장소는 직사광선이 비치지 않아야 함
④ 주위의 유해물질에 의해 더 이상 오염되지 않도록 비닐 등을 이용하여 밀봉된 상태에서 보관
⑤ 보호구를 부분적으로 세척하고자 할 때는 중성세제 혹은 시판되는 보호구 전용세제를 이용하여 면체가 변형되지 않도록 주의해야 하고 반드시 그늘에서 건조

### 7) 보호구 선택의 일반적 기준

① 가벼워야 한다.
② 사용이 간편해야 한다.
③ 착용감이 좋아야 한다.
④ 흡기나 배기저항이 작아 호흡하기에 편해야 한다. 만약 호흡저항이 크면 작업자들이 보호구 착용을 기피하는 원인이 될 수 있다.
⑤ 시야가 우수해야 한다. 만약 충분한 시야가 확보되지 않으면 안전사고의 원인이 될 수 있다.
⑥ 보안경 착용이 용이해야 한다(특히, 용접작업, 산 세척작업 등).
⑦ 대화가 가능해야 한다.
⑧ 안면부가 부드러워야 한다.
⑨ 위생적이어야 한다.
⑩ 보관이 편리해야 한다.
⑪ 세척이 편리해야 합니다.
⑫ 보수가 간편해야 한다.
⑬ 공인기관으로부터 성능에 대한 검정을 받아야 한다.
⑭ 머리끈 조절이 용이해야 한다.
⑮ 얼굴 체형에 맞게 밀착이 잘 되어야 한다.

# 02 보호구 종류

Section

## 1. 개인 보호구의 종류

〈보호구 종류와 적용작업〉

| 보호구의 종류 | 구분 | 적용작업 및 작업장 |
|---|---|---|
| 호흡용 보호구 | 방진마스크 | 분체작업, 연마작업, 광택작업, 배합작업 |
| | 방독마스크 | 유기용제, 유해가스, 미스트, 흄 발생작업장 |
| | 송기마스크, 산소호흡기, 공기호흡기 | 저장조, 하수구 등 청소 및 산소결핍위험작업장 |
| 청력 보호구 | 귀마개, 귀덮개 | 소음발생작업장 |
| 안구 및 시력보호구 | 전안면 보호구 | 강력한 분진비산작업과 유해광선 발생작업 |
| | 시력보호 안경 | 유해광선 발생 작업보호의와 장갑, 장화 |
| 안전화, 안전장갑 | 장갑 | 피부로 침입하는 화학물질 또는 강산성물질을 취급하는 작업 |
| | 장화 | 피부로 침입하는 하학물질 또는 강산성물질을 취급하는 작업 |
| 보호복 | 방열복, 방열면 | 고열발생 작업장 |
| | 전신보호복 | 강산 또는 맹독유해물질이 강력하게 비산되는 작업 |
| | 부분보호복 | 상기물질이 심하게 비산되지 않는 작업 |
| 피부보호크림 | | 피부염증 또는 홍반을 일으키는 물질에 노출되는 작업장 |

### 1) 안전인증대상 보호구

① 추락 및 감전 위험방지용 안전모
② 안전화
③ 안전장갑
④ 방진마스크
⑤ 방독마스크
⑥ 송기마스크
⑦ 전동식 호흡보호구

⑧ 보호복
⑨ 안전대
⑩ 차광 및 비산물 위험방지용 보안경
⑪ 용접용 보안면
⑫ 방음용 귀마개 또는 귀덮개

### 2) 자율안전확인 대상 보호구

① 안전모(추락 및 감전 위험방지용 안전모 제외)
② 보안경(차광 및 비산물 위험방지용 보안경 제외)
③ 보안면(용접용 보안면 제외)

## 2. 호흡용 보호구(마스크)

### 1) 방진마스크(분진, 흄 및 미스트용)

#### (1) 착용대상

석탄, 용접흄, 납, 카드뮴과 같은 금속산화물의 흄과 분진 등이 발생되는 작업장에서만 착용이 가능하며 산소결핍의 위험이 있거나 가스 상태의 유해물질이 존재하는 곳에서는 절대 착용불가

#### (2) 방진마스크의 등급

| 등급 | 특급 | 1급 | 2급 |
|---|---|---|---|
| 사용장소 | • 베릴륨 등과 같이 독성이 강한 물질들을 함유한 분진 발생장소<br>• 석면 취급장소 | • 특급마스크 착용장소를 제외한 분진 등 발생장소<br>• 금속흄 등과 같이 열적으로 생기는 분진 등 발생장소<br>• 기계적으로 생기는 분진 등 발생장소(규소 등과 같이 2급 방진마스크를 착용하여도 무방한 경우는 제외한다.) | • 특급 및 1급 마스크 착용장소를 제외한 분진 등 발생장소 |
| | 배기밸브가 없는 안면부 여과식 마스크는 특급 및 1급 장소에 사용해서는 안 된다. | | |

안면부 여과식의 방진마스크는 등급이 몇 종류나 되는가?
➡ 3등급(특급, 1급, 2급)

① 성능에 따른 분진포집효율

-분리식

㉠ 특급 : 99.95% 이상, 급성시 사용

㉡ 1 급 : 94.0% 이상, 만성시 사용

㉢ 2 급 : 80.0% 이상, 만성시 사용

-안면부여과식

㉠ 특급 : 99.0% 이상, 급성시 사용

㉡ 1 급 : 94.0% 이상, 만성시 사용

㉢ 2 급 : 80.0% 이상, 만성시 사용

### (3) 방진마스크의 형태

<table>
<tr><th rowspan="2">종류</th><th colspan="2">분리식</th><th rowspan="2">안면부여과식</th></tr>
<tr><th>격리식</th><th>직결식</th></tr>
<tr><td rowspan="2">형태</td><td>전면형</td><td>전면형</td><td rowspan="2">반면형</td></tr>
<tr><td>반면형</td><td>반면형</td></tr>
<tr><td>사용조건</td><td colspan="3">산소농도 18% 이상인 장소에서 사용하여야 한다.</td></tr>
</table>

### (4) 전면형 방진마스크의 항목별 유효시야

<table>
<tr><th colspan="2" rowspan="2">형태</th><th colspan="2">시야(%)</th></tr>
<tr><th>유효시야</th><th>겹침시야</th></tr>
<tr><td rowspan="2">전동식<br>전면형</td><td>1 안식</td><td>70 이상</td><td>80 이상</td></tr>
<tr><td>2 안식</td><td>70 이상</td><td>20 이상</td></tr>
</table>

전면형 방진마스크의 항목별 성능기준에서 유효시야는 몇 % 이상이어야 하는가?

➡ 70%

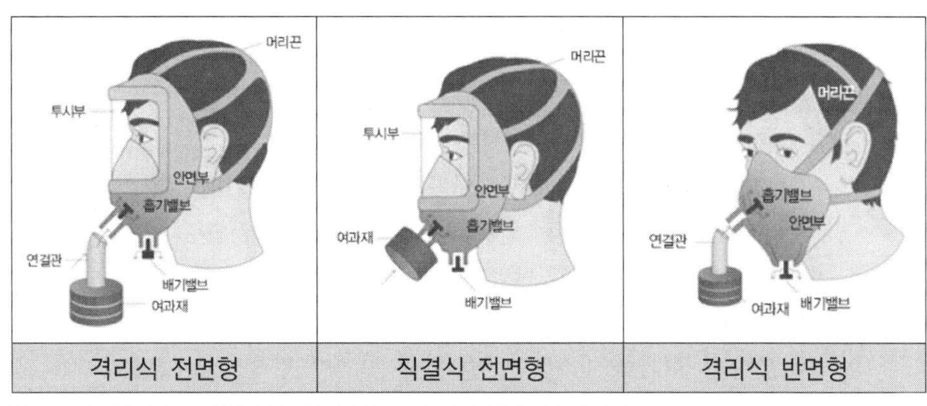


| 격리식 전면형 | 직결식 전면형 | 격리식 반면형 |
|---|---|---|

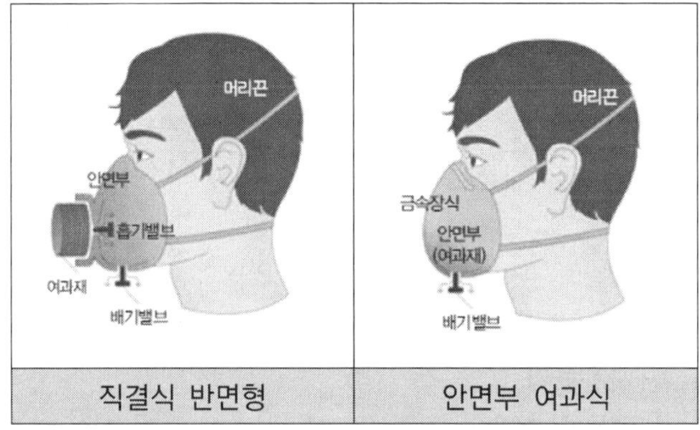


| 직결식 반면형 | 안면부 여과식 |
|---|---|

(5) 방진마스크의 형태별 구조분류

| 형태 | 분리식 | | 안면부 여과식 |
|---|---|---|---|
| | 격리식 | 직결식 | |
| 구조분류 | 안면부, 여과재, 연결관, 흡기밸브, 배기밸브 및 머리끈으로 구성되며 여과재에 의해 분진 등이 제거된 깨끗한 공기를 연결관으로 통하여 흡기밸브로 흡입되고 체내의 공기는 배기밸브를 통하여 외기 중으로 배출하게 되는 것으로 부품을 자유롭게 교환할 수 있는 것을 말한다. | 안면부, 여과재, 흡기밸브, 배기밸브 및 머리끈으로 구성되며 여과재에 의해 분진 등이 제거된 깨끗한 공기가 흡기밸브를 통하여 흡입되고 체내의 공기는 배기밸브를 통하여 외기 중으로 배출하게 되는 것으로 부품을 자유롭게 교환할 수 있는 것을 말한다. | 여과재로 된 안면부와 머리끈으로 구성되며 여과재인 안면부에 의해 분진 등을 여과한 깨끗한 공기가 흡입되고 체내의 공기는 여과재인 안면부를 통해 외기 중으로 배기되는 것으로(배기밸브가 있는 것은 배기밸브를 통하여 배출) 부품이 교환될 수 없는 것을 말한다. |

(6) 방진마스크의 일반구조 조건

① 착용 시 이상한 압박감이나 고통을 주지 않을 것
② 전면형은 호흡 시에 투시부가 흐려지지 않을 것
③ 분리식 마스크에 있어서는 여과재, 흡기밸브, 배기밸브 및 머리끈을 쉽게 교환할 수 있고 착용자 자신이 안면과 분리식 마스크의 안면부와의 밀착성 여부를 수시로 확인할 수 있어야 할 것
④ 안면부 여과식 마스크는 여과재로 된 안면부가 사용기간 변형되지 않을 것
⑤ 안면부 여과식 마스크는 여과재를 안면에 밀착시킬 수 있어야 할 것

(7) 방진마스크의 재료 조건

① 안면에 밀착하는 부분은 피부에 장해를 주지 않을 것
② 여과재는 여과성능이 우수하고 인체에 장해를 주지 않을 것
③ 방진마스크에 사용하는 금속부품은 내식성을 갖거나 부식방지를 위한 조치가 되어 있을 것
④ 전면형의 경우 사용할 때 충격을 받을 수 있는 부품은 충격 시에 마찰 스파크를 발생되어 가연성의 가스혼합물을 점화시킬 수 있는 알루미늄, 마그네슘, 티타늄 또는 이의 합금을 사용하지 않을 것
⑤ 반면형의 경우 사용할 때 충격을 받을 수 있는 부품은 충격 시에 마찰 스파크를 발생되어 가연성의 가스혼합물을 점화시킬 수 있는 알루미늄, 마그네슘, 티타늄 또는 이의 합금을 최소한 사용할 것

(8) 선정기준(구비조건)

① 분진포집효율(여과효율)이 좋을 것
② 흡기, 배기저항이 낮을 것
③ 사용적이 적을 것
④ 중량이 가벼울 것
⑤ 시야가 넓을 것
⑥ 안면밀착성이 좋을 것

방진마스크를 선택할 때의 일반적인 유의사항에 관한 설명 중 틀린 것은?
➡ 흡기저항이 큰 것일수록 좋다.

### (9) 성능시험

① 흡기저항시험
② 배기저항시험
③ 분진포집효율시험
④ 흡기저항 상승시험
⑤ 배기변의 작동기밀시험
⑥ 여과효율을 검정하기 위한 먼지의 크기는 공기역학적 직경을 기준으로 0.3μm 내외이다.

## 2) 방독마스크

### (1) 방독마스크의 종류

| 종류 | 시험가스 |
|---|---|
| 유기화합물용 | 시클로헥산($C_6H_{12}$) |
| 할로겐용 | 염소가스 또는 증기($Cl_2$) |
| 황화수소용 | 황화수소가스($H_2S$) |
| 시안화수소용 | 시안화수소가스(HCN) |
| 아황산용 | 아황산가스($SO_2$) |
| 암모니아용 | 암모니아가스($NH_3$) |

### (2) 방독마스크의 등급 및 사용 장소

방독마스크는 산소농도가 18% 이상인 장소에서 사용하여야 하고, 고농도와 중농도에서 사용하는 방독마스크는 전면형(격리식, 직결식)을 사용해야 한다.

### (3) 방독마스크의 형태 및 구조

<table>
<tr><th colspan="2">형태</th><th>구조</th></tr>
<tr><td rowspan="2">격리식</td><td>전면형</td><td>정화통, 연결관, 흡기밸브, 안면부, 배기밸브 및 머리끈으로 구성되고, 정화통에 의해 가스 또는 증기를 여과한 청정공기를 연결관을 통하여 흡입하고 배기는 배기밸브를 통하여 외기 중으로 배출하는 것으로 안면부 전체를 덮는 구조</td></tr>
<tr><td>반면형</td><td>정화통, 연결관, 흡기밸브, 안면부, 배기밸브 및 머리끈으로 구성되고, 정화통에 의해 가스 또는 증기를 여과한 청정공기를 연결관을 통하여 흡입하고 배기는 배기밸브를 통하여 외기 중으로 배출하는 것으로 코 및 입부분을 덮는 구조</td></tr>
</table>

| 형태 | | 구조 |
|---|---|---|
| 직결식 | 전면형 | 정화통, 흡기밸브, 안면부, 배기밸브 및 머리끈으로 구성되고, 정화통에 의해 가스 또는 증기를 여과한 청정공기를 흡기밸브를 통하여 흡입하고 배기는 배기밸브를 통하여 외기 중으로 배출하는 것으로 정화통이 직접 연결된 상태로 안면부 전체를 덮는 구조 |
| | 반면형 | 정화통, 흡기밸브, 안면부, 배기밸브 및 머리끈으로 구성되고, 정화통에 의해 가스 또는 증기를 여과한 청정공기를 흡기밸브를 통하여 흡입하고 배기는 배기밸브를 통하여 외기 중으로 배출하는 것으로 안면부와 정화통이 직접 연결된 상태로 코 및 입부분을 덮는 구조 |

※ 사용구분

① 격리식 : 유독가스 2%(암모니아 3%) 이하

② 직결식 : 유독가스 1%(암모니아 1.5%) 이하

③ 직결식 소형 : 유독가스 1% 이하로 긴급용이 아닌 것

### (4) 방독마스크의 일반구조 조건

① 착용 시 이상한 압박감이나 고통을 주지 않을 것

② 착용자의 얼굴과 방독마스크의 내면 사이의 공간이 너무 크지 않을 것

③ 전면형은 호흡 시에 투시부가 흐려지지 않을 것

④ 격리식 및 직결식 방독마스크에 있어서는 정화통·흡기밸브·배기밸브 및 머리끈을 쉽게 교환할 수 있고, 착용자 자신이 스스로 안면과 방독마스크 안면부와의 밀착성 여부를 수시로 확인할 수 있을 것

### (5) 방독마스크의 재료 조건

① 안면에 밀착하는 부분은 피부에 장해를 주지 않을 것

② 흡착제는 흡착성능이 우수하고 인체에 장해를 주지 않을 것

③ 방독마스크에 사용하는 금속부품은 부식되지 않을 것

④ 방독마스크를 사용할 때 충격을 받을 수 있는 부품은 충격 시에 마찰 스파크가 발생되어 가연성의 가스혼합물을 점화시킬 수 있는 알루미늄, 마그네슘, 티타늄 또는 이의 합금으로 만들지 말 것

### (6) 방독마스크 표시사항

안전인증 방독마스크에는 다음 각목의 내용을 표시해야 한다.

① 파과곡선도

② 사용시간 기록카드

③ 정화통의 외부측면의 표시 색

④ 사용상의 주의사항

| 종류 | 표시 색 |
|---|---|
| 유기화합물용 정화통 | 갈색 |
| 할로겐용 정화통 | 회색 |
| 황화수소용 정화통 | |
| 시안화수소용 정화통 | |
| 아황산용 정화통 | 노랑색 |
| 암모니아용 정화통 | 녹색 |
| 복합용 및 겸용의 정화통 | 복합용의 경우 : 해당가스 모두 표시(2층 분리)<br>겸용의 경우 : 백색과 해당가스 모두 표시(2층 분리) |

고용노동부의 「보호구 의무안전인증 고시」에서 규정하는 안전인증 방독마스크에 장착하는 정화통의 종류와 외부 측면의 표시 색이 옳게 짝지어진 것은? ②

① 유기화합물 정화통 – 녹색
② 할로겐용 정화통 – 회색
③ 시안화수소용 정화통 – 갈색
④ 아황산용 정화통 – 백색
⑤ 암모니아 정화통 – 노란색

(7) 방독마스크 성능시험방법

① 기밀시험
② 흡기저항시험
③ 배기저항시험
④ 배기밸브의 작동기밀시험

| 형태 및 등급 | | 유량(ℓ/min) | 차압(Pa) |
|---|---|---|---|
| 분리식 | 전면형 | 160 | 250 이하 |
| | | 30 | 50 이하 |
| | | 95 | 150 이하 |
| | 반면형 | 160 | 200 이하 |
| | | 30 | 50 이하 |
| | | 95 | 130 이하 |

| 형태 및 등급 | | 유량(ℓ/min) | 차압(Pa) |
|---|---|---|---|
| 안면부 여과식 | 특 급 | 30 | 100 이하 |
| | 1 급 | | 70 이하 |
| | 2 급 | | 60 이하 |
| | 특 급 | 95 | 300 이하 |
| | 1 급 | | 240 이하 |
| | 2 급 | | 210 이하 |

(8) 정화통의 성능시험

① 기밀시험

② 통기저항시험

③ 제독능력시험

〈방독마스크 종류별 함유공기 농도, 파과 농도 및 파과 시간〉

| 종류 | | 시험가스(시험연기) 함유공기 | | 농도(ppm) | 시간(분) |
|---|---|---|---|---|---|
| | | 시험가스(시험연기)의 종류 | 농도 | | |
| 할로겐가스용의 방독마스크 정화통($Cl_2$) | 격리식 | 염소 | 0.5% | 1 | 60 |
| | 직결식 | 〃 | 0.3% | 1 | 15 |
| | 직결식소형 | 〃 | 0.02% | 1 | 40 |
| 유기가스용의 방독마스크 정화통($CCl_4$) | 격리식 | 사염화탄소 | 0.5% | 5 | 100 |
| | 직결식 | 〃 | 0.3% | 5 | 30 |
| | 직결식소형 | 〃 | 0.03% | 5 | 50 |

**Point**

공기 중 사염화탄소의 농도가 0.2%인 작업장에서 근로자가 착용할 방독마스크의 정화통의 유효시간은 얼마인가?(단, 정화통의 유효시간은 0.5%에 대하여 100분이다.)

➡ 사염화탄소 0.5%에 대하여 유효시간이 100분이면 0.2%에 대하여는 250분임

$0.2 : 100 = 0.5 : X, \quad \therefore X = 250$

(9) 사용하는 흡수제의 종류

① 활성탄 : 보통 및 유기가스(흑색)

② 실리카겔
③ 소다라임
④ 호프카라이트 : 일산화탄소(적색)
⑤ 큐프라마이트 : 암모니아(녹색)

유기가스용 방독마스크 정화통의 주성분으로 알맞은 것은?
➡ 활성탄

### 3) 송기마스크

#### (1) 송기마스크의 종류 및 등급

| 종류 | 등급 | | 구분 |
|---|---|---|---|
| 호스마스크 | 폐력흡인형 | | 안면부 |
| | 송풍기형 | 전동 | 안면부, 페이스실드, 후드 |
| | | 수동 | 안면부 |
| 에어라인마스크 | 일정유량형 | | 안면부, 페이스실드, 후드 |
| | 디맨드형 | | 안면부 |
| | 압력디맨드형 | | 안면부 |
| 복합식 에어라인마스크 | 디맨드형 | | 안면부 |
| | 압력디맨드형 | | 안면부 |

#### (2) 송기마스크의 종류에 따른 형상 및 사용범위

| 종류 | 등급 | 형상 및 사용범위 |
|---|---|---|
| 호스 마스크 | 폐력 흡인형 | 호스의 끝을 신선한 공기 중에 고정시키고 호스, 안면부를 통하여 착용자가 자신의 폐력으로 공기를 흡입하는 구조로서, 호스는 원칙적으로 안지름 19mm 이상, 길이 10m 이하이어야 한다. |
| | 송풍기형 | 전동 또는 수동의 송풍기를 신선한 공기 중에 고정시키고 호스, 안면부 등을 통하여 송기하는 구조로서, 송기풍량의 조절을 위한 유량조절장치(수동 송풍기를 사용하는 경우는 공기조절 주머니도 가능) 및 송풍기에는 교환이 가능한 필터를 구비하여야 하며, 안면부를 통해 송기하는 것은 송풍기가 사고로 정지된 경우에도 착용자가 자기 폐력으로 호흡할 수 있는 것이어야 한다. |

| 종류 | 등급 | 형상 및 사용범위 |
|---|---|---|
| 에어 라인 마스크 | 일정 유량형 | 압축공기관, 고압 공기용기 및 공기압축기 등으로부터 중압호스, 안면부 등을 통하여 압축공기를 착용자에게 송기하는 구조로서, 중간에 송기 풍량을 조절하기 위한 유량조절장치를 갖추고 압축공기 중의 분진, 기름미스트 등을 여과하기 위한 여과장치를 구비한 것이어야 한다. |
| | 디맨드형 및 압력 디맨드형 | 일정 유량형과 같은 구조로서 공급밸브를 갖추고 착용자의 호흡량에 따라 안면부 내로 송기하는 것이어야 한다. |
| 복합식 에어 라인 마스크 | 디맨드형 및 압력 디맨드형 | 보통의 상태에서는 디맨드형 또는 압력디맨드형으로 사용할 수 있으며, 급기의 중단 등 긴급 시 또는 작업상 필요시에는 보유한 고압공기용기에서 급기를 받아 공기호흡기로서 사용할 수 있는 구조로서, 고압공기 용기 및 폐지밸브는 KS P 8155(공기 호흡기)의 규정에 의한 것이어야 한다. |

**Point**

공기 중 산소농도가 부족하고, 공기 중에 미립자상 물질이 부유하는 장소에서 사용하기에 가장 적절한 보호구는?

➡ 송기마스크

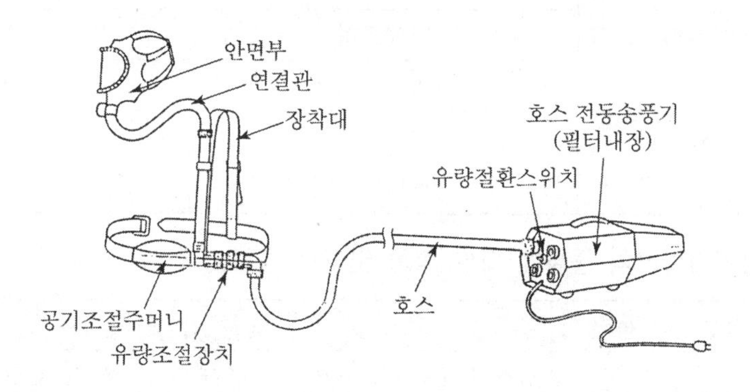


[전동 송풍기형 호스 마스크]

## 4) 전동식 호흡보호구

### (1) 전동식 호흡보호구의 분류

| 분류 | 사용구분 |
|---|---|
| 전동식 방진마스크 | 분진 등이 호흡기를 통하여 체내에 유입되는 것을 방지하기 위하여 고효율 여과재를 전동장치에 부착하여 사용하는 것 |

| 분류 | 사용구분 |
| --- | --- |
| 전동식 방독마스크 | 유해물질 및 분진 등이 호흡기를 통하여 체내에 유입되는 것을 방지하기 위하여 고효율 정화통 및 여과재를 전동장치에 부착하여 사용하는 것 |
| 전동식 후드 및 전동식 보안면 | 유해물질 및 분진 등이 호흡기를 통하여 체내에 유입되는 것을 방지하기 위하여 고효율 정화통 및 여과재를 전동장치에 부착하여 사용함과 동시에 머리, 안면부, 목, 어깨부분까지 보호하기 위해 사용하는 것 |

(2) 전동식 방진마스크의 형태 및 구조

| 형태 | 구조 |
| --- | --- |
| 전동식 전면형 | 전동기, 여과재, 호흡호스, 안면부, 흡기밸브, 배기밸브 및 머리끈으로 구성되며 허리 또는 어깨에 부착한 전동기의 구동에 의해 분진 등이 여과된 깨끗한 공기가 호흡호스를 통하여 흡기밸브로 공급되고 호흡에 의한 공기 및 여분의 공기는 배기밸브를 통하여 외기 중으로 배출하게 되는 것으로 안면부 전체를 덮는 구조 |
| 전동식 반면형 | 전동기, 여과재, 호흡호스, 안면부, 흡기밸브, 배기밸브 및 머리끈으로 구성되며 허리 또는 어깨에 부착한 전동기의 구동에 의해 분진 등이 여과된 깨끗한 공기가 호흡호스를 통하여 흡기밸브로 공급되고 호흡에 의한 공기 및 여분의 공기는 배기밸브를 통하여 외기 중으로 배출하게 되는 것으로 코 및 입 부분을 덮는 구조 |
| 사용조건 | 산소농도 18% 이상인 장소에서 사용해야 한다. |

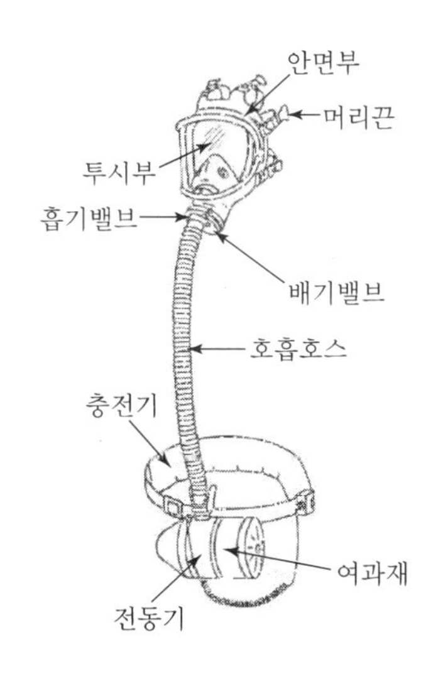


[전동식 전면형]

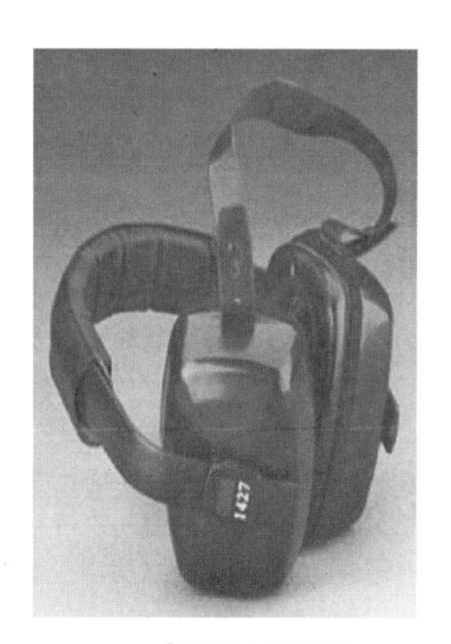

[전동식 반면형]

## 3. 귀 보호구(방음보호구)

### 1) 착용대상

소음이 심한 작업장에서 귀를 보호하기 위하여 착용하는 귀마개 및 귀덮개 등을 귀 보호구(방음보호구)라 하는데 일반적으로 80dB(A) 이상의 소음작업장이나 해머작업과 같은 충격음을 유발하는 곳에서는 반드시 방음 보호구를 착용해야만 소음폭로에 의한 건강장해를 예방할 수 있다.

### 2) 귀 보호구의 종류

소음작업장에서 청력보호를 위해 최종적으로 선택할 수 있는 방법이 귀마개나 귀덮개의 착용이다. 통상적으로 양질의 보호구일 경우 귀마개는 고주파에서 25~35dB(A) 정도, 귀덮개는 35~45dB(A) 정도의 차음효과가 있으며 두 개를 동시에 착용하면 추가로 3~5dB(A)까지의 감음효과를 얻을 수 있다.

#### (1) 귀마개

외이도(귓속)에 직접 삽입하여 소음을 차단해주는 것으로 40dB 이상의 차음효과가 있어야 함

귀마개를 끼면 사람들과의 대화가 방해되므로 사람의 회화영역인 1,000Hz 이하의 주파수 영역에서는 25dB 이상의 차음효과만 있어도 충분한 방음효과가 있는 것으로 인정되고 있다.

또한 제품에 따라서 고음만을 차단해주는 귀마개(EP-2)와 저음부터 고음까지를 차단해주는 것(EP-1)이 있으므로 작업 도중 작업자 간의 대화가 반드시 필요한 곳에서는 고음은 차단하고 저음은 통과해주는 귀마개(EP-2)를 선택해야 할 것이다.

이러한 귀마개는 부피가 작아서 휴대하기가 쉽고 착용하기가 간편하며 안경과 안전모 등에 방해가 되지 않는다는 장점이 있지만, 귀에 질병이 있는 사람은 착용이 불가능하고 여름에 땀이 많이 날 때는 외이도 등에 염증을 유발할 수 있는 단점이 있다. 또한 부피가 작은 대신 쉽게 분실할 수 있으므로 소음이 발생되는 설비주위에 비상용귀마개를 비치하여 언제든지 착용할 수 있는 배려가 있어야 한다.

| 종류 | 등급 | 기호 | 성능 | 비고 |
|---|---|---|---|---|
| 귀마개 | 1종 | EP-1 | 저음부터 고음까지 차음하는 것 | 귀마개의 경우 재사용 여부를 제조특성으로 표기 |
| | 2종 | EP-2 | 주로 고음을 차음하고 저음(회화음영역)은 차음하지 않는 것 | |
| 귀덮개 | - | EM | | |

### (2) 귀덮개

귀덮개는 귀마개와는 달리 귓속에 직접 삽입하는 것이 아니고 통신용 헤드폰과 비슷하게 귀 전체를 덮어주는 형태로 되어 있기 때문에 귀마개에 비해서 차음효과가 더 커 충격음과 같은 고음역의 방음에 적당하다.

특히, 귀마개를 착용하고 귀덮개를 착용하면 훨씬 차음효과가 커지게 되므로 115dB 이상의 고음 작업장에서는 두 가지(귀마개+귀덮개)를 동시에 착용할 필요가 있다. 귀덮개는 귀마개에 비해서 차음효과가 크고 또한 착용감이 적어 편리하다는 장점이 있는 반면, 가격이 비싸고 고온 작업장 등에서는 착용하기가 어려우며 또한 안경이나 헬멧 등을 같이 착용할 때는 사용하기가 불편하다는 단점이 있다.

[귀덮개의 종류]

소음에 대한 귀덮개의 차음영역은 저음역에서 고음역까지 폭넓게 되어 있는 관계로 귀덮개를 착용한 상태에서는 작업 중 의사소통이 불가능하고 만약 신호음이나 기타 중요한 의사소통을 필요로 하는 곳에서는 오히려 안전사고의 원인이 될 수 있으므로 착용에 주의해야 한다.

## 3) 착용 및 선택시 주의사항

① 귀마개는 개인의 외이도에 맞는 것을 사용해야 하며 처음 사용시에는 딱딱한 감을 느낄 수 있으므로 깨끗한 손으로 외이도의 형태에 맞게 형태를 갖추어 삽입하여야 한다.

② 귀마개는 가급적이면 일회용을 사용하여 자주 교체해주어 항상 청결을 유지해야만 귀의 염증을 예방할 수 있다.

③ 귀마개는 부피가 작아 분실의 위험이 크므로 양쪽을 끈으로 묶어 모자나 상의 주머니에 매어 사용하도록 한다.

④ 귀덮개는 귀 전체가 완전히 덮일 수 있도록 높낮이 조절을 적당히 한 후 착용해야 한다.

⑤ 115dB 이상의 고소음 작업장에서는 귀마개와 귀덮개를 동시에 착용해서 차음효과를 높여 주어야 한다.(탱크 내 밀폐된 공간에서의 해머작업 등)
⑥ 작업 도중 주위의 경고음이나 신호음 등을 들어야 하는 곳에서는 안전사고의 위험이 있을 수 있으므로 귀덮개 착용에 주의해야 한다.

## 4. 눈 보호구

### 1) 차광 및 비산물 위험방지용 보안경

#### (1) 사용구분에 따른 차광보안경의 종류

| 종류 | 사용구분 |
|---|---|
| 자외선용 | 자외선이 발생하는 장소 |
| 적외선용 | 적외선이 발생하는 장소 |
| 복합용 | 자외선 및 적외선이 발생하는 장소 |
| 용접용 | 산소용접작업 등과 같이 자외선, 적외선 및 강렬한 가시광선이 발생하는 장소 |

#### (2) 보안경의 종류

① 차광안경 : 고글형, 스펙터클형, 프론트형
② 유리보호안경
③ 플라스틱보호안경
④ 도수렌즈보호안경

### 2) 용접용 보안면

#### (1) 용접용 보안면의 형태

| 형태 | 구조 |
|---|---|
| 헬멧형 | 안전모나 착용자의 머리에 지지대나 헤드밴드 등을 이용하여 적정위치에 고정, 사용하는 형태(자동용접필터형, 일반용접필터형) |
| 핸드실드형 | 손에 들고 이용하는 보안면으로 적절한 필터를 장착하여 눈 및 안면을 보호하는 형태 |

### 3) 착용 및 선택시 주의사항

① 안경의 유리는 외부의 강한 압력이나 충격에 견딜 수 있는 재질을 사용하여야 한다.
② 평소에 안경을 끼는 눈 나쁜 사람을 위하여 도수렌즈 안경을 별도로 준비하여야 한다.

③ 차광안경의 경우 해당되는 유해광선을 차광할 수 있는 적당한 차광도를 가져야 한다.
④ 보안경의 경우 안면부에 밀착이 잘 되어 틈새 등으로 이물질이 들어오지 못하도록 해야 한다.
⑤ 투시력이 높아야 하고 굴절이 되지 않아야 한다.
⑥ 안경태의 재질이 화학물질 등에 견딜 수 있는 것이어야 한다.

## 5. 얼굴 보호구

### 1) 착용대상

여러가지 이물질과 유해광선으로부터 눈을 포함하여 얼굴 전체를 보호해야 할 용접작업장, 외부 파편이나 화학물질이 안면에 튀어 상처를 입힐 염려가 있거나 피부로 흡수될 가능성이 있는 작업장에서 주로 사용한다.

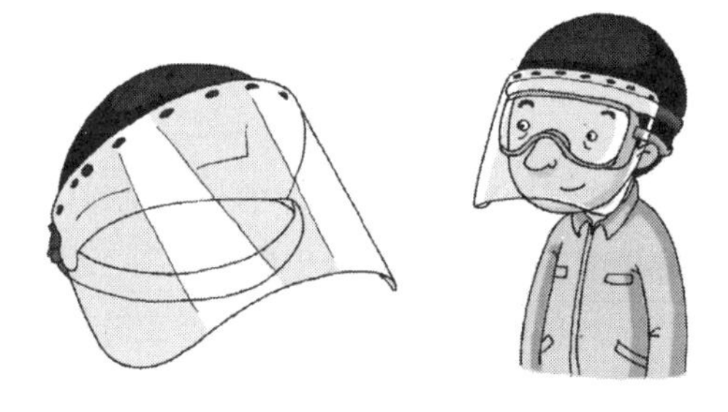

### 2) 보호구의 종류

#### (1) 일반보호면

① 보안면 전체가 투명하게 되어 있어 주로 일반작업, 스포트 용접작업시 생기는 파편으로부터 얼굴을 보호하기 위하여 쓰거나 유해광선 정도가 약하여 차광할 정도가 아니거나 혹은 보안경을 착용했으나 얼굴을 보호해야 할 때 쓰이기도 한다.
② 가스나 증기상의 물질을 걸러줄 수 있는 방독마스크 중에서 안면 전체를 감싸줄 수 있는 전면형 마스크가 바로 일반보호면의 기능을 동시에 가진 다기능 마스크라 할 수 있다.

(2) 용접보안면

① 아크용접 또는 절단 작업시 유해광선이나 파편으로부터 안면을 보호하기 위하여 착용하는 것을 말하며 머리에 쓰는 헬멧형과 손에 들고서 안면을 가려주는 핸드실형이 있다.

② 유해광선으로부터 눈을 효과적으로 보호하기 위해서는 적정한 차광번호를 가진 보안면을 착용해야 하는데 작업에 따른 적정한 차광도를 선택하여 사용해야 한다.

(3) 착용 및 선택시 주의사항

① 안면의 재질은 외부의 충격에 의해서 절대 깨지지 않는 재질이어야 한다.

② 시야 방해가 적고 가벼워야 한다.

③ 연결부분이 견고하여 유해광선 등이 새지 않아야 하고 내면이 부드러워 피부 손상이 없어야 한다.

## 6. 피부 보호구

### 1) 착용대상

작업장에서 사용하는 유해물질이 직접 피부에 접촉하거나 혹은 작업자의 작업복에 심한 오염을 일으킬 염려가 있을 때 또는 고열로부터 몸을 보호하고자 할 때 신체의 일부 혹은 전체에 착용하는 것을 피부 보호구라 하는데 주로 도장작업, 산 세척 작업, 고열작업 등에서 많이 이용되고 있다.

### 2) 보호구의 종류

보호구의 종류는 모양과 착용부위에 따라 앞치마, 장갑장화 등과 같이 신체의 특정부위를 보호할 수 있는 것과, 온몸을 전부 둘러싸 인체를 전면적으로 보호해주는 형태(일명 보호의라고 함) 등이 있는데 고온 작업시의 방열복, 한랭작업시의 방한복, 산이나 알칼리, 가스, 강한 산화제 등으로부터의 피부장해를 막아주는 일반작업복(위생복) 등이 있다.
최근에는 피부 보호구를 직접 착용하지 않더라도 유해물질이 피부에 닿지 않도록 하는 방법으로 피부보호용 크림을 사용하기도 하는데 이를 산업용 피부보호제라고 부르기도 한다. 사용물질에 따라 지용성 물질에 대한 피부보호제, 수용성 피부보호제, 광과민성 피부보호제 등이 있다.

### 3) 착용 및 선택시 주의사항

① 방열복을 선택할 때는 석면재질이 아닌 비석면재질의 방열복을 선택해야 한다.

② 몸 전체를 둘러싸는 보호복의 경우 소매 끝이나 바지 끝을 잘 동여매 기계에 빨려 들어가지 않도록 주의해야 한다.

③ 피부보호용 크림을 사용할 때는 작업 후 비누로 깨끗이 씻어 주어야 한다.

## 7. 기타 보호구

### 1) 안전모 : 사용 및 관리방법

① 작업내용에 적합한 안전모 종류 지급 및 착용

② 옥외 작업자에게는 흰색의 FRP 또는 PC수지로 된 것을 지급

③ 디자인과 색상이 미려한 것 지급

④ 중량이 가벼운 것 지급

⑤ 안전모 착용시 반드시 턱끈을 바르게 하고 위반자에 대한 지도감독을 철저히 함

⑥ 자신의 머리 크기에 맞도록 착장체의 머리 고정대를 조절

⑦ 충격을 받은 안전모나 변형된 것은 폐기

⑧ 모체에 구멍을 내지 않도록 함

⑨ 착장제는 최소한 1개월에 한번 60℃의 물에 비누나 세척제를 사용하여 세탁하여야 하며 합성수지의 안전모는 스팀과 뜨거운 물을 사용해서는 안 된다.

⑩ 모체가 페인트, 기름 등으로 오염된 경우는 유기용제를 사용해야 하지만 강도에 영향이 없어야 한다.

⑪ 플라스틱 등 합성수지는 자외선 등에 의해 균열 및 강도저하 등 노화가 진행되므로 안전모의 탄성감소, 색상변화, 균열 발생시 교체해 주어야 한다. 또한 노화를 방지하기 위하여 자동차 뒷창문 등에 보관을 피하여야 한다.

## 2) 안전대

### (1) 안전대의 구성

① 안전대는 크게 신체를 지지하는 요소와 구조물 등 걸이설비에 연결하는 요소로 구성된다.

② 신체를 지지하는 요소는 벨트와 안전그네 방식으로 구분되며, 요즘은 상체식 형태도 유통되고 있다. 신체지지요소는 추락시 작업자를 구속하므로 사용 선택시 적절한 보호능력을 확인하는 것이 중요하다. 신체지지요소별 추락시 인체에 미치는 영향을 보면 다음과 같다.

### (2) 안전대의 용도

추락을 방지하기 위한 안전대의 용도는 크게 다음과 같이 3가지로 구분된다.

① 작업제한

개구부 또는 측면이 개방형태로 추락할 위험이 있는 경우 작업자의 행동 반경을 제한하여 추락을 방지하기 위한 경우로, 이 경우는 벨트 형태의 안전대로도 충분히 보호기능을 발휘할 수 있다.

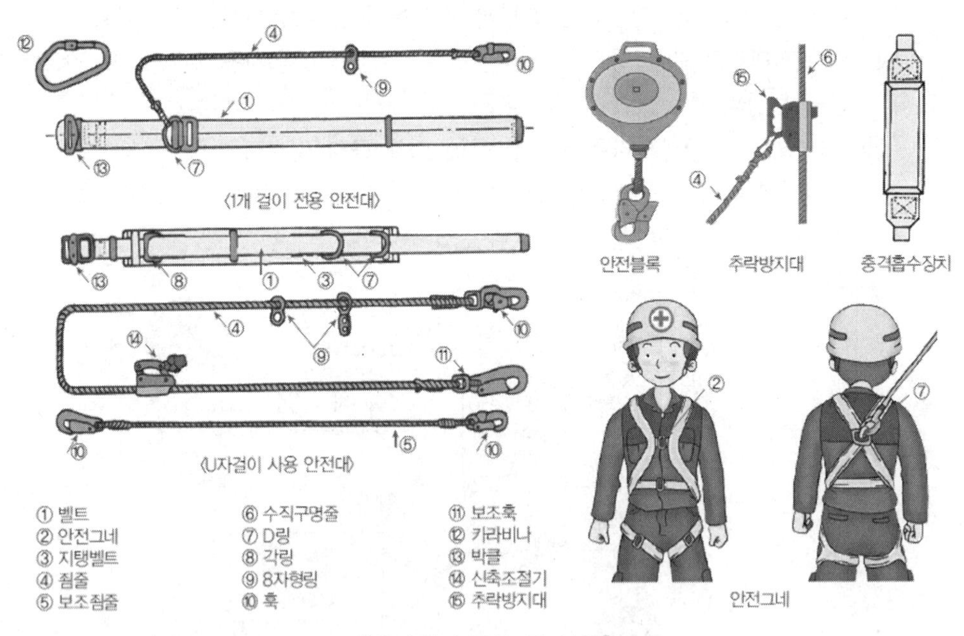


[안전대의 종류 및 부품]

② 작업자세 유지

전신주 작업 및 벌목작업의 경우 안전대는 작업을 할 수 있는 자세를 유지시켜 추락을 방지하는 역할을 할 수 있으며, 이 경우는 "U자 걸이 안전대" 또는 "주상 안전대"로 불리운다.

③ 추락 억제

철골 구조물 또는 비계의 조립·해체작업의 경우 작업자는 발을 조금만 헛디뎌도 바로 추락하므로 이 경우는 추락시 충분한 보호성능을 발휘할 수 있는 안전그네식 안전대를 착용하고, 충격흡수장치가 부착된 죔줄을 사용하여 추락 하중을 신체에 고루 분포시키고 추락 하중을 감소시킬 수 있어야 한다. 특히, 이 경우 벨트 또는 상체 형태의 안전대는 매우 위험하므로 동 작업시에서는 착용하지 말아야 한다.

| 종류 | 사용구분 |
|---|---|
| 벨트식<br>안전그네식 | U자 걸이용 |
| | 1개 걸이용 |
| | 안전블록 |
| | 추락방지대 |

추락방지대 및 안전블록은 안전그네식에만 적용함

(3) 사용상 안전확보

① 안전거리

안전대는 추락시 2차 재해를 방지하기 위하여 작업자가 안전대를 착용하고 추락하였을 때 다음과 같은 안전거리를 확보하여야 한다.

- 안전거리(C)=D링 거리+죔줄 길이(L)－걸이설비 높이(H)+감속거리(S)

〈참고〉 벨트식 안전대의 D링 거리
=1m 안전그네식 안전대의 D링 거리
=1.5m 감속거리(S)
=최대 1m

② 걸이설비 위치

추락을 억제하기 위하여 훅 또는 카라비너를 파이프 서포트 등 걸이설비에 연결시 거는 위치가 낮을수록 안전거리는 늘어나게 되고 또한 추락거리는 커지게 된다. 따라서 추락거리에 비례하여 착용자가 받는 충격은 증가하여 심각한 손상을 받을 위험이 높다. 따라서 훅 등을 구조물 등 걸이설비에 연결할 경우 가능한 한 높은 지점에 설치하는 것이 바람직하다.

③ D링의 위치

D링은 벨트 또는 안전그네와 죔줄 간을 연결하는 부위로 추락시 D링의 반대편에 하중이 집중하게 된다. 일반적으로 주상 안전대 등 작업자세를 유지하기 위한 용도로 사용될 때 D링은 양 옆구리(3시, 9시 방향)에 두도록 하고, 추락 억제시에는 등 뒤(12시 방향)에 체결하며, 추락방지대 등을 이용하고 사다리를 승 · 하강시에는 가슴 앞 부위(0시 방향)에 설치하여야 한다.

특히 추락 억제의 용도에는 절대로 배 부위(0시 방향)에 설치하여서는 안된다. 이는 척추 등 인체골격이 갖는 유연성에 기인하기 때문이다.

(4) 사용 및 관리방법

① 안전대를 설치할 수 있도록 안전대 걸이 설비를 설치하여야 하며 안전대 죔줄과 동등 이상의 강도를 유지

② 걸이설비의 위치는 가능한 한 높은 지점에 설치

③ 로프 등 죔줄의 길이는 2.5m 이내로 가능한 짧게 하여 사용

④ 죔줄의 마모, 금속제의 변형 여부 등을 점검하여 훼손시 교체

3) 안전화

(1) 안전화의 종류

안전화는 보호기능 및 작업장소와 작업특성에 따른 적합한 등급의 제품을 선택하여야 한다.

| 종류 | 기능 | 등급 |
|---|---|---|
| 가죽제 안전화 | 물체의 낙하 · 충격에 의한 위험방지 및 날카로운 것에 대한 찔림방지 | 중작업용,<br>보통작업용,<br>경작업용 |
| 고무제 안전화 | 기본기능 및 방수, 내화학성 | |
| 점전화 | 기본기능 및 점전기의 인체 대전방지 | |
| 절연화 및 절연장화 | 기본기능 및 감전방지 | |

① 경작업용

금속선별, 전기제품조립, 화학품선별, 반응장치운전, 식품가공업 등 비교적 경량의 물체를 취급하는 작업장에서 사용

② 보통작업용

일반적으로 기계공업, 금속가공업, 운반, 건축업 등 공구가공품을 손으로 취급하는 작업 및 차량사업장, 기계 등을 운전 조작하는 일반작업장에서 사용

③ 중작업용
광산에서 채광, 철강업에서 원료취급, 가공, 강재취급 및 강제운반, 건설업 등에서 중량물 운반작업, 가공 대상물의 중량이 큰 물체를 취급하는 작업장

## (2) 사용 및 관리방법

① 작업내용이나 목적에 적합한 것 선정 지급
② 가벼운 것
③ 땀 발산 효과가 있는 것
④ 디자인이나 색상이 좋은 것
⑤ 목이 긴 안전화는 신고 벗는 데 편하도록 구조가 된 것(예 : 지퍼 등)
⑥ 바닥이 미끄러운 곳에는 창의 마찰력이 큰 것
⑦ 우레탄 소재(Pu) 안전화는 고무에 비해 열과 기름에 약하므로 기름을 취급하거나 고열 등 화기취급 작업장에서는 사용을 피할 것
⑧ 정전화를 신고 충전부에 접촉 금지
⑨ 끈을 단단히 매고 꺾어 신지 말 것
⑩ 발에 맞는 것을 착용

## 4) 특수보호구

### (1) 특수보호 방열복

"보호복"이란 고열, 방사선, 중금속 또는 유해화학물질로부터 근로자를 보호하기 위하여 고안된 작업복이며, 전기용 고무장갑은 충전부위의 접촉으로부터 손을 보호하기 위한 작업장갑이다.

방열복은 제철소 또는 유리 가공업체에서 금속 또는 유리 등을 제련 또는 용해하는 과정에서 발산되는 고열로부터 화상 또는 열중증을 예방하기 위하여 사용된다.

인체는 외부환경의 변화에 대하여 일정하게 체온을 유지하려는 항상성이 있다.

하지만 주위온도가 체온보다 높을 경우 열발산이 효과적으로 안 되어 체온조절 기능의 장해를 초래하고 이에 따라 쉽게 피로해지고, 실신, 경련, 땀띠, 열사병 등 열중증을 일으키게 된다. 따라서 화상 및 열중증을 예방하기 위하여 열을 발사시킬 수 있는 방열복을 착용하여야 한다.

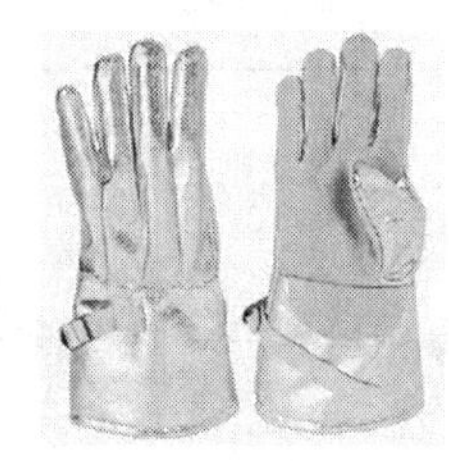
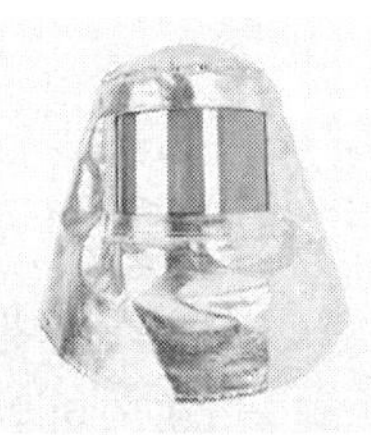

### (2) 화학용 보호복 및 보호장갑

산업현장에서 발생되는 분진, 미스트 또는 가스 및 증기는 호흡기를 통하여 인체에 흡수될 뿐 아니라 피부를 통하여 흡수되거나 피부에 상해를 초래하기도 한다.

따라서 유해물질로부터 피부를 보호하기 위하여 화학적 보호성능을 갖는 보호복이 요구된다.

특히 산업현장에서 주로 사용되는 유기용제는 피부를 통하여 흡수되어 간 등 신체 장기에 치명적인 손상을 가져오게 된다.

그럼에도 일반 작업복은 화학적 방호성능이 없는데, 이는 대부분의 유기용제의 표면장력이 물보다 훨씬 낮기 때문에 쉽게 옷으로부터 투과되어 피부에 접촉된다.

### (3) 화학용 보호복 사용 요구 작업

① 독성이 강한 농약 및 살충제 등을 살포하거나 가축의 폐기 등 방역작업
② 석면이 함유된 제품의 제조 또는 철거작업
③ 제약회사, 식품가공, 반도체 생산 등 청정실 내의 작업

④ 독성 또는 부식성 물질 취급 및 제거, 세척, 정화작업
⑤ 페인트 작업, 스프레이 코팅 등 도장 스프레이 작업
⑥ 미생물 감염방지와 땀, 체액 등 인체 오염원에 의한 식품의 손상을 방지하기 위한 식품가공 작업
⑦ 방사성 분진 및 액체를 취급하는 핵물질 취급작업
⑧ 제약산업
⑨ 사고에 의한 유해물질 긴급처리작업

### (4) 전기용 안전장갑

활선작업 및 전기 충전부에 작업자가 접촉되었을 경우 감전에 의한 화상 또는 쇼크에 의한 사망에 이르게 된다. 특히 손 부위는 작업활동시 감전위험이 가장 높은 신체 부위이므로 감전위험이 높을 경우 사용 전압에 맞는 안전장갑의 사용이 요구된다.

### (5) 보호복 및 전기용 안전장갑 구비조건 및 사용

① 착용 및 조작이 원활하여야 하며, 착용상태에서 작업을 행하는 데 지장이 없을 것
② 작업자의 신체 사이즈(키, 가슴둘레, 허리둘레)에 맞는 보호복을 선택

### (6) 방열복 구비조건 및 사용

① 방열복 재료는 파열, 절상, 균열 및 피복이 벗겨지지 않는 구조일 것
② 앞가슴 및 소매는 열풍이 쉽게 침입할 수 없는 구조일 것

### (7) 화학용 보호복

① 보호복 재료는 화학물질의 침투나 투과에 대한 충분한 보호성능을 갖출 것
② 연결부위는 재료와 동등한 성능을 보유하도록 접착 등의 방법으로 보호할 것
③ 화학물질에 따른 재료 보호성능이 다르므로 작업내용 및 취급 물질에 맞는 보호복을 선택할 것

### (8) 전기용 안전장갑

① 이음매가 없고 균질한 것일 것
② 사용시 안전장갑의 사용범위를 확인할 것
③ 전기용 안전장갑이 작업시 쉽게 파손되지 않도록 외측에 가죽장갑을 착용할 것
④ 사용 전 필히 공기 테스트를 통하여 점검을 실시할 것
⑤ 고무는 열, 빛 등에 의해 쉽게 노화되므로 열 및 직사광선을 피하여 보관할 것
⑥ 6개월마다 1회씩 규정된 방법으로 절연성능을 점검하고 그 결과를 기록할 것

Chapter

# 04 건강관리

Chapter

# 제4장 건강관리

Industrial Safety

## 01 건강진단

Section

### 1. 건강진단의 정의

#### 1) 건강(Health)의 정의

① 세계보건기구(WHO) : "완전한 신체적, 정신적, 사회적 안녕 상태로서 단순히 질병이 없거나 병약하지 않다는 뜻은 아니다(WHO, 1948)"라고 정의

② Joseph Donnelly 박사 등 : WHO의 정의에 "인간 건강의 영적 측면과 그 외 측면 간의 중요한 일치 및 상호작용"이라는 영적 측면을 추가하여(Donnelly et al., 2001) "완전하고 최적의 안녕"이라는 개념으로 건강을 더 포괄적으로 정의

#### 2) 근로자 건강진단 개요

모든 근로자를 대상으로 적절한 예방조치나 조기치료만으로도 건강을 회복할 수 있는 단계의 일반질병 및 직업병 요관찰자 또는 유소견자를 조기에 발견하기 위하여 실시되는

의학적 선별검사로, 특히 특수건강진단은 작업장의 다양한 유해인자에 의해 발생할 수 있는 근로자의 건강장해를 조기에 발견하여 직업성 질환을 예방하고 근로자의 건강을 유지·증진시키기 위하여 실시한다.
정상인을 대상으로 적절한 예방조치나 조기치료를 통하여 쉽게 회복될 수 있는 건강장해나 초기 질병을 일찍 발견하기 위하여 실시하는 의학적 검사를 말한다.

### 3) 근로자 건강진단의 목적 및 활용도

#### (1) 목적

① 개별 근로자의 건강수준 평가와 현재의 건강상태 파악 및 계속적인 건강관리의 기초자료로 사용한다.
② 특정업무에 종사하기에 적합한 정신, 신체적인 상태의 파악 및 적절한 작업배치를 한다.
③ 일반질환과 직업성 질환의 조기 발견과 사후관리 조치를 한다.
④ 집단 전체에 악영향을 미칠 수 있는 질병이나 건강장해를 일으킬 수 있는 요인을 가진 근로자의 발견과 적절한 조치를 한다.

#### (2) 활용도

① 근로자집단 전체의 건강양상을 파악함으로써 동일 작업집단이나 유사작업 환경 근로자들에 대한 건강 유해요인을 최소화하도록 하는 대책 수립시 분석자료로 활용한다.
② 소수 근로자에게서의 직업 관련성 질환을 확인하여 다른 근로자에게 동일질환이 발생하지 않도록 유해요인의 노출 및 허용기준을 설정하는 기초자료로 사용한다.
③ 생활습관 등 비직업성 혹은 직업성 질환의 위험요인을 파악할 수 있어 건강증진 프로그램의 기초자료로 활용 가능하다.

## 2. 건강진단의 종류

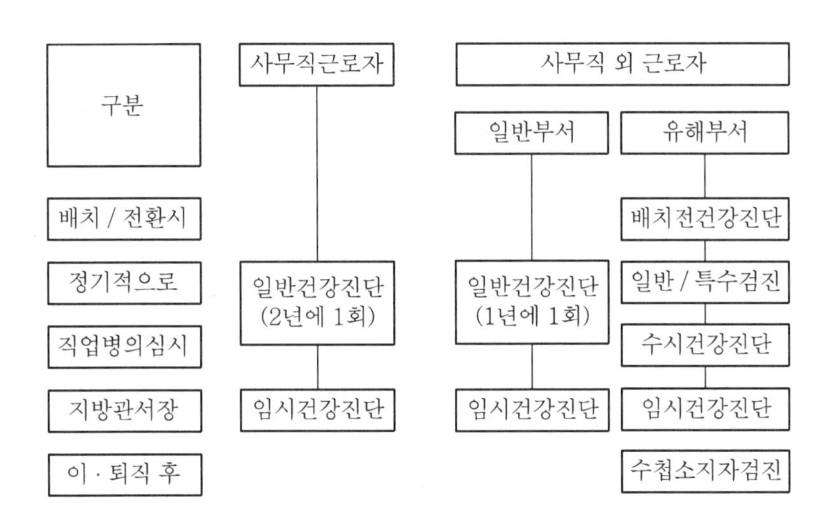


### 1) 일반건강진단

#### (1) 목적

고혈압, 당뇨 등 일반질병을 조기발견하고 근로자의 건강관리를 위하여 주기적으로 실시하는 건강진단

#### (2) 실시대상 및 주기

① 사무직 근로자 : 2년에 1회 이상

※ 사무직 근로자란 공장 또는 공사현장과 동일한 구내에 있지 아니한 사무실에서 서무 · 인사 · 경리 · 판매 · 설계 등의 사무업무에 종사하는 근로자를 말함(판매업무 등에 직접 종사하는 근로자는 제외

② 그 밖의 근로자 : 1년에 1회 이상

#### (3) 실시기관

특수건강진단기관 또는 「국민건강보험법」에 의한 건강진단을 실시하는 기관

#### (4) 실시방법

국민건강보험공단에서 실시하는 건강진단과 통합하여 실시

#### (5) 검사항목

① 일반건강진단으로 인정하는 건강진단의 종류에 따라 약간의 차이가 있으며 대부분 포함하여 실시

〈산업안전보건법에 의한 일반건강진단 검사항목〉

| | 목적 | 실시대상 및 주기 |
|---|---|---|
| 일반 건강진단 | 고혈압, 당뇨 등 일반질병을 조기 발견하고 근로자의 건강관리를 위하여 주기적으로 실시하는 건강진단 | • 사무직 근로자 : 2년에 1회 이상<br>– 사무직 근로자란 : 공장 또는 공사현장과 동일한 구내에 있지 아니한 사무실에서 서무 · 인사 · 경리 · 판매 · 설계 등 사무업무(판매업무 등에 직접 종사자 제외) 종사자<br>• 기타 근로자 : 1년에 1회 이상 |
| 특수 건강진단 | 유해인자로 인해 작업병을 조기 발견하기 위하여 실시하는 건강진단 | • 산업안전보건법 시행규칙에서 정한 181종의 특수건강진단 대상 유해인자에 노출되는 업무에 종사하는 근로자<br>• 근로자 건강진단결과 직업병유소견자로 판정받은 후 작업전환을 하거나 작업장소를 변경하고, 직업병유소견 판정의 원인이 된 유해인자에 대한 건강진단이 필요하다는 의사의 소견이 있는 근로자<br>• 배치 전 건강진단을 실시한 날로부터 유해인자별로 정해져 있는 시기에 첫 번째 특수건강진단을 실시하고, 이후 정해져 있는 주기에 따라 정기적으로 실시 |
| 배치 전 건강진단 | 특수건강진단 대상업무에 종사할 근로자에 대하여 배치예정업무에 대한 적합성 평가를 위하여 실시 | • 특수건강진단 대상업무에 근로자를 배치하고자 할 때 당해 작업에 배치하기 전에 실시하여야 하며, 특수건강진단기관에 당해 근로자가 담당할 업무나 배치하고자 하는 작업장의 특수건강진단대상 유해인자 등 관련정보를 미리 알려 주어야 함 |
| 수시 건강진단 | 특수건강진단 대상업무로 인하여 해당 유해인자로 인한 작업성 천식, 피부질환 등과 같은 직업병을 의심하게 하는 증상이나 소견을 호소할 때 근로자의 신속한 건강평가 및 의학적 적합성 평가를 위하여 실시 | • 수시건강진단 대상 근로자가 직접 요청하거나 근로자 대표나 명예산업안전감독관을 통하여 요청하는 때<br>• 사업장의 산업보건의 및 보건관리자(보건관리전문기관 포함)가 실시를 건의할 때 |
| 임시 건강진단 | 특수건강진단대상 유해인자, 기타 유해인자에 의한 중독의 여부, 질병의 이환여부 또는 질병의 발생원인 등을 확인하기 위하여 지방노동관서장의 명령에 의기 실시 | • 지방 노동관서의 장이 필요하다고 인정하여 명령하는 근로자<br>• 동일부서에서 근무하는 근로자 또는 동일한 유해인자에 노출되는 근로자에게 유사한 질병의 자 · 타각증산이 발생한 경우<br>• 직업병 유소견자가 발생하거나 다수 발생할 우려가있는 경우<br>• 기타 지방 노동관서의 장이 필요하다고 판단되는 경우 |

② 과거병력, 작업경력 및 자각 · 타각증상(시진 · 촉진 · 청진 및 문진)
③ 혈압 · 혈당 · 요당, 요단백 및 빈혈검사
④ 체중 · 시력 및 청력
⑤ 흉부방사선 간접촬영
⑥ 혈청 지 · 오 · 티 및 지 · 피 · 티, 감마 지 · 티 · 피 및 총콜레스테롤

(6) 일반건강진단을 실시한 것으로 인정하는 기준

① 「국민건강보험법」에 의한 건강검진
② 「항공법」에 의한 신체검사
③ 「학교보건법」에 의한 신체검사
④ 「진폐의 예방과 진폐근로자의 보호 등에 관한 법률」에 의한 건강진단
⑤ 「선원법」에 의한 건강진단
⑥ 그 밖에 일반건강진단의 검사항목을 모두 포함하여 실시한 건강진단

## 2) 특수건강진단

(1) 목적

유해인자로 인한 직업병을 조기 발견하기 위하여 실시하는 건강진단

(2) 대상

① 산업안전보건법 시행규칙에서 정한 181종의 특수건강진단 대상 유해인자에 노출되는 업무에 종사하는 근로자
② 근로자건강진단 실시결과 직업병 유소견자로 판정받은 후 작업전환을 하거나 작업장소를 변경하고, 직업병 유소견판정의 원인이 된 유해인자에 대한 건강진단이 필요하다는 의사의 소견이 있는 근로자

(3) 실시시기 및 주기

배치 전 건강진단을 실시한 날로부터 유해인자별로 정해져 있는 시기에 첫 번째 특수건강진단을 실시하고, 이후 정해져 있는 주기에 따라 정기적으로 실시

※ 다음의 경우 특수건강진단 주기를 정해진 주기의 1/2로 단축

① 작업환경측정 결과 노출기준 이상인 공정에서 당해 유해인자 노출근로자
② 건강진단결과 직업병 유소견자가 발견된 작업공정의 당해 유해인자 노출근로자
③ 특수건강진단 또는 임시건강진단을 실시한 결과 당해 유해인자에 대하여 특수건강진단 실시주기를 단축하여야 한다는 의사의 판정을 받은 근로자

| 구분 | 대상 유해인자 | 시기 | 주기 |
|---|---|---|---|
| | | 배치 후 첫 번째 특수건강진단 | |
| 1 | N,N-디메틸아세트아미드<br>N,N-디메틸포름아미드 | 1개월 이내 | 6개월 |
| 2 | 벤젠 | 2개월 이내 | 6개월 |
| 3 | 1,1,2,2-테트라클로로에탄<br>사염화탄소<br>아크릴로니트릴<br>염화비닐 | 3개월 이내 | 6개월 |
| 4 | 석면, 면 분진 | 12개월 이내 | 12개월 |
| 5 | 광물성 분진<br>나무 분진<br>소음 및 충격소음 | 12개월 이내 | 24개월 |
| 6 | 제1호부터 제5호까지의 규정의 대상 유해인자를 제외한 별표 12의2의 모든 대상 유해인자 | 6개월 이내 | 12개월 |

산업안전보건법령상 대상 유해인자와 배치 후 첫 번째 특수건강진단의 시기가 옳게 짝지어진 것은? ①

① N,N-디메틸아세트아미드-1개월 이내
② N,N-디메틸포름아미드-3개월 이내
③ 벤젠-3개월 이내
④ 염화비닐-6개월 이내
⑤ 사염화탄소-6개월 이내

(4) 특수건강진단을 실시한 것으로 인정하는 기준

① 「원자력법」에 의한 건강진단(방사선에 한함)
② 「진폐의 예방과 진폐근로자의 보호 등에 관한 법률」에 의한 정기건강진단(광물성 분진에 한함)
③ 「진단용 방사선 발생장치의 안전관리 규칙」에 의한 건강진단(방사선에 한함)
④ 그 밖에 별표 13에서 정한 특수건강진단의 검사항목을 모두 포함하여 실시한 건강진단(해당 유해인자에 한함)

(5) 실시기관

고용노동부로부터 특수건강진단기관으로 지정받은 기관

### 3) 배치 전 건강진단

(1) 목적

특수건강진단 대상업무에 종사할 근로자에 대하여 배치예정 업무에 대한 적합성 평가를 위하여 실시

(2) 실시시기

특수건강진단 대상업무에 근로자를 배치하고자 할 때 당해 작업에 배치하기 전에 실시하여야 하며, 특수건강진단기관에 당해 근로자가 담당할 업무나 배치하고자 하는 작업장의 특수건강진단대상 유해인자 등 관련정보를 미리 알려 주어야 함

(3) 배치 전 건강진단 면제대상

① 다른 사업장에서 당해 유해인자에 대한 배치 전 건강진단을 받았거나 배치 전 건강진단의 필수 검사항목을 모두 포함하는 특수·수시·임시건강진단을 받고 6개월이 경과하지 아니한 근로자로서 건강진단결과를 기재한 건강진단 개인표 또는 그 사본을 제출한 경우

② 당해 사업장에서 당해 유해인자에 대한 배치 전 건강진단을 받았거나 배치 전 건강진단의 필수 검사항목을 모두 포함하는 특수·수시·임시건강진단을 받고 6개월이 경과하지 아니한 근로자

### 4) 수시건강진단

(1) 목적

특수건강진단 대상업무로 인하여 해당 유해인자에 의한 직업성천식·직업성피부염 및 기타 건강장해를 의심하게 하는 증상을 보이거나 의학적 소견이 있는 근로자에 대한 신속한 건강평가 및 의학적 적합성 평가를 위하여 실시

(2) 실시시기

① 수시건강진단 대상 근로자가 직접 요청하거나 근로자 대표나 명예 산업안전 감독관을 통하여 요청하는 때

② 사업장의 산업보건의 및 보건관리자(보건관리전문기관 포함)가 실시를 건의할 때

(3) 면제대상

사업주가 수시건강진단의 실시를 서면으로 요청 또는 건의받았으나 특수건강진단을 실시한 의사로부터 필요치 않다는 자문을 서면으로 받은 경우

### 5) 임시건강진단

(1) 목적

특수건강진단대상 유해인자, 기타 유해인자에 의한 중독의 여부, 질병의 이환 여부 또는 질병의 발생원인 등을 확인하기 위하여 지방노동관서장의 명령에 의거 실시

(2) 대상

지방 노동관서의 장이 필요하다고 인정하여 명령하는 근로자

(3) 실시기준

① 동일부서에서 근무하는 근로자 또는 동일한 유해인자에 노출되는 근로자에게 유사한 질병의 자·타각증상이 발생한 경우
② 직업병 유소견자가 발생하거나 다수 발생할 우려가 있는 경우
③ 기타 지방 노동관서의 장이 필요하다고 판단되는 경우

(4) 실시시기

지방노동관서의 장으로부터 임시건강진단 명령을 받은 경우 지체없이 실시

(5) 건강진단 결과의 해석과 이용

건강진단결과는 건강관리구분, 업무적합성 평가 및 사후관리에 이용된다. 따라서 건강진단 결과를 정확히 해석하고 활용하는 것은 근로자의 건강관리를 위해 필수적인 요건이다.

## 3. 건강진단 기준 및 판정

### 1) 건강관리구분

| 건강관리부분 | | 정의 | 내용 |
|---|---|---|---|
| A | | 건강자 | 건강관리상 사후관리가 필요없는 자 |
| C | $C_1$ | 직업병요관찰자 | 직업성질병으로 진전될 우려가 있어 추적검사 등 관찰이 필요한 자 |
| | $C_2$ | 일반질병요관찰자 | 일반질병으로 진전될 우려가 있어 추적관찰이 필요한 자 |
| D | $D_1$ | 직업병유소견자 | 직업성질병의 소견을 보여 사후관리가 필요한 자 |
| | $D_2$ | 일반질병유소견자 | 일반질병의 소견을 보여 사후관리가 필요한 자 |
| R | | 2차 건강진단대상자 | 일반건강진단에서의 질환의심자 |

※ 국민건강보험공단에서 실시하는 건강진단 후 단순요양(F) 또는 휴무요양(G)으로 판정되는 경우

① 단순요양(F)

1, 2차 검진결과 통원치료가 필요하나 일상생활을 제한할 필요가 없는 경우

② 휴무요양(G)

1, 2차 검진결과 통원 및 입원치료가 필요하여 일상생활을 제한할 필요가 있는 경우, 휴무요양기간을 기재

〈'야간직업' 특수건강진단 건강관리구분 판정〉

| 건강관리부분 | 건강관리구분내용 |
|---|---|
| A | 건강관리상 사후관리가 필요 없는 근로자(건강한 근로자) |
| $C_N$ | 질병으로 진전될 우려가 있어 야간작업 시 추적관찰이 필요한 근로자(질병요관찰자) |
| $D_N$ | 질병의 소견을 보여 야간작업 시 사후관리가 필요한 근로자(질병 유소견자) |
| R | 건강진단 1차 검사결과 건강수준의 평가가 곤란하거나 질병이 의심되는 근로자(제2차 건강진단 대상자) |

※ "U"는 2차건강진단대상임을 통보하고 30일을 경과하여 해당 검사가 이루어지지 않아 건강관리구분을 판정할 수 없는 근로자 "U"로 분류한 경우에는 당 근로자의 퇴직, 기한내 미실시 등 2차 건강진단의 해당 검사가 이루어지지 않은 사유를 규칙 제105조제3항에 다른 건강진단결과표의 사후관리소견서 검진소견란에 기재하여야 함

### 2) 사후관리 조치판정

해당 근로자의 건강관리를 지속적으로 시행하기 위한 조치로 사업장에서는 사후관리소견에 따라 해당 근로자를 조치하는 것이 중요하며 추적검사는 건강진단을 실시한 기관에서 시행한다.

| 관리 | 내용 | 번호 | 사후관리 조치내용 | 근로자 | | | | | 사업주 |
|---|---|---|---|---|---|---|---|---|---|
| | | | | A | $C_1$ | $C_2$ | $D_1$ | $D_2$ | |
| | | 0 | 필요 없음 | ○ | | | | | |
| 개인중재 | 생활습관 중재 | 1 | 건강상단 | | ○ | ○ | ◎ | ◎ | 상담시간 제공/보건관리자 활용 |
| | 의학적 관리 | 2 | 추적검사 | | ○ | | ◎ | | 추적검사대상자 관리 |
| | | 3 | 검진주기 단축 | | ○ | | ◎ | | $D_1$주기단축대상자 관리 |
| | | 4 | 근무 중 치료 | | | | ○ | ◎ | 치료기회 제공 |
| | 근무상 조치 | 5 | 작업전환 | | | | ◎ | ○ | |
| | | 6 | 근무시간 단축 | | | | ○ | | |
| | | 7 | 근로금지 및 제한 | | | | ◎ | | |
| 직업중재 | 직업중재 | 8 | 보호구 착용 | | ◎ | ○ | ○ | ○ | 적정보호구 제공/관리 |
| | | 9 | 작업환경관리 | | ○ | | ◎ | | 노출수준 저감대책 |
| 기타 | | 10 | 정밀업무적합성 평가의뢰 | | | | ◎ | ○ | 업무적합성 평가실시 및 적정배치 |
| | | 11 | 직업병 확진의뢰 | | | | ◎ | | 정보제공 및 기관안내 |
| | | 12 | 기타( ) | | | | | | |

| 구분 | 사후관리 조치내용 | 참고사항 |
|---|---|---|
| 0 | 필요 없음 | |
| 1 | 건강상담 | 건강상담내용 기술 |
| 2 | 보호구지급 및 착용지도 | 보호구의 점검, 교체 등 보호구관리를 포함 |
| 3 | 추적검사 | C 또는 D 해당자에게 추적검사 실시 |
| 4 | 근무 중 치료 | |
| 5 | 근로시간 단축 | 또는 연장근무 제한 |
| 6 | 작업전환 | |
| 7 | 근로제한 및 금지 | 치료완결 후 의사지시로 복귀 |
| 8 | 작업병확진 의뢰안내 | $D_1$ 중 직업병 확진이 필요한 경우 검진기관의사가 산재요양신청서를 대신 작성 |
| 9 | 기타 | |

① 근로자의 질병단계별($C_1$, $C_2$, $D_1$, $D_2$)로 어떠한 사후관리가 필요할지를 예시하였으며, ○는 권장되는 경우를 표시하고, ◎는 강력하게 권장되는 경우를 표시함. 단, 같은 질병단계라도 개별적으로 보면 질병의 성격이 다를 수 있으므로 이러한 표시는 반드시 그렇게 해야 한다는 강제적 의미가 아니라 개별적인 질병의 성격을 고려하면서 참고하는 내용임

② 기존의 사후관리조치에 검진주기 단축, 작업환경관리 및 정밀업무적합성평가의뢰 등 3가지 사후관리조치를 추가하였다.

③ 사후관리는 중재별로 복수의 사후관리가 가능하도록 하였다.

④ 근로자에게 어떠한 사후관리가 내려진 경우, 사업주가 해야 할 내용을 적시하도록 하여 사후관리가 실효성 있게 이뤄지도록 함

### 3) 업무수행 적합 여부

일반질병 유소견자와 직업병 유소견자에 대해서는 반드시 업무수행 적합 여부를 판정해야 한다.

| 번호 | 업무수행 적합여부 | 사후관리 조치내용 | 근로자 | | | | |
|---|---|---|---|---|---|---|---|
| | | | A | $C_1$ | $C_2$ | $D_1$ | $D_2$ |
| 가 | 조건 없이 작업 가능 | | ○ | | ○ | | |
| 나 | 일정조건하 작업 가능 | 건강상담 | | ○ | ○ | ◎ | ◎ |
| | | 추적검사 | | ○ | | ◎ | |
| | | 검진주기 단축 | | ○ | | ◎ | |
| | | 근무 중 치료 | | | | ○ | ◎ |
| | | 근무시간단축(연장근무제한) | | | | ○ | ◎ |
| | | 근로제한 | | | | ○ | ○ |
| | | 보호구 착용 | | ◎ | ○ | ○ | ○ |
| | | 작업환경관리 | | ○ | | ◎ | |
| | | 정밀업무적합성평가의뢰 | | | | ◎ | ○ |
| | | 직업병 확진의뢰 | | | | ◎ | |
| | | 기타(　　) | | | | | |
| 다 | 한시적 작업 불가 | 질병치료 후까지 | | | | ◎ | ◎ |
| | | 기타(　　) | | | | | |
| 라 | 영구적 작업 불가 | 작업전환(근로금지) | | | | ◎ | ○ |

| 구분 | 업무수행 적합여부 내용 |
|---|---|
| 가 | 건강관리상 현재의 조건하에서 작업이 가능한 경우 |
| 나 | 일정한 조건(환경개선, 보호구 착용, 건강진단 주기의 단축 등)하에서 현재의 작업가능 |
| 다 | 건강장해가 우려되어 한시적으로 현재의 작업을 할 수 없는 경우 |
| 라 | 건강장해의 악화 또는 영구적인 장해의 발생이 우려되어 현재의 작업을 해서는 안 되는 경우 |

① 근로자의 질병단계별($C_1$, $C_2$, $D_1$, $D_2$)로 어떠한 사후관리가 필요할지를 예시하였으며, ○는 권장되는 경우를 표시하고, ◎는 강력하게 권장되는 경우를 표시함. 단, 같은 질병단계이라도 개별적으로 보면 질병의 성격이 다를 수 있으므로, 이러한 표시는 반드시 그렇게 해야 한다는 강제적 의미가 아니라, 개별적인 질병의 성격을 고려하면서 참고하는 내용임

② 다 및 라의 경우에서 작업에 복귀할 때에는 필요에 따라 산업의학전문의의 작업복귀시의 업무적합성평가를 받는 것이 필요하다.

③ 여기서는 전체를 아우르는 일반적인 내용을 적시한 것으로 개별질환에 따라 다를 수 있음

④ 근무시간단축(연장근무제한), 작업전환, 근로제한 및 금지 등 근무상 조치는 정밀업무 적합성 평가 후에 내리는 것이 바람직하다.

## 4. 건강진단 결과보고 및 보존

### 1) 건강진단 실시기관(사업주) : 건강진단 결과표(완료일로부터 30일 이내)

① 건강진단 개인표

② 질병 유소견자에 대하여는 근로자용 1부를 근로자에게 직접 전달

### 2) 산업안전보건공단 및 고용노동부 보고

① 특수, 임시건강진단 : 건강진단개인표 전산입력자료(공단)

② 일반건강진단 : 일반건강진단결과표 전산입력자료(공단)

③ 직업병 유소견자 발생 : 직업병 유소견자 발생보고서(관할지방노동관서의 장)

### 3) 사업주

① 건강진단 개인표 : 즉시 근로자에 통보, 사후관리조치

② 특수 · 임시 건강진단 결과표 : 관할지방노동관서의 장에게 보고

③ 일반건강진단 결과표 : 요구시 지방노동관서장에게 제출

### 4) 기록보존과 비밀유지

① 기록보존 : 건강진단기관과 사업주는 건강진단관련 서류를 5년간 보존
(산업안전보건법에 따른 발암성 확인물질 : 30년간)

② 비밀유지 : 산업안전보건법 제162조

## 5. 사업주 및 근로자의 의무

### 1) 사업주의 의무

| 내용 |
|---|
| 건강진단의 실시 |
| 근로자대표의 요구 시 건강진단에 근로자 대표입회 |
| 임시건강진단 실시 명령이행 |
| 건강진단 결과 보고 |
| 건강진단결과 조치이행 |
| 근로자대표의 요구시 건강진단 설명회 개최 |
| 건강진단결과의 목적외 사용금지 |
| 건강진단 실시시기의 명시 |
| 사업주의 건강진단결과 보존법 |

### 2) 근로자의 의무

근로자는 사업주가 실시하는 건강진단을 받아야 한다. 다만, 사업주가 지정한 건강진단기관에서 진단 받기를 희망하지 아니하는 경우에는 다른 건강진단기관으로부터 이에 상응하는 건강진단을 받아 그 결과를 증명하는 서류를 사업주에게 제출할 수 있다.

### 3) 질병자의 근로금지 · 제한

① 전염될 우려가 있는 질병에 걸린 사람. 다만, 전염을 예방하기 위한 조치를 한 경우에는 그러하지 아니하다.

② 정신분열증, 마비성 치매에 걸린 사람

③ 심장 · 신장 · 폐 등의 질환이 있는 사람으로서 근로에 의하여 병세가 악화될 우려가 있는 사람

④ 제1호부터 제3호까지의 규정에 준하는 질병으로서 고용노동부장관이 정하는 질병에 걸린 사람

사업주는 근로를 금지하거나 근로를 다시 시작하도록 하는 경우에는 미리 보건관리자(의사인 보건관리자만 해당한다), 산업보건의 또는 건강진단을 실시한 의사의 의견을 들어야 한다.

산업안전보건법령상 진단결과에 따라 사업주가 근로를 금지하거나 취업을 제한하여야 하는 대상이 아닌 질병자는? ③

① 정신분열증에 걸린 사람
② 마비성 치매에 걸린 사람
③ 폐결핵으로 진단받고 1개월째 약물치료를 받고 있는 사람
④ 규폐증으로 진단받고 모래를 이용한 주형작업에 근무하려는 사람
⑤ 만성신장질환으로 치료 중이나, 카드뮴 노출 작업장에 근무하려는 사람

해설 전염성 질병(폐결핵)에 걸렸으나, 전염을 예방하기 위한 조치(약물치료)를 받고 있으므로 근로를 금지하거나 취업을 제한하지 않을 수 있다.

# 02 건강증진

Section

## 1. 건강증진의 정의

### 1) 협의의 건강증진

① 건강증진을 1차 예방수단으로 국한

② 즉 신체적, 정신적, 사회적 안녕으로 향하는 1차적 예방수단을 통한 건강상태에 주 관심을 갖는 것

### 2) 광의의 건강증진

협의의 건강증진을 비롯하여 질병위험요인의 조기발견과 관리를 위한 2차적 예방수단을 포함하는 것

### 3) 사업장 건강증진사업

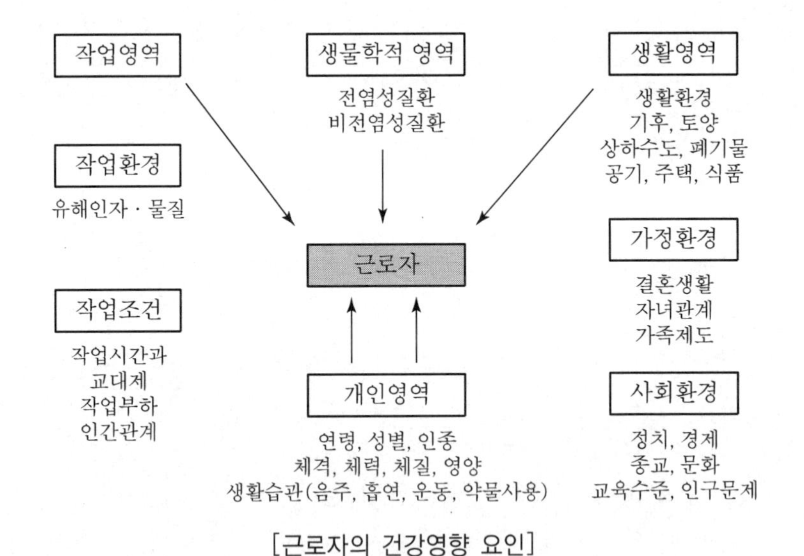


[근로자의 건강영향 요인]

### 4) 근로자 건강증진사업 계획시 원칙

① 직종이나 계급에 관계없이 모든 근로자들이 받아들일 수 있는 것이어야 한다.

② 근로자 참여에 있어서 개인의 선택이 보장되어야 한다.

③ 근로자의 건강증진은 건강보호에서부터 시작되어야 한다.

④ 근로자 건강증진 사업에 참여하는 모든 근로자의 기록과 결과는 비밀이 보장되어야 한다.

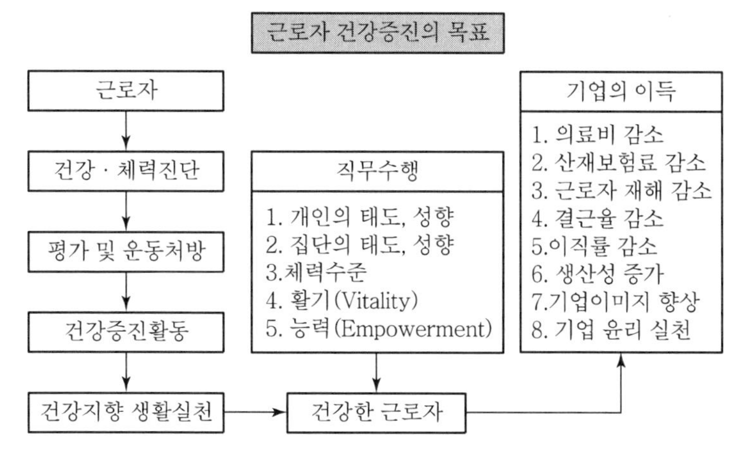


[근로자의 건강증진의 목표]

## 2. 생활습관과 건강

### 1) 건강정의 및 건강결정 요인

#### (1) 세계보건기구(WHO)의 건강의 정의

건강이란 단지 허약하지 않은 상태나 병에 걸리지 않는 상태뿐만 아니라, 정신적 · 신체적 · 사회적으로 안녕한 상태

#### (2) 건강 결정요인

① 부모로부터 타고난 유전적 요인

② 환경적 요인

③ 생활습관 요인

④ 의료제도, 의료정책 등의 보건의료적 요인

#### (3) 건강관리의 영역

① 건강증진

② 질병의 예방

③ 질병의 발견과 치료

④ 재활

## 2) 건강생활습관

### (1) 건강생활습관의 정의

① 좁은 의미 : 건강에 나쁜 영향을 주는 흡연, 음주 등을 피하는 것

② 넓은 의미 : 건강에 영향을 미치는 지식, 태도, 행동과 신념을 모두 포함하며, 건강을 향상시키고 유지, 증진시키기 위한 계속적인 과정과 노력

### (2) 건강생활습관 7가지

① 담배를 피우지 않는 것

② 음주를 줄이는 것

③ 규칙적으로 운동하는 것

④ 적정한 체중을 유지하는 것

⑤ 하루 7~8시간의 수면을 취하는 것

⑥ 아침식사를 거르지 않는 것

⑦ 간식을 먹지 않는 것

## 3) 생활습관의 정의 및 원인

### (1) 생활습관병의 정의

① '생활습관병'이란 사람의 건강을 유지하는 데 필요한 생활습관을 건강하게 유지해 나가지 못했을 때 이로 인해 발생하는 질병

② 대표적인 생활습관병은 고혈압, 당뇨병, 고지혈증, 비만 등

### (2) 생활습관병의 원인

① 담배의 연기에는 2,600여 종의 발암물질이 포함되어 있을 뿐 아니라 폐질환, 심장질환은 물론이고, 태아에도 악영향을 미침

② 술은 뇌의 기능을 둔화시키고 혈관 확장, 이뇨작용, 저혈당 증세나 성기능의 감소를 일으킬 수 있으며, 비만과 영양결핍을 초래

③ 고지방·저섬유성 식사는 대장암, 유방암 및 전립선암의 발생위험을 증가시키고, 육류의 과도한 섭취는 동맥경화를 일으키며, 지방과 열량이 많은 서구형 식사는 당뇨병을 발생시킴
④ 운동부족은 심근경색증과 같은 관상동맥질환 유발
⑤ 스트레스는 관상동맥질환, 고혈압, 위십이지장궤양, 불임 등의 부인과질환 등을 일으키며, 불안장애, 우울증, 수면장애 등의 정신질환과도 관계가 있음
⑥ 과도한 피로는 신체의 항상성을 깨뜨리고 질병을 유발할 수 있음

### 4) 건강생활 습관의 개선과 관리방법

#### (1) 좋은 식습관

① 다양한 과일과 야채를 하루 5번 이상 섭취한다.
② 콩, 생선, 저지방우유, 기름기 적은 고기를 선택한다.
③ 포화지방, 콜레스테롤, 알코올 섭취를 제한한다.

#### (2) 올바른 운동방법

① 운동은 1주 3회 이상, 1회 30분 이상 규칙적으로 한다.
② 적절한 휴식 없이 운동을 계속하면 운동 중 연소된 노폐물이 외부로 배출되지 못하므로 충분한 휴식을 병행하여 운동한다.

#### (3) 금연은 필수

① 담배는 건강에 가장 위험한 인자이다.
② 간접흡연의 유해성도 크므로 꼭 금연한다.
③ 흡연 욕구를 없애기 위해 자신의 일에 몰두한다든지 취미활동을 한다.

#### (4) 건강한 음주법

① 술은 즐거운 분위기에서 마신다. 화를 풀거나 스트레스 해소를 위해 음주를 할 경우 과음할 수 있다.
② 1회 음주량은 2~3잔을 넘기지 않는다.
③ 술을 매일 마시지 않는다. 특히 과음한 후에는 2~3일간 휴식을 취한다.

#### (5) 직무스트레스 관리

① 스트레스의 원인을 찾는다.
② 자신이 할 수 있는 일의 한계를 정한다.
③ 휴식은 평온한 마음을 가져온다.
④ 긍정적으로 생각한다.
⑤ 마음을 가라앉힐 수 있는 취미활동을 갖는다.

## 3. 생활습관 평가

### 1) 생활습관 평가의 목적

① 개인에게 자신의 위험요인들을 알게 함
② 위험요인의 변화가 조기 사망의 위험을 변화시킬 수 있다는 것을 알게 함
③ 사망 위험이 부분적으로는 각 개인의 조절에 달렸다는 자세를 갖게 함
④ 위험요인을 감소시킬 수 있는 방향으로 행동을 변화하도록 함
⑤ 조기 사망의 위험을 감소시킴
⑥ 행동 변화의 촉진에 의해 건강을 증진하고 수명을 연장하여 건강상태를 향상시킴

### 2) 건강위험 평가의 장점

건강위험평가는 개인의 건강에 관계되는 위험요인을 파악하여 이들 원인에 의한 집단의 사망통계 및 역학적 자료를 바탕으로 10년간의 사망확률과 적절한 행동변화로 줄일 수 있는 위험률을 추정하는 것으로, 개인의 건강 행태에 대해 평가하고 이들의 변화를 위한 교육 및 상담의 기초자료로 활용된다.
건강위험평가 활동에 대한 사업장의 비용-편익 분석 결과 건강증진 프로그램 실시 5년 후 보건관리에 소요되는 비용이 시행 전에 비하여 감소하였고 의료비용 역시 24%나 감소하였음을 보여주었다.

### 3) 건강위험평가 도구

#### (1) 우리나라의 건강위험평가 도구

① 우리나라에서는 국민건강보험공단에서 건강과 관련된 생활습관, 가족력, 환경요인 등을 기초로 하여 개인의 사망위험도를 평가하기 위하여 국민건강보험공단 홈페이지에서 건강위험평가를 할 수 있는 메뉴를 만들어 제공하고 있다.
② 건강위험평가 웹서비스 제공 목적은 건강개선 자료를 제공하여 건강한 삶을 유지하기 위한 생활습관의 변화를 유도하기 위함으로 연령이 20세 이상, 75세 이하인 자가 사용할 수 있다.
③ 국민건강보험공단에서 제공하는 건강위험평가(HRA)는 한국인의 평균 사망률을 토대로 하여 만들어진 평가도구이다. 즉 질환별 개인건강위험 확률을 한국인 평균 해당 연령의 평균 사망위험 질환과 비교하여 건강위험도를 평가한 것으로, 예를 들어 뇌혈관질환이 +33%이면 뇌혈관질환으로 인해 10년 이내에 사망할 확률이 평균 사망확률보다 33%가 높다는 것을 의미한다.

④ 건강위험도 평가를 제공하고 있는 질환은 허혈성 심장질환, 뇌혈관질환, 운수사고, 간암, 유방암, 간경변, 위암, 폐암 등이다.

(2) 뇌심혈관계 질환 발병위험도 평가

① 1도~3도 고혈압(SBP 140 이상 또는 DBP 90 이상일 때)
② 연령(남자 55세 이상, 여자 65세 이상)
③ 흡연
④ 총콜레스테롤치가 240보다 높거나, LDL 콜레스테롤치가 160보다 높을 때
⑤ HDL 콜레스테롤치가 35보다 낮을 때
⑥ 직계가족의 심혈관질환 조기발병(50세 이전)
⑦ 비만(BMI 30 이상), 신체활동 부족
⑧ 심방세동

검사결괏값이 높을수록 뇌심혈관계 질환에 예방적 효과를 나타내는 것은? ④

① 혈당
② 중성지방
③ 총콜레스테롤
④ HDL-콜레스테롤
⑤ LDL-콜레스테롤

해설 HDL-콜레스테롤

Chapter 05

# 산업재해 조사 및 원인 분석 등

# 제5장 산업재해 조사 및 원인 분석 등

Chapter

Industrial Safety

## 01 재해조사

Section

### 1. 재해조사의 목적

#### 1) 목적

(1) 동종재해의 재발방지
(2) 유사재해의 재발방지
(3) 재해원인의 규명 및 예방자료 수집

#### 2) 재해조사에서 방지대책까지의 순서(재해사례연구)

(1) 1단계

사실의 확인(① 사람 ② 물건 ③ 관리 ④ 재해발생까지의 경과)

(2) 2단계

직접원인과 문제점의 확인

(3) 3단계

근본 문제점의 결정

(4) 4단계

대책의 수립
① 동종재해의 재발방지
② 유사재해의 재발방지
③ 재해원인의 규명 및 예방자료 수집

#### 3) 사례연구 시 파악하여야 할 상해의 종류

(1) 상해의 부위
(2) 상해의 종류
(3) 상해의 성질

## 2. 재해조사 시 유의사항

1) 사실을 수집한다.
2) 객관적인 입장에서 공정하게 조사하며 조사는 2인 이상이 한다.
3) 책임추궁보다는 재발방지를 우선으로 한다.
4) 조사는 신속하게 행하고 긴급 조치하여 2차 재해의 방지를 도모한다.
5) 피해자에 대한 구급조치를 우선한다.
6) 사람, 기계 설비 등의 재해요인을 모두 도출한다.

## 3. 재해발생 시 조치사항

### 1) 긴급처리

(1) 피재기계의 정지 및 피해확산 방지
(2) 피재자의 구조 및 응급조치(가장 먼저 해야 할 일)
(3) 관계자에게 통보
(4) 2차 재해방지
(5) 현장보존

### 2) 재해조사

누가, 언제, 어디서, 어떤 작업을 하고 있을 때, 어떤 환경에서, 불안전 행동이나 상태는 없었는지 등에 대한 조사 실시

### 3) 원인강구

인간(Man), 기계(Machine), 작업매체(Media), 관리(Management) 측면에서의 원인분석

### 4) 대책수립

유사한 재해를 예방하기 위한 3E 대책수립
-3E : 기술적(Engineering), 교육적(Education), 관리적(Enforcement)

### 5) 대책실시계획

### 6) 실시

### 7) 평가

## 4. 재해발생의 원인분석 및 조사기법

### 1) 사고발생의 연쇄성(하인리히의 도미노 이론)

사고의 원인이 어떻게 연쇄반응(Accident Sequence)을 일으키는가를 설명하기 위해 흔히 도미노(Domino)를 세워놓고 어느 한쪽 끝을 쓰러뜨리면 연쇄적, 순차적으로 쓰러지는 현상을 비유. 도미노 골패가 연쇄적으로 넘어지려고 할 때 불안전행동이나 상태를 제거하는 것이 연쇄성을 끊어 사고를 예방하게 된다. 하인리히는 사고의 발생과정을 다음과 같이 5단계로 정의했다.

(1) 사회적 환경 및 유전적 요소(기초원인)
(2) 개인의 결함 : 간접원인
(3) 불안전한 행동 및 불안전한 상태(직접원인) ⇒ 제거(효과적임)
(4) 사고
(5) 재해

### 2) 최신 도미노 이론(버드의 관리모델)

프랭크 버드 주니어(Frank Bird Jr.)는 하인리히와 같이 연쇄반응의 개별요인이라 할 수 있는 5개의 골패로 상징되는 손실요인이 연쇄적으로 반응되어 손실을 일으키는 것으로 보았는데 이를 다음과 같이 정리했다.

(1) 통제의 부족(관리) : 관리의 소홀, 전문기능 결함
(2) 기본원인(기원) : 개인적 또는 과업과 관련된 요인
(3) 직접원인(징후) : 불안전한 행동 및 불안전한 상태
(4) 사고(접촉)
(5) 상해(손해, 손실)

### 3) 애드워드 애덤스의 사고연쇄반응 이론

세인트루이스 석유회사의 손실방지 담당 중역인 애드워드 애덤스(Edward Adams)는 사고의 직접원인을 불안전한 행동의 특성에 달려 있는 것으로 보고 전술적 에러(tactical error)와 작전적 에러로 구분하여 설명하였다.

(1) 관리구조
(2) 작전적 에러 : 관리자의 의사결정이 그릇되거나 행동을 안함
(3) 전술적 에러 : 불안전 행동, 불안전 동작
(4) 사고 : 상해의 발생, 아차사고(Near Miss), 비상해사고
(5) 상해, 손해 : 대인, 대물

### 4) 재해예방의 4원칙

(1) 손실우연의 원칙 : 재해손실은 사고발생시 사고대상의 조건에 따라 달라지므로 한 사고의 결과로서 생긴 재해손실은 우연성에 의해서 결정
(2) 원인계기의 원칙 : 재해발생은 반드시 원인이 있음
(3) 예방가능의 원칙 : 재해는 원칙적으로 원인만 제거하면 예방이 가능
(4) 대책선정의 원칙 : 재해예방을 위한 가능한 안전대책은 반드시 존재

## 5. 재해구성비율

### 1) 하인리히의 법칙

1 : 29 : 300

『330회의 사고 가운데 중상 또는 사망 1회, 경상 29회, 무상해사고 300회의 비율로 사고가 발생』

### 2) 버드의 법칙

1 : 10 : 30 : 600

(1) 1 : 중상 또는 폐질
(2) 10 : 경상(인적, 물적 상해)
(3) 30 : 무상해사고(물적 손실 발생)
(4) 600 : 무상해, 무사고 고장(위험순간)

## 6. 산업재해 발생과정

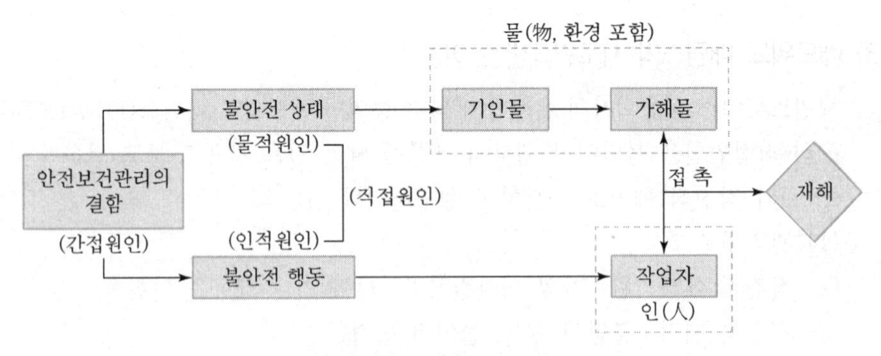


[재해발생의 메커니즘(모델, 구조)]

## 7. 산업재해 용어(KOSHA CODE)

| | |
|---|---|
| 추락 | 사람이 인력(중력)에 의하여 건축물, 구조물, 가설물, 수목, 사다리 등의 높은 장소에서 떨어지는 것 |
| 전도(넘어짐)·전복 | 사람이 거의 평면 또는 경사면, 층계 등에서 구르거나 넘어짐 또는 미끄러진 경우와 물체가 전도·전복된 경우 |
| 붕괴·도괴 | 토사, 적재물, 구조물, 건축물, 가설물 등이 전체적으로 허물어져 내리거나 또는 주요 부분이 꺾어져 무너지는 경우 |
| 충돌(부딪힘)·접촉 | 재해자 자신의 움직임·동작으로 인하여 기인물에 접촉 또는 부딪히거나, 물체가 고정부에서 이탈하지 않은 상태로 움직임(규칙, 불규칙) 등에 의하여 접촉·충돌한 경우 |
| 낙하(떨어짐)·비래 | 구조물, 기계 등에 고정되어 있던 물체가 중력, 원심력, 관성력 등에 의하여 고정부에서 이탈하거나 또는 설비 등으로부터 물질이 분출되어 사람을 가해하는 경우 |
| 협착(끼임)·감김 | 두 물체 사이의 움직임에 의하여 일어난 것으로 직선 운동하는 물체 사이의 협착, 회전부와 고정체 사이의 끼임, 롤러 등 회전체 사이에 물리거나 또는 회전체·돌기부 등에 감긴 경우 |
| 압박·진동 | 재해자가 물체의 취급과정에서 신체 특정부위에 과도한 힘이 편중·집중·눌려진 경우나 마찰접촉 또는 진동 등으로 신체에 부담을 주는 경우 |
| 신체 반작용 | 물체의 취급과 관련 없이 일시적이고 급격한 행위·동작, 균형 상실에 따른 반사적 행위 또는 놀람, 정신적 충격, 스트레스 등 |
| 부자연스런 자세 | 물체의 취급과 관련 없이 작업환경 또는 설비의 부적절한 설계 또는 배치로 작업자가 특정한 자세·동작을 장시간 취하여 신체의 일부에 부담을 주는 경우 |
| 과도한 힘·동작 | 물체의 취급과 관련하여 근육의 힘을 많이 사용하는 경우로서 밀기, 당기기, 지탱하기, 들어올리기, 돌리기, 잡기, 운반하기 등과 같은 행위·동작 |
| 반복적 동작 | 물체의 취급과 관련하여 근육의 힘을 많이 사용하지 않는 경우로서 지속적 또는 반복적인 업무 수행으로 신체의 일부에 부담을 주는 행위·동작 |
| 이상온도 노출·접촉 | 고·저온 환경 또는 물체에 노출·접촉된 경우 |
| 이상기압 노출 | 고·저기압 등의 환경에 노출된 경우 |
| 소음 노출 | 폭발음을 제외한 일시적·장기적인 소음에 노출된 경우 |
| 유해·위험물질 노출·접촉 | 유해·위험물질에 노출·접촉 또는 흡입하였거나 독성 동물에 쏘이거나 물린 경우 |

| 유해광선 노출 | 전리 또는 비전리 방사선에 노출된 경우 |
|---|---|
| 산소결핍 · 질식 | 유해물질과 관련 없이 산소가 부족한 상태 · 환경에 노출되었거나 이물질 등에 의하여 기도가 막혀 호흡기능이 불충분한 경우 |
| 화재 | 가연물에 점화원이 가해져 의도적으로 불이 일어난 경우(방화 포함) |
| 폭발 | 건축물, 용기 내 또는 대기 중에서 물질의 화학적, 물리적 변화가 급격히 진행되어 열, 폭음, 폭발압이 동반하여 발생하는 경우 |
| 전류 접촉 | 전기 설비의 충전부 등에 신체의 일부가 직접 접촉하거나 유도 전류의 통전으로 근육의 수축, 호흡곤란, 심실세동 등이 발생한 경우 또는 특별고압 등에 접근함에 따라 발생한 섬락 접촉, 합선 · 혼촉 등으로 인하여 발생한 아크에 접촉된 경우 |
| 폭력 행위 | 의도적인 또는 의도가 불분명한 위험행위(마약, 정신질환 등)로 자신 또는 타인에게 상해를 입힌 폭력 · 폭행을 말하며, 협박 · 언어 · 성폭력 및 동물에 의한 상해 등도 포함 |

# 02 산재분류 및 통계분석

## 1. 재해율의 종류 및 계산

### 1) 연천인율(年千人率)

① 연천인율 = $\frac{\text{재해자수}}{\text{상시 근로자수}} \times 1{,}000$

【근로자 1,000인당 1년간 발생하는 재해발생자 수】

② 연천인율 = 도수율(빈도율)×2.4

연천인율 45인 사업장의 빈도율은 얼마인가?

➡ 빈도율(도수율) = $\frac{\text{연천인율}}{2.4} = \frac{45}{2.4} = 18.75$

### 2) 도수율(빈도율)(F.R : Frequency Rate of Injury)

도수율 = $\frac{\text{재해발생건수}}{\text{연근로시간수}} \times 1{,}000{,}000$

【근로자 100만 명이 1시간 작업시 발생하는 재해건수】

【근로자 1명이 100만 시간 작업시 발생하는 재해건수】

연근로시간수 = 실근로자수×근로자 1인당 연간 근로시간수

(1년 : 300일, 2,400시간, 1월 : 25일, 200시간, 1일 : 8시간)

1,000명이 일하고 있는 사업장에서 1주 48시간씩 52주를 일하고, 1년간에 80건의 재해가 발생했다고 한다. 질병 등 다른 이유로 인하여 근로자는 총 노동시간의 3%를 결근했다면 이때의 재해 도수율은?

➡ 도수율 = $\frac{\text{재해건수}}{\text{연근로시간수}} \times 10^6 = \frac{80}{1{,}000 \times 48 \times 52 \times 0.97} \times 10^6 = 33.04$

### 3) 강도율(S.R : Severity Rate of Injury)

강도율 = $\frac{\text{근로손실일수}}{\text{연근로시간수}} \times 1{,}000$

【연근로시간 1,000시간당 재해로 인해서 잃어버린 근로손실일수】

⊙ 근로손실일수

(1) 사망 및 영구 전노동 불능(장애등급 1~3급) : 7,500일

(2) 영구 일부노동 불능(4~14등급)

| 등급 | 4 | 5 | 6 | 7 | 8 | 9 | 10 | 11 | 12 | 13 | 14 |
|---|---|---|---|---|---|---|---|---|---|---|---|
| 일수 | 5500 | 4000 | 3000 | 2200 | 1500 | 1000 | 600 | 400 | 200 | 100 | 50 |

(3) 일시 전노동 불능(의사의 진단에 따라 일정기간 노동에 종사할 수 없는 상해)

$휴직일수 \times \frac{300}{365}$

A현장의 '98년도 재해건수는 24건, 의사진단에 의한 휴업 총일수는 3,650일이었다. 도수율과 강도율을 각각 구하면?(단, 1인당 1일 8시간, 300일 근무하며 평균근로자 수는 500명이었음)

➡ $도수율 = \frac{재해건수}{연근로시간\ 수} \times 10^6 = \frac{24}{500 \times 8 \times 300} \times 10^6 = 20$

$강도율 = \frac{근로손실일수}{연근로시간\ 수} \times 1,000 = \frac{3,650 \times 300/365}{500 \times 8 \times 300} \times 1,000 = 2.5$

근로자가 산업재해로 인하여 우리나라 신체장애등급 제10등급 판정을 받았다면, 국제노동기구(ILO)의 기준으로 어느 정도의 부상을 의미하는가? ②

① 영구 전노동불능 ② 영구 일부노동불능 ③ 일시 전노동불능
④ 일시 일부노동불능 ⑤ 구급(응급)처치

## 4) 평균강도율

$평균강도율 = \frac{강도율}{도수율} \times 1,000$

【재해1건당 평균 근로손실일수】

## 5) 환산강도율

근로자가 입사하여 퇴직할 때까지 잃을 수 있는 근로손실일수를 말함

환산강도율 = 강도율×100

### 6) 환산도수율

근로자가 입사하여 퇴직할 때까지(40년=10만 시간) 당할 수 있는 재해건수를 말함

$$환산도수율 = \frac{도수율}{10}$$

**Point**

도수율이 24.5이고 강도율이 2.15의 사업장이 있다. 한 사람의 근로자가 입사하여 퇴직할 때까지는 며칠 간의 근로손실일수를 가져올 수 있는가?

➡ 환산강도율=강도율×100=2.15×100=215일

재해율을 산출하고자 할 때 근로자 1인의 평생근로 가능시간을 얼마로 계산하는가?(단, 일일 8시간, 1개월 25일 근무, 평생근로연수를 40년으로 보고, 평생잔업시간을 4,000시간으로 본다.)

➡ 연간근로시간=12개월×25일/개월×8시간/일=2,400시간/년
평생근로시간=(연근로시간×40년)+평생잔업시간=(2,400×40년)+4,000=100,000

### 7) 종합재해지수(F.S.I ; Frequency Severity Indicator)

$$종합재해지수(FSI) = \sqrt{도수율(FR) \times 강도율(SR)}$$

【재해 빈도의 다수와 상해 정도의 강약을 종합】

### 8) 세이프티스코어(Safe T. Score)

#### (1) 의미

과거와 현재의 안전성적을 비교, 평가하는 방법으로 단위가 없으며 계산결과가 (+)이면 나쁜 기록이, (－)이면 과거에 비해 좋은 기록으로 봄

#### (2) 공식

$$\text{Safe T. Score} = \frac{도수율(현재) - 도수율(과거)}{\sqrt{\frac{도수율(과거)}{총\ 근로시간수} \times 1,000,000}}$$

#### (3) 평가방법

① +2.0 이상인 경우 : 과거보다 심각하게 나쁘다.

② +2.0～－2.0인 경우 : 심각한 차이가 없다.

③ －2.0 이하 : 과거보다 좋다.

## 2. 재해손실비의 종류 및 계산

업무상 재해로서 인적재해를 수반하는 재해에 의해 생기는 비용으로 재해가 발생하지 않았다면 발생하지 않아도 되는 직·간접 비용

### 1) 하인리히 방식

『총 재해코스트=직접비+간접비』

#### (1) 직접비

법령으로 정한 피해자에게 지급되는 산재보험비

① 휴업보상비
② 장해보상비
③ 요양보상비
④ 유족보상비
⑤ 장의비, 간병비

#### (2) 간접비

재산손실, 생산중단 등으로 기업이 입은 손실

① 인적손실 : 본인 및 제 3자에 관한 것을 포함한 시간손실
② 물적손실 : 기계, 공구, 재료, 시설의 복구에 소비된 시간손실 및 재산손실
③ 생산손실 : 생산감소, 생산중단, 판매감소 등에 의한 손실
④ 특수손실
⑤ 기타손실

#### (3) 직접비 : 간접비=1 : 4

※ 우리나라의 재해손실비용은 「경제적 손실 추정액」이라 칭하며 하인리히 방식으로 산정한다.

### 2) 시몬즈 방식

『총 재해비용=산재보험비용+비보험비용』

여기서, 비보험비용=휴업상해건수×A+통원상해건수×B+응급조치건수×C+무상해상고건수×D
A, B, C, D는 장해정도별에 의한 비보험비용의 평균치

### 3) 버드 방식

총 재해비용=보험비(1)+비보험비(5~50)+비보험 기타 비용(1~3)

(1) 보험비 : 의료, 보상금

(2) 비보험 재산비용 : 건물손실, 기구 및 장비손실, 조업중단 및 지연

(3) 비보험 기타비용 : 조사시간, 교육 등

### 4) 콤패스 방식

총 재해비용=공동비용비+개별비용비

(1) 공동비용 : 보험료, 안전보건팀 유지비용

(2) 개별비용 : 작업손실비용, 수리비, 치료비 등

## 3. 재해통계 분류방법

### 1) 상해정도별 구분

(1) 사망

(2) 영구 전노동 불능 상해(신체장애 등급 1~3등급)

(3) 영구 일부노동 불능 상해(신체장애 등급 4~14등급)

(4) 일시 전노동 불능 상해 : 장해가 남지 않는 휴업상해

(5) 일시 일부노동 불능 상해 : 일시 근무 중에 업무를 떠나 치료를 받는 정도의 상해

(6) 구급처치상해 : 응급처치 후 정상작업을 할 수 있는 정도의 상해

### 2) 통계적 분류

(1) 사망 : 노동손실일수 7,500일

(2) 중상해 : 부상으로 8일 이상 노동손실을 가져온 상해

(3) 경상해 : 부상으로 1일 이상 7일 미만의 노동손실을 가져온 상해

(4) 경미상해 : 8시간 이하의 휴무 또는 작업에 종사하면서 치료를 받는 상해(통원치료)

### 3) 상해의 종류

(1) 골절 : 뼈에 금이 가거나 부러진 상해

(2) 동상 : 저온물 접촉으로 생긴 동상상해

(3) 부종 : 국부의 혈액순환 이상으로 몸이 퉁퉁 부어오르는 상해

(4) 중독, 질식 : 음식 약물, 가스 등에 의해 중독이나 질식된 상태

(5) 찰과상 : 스치거나 문질러서 벗겨진 상태
(6) 창상 : 창, 칼 등에 베인 상처
(7) 청력장해 : 청력이 감퇴 또는 난청이 된 상태
(8) 시력장해 : 시력이 감퇴 또는 실명이 된 상태
(9) 화상 : 화재 또는 고온물 접촉으로 인한 상해

## 4. 재해사례 분석절차

### 1) 재해통계 목적 및 역할

(1) 재해원인을 분석하고 위험한 작업 및 여건을 도출
(2) 합리적이고 경제적인 재해예방 정책방향 설정
(3) 재해실태를 파악하여 예방활동에 필요한 기초자료 및 지표 제공
(4) 재해예방사업 추진실적을 평가하는 측정수단

### 2) 재해의 통계적 원인분석방법

(1) 파레토도 : 분류 항목을 큰 순서대로 도표화한 분석법
(2) 특성요인도 : 특성과 요인관계를 도표로 하여 어골상으로 세분화한 분석법(원인과 결과를 연계하여 상호관계를 파악)
(3) 클로즈(Close)분석도 : 데이터(Data)를 집계하고 표로 표시하여 요인별 결과 내역을 교차한 클로즈 그림을 작성하여 분석하는 방법
(4) 관리도 : 재해발생 건수 등의 추이를 파악하여 목표관리를 행하는 데 필요한 월별 재해발생수를 그래프화하여 관리선을 설정 관리하는 방법

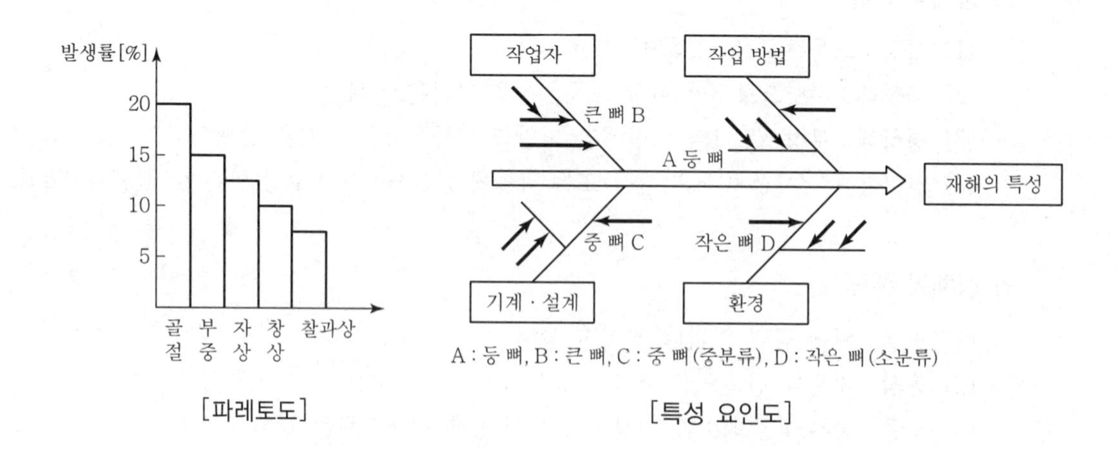


[파레토도]　　[특성 요인도]

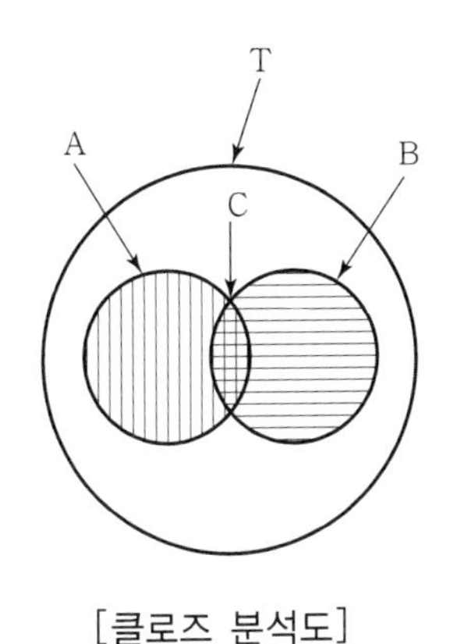

[클로즈 분석도]

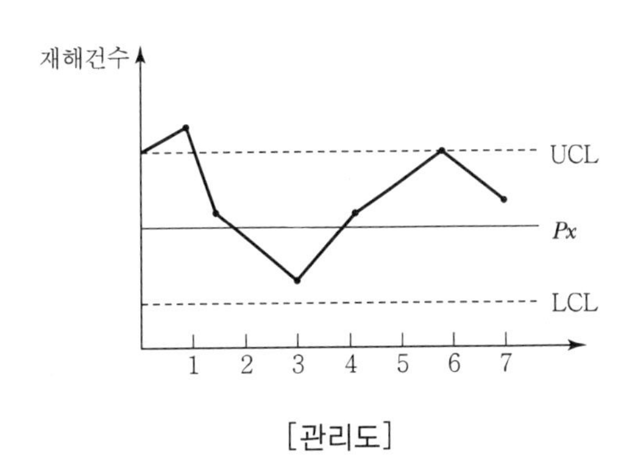

[관리도]

### 3) 재해통계 작성 시 유의할 점

(1) 활용목적을 수행할 수 있도록 충분한 내용이 포함되어야 한다.
(2) 재해통계는 구체적으로 표시되고 그 내용은 용이하게 이해되며 이용할 수 있을 것
(3) 재해통계는 항목 내용 등 재해요소가 정확히 파악될 수 있도록 예방대책이 수립될 것
(4) 재해통계는 정량적으로 정확하게 수치적으로 표시되어야 한다.

### 4) 재해발생 원인의 구분

#### (1) 기술적 원인

① 건물, 기계장치의 설계 불량
② 구조, 재료의 부적합
③ 생산방법의 부적합
④ 점검, 정비, 보존 불량

#### (2) 교육적 원인

① 안전지식의 부족
② 안전수칙의 오해
③ 경험, 훈련의 미숙
④ 작업방법의 교육 불충분
⑤ 유해·위험작업의 교육 불충분

#### (3) 관리적 원인

① 안전관리조직의 결함
② 안전수칙 미제정
③ 작업준비 불충분

④ 인원배치 부적당
⑤ 작업지시 부적당

(4) 정신적 원인

① 안전의식의 부족
② 주의력의 부족
③ 방심 및 공상
④ 개성적 결함 요소 : 도전적인 마음, 과도한 집착, 다혈질 및 인내심 부족
⑤ 판단력 부족 또는 그릇된 판단

(5) 신체적 원인

① 피로
② 시력 및 청각기능의 이상
③ 근육운동의 부적합
④ 육체적 능력 초과

## 5. 산업재해

### 1) 산업재해의 정의

근로자가 업무에 관계되는 건설물, 설비, 원재료, 가스, 증기, 분진 등에 의하거나 작업 또는 그 밖의 업무로 인하여 사망 또는 부상하거나 질병에 걸리는 것

### 2) 조사보고서 제출

사업주는 산업재해로 사망자가 발생하거나 3일 이상의 휴업이 필요한 부상을 입거나 질병에 걸린 사람이 발생한 경우에는 해당 산업재해가 발생한 날부터 1개월 이내에 산업재해조사표를 작성하여 관할 지방노동청장 또는 지청장에게 제출해야 함(산업재해보상보험법에 따른 요양급여 또는 유족급여를 산업재해가 발생한 날부터 1개월 이내에 근로복지공단에 신청한 경우는 제외)

### 3) 사업주는 산업재해가 발생한 때에는 고용노동부령이 정하는 바에 따라 재해발생원인 등을 기록하여야 하며 이를 3년간 보존하여야 함

기록 · 보존해야 할 사항

① 사업장의 개요 및 근로자의 인적사항
② 재해발생 일시 및 장소
③ 재해발생 원인 및 과정
④ 재해 재발방지 계획

## 6. 중대재해

### 1) 규모

(1) 사망자가 1명 이상 발생한 재해
(2) 3개월 이상의 요양이 필요한 부상자가 동시에 2명 이상 발생한 재해
(3) 부상자 또는 직업성 질병자가 동시에 10명 이상 발생한 재해

### 2) 발생시 보고사항

사업주는 중대재해가 발생한 사실을 알게 된 경우에는 지체없이 다음 사항을 관할 지방고용노동관서의 장에게 전화 · 팩스 또는 그 밖의 적절한 방법으로 보고하여야 함(다만, 천재지변 등 부득이한 사유가 발생한 경우에는 그 사유가 소멸된 때부터 지체없이 보고)

(1) 발생개요 및 피해상황
(2) 조치 및 전망
(3) 그 밖에 중요한 사항

## 7. 산업재해의 직접원인

### 1) 불안전한 행동(인적 원인, 전체 재해발생원인의 88% 정도)

사고를 가져오게 한 작업자 자신의 행동에 대한 불안전한 요소

(1) 불안전한 행동의 예

① 위험장소 접근
② 안전장치의 기능 제거
③ 복장 · 보호구의 잘못된 사용
④ 기계 · 기구의 잘못된 사용
⑤ 운전 중인 기계장치의 점검
⑥ 불안전한 속도 조작
⑦ 위험물 취급 부주의
⑧ 불안전한 상태 방치
⑨ 불안전한 자세나 동작
⑩ 감독 및 연락 불충분

2) 불안전한 상태(물적 원인, 전체 재해발생원인의 10% 정도)

직접 상해를 가져오게 한 사고에 직접관계가 있는 위험한 물리적 조건 또는 환경

(1) 불안전한 상태의 예

① 물(物) 자체 결함
② 안전방호장치의 결함
③ 복장 · 보호구의 결함
④ 물의 배치 및 작업장소 결함
⑤ 작업환경의 결함
⑥ 생산공정의 결함
⑦ 경계표시 · 설비의 결함

(2) 불안전한 행동을 일으키는 내적요인과 외적요인의 발생형태 및 대책

① 내적요인
㉠ 소질적 조건 : 적성배치
㉡ 의식의 우회 : 상담
㉢ 경험 및 미경험 : 교육

② 외적요인
㉠ 작업 및 환경조건 불량 : 환경정비
㉡ 작업순서의 부적당 : 작업순서정비

③ 적성 배치에 있어서 고려되어야 할 기본사항
㉠ 적성검사를 실시하여 개인의 능력을 파악한다.

㉡ 직무평가를 통하여 자격수준을 정한다.
㉢ 인사관리의 기준원칙을 고수한다.

## 8. 사고예방대책의 기본원리 5단계(사고예방원리 : 하인리히)

### 1) 1단계 : 조직(안전관리조직)

① 경영층의 안전목표 설정
② 안전관리 조직(안전관리자 선임 등)
③ 안전활동 및 계획수립

### 2) 2단계 : 사실의 발견(현상파악)

① 사고 및 안전활동의 기록 검토
② 작업분석
③ 안전점검, 안전진단
④ 사고조사
⑤ 안전평가
⑥ 각종 안전회의 및 토의
⑦ 근로자의 건의 및 애로 조사

### 3) 3단계 : 분석 · 평가(원인규명)

① 사고조사 결과의 분석
② 불안전상태, 불안전행동 분석
③ 작업공정, 작업형태 분석
④ 교육 및 훈련의 분석
⑤ 안전수칙 및 안전기준 분석

### 4) 4단계 : 시정책의 선정

① 기술의 개선
② 인사조정
③ 교육 및 훈련 개선
④ 안전규정 및 수칙의 개선
⑤ 이행의 감독과 제재강화

5) 5단계 : 시정책의 적용

① 목표 설정

② 3E(기술적, 교육적, 관리적) 대책의 적용

## 9. 사고의 본질적 특성

1) 사고의 시간성

2) 우연성 중의 법칙성

3) 필연성 중의 우연성

4) 사고의 재현 불가능성

## 10. 재해(사고) 발생 시의 유형(모델)

1) 단순자극형(집중형)

상호자극에 의하여 순간적으로 재해가 발생하는 유형으로 재해가 일어난 장소나 그 시점에 일시적으로 요인이 집중

2) 연쇄형(사슬형)

하나의 사고요인이 또 다른 요인을 발생시키면서 재해를 발생시키는 유형이다. 단순연쇄형과 복합연쇄형이 있다.

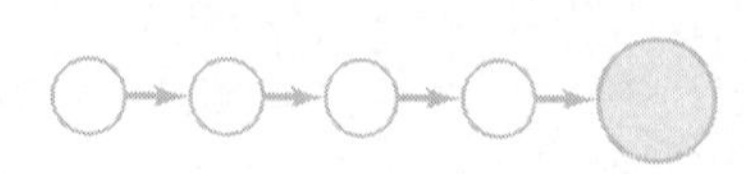

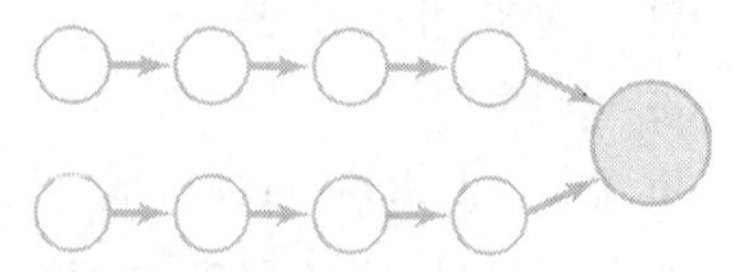

### 3) 복합형

단순자극형과 연쇄형의 복합적인 발생유형이다. 일반적으로 대부분의 산업재해는 재해원인들이 복잡하게 결합되어 있는 복합형이다. 연쇄형의 경우에는 원인들 중에 하나를 제거하면 재해가 일어나지 않는다. 그러나 단순자극형이나 복합형은 하나를 제거하더라도 재해가 일어나지 않는다는 보장이 없으므로, 도미노 이론은 적용되지 않는다. 이런 요인들은 부속적인 요인들에 불과하다. 따라서 재해조사에 있어서는 가능한 한 모든 요인들을 파악하도록 해야 한다.

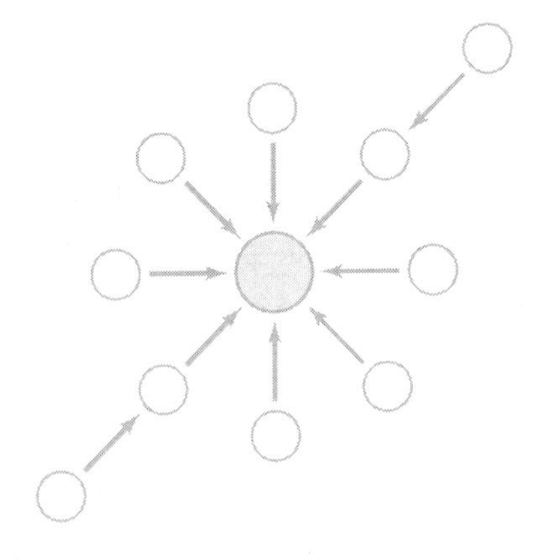

# 03 안전점검 · 인증 및 진단

Section

## 1. 안전점검의 정의, 목적, 종류

### 1) 정의

안전점검은 설비의 불안전상태나 인간의 불안전행동으로부터 일어나는 결함을 발견하여 안전대책을 세우기 위한 활동을 말한다.

### 2) 안전점검의 목적

(1) 기기 및 설비의 결함이나 불안전한 상태의 제거로 사전에 안전성을 확보하기 위함이다.
(2) 기기 및 설비의 안전상태 유지 및 본래의 성능을 유지하기 위함이다.
(3) 재해 방지를 위하여 그 재해 요인의 대책과 실시를 계획적으로 하기 위함이다.

### 3) 종류

(1) 일상점검(수시점검) : 작업 전 · 중 · 후 수시로 점검하는 점검
(2) 정기점검 : 정해진 기간에 정기적으로 실시하는 점검
(3) 특별점검 : 기계 기구의 신설 및 변경 시 고장, 수리 등에 의해 부정기적으로 실시하는 점검으로 안전강조기간 등에 실시하는 점검
(4) 임시점검 : 이상 발견 시 또는 재해발생시 임시로 실시하는 점검

## 2. 안전점검표(체크리스트)의 작성

### 1) 안전점검표(체크리스트)에 포함되어야 할 사항

(1) 점검대상
(2) 점검부분(점검개소)
(3) 점검항목(점검내용 : 마모, 균열, 부식, 파손, 변형 등)
(4) 점검주기 또는 기간(점검시기)
(5) 점검방법(육안점검, 기능점검, 기기점검, 정밀점검)
(6) 판정기준(법령에 의한 기준 등)
(7) 조치사항(점검결과에 따른 결과의 시정)

### 2) 안전점검표(체크리스트) 작성시 유의사항

(1) 위험성이 높은 순이나 긴급을 요하는 순으로 작성할 것
(2) 정기적으로 검토하여 재해예방에 실효성이 있는 내용일 것
(3) 내용은 이해하기 쉽고 표현이 구체적일 것

## 3. 안전검사 및 안전인증

### 1) 안전인증대상 기계 · 기구

#### (1) 안전인증대상 기계 · 기구

① 프레스
② 전단기(剪斷機) 및 절곡기(折曲機)
③ 크레인
④ 리프트
⑤ 압력용기
⑥ 롤러기
⑦ 사출성형기(射出成形機)
⑧ 고소(高所) 작업대
⑨ 곤돌라

#### (2) 안전인증대상 방호장치

① 프레스 및 전단기 방호장치
② 양중기용(揚重機用) 과부하방지장치
③ 보일러 압력방출용 안전밸브
④ 압력용기 압력방출용 안전밸브
⑤ 압력용기 압력방출용 파열판
⑥ 절연용 방호구 및 활선작업용(活線作業用) 기구
⑦ 방폭구조(防爆構造) 전기기계 · 기구 및 부품
⑧ 추락 · 낙하 및 붕괴 등의 위험 방지 및 보호에 필요한 가설기자재로서 고용노동부장관이 정하여 고시하는 것
⑨ 충돌 · 협착 등의 위험 방지에 필요한 산업용 로봇 방호장치로서 고용노동부장관이 정하여 고시하는 것

(3) 안전인증대상 보호구

① 추락 및 감전 위험방지용 안전모
② 안전화
③ 안전장갑
④ 방진마스크
⑤ 방독마스크
⑥ 송기마스크
⑦ 전동식 호흡보호구
⑧ 보호복
⑨ 안전대
⑩ 차광 및 비산물 위험방지용 보안경
⑪ 용접용 보안면
⑫ 방음용 귀마개 또는 귀덮개

## 2) 자율안전확인대상 기계 · 기구 등

### (1) 자율안전확인대상 기계 · 기구

① 연삭기 또는 연마기(휴대형은 제외한다.)
② 산업용 로봇
③ 혼합기
④ 파쇄기 또는 분쇄기
⑤ 식품가공용기계(파쇄 · 절단 · 혼합 · 제면기만 해당한다.)
⑥ 컨베이어
⑦ 자동차정비용 리프트
⑧ 공작기계(선반, 드릴기, 평삭 · 형삭기, 밀링만 해당한다.)
⑨ 고정형 목재가공용기계(둥근톱, 대패, 루타기, 띠톱, 모떼기 기계만 해당한다.)
⑩ 인쇄기

### (2) 자율안전확인대상 방호장치

① 아세틸렌 용접장치용 또는 가스집합 용접장치용 안전기
② 교류 아크용접기용 자동전격방지기
③ 롤러기 급정지장치
④ 연삭기 덮개
⑤ 목재 가공용 둥근톱 반발 예방장치와 날 접촉 예방장치

⑥ 동력식 수동대패용 칼날 접촉 방지장치
⑦ 추락·낙하 및 붕괴 등의 위험 방지 및 보호에 필요한 가설기자재

(3) 자율안전확인대상 보호구

① 안전모(추락 및 감전 위험방지용 안전모 제외)
② 보안경(차광 및 비산물 위험방지용 보안경 제외)
③ 보안면(용접용 보안면 제외)

### 3) 안전검사 대상 유해·위험기계 등

(1) 프레스
(2) 전단기
(3) 크레인[이동식 크레인과 정격하중 2톤 미만인 호이스트(hoist)는 제외한다.]
(4) 리프트
(5) 압력용기
(6) 곤돌라
(7) 국소 배기장치(이동식은 제외한다.)
(8) 원심기(산업용만 해당한다.)
(9) 롤러기(밀폐형 구조는 제외한다.)
(10) 사출성형기[형 체결력(型 締結力) 294킬로뉴턴(kN) 미만은 제외한다.]
(11) 고소작업대(「자동차관리법」 제3조제3호 또는 제4호에 따른 화물자동차 또는 특수자동차에 탑재한 고소작업대로 한정한다)
(12) 컨베이어
(13) 산업용 로봇

## 4. 안전·보건진단

### 1) 종류

(1) 안전진단
(2) 보건진단
(3) 종합진단(안전진단과 보건진단을 동시에 진행하는 것)

2) 대상사업장

(1) 중대재해(사업주가 안전 · 보건조치의무를 이행하지 아니하여 발생한 중대재해만 해당한다.)발생 사업장. 다만, 그 사업장의 연간 산업재해율이 같은 업종의 규모별 평균 산업재해율을 2년간 초과하지 아니한 사업장은 제외한다.

(2) 안전보건개선계획 수립 · 시행명령을 받은 사업장

(3) 추락 · 폭발 · 붕괴 등 재해발생 위험이 현저히 높은 사업장으로서 지방고용노동관서의 장이 안전 · 보건진단이 필요하다고 인정하는 사업장

# 04 역학자료 분석

Section

## 1. 위해성과 이환율

### 1) 위해성(Risk)

향후 어떤 사건, 즉 질병이나 손상의 발생 가능성을 말한다. 어떤 개인에게서 질병이 발생할 것인지를 예측하는 것은 불가능하지만 역학적인 방법이 개인의 질병에 관한 위해성을 평가하는 데 활용될 수 있다.

### 2) 이환율

위해성의 직접적인 결과를 말한다. 이미 알려진 위해인자를 갖고 있는 특정 그룹의 사람에게서 특정상황이 발생하는 정도, 즉 이환율은 그 그룹 내에 있는 개인이 직면한 위해성과 동일한 것으로 생각할 수 있다. 따라서 이환율은 때때로 절대적 위해성으로 간주되기도 한다.

## 2. 코호트 연구에서의 분석

코호트 연구에서 질병의 발생률은 노출그룹과 비노출그룹 간에 직접 측정할 수 있다. 만약 하나의 노출그룹과 하나의 비노출그룹이 있으면 두 그룹 사이의 이환율은 바로 비교할 수 있다.

### 1) 상대위해도(Relative Risk, 상대위험비), 즉 위해비, 위험비(Risk Ratio)

노출그룹에서의 이환율(발생률)을 비노출그룹에서의 이환율(발생률)로 나눈 값을 말한다. 노출인자를 갖는 사람이 비노출 사람에 비하여 얼마나 많이 질병이 발생하는가를 나타내주는 지표이다.

① 유병률=발생률×이환기간

$$\text{유병률} = \frac{\text{종업원집단 내(인구집단 내) 이환된 환자 수}}{\text{종업원집단 수(인구집단 수)}}$$

② 발생률 : 특정한 기간에 일정한 위험집단 중에서 새롭게 질병이 발생하는 환자 수

③ 위험도 : 집단에 소속된 구성원 개개인이 일정기간 내에 질병이 발생할 확률

④ 상대위험비 : 요인에 노출된 집단에서의 질병발생률을 비노출군의 질병발생률로 나눈 값

$$상대위험비 = \frac{노출군에서의\ 발생률}{비노출군에서의\ 발생률}$$

⑤ 비교위험도 : 서로 다른 두 집단에서 얻어진 비율로 두 집단의 비율을 비교, 노출군의 비율을 비교균의 비율로 나눈값

$$비교위험도 = \frac{노출군의\ 발생률}{비교군의\ 발생률}$$

1941년부터 1980년 사이 취업한 대규모 화학공장 근로자 800명의 사망진단서를 확보하였다. 이 중에서 암으로 사망한 사람은 160명이었으며, 동일기간 지역사회의 전체 사망자 중에서 암으로 인한 사망자는 15%였다면 비례사망비(PMR)는? ③

① 75%　② 120%　③ 133%
④ 150%　⑤ 200%

해설 비례사망비 = 노출군에서의 사망발생률/비노출군에서의 사망발생률
= (160/800 × 100(%) / 15%) × 100(%)
= 133%

항공기 공장에서 3개월 동안 훈련을 받고 금속을 다루는 근로자로 일하게 된 초보자 50명은 금속 표면 세척제에 노출되지만 다른 동료 120명은 이들 화학물질에 노출되지 않았다. 훈련기간에 항공기 공장 작업자 중 아래와 같이 접촉성 피부염이 발생하였다. 상대위험도 및 그 의미를 서술하면 다음과 같다.

| 구분 | 피부염 | 비피부염 | 근로자 수 |
|---|---|---|---|
| 노출군 | 20명 | 30명 | 50명 |
| 비노출군 | 6명 | 114명 | 120명 |
| 계 | 26명 | 144명 | 170명 |

상대위험비는 $\dfrac{\dfrac{20명}{50명}}{\dfrac{6명}{120명}}$ =8.0 이 된다. 따라서 항공기 공장의 금속 표면 세척제에 노출된 초보자 50명은 세척제에 노출되지 않은 근로자보다 8배나 많은 피부염이 발생하는 것으로 평가될 수 있다.

2) 기여위해도(Attributable Risk)

위해도차이라고도 부르며 위 사례의 경우 항공기 노출초보자의 피부염의 위해도가 훨씬 높지만 비노출초보자들은 노출과 무관한 피부염이 발생되었으므로 발생위험도, 즉 배경값을 고려해 주어야 한다. 그룹에서의 이환율에서 비노출그룹에서의 이환율을 차감하여 계산한다.

$$\text{기여위해도} = \text{노출그룹의 이환율(발생률)} - \text{비노출그룹의 이환율(발생률)}$$
$$= \frac{20\text{명}}{50\text{명}} - \frac{6\text{명}}{120\text{명}}$$
$$= 0.35$$

## 3. 환자대조군 연구에서의 분석

코호트연구와는 달리 환자대조군 연구는 질병을 가진 사례집단과 질병이 없는 집단의 선정에서 출발한다. 사례집단이나 대조집단의 수를 조사자가 설정하기 때문에 연구에서 이환율이 바로 결정되지는 않는다. 따라서 상대위해도는 직접적으로 계산되지 않는다. 대신 상대위해도는 사례집단과 대조집단 네에서 상태적 노출빈도를 조사함으로써 평가할 수 있다. 이러한 평가를 교차비(Odds Ratio)라 부른다.

| 구분 | 사례집단 | 대조집단 |
|---|---|---|
| 노출군 | a | b |
| 비노출군 | c | d |

노출군의 a사례집단과 b대조집단이 어떤 위해성인자에 노출된 환자대조군 연구를 볼 경우, c사례집단과 d대조집단은 노출되지 않았다고 가정한다.
(a+c)사례집단과 (b+d)대조집단이 있는 반면, (a+c)사례개인들은 노출인자를 갖고 있지만 (c+d)개인들은 그렇지 못하다. 여기서 노출된 a사례집단에서의 나머지 값은 $\frac{a}{c}$로 주어지며, 노출된 a 대조집단에서의 나머지 값은 $\frac{b}{d}$로 주어진다. 교차비는 이들 집단의 나머지 값을 나눔으로써 구할 수 있다.

$$\text{교차비} = \frac{\text{노출된 } a\text{사례집단에서의 나머지 값}}{\text{노출된 } a\text{대조집단에서의 나머지 값}} = \frac{\frac{a}{c}}{\frac{b}{d}} = \frac{ad}{bc}$$

교차비는 질병을 갖고 있는 사람이 질병이 없는 사람과 비교하여 얼마나 많이 자주 위해성인자에 노출되었는가를 나타나는 지표이다.

### 1) 교차비 = 1일 경우

노출과 질병 간의 상관성이 없다면 노출되어 왔던 그룹에서의 나머지 값은 질병이 있는 그룹이나 질병이 없는 그룹에서의 나머지 값이 동일할 것이며 교차비는 1이 된다.

### 2) 교차비 > 1일 경우

노출로 인하여 질병에 대한 위해성이 증가되었다면 교차비는 1보다 커진다.

### 3) 교차비 < 1일 경우

노출이 오히려 보호작용을 하였다면 교차비는 1보다 작은 값을 가질 것이다.

문제

1. 상대위험비에 대한 개념을 설명하시오.

해설 어떠한 유해요인, 즉 위험요인이 비노출군에 비해 노출군에서 질병에 걸린 위험도가 어떠한가를 나타내는 것으로 노출군에서의 발병률을 비노출군에서의 발병률로 나눈 값을 말한다.

2. 다음 표에서 상대위험비를 구하고 그 의미를 설명하시오.

(단위 : 명)

| 구분 | 환자군 | 대조군 |
|---|---|---|
| 노출 | 3 | 15 |
| 비노출 | 1 | 18 |

해설 $상대위험비 = \frac{노출군의\ 발병률}{비노출군의\ 발병률} = \frac{\frac{3}{3+15}}{\frac{1}{1+18}} = 3.16$

상대위험비가 1보다 크므로 노출과 질병 사이의 연관관계가 있으며 노출에 대한 질병발생의 위험이 증가하고 있다. 이는 비노출군에 비하여 질병 발생률이 3배 증가한다는 것이다(상대위험비가 1일 경우 노출과 질병 사이의 연관이 없으며, 1보다 작을 경우 질병에 대한 방어효과가 있는 것이다).

## 4. 표준화 사망비(Standardized Mortality Ratio)

관찰된 사건수를 기대사건수로 나누어 얻어진 표준화시킨 사건비로 비교하여 사망률을 대상으로 산업역학분야의 분석에 활용된다. 표준화 사망비는 일반인구에서의 사망률과 작업장에서의 사망률의 비가 되기 때문에 그 직업으로 인한 사망의 위험도를 간접적으로 측정할 수 있다.

# 예상문제 및 해설

# 제6장 예상문제 및 해설

Chapter

Industrial Safety

**01** 다음 중 산업위생의 4가지 주요 활동에 해당하지 않는 것은?

① 예측 ② 평가
③ 제거 ④ 관리
⑤ 측정

해설 산업위생의 활동은 예측, 인지, 측정, 평가, 관리이다.

**02** 다음 중 산업위생의 목적과 가장 거리가 먼 것은?

① 작업자의 건강보호 ② 작업환경의 개선
③ 작업조건의 인간공학적 개선 ④ 직업병 치료와 보상
⑤ 생산성 향상

해설 산업위생의 목적
① 작업자의 건강보호 ② 작업환경의 개선
③ 작업조건의 인간공학적 개선 ④ 직업병의 근원적 예방
⑤ 생산성 향상

**03** 다음 중 직업성 암으로 최초 보고된 것은?

① 백혈병 ② 음낭암
③ 방광암 ④ 폐암
⑤ 간암

해설 18세기 영국에서 세계 최초로 10세 이하 굴뚝청소부의 음낭암이 Percival Pott에 의해 보고되었다.

**04** 다음 중 산업위생관리에서 사용되는 용어의 설명으로 틀린 것은?

① TWA는 시간가중평균노출기준을 의미한다.
② LEL은 생물학적 허용기준을 의미한다.
③ TLV는 유해물질의 허용농도를 의미한다.
④ STEL은 단시간노출기준을 의미한다.
⑤ C는 작업시간 동안 잠시라도 노출되어서는 안 되는 기준을 의미한다.

1\. ③ 2. ④ 3. ② 4. ② 정답

해설 산업위생관리에서 사용되는 용어
㉠ TWA(Time－Weighted Average)는 시간가중평균노출기준을 의미한다.
㉡ BEIs(Biological Exposure Indices)는 생물학적 허용기준을 의미한다.
㉢ TLV(Threshold Limit Values)는 유해물질의 허용농도를 의미한다.
㉣ STEL(Short Term Exposure Limits)은 단시간노출기준을 의미한다.
㉤ C(Ceiling)는 작업시간 동안 잠시라도 노출되어서는 안 되는 기준을 의미한다.

**05** TLV－TWA(Time－Weighted Average)의 허용농도보다 3배가 높을 경우 권고되는 노출시간은?(단, ACGIH에서의 근로자 노출의 상한치와 노출시간에 대한 권고기준이다.)

① 10분 이하
② 20분 이하
③ 30분 이하
④ 40분 이하
⑤ 60분 이하

해설 ACGIH에서의 근로자 노출의 상한치와 노출시간에 대한 권고기준에서 TLV－TWA의 허용농도보다 3배 높을 경우는 30분 이하이며, 5배의 경우는 잠시라도 노출되어서는 안 된다.

**06** 미국정부산업위생전문가협의회(ACGIH)에서 제정한 TLVs(Threshold Limit Values)의 설정근거가 아닌 것은?

① 허용기준
② 동물실험자료
③ 인체실험자료
④ 사업장 역학조사자료
⑤ 화학물질 구조의 유사성

해설 ACGIH의 허용농도 설정근거는 동물실험자료, 인체실험자료, 사업장 역학조사자료, 화학물질 구조의 유사성을 근거로 한다.

**07** 다음 중 허용농도를 설정할 때 가장 중요한 자료는?

① 사업장에서 조사한 역학자료
② 인체실험을 통해 얻은 실험자료
③ 동물실험을 통해 얻은 실험자료
④ 유사한 사업장의 비용편익분석자료
⑤ 화학구조상의 유사성

해설 허용농도를 설정할 때 가장 정확한 근거로 사용할 수 있는 자료는 사업장에서 조사한 역학자료이나 시간과 노력이 필요하다.

 정답 5. ③ 6. ① 7. ①

**08** 근로자가 1일 작업시간동안 잠시라도 노출되어서는 아니 되는 기준을 나타내는 것은?

① TLV-TWA
② TLV-STEL
③ TLV-C
④ TLV-S
⑤ TLV-TWA 3배

해설 근로자가 1일 작업시간 동안 잠시라도 노출되어서는 아니 되는 기준은 TLV-C로 천장치(Ceiling)라고도 한다.

**09** 다음은 노출기준의 정의에 관한 내용이다. ( ) 안에 알맞은 수치가 올바르게 나열된 것은?

> '단기간 노출기준(STEL)'이라 함은 근로자가 1회에 ( ㉠ )분간 유해인자에 노출되는 경우의 기준으로 이 기준 이하에서는 1회 노출간격이 1시간 이상인 경우 1일 작업시간 동안 ( ㉡ )회까지 노출이 허용될 수 있는 기준을 말한다.

① ㉠ 15, ㉡ 4
② ㉠ 30, ㉡ 4
③ ㉠ 15, ㉡ 2
④ ㉠ 30, ㉡ 2
⑤ ㉠ 30, ㉡ 5

해설 단기간 노출기준(STEL)이라 함은 근로자가 1회에 (15)분간 유해인자에 노출되는 경우의 기준으로 이 기준 이하에서는 1회 노출간격이 1시간 이상인 경우 1일 작업시간 동안 (4)회까지 노출이 허용될 수 있는 기준을 말한다.

**10** 미국정부산업위생전문가협의회(ACGIH)에서 권고하고 있는 허용농도 적용상의 주의사항으로 옳지 않은 것은?

① 대기오염 평가 및 관리에 적용하지 않도록 한다.
② 독성의 강도를 비교할 수 있는 지표로 사용하지 않도록 한다.
③ 안전농도와 위험농도를 정확히 구분하는 경계선으로 이용하지 않도록 한다.
④ 산업장의 유해조건을 평가하기 위한 지침으로 사용하지 않도록 한다.
⑤ 피부로 흡수되는 양은 고려하지 않은 기준이다.

해설 ACGIH에서 권고하고 있는 허용농도(TLV) 적용상 주의사항

산업장의 유해조건을 평가하고 개선하기 위한 지침으로만 사용되어야 하며 다음과 같다.

㉠ 대기오염평가 및 지표(관리)에 사용할 수 없다.
㉡ 24시간 노출 또는 정상 작업시간을 초과한 노출에 대한 독성 평가에는 적용할 수 없다.
㉢ 기존의 질병이나 신체적 조건을 판단(증명 또는 반응자료)하기 위한 척도로 사용될 수 없다.
㉣ 작업조건이 다른 나라에서 ACGIH-TLV를 그대로 사용할 수 없다.
㉤ 안전농도와 위험농도를 정확히 구분하는 경계선이 아니다.
㉥ 독성의 강도를 비교할 수 있는 지표는 아니다.
㉦ 반드시 산업보건(위생) 전문가에 의하여 설명(해석), 적용되어야 한다.

8. ③ 9. ① 10. ④ 정답

◎ 피부로 흡수되는 양은 고려하지 않은 기준이다.
㉧ 산업장의 유해조건을 평가하기 위한 지침이며 건강장해를 예방하기 위한 지침이다.

**11** 산업안전보건법상 타인의 의뢰에 의한 산업보건지도사의 직무에 해당하지 않는 것은?

① 작업환경의 평가 및 개선지도
② 산업보건에 관한 조사 및 연구
③ 유해·위험의 방지대책에 관한 평가·지도
④ 작업환경개선과 관련된 계획서 및 보고서 작성
⑤ 안전보건개선계획서의 작성

해설 산업안전보건법에 의한 산업보건지도사의 직무
㉠ 작업환경의 평가 및 개선 지도
㉡ 작업환경 개선과 관련된 계획서 및 보고서 작성
㉢ 산업보건에 관한 조사·연구
㉣ 안전보건 개선계획서의 작성
㉤ 그 밖에 산업위생에 관한 사항의 자문에 대한 응답 및 조언

**12** 미국산업위생학술원(AAIH)에서 정하고 있는 산업위생 전문가로서 지켜야 할 윤리강령으로 틀린 것은?

① 기업체의 기밀은 누설하지 않는다.
② 성실성과 학문적 실력 면에서 최고 수준을 유지한다.
③ 쾌적한 작업환경을 만들기 위한 시설 투자 유치에 기여한다.
④ 과학적 방법의 적용과 자료의 해석에 객관성을 유지한다.
⑤ 일반 대중에 관한 사항은 정직하게 발표한다.

해설 미국산업위생학술원(AAIH)에서 정하고 있는 산업위생 전문가로서 지켜야 할 윤리강령
㉠ 기업체의 기밀은 누설하지 않는다.
㉡ 성실성과 학문적 실력 면에서 최고 수준을 유지한다.
㉢ 과학적 방법의 적용과 자료의 해석에 객관성을 유지한다.
㉣ 일반 대중에 관한 사항은 정직하게 발표한다.

**13** 금속 도장 작업장의 공기 중에 Toluene(TLV=100ppm) 45ppm, MIBK(TLV=50ppm) 15ppm, Acetone(TLV=750ppm) 280ppm, MEK(TLV=200ppm) 80ppm으로 발생되었을 때 이 작업장의 노출지수(EI)는?(단, 상가작용 기준)

① 1.223　　② 1.323
③ 1.423　　④ 1.523
⑤ 1.623

 정답 11. ③ 12. ③ 13. ④

해설 상가작용이 있는 혼합물질 노출지수(EI)

$$EI = \frac{45}{100} + \frac{15}{50} + \frac{280}{750} + \frac{80}{200} = 1.523$$

**14** 어떤 물질에 대한 작업환경을 측정한 결과 다음과 같은 TWA 결과 값을 얻었다. 환산된 TWA는 약 얼마인가?

| 농도(ppm) | 100 | 150 | 250 | 300 |
|---|---|---|---|---|
| 발생시간(분) | 120 | 240 | 60 | 60 |

① 169ppm
② 198ppm
③ 220ppm
④ 256ppm
⑤ 282ppm

해설
$$TWA = \frac{C_1 \times T_1 + C_2 \times T_2 + \cdots + C_n \times T_n}{T_1 + T_2 + \cdots + T_n}$$
$$= \frac{100 \times 120 + 150 \times 240 + 250 \times 60 + 300 \times 60}{120 + 240 + 60 + 60}$$
$$= 169$$

**15** 작업환경측정 결과 염화메틸 20ppm, 염화벤젠 20ppm 및 클로로포름 30ppm이 검출되었다. 이 혼합물의 노출허용농도 기준은?(단, 노출기준농도는 염화메틸 : 100ppm, 염화벤젠 75ppm, 클로로포름 : 50ppm, 상가작용)

① 약 46ppm
② 약 56ppm
③ 약 66ppm
④ 약 76ppm
⑤ 약 86ppm

해설
$$EI = \frac{20}{100} + \frac{20}{75} + \frac{30}{50} = 1.07$$

혼합물의 노출허용농도 $= (20+20+30)/1.07 = 66$ppm

**16** 어떤 작업장에서 50% Acetone, 30% Benzene 그리고 20% Xylene의 중량비로 조정된 용제가 증발하여 작업환경을 오염시키고 있다. 각각의 TLV는 1600mg/m$^3$, 720mg/m$^3$, 670mg/m$^3$일 때, 이 작업장의 혼합물의 허용농도는?

① 873mg/m$^3$
② 973mg/m$^3$
③ 1073mg/m$^3$
④ 1173mg/m$^3$
⑤ 1273mg/m$^3$

해설 혼합물의 허용농도 $= \dfrac{1}{\dfrac{0.5}{1,600}+\dfrac{0.3}{720}+\dfrac{0.2}{670}} = 973$

각 물질로 구분하면

Acetone : 973×0.5 = 486

Benzene : 973×0.3 = 292

Xylene : 973×0.2 = 195

**17** 아세톤(TLV = 750ppm) 200ppm과 톨루엔(TLV = 100ppm) 45ppm이 각각 노출되어 있는 실내 작업장에서 노출기준의 초과 여부를 평가한 결과로 올바른 것은?

① 복합노출지수가 약 0.72이므로 노출기준 미만이다.
② 복합노출지수가 약 5.97이므로 노출기준 미만이다.
③ 복합노출지수가 약 0.72이므로 노출기준을 초과하였다.
④ 복합노출지수가 약 5.97이므로 노출기준을 초과하였다.
⑤ 복합노출지수가 약 6.54이므로 노출기준을 초과하였다.

해설 $EI = \dfrac{200}{750} + \dfrac{45}{100} = 0.72$

복합노출지수가 1 미만이므로 노출기준 미만이다.

**18** 구리의 독성에 대한 인체실험 결과, 안전흡수량이 체중 kg당 0.008mg이었다. 1일 8시간 작업 시의 허용농도는 약 몇 $mg/m^3$인가?(단, 근로자 평균체중은 70kg, 작업 시의 폐환기율은 $1.45m^3/h$로 가정한다.)

① 0.035
② 0.048
③ 0.056
④ 0.064
⑤ 0.082

해설 체내 흡수량(mg) = C×T×V×R

여기서, C : 공기 중 유해물질 농도($mg/m^3$)
T : 노출시간(hr)
V : 폐환기율($m^3/hr$)
R : 체내 잔류율

안전흡수량 = 0.008mg/g×70kg = 0.56mg

$0.56mg = C \times 8hr \times 1.45m^3/hr \times 1$

$C = \dfrac{0.56mg}{8hr \times 1.45m^3/hr \times 1} = 0.048$

**19** 에틸벤젠(TLV = 100ppm)을 사용하는 작업장의 작업시간이 9시간일 때에는 허용기준을 보정하여야 한다. OSHA 보정방법과 Brief and Scala 보정방법을 적용하였을 때 두 보정된 허용기준치 간의 차이는 약 얼마인가?

① 2.2ppm
② 3.3ppm
③ 4.2ppm
④ 5.6ppm
⑤ 6.2ppm

해설 ① OSHA의 보정방법

보정된 허용농도 = 8시간 허용농도 $\times \frac{8\text{시간}}{\text{노출시간/일}} = 100\text{ppm} \times \frac{8}{9} = 88.9$

② Brief와 Scala 보정방법

TLV 보정계수 $= \frac{8}{H} \times \frac{24H}{16} = \frac{8}{9} \times \frac{24-9}{16} = 0.833$

보정된 허용농도 = 0.833×100 = 83.3ppm

따라서 보정된 두 허용농도 간의 차 ① - ② = 88.9 - 83.3 = 5.6

**20** 산업안전보건법에 따라 작업환경측정을 실시한 경우 작업환경측정결과보고서는 시료채취를 마친 날부터 며칠 이내에 관할 지방고용노동관서의 장에게 제출하여야 하는가?

① 7일
② 15일
③ 30일
④ 60일
⑤ 90일

해설 산업안전보건법 시행규칙에 따라 사업주는 작업환경측정 시료채취를 마친 날부터 30일 이내에 관할 지방고용노동관서의 장에게 작업환경측정결과표를 제출하여야 한다.

**21** 다음 중 생물학적 모니터링을 위한 시료가 아닌 것은?

① 공기 중 유해인자
② 소변 중의 유해인자나 대사산물
③ 혈액 중의 유해인자나 대사산물
④ 호기(exhaled air) 중의 유해인자나 대사산물
⑤ 머리카락에 있는 유해인자나 대사산물

해설 유해물질은 인체의 호흡기, 피부, 소화기 등을 통하여 들어온다. 공기 중 농도로는 호흡기를 통한 흡수를 예측할 수 있으나 피부나 소화기를 통한 흡수는 평가할 수 없다. 인체의 전체적인 유해물질 노출 및 흡수정도를 평가하는 방법으로 호기, 소변, 혈액, 머리카락 등에서 유해물질 또는 대사산물을 측정하여 알아낼 수 있다.

**22** 다음 중 생물학적 모니터링을 할 수 없거나 어려운 물질은?

① 카드뮴
② 트리클로로에틸렌
③ 톨루엔
④ 자극성 물질
⑤ 납

해설 자극성 물질은 피부에 직접 작용하여 생기는 반응으로 생물학적 모니터링으로는 해당 물질의 노출 여부를 알아내기 어렵다. 각 물질의 생물학적 지표는 다음과 같다.

㉠ 납 : 혈중 ZPP(Zinc Protoporphyrin)
㉡ 카드뮴 : 요중 카드뮴
㉢ 톨루엔 : 요중 o-크레졸
㉣ 트리클로로에틸렌 : 요중 트리클로로초산(삼염화초산)

**23** 수치로 나타낸 독성의 크기가 각각 2와 5인 두 물질이 화학적 상호작용에 의해 상대적 독성이 9로 상승하였다면 이러한 상호작용을 무엇이라 하는가?

① 상가작용
② 상승작용
③ 가승작용
④ 길항작용
⑤ 독립작용

해설 상승작용은 두 물질의 화학적 상호작용에 의해 상대적 독성이 상승한 것을 말한다.

**24** 다음 [보기]는 노출에 대한 생물학적 모니터링에 관한 설명이다. [보기] 중 틀린 것으로만 조합된 것은?

> [보기]
> a. 생물학적 검체인 호기, 소변, 혈액 등에서 결정인자를 측정하여 노출정도를 추정하는 방법이다.
> b. 결정인자는 공기 중에서 흡수된 화학물질이나 그것의 대사산물 또는 화학물질에 의해 생긴 비가역적인 생화학적 변화이다.
> c. 공기 중의 농도를 측정하는 것이 개인의 건강위험을 보다 직접적으로 평가할 수 있다.
> d. 목적은 화학물질에 대한 현재나 과거의 노출이 안전한 것인지를 확인하는 것이다.
> e. 공기 중 노출기준이 설정된 화학물질의 수만큼 생물학적 노출기준(BEI)이 있다.

① a, b, c
② a, c, d
③ c, d, e
④ b, d, e
⑤ a, d, e

 정답 22. ④ 23. ② 24. ③

해설 생물학적 모니터링이란 생물학적 검체인 호기, 소변, 혈액 등에서 결정인자를 측정하여 노출정도를 추정하는 방법으로 결정인자는 공기 중에서 흡수된 화학물질이나 그것의 대사산물 또는 화학물질에 의해 생긴 비가역적인 생화학적 변화이다.

**25** 다음 중 산업안전보건법상 보건관리자가 수행하여야 할 직무에 해당하지 않는 것은?

① 해당 사업장 안전교육계획의 수립 및 실시
② 건강장해를 예방하기 위한 작업관리
③ 물질안전보건자료의 게시 또는 비치
④ 직업성 질환 발생의 원인 조사 및 대책 수립
⑤ 사업장 순회점검 · 지도 및 조치의 건의

해설 산업안전보건법에 의한 보건관리자의 직무는 다음과 같다.

1. 산업안전보건위원회에서 심의 · 의결한 직무와 안전보건관리규정 및 취업규칙에서 정한 직무
2. 건강장해를 예방하기 위한 작업관리
3. 의무안전인증대상 기계 · 기구 등과 자율안전확인대상 기계 · 기구 등 중 보건과 관련된 보호구(保護具) 구입 시 적격품 선정
4. 작성된 물질안전보건자료의 게시 또는 비치
5. 산업보건의의 직무(보건관리자가 의료법에 따른 의사인 경우로 한정한다.)
6. 근로자의 건강관리, 보건교육 및 건강증진 지도
7. 해당 사업장의 근로자를 보호하기 위한 다음 각 목의 조치에 해당하는 의료행위(보건관리자가 의료법에 따른 의사이거나 간호사에 해당하는 경우로 한정한다.)
   ① 외상 등 흔히 볼 수 있는 환자의 치료
   ② 응급처치가 필요한 사람에 대한 처치
   ③ 부상 · 질병의 악화를 방지하기 위한 처치
   ④ 건강진단 결과 발견된 질병자의 요양 지도 및 관리
   ⑤ 가목부터 라목까지의 의료행위에 따르는 의약품의 투여
8. 작업장 내에서 사용되는 전체 환기장치 및 국소 배기장치 등에 관한 설비의 점검과 작업방법의 공학적 개선 · 지도
9. 사업장 순회점검 · 지도 및 조치의 건의
10. 직업성 질환 발생의 원인 조사 및 대책 수립
11. 산업재해에 관한 통계의 유지와 관리를 위한 지도와 조언(보건분야만 해당한다.)
12. 법 또는 법에 따른 명령이나 안전보건관리규정 및 취업규칙 중 보건에 관한 사항을 위반한 근로자에 대한 조치의 건의
13. 업무수행 내용의 기록 · 유지
14. 그 밖에 작업관리 및 작업환경관리에 관한 사항

**26** 다음 중 유해물질이 인체에 미치는 유해성(건강영향)을 좌우하는 인자로 그 영향이 가장 적은 것은?

① 유해물질의 밀도
② 유해물질의 노출시간
③ 개인의 감수성
④ 호흡량
⑤ 유해물질의 노출농도

해설 유해물질이 인체에 미치는 유해성을 좌우하는 인자
㉠ 유해물질의 노출시간
㉡ 개인의 감수성
㉢ 호흡량
㉣ 유해물질의 노출농도

**27** 다음은 납이 발생되는 환경에서 납 노출에 대한 평가활동이다. 가장 올바른 순서로 나열된 것은?

| ① 독성과 노출기준 등을 MSDS를 통해 찾아본다.<br>② 노출을 측정하고 분석한다.<br>③ 노출은 부적합하므로 개선시설을 해야 한다.<br>④ 노출정도를 노출기준과 비교한다.<br>⑤ 어떻게 발생되는지 조사한다. |
|---|

① ①→②→③→④→⑤
② ③→②→①→④→⑤
③ ⑤→①→②→④→③
④ ⑤→②→①→④→③
⑤ ③→④→②→①→⑤

해설 환경에서 납 노출에 대한 평가활동
㉠ 납이 어떻게 발생되는지 조사한다.
㉡ 납에 대한 독성과 노출기준 등을 MSDS를 통해 찾아본다.
㉢ 납에 대한 노출을 측정하고 분석한다.
㉣ 납에 대한 노출정도를 노출기준과 비교한다.
㉤ 납에 대한 노출은 부적합하므로 개선시설을 해야 한다.

**28** 인간공학에서 최대작업역(Maximum Area)에 대한 설명으로 가장 적절한 것은?

① 허리의 불편 없이 적절히 조작할 수 있는 영역
② 팔과 다리를 이용하여 최대한 도달할 수 있는 영역
③ 어깨에서부터 팔을 뻗어 도달할 수 있는 최대 영역
④ 상완을 자연스럽게 몸에 붙인 채로 전완을 움직일 때 도달하는 영역
⑤ 상체를 기울여 손이 닿을 수 있는 영역

 정답 26. ① 27. ③ 28. ③

해설 인간공학에서 최대작업역(Maximum Area)이란 어깨에서부터 팔을 뻗어 도달할 수 있는 최대 영역을 말한다.

**29** 우리나라의 규정상 하루에 25kg 이상의 물체를 몇 회 이상 드는 작업일 경우 근골격계 부담작업으로 분류하는가?

① 2회　　② 5회
③ 10회　　④ 15회
⑤ 20회

해설 근골격계 부담작업의 범위(고용노동부 고시) 제8호 하루에 10회 이상 25kg 이상의 물체를 드는 작업을 말한다.

**30** 다음 중 근골격계 질환의 원인과 가장 거리가 먼 것은?

① 부적절한 작업자세
② 짧은 주기의 반복작업
③ 고온 다습한 환경
④ 과도한 힘의 사용
⑤ 부족한 휴식시간

해설 근골격계 질환 발생원인은 부적절한 작업자세, 반복성, 접촉 스트레스, 무거운 힘, 진동 및 차가운 환경요소 등이다.

**31** 미국 국립산업안전보건연구원(NIOSH)의 들기작업 권고기준(Recommended Weight Limit, RWL)을 구하는 산식에 포함되는 변수가 아닌 것은?

① 작업빈도
② 허리 구부림 각도
④ 물체의 이동거리
④ 수평 및 수직으로 물체를 들어올리고자 하는 거리
⑤ 물체를 잡는 거리

해설 NIOSH의 권고기준(RWL)

RWL(kg)=LC×HM×VM×DM×AM×FM×CM

LC : 중량상수=23kg, HM : 수평거리에 따른 승수, VM : 수직거리에 따른 승수

DM : 물체의 이동거리에 따른 승수, AM : 비대칭승수, FM : 작업빈도에 따른 승수

CM : 물체를 잡는 데 따른 승수

**32** 물체무게가 2kg이고, 권고중량한계가 4kg 일 때 NIOSH의 중량물 취급지수(LI ; Lifting Index)는 얼마인가?

① 8
② 5
③ 2
④ 0.5
⑤ 0.2

해설 중량물 취급지수(Lifting Index) $= \frac{\text{물체무게(kg)}}{\text{RWL(kg)}} = \frac{2\text{kg}}{4\text{kg}} = 0.5$

**33** 다음 [표]를 이용하여 개정된 NIOSH의 들기작업 권고기준에 따른 권장무게한계(RWL)는 약 얼마인가?

| 계수 | 값 |
|---|---|
| 수평계수(HM) | 0.5 |
| 수직계수(VM) | 0.955 |
| 거리계수(DM) | 0.91 |
| 비대칭계수(AM) | 1 |
| 빈도계수(FM) | 0.45 |
| 커플링계수(CM) | 0.95 |

① 4.27kg
② 8.55kg
③ 12.82kg
④ 21.36kg
⑤ 23.82kg

해설 NIOSH의 권고기준(RWL)
RWL(kg) = LC×HM×VM×DM×AM×FM×CM
LC : 중량상수 = 23kg, HM : 수평거리에 따른 승수, VM : 수직거리에 따른 승수
DM : 물체의 이동거리에 따른 승수, AM : 비대칭승수, FM : 작업빈도에 따른 승수
CM : 물체를 잡는 데 따른 승수
RWL(kg) = 23×0.5×0.955×0.91×1×0.45×0.95 = 4.27kg

**34** 산업안전보건법상 사업주는 몇 kg 이상의 중량을 들어올리는 작업에 근로자를 종사하도록 할 때 다음과 같은 조치를 취하여야 하는가?

- 주로 취급하는 물품에 대하여 근로자가 쉽게 알 수 있도록 물품의 중량과 무게 중심에 대하여 작업장 주변에 안내표시할 것
- 취급하기 곤란한 물품에 대하여 손잡이를 붙이거나 갈고리 등 적절한 보조도구를 활용할 것

 정답 32. ④ 33. ① 34. ②

① 3kg ② 5kg
③ 10kg ④ 15kg
⑤ 25kg

해설 사업주는 5킬로그램 이상의 중량물을 들어올리는 작업에 근로자를 종사하도록 하는 때에는 다음 각호의 조치를 하여야 한다.
㉠ 주로 취급하는 물품에 대하여 근로자가 쉽게 알 수 있도록 물품의 중량과 무게중심에 대하여 작업장 주변에 안내표시할 것
㉡ 물품취급하기 곤란한 물체에 대하여 손잡이를 붙이거나 갈고리, 진공빨판 등 적절한 보조도구를 활용할 것

**35** 다음 중 누적외상성 질환(Cumulative Trauma Disorders ; CTDs) 또는 근골격계 질환(Musculoskeletal Disorders ; MSDs)에 속하는 질환으로 보기 어려운 것은?
① 건초염(Tenosynovitis)
② 스티븐스존슨증후군(Stevens Johnson Syndrome)
③ 손목뼈터널증후군(Carpal Tunnel Syndrome)
④ 기용터널증후군(Guyon Tunnel Syndrome)
⑤ 긴장성경부증후군(Tension Neck)

해설 스티븐스존슨증후군은 Trichloroethylene에 의한 대표적인 직업병이며, 누적외상성 질환(Cumulative Trauma Disorders ; CTDs) 또는 근골격계 질환(Muscoloskeletal disorders ; MSDs)에 속하는 질환은 다음과 같다.
㉠ 근육의 질환 : 근막통증증후군, 근육의 염좌
㉡ 결합조직의 질환 : 건염, 건초염, 활액낭염, 결절종
㉢ 신경의 질환 : 수근관증후군, 포착증후군, 이중 압착증후군

**36** 다음 중 영상표시단말기(VDT)의 작업자세로 적절하지 않은 것은?
① 발의 위치는 앞꿈치만 닿을 수 있도록 한다.
② 눈과 화면의 중심 사이의 거리는 40cm 이상이 되도록 한다.
③ 위 팔과 아래 팔이 이루는 각도는 90도 이상이 되도록 한다.
④ 아래팔은 손등과 일직선을 유지하여 손목이 꺾이지 않도록 한다.
⑤ 의자 등받이 각도는 자료입력시 90~105°, 기타 100~120°를 유지하도록 한다.

해설 영상표시단말기(VDT)의 작업자세 중 발의 위치는 발바닥 전면이 바닥면에 닿을 수 있도록 한다.

**37** 다음 중 영상표시단말기(VDT) 취급근로자의 작업자세로 적절하지 않은 것은?

① 팔꿈치의 내각은 90° 이상이 되도록 한다.
② 근로자의 발바닥 전면이 바닥면에 닿는 자세를 기본으로 한다.
③ 무릎의 내각(Knee Angle)은 90° 전후가 되도록 한다.
④ 근로자의 시선은 수평선상으로부터 10~15° 위로 가도록 한다.
⑤ 근로자의 눈으로부터 화면까지의 시거리는 40cm 이상을 유지한다.

**해설** 근로자의 작업 화면상의 시야범위는 수평선상으로부터 10~15° 밑으로 가도록 한다.

**38** 다음 중 작업대사량에 따른 작업강도의 구분에 있어서 중등도작업(Moderate Work)에 해당하는 것은?

① 150kcal/h 소요되는 작업
② 350kcal/h 소요되는 작업
③ 450kcal/h 소요되는 작업
④ 500kcal/h 이상 소요되는 작업
⑤ 550kcal/h 이상 소요되는 작업

**해설** 작업대사량에 따른 작업분류

| 작업강도와 대사량 | 작업의 형태 |
|---|---|
| 휴식(Resting)<br>(<100kcal/hr) | • 조용히 앉아 있음<br>• 중간정도의 팔운동을 하면서 앉아 있음 |
| 경작업(Light)<br>(<200kcal/hr) | • 중간정도의 팔, 다리운동을 하면서 앉아 있음<br>• 대부분의 시간을 팔운동하면서 작업대나 기계에서 가벼운 작업을 하고 서 있음<br>• 탁상용 톱 이용 작업<br>• 기계나 공작대에서 가볍게 혹은 중간정도의 작업을 하면서 걸어다님 |
| 중(中)작업(Moderate)<br>(<350kcal/hr) | • 선 자세에서 긁는 작업<br>• 중간정도의 들기 혹은 중간정도의 작업을 하면서 걸어다님<br>• 무게 3kg의 물건을 들고 속도 6km/hr 정도로 걸어다님 |

 정답 37. ④ 38. ②

| 작업강도와 대사량 | 작업의 형태 |
|---|---|
| 중(重)작업(Heavy)<br>(<500kcal/hr) | • 손으로 톱을 켜는 목수작업<br>• 건조한 모래 삽질<br>• 비연속적인 무거운 물체 조립작업<br>• 간헐적인 무거운 물건 들기 혹은 당기기 작업(예 : 곡괭이와 삽질) |
| 격심한 작업(Very Heavy)<br>(>500kcal/hr) | • 습한 모래 삽질 |

**39** 미국정부산업위생전문가협의회(ACGIH)에 의한 작업강도구분에서 "심한 작업(Heavy Work)"에 속하는 것은?

① 150~200kcal/h까지의 작업
② 200~350kcal/h까지의 작업
③ 350~500kcal/h까지의 작업
④ 500~750kcal/h까지의 작업
⑤ 750kcal/h 이상 소요되는 작업

해설 ACGIH에 의한 작업강도 구분
- 경작업 : 200kcal/hr까지 작업
- 중등도작업 : 200~350kcal/hr까지 작업
- 중작업(심한 작업) : 350~500kcal/hr까지 작업

**40** 다음 중 근육운동에 필요한 에너지를 생산하는 혐기성 대사의 반응으로 옳은 것은?

① glycogen + ADP ⇆ citrate + ATP
② ATP ⇆ ADP + Lactate + free energy
③ creatine phosphate + ADP ⇆ creatine + ATP
④ glucose + P + ADP → Lactate
⑤ creatine + P + ADP → Lactate + ATP

해설 혐기성 대사(Anaerobic Metabolism)는 근육에 저장된 화학적 에너지를 의미한다.

㉠ 혐기성 대사순서(시간대별)
- ATP(아데노신삼인산 )→ CP(크레아틴인산) → Glycogen(글리코겐) or Glucose(포도당)

㉡ 혐기성 대사(근육운동)
- ATP ⇆ ADP + P + Free energy
- Creatine phosphate + ADP ⇆ Creatine + ATP
- Glycogen 또는 Glucose + P + ADP → Lactate + ATP

**41** 다음 중 근육 노동시 특히 보급해 주어야 하는 비타민의 종류는?

① 비타민 A ② 비타민 $B_1$
③ 비타민 C ④ 비타민 D
⑤ 비타민 E

해설 비타민 $B_1$
- 결핍시 각기병, 신경염 유발
- 근육운동(노동)시 보급해야 함
- 작업강도가 높은 근로자의 근육에 호기적 산화로 연소를 도와주는 영양소

**42** 다음 중 산업피로에 관한 설명으로 틀린 것은?

① 피로는 비가역적 생체의 변화로 건강장해의 일종이다.
② 정신적 피로와 육체적 피로는 보통 구별하기 어렵다.
③ 국소피로와 전신피로는 피로현상이 나타난 부위가 어느 정도인가를 상대적으로 표현한 것이다.
④ 곤비는 피로의 축적상태로 단기간에 회복될 수 없다.
⑤ 과로라는 것은 다음날까지도 피로상태가 계속되는 것이다.

해설 산업피로
㉠ 가역적 생체의 변화로 건강장해의 일종이다.
㉡ 정신적 피로와 육체적 피로는 보통 구별하기 어렵다.
㉢ 국소피로와 전신피로는 피로현상이 나타난 부위가 어느 정도인가를 상대적으로 표현한 것이다.
㉣ 곤비는 피로의 축적상태로 단기간에 회복될 수 없다.
㉤ 과로는 다음날까지도 피로상태가 계속되는 것이다.

**43** 다음 중 단기간 휴식을 통해서는 회복될 수 없는 발병단계의 피로를 무엇이라 하는가?

① 정신피로 ② 곤비
③ 과로 ④ 전신피로
⑤ 국소피로

해설 산업피로의 종류
㉠ 정신피로 : 중추신경계의 피로로서 정신노동 위주일 때 나타난다.
㉡ 육체피로 : 중추신경계의 피로로서 근육노동 위주일 때 나타난다.
㉢ 국소피로
㉣ 전신피로
㉤ 보통피로 : 하룻밤을 지내고 완전히 회복되는 피로
㉥ 과로 : 다음날까지 피로가 계속되는 피로
㉦ 곤비 : 과로의 축적으로 단기간 휴식으로 회복될 수 없는 발병단계의 피로

 정답 41. ② 42. ① 43. ②

**44** 다음 중 근육운동에 동원되는 주요 에너지원 중에서 가장 먼저 소비되는 에너지원은?

① CP(크레아틴인산)
② ATP(아데노신삼인산)
③ 포도당
④ 글리코겐
⑤ 단백질

해설 근육운동에 동원되는 주요 에너지원 시간대별 대사순서(혐기성)
ATP(아데노신삼인산) → CP(크레아틴인산) → Glycogen(글리코겐) or Glucose(포도당)

**45** 산소소비량 1L를 에너지량, 즉 작업대사량으로 환산하면 약 몇 kcal인가?

① 5
② 10
③ 15
④ 20
⑤ 25

해설 산소소비량 1L ≒ 5kcal(에너지량)

**46** 다음 중 피로를 느끼게 하는 물질대사에 의한 노폐물이 아닌 것은?

① 젖산
② 콜레스테롤
③ 크레아티닌
④ 시스테인
⑤ 암모니아

해설 피로를 느끼게 하는 물질대사에 의한 노폐물에는 젖산, 크레아티닌, 시스테인, 암모니아 이외에 초성포도당, 시스틴, 잔여질소가 있다.

**47** 다음 중 피로에 의하여 신체에 쌓이게 되는 피로물질은?

① 이산화탄소($CO_2$)
② 젖산(Lactic Acid)
③ 지방산(Fatty Acid)
④ 아미노산(Amino Acid)
⑤ 단백질

해설 피로에 의하여 신체에 쌓이게 되는 피로물질은 젖산, 크레아티닌, 시스테인, 암모니아 이외에 초성포도당, 시스틴, 잔여질소가 있다.

**48** 다음 중 근육이 운동을 시작했을 때 에너지를 공급받는 순서가 올바르게 나열된 것은?

① 아데노신삼인산(ATP) → 크레아틴인산(CP) → 글리코겐
② 크레아틴인산(CP) → 글리코겐 → 아데노신삼인산(ATP)
③ 글리코겐 → 아데노신삼인산(ATP) → 크레아틴인산(CP)
④ 아데노신삼인산(ATP) → 글리코겐 → 크레아틴인산(CP)
⑤ 크레아틴인산(CP) → 아데노신삼인산(ATP) → 글리코겐

해설 시간대별 대사순서(혐기성)
ATP(아데노신삼인산) → CP(크레아틴인산) → Glycogen(글리코겐) or Glucose(포도당)

**49** 중량물 운반작업을 하는 근로자의 약한 손(오른손잡이의 경우 왼손)의 힘은 40kp이다. 이 근로자가 무게 8kg인 상자를 두 손으로 들어올릴 경우 작업강도(%MS)는 얼마인가?

① 2
② 4
③ 8
④ 10
⑤ 12

해설 1kp : 질량 1kg을 중력의 크기로 당기는 힘
Required force : 8kg 상자를 두 손으로 들어올리므로 한 손에 미치는 힘은 4kp
Maximum strength : 40kp

$$\text{작업강도}(\%MS) = \frac{\text{Required force}}{\text{Maximum strength}} \times 100 = \frac{4}{40} \times 100 = 10$$

**50** 어느 근로자와 1시간 작업에 소요되는 에너지가 500kcal이었다면, 작업대사율은 약 얼마인가?(단, 기초대사량은 60kcal/h, 안정시 소비되는 에너지는 기초대사량의 1.2배로 가정한다.)

① 4.7
② 5.4
③ 6.4
④ 7.1
⑤ 8.4

해설 기초대사량은 60kcal/h, 작업에 소모된 열량 : 500kcal
안정시 소비되는 에너지는 기초대사량의 1.2배이므로 60×1.2=72kcal/hr

$$\text{작업대사율} = \frac{\text{작업에 소모된 열량} - \text{안정시 열량}}{\text{기초대사량}} = \frac{500\text{kcal/hr} - 72\text{kcal/hr}}{60\text{kcal/hr}} = 7.1$$

 정답 48. ① 49. ④ 50. ④

**51** 기초대사량이 1,500kcal/day이고, 작업대사량이 시간당 250kcal가 소비되는 작업을 8시간 동안 수행하고 있을 때 작업대사율(RMR)은 약 얼마인가?

① 0.17
② 0.75
③ 1.33
④ 1.69
⑤ 1.85

해설 $$작업대사율 = \frac{작업에\ 소모된\ 열량 - 안정시\ 양}{기초대사량}$$
$$= \frac{작업대사량}{기초대사량}$$
$$= \frac{250kcal/hr \times 8hr}{1,500kcal}/day$$
$$= 1.33$$

**52** 작업의 강도가 클수록 작업시간이 짧아지고 휴식기간이 길어지며 실동률은 감소하는데 작업대사율(RMR)이 6일 때의 실동률(%)은 얼마인가?(단, 사이또(齋藤)와 오시마(大島)의 공식을 이용한다.)

① 70
② 65
③ 60
④ 55
⑤ 50

해설 실동률(실노동률) = 85 − 5×작업대사율 = 85 − 5×6 = 55

**53** 사이또와 오시마(大馬)가 제시한 관계식을 기준으로 작업대사율이 7인 경우 계속작업의 한계시간은 약 얼마인가?

① 5분
② 10분
③ 20분
④ 30분
⑤ 60분

해설 log(계속작업 한계시간) = 3.724 − 3.25log(RMR) = 3.724 − 3.25log7 = 0.98
계속작업 한계시간 = $10^{0.98}$ = 9.55분

**54** 다음 중 전신피로의 원인에 대한 내용으로 틀린 것은?

① 산소공급의 부족
② 작업강도의 증가
③ 혈중 포도당 농도의 저하
④ 근육 내 글리코겐 양의 증가
⑤ 근육 내 글리코겐 양의 감소

해설 전신 피로의 원인
㉠ 산소공급 부족
㉡ 혈중 포도당 농도의 저하
㉢ 근육 내 글리코겐량의 감소
㉣ 작업강도 증가

**55** 다음 [그림]은 작업의 시작 및 종료 시의 산소소비량을 나타낸 것이다. ㉠과 ㉡의 의미를 올바르게 나열한 것은?

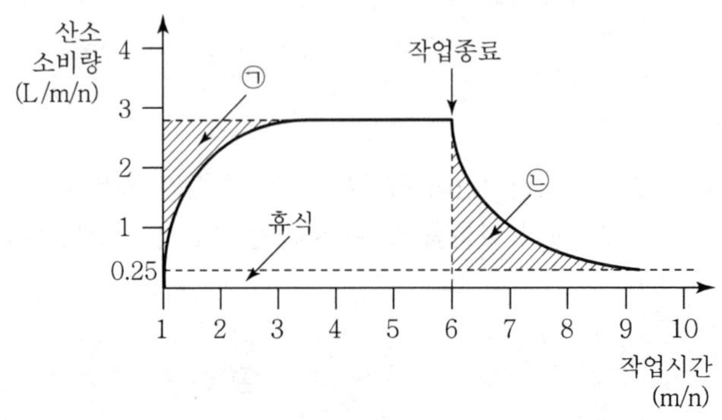


① ㉠ 작업부채 ㉡ 작업부채 보상
② ㉠ 작업부채 보상 ㉡ 작업부채
③ ㉠ 산소부채 ㉡ 산소부채 보상
④ ㉠ 산소부채 보상 ㉡ 산소부채
⑤ ㉠ 산소부채 보상 ㉡ 평형상태

해설 산소부채는 운동이 격렬하게 진행될 때에 산소섭취량이 수요량에 미치지 못하여 일어나는 산소부족현상으로 산소부채량은 원래대로 보상되어야 하므로 운동이 끝난 뒤에도 일정시간 산소를 소비한다. 산소부채현상은 작업이 시작되면서 발생하며 작업이 끝난 후에는 산소부채의 보상현상이 발생하고 작업이 끝난 후에 남아있는 젖산을 제거하기 위해서는 산소가 더 필요하다. 이때 동원되는 산소소비량을 산소부채라 한다.

**56** 다음 중 산소부채(Oxygen Debt)에 관한 설명으로 틀린 것은?
① 작업대사량의 증가와 관계없이 산소소비량은 계속 증가한다.
② 산소부채현상은 작업이 시작되면서 발생한다.
③ 작업이 끝난 후에는 산소부채의 보상현상이 발생한다.
④ 작업강도에 따라 필요한 산소요구량과 산소공급량의 차이에 의하여 산소부채현상이 발생한다.
⑤ 작업강도에 따라 대사량이 달라지므로 산소소비량도 달라진다.

 정답 55. ③ 56. ①

해설 산소부채(Oxygen Debt)

㉠ 산소부채현상은 작업이 시작되면서 발생
㉡ 작업이 끝난 후에는 산소부채의 보상현상 발생
㉢ 작업강도에 따라 필요한 산소요구량과 산소공급량의 차이에 의하여 산소부채현상 발생
㉣ 작업강도에 따라 대사량이 달라지므로 산소소비량도 달라진다.

**57** 육체적 작업능력(PWC)이 15kcal/min인 근로자가 1일 8시간 동안 물체를 운반하고 있다. 이 때의 작업대사량은 8kcal/min이고, 휴식시 대사량은 3kcal/min이라면, 매 시간당 휴식시간과 작업시간으로 가장 적절한 것은?(단, Hertig식을 적용한다.)

① 휴식시간은 28분, 작업시간은 32분이다.
② 휴식시간은 30분, 작업시간은 30분이다.
③ 휴식시간은 32분, 작업시간은 28분이다.
④ 휴식시간은 36분, 작업시간은 24분이다.
⑤ 휴식시간은 39분, 작업시간은 28분이다.

해설 $T_{rest}(\%) = \dfrac{E_{max} - E_{task}}{E_{rest} - E_{task}} \times 100 = \dfrac{5-8}{3-8} \times 100 = 60\%$

시간당 60%에 해당하는 약 36분 동안 휴식을 취하고, 나머지 40%인 24분간 작업을 하는 것이 바람직하다.

**58** 다음 중 작업을 마친 직후 회복기의 심박수를 측정한 결과 심한 전신피로 상태라 판단될 수 있는 경우는?

① $HR_{30-60}$이 100 미만이고, $HR_{60-90}$과 $HR_{150-180}$의 차이가 20 이상인 경우
② $HR_{30-60}$이 100 초과하고, $HR_{60-90}$과 $HR_{150-180}$의 차이가 20 미만인 경우
③ $HR_{30-60}$이 110 미만이고, $HR_{60-90}$과 $HR_{150-180}$의 차이가 10 이상인 경우
④ $HR_{30-60}$이 110 초과이고, $HR_{60-90}$과 $HR_{150-180}$의 차이가 10 미만인 경우
⑤ $HR_{30-60}$이 110 초과이고, $HR_{60-90}$과 $HR_{150-180}$의 차이가 20 미만인 경우

해설 전신피로 상태 : $HR_{30\sim60}$이 110을 초과하고 $HR_{150\sim180} - HR_{60\sim90} = 10$ 미만인 경우로 아래 3가지 구간 평균맥박수를 측정하여 얻어진다.

㉠ $HR_{30\sim60}$ : 작업종료 후 30~60초 사이의 평균 맥박수
㉡ $HR_{60\sim90}$ : 작업종료 후 60~90초 사이의 평균 맥박수
㉢ $HR_{150\sim180}$ : 작업종료 후 150~180초 사이의 평균 맥박수

**59** 국소피로의 평가방법에 있어 EMG를 이용한 결과에서 피로한 근육에 나타나는 현상으로 틀린 것은?

① 저주파수(0~40Hz) 영역에서 힘의 증가
② 고주파수(40~200Hz) 영역에서 힘의 감소
③ 평균 주파수 영역에서 힘의 감소
④ 총 전압의 감소
⑤ 총 전압의 증가

해설 국소피로의 평가방법에 있어 EMG를 이용한 결과에서 피로한 근육에 나타나는 현상
- 저주파수(0~40Hz) 힘의 증가
- 고주파수(40~200Hz) 힘의 감소
- 평균 주파수 영역에서 힘의 감소
- 총 전압의 증가

**60** 다음 중 노동의 적응과 장애에 관한 설명으로 틀린 것은?

① 직업에 따라 일어나는 신체 형태와 기능의 국소적 변화를 직업성 변이라고 한다.
② 작업환경에 대한 인체의 적응한도를 서한도라고 한다.
③ 일하는 데 가장 적합한 환경을 지적환경이라고 한다.
④ 지적환경의 평가는 육체적 평가방법으로 통한다.
⑤ 일하는 데 적합한 환경을 평가하는 데에는 작업에서의 능률을 따지는 생산적 방법이 있다.

해설 노동의 적응과 장애
㉠ 직업에 따라 일어나는 신체 형태와 기능의 국소적 변화를 직업성 변이라고 한다.
㉡ 작업환경에 대한 인체의 적응한도를 서한도라고 한다.
㉢ 일하는 데 가장 적합한 환경을 지적환경이라고 한다.
㉣ 지적환경의 평가는 생리적, 정신적 평가방법으로 통한다.
㉤ 일하는 데 적합한 환경을 평가하는 데에는 작업에서의 능률을 따지는 생산적 방법이 있다.

**61** 다음 중 산업피로를 줄이기 위한 바람직한 교대근무에 관한 내용으로 틀린 것은?

① 근무시간의 간격은 15~16시간 이상으로 하여야 한다.
② 야간근무 교대시간은 상오 0시 이전에 하는 것이 좋다.
③ 야간근무는 연속할 경우 1주일 이내로 이루어져야 피로의 누적을 피할 수 있다.
④ 야간근무시 가면(假眠)시간은 근무시간에 따라 2~4시간으로 하는 것이 좋다.
⑤ 교대방식은 정교대가 좋다.

 정답 59. ④ 60. ④ 61. ③

해설 교대근무제 관리원칙

㉠ 격일제, 2교대, 3교대, 2조 2교대, 3조 2교대, 4조 2교대, 3조 3교대, 4조 3교대, 다조 3교대로 실시한다.
㉡ 2교대면 최저 3조, 3교대면 4조로 편성하고 40시간 근로일 때는 갑, 을, 병반으로 시킨다.
㉢ 야근의 주기를 4~5일, 연속은 2~3일로 하고 각 반의 근무시간은 8시간으로 한다.
㉣ 야근 후 다음 반으로 넘어가는 시간은 48시간 이상이 되도록 한다.
㉤ 야근 교대시간은 상오 0시가 좋고 부녀자의 2교대 야근 교대시간은 전반 상오 5~6시, 후반 10시 이후가 좋다.
㉥ 야근은 가면을 하더라도 10시간 이내가 좋으며 근무시간 간격은 15~16시간 이상으로 한다.
㉦ 산모는 산후 1년까지 야근을 피해야 한다.
㉧ 보통 근로자가 3kg의 체중감소가 있을 때는 정밀 검사를 받도록 권장한다.
㉨ 근로자가 교대 일정을 미리 알 수 있도록 한다.
㉩ 상대적으로 가벼운 작업은 야간 근무조에 배치하는 등 업무내용을 탄력적으로 조정한다.

**62** 다음 중 교대작업에서 작업주기 및 작업순환에 대한 설명으로 틀린 것은?

① 교대근무시간 : 근로자의 수면을 방해하지 않아야 하며, 아침 교대시간은 아침 7시 이후에 하는 것이 바람직하다.
② 교대근무 순환시기 : 주간 근무조 → 저녁 근무조 → 야간근무조로 순환하는 것이 좋다.
③ 근무조 변경 : 근무시간 종료 후 다음 근무시작 시간까지 최소 10시간 이상의 휴식 시간이 있어야 하며, 특히, 야간 근무조 후에는 12~24시간 정도의 휴식이 있어야 한다.
④ 작업배치 : 상대적으로 가벼운 작업을 야간 근무조에 배치하고, 업무 내용을 탄력적으로 조정한다.
⑤ 근무시간의 간격 : 15~16시간 이상으로 한다.

해설 야간 근무자는 24시간 밖에 휴식하지 못하면 재해빈도가 높아지므로 48시간의 휴식이 바람직하다.

**63** 다음 중 산업피로에 대한 대책으로 옳은 것은?

① 피로한 후 장시간 휴식이 휴식시간을 여러 번으로 나누는 것보다 효과적이다.
② 움직이는 작업은 피로를 가중시키므로 될수록 정적인 작업으로 전환하도록 한다.
③ 커피, 홍차, 엽차 및 비타민 $B_1$은 피로회복에 도움이 되므로 공급한다.
④ 신체리듬의 적응을 위하여 야간근무는 연속적으로 7일 이상 실시하도록 한다.
⑤ 개인에 따라 작업부하량을 늘인다.

해설 ㉠ 피로한 후 장시간 휴식보다 휴식시간을 여러 번으로 나누는 것이 효과적이다.
㉡ 앉아있는 작업은 피로를 가중시키므로 될수록 동적인 작업으로 전환하도록 한다.
㉢ 커피, 홍차, 엽차 및 비타민 $B_1$은 피로회복에 도움이 되므로 공급한다.
㉣ 신체리듬의 적응을 위하여 야간근무는 연속적으로 7일 이상 실시하지 않도록 한다.
㉤ 개인에 따라 작업 부하량을 조절한다.

62. ③ 63. ③ 정답

**64** 다음 중 산업피로의 대책으로 적합하지 않은 것은?

① 작업과정에 따라 적절한 휴식시간을 삽입해야 한다.
② 불필요한 동작을 피하고 가능한 한정적인 작업으로 전환한다.
③ 쾌적한 작업환경을 만들기 위한 시설 투자 유치에 기여한다.
④ 과학적 방법의 적용과 자료의 해석에 객관성을 유지한다.
⑤ 작업속도를 너무 빠르거나 느리지 않도록 조절한다.

해설 산업피로 대책
㉠ 작업과정에 따라 적절한 휴식시간을 삽입해야 한다.
㉡ 불필요한 동작을 피하고 가능한 한정적인 작업으로 전환한다.
㉢ 과학적 방법의 적용과 자료의 해석에 객관성을 유지한다.
㉣ 작업속도를 너무 빠르거나 느리지 않도록 조절한다.

**65** 다음 중 심리학적 적성검사와 가장 거리가 먼 것은?

① 지능검사 ② 인성검사
③ 지각동작검사 ④ 감각기능검사
⑤ 기능검사

해설
- 심리학적 적성검사 : 지능검사, 지각동작검사, 기능검사, 인성검사
- 생리기능 적성검사 : 감각기능검사, 심폐기능검사, 체력검사

**66** 다음 중 직업성 질환의 발생 요인과 관련 직종이 잘못 연결된 것은?

① 한랭 – 제빙작업 ② 크롬 – 도금작업
③ 조명부족 – 의사 ④ 유기용제 – 그라비아 인쇄작업
⑤ 잠함병 – 해녀

해설 조명 부족은 주로 갱내 작업에서 볼 수 있다.

**67** 다음 중 교대근무에 있어 야간작업의 생리적 현상으로 틀린 것은?

① 체중의 감소가 발생한다.
② 체온이 주간보다 올라간다.
③ 주간수면의 효율이 좋지 않다.
④ 주간 근무에 비하여 피로가 쉽게 온다.
⑤ 수면부족과 식사의 불규칙으로 위장장해가 온다.

 정답 64. ③ 65. ④ 66. ③ 67. ②

해설 교대근무에 있어 야간작업의 생리적 현상
㉠ 체중의 감소가 발생한다.
㉡ 체온이 주간보다 내려간다.
㉢ 주간수면의 효율이 좋지 않다.
㉣ 주간 근무에 비하여 피로가 쉽게 온다.
㉤ 수면부족과 식사의 불규칙으로 위장장해가 온다.

**68** 다음 중 스트레스에 관한 설명으로 잘못된 것은?
① 스트레스를 지속적으로 받게 되면 인체는 자기조절능력을 발휘하여 스트레스로부터 벗어난다.
② 환경의 요구가 개인의 능력한계를 벗어날 때 발생하는 개인과 환경과의 불균형 상태가 된다.
③ 스트레스가 아주 없거나 너무 많을 때에는 역기능 스트레스로 작용한다.
④ 위협적인 환경 특성에 대한 개인의 반응이다.
⑤ 스트레스가 계속 지속되면 결국 경고반응의 신체적 징후가 나타난다.

해설 스트레스를 지속적으로 받게 되면 인체는 자기조절능력을 상실하여 스트레스로부터 벗어나지 못하여 신체적 징후가 나타난다.

**69** 다음 중 재해성 질병의 인정시 종합적으로 판단하는 사항으로 틀린 것은?
① 재해의 성질과 강도
② 재해가 작용한 신체부위
③ 재해가 발생할 때까지의 시간적 관계
④ 작업내용과 그 작업에 종사한 기간 또는 유해작업의 정도
⑤ 업무상의 재해라고 할 수 있는 사건의 유무

해설 재해성 질환의 특징
㉠ 시간적으로 명확하게 재해에 의하여 발병한 질환을 말한다.
㉡ 부상에 기인하는 질환(재해성 외상)과 재해에 기인하는 질환(재해성 중독)으로 구분한다.
㉢ 재해성 질병의 인성시 재해의 성질과 강도, 재해가 작용한 신체부위, 재해가 발생할 때까지의 시간적 관계 등을 종합적으로 판단한다.

**70** 다음 중 직업성 질환에 관한 설명으로 틀린 것은?
① 직업성 질환과 일반 질환은 그 한계가 뚜렷하다.
② 직업성 질환이란 어떤 작업에 종사함으로써 발생하는 업무상 질병을 말한다.
③ 직업성 질환은 재해성 질환과 직업병으로 나눌 수 있다.
④ 직업병은 저농도 또는 저수준의 상태로 장시간에 걸쳐 반복노출로 생긴 질병을 말한다.
⑤ 직업성 질환은 업무와의 명확한 인과관계가 있는 것을 말한다.

68. ① 69. ④ 70. ① 정답

해설 직업성 질환의 특징
㉠ 직업성 질환과 일반 질환은 그 한계가 뚜렷하지 않다.
㉡ 직업성 질환이란 어떤 작업에 종사함으로써 발생하는 업무상 질병을 말한다.
㉢ 직업성 질환은 재해성 질환과 직업병으로 나눌 수 있다.
㉣ 직업병은 저농도 또는 저수준의 상태로 장시간에 걸쳐 반복노출로 생긴 질병을 말한다.
㉤ 직업성 질환은 업무와의 명확한 인과관계가 있는 것을 말한다.

71 다음 중 직업성 질환으로 볼 수 없는 것은?
① 분진에 의하여 발생되는 진폐증
② 화학물질의 반응으로 인한 폭발 후유증
③ 화학적 유해인자에 의한 중독
④ 유해광선, 방사선 등의 물리적 인자에 의하여 발생되는 질환
⑤ 전자부품업체에서의 부자연스러운 자세로 인한 근골격계 질환

해설 화학물질의 반응으로 인한 폭발 후유증은 재해성 질환
㉠ 시간적으로 명확하게 재해에 의하여 발병한 질환이다.
㉡ 부상에 기인하는 질환(재해성 외상)과 재해에 기인하는 질환(재해성 중독)

72 사무실 공기관리 지침에서 지정하는 오염물질에 대한 시료채취방법이 잘못 연결된 것은?
① 오존 - 멤브레인 필터를 이용한 채취
② 일산화탄소 - 전기화학 검출기에 의한 채취
③ 이산화탄소 - 비분산적외선 검출기에 의한 채취
④ 총부유세균 - 여과법을 이용한 부유세균 채취기로 채취
⑤ 포름알데히드 - 2, 4 - DNPH가 코팅된 실리카겔관이 장착된 시료채취기에 의한 채취

해설 공기 중 오존은 유리섬유 여과지를 이용하여 채취한다.

73 실내환경의 오염물질 중 금속이 용해되어 액상 물질로 되고 이것이 가스상 물질로 기화된 후 다시 응축되어 발생하는 고체입자를 무엇이라 하는가?
① 에어로졸(Aerosol)
② 흄(Fume)
③ 미스트(Mist)
④ 스모그(Smog)
⑤ 연기(Smoke)

 정답 71. ② 72. ① 73. ②

해설 실내 환경의 오염물질 중 금속이 용해되어 액상 물질로 되고 이것이 가스상 물질로 기화된 후 다시 응축되어 발생하는 고체입자는 퓸이다.

**74** 다음 중 사무실 공기관리 지침에 관한 설명으로 틀린 것은?

① 사무실 공기의 관리기준은 8시간 가중평균농도를 기준으로 한다.

② PM10이란 입경이 $10\mu m$ 이하인 먼지를 의미한다.

③ 총부유세균의 단위는 CFU/$m^3$로 $1m^3$ 중에 존재하고 있는 집락형성 세균 개체수를 의미한다.

④ 사무실 공기질의 모든 항목에 대한 측정결과는 측정치 전체에 대한 평균값을 이용하여 평가한다.

⑤ 공기의 측정시료는 사무실 내에서 공기 질이 가장 나쁠 것으로 예상되는 2곳 이상에서 채취한다.

해설 사무실 공기질의 측정결과는 측정치 전체에 대한 평균값을 오염물질별 관리기준과 비교하여 평가한다. 다만 이산화탄소는 각 지점에서 측정한 측정치 중 최고값을 기준으로 비교·평가한다.

**75** 다음 중 토양이나 암석 등에 존재하는 우라늄의 자연적 붕괴로 생성되어 건물의 균열을 통해 실내공기로 유입되는 발암성 오염물질은?

① 라돈

② 석면

③ 포름알데히드

④ 다환성방향족탄화수소(PAHs)

⑤ 오존

해설 라돈은 토양이나 암석 등에 존재하는 우라늄의 자연적 붕괴로 생성되어 건물의 균열을 통해 실내공기로 유입되며, 폐암을 유발하는 오염물질이다.

**76** 다음 중 사무실 공기관리 지침상 관리대상 오염물질의 종류에 해당하지 않는 것은?

① 일산화탄소(CO)
② 호흡성 분진(RSP)
③ 오존($O_3$)
④ 총부유세균
⑤ 이산화탄소($CO_2$)

해설 사무실 공기관리 지침상 관리대상 오염물질의 종류(고용노동부 고시)
미세먼지(PM10), 일산화탄소(CO), 이산화탄소($CO_2$), 포름알데히드(HCHO), 총휘발성유기화합물(TVOC), 총부유세균, 이산화질소($NO_2$), 오존($O_3$), 석면

**77** 다음 중 실내공기의 오염에 따른 건강상의 영향을 나타내는 용어와 가장 거리가 먼 것은?

① 새집증후군
② 화학물질과민증
③ 헌집증후군
④ 스티븐존슨 증후군
⑤ 빌딩증후군

해설 스티븐존슨 증후군은 화학물질 Trichloroethylene에 의한 증상이다.

**78** 방사성 기체로 폐암 발생의 원인이 되는 실내공기 중 오염물질은?

① 포름알데히드
② 라돈
③ 석면
④ 오존
⑤ 일산화탄소

해설 라돈은 건축자재(콘크리트, 시멘트, 진흙, 벽돌 등), 동굴, 천연가스 등에서 발생되며, 인체에 폐암을 유발하는 오염물질이다.

**79** 다음 설명에 해당하는 가스는 무엇인가?

| 이 가스는 실내의 공기질을 관리하는 지표로 사용되고, 그 자체는 건강에 큰 영향을 주는 물질이 아니며 측정하기 어려운 다른 실내 오염물질에 대한 지표물질로 사용된다. |
|---|

① 일산화탄소
② 이산화탄소
③ 황산화물
④ 질소산화물
⑤ 오존

해설 실내 공기질을 관리하는 지표 물질은 이산화탄소($CO_2$)이다.

**80** 사무실 공기관리 지침에서 관리하고 있는 오염물질 중 포름알데히드(HCHO)에 대한 설명으로 틀린 것은?

① 자극적인 냄새를 가지며, 메틸알데히드라고도 한다.
② 메탄올을 산화시켜 얻는 기체로 환원성이 강하다.
③ 시료채취는 고체흡착관으로 수행한다.
④ 산업안전보건법상 발암성 추정물질(1B)로 분류되어 있다.
⑤ 눈과 상부기도를 자극하여 기침과 눈물을 야기시킨다.

해설 산업안전보건법상 포름알데히드는 사람에게 충분한 발암성 증거가 있는 물질(1A)로 분류되어 있다.

 정답 77. ④ 78. ② 79. ② 80. ④

**81** 다음 중 정상인이 들을 수 있는 가장 낮은 이론적 음압은 몇 dB인가?

① 0　② 5
③ 10　④ 20
⑤ 30

해설 사람이 들을 수 있는 음압은 0.00002~20N/m²의 범위이며, 이것을 dB로 표시하면 0~120dB이 된다. 기준음압으로서 정상인이 들을 수 있는 가장 낮은 음압이므로 0.00002N/m²를 계산하면 다음과 같다.

$$Lp(dB) = 20\log\frac{P}{P_o} = 20\log\frac{10^{-5}N/m^2}{10^{-5}N/m^2} = 0dB$$

**82** 한 소음원에서 발생되는 음에너지의 크기가 1watt인 경우 음향파워레벨(Sound Power Level)은?

① 60dB　② 80dB
③ 100dB　④ 120dB
⑤ 130dB

해설 $Lw(dB) = 10\log\frac{W}{W_o} = 10\log\frac{1}{10^{-12}} = 120$

**83** 음력이 1.2W인 소음원으로부터 35m되는 자유공간지점에서의 음압수준은 약 얼마인가?

① 65dB　② 74dB
③ 79dB　④ 121dB
⑤ 92dB

해설 $Lp = Lw - 20\log r - 11 = 10\log\frac{1.2}{10^{-12}} - 20\log 35 - 11 = 79$

**84** 음압실효치가 0.2N/m²일 때 음압수준(SPL ; Sound Pressure Level)은 얼마인가?(단, 기준음압은 $2\times10^{-5}N/m^2$로 계산한다.)

① 100dB　② 80dB
③ 60dB　④ 40dB
⑤ 20dB

해설 $SPL = 20\log\frac{P}{P_o} = 20\log\frac{0.2(N/m^2)}{2\times10^{-5}(N/m^2)} = 80$

**85** 음향출력이 1,000W인 점음원이 지상에 있을 때 20m 떨어진 지점에서의 음의 세기는 얼마인가?

① $0.2W/m^2$
② $0.4W/m^2$
③ $2.0W/m^2$
④ $4.0W/m^2$
⑤ $6.0W/m^2$

해설 $I = \frac{W}{S} = \frac{1{,}000W}{2\times\pi\times20^2} = 0.40W/m^2$

**86** 등청감곡선에 의하면 인간의 청력은 저주파 대역에서 둔감한 반응을 보인다. 따라서 작업현장에서 근로자에게 노출되는 소음을 측정할 경우 저주파 대역을 보정한 청감보정회로를 사용해야 하는데 이때 적합한 청감보정회로는 무엇인가?

① Plat 특성
② C 특성
③ B 특성
④ A 특성
⑤ D 특성

해설 40phon의 등감곡선과 비슷하게 주파수에 따른 반응을 보정하여 측정한 음압수준은 A 특성치이며, 소음에 대한 허용기준도 이 값으로 정해져 있다.

**87** 다음은 작업환경측정방법 중 소음측정시간 및 횟수에 관한 내용이다. ( ) 안에 알맞은 것은?

| 단위작업장소에서의 소음발생시간이 6시간 이내인 경우나 소음 발생원에서의 발생시간이 간헐적인 경우에는 발생시간 동안 연속측정하거나 등간격으로 나누어 ( ) 측정하여야 한다. |
|---|

① 2회 이상
② 3회 이상
③ 4회 이상
④ 6회 이상
⑤ 8회 이상

해설 작업환경측정 및 지정측정기관 평가 등에 관한 고시에 의한 소음에 대한 측정시간 및 횟수는 단위작업장소에서의 소음발생시간이 6시간 이내인 경우나 소음 발생원에서의 발생시간이 간헐적인 경우에는 발생시간 동안 연속측정하거나 등간격으로 나누어(4회 이상) 측정하여야 한다.

 정답 85. ② 86. ④ 87. ③

**88** 다음 중 소음계에서 A 특성치는 몇 phon의 등감곡선과 비슷하게 주파수에 따른 반응을 보정하여 측정한 음압수준을 말하는가?

① 40　② 70
③ 100　④ 140
⑤ 120

해설 소음계에서 40phon의 등감곡선과 비슷하게 주파수에 따른 반응을 보정하여 측정한 음압수준은 A 특성치이며, B 특성치와 C 특성치는 각각 70phon과 100phon의 등감곡선과 비슷하게 보정하여 측정한 값이다.

**89** 다음 중 소음에 의한 청력장해가 가장 잘 일어나는 주파수는?

① 1,000Hz　② 2,000Hz
③ 4,000Hz　④ 8,000Hz
⑤ 7,000Hz

해설 C5－dip현상은 4,000Hz에서 일어나며 이 주파수에 사람의 귀는 가장 민감하다.

**90** 1/1 옥타브 밴드 중심주파수가 31.5Hz일 때 하한주파수는?

① 20.3Hz　② 22.3Hz
③ 24.3Hz　④ 26.4Hz
⑤ 28.4Hz

해설 하한주파수($f_1$), 상한주파수($f_2$), 중심주파수($f_c$)

$f_2 = 2f_1$, $f_c = (f_1 f_2)^{1/2}$

$f_c = (f_1 \times 2f_1)^{1/2} = 1.414f_1$

하한주파수 : $f_1 = 31.5/1.414 = 22.28$Hz

**91** 옥타브밴드로 소음의 주파수를 분석하였다. 낮은 쪽의 주파수가 250Hz이고, 높은 쪽의 주파수가 2배인 경우 중심주파수는 약 몇 Hz인가?

① 250　② 300
③ 354　④ 375
⑤ 500

해설 하한주파수($f_1$), 상한주파수($f_2$), 중심주파수($f_c$)

$f_2 = 2f_1$, $f_c = (f_1 f_2)^{1/2}$

$f_c = (f_1 \times 2f_1)^{1/2}$

$f_c = (250 \times 500)^{1/2} = 353.55$

**92** 25℃ 공기 중에서 1,000Hz인 음의 파장은 약 몇 m인가?

① 0.035 ② 0.344
③ 3.555 ④ 35.55
⑤ 350

해설 $c=\lambda f$

여기서, $c$ : 음속(344.4m/s), $\lambda$ : 파장m, $f$ : 주파수Hz

$\lambda=344.4/1{,}000=0.344$m

**93** 우리나라의 경우 누적소음노출량 측정기로 소음을 측정할 경우 변환율(Exchange Rate)을 5dB로 설정하였다. 만약 소음에 노출되는 시간대가 1일 2시간일 때 산업안전보건법에서 정하는 소음의 노출기준은 얼마인가?

① 100dB(A) ② 95dB(A)
③ 85dB(A) ④ 80dB(A)
⑤ 75dB(A)

해설 고용노동부 고시에 의한 화학물질 및 물리적 인자의 노출기준 소음

〈소음기준(연속음)〉

| 노출시간(시간/일) | 소음강도dB(A) | 비고 |
|---|---|---|
| 8 | 90 | ※ 115dB(A)를 초과해서는 안 됨 |
| 4 | 95 | |
| 2 | 100 | |
| 1 | 105 | |
| 1/2 | 110 | |
| 1/4 | 115 | |

**94** 다음 중 소음성 난청에 관한 설명으로 옳은 것은?

① 음압수준은 낮을수록 유해하다.
② 소음의 특성은 고주파음보다 저주파음이 더 유해하다.
③ 개인의 감수성은 소음에 노출된 모든 사람이 다 똑같이 반응한다.
④ 소음 노출시간은 간헐적 노출이 계속적 노출보다 덜 유해하다.
⑤ 소음 노출시간은 간헐적 노출이 계속적 노출보다 더 유해하다.

해설 소음성 난청에 영향을 미치는 요소

㉠ 음압수준 : 높을수록 유해하다.
㉡ 소음의 특성 : 고주파음이 저주파보다 더욱 유해하다.

 정답 92. ② 93. ① 94. ④

ⓒ 노출시간 분포 : 간헐적인 노출이 계속적 노출보다 덜 유해하다.
ⓔ 개인의 감수성 : 소음에 노출된 모든 사람이 똑같이 반응하지 않으며, 감수성이 매우 높은 사람이 극소수 존재한다.

**95** 다음 중 소음에 의한 인체의 장해 정도(소음성 난청)에 영향을 미치는 요인과 가장 거리가 먼 것은?

① 소음의 크기
② 개인의 감수성
③ 소음 발생 장소
④ 소음의 주파수 구성
⑤ 소음의 노출시간 분포

해설 소음성 난청에 영향을 미치는 요소
① 음압수준
② 소음의 특성
③ 노출시간 분포
④ 개인의 감수성

**96** 소리의 세기를 표시하는 파워레벨(PWL)이 85dB인 기계 2대와 95dB인 기계 4대가 동시에 가동될 때 전체 소리의 파워레벨(PWL)은?

① 약 97dB
② 약 101dB
③ 약 103dB
④ 약 106dB
⑤ 약 109dB

해설 $PWL = 10\log(10^{N1/10} + 10^{N2/10} + \cdots\cdots + 10^{Nn/10})$
$= 10\log(2\times10^{85/10} + 4\times10^{95/10}) = 101dB$

**97** 어느 작업환경에서 발생되는 소음원의 소음레벨이 92dB로서 4개이다. 이때의 전체소음레벨은?

① 96dB
② 98dB
③ 100dB
④ 102dB
⑤ 105dB

해설 $PWL = 10\log(10^{N1/10} + 10^{N2/10} + \cdots\cdots + 10^{Nn/10})$
$= 10\log(4\times10^{92/10}) = 98dB$

**98** 다음 중 산업안전보건법에 의한 '충격소음작업'에 대한 정의로 옳게 짝지어진 것을 고르시오.

a. 110데시벨을 초과하는 소음이 1일 1만회 이상 발생하는 작업
b. 120데시벨을 초과하는 소음이 1일 1만회 이상 발생하는 작업
c. 130데시벨을 초과하는 소음이 1일 1천회 이상 발생하는 작업
d. 140데시벨을 초과하는 소음이 1일 1백회 이상 발생하는 작업
e. 150데시벨을 초과하는 소음이 1일 1백회 이상 발생하는 작업

① a, b, c ② b, c, d
③ c, d, e ④ a, c, e
⑤ b, d, e

해설 산업안전보건기준에 관한 규칙(제512조)에 의한 충격소음의 정의는 소음이 1초 이상의 간격으로 발생하는 작업으로 다음과 같다.
㉠ 120데시벨을 초과하는 소음이 1일 1만회 이상 발생하는 작업
㉡ 130데시벨을 초과하는 소음이 1일 1천회 이상 발생하는 작업
㉢ 140데시벨을 초과하는 소음이 1일 1백회 이상 발생하는 작업

**99** 산업안전보건법상 '충격소음작업'이라 함은 몇 dB 이상의 소음을 1일 100회 이상 발생하는 작업을 말하는가?

① 110 ② 120
③ 130 ④ 140
⑤ 150

해설 충격소음에 대한 우리나라 고용노동부의 허용기준

| 1일 노출기준 | 100회 | 1,000회 | 10,000회 | 최대음압수준이 140dB(A)를 초과하는 충격소음에 노출되어서는 안 된다. |
|---|---|---|---|---|
| dB(A) | 140 | 130 | 120 | |

**100** 작업장의 근로자가 NRR이 30인 귀마개를 착용하고 있다면 차음효과(dB)는?(단, OSHA기준)

① 약 8 ② 약 12
③ 약 15 ④ 약 18
⑤ 약 20

해설 차음효과 $= (NRR - 7) \times 50\% = (30 - 7) \times 0.5 = 11.5 \fallingdotseq 12$

 정답 98. ② 99. ④ 100. ②

**101** A 작업장의 음압수준이 100dB(A)이고, 근로자는 귀덮개(NRR=18)를 착용하고 있다. 현장에서 근로자가 노출되는 음압수준은 약 얼마인가?(단, OSHA의 계산방법을 사용한다.)

① 92.5dB(A)
② 94.5dB(A)
③ 96.5dB(A)
④ 98.5dB(A)
⑤ 99.5dB(A)

해설 OSHA의 차음효과=(NRR−7)×50%=(18−7)×0.5=5.5
노출되는 음압수준=100−5.5=94.5

**102** 소음의 특성치를 알아보기 위하여 A, B, C 특성치(청감보정회로)로 측정한 결과 3가지의 값이 거의 일치되기 시작하는 주파수는?

① 500Hz
② 1,000Hz
③ 2,000Hz
④ 4,000Hz
⑤ 5,000Hz

해설 소음의 특성치를 알아보기 위하여 A, B, C 특성치(청감보정회로)로 측정한 결과 3가지의 값이 거의 일치되기 시작하는 주파수는 1,000Hz이다.

**103** 작업장 소음수준을 누적소음노출량 측정기로 측정할 경우 기기 설정으로 맞는 것은?

① Threshold=80dB, Criteria=90dB, Exchange Rate=10dB
② Threshold=90dB, Criteria=80dB, Exchange Rate=10dB
③ Threshold=80dB, Criteria=90dB, Exchange Rate=5dB
④ Threshold=90dB, Criteria=80dB, Exchange Rate=5dB
⑤ Threshold=80dB, Criteria=80dB, Exchange Rate=10dB

해설 작업환경측정 및 지정측정기관 평가 등에 관한 고시에 의한 소음에 대한 측정방법 중 누적소음노출량 측정기로 측정할 경우 기기 설정은,
Threshold=80dB, Criteria=90dB, Exchange Rate=5dB로 규정되어 있다.

**104** 누적소음노출량(D : %)을 적용하여 시간가중평균소음수준(TWA : dB(A))을 산출하는 공식으로 옳은 것은?

① $TWA = 16.61\log\left(\frac{D}{100}\right)+80$
② $TWA = 19.81\log\left(\frac{D}{100}\right)+80$
③ $TWA = 16.61\log\left(\frac{D}{100}\right)+90$
④ $TWA = 19.81\log\left(\frac{D}{100}\right)+90$
⑤ $TWA = 19.81\log\left(\frac{D}{100}\right)+100$

해설 작업환경측정 및 지정측정기관 평가 등에 관한 고시에 의한 누적소음노출량(D : %)을 적용하여 시간가중평균소음수준(TWA : dB(A))을 산출하는 공식

$\therefore\ \mathrm{TWA} = 16.61\log\left(\frac{D}{100}\right) + 90$

**105** 소음에 대한 누적노출량계로 3시간 측정한 값이 60%이었다. 이때의 측정시간 동안의 소음평균치는 약 얼마인가?

① 35.3dB(A) ② 88.3dB(A)
③ 93.4dB(A) ④ 96.4dB(A)
⑤ 98.4dB(A)

해설 $Lp = 90 + 16.61\log\frac{D}{12.5T} = 90 + 16.61\log\frac{60}{12.5\times3} = 93.4$

**106** 단위작업장소에서 소음의 강도가 불규칙적으로 변동하는 소음을 누적소음 노출량 측정기로 측정하였다. 누적소음 노출량이 300%인 경우 TWA[dB(A)]는?(단, TWA 산출식 적용)

① 92 ② 98
③ 103 ④ 106
⑤ 109

해설 $Lp = 90 + 16.61\log\frac{D}{100} = 90 + 16.61\log\frac{300}{100} = 97.9$

**107** 모든 표면이 완전 흡음재로 되어 있는 실내에서 소음의 세기는 거리가 2배로 될 때 어느 정도 감쇠하겠는가?(단, 점음원이며, 자유음장 기준이다.)

① 2dB ② 3dB
③ 4dB ④ 6dB
⑤ 8dB

해설 자유공간에서의 소음원과 음압수준 : 거리가 2배 증가하면 음압수준은 6dB 감소한다.
(자유공간 : 경계가 없어서 음의 전파에 방해를 받지 않는 영역)

$\therefore\ Lp(dB) = Lw - 20\log r - 11dB$

여기서, $Lw$ : 음력수준, $r$ : 소음원과의 거리(m)

 정답 105. ③ 106. ② 107. ④

**108** 소음성 난청 중 청력장해($C_5$-dip)가 가장 심해지는 소음의 주파수는?

① 2,000Hz ② 4,000Hz
③ 6,000Hz ④ 8,000Hz
⑤ 9,000Hz

해설 소음성 난청 중 청력장해($C_5$-dip)가 가장 심해지는 소음의 주파수는 4,000Hz이다.

**109** 현재 총흡음량이 1,000sabins인 작업장의 천장에 흡음물질을 첨가하여 4,000sabins을 더할 경우 소음감소는 어느 정도가 되겠는가?

① 5dB ② 6dB
③ 7dB ④ 8dB
⑤ 9dB

해설 $NR(dB) = 10\log\frac{A_2}{A_1} = 10\log\frac{1,000+4,000}{1,000} = 6.98$

여기서, $A_1$ : 흡음물질을 처리하기 전의 총흡음량, sabins
$A_2$ : 흡음물질을 처리한 후의 총흡음량, sabins

**110** 산업안전보건법에 규정한 소음작업이라 함은 1일 8시간 작업을 기준으로 몇 데시벨 이상의 소음을 발생하는 작업을 말하는가?

① 80 ② 85
③ 90 ④ 95
⑤ 100

해설 산업안전보건기준에 관한 규칙에서 규정한 소음작업이라 함은 1일 8시간 작업을 기준으로 85데시벨 이상의 소음이 발생하는 작업을 말한다.

**111** 1,000Hz, 60dB인 음은 몇 sone에 해당하는가?

① 1 ② 2
③ 3 ④ 4
⑤ 5

해설 $S = 2^{(L-40)/10} = 2^{(60-40)/10} = 2^2 = 4$

음의 크기(loudness : S)
- 1,000Hz 순음이 40dB일 때 : 1 sone
- $S = 2^{(L_L-40)/10}$

**112** 소음계(Sound Level Meter)로 소음측정시 A 및 C 특성으로 측정하였다. 만약 C 특성으로 측정한 값이 A 특성으로 측정한 값보다 훨씬 크다면 소음의 주파수영역은 어떻게 추정이 되겠는가?

① 저주파수가 주성분이다.
② 중주파수가 주성분이다.
③ 고주파수가 주성분이다.
④ 중 및 고주파수가 주성분이다.
⑤ 저 및 고주파수가 주성분이다.

해설 A 특성치와 C 특성치 간의 차가 크면, 저주파음이고, 차가 작으면 고주파음이라 추정할 수 있다.

**113** 다음 ( ) 안의 ㉠, ㉡에 알맞은 숫자로 나열된 것은?

| "1sone은 ( ㉠ )dB의 ( ㉡ )Hz 순음의 크기를 말한다." |
|---|

① ㉠ : 30, ㉡ : 500
② ㉠ : 40, ㉡ : 1,000
③ ㉠ : 50, ㉡ : 2,000
④ ㉠ : 60, ㉡ : 3,000
⑤ ㉠ : 70, ㉡ : 4,000

해설 1sone은 40dB의 1,000Hz 순음의 크기를 말한다.

**114** 다음 중 일반적으로 청력도(Audiogram)검사에서 사용하지 않는 주파수는?

① 500Hz
② 2,000Hz
③ 4,000Hz
④ 5,000Hz
⑤ 1,000Hz

해설 4분법 평균청력손실(dB)= $\frac{a+2b+c}{4}$

6분법 평균청력손실(dB)= $\frac{a+2b+2c+d}{6}$

여기서, $a$ : 500Hz에서의 청력손실, $b$ : 1,000Hz에서의 청력손실
$c$ : 20,00Hz에서의 청력손실, $d$ : 4,000Hz에서의 청력손실

**115** 다음 중 소음계의 A, B, C 특성에 대한 설명으로 틀린 것은?

① A 특성치란 대략 40phon의 등감곡선과 비슷하게 주파수에 따른 반응을 보정하여 측정한 음압수준을 말한다.

② B 특성치와 C 특성치는 각각 70phon과 85phon의 등감곡선과 비슷하게 보정하여 측정한 값을 말한다.

③ 일반적으로 소음계는 A, B, C 특성치에서 음압을 측정할 수 있도록 보정되어 있으며 모든 주파수의 음압수준을 보정 없이 그대로 측정할 수도 있다.

④ A 특성치와 C 특성치 간의 차가 크면 고주파음이고, 차가 작으면 저주파음으로 추정할 수 있다.

⑤ A 특성치와 C 특성치 간의 차가 크면 저주파음이고, 차가 작으면 고주파음으로 추정할 수 있다.

해설 소음계의 A, B, C 특성치

㉠ A 특성치란 대략 40phon의 등감곡선과 비슷하게 주파수에 따른 반응을 보정하여 측정한 음압수준을 말한다.

㉡ B 특성치와 C 특성치는 각각 70phon과 85phon의 등감곡선과 비슷하게 보정하여 측정한 값을 말한다.

㉢ 일반적으로 소음계는 A, B, C 특성치에서 음압을 측정할 수 있도록 보정되어 있으며 모든 주파수의 음압수준을 보정 없이 그대로 측정할 수도 있다.

㉣ A 특성치와 C 특성치 간의 차가 크면 저주파음이고, 차가 작으면 고주파음으로 추정할 수 있다

**116** 다음 중 1,000Hz에서의 압력수준 dB을 기준으로 하여 등감곡선을 소리의 크기로 나타내는 단위로 사용 되는 것은?

① sone　　② mel

③ bell　　④ phon

⑤ NRN

해설 Phon

- 감각적인 음의 크기를 나타내는 양
- 1,000Hz 순음의 크기와 평균적으로 같은 크기로 느끼는 음의 세기레벨로 나타낸 것
- 1,000Hz에서 압력수준 dB을 기준으로 하여 등감곡선을 소리의 크기로 나타낸 단위

115. ④　116. ④ 정답

**117** 소음측정방법에 관한 설명으로 옳지 않은 것은?(단, 고용노동부 고시 기준)

① 소음계의 청감보정회로는 A특성으로 한다.

② 연속음 측정시 소음계의 지시침의 동작은 빠른 상태로 한다.

③ 소음수준을 측정할 때는 측정대상이 되는 근로자의 근접된 위치의 귀 높이에서 실시하여야 한다.

④ 측정시간은 1일 작업시간동안 6시간 이상 연속측정하거나 작업시간을 1시간 간격으로 나누어 6회 이상 측정한다.

⑤ 소음발생시간이 간헐적인 경우 발생시간동안 연속 측정하거나 등간격으로 나누어 4회 이상 측정하여야 한다.

해설 소음측정시 연속음 측정은 소음계의 지시침 동작은 느린 상태(slow)로 한다.

**118** 음원이 아무런 방해물이 없는 작업장 중앙 바닥에 설치되어 있다면 음의 지향계수(Q)는?

① 1　　② 2

③ 3　　④ 4

⑤ 8

해설
- Q=1 : 음의 반향이 전혀 없는 자유공간의 중심에 소음원이 있을 때
- Q=2 : 소음원이 아무런 방해물이 없는 작업장 중앙 바닥에 있을 때
- Q=4 : 소음원이 작업장 벽 근처의 바닥에 있을 때
- Q=8 : 소음원이 작업장의 모퉁이에 놓여 있을 때

**119** 다음 중 소음성 난청(Noise Induced Hearing Loss ; NIHL)에 관한 설명으로 틀린 것은?

① 소음성 난청은 4,000Hz 정도에서 가장 많이 발생한다.

② 일시적 청력 변화 때의 각 주파수에 대한 청력 손실의 양상은 같은 소리에 의하여 생긴 영구적 청력 변화 때의 청력손실 양상과는 다르다.

③ 심한 소음에 반복하여 노출되면 일시적 청력 변화는 영구적 청력 변화(Permanent Threshold Shift)로 변하며 코르티 기관에 손상이 온 것이므로 회복이 불가능하다.

④ 심한 소음에 노출되면 처음에는 일시적 청력 변화(Temporary Threshold Shift)를 초래하는데, 이것은 소음 노출을 그치면 다시 노출 전의 상태로 회복되는 변화이다.

⑤ 고주파음이 저주파음보다 더욱 유해하다.

해설 소음성 난청은 일시적 청력 변화 때의 각 주파수에 대한 청력 손실의 양상은 같은 소리에 의하여 생긴 영구적 청력 변화 때의 청력손실의 양상과 같다.

 정답 117. ② 118. ② 119. ②

**120** 소음의 흡음 평가시 적용되는 잔향시간(Reverberation Time)에 관한 설명으로 옳은 것은?
① 잔향시간은 실내공간의 크기에 비례한다.
② 실내 흡음량을 증가시키면 잔향시간도 증가한다.
③ 잔향시간은 음압수준이 30dB 감소하는 데 소요되는 시간이다.
④ 잔향시간을 측정하려면 실내 배경소음이 90dB 이상 되어야 한다.
⑤ 잔향시간은 총흡음량과 비례한다.

해설 잔향시간 : 음압수준이 60dB 감소하는 데 소요되는 시간(초)
$T(sec) = 0.161(V/A)$
여기서, V : 작업공간의 부피($m^3$)
A : 총흡음량

**121** 다음 중 소음에 대한 대책으로 적절하지 않은 것은?
① 차음효과는 밀도가 큰 재질일수록 좋다.
② 흡음효과를 높이기 위해서는 흡음재를 실내의 등이나 가장자리에 부착시키는 것이 좋다.
③ 저주파성분이 큰 공장이나 기계실 내에서는 다공질 재료에 의한 흡음처리가 효과적이다.
④ 흡음효과에 방해를 주지 않기 위해서 다공질 재료 표면에 종이를 입혀서는 안 된다.
⑤ 다공질 재료는 중·고주파 음역대에 효과적이다.

해설 소음 대책 중 저주파 음역에는 구멍 뚫린 판상구조가, 중주파 음역에는 막상재료가, 중고주파 음역에는 다공질 재료(연속기포)가 효과적이다.

**122** 다음 중 소음발생의 대책으로 가장 먼저 고려해야 할 사항은?
① 소음전파차단
② 차음보호구착용
③ 소음노출시간단축
④ 소음원 밀폐
⑤ 방음벽 설치

해설 소음의 대책
- 1차 대책(소음원) – 설비사전 평가, 저소음기 도입, 기계의 점검 및 정비, layout 변경, 소음, 차음, 흡음, 소음원의 밀폐와 격리, 공정의 변경, 재료의 변경, 자동화 등
- 2차 대책(전파경로) – 건물의 구조 변경, 전파경로의 차단, 흡음, 격리, layout, 설비 등의 사전 평가, 방음벽의 설치
- 3차 대책(수음자) – 청력관리 대상자 범위 지정, 소음관리 구역 설정, 청력 검사, 개인노출량 측정 및 평가, 보호구 착용, 폭로시간 제한, 청력보존프로그램의 도입

**123** 다음 중 레이노 현상(Raynaud Phenomenon)의 주된 원인이 되는 것은?

① 소음　② 진동
③ 고온　④ 기압
⑤ 방사선

해설 레이노 현상은 주로 압축공기를 이용한 진동공구를 사용하는 근로자들의 손가락에서 발생한다. 추위에 노출시 손가락이나 발가락 끝이 창백하게 변하고, 곧이어 퍼렇게 변하고, 회복단계에서는 붉은 색으로 변하면서 원래 색으로 돌아오는 현상을 말한다.

**124** 다음 중 진동에 의한 생체반응에 관계하는 4인자와 가장 거리가 먼 것은?

① 방향　② 노출시간
③ 개인감응도　④ 진동의 강도
⑤ 진동수

해설 진동에 의한 생체반응은 진동의 강도, 진동수, 방향, 폭로시간의 4인자가 관여한다.

**125** 다음 중 인체 각 부위별로 공명현상이 일어나는 진동의 크기를 올바르게 나타낸 것은?

① 안구 : 60~90Hz　② 구간과 상체 : 10~20Hz
③ 두부와 견부 : 80~90Hz　④ 둔부 : 2~4Hz
⑤ 전신 : 30Hz

해설 인체부위별 공명현상이 일어나는 진동의 크기
구간과 상체 : 5Hz, 두부와 견부 : 20 ~ 30Hz, 둔부 : 5Hz, 안구 : 60~90Hz

**126** 다음 중 전신진동이 인체에 미치는 영향으로 가장 거리가 먼 것은?

① Raynaud 현상이 일어난다.
② 맥박이 증가하고, 피부의 전지저항도 일어난다.
③ 말초혈관이 수축되고, 혈압이 상승된다.
④ 자율신경 특히 순환기에 크게 나타난다.
⑤ 진동수 3Hz 이하이면 신체가 함께 움직여 Motion Sickness와 같은 동요감을 느낀다.

해설 Raynaud 현상은 손과 팔에 대한 국소진동과 관련이 있다.

 정답 123. ② 124. ③ 125. ① 126. ①

**127** 다음 중 진동의 크기를 모두 맞게 설명한 것은?

① 변위(Displacement), 속도(Velocity), 가속도(Acceleration)
② 변위(Displacement), 압력(Pressure), 가속도(Acceleration)
③ 변위(Displacement), 공명(Resonance), 압력(Pressure)
④ 압력(Pressure), 속도(Velocity), 가속도(Acceleration)
⑤ 압력(Pressure), 속도(Velocity), 공명(Resonance)

해설 진동의 크기는 변위(Displacement), 속도(Velocity), 가속도(Acceleration)로 표현한다.

**128** 다음 중 지지하중이 크게 변하는 경우에는 높이 조정변에 의해 그 높이를 조절할 수 있어 설비의 높이를 일정레벨을 유지시킬 수 있으며, 하중변화에 따라 고유진동수를 일정하게 유지할 수 있고, 부하능력이 광범위하고 자동제어가 가능한 방진재료는?

① 방진고무
② 금속스프링
③ 공기스프링
④ 코일스프링
⑤ 코르크

해설 방진재료

| 재료 | 내용 |
|---|---|
| 강철로 된 코일 용수철 | 설계가 자유로운 장점이 있으나 Oil Damper 등의 저항요소가 필요할 때가 있음 |
| 방진고무 | 여러 가지 형태로 철물에 부착할 수 있으며 고무의 내부 마찰로 적당한 저항을 가질 수 있음. 공진시 진폭이 지나치게 커지지 않는 장점이 있으나 내구성, 내약품성이 문제 |
| 코르크 | 정확한 설계가 곤란하고 고유진동수가 10Hz 안팎이므로 진동보다는 고체음의 전파방지에 유익 |
| 펠트 | 강체 간의 고체음 전파 억제에 사용 |
| 공기 용수철 | 차량에 많이 쓰이며 구조가 복잡하여도 성능 우수. 고급 방진지지용으로 쓰임 |

**129** 다음 중 전신진동이 인체에 미치는 영향이 가장 큰 진동의 주파수 범위는?

① 2~100Hz
② 140~250Hz
③ 275~500Hz
④ 4,000Hz 이상
⑤ 60~90Hz

해설 전신진동이 인체에 미치는 영향이 가장 큰 진동의 주파수 범위는 2~100Hz이다.

**130** 다음 중 근로자와 발진원 사이의 진동 대책으로 적절하지 않은 것은?

① 수용자의 격리
② 발진원 격리
③ 구조물의 진동 최소화
④ 정면전파를 측면전파로 변경
⑤ 측면전파의 방지

해설 진동의 대책

㉠ 근로자와 발진원 사이의 대책 : 구조물의 진동 최소화, 발진원 격리, 전파경로에 대한 수용자의 위치, 수용자의 격리, 측면전파의 방지
㉡ 인체에 도달되는 진동의 장해를 최소화 : 노출되는 시간을 최소화, 적절한 휴식시간, 인간공학적인 설계와 관리, 의학적 부적격자 제외

**131** 다음 중 인체에 도달되는 진동의 장해를 최소화시키는 방법과 거리가 먼 것은?

① 발진원을 격리시킨다.
② 진동의 노출기간을 최소화시킨다.
③ 훈련을 통한 신체의 적응력을 향상시킨다.
④ 진동을 최소화하기 위하여 공학적으로 설계하고 관리한다.
⑤ 14℃이하의 작업장에서는 보온대책이 필요하다

해설 인체에 도달되는 진동 장해의 최소화 방법

㉠ 발진원 격리
㉡ 진동 노출기간 최소화
㉢ 진동을 최소화하기 위한 공학적인 설계 및 관리
㉣ 14℃ 이하 작업장에서의 보온대책 강구.

**132** 다음 중 진동에 관한 설명으로 옳은 것은?

① 수평 및 수직진동이 동시에 가해지면 2배의 자각현상이 나타난다.
② 신체의 공진현상은 서 있을 때가 앉아 있을 때보다 심하게 나타난다.
③ 국소진동은 골, 관절, 지각 이상 이외에 중추신경이나 내분비계에는 영향을 미치지 않는다.
④ 말초혈관운동의 장애로 인한 혈액순환장애로 손가락 등이 창백해지는 현상은 전신진동에서 주로 발생한다.
⑤ 국소진동은 2~100Hz, 전신진동은 8~1,500Hz에서 문제가 된다.

해설 ㉠ 신체의 공진현상은 앉아 있을 때가 서있을 때보다 더 심하게 나타난다.
㉡ 전신진동은 고관절, 견관절, 견관절 및 복부장기가 공명하여 부하된 진동에 대한 반응이 증폭된다.
㉢ 국소진동은 주로 자동톱, 공기햄머와 같은 진동공구 사용시 Raynaud현상이 일어나는데 이는 말초혈관 장애로 인한 감각마비, 창백, 동통을 유발한다.
㉣ 전신진동은 1~80Hz, 국소진동은 6~1,000Hz에서 문제가 된다.
※ 보기의 ③은 전신진동의 증상이며, ④는 국소진동의 증상이다.


정답 130. ④ 131. ③ 132. ①

**133** 다음 중 전신진동에 관한 설명으로 틀린 것은?

① 전신진동의 경우 4～12Hz에서 가장 민감해진다.
② 산소소비량은 전신진동으로 증가되고, 폐환기도 촉진된다.
③ 전신진동의 영향이나 장애는 자율신경 특히 순환기에 크게 나타난다.
④ 두부와 견부는 50～60Hz 진동에 공명하고, 안구는 10～20Hz 진동에 공명한다.
⑤ 내분비계에도 영향을 미친다.

해설 두부와 견부는 20～30Hz 진동에 공명하고, 안구는 60～90Hz 진동에 공명한다.

**134** 방진재료로 사용하는 방진고무의 장점과 가장 거리가 먼 것은?

① 내후성, 내유성, 내약품성이 좋아 다양한 분야의 적용이 가능하다.
② 여러 가지 형태로 된 철물에 견고하게 부착할 수 있다.
③ 설계 자료가 잘 되어 있어서 용수철 정수를 광범위하게 선택할 수 있다.
④ 고무의 내부마찰로 적당한 저항을 가지며, 공진 시의 진폭도 지나치게 크지 않다.
⑤ 사용목적에 따라 적당한 것을 선택할 수 있다.

해설 방진고무는 내후성, 내유성, 내약품성이 나쁜 단점이 있다.

**135** 다음 설명에 해당하는 방진재료는?

- 형상의 선택이 비교적 자유롭다.
- 자체의 내부마찰에 의해 저항을 얻을 수 있어 고주파 진동의 차진(遮振)에 양호하다.
- 내후성, 내유성, 내약품성의 단점이 있다.

① 코일용수철 ② 펠트
③ 공기용수철 ④ 방진고무
⑤ 코르크

해설 방진고무의 장점과 단점
㉠ 형상의 선택이 비교적 자유롭다.
㉡ 자체의 내부마찰에 의해 저항을 얻을 수 있어 고주파 진동의 차진(遮振)에 양호하다.
㉢ 내후성, 내유성, 내약품성의 단점이 있다.

**136** 다음 중 작업장 내의 직접조명에 관한 설명으로 옳은 것은?

① 장시간 작업 시에도 눈이 부시지 않는다.
② 작업장 내의 균일한 조도의 확보가 가능하다.
③ 조명기구가 간단하고, 조명기구의 효율이 좋다.
④ 벽이나 천장의 색조에 좌우되는 경향이 있다.
⑤ 설치가 복잡하고 실내의 입체감이 작아지는 단점이 있다.

해설 직접조명과 간접조명의 차이

| 직접조명 | 간접조명 |
|---|---|
| • 균일한 조명도를 얻기 어려우나 조명률은 가장 좋음<br>• 경제적이고 설치가 간편하며, 벽체 · 천장 등의 오염으로 조도의 감소가 적음<br>• 눈부심이 심하고 그림자가 뚜렷함<br>• 국부적인 채광에 이용, 천장이 높거나 암색일 때 사용 | • 광속의 90~100% 위로 향해 발산하여 천장 · 벽에서 반사, 확산시켜 균일한 조명도를 얻을 수 있는 방식<br>• 빛이 은은하고 그림자도 별로 생기지 않음<br>• 눈부심이 없고 균일한 조명도를 얻을 수 있음<br>• 조명률이 떨어지므로 경비가 많이 듦 |

**137** 다음 중 조명방법에 관한 설명으로 틀린 것은?

① 균등한 조도를 유지한다.
② 인공조명에 있어 광색은 주광색에 가깝도록 한다.
③ 작은 물건의 식별과 같은 작업에는 음영이 생기지 않는 전체조명을 적용한다.
④ 자연조명에 있어 창의 면적은 바닥 면적의 15~20% 정도가 되도록 한다.
⑤ 눈부심이 없도록 한다.

해설 정밀한 작업은 국소조명을 한다.

**138** 다음 중 인공조명에 가장 적당한 광색은?

① 노란색 ② 주광색
③ 청색 ④ 황색
⑤ 흰색

해설 인공조명에 가장 적당한 광색은 주광색으로 태양광에 가까워야 한다.

 정답 136. ③ 137. ③ 138. ②

**139** 다음 중 빛에 관한 설명으로 틀린 것은?

① 광원으로부터 나오는 빛의 세기를 조도라 한다.
② 단위 평면적에서 발산 또는 반사되는 광량을 휘도라 한다.
③ 조도는 어떤 면에 들어오는 광속의 양에 비례하고, 입사면의 단면적에 반비례한다.
④ 루멘은 1촉광의 광원으로부터 단위 입체각으로 나가는 광속의 단위이다.
⑤ 촉광은 지름이 1인치되는 촛불이 수평방향으로 비칠 때 빛의 광강도를 나타낸다.

해설 • 조도(照度) : 단위면적당의 밝기(lux=lumen/$m^2$)
• 촉광(cd) : 빛의 세기 즉 광도를 나타내는 단위
• Lambert(휘도) : 빛을 완전히 확산시키는 평면의 1$cm^2$에서 1lumen의 빛을 발하거나 반사시킬 때의 밝기를 나타내는 단위. 0.3183cd/$cm^2$

**140** 1fc(foot candle)은 약 몇 럭스(lux)인가?

① 3.9
② 8.9
③ 10.8
④ 13.4
⑤ 15.2

해설 foot-candle(fc) : 1루멘 광원으로부터 1foot 떨어진 평면상에 수직으로 비칠 때 그 평면의 빛 밝기
1fc=10.8lumen/$m^2$=10.8Lux

**141** 흡광광도계에서 빛의 강도가 $i_o$인 단색광이 어떤 시료용액을 통과할 때 그 빛의 30%가 흡수될 경우 흡광도는?

① 약 0.30
② 약 0.24
③ 약 0.16
④ 약 0.12
⑤ 약 0.24

해설 $A=\log(I_o/I)=\log(100/70)=0.155$
여기서, $A$ : 흡광도, $I_o$ : 입사강도, $I$ : 투과율

**142** 다음 중 (  ) 안에 들어갈 수치는?

> "(  ) 기압 이상에서 공기 중의 질소 가스는 마취작용을 나타내서 작업력의 저하, 기분의 변환, 여러 정도의 다행증이 일어난다."

① 2
② 4
③ 6
④ 8
⑤ 10

해설 4기압의 고기압환경에서 질소가스의 증상으로 인하여 알코올 중독과 유사한 증상을 나타낸다.

**143** 다음 중 저압환경에서의 생체작용에 관한 내용으로 틀린 것은?
① 고공증상으로 항공치통, 항공이염 등이 있다.
② 고공성 폐수종은 어른보다 아이들에게서 많이 발생한다.
③ 급성고산병의 가장 특징적인 것은 흥분성이다.
④ 급성고산병은 비가역적이다.
⑤ 고공증상에서 가장 큰 문제가 되는 것은 산소부족이다.

해설 급성고산병은 48시간 내에 최고도에 달했다가 2~4일이면 소실되는 가역적인 병이다.

**144** 고압환경의 인체작용 중 2차적인 가압현상에 대한 내용을 틀린 것은?
① 4기압 이상에서 공기 중의 질소가스는 마취작용을 나타낸다.
② 산소의 분압이 2기압을 넘으면 산소중독증세가 나타난다.
③ 흉곽이 잔기량보다 적은 용량까지 압축되면 폐압박 현상이 나타난다.
④ 이산화탄소는 산소의 독성과 질소의 마취작용을 증강시킨다.
⑤ 고압환경의 이산화탄소농도는 대기압으로 환산하여 0.2%를 초과해서는 안 된다.

해설 고압환경의 인체작용 중 폐압박현상은 1차 가압현상(기계적 장해)이다.

**145** 다음 중 이상기압에 의해서 발생하는 직업병에 영향을 주는 인자로만 짝지어진 것은?
① 이산화탄소($CO_2$), 산소($O_2$), 이산화황($SO_2$)
② 이산화탄소($CO_2$), 산소($O_2$), 질소($N_2$)
③ 이산화탄소($CO_2$), 이산화황($SO_2$), 일산화탄소($CO$)
④ 이산화황($SO_2$), 이산화탄소($CO_2$), 질소($N_2$)
⑤ 일산화탄소($CO$), 이산화황($SO_2$), 질소($N_2$)

해설 이상기압에 의해서 발생하는 직업병에 영향을 주는 인자는 이산화탄소, 산소, 질소가 해당된다.

**146** 감압에 따르는 조직 내 질소기포 형성량에 영향을 주는 요인인 조직에 용해된 가스량을 결정하는 인자로 가장 적절한 것은?
① 감압 속도
② 혈류의 변화정도
③ 노출정도와 시간 및 체내 지방량
④ 폐내의 이산화탄소 농도
⑤ 노출자의 연령

 정답 143. ④ 144. ③ 145. ② 146. ③

해설 감압에 따른 조직 내 기포 형성량은 아래 3가지 요인에 의해 좌우된다.
㉠ 조직에 용해된 가스량(고기압 폭로의 정도와 체내 지방량으로 결정)
㉡ 혈류를 변화시키는 상태(연령, 기온, 운동, 공포감, 음주 등)
㉢ 감압속도

**147** 다음 중 고압환경에 의한 현상으로 옳은 것은?

① 질소 마취
② 폐장 내의 가스 팽창
③ 질소 기포 형성
④ 기침에 의한 쇼크 증후군
⑤ 뇌공기 전색증

해설 ②, ③, ④, ⑤는 감압환경에 의한 증상이다.

**148** 다음 중 이상기압의 대책에 관한 설명으로 적절하지 않은 것은?

① 고압실 내의 작업에서는 탄산가스의 분압이 증가하지 않도록 신선한 공기를 송기한다.
② 고압환경에서 작업하는 근로자에게는 질소의 양을 증가시킨 공기를 호흡시킨다.
③ 귀 등의 장해를 예방하기 위하여 압력을 가하는 속도를 매 분당 $0.8kg/cm^2$ 이하가 되도록 한다.
④ 감압병의 증상이 발생하였을 때에는 환자를 바로 원래의 고압환경 상태로 복귀시키거나, 인공 고압실에서 천천히 감압한다.
⑤ 깊은 물에서 올라오거나 감압실 내에서 감압하는 도중에 폐 속의 공기는 팽창한다.

해설 질소가스는 마취작용이 있어 작업력의 변화, 기분의 변환 등의 다행증이 일어난다.

**149** 고압환경의 2차적인 가압현상(화학적 장해) 중 산소중독에 관한 설명으로 틀린 것은?

① 산소의 중독작용은 운동이나 이산화탄소의 존재로 다소 완화될 수 있다.
② 산소의 분압이 2기압이 넘으면 산소중독증세가 나타난다.
③ 수지와 족지의 작열통, 시력장해, 정신혼란, 근육경련 등의 증상을 보이며 나아가서는 간질 모양의 경련을 나타낸다.
④ 산소중독에 따른 증상은 고압산소에 대한 노출이 중지되면 멈추게 된다.
⑤ 1기압에서 순산소는 인후를 자극하나 비교적 짧은 시간의 폭로라면 중독증상은 나타나지 않는다.

해설 고압환경의 2차적인 가압현상(화학적 장해) 중 이산화탄소는 산소의 독성과 질소의 마취작용을 증강시킨다.

147. ① 148. ② 149. ① 정답

**150** 다음 중 저기압의 영향에 관한 설명으로 틀린 것은?

① 산소결핍을 보충하기 위하여 호흡수, 맥박수가 증가된다.
② 고도 10,000ft(3,048m)까지는 시력, 협조운동의 가벼운 장해 및 피로를 유발한다.
③ 고도 18,000ft(5,468m) 이상이 되면 21% 이상의 산소가 필요하게 된다.
④ 고도의 상승으로 기압이 저하되면 공기의 산소분압이 상승하여 폐포 내의 산소분압도 상승한다.
⑤ 급산고산병의 특징은 흥분성이며 이 증상은 48시간 내에 최고도에 달하였다가 2~4일이면 소실된다.

해설 저기압 환경에서는 산소분압의 하강으로 인해 산소부족(Hypoxia)현상이 일어날 수 있다.

**151** 다음 중 질소마취 증상과 가장 연관이 많은 직업은?

① 잠수작업
② 용접작업
③ 냉동작업
④ 알루미늄 제조업
⑤ 고열작업

해설 질소마취는 2차성 압력현상(화학적 장해)에 의한 생체 변환으로 잠수직업과 같은 고압환경에서 일어나는 증상이다.

**152** 고압환경에서의 2차성 압력현상에 의한 생체변환과 거리가 먼 것은?

① 질소마취
② 산소중독
③ 질소기포의 형성
④ 이산화탄소의 영향
⑤ 수지와 족지의 작열통, 시력장애, 현휘, 정신혼란, 근육경련

해설 질소기포 형성은 저압환경의 감압병 증상이다.

**153** 고온 환경 하에서의 2차적인 가압현상인 산소중독에 관한 설명으로 틀린 것은?

① 산소의 분압이 2기압이 넘으면 중독증세가 나타난다.
② 중독 증세는 고압산소에 대한 노출이 중지된 후에도 상당시간 지속된다.
③ 1기압에서 순 산소는 인후를 자극하나 비교적 짧은 시간은 노출이라면 중독증상은 나타나지 않는다.
④ 산소의 중독작용은 운동이나 이산화탄소의 존재로 보다 악화된다.
⑤ 이산화탄소는 산소의 독성과 질소의 마취작용을 증강시킨다.

해설 산소 중독의 증상은 고압 산소에 대한 폭로가 중지되면 즉시 멈춘다.


정답 150. ④ 151. ① 152. ③ 153. ②

**154** 다음 중 저기압 상태의 작업환경에서 나타날 수 있는 증상이 아닌 것은?

① 고산병(Mountain Sickness)
② 잠함병(Caisson Disease)
③ 폐수종(Pulmonary Edema)
④ 저산소증(Hypoxia)
⑤ 우울증(Depression)

해설 잠함병은 고기압의 환경에 나타나는 질환이다.

**155** 다음 중 이상기압의 대책에 관한 설명으로 적절하지 않은 것은?

① 고압실 내의 작업에서는 탄산가스의 분압이 증가하지 않도록 신선한 공기를 송기한다.
② 고압환경에서 작업하는 근로자에게는 질소의 양을 증가시킨 공기를 호흡시킨다.
③ 귀 등의 장해를 예방하기 위하여 압력을 가하는 속도를 매 분당 $0.8kg/cm^2$ 이하가 되도록 한다.
④ 감압병의 증상이 발생하였을 때에는 환자를 바로 원래의 고압환경 상태로 복귀시키거나, 인공고압실에서 천천히 가압한다.
⑤ 감압이 끝날 무렵에 순수한 산소를 흡입시키면 감압시간을 25% 정도 단축시킨다.

해설 감압시 헬륨이 질소보다 확산속도가 크고, 체외로 배출되는 시간이 질소에 비하여 반정도 걸리므로 질소를 헬륨으로 대치한 공기를 호흡시킨다.

**156** 다음 중 산소결핍이 진행되면서 생체에 나타나는 영향을 올바르게 나열한 것은?

| | |
|---|---|
| ① 가벼운 어지러움 | ② 사망 |
| ③ 대뇌피질의 기능저하 | ④ 중추성 기능장애 |

① ①→③→④→②
② ①→④→③→②
③ ③→①→④→②
④ ③→④→①→②
⑤ ③→①→②→④

해설 산소결핍이 진행되면서 생체에 나타나는 영향 순서

1. 가벼운 어지러움
2. 대뇌피질의 기능저하
3. 중추성 기능장애
4. 사망

**157** A물질의 증기압이 $70mmH_2O$이라면 이때 포화증기 농도는 몇 %인가?(단, 표준상태기준)

① 1.2%
② 3.2%
③ 5.2%
④ 9.2%
⑤ 8.2%

해설 $\text{포화농도}(\%) = \frac{\text{그 온도에서 그 물질의 대기압(mmHg)} \times 100}{\text{대기압(mmHg)}} = \frac{70mmHg \times 100}{760mmHg} = 9.2$

**158** 고도가 높은 곳에서 대기압을 측정하였더니 90,659Pa이었다. 이곳의 산소분압은 약 얼마가 되겠는가?(단, 공기 중의 산소는 21vol%이다.)

① 135mmHg
② 143mmHg
③ 159mmHg
④ 680mmHg
⑤ 720mmHg

해설 1atm = 1.03322kg/cm$^2$ = 760mmHg = 10.33mAq
= 1.0325bar = 1013.25mbar = 101,325N/m$^2$ = 101,325Pa

$$\therefore \text{산소분압(mmHg)} = \frac{90,659\text{Pa}}{101,325\text{Pa}} \times 760\text{mmHg} \times \frac{21}{100} = 142.8\text{mmHg}$$

**159** 다음 중 열경련의 치료방법으로 가장 적절한 것은?

① 5% 포도당 공급
② 수분 및 NaCl 보충
③ 체온의 급속한 냉각
④ 더운 커피 또는 강심제의 투여
⑤ 휴식

해설 열경련은 장시간의 고온환경 폭로 후 대량의 염분상실을 동반한 발한과다가 원인이므로 수분 및 NaCl 보충을 해야 한다.

**160** 다음 중 고열장해와 건강에 미치는 영향으로 연결한 것으로 틀린 것은?

① 열경련(Heat Cramps) - 고온환경에서 고된 육체적인 작업을 하면서 땀을 많이 흘릴 때 많은 물을 마시지만 신체의 염분 손실을 충당하지 못할 경우 발생한다.
② 열허탈(Heat Collapse) - 고열작업에 순화되지 못해 말초혈관이 확장되고, 신체 말단에 혈액에 과다하게 저류되어 뇌의 산소부족이 나타난다.
③ 열사병(Heat Stroke) - 통증을 수반하는 경련이 나타나며, 주로 작업할 때 사용한 근육에서 흔히 발생하며, 휴식과 0.1% 식염수 섭취로 쉽게 개선된다.
④ 열소모(Heat Exhaustion) - 과다발한으로 수분/염분 손실에 의하여 나타나며, 두통, 구역감, 현기증 등이 나타나지만 체온은 정상이거나 조금 높아진다.)
⑤ 열성발진(Heat Rash) - 고온다습한 환경에 노출될 때 발생하며, 피부에 발적된 작은 수포는 작업자의 내열성을 저하시킨다.

해설 ③은 열경련에 대한 대책이다.


정답 158. ② 159. ② 160. ③

**161** 생체와 환경 사이의 열교환에 영향을 미치는 4가지 요인과 거리가 먼 것은?

① 기온　② 기류
③ 기압　④ 복사열
⑤ 습도

해설 생체와 환경 사이의 열교환에 영향을 미치는 4가지 요인은 온도, 습도, 기류, 복사열이다.

**162** 다음 중 열사병(Heat Stroke)에 관한 설명으로 옳은 것은?

① 피부는 차갑고, 습한 상태로 된다.
② 지나친 발한에 의한 탈수와 염분소실이 원인이다.
③ 보온을 시키고, 더운 커피를 마시게 한다.
④ 뇌 온도의 상승으로 체온조절중추의 기능이 장해를 받게 된다.
⑤ 대량의 염분상실을 동반한 발한과다 때문에 발생한다.

해설 피부는 고온건조상태가 되며, 체온은 42℃ 이상으로 계속 상승한다. 몸은 즉각 냉각시키지 않으면 중요한 기관에 비가역성 손실이 오고 사망하는 수도 있다.

**163** 고열로 인하여 발생하는 건강장해 중 가장 위험성이 큰 것으로 중추신경계통의 장해로 신체 내부의 체온 조절 계통의 기능을 잃어 발생하며, 1차적으로 정신착란, 의식결여 등의 증상이 발생하는 고열장해는?

① 열사병(Head Stroke)　② 열소진(Heat Exhaustion)
③ 열경련(Heat Cramps)　④ 열발진(Heat Rashes)
⑤ 열피로(Heat Prostration)

해설 열사병(Head Stroke)은 고온 다습한 환경에서 육체적 노동을 하거나 태양의 복사선을 두부에 직접적으로 받는 경우 발한에 의한 체열방출 장해로 체내에 열이 축적되어 발생된다.

㉠ 증상
- 뇌막혈관이 출혈되면 뇌 온도의 상승으로 체온조절중추의 기능이 장해를 받음
- 땀을 흘리지 못하여 체열방산이 안 되어 체온이 41~43℃까지 급상승되고, 혼수상태에 이르며, 피부가 건조하게 됨

㉡ 치사율 - 치료를 안할 경우 : 100%, 체온이 43℃ 이상 : 80%, 43℃ 이하 : 40%

㉢ 치료
- 체온을 39℃까지 급속히 하강
- 울혈방지와 체온이동을 돕기 위한 마사지

**164** 다음 중 옥외에서의 습구흑구온도지수(WBGT)를 구하는 식으로 옳은 것은?(단, NWT는 자연습구온도, GT는 흑구온도, DT는 건구온도라 한다.)

① WBGT=0.7NWT+0.3GT
② WBGT=0.1NWT+0.7GT+0.2DT
③ WBGT=0.2NWT+0.7GT+0.1DT
④ WBGT=0.7NWT+0.2GT+0.1DT
⑤ WBGT=0.3NWT+0.7GT

해설 ㉠ 옥외(태양광선이 내리쬐는 장소)에서의 습구흑구온도지수(WBGT)
WBGT(℃)=0.7NWT+0.2GT+0.1DT
㉡ 옥내 또는 (태양광선이 내리쬐지 않는 장소)에서의 습구흑구온도지수(WBGT)
WBGT(℃)=0.7NWT+0.3GT

**165** 그늘막 내에서의 자연습구온도가 25℃, 건구온도가 32℃, 흑구온도가 20℃일 때 습구흑구온도지수(℃)는 얼마인가?

① 23.5 ② 24.7
③ 28.4 ④ 28.9
⑤ 31.2

해설 WBGT=0.7NWT+0.3GT =(0.7×25)+(0.3×20)=23.5℃

**166** 어느 옥외 작업장의 온도를 측정한 결과, 건구온도 32℃, 자연습구온도 25℃ 흑구온도 38℃를 얻었다. 이 작업장의 WBGT는?(단, 태양광선이 내리쬐지 않는 장소)

① 28.3℃ ② 28.9℃
③ 29.3℃ ④ 29.7℃
⑤ 32.6℃

해설 WBGT=0.7NWT+0.3GT =(0.7×25)+(0.3×38)=28.9℃

**167** 다음 중 저온환경에서의 생리적 반응으로 틀린 것은?

① 피부혈관의 수축 ② 근육긴장의 증가와 떨림
③ 조직 대사의 감소 및 식욕부진 ④ 피부혈관 수축으로 인한 일시적 혈압 상승
⑤ 감각마비, 수포형성

해설 저온에서는 조직대사가 증진되어 식욕이 항진된다.

 정답 164. ④ 165. ① 166. ② 167. ③

**168** 다음 중 저온에 의한 1차적 생리적 영향에 해당하는 것은?

① 말초혈관의 확장
② 근육긴장의 증가와 전율
③ 혈압의 일시적 상승
④ 조직대사의 증진과 식욕항진
⑤ 순환기능 감소

해설 저온의 일차적인 생리적 반응
㉠ 피부혈관의 수축
㉡ 근육긴장의 증가와 떨림
㉢ 화학적 대사작용의 증가
㉣ 체표면적의 감소

**169** 다음 중 저온환경에 의한 신체의 생리적 반응으로 틀린 것은?

① 피부혈관이 수축되어 피부온도가 내려간다.
② 근육활동과 조직대사가 증가한다.
③ 근육의 긴장과 떨림이 발생한다.
④ 피부혈관의 수축으로 순환능력이 감소되어 혈압은 일시적으로 상승된다.
⑤ 감각이 둔해진다.

해설 저온환경에 의한 신체의 생리적 반응
㉠ 피부혈관이 수축되어 피부온도가 내려간다.
㉡ 근육의 긴장과 떨림이 발생한다.
㉢ 피부혈관의 수축으로 순환능력이 감소되어 혈압은 일시적으로 상승된다.
㉣ 감각이 둔해진다.

**170** 다음 중 한랭환경에서 일반적인 열평형방정식으로 옳은 것은?(단, $\Delta S$ : 생체 열용량의 변화, $E$ : 증발에 의한 열방산, $M$ : 작업대사량, $R$ : 복사에 의한 열의 득실, $C$ : 대류에 의한 열의 득실이다.)

① $\Delta S - M - E - R - C$
② $\Delta S = M - E + R - C$
③ $\Delta S = -M + E - R - C$
④ $\Delta S = -M + E + R + C$
⑤ $\Delta S = M - E + R + C$

해설 한랭환경에서 일반적인 열평형방정식
$\Delta S = M - E - R - C$

**171** 지적온도(Optimum Temperature)에 미치는 영향인자들의 설명으로 옳지 않은 것은?

① 작업량이 클수록 체열 생산량이 많아 지적온도는 낮아진다.
② 여름철이 겨울철보다 지적온도가 높다.
③ 더운 음식물, 알코올, 기름진 음식 등을 섭취하면 지적 온도는 낮아진다.
④ 노인들보다 젊은 사람의 지적온도가 높다.
⑤ 사무직은 남자에 비해 여자의 지적온도가 약간 높다.

해설 노인이 젊은 사람보다 지적온도가 높다.

**172** 직경이 7.5센티미터인 흑구 온도계의 측정시간 기준은?

① 5분 이상
② 10분 이상
③ 15분 이상
④ 25분 이상
⑤ 35분 이상

해설 산업안전보건법 고용노동부고시(제2011-55호)에 의한 고열 작업환경 측정방법 중 직경이 15cm일 경우 25분 이상, 직경이 7.5cm 또는 5cm일 경우 5분 이상 측정한다.

**173** 다음 중 방사선의 외부노출에 대한 방어 3원칙에 대한 설명으로 맞는 것은?

① 대치, 차폐, 시간
② 대치, 차폐, 거리
③ 대치, 경로, 거리
④ 시간, 거리, 차폐
⑤ 시간, 경로, 변경

해설 방사선의 외부노출에 대한 방어 3원칙
㉠ 거리-조사강도는 거리의 제곱에 반비례하기 때문에 효과가 크고 적용하기가 쉽다.
㉡ 차폐-질량이 많이 나가는 물체일수록 방사선의 차폐효과는 크다.
㉢ 시간-노출량을 줄이기 위해서는 노출시간을 감소시켜야 한다.

**174** 다음 중 투과력이 가장 약한 전리방사선은?

① $\alpha$선
② $\beta$선
③ $\gamma$선
④ X선
⑤ 적외선

해설 전리방사선의 투과력 : $\gamma$선과 X선이 가장 크고, 다음은 $\beta$선과 $\alpha$선의 순

 정답 171. ④ 172. ① 173. ④ 174. ①

**175** 다음 중 피부 투과력이 가장 큰 것은?

① 적외선　　② $\alpha$선
③ $\beta$선　　④ $X$선
⑤ 자외선

해설 전리방사선의 투과력 : $\gamma$선과 $X$선이 가장 크고, 다음은 $\beta$선과 $\alpha$선의 순

**176** 다음 중 전리방사선에 의한 장해에 해당하지 않는 것은?

① 참호족
② 유전적 장해
③ 조혈기능 장해
④ 피부암 등 신체적 장해
⑤ 임신시 태아 이상

해설 참호족
저온으로 인한 증세이며 동결이 일어나지 않더라도 한랭상태에서 과도한 습기나 물에 장시간 노출 시 지속적인 국소의 산소결핍으로 부종, 소양감, 심한 동통, 수포, 괴사, 궤양이 일어난다.

**177** 전리방사선이 인체에 조사되면 [보기]와 같은 생체 구성성분의 손상을 일으키게 되는데 그 손상이 일어나는 순서를 올바르게 나열한 것은?

> [보기]
> ① 발암현상
> ② 세포수준의 손상
> ③ 조직 및 기관수준의 손상
> ④ 분자수준에서의 손상

① ④→②→③→①　　② ④→③→②→①
③ ②→④→③→①　　④ ②→③→④→①
⑤ ③→②→④→①

해설 전리방사선의 생체 구성성분 손상 순서
1. 분자수준에서의 손상
2. 세포수준의 손상
3. 조직 및 기관수준의 손상
4. 발암현상

175. ④　176. ①　177. ① 정답 

**178** 다음 중 전리방사선의 영향에 대하여 감수성이 가장 큰 인체 내의 기관은?

① 폐　　② 혈관
③ 근육　　④ 골수
⑤ 간

해설 전리방사선이 영향을 미치는 부위
골수, 임파구 및 임파조직, 성세포로 인체의 조직 중 감수성이 가장 큰 조직은 세포의 증식력, 재생기전이 완성할수록, 세포핵 분열이 영속적일수록, 형태와 기능이 미완성일수록 감수성이 크다.

**179** 라듐(Radium)이 붕괴하는 원자의 수를 기초로 해서 정해졌으며 1초 동안에 $3.7\times10^{10}$개의 원자 붕괴가 일어나는 방사선 물질의 양을 한 단위로 하는 전리방사선 단위는?

① 램(Rem)　　② 뢴트겐(Roentgen)
③ 큐리(Ci)　　④ 라드(Rad)
⑤ 그레이(Gy)

해설 전리방사선의 단위 해설

| 새로운 단위(SI 단위) | 종전 단위 | 환산 | 비고 |
|---|---|---|---|
| 베크렐(Bq) : 1초간에 원자 1개의 변환 | 큐리(Ci) : 1초간에 원자 $3.7\times10^{10}$개의 변환, 1Ci는 Ra226 1g의 방사능과 거의 같다. | $1Ci=3.7\times10^{10}Bq$<br>$1Bq=2.7\times10^{-11}Ci$ | 방사능 물질 |

**180** 전리방사선의 흡수선량이 생체에 영향을 주는 정도로 표시하는 선당량(생체실효선량)의 단위는?

① R　　② Ci
③ Sv　　④ Gy
⑤ rem

해설 방사선의 단위

| 구분 | | 새로운 단위(SI 단위) | 종전 단위 | 환산 | 비고 |
|---|---|---|---|---|---|
| 방사선량에 관한 단위 | 조사선량 | 쿨롱/킬로그램(C/kg) : 공기 1kg 중에 1쿨롱의 이온을 만드는 γ(X)선의 양 | 뢴트겐(R) : 공기 1kg 중에 $2.58\times10^{-4}$ 쿨롱의 에너지를 생성하는 선량 | $1R=2.58\times10^{-4}C/kg$<br>$1C/kg=3.88\times10^{3}R$ | X선, γ선만 해당 |
| | 흡수선량 | 그레이(Gy) : 1kg당 1J의 에너지의 흡수가 있을 때의 선량 | 라드(rad) : 1kg당 1/100J(=1erg)의 에너지의 흡수가 있을 때의 선량 | 1rad=0.01Gy<br>1Gy=100rad | 모든 방사선 |
| | 등가선량 | 시버트(Sv) : 흡수선량(Gy)×방사선가중치 | 렘(rem) : 흡수선량(rad)×방사선가중치 | 1rem=0.01Sv<br>1Sv=100rem | 가중치 X(γ)선, β입자 : 1, α입자 : 10 |

시버트(SV)=흡수선량(Gy)×방사선 가중치

 정답 178. ④　179. ③　180. ③

**181** 전리방사선의 단위 중 조직(또는 물질)의 단위질량당 흡수된 에너지를 나타내는 것은?

① Gy(Gray) ② R(Rontgen)
③ Sv(Sivert) ④ Bq(Becquerel)
⑤ Ci(Curie)

해설

| 구분 | | 새로운 단위(SI 단위) | 종전 단위 | 환산 | 비고 |
|---|---|---|---|---|---|
| 방사능 단위 | | 베크렐(Bq) : 1초간에 원자 1개의 변환 | 큐리(Ci) : 1초간에 원자 $3.7\times10^{10}$개의 변환, 1Ci는 Ra226 1g의 방사능과 거의 같다. | 1Ci=$3.7\times10^{10}$Bq<br>1Bq=$2.7\times10^{-11}$Ci | 방사능 물질 |
| 방사선량에 관한 단위 | 조사선량 | 쿨롱/킬로그램(C/kg) : 공기 1kg 중에 1쿨롱의 이온을 만드는 $\gamma$(X)선의 양 | 뢴트겐(R) : 공기 1kg 중에 $2.58\times10^{-4}$ 쿨롱의 에너지를 생성하는 선량 | 1R=$2.58\times10^{-4}$C/kg<br>1C/kg=$3.88\times10^{3}$R | X선, $\gamma$선만 해당 |
| | 흡수선량 | 그레이(Gy) : 1kg당 1J의 에너지의 흡수가 있을 때의 선량 | 라드(rad) : 1kg당 1/100J(=1erg)의 에너지의 흡수가 있을 때의 선량 | 1rad=0.01Gy<br>1Gy=100rad | 모든 방사선 |
| | 등가선량 | 시버트(Sv) : 흡수선량(Gy)×방사선가중치 | 렘(rem) : 흡수선량(rad)×방사선가중치 | 1rem=0.01Sv<br>1Sv=100rem | 가중치 X($\gamma$)선, $\beta$입자 : 1, $\alpha$입자 : 10 |

**182** 다음 중 Dorno 선의 파장 범위로 옳은 것은?

① 100~150nm ② 200~250nm
③ 280~320nm ④ 350~400nm
⑤ 400~480nm

해설 자외선 중 파장범위가 290~315nm인 구간을 건강선(Dorno-ray)이라 함

**183** 다음 내용에 해당하는 것은?

- 280~315nm 정도의 파장을 Dorno 선이라 한다.
- 오존과 반응한다.
- Tiichloroethylene을 phosgen으로 전환시키는 광화학적 작용을 한다.

① 자외선 ② 적외선
③ 레이저선 ④ 마이크로파
⑤ 가시광선

해설 자외선 중 280~315nm 범위의 파장을 Dorno 선이라 하며, 오존과 반응하여 Trichloroethylene을 phosgene으로 전환시키는 광화학적 작용을 한다.

**184** 다음 중 자외선에 의한 전신의 생체작용을 올바르게 설명한 것은?

① 적혈구, 백혈구, 혈소판이 증가하고 두통, 흥분, 피로 등이 2차 증상이 있다.
② 과잉 조사되면 망막을 자극하여 잔상을 동반한 시력장해, 시야협착을 일으킨다.
③ 가장 영향을 받기 쉬운 조직은 골수 및 임파조직이다.
④ 국소의 혈액순환을 촉진하고, 진통작용도 있다.
⑤ 자외선의 조사가 부족한 경우 각기병의 유발가능성이 높아진다.

해설 ②는 가시광선, ③는 전리방사선, ④는 적외선의 증상. 각기병은 비타민$B_1$ 결핍증이다.

**185** 다음 중 자외선에 대한 설명으로 틀린 것은?

① 가시광선과 전리복사선 사이의 파장을 가진 전자파이다.
② 280~315nm의 파장을 가진 자외선을 "Dorno선"이라 한다.
③ 전리 및 사진감광작용은 현저하지만 형광, 광이온 작용은 거의 나타나지 않는다.
④ 280~315nm의 파장을 가진 자외선은 피부의 색소 침착, 소독작용, 비타민 D 형성 등 생물학적 작용이 강하다.
⑤ 대부분은 신체표면에 흡수되기 때문에 주로 피부, 눈에 직접적인 영향을 초래한다.

해설 자외선은 전리작용이 없고 사진작용, 형광작용, 광이온작용을 가지고 있다.

**186** 다음 중 전기성 안염(전광선 안염)과 가장 관련이 깊은 비전리방사선은?

① 마이크로파　② 자외선
③ 가시광선　④ 적외선
⑤ 라디오파

해설 자외선에 피폭된 후 안장해의 심한 증상으로 6~12시간 후에 급성각막염이 나타나며, 전기용접작업에서 나타나기 쉽다.

**187** 다음 중 적외선의 생물학적 영향에 관한 설명으로 틀린 것은?

① 근적외선은 급성 피부화상, 색소침착 등을 일으킨다.
② 조사 부위의 온도가 오르면 홍반이 생기고, 혈관이 확장된다.
③ 적외선이 흡수되면 화학반응에 의하여 조직 온도가 상승한다.
④ 장기간 조사시 두통, 자극작용이 있으며 강력한 적외선은 뇌막자극 증상을 유발할 수 있다.
⑤ 국소의 혈액순환을 촉진하고 진통작용이 있어 치료에도 응용이 가능하다.

해설 적외선이 조직에 흡수되면 화학반응을 일으키는 것이 아니라 구성분자의 운동에너지를 증대시키므로 조직온도가 상승한다.

 정답 184. ① 185. ③ 186. ② 187. ③

**188** 다음 중 적외선으로부터 오는 생체작용과 가장 거리가 먼 것은?

① 색소침착
② 망막손상
③ 초자공 백내장
④ 뇌막자극에 의한 두부손상
⑤ 피부 충혈, 혈관 확장

해설 색소침착은 자외선에서 전형적으로 나타나는 증상이다.

**189** 다음 중 적외선의 파장범위에 해당하는 것은?

① 280nm 이하
② 280~400nm
③ 400~750nm
④ 800~1,200nm
⑤ 100nm

해설 적외선은 일명 열선이라고 하며 온도에 비례하여 적외선을 복사하며 파장범위는 750nm 이상으로 세부적인 분류는 다음과 같다.

- 근적외선(700~1,500nm), 중적외선(1,500~3,000nm)
- 원적외선(3,000~6,000nm 또는 6,000~12,000nm)

**190** 다음 중 레이저(Laser)에 관한 설명으로 틀린 것은?

① 레이저는 유도방출에 의한 광선증폭을 뜻한다.
② 레이저는 보통 광선과는 달리 단일파장으로 강력하고 예리한 지향성을 가졌다.
③ 레이저장해는 광선의 파장과 특정 조직의 광선 흡수 능력에 따라 장해출현 부위가 달라진다.
④ 레이저의 피부에 대한 작용은 비가역적이며, 수포 색소침착 등이 생길 수 있다.
⑤ 레이저의 장해를 받는 기관은 주로 눈과 피부이다.

해설 고출력 레이저는 피부화상(열응고, 괴사, 탄화)을 일으키나 경미한 발적에 그친다.

**191** 다음 중 비전리방사선이 아닌 것은?

① 적외선
② 중성자
③ 라디오파
④ 레이저
⑤ 자외선

해설 비전리방사선에는 자외선, 가시광선, 적외선, 라디오파, 마이크로파, 저주파, 극저주파가 있다.

**192** 다음 중 레이저(Laser)에 감수성이 가장 큰 신체부위는?

① 대뇌　　② 눈, 피부
③ 갑상선　　④ 혈액
⑤ 근육

해설 레이저(Laser)에 감수성이 가장 큰 신체부위는 눈과 피부이다.

**193** 다음 중 마이크로파의 에너지량과 거리와의 관계에 관한 설명으로 옳은 것은?

① 에너지양은 거리의 제곱에 비례한다.
② 에너지양은 거리에 비례한다.
③ 에너지양은 거리의 제곱에 반비례한다.
④ 에너지양은 거리에 반비례한다.
⑤ 에너지양은 거리의 세제곱에 반비례한다.

해설 마이크로파의 에너지양은 거리의 제곱에 반비례한다.

**194** 다음 중 마이크로파에 관한 설명으로 틀린 것은?

① 주파수의 범위는 10~30,000MHz 정도이다.
② 혈액의 변화로는 백혈구의 감소, 혈소판의 증가 등이 나타난다.
③ 백내장을 일으킬 수 있으며 이것은 조직온도의 상승과 관계가 있다.
④ 중추신경에 대하여는 300~1,200MHz의 주파수 범위에서 가장 민감하다.
⑤ 유전 및 생식기능에 영향을 준다.

해설 자외선에서의 전신증상으로 자극작용이 있으며 적혈구, 백혈구, 혈소판이 증가한다.
마이크로파에서는 백혈구의 증가, 망상적혈구의 출현, 혈소 감소를 볼 수 있다.

**195** 다음 중 레이저(LASER)에 대한 설명으로 틀린 것은?

① 레이저는 유도방출에 의한 광선증폭을 뜻한다.
② 레이저는 보통 광선과는 달리 단일 파장으로 강력하고 예리한 지향성을 가졌다.
③ 레이저장해는 광선의 파장과 특정 조직의 광선 흡수능력에 따라 장해출현 부위가 달라진다.
④ 레이저의 피부에 대한 작용은 비가역적이며, 수포, 색소침착 등이 생길 수 있다.
⑤ 각막 표면에서의 조사량($J/cm^2$) 또는 노출량($W/cm^2$)을 측정한다.

해설 레이저는 피부화상(열응고, 괴사, 탄화)을 일으키나 경미한 발적에 그친다.


정답 192. ② 193. ③ 194. ② 195. ④

**196** 다음 중 화학적 원인에 의한 직업성 질환으로 볼 수 없는 것은?

① 수전증
② 치아산식증
③ 시신경장해
④ 정맥류
⑤ 백혈병

해설 정맥류는 장시간 서서 일하는 작업에 나타날 수 있는 증상이다.

**197** 다음 중 유해물질의 분류에 있어 질식제로 분류되지 않는 것은?

① $H_2$
② $N_2$
③ $H_2S$
④ $O_3$
⑤ CO

해설 오존은 상기도 점막과 호흡기관지에 작용하는 자극제이다.

**198** 화학물질의 생리적 작용에 의한 분류에서 종말기관지 및 폐포점막 자극제에 해당되는 유해가스는?

① 불화수소
② 염화수소
③ 아황산가스
④ 이산화질소
⑤ 오존

해설 세기관지와 폐포 점막에 작용하는 자극제는 물에 거의 녹지 않는 물질로서 가장 심각한 자극제라 할 수 있다. 이산화질소, 삼염화비소, 포스겐 등이 있다.

**199** 유해물질의 생리적 작용에 의한 분류에서 질식제를 단순 질식제와 화학적 질식제로 구분할 때 다음 중 화학적 질식제에 해당하는 것은?

① 헬륨
② 일산화탄소
③ 수소
④ 메탄
⑤ 아산화질소

해설 화학적 질식제에는 아닐린류, 청산류, 톨루이딘, 니트로벤젠, 일산화탄소, 황화수소 등이 있다.

**200** 다음 중 상기도점막 자극제로 볼 수 없는 것은?

① 포스겐
② 암모니아
③ 크롬산
④ 염화수소
⑤ 불소

196. ④ 197. ④ 198. ④ 199. ② 200. ① 정답 

해설 포스겐은 종말기관지와 폐포점막에 작용하는 자극제이다.

**201** 다음 중 화기에 의하여 분해되면 유독성의 포스겐이 발생하여 폐수종을 일으킬 수 있는 유기용제는?

① 벤젠
② 크실렌
③ 염화에틸렌
④ 노말헥산
⑤ 톨루엔

해설 염화에틸렌은 화기에 의하여 분해되면 포스겐이 발생하여 폐수종을 일으킬 수 있다.

**202** 다음 중 화학적 질식성 가스로만 나열된 것은?

① 이산화탄소, 이산화질소
② 메탄, 탄산가스
③ 아황산가스, 암모니아
④ 일산화탄소, 황화수소
⑤ 질소, 헬륨

해설 화학적 질식제란 헤모글로빈과 결합하여 산소가 조직으로 이동하는 것을 방해하는 물질로 아닐린류, 청산류, 톨루이딘, 니트로벤젠, 일산화탄소, 황화수소가 있다.

**203** 다음 중 화학적 질식제에 대한 설명으로 옳은 것은?

① 뇌순환 혈관에 존재하면서 농도에 비례하여 중추신경작용을 억제한다.
② 공기 중에 다량 존재하여 산소분압을 저하시켜 조직세포에 필요한 산소를 공급하지 못하게 하여 산소부족 현상을 발생시킨다.
③ 피부와 점막에 작용하여 부식작용을 하거나 수포를 형성하는 물질로 고농도 하에서 호흡이 정지되고 구강 내 치아산식증 등을 유발한다.
④ 혈액 중에서 혈색소와 결합한 후에 혈액의 산소운반 능력을 방해하거나 조직세포에 있는 철 산화효소를 불활성화시켜 세포의 산소수용 능력을 상실시킨다.
⑤ 일산화탄소는 산소와 혈색소의 결합을 촉진시킨다.

해설 ①은 마취제와 진정제, ②는 단순질식제, ④는 크롬산, ⑤의 일산화탄소는 산소와 혈색소의 결합을 방해한다.

**204** 다음 중 가스상 물질의 호흡기계 축적을 결정하는 가장 중요한 인자는?
① 물질의 수용성 정도
② 물질의 농도 차
③ 물질의 입자분포
④ 물질의 발생기전
⑤ 물질의 노출시기

해설 가스상 물질의 호흡기계 축적을 결정하는 가장 중요한 인자는 물에 대한 수용성 정도로, 수용성 정도에 따라 호흡기관에서 작용하는 부위가 달라진다.

**205** 다음 중 소화기관에서 화학물질의 흡수율에 영향을 미치는 요인과 가장 거리가 먼 것은?
① 식도의 두께
② 위액의 산도(pH)
③ 음식물의 소화기관 통과속도
④ 화합물의 물리적 구조와 화학적 성질
⑤ 소화기관 내에서 다른 물질과의 상호작용

해설 소화기관에서 화학물질의 흡수율에 영향을 미치는 요인
㉠ 위액의 산도(pH)
㉡ 음식물의 소화기관 통과속도
㉢ 화합물의 물리적 구조와 화학적 성질
㉣ 소화기관 내에서 다른 물질과의 상호작용
㉤ 물리적 성질 : 지용성과 분자의 크기, 창자 내의 융모와 미소 융모
㉥ 촉진투과와 능동투과의 메커니즘, 소장과 대장에 생존하는 미생물총, 개인의 연령과 영양상태 등이 있다.

**206** 동물을 대상으로 양을 투여했을 때 독성을 초래하지는 않지만 대상의 50%가 관찰 가능한 가역적인 반응이 나타나는 작용량을 무엇이라고 하는가?
① $ED_{50}$
② $LC_{50}$
③ $LD_{50}$
④ $TD_{50}$
⑤ MS

해설 $ED_{50}$이란 동물을 대상으로 양을 투여했을 때 독성을 초래하지는 않지만 대상의 50%가 관찰 가능한 가역적인 반응이 나타나는 작용량을 말한다.

204. ① 205. ① 206. ① 정답

**207** 유해물질의 경구투여용량에 따른 반응범위를 결정하는 독성검사에서 얻은 용량－반응 곡선(Dose－response curve)에서 실험동물군의 50%가 일정시간 동안 죽는 치사량을 나타내는 것은?

① $LC_{50}$　② $LD_{50}$
③ $ED_{50}$　④ $TD_{50}$
⑤ MS

해설 $LD_{50}$이란 유해물질의 경구투여용량에 따른 반응범위를 결정하는 독성검사에서 얻은 용량－반응 곡선(Dose－response curve)에서 실험동물군의 50%가 일정시간 동안 죽는 치사량을 말한다.

**208** 화학물질이 사람에게 흡수되어 초래되는 바람직하지 않은 영향의 범위 · 정도 · 특성을 무엇이라 하는가?

① 치사량　② 유효량
③ 위험　④ 독성
⑤ 중독량

해설 독성이란 화학물질이 사람에게 흡수되어 초래되는 바람직하지 않은 영향의 범위 · 정도 · 특성을 말한다.

**209** 요중 화학물질 A의 농도는 28mg/mL, 단위시간당 배설되는 요의 부피는 1.5mL/min, 혈장 중 화학물질 A의 농도가 0.2mg/mL라면 단위시간당 화학물질 A의 제거율(mL/min)은 얼마인가?

① 120　② 180
③ 210　④ 250
⑤ 280

해설 $CA = \frac{\text{소변 중 A물질의 농도} \times \text{1분간 소변량}}{\text{혈장 내 A물질의 농도}} = \frac{28\text{mg/mL} \times 1.5\text{mL/min}}{0.2\text{mg/mL}} = 210\text{mL/min}$

**210** 다음 중 직업성 피부질환에 관한 설명으로 틀린 것은?

① 가장 빈번한 피부반응은 접촉성 피부염이다.
② 알레르기성 접촉 피부염은 효과적인 보호기구를 사용하거나 자극이 적은 물질을 사용하면 효과가 좋다.
③ 첩포시험은 알레르기성 접촉 피부염의 감작물질을 색출하는 기본방법이다.
④ 일부 화학물질과 식물은 광선에 의해서 활성화되어 피부반응을 보일 수 있다.
⑤ 알레르기성 접촉 피부염의 주증상으로는 발진과 소양감을 동반하여 심할 경우 수포를 나타내기도 한다.

해설 ②는 원발성 접촉피부염을 설명한 것이다.

 정답 207. ②　208. ④　209. ③　210. ②

**211** 다음 중 피부에 건강상의 영향을 일으키는 화합물질과 가장 거리가 먼 것은?

① PAH ② 망간 흄
③ 크롬 ④ 절삭유
⑤ 경화제

해설 망간은 무력증, 파킨슨씨병, 근강직이 주증상이다.

**212** Haber의 법칙에서 유해물질 지수에 관련 있는 인자는 무엇인가?

① 입자크기(Size) ② 용량(Capacity)
③ 천장치(Ceiling) ④ 농도(Concentration)
⑤ 작업강도(Severity)

해설 Haber의 법칙 : 유해물질의 지수=유해물질의 농도×노출시간

**213** 규폐증이나 석면폐증은 병리학적 변화로 볼 때 어떠한 진폐증에 속하는가?

① 교원성 진폐증
② 비교원성 진폐증
③ 활동성 진폐증
④ 비활동성 진폐증
⑤ 점막성 진폐증

해설 교원성 진폐증은 병리학적 변화에 따른 분류영역으로 규폐증과 석면폐증이 대표적인 예이며 폐포 조직의 비가역적 변화나 파괴가 있으며, 간질반응이 명백하고 심하다. 폐조직의 병리적 반응이 영구적이다.

**214** 다음 중 혈색소와 친화도가 산소보다 강하여 COHb를 형성하여 조직에서 산소공급을 억제하며, 혈중 COHb의 농도가 높아지며 $HbO_2$의 해리작용을 방해하는 물질은?

① 일산화탄소 ② 아질산염
③ 방향족아민 ④ 염소산염
⑤ 포스겐

해설 화학적 질식제에 대한 설명으로 일산화탄소, 아닐린류, 청산류, 톨루이딘, 니트로벤젠, 일산화탄소, 황화수소 등이 있다.

**215** 입자상 물질의 호흡기계 침착 기전 중 길이가 긴 입자가 호흡기계로 들어오면 그 입자의 가장자리가 기도의 표면을 스치게 됨으로써 침착하는 현상은?

① 충돌　　② 침전
③ 차단　　④ 확산
⑤ 간섭

해설 입자상물질의 호흡기계 침착 기전 중 길이가 긴 입자가 호흡기계로 들어오면 그 입자의 가장자리가 기도의 표면을 스치게 됨으로써 침착하는 현상은 차단이다.

**216** 다음 중 규폐증(silicosis)을 잘 일으키는 먼지의 종류와 크기로 가장 적절한 것은?

① $SiO_2$ 함유먼지 0.1$\mu$m의 크기
② $SiO_2$ 함유먼지 0.5~5$\mu$m의 크기
③ 석면 함유먼지 0.1$\mu$m의 크기
④ 석면 함유먼지 0.5~5$\mu$m의 크기
⑤ 철 함유먼지 5$\mu$m의 크기

해설 규폐증은 $SiO_2$가 원인 물질이며 호흡성 분진인 0.5~5$\mu$m의 크기가 폐포까지 도달하여 규폐증을 일으킨다.

**217** 다음 중 기도나 폐포 부위에 침착되는 먼지로서 공기역학적 지름이 30$\mu$m 이하의 크기를 가지는 것은?

① 흡입성 먼지　　② 호흡성 먼지
③ 흉곽성 먼지　　④ 침착성 먼지
⑤ 침강성 분진

해설 흡입성 먼지 : 호흡기의 어느 부위에 침착하더라도 독성을 나타내는 물질. 입경범위 0~100$\mu$m
흉곽성 먼지 : 기도나 폐포에 침착할 때 독성을 나타내는 물질. 평균 입경 10$\mu$m
호흡성 먼지 : 가스교환부위 즉 폐포에 침착할 때 유해한 물질. 평균 입경 4$\mu$m

**218** 다음 중 유기분진에 의한 진폐증에 해당하는 것은?

① 석면폐증　　② 규폐증
③ 면폐증　　④ 활석폐증
⑤ 용접공폐증

해설 진폐증을 일으키는 분진 중 면폐증을 일으키는 분진은 유기분진이다.

 정답 215. ③　216. ②　217. ③　218. ③

**219** 먼지가 호흡기로 들어올 때 인체가 방어하는 부위별 메커니즘으로 바르게 연결된 것은?

① 기관지 : 점액섬모운동, 폐포 : 대식세포에 의한 정화
② 기관지 : 면역작용, 폐포 : 대식세포에 의한 정화
③ 기관지 : 대식세포에 의한 정화, 폐포 : 점액섬모운동
④ 기관지 : 대식세포에 의한 정화, 폐포 : 면역작용
⑤ 기관지 : 면역작용 폐포 : 점액섬모운동

해설 먼지가 호흡기로 들어올 때 인체가 방어하는 부위별 메커니즘으로 기관지는 점액섬모운동을 폐포는 대식세포에 의한 정화를 한다.

**220** 다음 중 진폐증 발생에 관여하는 인자와 가장 거리가 먼 것은?

① 분진의 노출기간
② 분진의 분자량
③ 분진의 농도
④ 분진의 크기
⑤ 분진의 용해도

해설 진폐증 발생에 관여하는 인자는 분진의 노출기간, 농도, 크기, 용해도이다.

**221** 다음 중 폐포에 가장 잘 침착하는 분진의 크기는?

① 0.01~0.5$\mu$m
② 0.5~5.0$\mu$m
③ 5~10$\mu$m
④ 10~20$\mu$m
⑤ 20~40$\mu$m

해설 폐포에 가장 잘 침착하는 분진은 호흡성 분진입자로 0.5~5.0$\mu$m이다.

**222** 대상먼지와 침강속도가 같고, 밀도가 1이며 구형인 먼지의 직경으로 환산하여 표현하는입자상 물질의 직경을 무엇이라 하는가?

① 입체적 직경
② 등면적 직경
③ 기하학적 직경
④ 공기역학적 직경
⑤ 마틴 직경

해설 공기역학적 직경은 유체역학적 직경이라고도 하며 산업보건 분야에서 이 직경을 주로 사용한다. 먼지의 침강속도는 먼지의 밀도, 형태 및 크기에 의해 결정된다.

**223** 다음 중 주로 비강, 인후두, 기관 등 호흡기 기도 부위에 축적됨으로써 호흡기계 독성을 유발하는 분진을 무엇이라 하는가?

① 호흡성 분진 ② 흡입성 분진
③ 흉곽성 분진 ④ 총부유 분진
⑤ 침착성 분진

해설 흡입성 분진은 주로 비강, 인후두, 기관 등 호흡기 기도 부위에 축적됨으로써 호흡기계 독성을 유발한다.

**224** 다음 중 체내에서 유해물질을 분해하는 데 가장 중요한 역할을 하는 것은?

① 백혈구 ② 혈압
③ 효소 ④ 적혈구
⑤ 혈장

해설 체내에서 유해물질을 분해하는 데 가장 중요한 역할을 하는 것은 효소이다.

**225** 폐 조직이 정상이면서, 간질반응이 경미하고 망상섬유로 구성되어 나타나는 진폐증을 무엇이라 하는가?

① 비가역성 진폐증 ② 비교원성 진폐증
③ 비활동성 진폐증 ④ 교원성 진폐증

해설 비교원성 진폐증은 조직반응이 가역적이며 폐 조직이 정상이면서, 간질반응이 경미하고 망상섬유로 구성되어 나타나며 종류는 용접공폐증, 주석폐증, 바륨폐증, 칼륨폐증이 있다.

**226** 다음 중 다핵방향족 탄화수소(PAHs)에 대한 설명으로 틀린 것은?

① 철강제조업의 코크스 제조공정에서 발생된다.
② PAHs의 대사에 관여하는 효소는 시토크롬 P-448로 대사되는 중간산물이 발암성을 나타낸다.
③ PAHs는 배설을 쉽게 하기 위하여 수용성으로 대사된다.
④ 벤젠고리가 2개 이상인 것으로 톨루엔이나 크실렌 등이 있다.
⑤ 피부, 폐, 소화관을 통하여 흡수한다.

해설 톨루엔, 크실렌은 하나의 벤젠 고리에 치환기가 붙어있는 단핵 방향족 탄화수소이다.

 정답 223. ② 224. ③ 225. ② 226. ④

**227** 다음 [보기]와 같은 유해물질들이 호흡기 내에서 자극하는 부위로 가장 적절한 것은?

| [보기] 암모니아, 염화수소, 불화수소, 산화에틸렌 |
|---|

① 상기도점막 ② 폐조직
③ 종말기관지 ④ 폐포점막
⑤ 대장점막

해설 상기도점막에 작용하는 자극제는 물에 잘 녹는 물질로 알데히드류, 알칼리성 먼지와 미스트, 크롬산, 아황산가스 등이 있다.

**228** 다음 중 호흡기에 대한 자극작용이 가장 심한 것은?
① 케톤류 유기용제 ② 글리콜류 유기용제
③ 에스테르류 유기용제 ④ 알데히드류 유기용제
⑤ 알코올류 유기용제

해설 알데히드류 유기용제는 호흡기에 대한 자극작용이 심한 특징을 가지고 있다.

**229** 다음 중 "니트로벤젠"의 화학물질의 영향에 대한 생물학적 모니터링 대상으로 올바른 것은?
① 혈액에서의 메타헤모글로빈
② 요에서의 마뇨산
③ 요에서의 저분자량 단백질
④ 적혈구에서의 ZPP
⑤ 요에서의 메틸마뇨산

해설 니트로벤젠의 생물학적 모니터링 지표는 혈액 중 메타헤모글로빈이다.

**230** 근로자의 유해물질 노출 및 흡수 정도를 종합적으로 평가하기 위하여 생물학적 측정이 필요하다. 또한 유해물질의 배출 및 축적되는 속도에 따라 시료채취 시기를 적절히 해야 하는데, 다음 중 시료채취 시기에 제한을 가장 적게 받는 것은?
① 호기중 벤젠 ② 요중 총페놀
③ 요중 납 ④ 혈중 총무기수은
⑤ 요중 마뇨산

해설 반감기가 긴 물질은 시료채취 시기에 영향을 덜 받는다. 그러나 반감기가 짧은 유기용제류는 시료채취 시기가 상당히 중요하다.

227. ① 228. ④ 229. ① 230. ③ 정답

**231** 다음 중 크실렌의 생물학적 노출지표로 이용되는 대사산물은?(단, 소변에 의한 측정기준이다.)

① 페놀 ② 마뇨산
③ 만델린산 ④ 메틸마뇨산
⑤ 메타헤모글로빈

해설 크실렌의 생물학적 노출지표는 소변 중의 메틸마뇨산을 정량하여 알 수 있다.

**232** 벤젠을 취급하는 근로자를 대상으로 벤젠에 대한 노출량을 추정할 목적으로 호흡기 주변에서 벤젠 농도를 측정함과 동시에 생물학적 모니터링을 실시하였다. 다음 중 벤젠 노출로 인한 대사산물의 결정인자로 옳은 것은?

① 호기 중의 벤젠 ② 소변 중의 마뇨산
③ 혈액 중의 만델린산 ④ 소변 중의 총페놀
⑤ 소변 중의 메틸마뇨산

해설 벤젠의 생물학적 노출지표는 소변 중의 총페놀을 정량하여 알 수 있다.

**233** 다음 중 피부에 궤양을 유발시키는 가장 대표적인 물질은?

① 크롬산(Chromic Acid) ② 콜타르 피치(Coaltar Pitch)
③ 에폭시수지(Epoxy Resin) ④ 벤젠(Benzene)
⑤ 크실렌(Xylene)

해설 크롬산은 피부와 점막을 강하게 자극하며 더욱 진행되면 비중격의 연골에 천공을 일으키고 눈에 들어가면 결막염을 일으키며, 심하면 실명할 수도 있다.

**234** 유기용제류의 산업중독에 관한 설명으로 적절하지 않은 것은?

① 간장장해를 일으킨다.
② 중추신경계에 작용하여 마취, 환각현상을 일으킨다.
③ 장기간 노출되어도 만성중독이 발생하지 않는 특징이 있다.
④ 유기용제는 지방, 콜레스테롤 등 각종 유기물질을 녹이는 성질 때문에 여러 조직에 다양한 영향을 미친다.
⑤ 작업자를 자극하여 무감각하게 하고 결국은 무의식 혹은 혼수상태가 되게 한다.

해설 유기용제류는 고농도에서는 짧은 시간에 급성중독을 저농도에서는 장기간에 걸쳐 만성중독을 일으킬 수 있다.

 정답 231. ④ 232. ④ 233. ① 234. ③

**235** 다음 중 장시간 동안 고농도에 노출되면 기질적 뇌손상, 말초신경병, 신경행동학적 이상과 심장장애를 일으키는 물질은?

① 메탄 ② 니트로벤젠
③ 메틸알코올 ④ 이황화탄소
⑤ 페놀

해설 이황화탄소는 장시간 동안 고농도에 노출되면 기질적 뇌손상, 말초신경병, 신경행동학적 이상과 심장장애를 일으켜 사망까지 일으킬 수 있는 물질이다.

**236** 유기용제의 중추신경 억제작용의 순위를 큰 것에서부터 작은 순으로 올바르게 나타낸 것은?

① 알켄 > 알칸 > 알코올 ② 에테르 > 알코올 > 에스테르
③ 할로겐화합물 > 에스테르 > 알켄 ④ 할로겐화합물 > 유기산 > 에테르
⑤ 에스테르 > 에테르 > 알칸

해설 유기용제의 중추신경계(CNS) 억제작용의 크기 순서
알칸 < 알켄 < 알코올 < 유기산 < 에스테르 < 에테르 < 할로겐화합물

**237** 다음 유기용제 기능기 중 중추신경계에 억제작용이 가장 큰 것은?

① 알칸족 유기용제 ② 알켄족 유기용제
③ 알코올족 유기용제 ④ 할로겐족 유기용제
⑤ 다환 방향족 탄화수소(PAHs)

해설 유기용제의 중추신경계(CNS) 억제작용의 크기 순서
알칸 < 알켄 < 알코올 < 유기산 < 에스테르 < 에테르 < 할로겐화합물

**238** 다음 중 중추신경 억제작용이 가장 큰 것은?

① 알칸 ② 알코올
③ 에테르 ④ 에스테르
⑤ 유기산

해설 유기용제의 중추신경계(CNS) 억제작용의 크기 순서
알칸 < 알켄 < 알코올 < 유기산 < 에스테르 < 에테르 < 할로겐화합물

235. ④ 236. ③ 237. ④ 238. ③ 정답

**239** 다음의 방향족 탄화수소 중 만성노출에 의한 조혈장해를 유발시키는 것은?

① 벤젠
② 톨루엔
③ 클로로포름
④ 나프탈렌
⑤ 크실렌

해설 벤젠은 저농도에서 만성중독 증세로 백혈병을 일으킬 수 있다.

**240** 다음 중 탈지용 용매로 사용되는 물질로 간장, 신장에 만성적인 영향을 미치는 것은?

① 크롬
② 사염화탄소
③ 유리규산
④ 메탄올
⑤ 페놀

해설 탈지용 용매로 사용되는 물질로 간장, 신장에 만성적인 영향을 미치는 물질은 사염화탄소($CCl_4$)이다.

**241** 장기간 노출될 경우 간 조직세포에 섬유화증상이 나타나고, 특징적인 악성변화로 간에 혈관육종을 일으키는 물질은?

① 염화비닐
② 삼염화에틸렌
③ 사염화에틸렌
④ 메틸클로로포름
⑤ 브롬화메틸

해설 염화비닐은 지용성으로 장기간 노출될 경우 간 조직세포에 섬유화증상이 나타나고, 특징적인 악성변화로 간에 혈관육종을 일으킨다.

**242** 다음 중 석유정제공장에서 다량의 벤젠을 분리하는 공정의 근로자가 해당 유해물질에 반복적으로 계속해서 노출될 경우 발생 가능성이 가장 높은 직업병은 무엇인가?

① 직업성 천식
② 급성뇌척수성 백혈병
③ 신장손상
④ 다발성 말초신경장해
⑤ 간경화

해설 백혈병은 벤젠의 저농도에서 만성중독으로 나타나는 질환이다.


정답 239. ① 240. ② 241. ① 242. ②

**243** 다음 중 직업성 피부염을 평가할 때 실시하는 가장 중요한 임상시험은?

① 생체시험(In Vivo Test)
② 실험생체시험(In Vitro Test)
③ 첩포시험(Patch Test)
④ 에임스시험(Ames Test)
⑤ 변이원성시험(Mutagenicity)

해설 피부염의 원인 물질을 피부에 부착시키고, 이틀 동안 특별한 기구로 덮어둔 후에 그 장소에 피부염이 발생되었는지를 조사하는 것이다. 대상 화학물질로 시험할 때는 자극성이 없는 농도까지 적정하게 희석하여 실시한다.

**244** 화학물질의 상호작용인 길항작용 중 배분적 길항작용에 대하여 가장 적절히 설명한 것은?

① 두 물질이 생체에서 서로 반대되는 생리적 기능을 갖는 관계로 동시에 투여한 경우 독성이 상쇄 또는 감소되는 경우
② 두 물질을 동시에 투여한 경우 상호반응에 의하여 독성이 감소되는 경우
③ 독성물질의 생체과정인 흡수, 분포, 생전환, 배설 등의 변화를 일으켜 독성이 낮아지는 경우
④ 두 물질이 생체 내에서 같은 수용체에 결합하는 관계로 인하여 동시 투여시 경쟁관례로 인하여 독성이 감소되는 경우
⑤ 두 물질을 동시에 투여한 경우 정확히 개별적으로 투여한 경우의 독성을 합한 것과 같은 경우

해설 ①은 기능적 길항작용, ②는 화학적 길항작용, ④는 수용체 길항작용, ⑤는 상가작용이다.

**245** 공기 중의 두 가지 물질이 혼합되어 상대적 독성수치가 '2+3=5'와 같이 나타날 때 두 물질 간에 일어난 상호작용을 무엇이라 하는가?

① 상가작용(Additive Effect)
② 잠재작용(Potentiation)
③ 상승작용(Synergistics)
④ 길항작용(Antagonism)
⑤ 가승작용(Potentiation)

해설 상가작용
두 물질을 동시에 투여한 경우 정확히 개별적으로 투여한 경우의 독성을 합한 것과 같은 경우를 말한다.

**246** 상대적 독성(수치는 독성의 크기)이 "2+0 → 10"의 형태로 나타나는 화학적 상호작용은?

① 상가작용(Additive)
② 가승작용(Potentiation)
③ 상쇄작용(Antagonism)
④ 상승작용(Synergistic)
⑤ 길항작용(Antagonism)

해설 가승작용
단독으로 투여할 경우에는 전혀 독성이 없거나 거의 없는 물질이 다른 독성물질을 투여하면 그 독성물질의 독성을 현저하게 증가시키는 경우를 말한다.

243. ③ 244. ③ 245. ① 246. ② 정답

**247** 방향족 탄화수소 중 저농도에 장기간 노출되어 만성중독을 일으키는 경우 가장 위험하다고 할 수 있는 유기용제는?

① 벤젠
② 톨루엔
③ 클로로포름
④ 사염화탄소
⑤ 크실렌

해설 벤젠은 방향족 탄화수소 중 저농도에 장기간 노출되어 만성중독을 일으키는 경우 가장 위험하다고 할 수 있는 유기용제로 백혈병 등을 일으킨다.

**248** [표]의 석면분진 노출과 폐암과의 관계를 참고하여 석면분진에 노출된 근로자가 노출이 되지 않은 근로자에 비해 폐암이 발생될 수 있는 비교위험도(relative risk)를 올바르게 나타낸 식은?

〈석면분진 노출과 폐암과의 관계〉

| 폐암유무 / 석면노출유무 | 있음 | 없음 | 합계 |
|---|---|---|---|
| 노출됨 | a | b | a+b |
| 노출안됨 | c | d | c+d |
| 합계 | a+c | b+d | a+b+c+d |

① $\frac{a}{a+b} \div \frac{c}{c+d}$
② $\frac{b}{a+b} \div \frac{d}{c+d}$
③ $\frac{a}{a+b} \times \frac{c}{c+d}$
④ $\frac{b}{a+b} \times \frac{d}{c+d}$
⑤ $\frac{c}{a+b} \times \frac{b}{c+d}$

해설 비교위험도(상대위험비) $= \frac{\text{노출군 발생률}}{\text{비노출군 발생률}} = \frac{\text{위험요인이 있는 군의 질병발생률}}{\text{위험요인이 없는 군의 질병발생률}} = \frac{(a/a+b)}{(c/c+d)}$,

㉠ 상대위험비=1인 경우 노출과 질병 사이의 연관성 없음
㉡ 상대위험비>1인 경우 위험의 증가 의미
㉢ 상대위험비<1인 경우 질병에 대한 방어효과가 있음을 의미

**249** 다음 중 어떤 유해요인에 노출되어 얼마만큼의 환자 수가 증가되는지를 설명해 주는 위험도는?

① 상대위험도
② 인자위험도
③ 기여위험도
④ 노출위험도
④ 개별위험도

해설 기여위험도는 질병의 발생률 중에서 특정원인의 노출이 직접 기여한 정도를 말한다.

$$\text{기여위험도} = \frac{\text{폭로군에서 발생률} - \text{폭로군에서 발생률}}{\text{폭로군에서 발생률}}$$

=폭로군에서 발생률=비폭로군에서의 발생률

 정답 247. ① 248. ① 249. ③

**250** 다음 [표]는 A 작업장의 백혈병과 벤젠에 대한 코호트 연구를 수행한 결과이다. 이 때 벤젠의 백혈병에 대한 상대위험비는 약 얼마인가?

| | 백혈병 | 백혈병 없음 | 합계 |
|---|---|---|---|
| 벤젠노출 | 5 | 14 | 19 |
| 벤젠비노출 | 2 | 25 | 27 |
| 합계 | 7 | 39 | 46 |

① 3.29
② 3.55
③ 4.64
④ 4.82
⑤ 5.23

해설 $\text{상대위험비(비교위험도)} = \dfrac{\text{노출군 발생률}}{\text{비노출군 발생률}} = \dfrac{5/19}{2/27} = 3.55$

**251** 크롬에 노출되지 않은 집단에서 질병발생률은 1.0이었고, 노출된 집단에서의 질병발생률은 1.2였다. 다음 중 이에 대한 설명으로 틀린 것은?

① 이 유해물질에 대한 상대위험도는 0.8이다.
② 이 유해물질에 대한 상대위험도는 1.2이다.
③ 노출집단에서 위험도가 더 큰 것으로 나타났다.
④ 노출되지 않은 집단에서 위험도가 더 작은 것으로 나타났다.
⑤ 노출집단보다 노출되지 않은 집단에서 위험도가 더 작은 것을 알 수 있다.

해설 $\text{상대위험} = \dfrac{\text{노출군 발생률}}{\text{비노출군 발생률}} = \dfrac{1.2}{1} = 1.2$

**252** 직업병의 유병률이란 발생률에서 어떠한 인자를 제거한 것인가?

① 장소
② 기간
③ 질병종류
④ 집단수
⑤ 환자수

해설 유병률
어떤 시점에 일정한 지역에서 나타나는 병자 수와 그 지역 인구 수에 대한 비율이다.

**253** 중금속 취급에 의한 직업성 질환을 나타낸 것으로 서로 관련이 가장 적은 것은?

① 납 중독 - 골수침입, 빈혈, 소화기장해
② 수은 중독 - 구내염, 수전증, 정신장해
③ 망간 중독 - 신경염, 신장염, 중추신경장해
④ 니켈 중독 - 백혈병, 재생불량성 빈혈
⑤ 크롬 중독 - 비중격 천공, 점막장해

해설 ③은 카드뮴 중독의 대표적인 질병으로 신장염이다.

**254** 다음 중 납중독의 임상증상과 가장 거리가 먼 것은?

① 위장장해
② 신경계장해
③ 호흡기계통의 장해
④ 중추신경장해
⑤ 근육계통의 장해

해설 납중독의 3대 증상
위장장해, 신경 및 근육계통의 장해, 중추신경계 장해

**255** 다음 중 납 중독에 의한 증상으로 틀린 것은?

① 적혈구의 감소
② 혈색소량 저하
③ 요(尿)중 Coproporphyrin 증가
④ 혈청 내 철의 감소
⑤ 적혈구 내 Protoporphyrin 증가

해설 납 중독에 의한 증상중 혈청 내 철은 증가한다.

**256** 다음 중 포르피린과 헴(Heme)의 합성에 관여하는 효소를 억제하며, 소화기계 및 조혈계에 영향을 주는 물질은?

① 납
② 수은
③ 카드뮴
④ 베릴륨
⑤ 망간

해설 납이 인체에 미치는 영향은 포르피린과 헴(heme)의 합성에 관여하는 효소를 억제하며, 소화기계 및 조혈계에 영향을 준다.

 정답 253. ③ 254. ③ 255. ④ 256. ①

**257** 다음 중 납중독에 대한 치료방법의 일환으로 체내에 축적된 납을 배출하도록 하는 데 사용되는 것은?

① Ca-EDTA
② DMPS
③ Atropin
④ 2-PAM
⑤ charcoal

해설 납중독에 대한 치료방법의 일환으로 체내에 축적된 납을 배출하도록 하는 데 Ca-EDTA를 투여한다.

**258** 다음 중 인체에 침입한 납(Pb)성분이 주로 축적되는 곳은?

① 간
② 신장
③ 근육
④ 뼈
⑤ 피부

해설 납은 90% 이상이 뼈에 축적되지만 주로 신장, 중추신경계, 말초신경계, 조혈기관에 장해를 일으킨다.

**259** 다음 중 납중독을 확인하는 데 이용하는 시험으로 적절하지 않은 것은?

① 혈중의 납
② 헴(heme)의 대사
② 신경전달속도
④ EDTA 흡착능력
⑤ 혈색소의 양

해설 EDTA는 중금속 배설 촉진제로 쓰인다.

**260** 다음 중 수은에 관한 설명으로 틀린 것은?

① 무기수은 화합물로는 질산수은, 승홍, 감홍 등이 있으며 철, 니켈, 알루미늄, 백금 이외에 대부분의 금속과 화합하여 아말감을 만든다.
② 유기수은 화합물로서는 아릴수은 화합물과 알킬수은 화합물이 있다.
③ 수은은 상온에서 액체상태로 존재하는 금속이다.
④ 무기수은 화합물의 특성은 알킬수은 화합물의 독성보다 훨씬 강하다.
⑤ 금속수은은 피부로도 흡수가 가능하다.

해설 알킬수은 화합물의 독성은 무기수은 화합물의 독성보다 훨씬 강하다.

257. ① 258. ④ 259. ④ 260. ④ 정답

**261** 다음 중 단백질을 침전시키며 thiol(-SH)기를 가진 효소의 작용을 억제하여 독성을 나타내는 것은?

① 구리 ② 아연
③ 코발트 ④ 수은
⑤ 크롬

해설 수은은 단백질을 침전시키며 thiol(-SH)기를 가진 효소의 작용을 억제하여 독성을 나타낸다.

**262** 다음 설명에 해당하는 중금속은?

- 온도계의 제조에 사용
- 소화관으로는 2~7% 정도의 소량으로 흡수
- 금속 형태는 뇌, 혈액, 심근에 많이 분포
- 만성노출시 식욕부진, 신기능부전, 구내염 발생

① 납(Pb) ② 수은(Hg)
③ 카드뮴(Cd) ④ 안티몬(Sb)
⑤ 비(As)

해설 수은은 온도계 제조공정 등에서 사용하는 중금속으로 상온에서 증발하며, 소화관으로는 2~7% 정도의 소량으로 흡수된다. 금속 형태는 뇌, 혈액, 심근에 많이 분포하며, 만성노출시 식욕부진, 신기능부전, 구내염이 발생하는 특징을 설명한 내용이다.

**263** 다음 중 수은중독 증상으로만 나열된 것은?

① 비중격천공, 인두염 ② 구내염, 근육진전
③ 급성뇌증, 신근쇠약 ④ 단백뇨, 칼슘대사 장애
⑤ 파키슨증후군, 무력증

해설 ①은 크롬, ③은 납, ④는 카드뮴, ⑤는 망간의 중독증상

**264** 다음 중 만성중독시 코, 폐 및 위장의 점막에 병변을 일으키며, 장기간 흡입하는 경우 원발성 기관지암과 폐암이 발생하는 것으로 알려진 중금속은?

① 납(Pb) ② 수은(Hg)
③ 크롬(Cr) ④ 베릴륨(Be)
⑤ 망간(Mn)

 정답 261. ④ 262. ② 263. ② 264. ③

해설 크롬의 만성중독 증상
㉠ 코, 폐, 위장 점막에 병변 발생
㉡ 위장장해 : 기침, 두통, 호흡곤란, 심호흡 때 흉통, 발열, 체중감소, 식욕감소, 식욕감퇴, 구역, 구토
㉢ 기도, 기관지 자극증상과 부종

**265** 다음 중 3가 및 6가 크롬에 관한 특성을 올바르게 설명한 것은?
① 3가 크롬은 피부 흡수가 쉬우나, 6가 크롬은 피부통과가 어렵다.
② 위액은 3가 크롬을 6가 크롬으로 즉시 환원시킨다.
③ 세포막을 통과한 3가 크롬은 세포 내에서 발암성을 가진 6가 형태로 산화한다.
④ 3가 크롬은 세포 내에서 세포핵과 결합될 때만 발암성을 나타낸다.
⑤ 6가 크롬보다 3가 크롬이 더 해롭다.

해설 3가 크롬은 피부 흡수가 어려우나, 6가 크롬은 피부통과가 쉽다. 위액은 6가 크롬을 3가 크롬으로 즉시 환원시킨다. 세포막을 통과한 6가 크롬은 세포 내에서 발암성을 가진 3가 형태로 산화한다.

**266** 다음 중 부식방지 및 도금 등에 사용되며 급성중독시 심한 신장장해를 일으키고, 만성중독시 코, 폐 등의 점막에 병변을 일으키는 물질은?
① 무기연
② 크롬
③ 알루미늄
④ 비소
⑤ 망간

해설 크롬은 부식방지 및 도금 등에 사용되며 급성중독시 심한 신장장해를 일으키고, 만성중독시 코, 폐 등의 점막에 병변을 일으키는 물질

**267** 다음 중 크롬 및 크롬중독에 관한 설명으로 틀린 것은?
① 3가 크롬은 피부흡수가 어려우나, 6가 크롬은 쉽게 피부를 통과한다.
② 크롬 중독으로 판정되었을 때에는 노출을 즉시 중단시키고 EDTA를 복용하여야 한다.
③ 산업장에서 노출의 관점에서 보면 3가 크롬보다 6가 크롬이 더욱 해롭다고 할 수 있다.
④ 배설은 주로 소변을 통해 배설되며 대변으로는 소량 배출된다.
⑤ 급성중독은 신장장해를 일으키며, 과뇨증후 무뇨증으로 진전된다.

해설 크롬은 EDTA가 배설에는 아무런 효과가 없으며, EDTA는 코와 피부의 궤양치료에 이용된다.

**268** 급성중독의 특징으로 심한 신장장해를 일으켜 과뇨증이 오며, 더 진전되면 무뇨증을 일으켜 요독증으로 사망을 초래하게 되는 물질은?

① 크롬 ② 수은
③ 망간 ④ 카드뮴
⑤ 납

해설 크롬의 급성중독으로 신장해 → 과뇨증 → 무뇨증 → 요독증 → 사망으로 이어진다.

**269** 다음 중 카드뮴의 만성중독 증상에 속하지 않는 것은?

① 폐기종 ② 단백뇨
③ 칼슘 배설 ④ 파킨슨씨증후군
⑤ 고혈압

해설 카드뮴의 만성중독 증상
폐기종, 단백뇨, 칼슘배설, 고혈압
※ 파킨슨씨증후군은 망간중독 증상임

**270** 다음 중 칼슘대사에 장애를 주어 신결석을 동반한 신증후군이 나타나고 다량의 칼슘배설이 일어나 뼈의 통증, 골연화증 및 골수공증과 같은 골격계 장해를 유발하는 중금속은?

① 망간(Mn) ② 카드뮴(Cd)
③ 비소(As) ④ 수은(Hg)
⑤ 납(Pb)

해설 카드뮴은 칼슘대사에 장애를 주어 신결석을 동반한 신증후군이 나타나고 다량의 칼슘배설이 일어나 뼈의 통증, 골연화증 및 골수공증과 같은 골격계 장해를 유발한다.

**271** 다음 중 카드뮴에 노출되었을 때 체내의 주된 축적기관으로만 나열한 것은?

① 간, 신장 ② 심장, 뇌
③ 뼈, 근육 ④ 혈액, 모발
⑤ 피부, 근육

해설 카드뮴에 노출되었을 때 체내의 주된 축적기관은 간과 신장이다.


정답 268. ① 269. ④ 270. ② 271. ①

**272** 다음 중 카드뮴의 만성중독증상에 해당하지 않는 것은?

① 신장기능장해 ② 폐기능장해
③ 골격계 장해 ④ 중추신경장해
⑤ 혈액계 장해

해설 카드뮴의 직업적 노출시 만성중독증상은 신장기능장해, 폐기능장해, 골격계 장해, 혈액계 장해이다.

**273** 다음 중 망간에 대한 설명으로 틀린 것은?

① 만성중독은 3가 이상의 망간화합물에 의해서 주로 발생한다.
② 전기용접봉 제조업, 도자기 제조업에서 발생된다.
③ 언어장애, 균형감각상실 등의 증세를 보인다.
④ 호흡기 노출이 주경로이다.
⑤ 진행된 망간중독에는 치료약이 없다.

해설 만성중독을 일으키는 것은 2가 망간 화합물이고, 3가 이상의 화합물은 부식성을 나타낼 뿐이다.

**274** 증상으로는 무력증, 식욕감퇴, 보행장해 등의 증상을 나타내며, 계속적인 노출 시에는 파킨슨씨 증상을 초래하는 유해물질은?

① 산화마그네슘 ② 망간
③ 산화칼륨 ④ 카드뮴
⑤ 수은

해설 망간은 중독증상으로 무력증, 식욕감퇴, 보행장해 등을 나타내며, 계속적인 노출 시에는 파킨슨씨 증상을 초래한다.

**275** 다음 중 비소의 체내 대사 및 영향에 관한 설명과 관계가 가장 적은 것은?

① 생체내의 -SH기를 갖는 효소작용을 저해시켜 세포호흡에 장해를 일으킨다.
② 뼈에는 비산칼륨의 형태로 축적된다.
③ 주로 모발 손톱 등에 축적된다.
④ MMT를 함유한 연료제조에 종사하는 근로자에게 노출되는 일이 많다.
⑤ 체내에서 3가 비소는 5가로 산화되고 그 역도 가능하다.

해설 비소의 체내대사
㉠ 생체내의 -SH기를 갖는 효소작용 저해로 세포호흡 장해 초래
㉡ 뼈에는 비산칼륨의 형태로 축적
㉢ 주로 모발, 손톱 등에 축적
㉣ 체내에서 3가비소는 5가로 산화되고 그 역도 가능

272. ④ 273. ① 274. ② 275. ④ 정답

**276** 다음 중 비소에 대한 설명으로 틀린 것은?

① 5가보다는 3가의 비소화합물이 독성이 강하다.
② 장기간 노출시 치아산식증을 일으킨다.
③ 급성중독은 용혈성 빈혈을 일으킨다.
④ 분말은 피부 또는 점막에 작용하여 염증 또는 궤양을 일으킨다.
⑤ 만성중독시 전신중독 증상의 일부로 피부장해를 나타낸다.

해설 ②는 크롬산의 증상

**277** 다음 중 중금속에 의한 폐기능의 손상에 관한 설명으로 틀린 것은?

① 철폐증(siderosis)은 철분진 흡입에 의한 암발생(A1)이며, 중피종과 관련이 없다.
② 화학적 폐렴은 베릴륨, 산화카드뮴 에어로졸 노출에 의하여 발생하며 발열, 기침, 폐기종이 동반된다.
③ 금속열은 금속이 용융점 이상으로 가열될 때 형성되는 산화금속을 흄 형태로 흡입할 때 발생한다.
④ 6가크롬은 폐암과 비강암 유발인자로 작용한다.

해설 철은 진폐증의 원인물질이나 발암물질은 아니다.

**278** 만성중독 증상으로 파킨슨 증후군 소견이 나타날 수 있는 중금속은?

① 납 ② 카드뮴
③ 비소 ④ 망간
⑤ 니켈

해설 망간의 만성중독으로 파킨슨증후군 소견이 대표적 증상이다.

**279** 다음 중 악성중피종(mesothelioma)을 유발시키는 물질은?

① 석면 ② 주석
③ 아연 ④ 크롬
⑤ 니켈

해설 석면에 장기간 노출될 경우 15년에서 30년의 잠복기를 거쳐 석면폐증(Asbestosis), 악성중피종(Mesothelioma), 폐암(Lung Cancer) 등의 석면관련 질병에 이환된다.

 정답 276. ② 277. ① 278. ④ 279. ①

**280** 다음 중 ACGIH에서 발암등급 'A₁'으로 정하고 있는 물질이 아닌 것은?

① 석면　　② 6가 크롬 화합물
③ 우라늄　　④ 텅스텐
⑤ 석면

해설 ACGIH에서 제시한 발암물질 : ㉠ 아크릴로니트릴, ㉡ 6가크롬, ㉢ 4－아미노 비페닐, ㉣ 콜타르피치화합물, ㉤ 석면, ㉥ 베타 나프틸 아민, ㉦ 벤지딘, ㉧ 니켈 황화합물의 배출물, 흄, 먼지, ㉨ 비스(클로로메틸) 에테르, ㉩ 4－니트로 비페닐, ㉪ 크롬화합물, ㉫ 염화비닐

**281** 다음 중 발암을 일으키는 과정에서 개시단계에 관한 설명이 아닌 것은?

① 비가역적이 세포 내 변화가 초래되는 시기이다.
② 형태학적으로 정상세포와 구분이 되지 않는다.
③ 돌연변이가 세포분열을 통하여 유전자 내에서 분리되는 시기이다.
④ 발암원에 의해 단순 돌연변이가 발생한다.
⑤ 표면적으로도 완전히 다른 세포로 분열된다.

해설 발암을 일으키는 과정에서 개시단계
㉠ 비가역적인 세포 내 변화가 초래되는 시기이다.
㉡ 형태학적으로 정상세포와 구분이 되지 않는다.
㉢ 발암원에 의해 단순 돌연변이가 발생한다.
㉣ 표면적으로도 완전히 다른 세포로 분열된다.
보기의 ③은 촉진단계이다.

**282** 다음 중 염료나 플라스틱 산업 등에서 노출되어 강력한 방광암을 일으키는 발암물질은?

① 납　　② 벤젠
③ 수은　　④ 벤지딘
⑤ 카드뮴

해설 벤지딘은 염료나 플라스틱 산업 등에서 노출되어 강력한 방광암을 일으키는 물질이다.

**283** 직업적으로 벤지딘에 장기간 노출되었을 때 암이 발생될 수 있는 인체 부위로 가장 적절한 것은?

① 피부　　② 뇌
③ 폐　　④ 방광
⑤ 간

해설 벤지딘은 방광암을 일으키는 물질이다.

**284** 미국정부산업위생전문가협의회(ACGIH)에서 제안하는 발암물질의 구분과 정의가 틀린 것은?

① $A_1$ : 인체 발암성 확인 물질
② $A_2$ : 인체 발암성 의심 물질
③ $A_3$ : 동물 발암성 확인 물질, 인체 발암성 모름
④ $A_4$ : 인체 발암성 미의심 물질
⑤ $A_5$ : 인체 발암이 의심되지 않는 물질

해설 $A_4$ : 인체 발암이 확인되지 않은 물질

**285** 다음은 작업환경개선 대책 중 대치의 방법을 열거한 것이다. 이 중 공정변경의 대책과 가장 거리가 먼 것은?

① 금속을 두드려서 자르는 대신 톱으로 자름
② 흄 배출용 드래프트 창 대신에 안전유리로 교체함
③ 작은 날개로 고속 회전시키는 송풍기를 큰 날개로 저속 회전시킴
④ 자동차 산업에서 땜질한 납 연마시 고속회전 그라인더의 사용을 저속 Oscillating-type sander로 변경함
⑤ 페인트를 공산품에 분무하던 것을 페인트에 담그는 방법으로 바꿈

해설 흄 배출용 드래프트 창 대신에 안전유리로 교체한 것은 시설의 변경에 해당된다.

**286** 작업환경관리 대책 중 물질의 대치로 옳지 않은 것은?

① 성냥 제조 시에 사용되는 적린을 백린으로 교체
② 금속표면을 블라스팅할 때 사용재료로 모래 대신 철구슬(shot) 사용
③ 보온재로 석면 대신 유리섬유나 암면 사용
④ 주물공정에서 실리카 모래 대신 그린(green)모래로 주형을 채우도록 대치
⑤ 드라이클리닝시 석유나프타 대신 퍼클로로에틸렌을 사용

해설 물질의 대치방법으로 황린은 유해성이 적은 적린으로 교체하는 것이 옳다.

**287** 작업환경관리 원칙 중 대치에 관한 설명으로 옳지 않은 것은?

① 야광시계 자판에 Radium을 인으로 대치한다.
② 건조 전에 실시하던 점토배합을 건조 후 실시한다.
③ 금속세척 작업시 TCE를 대신하여 계면활성제를 사용한다.
④ 분체 입자를 큰 입자로 대치한다.
⑤ 가연성 물질을 저장할 때 유리병에서 철제통으로 바꿨다.


정답 284. ④ 285. ② 286. ① 287. ②

해설 작업환경관리 원칙 중 대차는 공정, 시설, 물질이 있으며, 건조 전에 실시하던 점토배합을 건조 후에 실시하는 방법은 공정의 변경이나 건조후 먼지가 비산되므로 옳지 않다.

**288** 다음 중 인체와 환경 사이의 열교환에 영향을 미치는 요소와 관계가 가장 적은 것은?

① 기온 ② 기압
③ 대류 ④ 증발
⑤ 작업대사량

해설 인체와 환경 사이의 열 교환에 영향을 미치는 요소를 열평형 방정식으로 표현하면 $\Delta S = M \pm C \pm R - E$로 기온, 작업대사량, 대류, 복사, 증발이 주요인이다.
여기서, $\Delta S$ : 인체의 열축적 또는 열손실, $M$ : 작업대사량
$C$ : 대류에 의한 열교환, $R$ : 복사에 의한 열교환, $E$ : 증발에 의한 열교환

**289** 옥내의 작업장소에서 습구흑구온도를 측정한 결과 자연습구온도가 28도, 흑구온도는 30도, 건구온도는 25도를 나타내었다. 이때 습구흑구온도지수(WBGT)는 약 얼마인가?

① 31.5℃ ② 29.4℃
③ 28.6℃ ④ 27.1℃
⑤ 29.1℃

해설 옥내의 작업장소에서 습구흑구온도
WBGT(℃) = 0.7NWB + 0.3GT = 0.7×28 + 0.3×30 = 28.6℃

**290** 다음 작업환경 개선대책 중 고온 작업장에 분포하거나 유해성이 낮은 유해물질을 오염원에서 완전히 제거하는 것이 아니라 희석하거나 온도를 낮추는 데 채택될 수 있는 대책은 무엇인가?

① 국소배기시설 설치 ② 전체환기시설 설치
③ 공정의 변경 ④ 시설의 변경
⑤ 물질의 변경

해설 작업환경 개선대책 중 고온 작업장에 분포하거나 유해성이 낮은 유해물질을 오염원에서 완전히 제거하는 것이 아니라 희석하거나 온도를 낮추는 데 전체환기를 채택하며, 희석환기라고도 한다.

**291** 다음 중 자연조명을 이용할 때 고려해야 할 사항으로 적합하지 않은 것은?

① 북쪽 광선은 일(日)중 조도의 변동이 작고, 균등하여 눈의 피로가 적게 발생할 수 있다.
② 창의 자연 채광량은 광원면인 창으로부터의 거리와 창의 대소 및 위치에 따라 달라진다.
③ 보통 조도는 창의 높이를 증가시키는 것보다 창의 크기를 증가시키는 것이 효과적이다.
④ 바닥 면적에 대한 유리창의 면적은 보통 $\frac{1}{5}\sim\frac{1}{6}$이 적합하나 실내 각 점의 개각에 따라 달라질 수 있다.
⑤ 창의 방향은 밝은 채광을 요구할 경우 남향이 좋으며 조명의 평등을 요하는 작업실은 북창이 좋다.

해설 자연조명을 이용할 때 창을 크게하는 것보다 창의 높이를 증가시키는 것이 효과적이다.

**292** 다음 중 실효복사(Effective Radiation) 온도의 의미로 가장 적절한 것은?

① 건구온도와 습구온도의 차
② 습구온도와 흑구온도의 차
③ 습구온도와 복사온도의 차
④ 흑구온도와 기온의 차
⑤ 건구온도와 복사온도의 차

해설 실효복사온도는 흑구온도와 기온과의 차이를 말한다. 아래 식으로 구할 수 있다.
실효복사온도 = Tg - Ta (Tg : 평균복사온도, Ta : 대기온도)

**293** 산업안전보건법상 상시 작업을 실시하는 장소에 대한 작업면의 조도 기준으로 옳은 것은?

① 기타 작업 : 50럭스 이상
② 보통 작업 : 150럭스 이상
③ 정밀 작업 : 500럭스 이상
④ 초정밀 작업 1,000럭스 이상
⑤ 초정밀 작업 2,000럭스 이상

해설 근로자가 상시작업을 실시하는 장소의 작업명의 조도기준(산업안전보건기준에 관한 규칙)
㉠ 초정밀 작업 : 750Lux 이상 ㉡ 정밀 작업 : 300Lux 이상
㉢ 보통 작업 : 150Lux 이상 ㉣ 그 밖의 작업 : 75Lux 이상

**294** 작업환경관리대책의 원칙 중 대치(물질)에 의한 개선의 예로 틀린 것은?

① 분체 입자 : 작은 입자로 대치
② 야광시계 : 자판을 라듐에서 인으로 대치
③ 샌드브라스트 : 모래를 대신하여 철가루 사용
④ 단열재 : 석면 대신 유리섬유나 암면을 사용
⑤ 금속세척작업시 TCE를 대신하여 계면활성제를 사용


정답 291. ③ 292. ④ 293. ② 294. ①

해설 분체입자는 작은 입자에서 큰 입자로 대치함이 올바른 방법이다.

**295** 분진대책 중의 하나인 발진의 방지 방법과 가장 거리가 먼 것은?

① 원재료 및 사용재료의 변경
② 생산기술의 변경 및 개량
③ 습식화에 의한 분진발생 억제
④ 밀폐 또는 포위
⑤ 작업공정의 변경

해설 일반적인 분진관리방법
- 발진의 방지 : 대치방법(생산기술이나 작업공정의 변경, 재료의 변경), 습식방법
- 비산의 억제 : 밀폐 또는 포위, 국소배기, 전체환기

**296** 다음 중 WBGT(Wet Bulb Globe Temperature Index)의 고려대상으로 볼 수 없는 것은?

① 기온
② 기류
③ 상대습도
④ 작업대사량
⑤ 복사열

해설 옥외의 WBGT = 0.7NWB + 0.2GT + 0.1DB
여기서, NWB : 자연습구온도, GT : 복사온도(= 흑구온도), DB : 건구온도
옥외의 WBGT는 위 식으로 측정하므로 고려대상은 옥외 작업장의 온도, 기류, 습도, 복사열이다.

**297** 작업환경측정을 위한 소음측정 횟수에 관한 설명으로 틀린 것은?(단, 고용노동부 고시 기준)

① 단위작업장소에서 소음수준은 규정된 측정위치 및 지점에서 1일 작업시간 동안 6시간 이상 연속측정한다.
② 작업시간을 1시간 간격으로 나누어 6회 이상 측정하여야 한다.
③ 단위작업장소에서 소음발생시간이 6시간 이내인 경우에는 발생시간 동안 연속측정하거나 등간격으로 나누어 4회 이상 측정하여야 한다.
④ 단위작업장소에서 소음발생원에서 발생시간이 간헐적인 경우에는 연속측정하거나 등간격으로 나누어 6회 이상 측정하여야 한다.
⑤ 소음의 발생특성이 연속음으로서 측정치가 변동이 없다고 자격자 또는 지정측정기관이 판단한 경우에는 1시간 동안을 등간격으로 나누어 3회 이상 측정할 수 있다.

해설 작업환경측정 및 지정측정기관 평가 등에 관한 고시에 의한 소음에 대한 측정시간 및 횟수는 단위작업장소에서의 소음발생시간이 6시간 이내인 경우나 소음 발생원에서의 발생시간이 간헐적인 경우에는 발생시간 동안 연속측정하거나 등간격으로 나누어(4회 이상) 측정하여야 한다.

**298** 산업안전보건법상 작업환경측정에 관한 내용으로 틀린 것은?

① 작업환경측정을 실시하기 전에 예비조사를 실시하여야 한다.
② 모든 측정은 개인시료 채취방법으로만 실시하여야 한다.
③ 작업이 정상적으로 이루어져 작업시간과 유해인자에 대한 근로자의 노출정도를 정확히 평가할 수 있을 때 실시하여야 한다.
④ 작업환경측정자는 그 사업장에 소속된 자로서 산업위생관리산업기사 이상의 자격을 가진 자를 말한다.
⑤ 지역시료는 근로자에게 노출되는 배경농도와 시간별 변화 등을 평가할 수 있다.

해설 지역시료는 근로자에게 노출되는 배경농도와 시간별 변화 등을 평가할 수 있으며, 특정공정의 계절별 농도변화 분석, 농도분포와 변화, 공정의 주기별 농도변화, 환기장치의 효율성 변화 등을 알 수 있다.

**299** 산업안전보건법상 석면의 작업환경측정결과 노출기준을 초과하였을 때 향후 측정주기는 어떻게 되는가?

① 3개월에 1회 이상
② 6개월에 1회 이상
③ 1년에 1회 이상
④ 2년에 1회 이상
⑤ 3년에 1회 이상

해설 산업안전보건법 시행규칙에 의한 발암성 물질이 노출기준을 초과하거나 그 외 화학물질이 노출기준 2배 이상일 경우 3개월에 1회 이상 측정을 실시하여야 한다.

**300** 화학물질 및 물리적 인자의 노출기준에 있어 용접 또는 용단시 발생되는 용접흄이나 분진의 노출기준으로 옳은 것은?

① $1mg/m^3$
② $2mg/m^3$
③ $5mg/m^3$
④ $10mg/m^3$
⑤ $3mg/m^3$

해설 고용노동부고시에 의한 화학물질 및 물리적 인자의 노출기준으로 용접흄의 노출기준은 $5mg/m^3$이다.

**301** 작업환경측정의 단위표시로 옳지 않은 것은?

① 미스트, 흄의 농도는 ppm, mg/L로 표시한다.
② 소음수준의 측정단위는 dB(A)로 표시한다.
③ 석면의 농도표시는 섬유개수(개/$cm^3$)로 표시한다.
④ 고온(복사열포함)은 습구흑구온도지수를 구하여 섭씨온도(℃)로 표시한다.
⑤ 유기용제의 농도는 ppm으로 표시한다.

해설 미스트, 흄 등 입자상 물질의 농도는 mg/$m^3$으로 표시한다.

**302** 작업장 기본특성 파악을 위한 예비조사 내용 중 유사노출그룹(HEG) 설정에 관한 설명으로 알맞지 않은 것은?

① 조작, 공정, 작업범주 그리고 공정과 작업내용별로 구분하여 설정하다.
② 역학조사를 수행할 때 사건이 발생된 근로자와 다른 노출그룹의 노출농도를 근거로 사건 발생된 노출농도를 추정할 수 있다.
③ 모든 근로자의 노출농도를 평가하고자 하는 데 목적이 있다.
④ 모든 근로자를 유사한 노출그룹별로 구분하고 그룹별로 대표적인 근로자를 선택하여 측정하면 측정하지 않은 근로자의 노출농도까지도 추정할 수 있다.
⑤ 시료 채취수를 경제적으로 할 수 있다.

해설 유사노출그룹 설정 목적

- 시료채취수를 경제적으로 하는 데 있다.
- 역학조사를 수행할 때 사건이 발생된 근로자가 속한 유사노출그룹의 노출농도를 근거로 노출원인 및 농도를 추정할 수 있다.
- 모든 근로자의 노출농도를 평가하고자 하는 데 있다.

**303** 일반적으로 오차는 계통오차와 우발오차로 구분되는데, 다음 중 계통오차에 관한 내용으로 틀린 것은?

① 측정기 또는 분석기기의 미비로 기인되는 오차이다.
② 계통오차가 작을 때는 정밀하다고 말한다.
③ 크기와 부호를 추정할 수 있고 보정할 수 있다.
④ 계통오차의 종류로는 외계오차, 기계오차, 개인오차가 있다.
⑤ 계통오차는 대부분의 경우 변이의 원인을 찾아낼 수 있다.

해설 계통오차가 작을 때는 정확하다고 말한다.

**304** 통계집단의 측정값들에 대한 균일성, 정밀성 정도를 표현하는 것으로 평균값에 대한 표준편차의 크기를 백분율로 나타낸 수치는?

① 신뢰한계도 ② 표준분산도
③ 변이계수 ④ 편차분산율
⑤ 중앙값

해설 측정방법의 정밀도는 동일집단에 속한 여러 개의 시료를 분석하여 평균치와 표준편차를 계산하고 평균치를 나눈 값인 변이계수로 평가한다.

**305** 측정치 1, 4, 6, 8, 11의 변이계수(CV)는?

① 약 0.13 ② 약 0.63
③ 약 1.33 ④ 약 1.83
⑤ 약 1.93

해설 $\text{변이계수(CV)} = \dfrac{\text{표준편차}}{\text{산술평균}} = \dfrac{3.8}{6} \fallingdotseq 0.63$

$\text{산술평균} = \dfrac{1+4+6+8+11}{5} = 6$

$\text{표준편차} = \sqrt{\dfrac{(1-6)^2+(4-6)^2+(6-6)^2+(8-6)^2+(11-6)^2}{4}} = 3.8$

**306** 어느 자료로 대수정규누적분포도를 그렸을 때 누적퍼센트 84.1%에 해당되는 값이 3.75이고 기하 표준편차가 1.5라면 기하평균은?

① 0.4 ② 5.3
③ 5.6 ④ 2.5
⑤ 3.8

해설 $\text{GSD} = \dfrac{\text{84.1\%의 분포를 가진 값}}{\text{50\%의 분포를 가진 값(기하평균)}}$

$\text{기하평균} = \dfrac{\text{84.1\%의 분포를 가진 값}}{\text{GSD}} = \dfrac{3.75}{1.5} = 2.5$

**307** 유량, 측정시간, 회수율 및 분석에 의한 오차가 각각 18%, 3%, 9%, 5%일 때 누적오차($E_c$)는 얼마인가?

① 약 18% ② 약 21%
③ 약 24% ④ 약 29%
⑤ 약 30%

 정답 304. ③ 305. ② 306. ④ 307. ②

해설 $E_c = \sqrt{(E_1^2 + E_2^2 + E_3^2 + \cdots + E_n^2)} = \sqrt{(18^2 + 3^2 + 9^2 + 5^2)} = 20.95\%$

**308** 어느 작업장의 n-Hexane의 농도를 측정한 결과 21.6ppm, 23.2ppm, 24.1ppm, 22.4ppm, 25.9ppm을 각각 얻었다. 기하평균치(ppm)는?

① 23.4
② 23.9
③ 24.2
④ 24.5
⑤ 25.4

해설 기하평균 $= \sqrt[5]{(21.6 \times 23.2 \times 24.1 \times 22.4 \times 25.9)} = 23.39$ppm

**309** 어느 작업장에서 Trichloroethylene의 농도를 측정한 결과 각각 23.9ppm, 21.6ppm, 22.4ppm, 24.1ppm, 22.7ppm, 25.4ppm을 얻었다. 중앙치(median)는?

① 23.0ppm
② 23.1ppm
③ 23.3ppm
④ 23.5ppm
⑤ 23.9ppm

해설 중앙치는 N개의 측정치를 크기순서로 배열하였을 때, 그 중앙에 오는 값이다.
측정치가 홀수일 때는 (N+1)/2번째의 값이고,
짝수일 때는 N/2번째 값과 (N/2)+1번째 값의 산술평균값이다.
6개의 측정치를 크기순서대로 배열하면
25.4ppm, 24.1ppm, 23.9ppm, 22.7ppm, 22.4.ppm, 21.6ppm이며,
측정치가 짝수이므로
N/2번째의 값은 6/2=3이므로 3번째 값 23.9
(N/2)+1번째 값은 (6/2)+1=4이므로 4번째의 값 22.7
산술평균 $= \frac{23.9 + 22.7}{2} = 23.3$

**310** 먼지의 한쪽 끝 가장자리와 다른 쪽 끝 가장자리 사이의 거리로 과대평가될 가능성이 있는 입자성 물질의 직경은?

① 마틴 직경(Martin Diameter)
② 페레트 직경(Feret's Diameter)
③ 공기역학 직경(Aerodynamic Diameter)
④ 등면적 직경(Projected Area Diameter)
⑤ 표면적 직경(Surface Diameter)

308. ① 309. ③ 310. ② 정답

해설 ㉠ 마틴 직경 : 먼지의 면적을 2등분하는 선의 길이. 과소평가할 수 있는 단점
㉡ 등면적 직경 : 먼지의 면적과 동일한 면적을 가진 원의 직경. 물리적 직경 중에서 가장 정확한 직경
㉢ 공기역학 직경 : 대상먼지와 침강속도가 같고 밀도가 1이며 구형인 먼지의 직경. 산업보건 분야에서 주로 사용
㉣ 페레트 직경 : 먼지의 한쪽 끝 가장자리와 다른 쪽 끝 가장자리 사이의 거리로 과대평가될 가능성이 있는 입자성 물질의 직경

**311** 공기 중 석면을 막 여과지에 채취한 후 전 처리하여 분석하는 방법으로 다른 방법에 비하여 간편하나 석면의 감별에 어려움이 있는 측정방법은?

① X선 회절법
② 편광현미경법
③ 위상차현미경법
④ 전자현미경법
⑤ 흡광광도법

해설 공기 중 석면의 측정방법 및 원리

| 측정방법 | 원 리 | 장 단 점 | 공정시험법 |
|---|---|---|---|
| 위상차현미경법 | 막여과지에 시료를 채취한 후 전처리하여 위상차현미경으로 분석. 석면측정에 이용되는 현미경으로 가장 많이 사용 | 다른 방법에 비해 간편하나 석면의 감별이 어려움 | OSHA방법<br>NIOSH공정시험법 : P& CAM 239<br>NIOSH Method 7400 |
| 전자 현미경법 | | 석면분진 측정방법에서 공기 중 석면시료를 가장 정확하게 분석할 수 있고, 석면의 성분 분석(감별분석)이 가능하며, 위상차현미경으로 볼 수 없는 매우 가는 섬유도 관찰가능하나 값이 비싸고 분석시간이 많이 소요되는 단점 | NIOSH Method 7402(TEM) |
| 편광현미경법 | 석면광물이 가지는 고유한 빛의 편광성을 이용 | 고형시료분석에 사용하며 석면을 감별분석 가능 | 미국EPA 공정시험법<br>NIOSH Method 9002 |
| X-선 회절법 | 단결정 또는 분말시료에 의한 단색 X-선의 회절각을 변화시켜가며 회절선의 세기를 계수관으로 측정하여 X-선의 세기나 각도를 자동으로 기록하는 장치를 이용하는 방법 | 값이 비싸고 조작이 복잡 | NIOSH P&CAM309<br>NIOSH Method 9000 |
| 직독식 | 빛의 산란 이용 | 감별분석 불가능 | |

 정답 311. ③

**312** 입자상 물질인 흄(Fume)에 관한 설명으로 옳지 않은 것은?

① 용접공정에서 많이 발생한다.

② 흄의 입자크기는 먼지보다 매우 커 폐포에 쉽게 도달되지 않는다.

③ 흄은 상온에서 고체상태의 물질이 고온으로 액체화된 다음 증기화되고 증기물의 응축 및 산화로 생기는 고체상의 미립자이다.

④ 용접 흄은 용접공폐의 원인이 된다.

⑤ 금속 흄에 의하여 독성을 일으키는 중금속은 납과 카드뮴이 있고, 금속 열을 발생하는 금속은 아연, 알루미늄, 망간, 마그네슘이 있다.

해설 흄의 입경은 0.01~1$\mu$m 범위로 매우 작기 때문에 폐포까지 도달한다.

**313** 활성탄관의 흡착특성에 대한 설명으로 옳지 않은 것은?

① 메탄, 일산화탄소 같은 가스는 잘 흡착되지 않는다.

② 끓는점이 낮은 암모니아, 에틸렌, 포름알데히드 증기는 흡착속도가 높지 않다.

③ 유기용제 증기, 수은증기와 같이 상대적으로 무거운 증기는 잘 흡착된다.

④ 탈착용매로 유독한 이황화탄소를 쓰지 않는다.

⑤ 유기용제에 대한 흡착효율이 90% 이상이다.

해설 활성탄관의 탈착은 이황화탄소로 한다.

**314** 실리카겔이 활성탄에 비해 갖는 특징으로 옳지 않은 것은?

① 극성물질을 채취한 경우 물, 메탄올 등 다양한 용매로 쉽게 탈착된다.

② 활성탄에 비해 수분을 잘 흡수하여 습도에 민감하다.

③ 유독한 이황화탄소를 탈착 용매로 사용하지 않는다.

④ 비극성류의 유기용제, 각종 방향족 유기용제(방향족탄화수소) 채취에 용이하다.

⑤ 추출액이 화학 분석이나 기기분석에 방해 물질로 작용하는 경우가 많지 않다.

해설 실리카겔은 극성을 띠고 흡수성이 강하므로 극성류 유기용제, 방향족 아민류, 지방족 아민류 채취에 용이하다.

**315** 다음 용제 중 극성이 가장 강한 것은?

① 에스테르류 ② 알코올류

③ 방향족탄화수소류 ④ 알데하이드류

⑤ 올레핀류

312. ② 313. ④ 314. ④ 315. ② 정답 

해설 극성이 강한 순서(실리카겔 친화력 순서)
물 > 알코올류 > 알데히드류 > 케톤류 > 에스테르류 > 방향족 화합물류 > 올레핀류 > 파라핀류

**316** 작업장에서 입자상 물질은 대개 여과원리에 따라 시료를 채취한다. 여과지의 공극보다 작은 입자가 여과지에 채취되는 기전은 여과이론으로 설명할 수 있는데 다음 중 여과이론에 관여하는 기전과 가장 거리가 먼 것은?

① 차단
② 확산
③ 흡착
④ 관성충돌
⑤ 침강

해설 입자상 물질이 기도와 기관지에 침착되는 메커니즘은 관성충돌, 중력침강, 확산이고, 미세기관지나 폐포에서는 중력침강이 매우 중요한 역할을 하며, 침강속도가 낮은 0.5$\mu m$ 이하의 먼지는 주로 확산에 의하여 침착된다. 흡착은 입자상물질의 호흡기 내 침착 메커니즘과는 무관하다.

**317** 다음은 산업위생 분석 용어에 관한 내용이다. (　) 안에 가장 적절한 내용은?

> (　)는(은) 검출한계가 정량분석에서 만족스런 개념을 제공하지 못하기 때문에, 검출한계의 개념을 보충하기 위해 도입되었다. 이는 통계적인 개념보다는 일종의 약속이다.

① 선택성
② 정량한계
③ 표준편차
④ 표준오차
⑤ 중앙치

해설 정량한계는 통계적인 개념보다는 일종의 약속이며, 일반적으로 검출한계에 3.3로 이것을 기준으로 최소한으로 채취해야 하는 양을 결정한다.

**318** 검지관 사용시 장단점으로 가장 거리가 먼 것은?

① 숙련된 산업위생 전문가가 측정하여야 한다.
② 민감도가 낮아 비교적 고농도에 적용이 가능하다.
③ 특이도가 낮아 다른 방해물질의 영향을 받기 쉽다.
④ 미리 측정대상물질의 동정이 되어 있어야 측정이 가능하다.
⑤ 근로자가 상시 출입하지 않는 장소에 사전에 위험 여부를 조사할 수 있다.

해설 검지관은 사용법이 간편하고 반응이 신속하여 비숙련자도 쉽게 사용할 수 있다.

 정답 316. ③ 317. ② 318. ①

**319** 검지관의 단점으로 틀린 것은?

① 민감도가 낮으며 비교적 고농도에 적용이 가능하다.
② 미리 측정대상물질의 동정이 되어 있어야 측정이 가능하다.
③ 색변화가 시간에 따라 변화하므로 측정자가 정한 시간에 읽어야 한다.
④ 특이도가 낮다. 즉 다른 방해물질의 영향을 받기 쉬워 오차가 크다.
⑤ 개개 단시간만 측정 가능하며, 각 오염물질에 맞는 검지관을 선정해야 하는 불편함이 있다.

해설 검지관의 단점
㉠ 민감도(sensitivity)가 낮다.
㉡ 특이도(specificity)가 낮다.
㉢ 대부분 단시간 측정만 가능하다.
㉣ 각각 오염물질에 맞는 검지관을 선정하여 측정해야 한다.
㉤ 색변화가 선명하지 않아 판독상에 오차가 크다.

**320** 작업환경의 습구 온도를 측정하는 기기와 측정시간 기준으로 옳은 것은?(단, 고용노동부 고시 기준)

① 0.1도 간격의 눈금이 있는 아스만통풍건습계-5분 이상
② 0.1도 간격의 눈금이 있는 아스만통풍건습계-25분 이상
③ 0.5도 간격의 눈금이 있는 아스만통풍건습계-5분 이상
④ 0.5도 간격의 눈금이 있는 아스만통풍건습계-25분 이상
⑤ 0.5도 간격의 눈금이 있는 아스만통풍건습계-10분 이상

해설 작업환경의 습구 온도를 측정하는 기기와 측정시간은 0.5도 간격의 눈금이 있는 아스만통풍건습계로 25분 이상 측정한다.

**321** 다음은 고열측정에 관한 내용이다. (　) 안에 알맞은 것은?

| 측정은 단위작업장소에서 측정대상이 되는 근로자의 작업행동범위에서 주 작업 위치의 (　)의 위치에서 할 것(단, 고용노동부 고시 기준) |
|---|

① 바닥 면으로부터 50cm 이상, 150cm 이하
② 바닥 면으로부터 80cm 이상, 120cm 이하
③ 바닥 면으로부터 100cm 이상, 120cm 이하
④ 바닥 면으로부터 120cm 이상, 150cm 이하
⑤ 바닥 면으로부터 150cm 이상, 180cm 이하

해설 작업환경측정 및 지정측정기관 평가 등에 관한 고시에 의한 고열의 측정방법에서 측정은 단위작업장소에서 측정대상이 되는 근로자의 작업행동범위에서 주 작업위치의(바닥 면으로부터 50cm 이상, 150cm 이하)의 위치에서 할 것으로 되어 있다.

322 다음은 가스상 물질의 측정관리 횟수에 관한 내용이다. ( ) 안에 맞는 내용은?

> 가스상 물질을 검지관방식으로 측정하는 경우에는 1일 작업시간 동안 1시간 간격으로 ( ) 이상 측정하되 매 측정시간마다 2회 이상 반복 측정하여 평균값을 산출하여야 한다.

① 2회 ② 4회
③ 6회 ④ 8회
⑤ 10회

해설 작업환경측정 및 지정측정기관 평가 등에 관한 고시에 의한 가스상 물질 측정횟수는 가스상 물질을 검지관방식으로 측정하는 경우에는 1일 작업시간 동안 1시간 간격으로 (6회) 이상 측정하되 매 측정시간마다 2회 이상 반복 측정하여 평균값을 산출하여야 한다.

323 작업장 내의 오염물질 측정방법인 검지관법에 관한 설명으로 틀린 것은?
① 민감도가 높다.
② 특이도가 낮다.
③ 색변화가 선명하지 않아 주관적으로 읽을 수 있다.
④ 검지관은 한 가지 물질에 반응할 수 있도록 제조되어 있어 측정대상물질의 동정이 되어 있어야 한다.
⑤ 색변화가 선명하지 않아 주관적으로 읽을 수 있어 판독자에 따른 변이가 심하다.

해설 검지관법의 단점
㉠ 민감도(sensitivity)가 낮다.
㉡ 특이도(specificity)가 낮다.
㉢ 대부분 단시간 측정만 가능하다.
㉣ 각각 오염물질에 맞는 검지관을 선정하여 측정해야 한다.
㉤ 색변화가 선명하지 않아 판독상에 오차가 크다.

324 산소결핍 위험장소에서 산소농도나 가연성물질 등의 농도 측정 시기가 잘못 설명된 것은?
① 작업 당일 일을 시작하기 전
② 교대조 작업의 경우 마지막 작업을 시작하기 전
③ 작업종사자의 전체가 작업장소를 떠났다가 들어와 다시 작업을 개시하기 전
④ 근로자의 신체나 환기장치 등에 이상이 있을 때
⑤ 유해가스가 높을 것으로 의심될 때

해설 산소결핍의 우려가 있는 장소는 반드시 작업 전에 확인 후 출입한다.

 정답 322. ③ 323. ① 324. ②

**325** 가스상 물질의 측정을 위한 수동식 시료채취(기)에 관한 설명으로 옳지 않은 것은?

① 수동식 시료채취기는 능동식에 비해 시료채취속도가 매우 낮다.
② 오염물질의 확산, 투과를 이용하므로 농도 구배에 영향을 받지 않는다.
③ 수동식 시료채취기의 원리는 Fick's의 확산 제1법칙으로 나타낼 수 있다.
④ 산업위생 전문가의 입장에서는 펌프의 보정이나 충전에 드는 시간과 노동력을 절약할 수 있다.
⑤ 먼지가 많은 사업장에서는 채취기 표면에서 오염물질의 통과를 방해하기 때문에 사용이 제한될 수 있다.

해설 수동식 시료채취기는 농도에 영향을 받는다. 즉 실제 작업환경에서 공기 중 오염물질의 농도변화가 있을 수 있기 때문에 공기 중 오염물질이 확산되어 수동식 채취기에 채취될 때까지 걸리는 시간이 너무 길면 일시적인 변화를 반영하지 못하게 되는 문제점이 있다.

**326** 전체환기를 하는 것이 적절하지 못한 경우는?

① 오염발생원에서 유해물질 발생량이 적어 국소배기설치가 비효율적인 경우
② 동일 사업장내 소수의 오염발생원이 분산되어 있는 경우
③ 오염발생원이 근로자가 근무하는 장소로부터 멀리 떨어져 있거나 공기 중 유해물질농도가 노출기준 이하인 경우
④ 오염발생원이 이동성인 경우
⑤ 오염물질이 일정한 양으로 발생될 경우

해설 전체환기를 적용하고자 할 때의 조건

- 오염발생원에서 발생하는 유해물질의 양이 적어 국소배기로 하면 비경제적인 경우
- 근로자가 오염발생원으로부터 멀리 떨어져 있어 유해물질의 농도가 허용기준 이하일 때
- 오염물질의 독성이 낮은 경우
- 오염물질의 발생량이 균일한 경우
- 한 작업장 내에 오염발생원이 분산되어 있는 경우
- 오염발생원의 위치가 움직이는 경우
- 기타 국소배기가 불가능한 경우

**327** 전체 환기를 실시하고자 할 때 고려하여야 하는 원칙과 가장 거리가 먼 것은?

① 먼저 자료를 통해서 희석에 필요한 충분한 양의 환기량을 구해야 한다.
② 가능하면 오염물질이 발생하는 가장 가까운 위치에 배기구를 설치해야 한다.
③ 희석을 위한 공기가 급기구를 통하여 들어와서 오염물질이 있는 영역을 통과하여 배기구로 빠져나가도록 설계해야 한다.
④ 배기구는 창문이나 문 등 개구 근처에 위치하도록 설계하여 오염공기의 배출이 충분하게 한다.
⑤ 배출공기를 보충하기 위하여 청정공기를 공급한다.

해설 전체 환기 시스템을 설계할 때 고려사항

- 필요 환기량은 오염물질을 충분히 희석하기 위하여 실제 데이터를 사용하여야 한다.
- 오염발생원의 근처에 배기구를 설치한다.
- 급기구나 배기구는 환기용 공기가 오염영역을 통과하도록 위치시킨다.
- 충만실 등을 이용하여 배기하는 공기 양만큼 보충한다.
- 작업자와 배기구 사이에 오염발생원을 위치시킨다.
- 배기한 공기가 다시 급기되지 않게 한다.
- 인접한 작업공간이 존재할 경우는 배기를 급기보다 약간 많이 하고 존재하지 않을 경우에는 급기를 배기보다 약간 많이 한다.

**328** 자연환기와 강제환기에 관한 설명으로 옳지 않은 것은?

① 강제환기는 외부조건에 관계없이 작업환경을 일정하게 유지시킬 수 있다.
② 자연환기는 환기량 예측자료를 구하기가 용이하다.
③ 자연환기는 적당한 온도차와 바람이 있다면 상당히 비용면에서 효과적이다.
④ 자연환기는 외부 기상조건과 내부 작업조건에 따라 환기량 변화가 심하다.
⑤ 자연환기는 기류와 대류가 일정하지 않아 장기적으로는 난방비용이 상승하여 비경제적일 수 있다.

해설 강제환기와 자연환기 비교

| 구분 | 장점 | 단점 |
|---|---|---|
| 강제환기 | • 필요 환기량을 송풍기 용량으로 조절<br>• 작업환경을 일정하게 유지 | • 송풍기 가동에 따른 소음, 진동 뿐만 아니라 막대한 에너지 비용 발생 |
| 자연환기 | • 소음 및 운전비가 필요 없음<br>• 적당한 온도차와 바람이 있다면 기계환기보다 효과적임<br>• 효율적인 자연환기는 냉방비 절감효과가 있음 | • 환기량의 변화가 심함(기상조건, 작업장 내부조건)<br>• 환기량 예측 자료가 없음<br>• 벤딜레이터 형태에 따른 효율 평가 자료가 없음 |

**329** 기온이 0℃이고, 절대습도가 4.57mmHg일 때 0℃의 포화습도는 4.57mmHg라면 이때의 비교습도는 얼마인가?

① 30%　　② 40%
③ 70%　　④ 100%
⑤ 90%

 정답 328. ② 329. ④

해설 • 절대습도 : 주어진 온도에서 공기 $1m^3$ 중에 함유한 수증기량(g)
• 포화습도 : 공기 $1m^3$이 포화상태에서 함유할 수 있는 수증기량(g)
• 상대습도(비교습도) : 단위부피의 공기 속에 현재 함유되어 있는 수증기의 양과 그 온도에서 단위부피 공기 속에 함유될 수 있는 최대의 수증기량(포화수증기량)과의 비를 백분율로 나타낸 것(%)
상대습도(%) = 절대습도/포화습도×100

$$\text{비교습도}(\%) = \frac{4.57\text{mmHg}}{4.57\text{mmHg}} \times 100 = 100\%$$

**330** 이산화탄소 가스의 비중은?(단, 0℃, 1기압 기준)

① 1.34 ② 1.41
③ 1.52 ④ 1.63
⑤ 1.87

해설 기체의 비중
해당 기체의 질량 대 공기질량(28.97)의 비율

$$\therefore CO_2 = \frac{44}{28.97} = 1.52$$

**331** 작업장 내 열부하량이 10,000kcal/h이며, 외기온도 20℃, 작업장내 온도는 35℃이다. 이 때 전체 환기를 위한 필요환기량($m^3$/min)은?(단, 정압비열은 0.3kcal/$m^3$ · ℃)

① 약 37 ② 약 47
③ 약 57 ④ 약 67
⑤ 약 77

해설 $$Q(m^3/\text{min}) = \frac{10{,}000\text{kcal/h}}{(35-20)℃ \times 0.3\text{kcal/m}^3 \cdot ℃} = 2{,}222m^3/\text{hr} = 37m^3/\text{min}$$

**332** 다음과 같은 조건에서 오염물질의 농도가 200ppm까지 도달하였다가 오염물질 발생이 중지되었을 때, 공기 중 농도가 200ppm에서 25ppm으로 감소하는 데 얼마나 걸리는가?(단, 1차 반응, 공간부피 $V$=3,000$m^3$, 환기량 $Q$=1.17$m^3$/sec)

① 약 60분
② 약 90분
③ 약 120분
④ 약 150분
⑤ 약 180분

해설 $\Delta t = \frac{V}{Q'} \times \ln\frac{C_2}{C_1} = -\frac{3,000}{1.17m^3/sec \times 60sec/min}\ln\frac{25}{200} = 88.79 ≒ 90$

**333** 벤젠 2kg이 모두 증발하였다면 벤젠이 차지하는 부피는?(단, 벤젠의 비중은 0.88이고 분자량은 78, 21℃, 1기압)

① 약 521L
② 약 618L
③ 약 736L
④ 약 871L
⑤ 약 928L

해설 벤젠(L) $= \frac{2kg \times 10^3 g/kg \times 24.1L}{78g} = 617.9L$

**334** 벤젠 9L가 증발할 때 발생하는 증기의 용량은?(단, 21℃, 1기압 기준, 벤젠 비중 : 0.879)

① 약 1,540L
② 약 1,860L
③ 약 2,440L
④ 약 2,820L
⑤ 약 2,620L

해설 벤젠(L) $= \frac{9L \times 0.879 \times 10^3 \times 24.1L}{78g} = 2,444.3L$

**335** 화학공장에서 n－Hexane(분자량 86.17, 노출기준 100ppm)과 Dichloroethane(분자량 98.96, 노출기준 50ppm)이 각각 100g/h, 50g/h씩 기화한다면 이때의 필요환기량($m^3/h$)은?(단, 21℃ 기준, K값은 각각 6과 4이다.)

① 약 $1,300m^3/h$
② 약 $1,800m^3/h$
③ 약 $2,200m^3/h$
④ 약 $2,700m^3/h$
⑤ 약 $1,678m^3/h$

해설 $Q_1(m^3/hr) = \frac{24.1L \times 100g/hr \times 6 \times 1,000,000}{86.17g \times 10ppm} = 1,678m^3/h$

$Q_2(m^3/hr) = \frac{24.1L \times 50g/hr \times 4 \times 1,000,000}{98.96g \times 50ppm} = 974m^3/h$

$Q_1 + Q_2 = 1,678 + 974 = 2,652 ≒ 2,700$

 정답 333. ② 334. ③ 335. ④

**336** 다음 기체에 관한 법칙 중 일정한 온도조건에서 부피와 압력은 반비례한다는 것은?

① 보일의 법칙 ② 샤를의 법칙
③ 게이-루삭의 법칙 ④ 라울의 법칙
⑤ 램버트의 법칙

해설 보일의 법칙은 일정한 온도조건에서 기체의 압력과 그 부피는 서로 반비례한다. 즉, 압력이 2배 증가하면 부피는 처음의 1/2배로 감소한다.

**337** 환기시설 내 기류가 기본적 유체역학적 원리에 의하여 지배되기 위한 전제 조건에 관한 내용으로 틀린 것은?

① 환기시설 내외의 열교환은 무시한다.
② 공기의 압축이나 팽창을 무시한다.
③ 공기는 포화 수증기 상태로 가정한다.
④ 대부분의 환기시설에는 공기 중에 포함된 유해물질의 무게와 용량을 무시한다.
⑤ 공기는 건조하다고 가정한다.

해설 환기시설 내 기류가 기본적 유체역학적 원리에 의하여 지배되기 위한 전제 조건

㉠ 환기시설 내외의 열교환은 무시한다.
㉡ 공기의 압축이나 팽창을 무시한다.
㉢ 공기는 건조하다고 가정한다.
㉣ 대부분의 환기시설에는 공기 중에 포함된 유해물질의 무게와 용량을 무시한다.

**338** 사무실 직원이 모두 퇴근한 6시 20분에 $CO_2$ 농도는 1,400ppm이었다. 3시간이 지난 후 다시 $CO_2$ 농도를 측정한 결과 $CO_2$ 농도는 600ppm이었다면 이 사무실의 시간당 공기 교환 횟수는?(단, 외부공기 중 $CO_2$ 농도는 330ppm)

① 4.26 ② 2.36
③ 1.24 ④ 0.46
⑤ 0.38

해설 $$ACH = \frac{\ln(C_1 - C_o) - \ln(C_2 - C_o)}{hour} = \frac{\ln(1,400 - 330) - \ln(600 - 330)}{3\text{hr}} = 0.459$$

여기서, $C_1$ : 처음 측정한 $CO_2$ 농도
$C_o$ : 외부공기 중 $CO_2$ 농도
$C_2$ : 일정시간 경과한 후 측정한 $CO_2$ 농도
$hour$ : 경과시간

**339** 어느 화학공장에서 작업환경을 측정하였더니 TCE 농도가 10,000ppm이었다. 이러한 오염공기의 유효비중은?(단, TCE 비중은 5.7이다.)

① 1.028　　② 1.047
③ 1.059　　④ 1.087
⑤ 1.092

해설 공기비중=1.0 공기=99%
TCE 비중=5.7 TCE 10,000ppm=1%
혼합물의 유효 비중 : 0.01×5.7=0.057, 0.99×1.0=0.990
∴ 0.057+0.990=1.047

**340** 사무실 직원이 모두 퇴근한 직후인 오후 6시 20분에 측정한 공기 중 이산화탄소 농도는 1,200ppm, 사무실이 빈 상태로 1시간이 경과한 오후 7시 20분에 측정한 이산화탄소 농도는 400ppm이었다. 이 사무실의 시간당 공기교환 횟수는?(단, 외부공기 중의 이산화탄소의 농도는 330ppm 임)

① 0.56　　② 1.22
③ 2.52　　④ 4.26
⑤ 2.56

해설 $ACH=\frac{\ln(C_1-C_o)-\ln(C_2-C_o)}{hour}=\frac{\ln(1,200-330)-\ln(400-330)}{1\text{hr}}=2.52$

**341** 사무실에서 일하는 근로자의 건강장해를 예방하기 위해 시간당 공기교환횟수는 6회 이상 되어야 한다. 사무실의 체적이 125m$^3$일 때 최소 필요한 환기량은?

① 360m$^3$/시간　　② 450m$^3$/시간
③ 600m$^3$/시간　　④ 750m$^3$/시간
⑤ 800m$^3$/시간

해설 ACH(air per hour)=Q/V Q=ACH×V
Q=6회/hr×125m$^3$=750m$^3$

**342** 작업장 용적이 10m×3m×40m이고 필요환기량이 120mm³/min일 때 시간당 공기교환 횟수는 얼마인가?

① 360회　　② 60회
③ 6회　　④ 0.6회
⑤ 3회

해설 ACH=Q/V
여기서, Q : 시간당 공급되는 공기의 유량($m^3$/min), V : 작업장 체적($m^3$)
ACH=(120$m^3$/min× 60min/hr)/(10×3×40)$m^3$=6

**343** 재순환공기의 $CO_2$ 농도는 900ppm이고, 급기의 $CO_2$ 농도는 700ppm이었다. 급기 중의 외부공기 포함량은?(단, 외부공기의 $CO_2$ 농도는 330ppm이다.)

① 45%　　② 40%
③ 35%　　④ 30%
⑤ 25%

해설 급기 중 외부공기의 함량(Outdoor Air : OA)

$$OA\% = \frac{C_R - C_S}{C_R - C_0} \times 100 = \frac{900-700}{900-330} \times 100 = 35.1\%$$

여기서, $C_R$ : 재순환 공기 중의 농도(ppm)
$C_S$ : 급기 중 $CO_2$ 농도(ppm)
$C_0$ : 외부공기 중 $CO_2$ 농도(ppm)

**344** 선반제조 공정에서 선반을 에나멜에 담갔다가 건조시키는 작업이 있다. 이 공정의 온도는 177℃이고 에나멜이 건조될 때 Xylene 4 L/hr가 증발한다. 폭발방지를 위한 환기량은?(단, Xylene의 LEL=1%, SG=0.88, MW=106, C=10, 21℃, 1기압 기준, 온도보정을 고려하지 않음)

① 약 14$m^3$/min　　② 약 19$m^3$/min
③ 약 27$m^3$/min　　④ 약 32$m^3$/min
⑤ 약 35$m^3$/min

해설 B는 121℃ 이하에서는 1이고, 121℃ 이상에서는 0.7이 된다.

$$Q(m^3/hr) = \frac{24.1 \times SG \times L/hr \times C \times 100}{MW \times LEL \times B} = \frac{24.1 \times 0.88 \times 4L/hr \times 10 \times 100}{106 \times 1 \times 0.7} = 1.143m^3/hr$$

$$= 19.05m^3/min$$

**345** 건조로에서 접착제를 건조할 때 톨루엔(비중 0.87, 분자량 92)이 1시간에 2kg씩 증발한다. 이때 톨루엔의 LEL은 1.3%이며, LEL의 20% 이하의 농도로 유지하고자 한다. 화재 또는 폭발방지를 위해서 필요한 환기량은?(단, 표준상태는 21℃, 1기압이며 공정온도는 150℃이고 실제 온도보정에 따른 환기량은 구함)

① 약 $329m^3/h$ ② 약 $372m^3/h$
③ 약 $414m^3/h$ ④ 약 $446m^3/h$
⑤ 약 $473m^3/h$

해설 $Q(m^3/hr) = \frac{24.1 \times Kg/hr \times C \times 100}{MW \times LEL \times B} = \frac{24.1 \times 2kg/hr \times 5 \times 100}{92 \times 1.3 \times 0.7} = 288m^3/hr$

여기서, B : 온도에 따른 보정상수, 120℃ 이상일 때 0.7
C : 안전계수, LEL의 20% 이하 유지이므로 5

온도보정 하면

$Q = 288 \times \frac{273+150}{273 \times 21} = 414m^3/h$

**346** 일산화탄소 $1m^3$가 $100,000m^3$의 밀폐된 차고에 방출되었다면 이때 차고 내 공기 중 일산화탄소의 농도(ppm)는?(단, 방출 전 차고 내 일산화탄소 농도는 무시함)

① 0.1 ② 1.0
③ 10 ④ 100
⑤ 1000

해설 $CO농도(ppm) = \frac{1m^3 \times 10^6}{100,000m^3} = 10ppm$

**347** 실내공간이 $200m^3$인 빈 실험실에 MEK(Methyl Ethyl Ketone) 2mL가 기화되어 완전히 혼합되었다고 가정하면 이때 실내의 MEK 농도는 몇 ppm인가?(단, MEK 비중=0.805, 분자량=72.1, 25℃, 1기압 기준)

① 약 1.3 ② 약 2.7
③ 약 4.8 ④ 약 6.2
⑤ 약 6.8

해설 $MEK농도(ppm) = \frac{2mL \times 0.805 \times 24.45L \times 10^6}{200m^3 \times 72.1g \times 10^3L/m^3} = 2.73$

 정답 345. ③ 346. ③ 347. ②

**348** 국소배기시설에서 필요 환기량을 감소시키기 위한 방법으로 틀린 것은?

① 후드 개구면에서 기류가 균일하게 분포되도록 설계한다.

② 공정에서 발생 또는 배출되는 오염물질의 절대량을 감소시키는 것이 곧 필요 환기량을 감소시키는 것이다.

③ 포집형이나 레시버형 후드를 사용할 때에 가급적 후드를 배출 오염원에 가깝게 설치한다.

④ 공정 내 측면부착 차폐막이나 커튼 사용을 줄여 오염물질의 희석을 유도한다.

⑤ 가급적이면 유해물질을 사용하는 공정을 많이 포위한다.

해설 작업상 방해가 되지 않는 범위에서 가능한 플랜지, 칸막이, 커튼 등을 사용하여 주위에서 유입되는 난기류를 적게 한다.

**349** 실험실에 있는 포위식 후드의 필요환기량을 구하고자 한다. 제어속도는 0.5m/초이고, 개구면적이 0.5m×0.3m일 때 필요환기량($m^3$/분)은?

① 0.075$m^3$/분
② 0.45$m^3$/분
③ 4.5$m^3$/분
④ 7.5$m^3$/분
⑤ 0.75$m^3$/분

해설 포위식 후드의 필요환기량 = $A \times V = 60 \times (0.5m \times 0.3m) \times 0.5m/sec = 4.5m^3/min$

**350** 크롬산 미스트를 취급하는 공정에 가로 0.6m, 세로 2.5m로 개구되어 있는 포위식 후드를 설치하고자 한다. 개구면상의 기류분포는 균일하고 제어속도가 0.6m/s일 때, 필요송풍량은?

① 24$m^3$/min
② 35$m^3$/min
③ 46$m^3$/min
④ 54$m^3$/min
⑤ 64$m^3$/min

해설 포위식 후드의 필요환기량 = $60VA = 60 \times 0.6m/s \times 0.6m \times 2.5m = 54m^3/min$

**351** 후드로부터 0.25m 떨어진 곳에 있는 공정에서 발생되는 먼지를 제어속도는 5m/s, 후드직경 0.4m인 원형 후드를 이용하여 제거하고자 한다. 이때 필요환기량($m^3$/min)은?(단, 프랜지 등 기타 조건은 고려하지 않음)

① 225
② 255
③ 275
④ 295
⑤ 265

해설 필요송풍량 $=60V(10X^2+A)=60\times5m/s\{(10\times0.25^2+(\pi/4)0.42)\}=225.3m^3/min$
$A=(\pi/4)D^2$

**352** 개구면적이 $0.6m^2$인 외부식 장방형 후드가 자유공간에 설치되어 있다. 개구면으로부터 포촉점까지의 거리는 0.5m이고 제어속도가 0.40m/s일 때 필요 송풍량은?(단, 플랜지 미부착)

① $9.3m^3/min$
② $18.6m^3/min$
③ $37.2m^3/min$
④ $74.4m^3/min$
⑤ $87.2m^3/min$

해설 $Q=60V(10X^2+A)=60\times0.40m/s(10\times0.5^2+0.6)=74.4m^3/min$

**353** 작업대 위에서 용접을 할 때 흄을 포집 · 제거하기 위해 작업면에 고정된 플렌지가 붙은 외부식 장방형 후드를 설치했다. 개구면에서 포촉점까지의 거리는 0.25m, 제어속도는 0.75m/sec, 후드 개구면적이 $0.5m^2$일 때 소요 송풍량은?

① $16.9m^3/min$
② $18.3m^3/min$
③ $21.4m^3/min$
④ $23.7m^3/min$
⑤ $25.3m^3/min$

해설 $Q=60\times0.5V(10X^2+A)=60\times0.5\times0.75m/sec(10\times0.25^2+0.5)=25.3m^3/min$

**354** 개구면적이 $0.5m^2$인 외부식 장방형 후드가 자유공간에 설치되어 포촉점까지의 거리 0.4m, 제거속도 0.25m/s일 때의 필요송풍량과 이 후드를 테이블상에 설치하였을 경우의 필요송풍량과의 차이는?

① $8m^3/min$ 감소
② $12m^3/min$ 감소
③ $16m^3/min$ 감소
④ $20m^3/min$ 감소
⑤ $22m^3/min$ 감소

해설 자유공간에서의 필요송풍량 $=60V(10X^2+A)=60\times0.25(10\times0.4^2+0.5)=31.5m^3/min$
반자유공간에서의 필요송풍량 $=60V(5X^2+A)=60\times0.25(5\times0.4^2+0.5)=19.5m^3/min$
차이 $=31.5-19.5=12m^3/min$

 정답 352. ④ 353. ⑤ 354. ②

**355** 다음 후드의 경우, 필요 송풍량을 가장 적게 할 수 있는 모양은?

① 플렌지가 없고 적절한 공간이 있는 모양
② 플렌지가 없고 면에 고정된 모양
③ 플렌지가 있고 적절한 공간이 있는 모양
④ 플렌지가 있고 면에 고정된 모양
⑤ 캐노피 후드

해설 플렌지가 있고 면에 고정된 모양이 송풍량이 적게 소요된다.

① $Q=60\times V(10X^2+A)$
② $Q=60\times V(5X^2+A)$
③ $Q=60\times 0.75V(10X^2+A)$
④ $Q=60\times 0.5V(10X^2+A)$
⑤ $Q=60\times 1.4PVd$

**356** 폭과 길이의 비(종횡비, W/L)가 0.2 이하인 슬롯형 후드의 경우, 배풍량은 다음 중 어느 공식에 의해서 산출하는 것이 가장 적절하겠는가?(단, 플렌지가 부착되지 않았음, L : 길이, W : 폭, X : 오염원에서 후드 개구부까지의 거리, V : 제어속도, 단위는 적절하다고 가정함)

① $Q=2.6LVX$
② $Q=3.7LVX$
③ $Q=4.3LVX$
④ $Q=5.2LVX$
⑤ $Q=6.5LVX$

해설 플랜지가 없을 때 슬롯후드 $Q=3.7LVX$
플랜지가 있을 때 슬롯후드 $Q=2.6LVX$
즉, 슬롯후드는 플랜지가 부착된 후드의 필요 송풍량은 플랜지가 없는 후드에 비해 약 30%의 필요 환기량이 절약된다.

**357** 길이가 2.4m, 폭이 0.4m인 플랜지 부착 슬로트형 후드가 설치되어 있다. 포촉점까지의 거리가 0.5m, 제어속도가 0.8m/s일 때 필요 송풍량은?(단, 1/2 원주 슬롯형, C=2.8 적용)

① $20.2m^3/min$
② $40.3m^3/min$
③ $80.6m^3/min$
④ $161.3m^3/min$
⑤ $132.6m^3/min$

해설 $Q=2.8LVX=2.8\times 2.4m\times 0.8m/s\times 0.5m\times 60s/min=161.28m^3/min$

**358** 송풍량이 45m³/min, 반송속도 15m/s 가로, 세로 길이가 같은 정방형 송풍관의 한 변의 길이는?

① 약 22.4cm
② 약 32.4cm
③ 약 40.0cm
④ 약 45.5cm
⑤ 약 55.5cm

해설 $V = Q/A$

$$A = \frac{45\text{m}^3/\text{min}}{15\text{m/s} \times 60\text{s/min}} = 0.05\text{m}^2$$

$a^2 = 0.05\text{m}^2$, $a = 0.224\text{m} = 22.4\text{cm}$

**359** 슬롯 길이 3m, 제어속도 2m/sec인 슬롯 후드가 있다. 오염원이 1m 떨어져 있을 경우 필요환기량(m³/min)은?(단, 공간에 설치하며 플랜지는 부착되어 있지 않음)

① 226
② 688
③ 1,332
④ 2,461
⑤ 2,587

해설 $Q = 60 \times 3.7LVX = 60 \times 3.7 \times 3\text{m} \times 2\text{m/sec} \times 1\text{m} = 1{,}332\text{m}^3/\text{min}$

**360** 한 면이 1m 인 정사각형 외부식 캐노피형 Hood을 설치하고자 한다. 높이가 0.7m, 제어속도 18m/min일 때 소요송풍량(m³/min)은?(단, 다음 공식 중 적합한 수식을 선택 적용)

$$Q = 60 \times 1.4 \times 2(L + W) \times H \times V_c$$
$$Q = 60 \times 14.5 \times H^{1.6} \times W^{0.2} \times V_c$$

① 약 110m³/min
② 약 140m³/min
③ 약 170m³/min
④ 약 190m³/min
⑤ 약 210m³/min

해설 정사각형 외부식 캐노피형 hood의 송풍량(토마스식 적용)

$Q = 14.5 \times H^{1.6} \times W^{0.2} \times V_c$

$= 14.5 \times 0.7^{1.6}\text{m} \times 1^{0.2}\text{m} \times 18\text{m/min} \fallingdotseq 147.5$

**361** 외부식 후드에서 플랜지가 붙고 공간에 설치된 후드와 플랜지가 붙고 면에 고정 설치된 후드의 필요 공기량을 비교할 때 면에 고정 설치된 후드는 공간에 설치된 후드에 비하여 필요공기량을 약 몇 % 절감할 수 있는가?

 정답 358. ① 359. ③ 360. ② 361. ③

① 13% ② 23%
③ 33% ④ 43%
⑤ 53%

해설 플랜지가 있고 공간에 설치된 외부식 후드 $Q_1 = 60 \times 0.5(10X^2 + A)$
면에 고정 설치된 외부식 후드 $Q_2 = 60 \times 0.75(10X^2 + A)$
절감 송풍량% $= \dfrac{Q_2 - Q_1}{Q_1} = \dfrac{0.75 - 0.5}{0.75} \times 100 = 33.3\%$

**362** 발생기류가 높고 유해물질이 활발하게 발생하는 작업조건(스프레이도장, 용기충진, 콘베이어 적재, 분쇄기 작업공정)의 제어속도로 가장 알맞은 것은?(단, ACGIH 권고 기준)
① 2.0m/s ② 3.0m/s
③ 4.0m/s ④ 5.0m/s
⑤ 6.0m/s

해설

| 오염물질의 발생상황 | 예 | 제어속도(m/s) |
|---|---|---|
| 조용한 대기 중에 실제로 거의 속도가 없는 상태에서 발생하는 경우 | 액면에서 발생하는 가스, 증기, 흄 등 | 0.25~0.5 |
| 비교적 조용한 대기 중에 낮은 속도로 비산하는 경우 | 부스식 후드에서 스프레이 도장작업, 단속적 용기충전작업, 저속 컨베이어, 용접, 도금, 산세척 | 0.5~1.0 |
| 빠른 기동이 있는 작업장소에서 활발하게 비산하는 경우 | 깊고 작은 부스식 후드의 스프레이 도장작업, 용기충전, 분쇄기, 컨베이어의 낙하구멍, 파쇄기 | 1.0~2.5 |
| 대단히 빠르게 기동하는 작업장소에 높은 초기속도로 비산하는 경우 | 연마작업, 암석연마[G.B.P] 블라스트 작업, tumbling 작업 | 2.5~10.0 |

**363** 고속기류 내로 높은 초기 속도로 배출되는 작업조건에서 회전연삭, 블라스팅 작업공정시 제어속도로 적절한 것은?(단, 미국산업위생전문가협의회 권고 기준)
① 1.8m/sec ② 2.1m/sec
③ 8.8m/sec ④ 12.8m/sec
⑤ 15.8m/sec

362. ① 363. ③ 정답

해설

| 오염물질의 발생상황 | 예 | 제어속도(m/s) |
|---|---|---|
| 조용한 대기 중에 실제로 거의 속도가 없는 상태에서 발생하는 경우 | 액면에서 발생하는 가스, 증기, 흄 등 | 0.25~0.5 |
| 비교적 조용한 대기 중에 낮은 속도로 비산하는 경우 | 부스식 후드에서 스프레이 도장작업, 단속적 용기 충전작업, 저속 컨베이어, 용접, 도금, 산세척 | 0.5~1.0 |
| 빠른 기동이 있는 작업장소에서 활발하게 비산하는 경우 | 깊고 작은 부스식 후드의 스프레이 도장작업, 용기충전, 분쇄기, 컨베이어의 낙하구멍, 파쇄기 | 1.0~2.5 |
| 대단히 빠르게 기동하는 작업장소에 높은 초기속도로 비산하는 경우 | 연마작업, 암석연마[G.B.P] 블라스트 작업, Tumbling 작업 | 2.5~10.0 |

**364** 비중량이 1.225kg/m³인 공기가 20m/s의 속도로 덕트를 통과하고 있을 때의 동압은?

① 15mmH$_2$O ② 20mmH$_2$O
③ 25mmH$_2$O ④ 30mmH$_2$O
⑤ 40mmH$_2$O

해설 $VP=\frac{rV^2}{2g}=\frac{1.225\times20^2}{2\times9.8}=25\text{mmH}_2\text{O}$

**365** 유체관을 흐르는 유체의 총압(전압)이 −75mmH$_2$O이고 정압이 −100mmH$_2$O 이면 유체의 유속(m/min)은?(단,20℃, 1기압 상태의 공기임)

① 약 860m/min ② 약 1,050m/min
③ 약 1,210m/min ④ 약 1,520m/min
⑤ 약 1,610m/min

해설 TP = VP + SP, VP = 25, V = 4.043 $\sqrt{25}$ = 20.22m/sec = 1,213.2m/min

**366** 어느 유체관의 동압(Velocity Pressure)이 20mmH$_2$O이고 관의 직경이 25cm일 때 유량(m³/sec)은?

① 약 0.89 ② 약 1.72
③ 약 2.67 ④ 약 3.53
⑤ 약 4.62

 정답 364. ③ 365. ③ 366. ①

해설 $V = 4.043\sqrt{20} = 18.08m/s$
$A = (\pi/4)D^2 = (\pi/4)0.25^2 = 0.049m^2$
$Q = AV = 0.049m^2 \times 18.08m/s = 0.885m^3/sec$

**367** 지름이 3m인 원형 덕트의 속도압이 4mmH₂O일 때 공기유량($m^3/sec$)은?(단, 공기 밀도 $1.21kg/m^3$)

① 48 ② 57
③ 63 ④ 72
⑤ 87

해설 $A = (\pi/4)D^2 = 7.1m^2$
$V = 4.043\sqrt{VP} = 8.1m/sec$
$Q = 7.1m^2 \times 8.1m/sec = 57.5m^3/sec$

**368** 환기시스템에서 공기유량(Q)이 $0.15m^3/min$, 덕트 직경이 10.0cm, 후드 압력손실 계수(Fh)가 0.4일 때 후드 정압(SPh)은?(단, 공기밀도 $1.2kg/m^3$ 기준)

① 약 $31mmH_2O$ ② 약 $38mmH_2O$
③ 약 $43mmH_2O$ ④ 약 $48mmH_2O$
⑤ 약 $51mmH_2O$

해설 덕트의 직경이 10cm이므로 $A = (\pi/4)D2 = 0.007854m^2$
$V = Q/A = 0.15m^3/hr\ /0.007854m^2 = 19.1m/s$
$VP = (19.1/4.043)^2 = 22.3mmH_2O$
$SPh = VP(1 + Fh) = 22.3(1 + 0.4) = 31.24mmH_2O$

**369** 유입계수 Ce = 0.82인 원형 후드가 있다. 덕트의 원면적이 $0.0314m^2$이고 필요 환기량 Q는 $30m^3/min$이라고 할 때 후드 정압은?(단, 공기밀도 $1.2kg/m^3$기준)

① $16mmH_2O$ ② $23mmH_2O$
③ $32mmH_2O$ ④ $37mmH_2O$
⑤ $39mmH_2O$

해설 $Fh = (1/Ce^2) - 1 = 0.487$
$V = Q/A = 30m^3/min/0.0314m^2 = 955.4m/min = 16m/sec$
$VP = (16/4.043)^2 = 15.66mmH_2O$
$SPh = VP(1 + Fh) = 15.66(1 + 0.487) = 23.3mmH_2O$

367. ② 368. ① 369. ② 정답 

**370** 어느 유체관을 흐르는 유체의 양은 $220m^3/min$이고 단면적이 $0.5m^2$일 때 속도압 $mH_2O$)은? (단, 유체의 밀도 $1.21kg/m^3$)

① 약 5.9
② 약 4.6
③ 약 3.3
④ 약 2.1
⑤ 약 1.3

해설 $V = Q/A = 220/(0.5 \times 60) = 7.3m/s$

$$VP = \frac{rV^2}{2g} = \frac{1.21 \times 7.3^2}{2 \times 9.8} = 3.3mmH_2O$$

**371** 다음 보기를 이용하여 일반적인 국소배기장치의 설계순서를 가장 적절하게 나열한 것은?

| | |
|---|---|
| ㉠ 총압력의 손실 | ㉡ 제어속도의 결정 |
| ㉢ 필요송풍량의 결정 | ㉣ 덕트 직경의 산출 |
| ㉤ 공기정화기 선정 | ㉥ 후드의 형식선정 |

① ㉥→㉡→㉢→㉣→㉤→㉠
② ㉡→㉢→㉠→㉣→㉤→㉥
③ ㉣→㉡→㉣→㉠→㉥→㉤
④ ㉥→㉢→㉡→㉠→㉣→㉤
⑤ ㉥→㉣→㉤→㉡→㉢→㉠

해설 국소배기장치의 설계순서
후드형식의 선정→제어속도의 결정→소요풍량 계산→반송속도 결정→배관내경 산출→후드 크기 결정→배관의 배치와 설치장소 선정→공기정화장치 선정→국소배기 계통도와 배치도 작성→총 압력손실량 계산→송풍기 선정

**372** 후드의 유입계수가 0.86, 속도압 $25mmH_2O$일 때 후드의 압력손실($mmH_2O$)은?

① 8.8
② 12.2
③ 15.4
④ 17.2
⑤ 19.4

해설 $Fh = (1/Ce^2) - 1 = (1/0.86^2) - 1 = 0.35$
$he = Fh \cdot VP = 0.35 \times 25 = 8.75mmH_2O$

**373** 후드의 유입계수가 0.82, 속도압이 $50mmH_2O$일 때 후드 압력손실은?

① $9.7mmH_2O$
② $16.2mmH_2O$
③ $24.5mmH_2O$
④ $38.6mmH_2O$
⑤ $46.4mmH_2O$

 정답 370. ③ 371. ① 372. ① 373. ③

해설 $Fh = (1/Ce^2) - 1 = (1/0.82^2) - 1 = 0.49$
$\Delta P = Fh \times VP = 0.49 \times 50 = 24.5mmH_2O$

**374** 덕트 합류시 댐퍼를 이용한 균형 유지법의 장단점으로 가장 거리가 먼 것은?
① 임의로 댐퍼 조정시 평형상태가 깨짐
② 시설 설치 후 변경에 대한 대처가 어려움
④ 설계계산이 상대적으로 간단함
④ 설치 후 부적당한 배기유량의 조절이 가능
⑤ 댐퍼가 깊으면 막힘 현상이 발생할 수 있음

해설

| 정압조절 평형법 | 댐퍼조절 평형법 |
|---|---|
| • 작업장에서 운전자에 의해 송풍량의 조절이 쉽지 않다.<br>• 장치의 변화나 추가장치에 유연성이 없다.<br>• 새공정에 따라 유량이 맞지 않아 개조해야 한다.<br>• 부식이나 축적 현상이 없다.<br>• 속도만 적절하면 막힘 현상이 없다.<br>• 전체 공기량이 설계시 필요량보다 클 수 있다.<br>• 시설설계의 모든 방해인자를 분명하고 명확하게 설계해야 하며 설치도 설계에 따라 정확해야 한다. | • 쉽게 조절이 용이하다.<br>• 송풍기나 모터선정에 따라 장차 장치의 변경, 추가가 다소 용이하다.<br>• 부적절하지만 어느 정도는 조절이 가능하다.<br>• 부분적으로 부식이 일어나고 저항이 생기거나 분진의 축적 가능성이 있다.<br>• 댐퍼가 깊으면 막힘 현상이 발생한다.<br>• 균형이 조절될 수 있으나 필요한 순에너지가 정압균형조절법보다 크다.<br>• 덕트 설계의 변동이 어느 정도 가능하며 변경시 정압균형조절법처럼 정확하지 않아도 된다. |

**375** 다음은 직관의 압력손실에 관한 설명이다. 잘못된 것은?
① 직관의 마찰계수가 비례한다.
② 직관의 길이에 비례한다.
③ 직관의 직경에 비례한다.
④ 속도(관내유속)의 제곱에 비례한다.
⑤ 직관의 직경에 반비례한다.

해설 직관의 압력손실은 직경에 반비례한다.

$$\Delta = f\frac{L}{D} \times \frac{rV^2}{2g} (= VP)$$

여기서 $f$ : 마찰계수, $L$ : 관길이, $D$ : 관직경, $r$ : 기체의 비중, $V$ : 관내유속

**376** 회전차 외경이 600mm인 레이디얼 송풍기의 풍량은 300m$^3$/min, 송풍기 전압은 60mmH$_2$O, 축동력이 0.80kW이다. 회전차 외경이 1,200mm로 상사인 레이디얼 송풍기가 같은 회전수로 운전된다면 이 송풍기의 축동력은?(단, 두 경우 모두 표준공기를 취급한다.)

① 20.2kW
② 21.4kW
③ 23.4kW
④ 25.6kW
⑤ 28.5kW

해설 $Q_2 = Q_1\left(\dfrac{SIZE_2}{SIZE_1}\right)^5 = 0.80\left(\dfrac{1,200}{600}\right)^5 = 25.6$

- 동력은 송풍기 크기의 다섯 제곱에 비례한다.
- 송풍량은 송풍기 크기의 세제곱에 비례한다.
- 풍압은 송풍기 크기의 제곱에 비례한다.

**377** 회전차 외경이 600mm인 레이디얼 송풍기의 풍량은 300m$^3$/min, 송풍기 전압은 60mmH$_2$O, 축동력이 0.70kW이다. 회전차 외경이 1,200mm로 상사인 레이디얼 송풍기가 같은 회전수로 운전된다면 이 송풍기의 전압은?

① 540mmH$_2$O
② 480mmH$_2$O
③ 360mmH$_2$O
④ 240mmH$_2$O
⑤ 120mmH$_2$O

해설 $P_2 = P_1\left(\dfrac{RPM_2}{RPM_1}\right)^2 = 60\left(\dfrac{1,200}{600}\right)^2 = 240$

**378** 회전차 외경이 600mm인 레이디얼 송풍기의 풍량은 300m$^3$/min, 송풍기 풍압은 60mmH$_2$O, 축동력이 0.7kW이다. 회전차 외경이 1,200mm인 상사인 레이디얼 송풍기가 같은 회전수로 운전된다면 이 송풍기의 풍량은?(단, 모두 표준공기를 취급한다.)

① 600m$^3$/min
② 800m$^3$/min
③ 1,600m$^3$/min
④ 2,400m$^3$/min
⑤ 2,600m$^3$/min

해설 송풍량은 송풍기 크기의 세제곱에 비례한다.

$$Q_2 = Q_1\left(\dfrac{SIZE_2}{SIZE_1}\right)^3 = 300\left(\dfrac{1,200}{600}\right)^3 = 2,400$$

 정답 376. ④ 377. ④ 378. ④

**379** 작업장에 설치된 국소배기장치의 제어속도를 증가시키기 위해 송풍기 날개의 회전속도를 20% 증가시켰다면 동력은 약 몇 % 증가할 것으로 예측되는가?(단, 기타 조건은 같다고 가정함)

① 약 40%
② 약 48%
③ 약 73%
④ 약 86%
⑤ 약 93%

해설 동력은 회전속도의 3승에 비례한다.

$$PWR=\left(\frac{RPM_2}{RPM_1}\right)^3=\left(\frac{1.20}{1}\right)^3=1.728,\ \text{약 73\% 증가}$$

**380** 회전차 외경이 600mm인 원심 송풍기의 풍량은 200m³/min이다. 회전차 외경이 1,200인 동류(상사구조)의 송풍기가 동일한 회전수로 운전된다면 이 송풍기의 풍량은?(단, 두 경우 모두 표준공기를 취한다.)

① 1,200m³/min
② 1,600m³/min
③ 1,800m³/min
④ 2,200m³/min
⑤ 2,600m³/min

해설 동력은 회전수의 세제곱에 비례한다.

$$Q_2=Q_1\left(\frac{SIZE_2}{SIZE_1}\right)^3=200\left(\frac{1,200}{600}\right)^3=1,600$$

**381** 송풍기의 풍량, 풍압, 동력과 회전수와의 관계를 바르게 설명한 것은?

① 풍량은 회전수에 비례한다.
② 풍압은 회전수의 제곱에 반비례한다.
③ 동력은 회전수의 제곱에 반비례한다.
④ 동력은 회전수의 제곱에 비례한다.
⑤ 풍량은 회전수의 제곱에 비례한다.

해설 송풍기의 법칙
- 풍량은 회전수에 비례한다.
- 풍압은 회전수의 제곱에 비례한다.
- 동력은 회전수의 세제곱에 비례한다.

379. ③ 380. ② 381. ① 정답 

**382** 국소환기시설 전체의 압력손실이 125mmH$_2$O이고, 송풍기의 총 공기량이 20,000m$^3$/h일 때 소요동력은?(단, 송풍기 효율 80%, 안전율 20%)

① 4.2kW ② 6.2kW
③ 8.2kW ④ 10.2kW
⑤ 11.2kW

해설 $L(\text{kW}) = \frac{20,000\text{m}^3/\text{h} \times 125}{6,120 \times 60 \times 0.8} \times 1.2 = 10.21\text{kW}$

**383** 흡인풍량이 100m$^3$/min, 송풍기 유효전압이 150mmH$_2$O, 송풍기 효율이 80%, 여유율이 1.2인 송풍기의 소요동력은?(단, 송풍기 효율과 원동기 여유율을 고려함)

① 2.7kW ② 3.7kW
④ 4.7kW ④ 5.7kW
⑤ 6.7kw

해설 $L(\text{kw}) = \frac{100\text{m}^3/\text{h} \times 150}{6,120 \times 0.8} \times 1.2 = 3.681\text{kW}$

**384** 처리가스량 10$^6$m$^3$/h의 배기가스를 집진장치로 처리하는 경우의 송풍기의 소요동력은?(단, 송풍기 유효전압 110mmH$_2$O로 하고 송풍기의 효율을 80%로 한다.)

① 약 345kW ② 약 355kW
③ 약 365kW ④ 약 375kW
⑤ 약 385kW

해설 $L(\text{kW}) = \frac{10^6 m^3/h \times 110}{60\text{min}/h \times 6,120 \times 0.8}(\text{kW}) = 374.5\text{kW}$

**385** 플레이트 송풍기, 평판형 송풍기라고도 하여 깃이 평판으로 되어 있고 매우 강도가 높게 설계된 원심력 송풍기는?

① 후향 날개형 송풍기 ② 전향 날개형 송풍기
③ 방사 날개형 송풍기 ④ 양력 날개형 송풍기
⑤ 측 날개형 송풍기

해설 방사 날개형 송풍기는 플레이트 송풍기, 평판형 송풍기라고도 하며, 강도가 높게 설계된 원심력 송풍기이나 가격이 비싸고 효율이 낮은 단점이 있다.

 정답 382. ④ 383. ② 384. ④ 385. ③

**386** 원심력 송풍기인 방사 날개형 송풍기에 관한 설명으로 옳지 않은 것은?

① 플레이트 송풍기 또는 평판형 송풍기라고도 한다.

② 깃이 평판으로 되어 있고 강도가 매우 높게 설계되어 있다.

③ 깃의 구조가 분진을 자체 정화할 수 있도록 되어 있다.

④ 견고하고 가격이 저렴하며 효율이 높은 장점이 있다.

⑤ 고농도 분진함유 공기나 부식성이 강한 공기를 이송시키는 데 많이 이용된다.

해설 방사 날개형 송풍기는 가격이 비싸고 효율이 낮은 단점이 있다.

**387** 원심력 송풍기 중 전향 날개형 송풍기에 관한 설명으로 옳지 않은 것은?

① 송풍기의 임펠러가 다람쥐 쳇바퀴 모양이며 회전날개가 회전방향과 반대 방향으로 설계되어 있다.

② 동일 송풍량을 발생시키기 위한 임펠러 회전속도가 상대적으로 낮아 소음문제가 거의 발생하지 않는다.

③ 이송시켜야 할 공기량은 많으나 압력손실이 적게 걸리는 전체환기나 공기 조화용으로 사용된다.

④ 높은 압력손실에서 송풍량이 급격하게 떨어진다.

⑤ 만약 분진이 많이 함유된 공기를 이송시키는 데 사용하면 분진이 깃에 퇴적되어 효율이 떨어지고 소음과 진동이 문제될 수 있다.

해설 전향 날개형 송풍기는 다람쥐 쳇바퀴 모양이며 회전날개가 회전방향과 동일한 방향으로 설계된 송풍기이다.

**388** 원심력 송풍기 중 후향 날개형 송풍기에 관한 설명으로 옳지 않은 것은?

① 분진농도가 낮은 공기나 고농도 분진 함유 공기를 이송시킬 경우, 집진기 후단에 설치한다.

② 송풍량이 증가하면 동력도 증가하므로 한계부하 송풍기라고도 한다.

③ 회전날개가 회전방향 반대편으로 경사지게 설계되어 있어 충분한 압력을 발생시킨다.

④ 고농도 분진함유 공기를 이송시킬 경우 회전날개 뒷면에 퇴적되어 효율이 떨어진다.

⑤ 방사 날개형 송풍기나 전향 날개형 송풍기에 비해 효율이 좋다.

해설 후향 날개형 송풍기는 송풍량이 증가해도 동력이 증가하지 않는 장점이 있으므로 한계부하 송풍기라고 부른다.

**389** 덕트의 설치 원칙으로 올바르지 않은 것은?

① 덕트는 가능한 한 짧게 배치하도록 한다.
② 밴드의 수는 가능한 한 적게 하도록 한다.
③ 가능한 한 후드의 가까운 곳에 설치한다.
④ 공기 흐름이 원활하도록 상향구배로 만든다.
⑤ 곡관의 수는 적게 한다.

해설 덕트 설치시 유의사항

- 압력손실을 적게 하기 위해서 가능한 짧게 되도록 배치한다.
- 곡관의 수는 되도록 적게 한다.
- 길게 옆으로 된 송풍관에서는 먼지의 퇴적을 방지하기 위하여 1/100 정도 하향 구배를 만든다.
- 구부러짐 전후나 긴 직관부의 도중에는 적당한 간격으로 청소구를 설치한다.
- 곡관은 되도록 곡률 반경을 크게 하여 부드럽게 구부린다.(덕트 직경의 2배 이상으로)
- 송풍관 단면은 되도록 급격한 변화를 피한다.

**390** 관마찰손실에 영향을 주는 상대조도를 적절히 나타낸 것은?

① 절대조도/덕트직경
② 절대조도×덕트직경
③ 레이놀드수/절대조도
④ 레이놀드수×절대조도
⑤ 덕트직경/레이놀드수

해설 덕트의 조도는 상대조도로 표시하며 절대표면조도(=표면돌기의 평균높이)/덕트직경으로 나타낸다.

**391** 전기집진기의 장점에 관한 설명으로 옳지 않은 것은?

① 낮은 압력손실로 대량의 가스를 처리할 수 있다.
② 건식 및 습식으로 집진할 수 있다.
③ 회수가치성이 있는 입자 포집이 가능하다.
④ 설치 후에도 운전조건 변화에 따른 유연성이 크다.
⑤ 초기설치비와 공간이 많이 든다.

해설 전기집진기의 특징

- 초기시설비가 많이 드나 유지관리가 편하다.
- 대량의 오염된 가스의 제진이 가능하다.
- 대지가 많이 요구되며 기체상태 오염물은 제거가 불가능하다.
- 집진된 분진을 집진극으로부터 제거하기 어렵다.
- 미세입자의 포집이 가능하며 고집진율(99.9% 이상)을 얻을 수 있다.
- 압력손실이 적어 송풍기의 동력비가 적게 든다.
- 배기온도는 500°C 전후이며, 습도는 100%이고 폭발가스의 처리도 가능하다.

 정답 389. ④ 390. ① 391. ④

**392** 사이클론 집진장치에서 발생하는 블로 다운 효과에 관한 설명으로 옳은 것은?

① 유효 원심력을 감소시켜 선회기류의 흐트러짐을 방지한다.
② 관내 분진부착으로 인한 장치의 폐쇄현상을 방지한다.
③ 부분적 난류 증가로 집진된 입자가 재비산된다.
④ 처리배기량의 50% 정도가 재유입되는 현상이다.
⑤ 선회기류로 인한 난류가 발생한다.

해설 블로 다운 효과
더스트 박스 및 호퍼부에서 처리배기량의 5~10%를 흡입함에 따라 사이클론 내 난기류현상을 억제시킴으로써 집진된 분진이 비산되어 분리된 분진이 빠져나가는 것을 방지하는 방법이다. 선회기류의 난류현상을 막는 것 외에 먼지의 장치 내벽 부착으로 일어나는 먼지의 축적도 방지된다.

**393** 입자상 물질을 처리하기 위한 장치 중 압력손실은 비교적 크나 고효율 집진이 가능하며, 직접차단, 관성충돌, 확산, 중력침강 및 정전기력 등이 복합적으로 작용하는 집진기의 종류는 무엇인가?

① 관성력집진장치 ② 원심력집진장치
③ 여과집진장치 ④ 전기집진장치
⑤ 세정집진장치

해설 여과집진장치는 입자상 물질을 처리하기 위한 장치 중 압력손실은 비교적 크나 고효율 집진이 가능하며, 직접차단, 관성충돌, 확산, 중력침강 및 정전기력 등이 복합적으로 작용하는 집진기이다.

**394** 여포 제진장치에서 처리할 배기 가스량이 $1.5m^3/sec$이고 여포의 총면적이 $6m^2$일 때 여과속도(cm/sec)는?

① 25cm/sec ② 30cm/sec
③ 35cm/sec ④ 40cm/sec
⑤ 45cm/scc

해설 $Q=AV,\quad V=Q/A,$

$$V=\frac{1.5m^3/s}{6m^2}$$

$=0.25m\times100cm/m$

$=25cm/sec$

**395** 사이클론의 설계시에 블로 다운시스템(Blowdown system)을 설치하면 집진효율을 증가시킬 수 있다. 일반적으로 블로다운시스템에 적용되는 가스량은?

① 처리가스양의 1~5%
② 처리가스양의 5~10%
③ 처리가스양의 10~15%
④ 처리가스양의 15~20%
⑤ 처리가스양의 10~25%

해설 블로다운효과
더스트 박스 및 호퍼부에서 처리배기량의 5~10%를 흡입함에 따라 사이클론 내 난기류현상을 억제시킴으로써 집진된 분진이 비산되어 분리된 분진이 빠져나가는 것을 방지하는 방법이다. 선회기류의 난류현상을 막는 것 외에 먼지의 장치 내벽 부착으로 일어나는 먼지의 축적도 방지된다.

**396** 층류와 난류 흐름을 판별하는 데 중요한 역할을 하는 레이놀즈수를 알맞게 나타낸 것은?

① $\frac{관성력}{점성력}$
② $\frac{관성력}{중력}$
③ $\frac{관성력}{탄성력}$
④ $\frac{압축력}{관성력}$
⑤ $\frac{탄성력}{중력}$

해설 $Re = \frac{관성력}{점성력} = \frac{VD\gamma}{\mu} = \frac{VD}{\nu}$

여기서, $V$ : 관내유속, $D$ : 관의 직경, $\gamma$ : 공기밀도, $\mu$ : 유체의 동점성계수

**397** 폭 320mm, 높이 760mm의 곧은 각관 내를 Q=280m³/분의 표준공기가 흐르고 있을 때 레이놀드수($Re$)값은?(단, 동점성계수는 $1.5\times10^{-5}$m²/sec이다.)

① $3.76\times10^5$
② $3.76\times10^6$
③ $5.76\times10^5$
④ $5.76\times10^6$
⑤ $6.76\times10^6$

해설 $D_e = \frac{2ab}{a+b} = \frac{2(0.32\times0.76)}{0.32+0.76} = 0.45\text{m}$

$V = \frac{Q}{A} = \frac{280^3/\text{min}}{0.32\times0.76\text{m}^2} = 1{,}151.3\text{m/min} = 19.19\text{m/sec}$

$Re = \frac{VD_e}{v} = \frac{19.19\text{m/sec}\times0.45\text{m}}{1.5\times10^{-5}\text{m}^2/\text{sec}} = 575.658 = 5.76\times10^5$

 정답 395. ② 396. ① 397. ③

**398** 층류영역에서 직경이 2$\mu$m이며 비중이 3인 입자상 물질의 침강속도(cm/sec)는?

① 0.032
② 0.036
③ 0.042
④ 0.046
⑤ 0.048

해설 $V(\text{cm/s}) = 0.003\rho r^2$

여기서, $\rho$ : 입자의 비중, $r$ : 입자의 직경($\mu$m)

$V = 0.003 \times 3 \times 2^2 = 0.036$

**399** 종단속도가 0.432m/hr인 입자가 있다. 이 입자의 직경이 3$\mu$m라면 비중은 얼마인가?

① 0.44
② 0.55
③ 0.66
④ 0.77
⑤ 0.88

해설 $V(\text{cm/s}) = 0.003\rho r^2$

여기서, $\rho$ : 입자의 비중, $r$ : 입자의 직경($\mu$m)

$0.432\text{m/hr} = 0.012\text{cm/sec}$, $0.012\text{cm/sec} = 0.003 \times \rho \times 3^2$,

$\therefore\ \rho = 0.444$

**400** 작업장에 직경이 3$\mu$m이면서 비중이 2.5인 입자와 직경이 4$\mu$m이면서 비중이 1.2인 입자가 있다. 작업장의 높이가 5m일 때 모든 입자가 가라앉는 최소시간은?

① 약 145분
② 약 125분
③ 약 115분
④ 약 85분
⑤ 약 65분

해설 $V(\text{cm/s}) = 0.003\rho r^2$

여기서, $\rho$ : 입자의 비중, $r$ : 입자의 직경($\mu$m)

입자 $V_1 = 0.003 \times 2.5 \times 3^2 = 0.0675\text{cm/s} = 4.05\text{cm/min}$

입자 $V_2 = 0.003 \times 1.2 \times 4^2 = 0.0576\text{cm/s} = 3.46\text{cm/min}$

입자 $V_2$가 더 장시간 작업장 공간에 부유하므로 작업장의 높이가 5m일 경우

$$T = \frac{5\text{m}}{0.0346\text{m/min}} = 144.5\text{min} = \text{약 } 145\text{분}$$

398. ② 399. ① 400. ① 정답

**401** 다음 보기에서 공기공급시스템(보충용 공기의 공급장치)이 필요한 이유 모두를 옳게 짝지은 것은?

> a. 연료를 절약하기 위하여
> b. 작업장 내 안전사고를 예방하기 위하여
> c. 국소배기장치를 적절하게 가동시키기 위하여
> d. 작업장의 교차기류 유지를 위하여

① a, b
② b, c, d
③ a, b, c
④ a, b, c, d
⑤ a, b, d

해설 공기공급시스템(보충용 공기의 공급장치)이 필요한 이유
㉠ 국소배기장치를 적절하게 가동시키기 위하여
㉡ 작업장의 교차기류를 제거하기 위해서
㉢ 연료를 절약하기 위해서
㉣ 근로자에게 영향을 미치는 냉각기류를 제거하기 위해서
㉤ 안전사고를 예방하기 위해서
㉥ 실외공기가 정화되지 않은 채 건물 내로 유입되는 것을 막기 위해서

**402** 푸시－풀(Push－pull) 후드에 관한 설명으로 옳지 않은 것은?

① 도금조와 같이 폭이 넓은 경우에 사용하면 포집효율을 증가시키면서 필요유량을 대폭 감소시킬 수 있다.
② 제어속도는 푸시 제트기류에 의해 발생한다.
③ 가압노즐 송풍량은 흡인후드 송풍량의 2.5~5배 정도이다.
④ 공정에서 작업물체를 처리조에 넣거나 꺼내는 중에 공기막이 파괴되어 오염물질이 발생한다.
⑤ 면적이 크고 넓적한 물체는 기류를 방해한다.

해설 오염물질 확산을 제어하기 위해서는 흡인후드의 송풍량이 커야 된다. 또한 도금조와 같이 폭이 넓은 경우에 사용하기 때문에 방해기류의 유무에 따라 필요 환기량을 조정해야 한다.

**403** 유해분진을 막기 위해 동물의 방광을 사용하여 방진마스크로 사용할 것을 권장한 최초의 사람은?

① Pott ② Agricola
③ Pliny the Elder ④ Hamilton
⑤ Baker

해설 유해분진을 막기 위해 동물의 방광을 사용하여 방진마스크로 사용할 것을 권장한 최초의 사람은 (AD 1세기경) Pliny the Elder이다.

**404** 보호구에 관한 설명으로 옳지 않은 것은?

① 방진마스크의 흡기저항과 배기저항은 모두 낮은 것이 좋다.
② 방진마스크의 포집효율과 흡기저항 상승률은 모두 높은 것이 좋다.
③ 방독마스크는 사용 중에 조금이라도 가스냄새가 나는 경우 새로운 정화통으로 교체하여야 한다.
④ 방독마스크의 흡수제는 활성탄, 실리카겔, Soda Lime 등이 사용된다.
⑤ 방진마스크는 되도록 가벼우며 사용이 간편한 것이 좋다.

해설 호흡기보호구는 포집효율은 높고, 흡기저항은 낮아야 좋다.

**405** 방진마스크의 선정기준으로 틀린 내용은?

① 포집효율이 높은 것이 좋다. ② 흡기저항은 큰 것이 좋다.
③ 배기저항은 작은 것이 좋다. ④ 중량은 가벼운 것이 좋다.
⑤ 착용감이 좋아야 한다.

해설 방진마스크의 선정기준

㉠ 가벼워야 한다.
㉡ 사용이 간편해야 한다.
㉢ 착용감이 좋아야 한다.
㉣ 흡기나 배기저항이 작아 호흡하기에 편해야 한다. 만약 호흡저항이 크면 작업자들이 보호구 착용을 기피하는 원인이 될 수 있다.
㉤ 시야가 우수해야 한다.
㉥ 보안경 착용이 용이해야 한다(특히, 용접작업, 산 세척작업 등)
㉦ 대화가 가능해야 한다.
㉧ 안면부가 부드러워야 한다.

**406** 개인보호구 중 방독마스크의 카트리지의 수명에 영향을 미치는 요소와 가장 거리가 먼 것은?

① 흡착제의 질과 양 ② 상대습도
③ 온도 ④ 오염물질의 입자 크기
⑤ 오염물질의 농도

해설 방독마스크의 카트리지 수명에 영향을 미치는 요소
- 흡착제의 질과 양
- 온도
- 포장의 균일성과 밀도
- 상대습도
- 오염물질의 농도
- 착용자의 호흡률을 포함한 노출조건
- 다른가스·증기와 혼합여부

**407** 다음 중 방진마스크를 사용하기 곤란한 작업은?

① 광산의 채석장
② 용단 작업시 흄이 생기는 작업장
③ 맨홀이나 지하가스 작업장
④ 불량유리제품의 재활용을 위한 분쇄작업장
⑤ 목재를 절단하는 작업장

해설 방진마스크를 사용해야 하는 작업은 분진, 흄 및 미스트가 발생되는 작업으로, 맨홀이나 지하가스 작업장은 송기마스크를 착용해야하는 작업이다.

**408** 방진마스크에 관한 설명으로 옳지 않은 것은?

① 형태별로 전면 마스크와 반면 마스크가 있다.
② 비휘발성 입자에 대한 보호가 가능하다.
③ 반면마스크는 안경을 쓴 사람에게 유리하며 밀착성이 우수하다.
④ 필터의 재질은 면, 모, 합성섬유, 유리섬유, 금속섬유 등이다.
⑤ 필터는 시간이 지나면 입자상 물질이 섬유질 사이에 막힘으로써 압력강하가 증가하여 호흡할 때 신체적 부담을 안게 된다.

해설 방진마스크 형태중 반면마스크는 전면마스크에 비해 밀착성이 좋지 않다.

 정답 406. ④ 407. ③ 408. ③

**409** 보호구에 대한 설명으로 틀린 것은?
① 방진마스크는 입자의 휘발성을 고려하여 필터재질을 결정한다.
② 방진마스크는 흡기저항, 배기저항, 흡기저항 상승률 모두 낮은 것이 좋다.
③ 방독 마스크는 사용 중에 조금이라도 가스냄새가 나는 경우 새로운 정화통으로 교체하여야 한다.
④ 방독마스크의 흡수제는 활성탄, 실리카겔, Soda Lime 등이 사용된다.
⑤ 방진마스크는 안면밀착성이 큰 것이 좋다.

해설 입자의 휘발성을 고려하여 필터재질을 결정해야 하는 보호구는 유기가스용 마스크다.

**410** 호흡용 보호구에 관한 설명으로 가장 거리가 먼 것은?
① 방진마스크는 비휘발성 입자에 대한 보호가 가능하다.
② 방독마스크는 공기 중의 산소가 부족하면 사용할 수 없다.
③ 방독마스크는 일시적인 작업 또는 긴급용으로 사용하여야 한다.
④ 방독마스크는 면, 모, 합성섬유 등을 필터로 사용한다.
⑤ 방독마스크는 배기저항이 적을수록 좋다.

해설 ④는 방진마스크에 해당

**411** 다음 중 방독마스크의 흡수재 재질로 적당하지 않은 것은?
① Glass Fiber
② Silicagel
③ Activated Carbon
④ Soda Lime
⑤ Zeolite

해설 Glass Fiber는 방진마스크 여과재로 방독마스크 흡수재로는 적당하지 않다.

**412** 방독마스크를 효과적으로 사용할 수 있는 작업으로 가장 적절한 것은?
① 오래 방치된 우물 속의 작업
② 맨홀 작업
③ 정화조 내 작업
④ 전자부품 세척작업
⑤ 오래 방치된 갱의 출입

해설 산소결핍의 우려가 있는 작업 장소는 송기마스크가 적합하다.
- 오래방치된 우물 속의 작업
- 맨홀작업
- 정화조 내 작업
- 오래 방치된 갱의 출입

**413** 다음 중 방독마스크의 정화통의 수명에 가장 적은 영향을 주는 인자는?

① 유해물질의 농도
② 작업장의 습도
③ 작업장의 기류
④ 작업자의 작업강도
⑤ 유해물질의 휘발성

해설 방독마스크 정화통의 수명에 영향을 주는 인자
㉠ 작업장의 유해물질 농도가 높을수록
㉡ 보호구 착용자의 호흡률이 클수록
㉢ 공기 중의 상대습도가 높을수록
㉣ 유해물질의 휘발성이 높을수록 사용한도 시간이 감소됨

**414** 보호구의 보호 정도를 나타내는 할당보호계수(APF)에 관한 설명으로 옳지 않은 것은?

① 호흡용 보호구 선정시 위해비(HR) 보다 APF가 작은 것을 선택해야 한다.
② APF를 이용하여 보호구에 대한 최대사용농도를 구할 수 있다.
③ APF가 100인 보호구를 착용하고 작업장에 들어가면 착용자는 외부 유해물질로부터 적어도 100배만큼의 보호를 받을 수 있다는 의미이다.
④ 일반적인 PF 개념의 특별한 적용으로 적절히 밀착이 이루어진 호흡기보호구를 훈련된 일련의 착용자들이 작업장에서 착용하였을 때 기대되는 최소 보호정도치를 말한다.
⑤ 할당보호계수가 가장 큰 것은 양압 호흡기 보호구 중 공기공급식(SCBA, 압력식) 전면형이다.

해설 할당보호계수(APF ; Assigend Protection Factor)
㉠ 일반적인 PF(Protection Factor)개념의 특별한 적용으로 적절히 밀착이 이루어진 호흡기 보호구를 훈련된 착용자들이 작업장에서 착용시 기대되는 최소 보호정도치를 의미한다.
㉡ $APF \geq \frac{Cair}{PEL}$ (=HR), Cair : 기대되는 공기 중 농도, PEL : 노출기준, HR : 위해비
㉢ 호흡용 보호구 선정시 위해비(HR)보다 APF가 큰 것을 선택해야 한다는 의미의 식이다.
㉣ APF를 이용하여 보호구에 대한 최대사용농도를 구할 수 있다.

**415** 다음 중 산소결핍 장소의 출입시 착용하여야 할 호흡용 보호구로 적절하지 않은 것은?

① 공기호흡기
② 송기마스크
③ 방독마스크
④ 에어라인마스크
⑤ 자급식 송기마스크

해설 산소결핍 장소(공기 중의 산소 농도가 18% 미만)의 출입시 착용하여야 할 보호구 중 호흡용 보호구는 공기를 공급해줄 수 있는 보호구를 착용해야 하므로 방독마스크는 부적절하다.

 정답 413. ③ 414. ① 415. ③

**416** 다음의 보호장구 재질 중 극성용제에 가장 효과적인 것은?(단, 극성용제에는 알코올, 물, 케톤류 등을 포함한다.)

① Neoprene 고무
② Butyl 고무
③ Vitron
④ Nitrile 고무
⑤ 가죽

해설 ①, ③, ④는 비극성용제에 효과적이다.

**417** 보호구의 보호 정도와 한계를 나타내는 데 필요한 보호계수를 산정하는 공식은?(단, 보호계수=PF, 보호구 밖의 농도= $C_0$, 보호구 안의 농도= $C_i$)

① $PF = C_0/C_i$
② $PF = (C_0/C_i) \times 100$
③ $PF = (C_0/C_i) \times 0.5$
④ $PF = (C_0/C_i) \times 0.5$
⑤ $PF = (C_0/C_i) \times 0.8$

해설 보호구의 보호 정도와 한계를 나타내는 데 필요한 보호계수

$PF = C_0/C_i$

여기서, PF : 보호계수, $C_0$ : 보호구 밖의 농도, $C_1$ : 보호구 안의 농도

**418** 톨루엔을 취급하는 근로자의 보호구 밖에서 측정한 톨루엔 농도가 100ppm이었고 보호구 안의 농도가 50ppm으로 나왔다면 보호계수(Protection Factor ; PF)값은?

① 100
② 20
③ 10
④ 2
⑤ 0.2

해설 보호계수(PF) = $C_0/C_i = 100/50 = 2$

여기서, $C_0$ : 보호구 밖의 농도

$C_i$ : 보호구 안의 농도

**419** 청력보호구의 차음효과를 높이기 위한 유의사항 중 틀린 것은?

① 청력보호구는 머리의 모양이나 귓구멍에 잘 맞는 것을 사용한다.
② 청력보호구는 잘 고정시켜서 보호구 자체의 진동을 최소한도로 줄여야 한다.
③ 청력보호구는 기공이 많은 재료를 사용하여 제조한다.
④ 귀덮개 형식의 보호구는 머리카락이 길 때와 안경테가 굵어서 잘 밀착되지 않을 때는 사용이 어렵다.
⑤ 귀덮개 이용시 신호음을 들어야 하는 작업에서는 안전사고에 주의한다.

해설 청력보호구의 차음효과를 높이기 위한 유의사항
㉠ 사용자의 머리의 모양이나 귓구멍에 잘 맞아야 할 것
㉡ 가공이 많은 재료를 선택하지 말 것
㉢ 청력보호구를 잘 고정시켜서 보호구 자체의 진동을 최소한도로 줄여야 한다.
㉣ 귀덮개 형식의 보호구는 머리카락이 길 때와 안경테가 굵어서 잘 봉착되지 않을 때는 사용이 어렵다.

**420** 다음 중 귀마개에 관한 설명으로 틀린 것은?
① 휴대가 편하다.
② 고온작업장에서도 불편 없이 사용할 수 있다.
③ 근로자들이 보호구를 착용하였는지 쉽게 확인할 수 있다.
④ 제대로 착용하는 데 시간이 걸리고 요령을 습득해야 한다.
⑤ 귀에 질병이 있는 사람은 착용이 불가능하다.

해설 ③은 귀덮개에 대한 내용으로 착용여부 확인이 어렵다.

**421** 다음 방음보호구에 대한 설명 중 옳은 것만으로 짝지어진 것은?

ㄱ. 귀덮개는 고온 착용에 불편이 없다.
ㄴ. 귀덮개는 작업자가 착용하고 있는지 확인하기가 쉽다.
ㄷ. 귀에 염증이 있는 사람은 귀덮개를 착용해서는 안 된다.
ㄹ. 귀덮개는 귀마개보다 일관성 있는 차음효과를 얻을 수 있다.

① ㄱ, ㄴ
② ㄴ, ㄷ
③ ㄴ, ㄹ
④ ㄷ, ㄹ
⑤ ㄱ, ㄹ

해설 방음보호구 중 귀덮개는 귀마개에 비해서 차음효과가 크고 또한 착용감이 적어 편리하다는 장점이 있는 반면, 가격이 비싸고 고온 작업장 등에서는 착용하기가 어렵고, 안경이나 헬멧 등을 같이 착용할 때는 사용하기가 불편하다는 단점이 있다.

**422** 귀마개의 장점으로만 짝지어 놓은 것은?

㉠ 외이도에 이상이 있어도 사용이 가능하다.
㉡ 좁은 장소에서도 사용이 가능하다.
㉢ 고온 작업장소에서도 사용이 가능하다.

 정답 420. ③ 421. ③ 422. ②

① ㉠, ㉡ ② ㉡, ㉢
③ ㉠, ㉢ ④ ㉠, ㉡, ㉢
⑤ ㉠

해설 귀마개는 부피가 작아서 휴대하기가 쉽고 착용하기가 간편하며 안경과 안전모 등에 방해가 되지 않는다는 장점이 있지만, 귀에 질병이 있는 사람은 착용이 불가능하고 여름에 땀이 많이 날 때는 외이도 등에 염증을 유발할 수 있다는 단점이 있다. 또한 부피가 작은 대신 쉽게 분실할 수 있으므로 소음이 발생되는 설비주위에 비상용 귀마개를 비치하여 언제든지 착용할 수 있는 배려가 있어야 한다.

**423** 사용하는 흡수관의 제품(흡수)능력인 사염화탄소 농도 0.5%에 대한 유효시간이 100분인 경우, 사염화탄소 농도가 0.2%일 때 유효시간은?

① 200분 ② 225분
③ 250분 ④ 275분
⑤ 300분

해설 $\text{유효시간} = \dfrac{\text{표준유효시간} \times \text{시험가스농도}}{\text{공기 중 유해가스농도}} = \dfrac{0.5\% \times 100\text{분}}{0.2\%} = 250\text{분}$

**424** 다음 중 산업안전보건법상 검정대상 보호구가 아닌 것은?

① 귀덮개 ② 보안면
③ 안전조끼 ④ 방진마스크
⑤ 안전대

해설
- 의무안전인증대상 보호구 : 추락 및 감전 위험방지용 안전모, 안전화, 안전장갑, 방진마스크, 방독마스크, 송기마스크, 전동식 호흡보호구, 보호복, 안전대, 보안경, 용접용 보안면, 귀마개 또는 귀덮개
- 자율안전확인대상 보호구 : 안전모(추락 및 감전 위험방지용 안전모 제외), 보안경(차광 및 비산물 위험방지용 보안경 제외), 보안면(용접용 보안면 제외)

**425** 귀덮개 착용시 일반적으로 요구되는 차음효과로 가장 알맞은 것은?

① 저음에서 10dB 이상, 고음에서 25dB 이상
② 저음에서 15dB 이상, 고음에서 35dB 이상
③ 저음에서 20dB 이상, 고음에서 45dB 이상
④ 저음에서 25dB 이상, 고음에서 50dB 이상
⑤ 저음에서 30dB 이상, 고음에서 55dB 이상

해설 귀덮개 착용시 일반적으로 요구되는 차음효과는 저음에서 20dB 이상, 고음에서 45dB 이상이다.

**426** 안전모의 사용방법과 보관방법에 대한 설명으로 잘못된 것은?

① 통풍의 목적으로 모체에 구멍을 뚫어서는 안 된다.
② 착장제는 최소한 1개월에 한번 60℃의 물에 비누나 세척제로 세탁해야 한다.
③ 플라스틱제는 열화되므로 열경화성 수지는 약 3년, 열가소성 수지는 약 5년이 지나면 폐기처분한다.
④ 안전모를 차에 싣고 다닐 때는 햇빛이 들어오는 창 밑에 두어서는 안 된다.
⑤ 충격을 받은 안전모나 변형된 것은 폐기해야 한다.

해설 플라스틱 등 합성수지는 자외선 등에 의해 균열 및 강도저하 등 노화가 진행되므로 안전모의 탄성 감소, 색상변화, 균열 발생시 교체해 주어야 한다.

**427** 작업환경 내에서 유해물질을 취급하는 근로자가 정기적으로 받아야 하는 건강진단은?

① 배치전 건강진단
② 일반건강진단
③ 특수건강진단
④ 임시건강진단
⑤ 수시건강진단

해설 작업환경 내에서 유해물질을 취급하는 근로자가 정기적으로 받아야 하는 건강진단은 특수건강진단으로 유해인자별로 정해진 주기에 따라 실시하여야 하며, 비용은 사업주가 부담한다.

**428** 산업안전보건법상 다음 설명에 해당하는 건강진단의 종류는?

| 특수건강진단 대상 업무에 종사할 근로자에 대하여 배치 예정업무에 대한 적합성 평가를 위하여 사업주가 실시하는 건강진단 |
|---|

① 배치전건강진단
② 일반건강진단
③ 수시건강진단
④ 임시건강진단
⑤ 이직자건강진단

해설 배치전건강진단은 특수건강진단 대상 업무에 종사할 근로자에 대하여 배치 예정업무에 대한 적합성 평가를 위하여 사업주가 실시하는 건강진단을 말한다.

**429** 근로자 건강진단과 관련하여 건강관리구분 판정인 "$D_1$"이 의미하는 것은?

① 직업병유소견자
② 일반질병유소견자
③ 직업병요관찰자
④ 일반질병요관찰자
⑤ 2차 건강진단 대상자

 정답 426. ③ 427. ③ 428. ① 429. ①

해설 건강관리구분 판정 기준

$C_1$ : 직업병요관찰자　　$C_2$ : 일반질병요관찰자

$D_1$ : 직업병유소견자　　$D_2$ : 일반질병유소견자

**430** 산업안전보건법상 다음 설명에 해당하는 건강진단의 종류는?

> 특수건강진단 대상 업무로 인하여 해당 유해인자에 의한 직업성천식·직업성피부염 및 기타 건강장해를 의심하게 하는 증상을 보이거나 의학적 소견이 있는 근로자에 대하여 신속한 건강평가 및 의학적 적합성 평가를 위하여 실시근로자가 직접 요청하거나 근로자 대표나 명예 산업안전 감독관을 통하여 요청에 의하여 실시하는 건강진단

① 배치전건강진단　② 일반건강진단
③ 수시건강진단　④ 임시건강진단
⑤ 일반건강진단

해설 산업안전보건법(제43조, 시행규칙 제98조)상 수시건강진단은 특수건강진단 대상 업무로 인하여 해당 유해인자에 의한 직업성천식·직업성피부염 및 기타 건강장해를 의심하게 하는 증상을 보이거나 의학적 소견이 있는 근로자에 대하여 신속한 건강평가 및 의학적 적합성 평가를 위하여 실시근로자가 직접 요청하거나 근로자 대표나 명예 산업안전 감독관을 통하여 요청하는 때 실시하는 건강진단을 말한다.

**431** 공사현장과 동일한 구내에 있는 사무실에서에 총무과 업무를 하는 근로자의 일반건강진단 실시주기는?

① 6개월　② 1년
③ 2년　④ 3년
⑤ 5년

해설 산업안전보건법에 의한 생산현장과 동일한 장소에 근무하는 사무직 근로자의 일반건강진단 실시주기는 생산직과 동일한 연 1회이다.

**432** 다음중 산업안전보건법상 특수건강진단을 받아야 하는 작업으로만 짝지어진 것은?

> a. 소음이 80dB(A) 이상 발생하는 목재가공작업
> b. 자동차 도장공정의 스프레이 도장작업
> c. 도금사업장 탈지공정의 가성소다취급 작업
> d. 철 구조물 조립공정의 용접작업
> e. 전자부품 세척공정의 세척작업

① a, b, c
② b, c, d
③ c, d, e
④ b, d, e
⑤ a, d, e

해설 산업안전보건법(법 제43조)상 특수건강진단을 받아야 하는 소음작업은 1일 8시간 작업시간 기준으로 85dB(A) 이상 발생하는 작업장이며, 가성소다는 특수건강진단 대상 유해인자에 포함되어 있지 않다.

**433** 동일부서에서 근무하는 근로자 또는 동일한 유해인자에 노출되는 근로자에게 유사한 질병의 자·타각증상이 발생해서 유해인자에 의한 중독의 여부, 질병의 이환 여부 또는 질병의 발생원인 등을 확인하기 위하여 지방고용노동관서의 장 명령에 의해 건강검진을 실시하였다. 다음 중에서 알맞은 것은?

① 배치전건강진단
② 일반건강진단
③ 수시건강진단
④ 임시건강진단
⑤ 일반건강진단

해설 산업안전보건법(제43조, 시행규칙 제98조)상 임시건강진단은 동일부서에서 근무하는 근로자 또는 동일한 유해인자에 노출되는 근로자에게 유사한 질병의 자·타각증상이 발생해서 유해인자에 의한 중독의 여부, 질병의 이환 여부 또는 질병의 발생원인 등을 확인하기 위하여 지방노동관서장의 명령에 의해 실시하는 건강진단을 말한다.

**434** 다음 중 건강을 유지하기 위한 바람직한 방법이 아닌 것은?

① 간접흡연의 유해성도 크므로 꼭 금연한다.
② 육류와 알코올을 수시로 섭취한다.
③ 자신이 할 수 있는 일의 한계를 정한다.
④ 휴식은 평온한 마음을 가져온다.
⑤ 긍정적인 생각을 하며, 마음을 가라앉힐 수 있는 취미활동을 갖는다.

해설 건강생활 습관의 개선과 관리방법 중 육류와 알코올 섭취는 제한한다.

**435** 우리나라에서 현재 직업병유소견자가 가장 많은 질환은?

① 유기용제
② 소음성 난청
③ 중금속
④ 근골격계질환
⑤ 유해광선

해설 우리나라에서 현재 직업병유소견자가 가장 많은 질환은 소음성 난청이다.

 정답 433. ④ 434. ② 435. ②

**436** 다음 중 건강증진(Health Promotion)의 목표와 가장 거리가 먼 것은?

① 체력수준 향상
② 활기찬 생활
③ 개인의 능력향상
④ 질병의 치료
⑤ 긍정적 생활

해설 건강증진(Health Promotion)의 목표는 체력수준 향상, 활기찬 생활, 개인의 능력향상, 긍정적 생활이다.

**437** 근로자 건강증진사업계획의 원칙과 맞지 않는 것은?

① 직종이나 계급에 관계없이 모든 근로자들이 받아들일 수 있는 것이어야 한다.
② 근로자 참여에 있어서 개인의 선택이 보장되어야 한다.
③ 근로자의 건강증진은 건강보호에서부터 시작되어야 한다.
④ 참여하는 근로자의 기록과 결과는 함께 공유하여 서로 참고한다.
⑤ 참여하는 모든 근로자의 기록과 결과는 비밀이 보장되어야 한다.

해설 근로자 건강증진사업계획의 원칙

㉠ 직종이나 계급에 관계없이 모든 근로자들이 받아들일 수 있는 것이어야 한다.
㉡ 근로자 참여에 있어서 개인의 선택이 보장되어야 한다.
㉢ 근로자의 건강증진은 건강보호에서부터 시작되어야 한다.
㉣ 참여하는 근로자의 기록과 결과는 비밀을 유지하여야 한다.
㉤ 참여하는 모든 근로자의 기록과 결과는 비밀이 보장되어야 한다.

**438** 산업안전보건법에 따라 특수건강진단 · 수시건강진단 또는 임시건강진단을 실시한 경우 특수건강진단기관은 건강검진결과표를 검진을 마친 날부터 며칠 이내에 관할 지방고용노동관서의 장(산업안전보건공단)에게 제출하여야 하는가?

① 7일
② 15일
③ 30일
④ 60일
⑤ 90일

해설 산업안전보건법상 특수건강진단기관은 근로자에 대한 특수건강진단 · 수시건강진단 또는 임시건강진단을 실시한 경우에는 법 제43조제4항에 따라 건강진단을 실시한 날부터 30일 이내에 건강진단 결과표를 지방고용노동관서의 장에게 제출하여야 한다. 이 경우 건강진단개인표 전산입력자료를 고용노동부장관이 정하는 바에 따라 공단에 송부한 경우에는 그러하지 아니하다.

**439** 연평균 근로자 1,000명인 사업장에서 연간 3건의 재해가 발생하였다. 사망 1명, 50일 요양 1명, 30일 요양 2명이 발생했을 경우에 강도율은 얼마인가?(단, 연근로시간은 2,500시간으로 한다.)

① 2.04
② 3.04
③ 4.04
④ 5.04
⑤ 6.04

해설 $\text{강도율} = \dfrac{\text{근로손실일수}}{\text{연근로시간수}} \times 1{,}000 = \dfrac{7{,}500 + (50 + 30 \times 2) \times \dfrac{300}{365}}{1{,}000 \times 2{,}500} \times 1{,}000 = 3.04$

**440** 다음 중 불안전한 행동에 해당되지 않는 것은?

① 안전장치를 해지한다.
② 작업장소의 공간이 부족하다.
③ 보호구를 착용하지 않고 작업한다.
④ 적재, 청소 등 정리 정돈을 하지 않는다.
⑤ 방호덮개를 해체한다.

해설 작업장소의 공간 부족 : 불안전한 상태

**441** 국제노동기구(ILO)의 산업재해 정도구분에서 부상 결과 근로자가 신체장해등급 제12급 판정을 받았다고 하면 이는 어느 정도의 부상을 의미하는가?

① 영구일부노동불능
② 영구전노동불능
③ 일시일부노동불능
④ 일시전노동불능
⑤ 구급처치상해

해설 노동불능상태의 구분

1. 영구전노동불능 : 장해등급 1~3급
2. 영구일부노동불능 : 장해등급 4~14급
3. 일시전노동불능 : 장해가 남지 않는 휴업상해
4. 일시일부노동불능 : 일시 근무 중에 업무를 떠나 치료를 받는 정도의 상해
5. 구급처치상해 : 응급처치 후 정상작업을 할 수 있는 정도의 상해

**442** A사업장의 도수율이 10이라 할 때 연천인율은 얼마인가?

① 2.4
② 5
③ 12
④ 18
⑤ 24

 정답 439. ② 440. ② 441. ① 442. ⑤

해설 연천인율 = 도수율 × 2.4 = 10 × 2.4 = 24

**443** 1일 근무시간이 9시간, 지난 한 해 동안 근무한 일수가 290일인 A사업장의 재해건수는 24건, 의사진단에 의한 총휴업일수는 3,650일이었다. 해당 사업장의 도수율과 강도율은 얼마인가?

① 도수율 : 0.02, 강도율 : 2.55
② 도수율 : 2.04, 강도율 : 0.26
③ 도수율 : 20.43, 강도율 : 0.26
④ 도수율 : 20.43, 강도율 : 2.55
⑤ 도수율 : 20.43, 강도율 : 0.02

해설 1. 도수율 $= \frac{\text{재해건수}}{\text{연근로시간수}} \times 10^6 = \frac{24}{45 \times 290 \times 9} \times 10^6 = 20.43$

2. 강도율 $= \frac{\text{근로손실일수}}{\text{연근로시간수}} \times 1,000 = \frac{3,650 \times 300/365}{450 \times 290 \times 9} \times 1,000 = 2.55$

**444** 다음 중 부주의의 발생 원인별 대책방법이 올바르게 짝지어진 것은?

① 소질적 문제 - 안전교육
② 경험, 미경험 - 적성배치
③ 의식우회 - 작업환경 개선
④ 작업순서의 부적합 - 인간공학적 접근
⑤ 소질적 문제 - 상담

해설 부주의 발생원인 및 대책

(1) 외적원인 및 대책
1. 작업, 환경조건 불량 : 환경정비, 작업환경 개선
2. 작업순서의 부적당 : 작업순서 변경 및 인간공학적 접근

(2) 내적원인 및 대책
1. 소질적 문제 : 적성배치
2. 의식의 우회 : 상담
3. 경험·미경험 : 안전교육

**445** 연평균 500명의 근로자가 근무하는 사업장에서 지난 한 해 동안 20명의 재해자가 발생하였다. 만약 이 사업장에서 한 작업자가 평생동안 작업을 한다면 약 몇 건의 재해가 발생하겠는가?(단, 1인당 평생근로시간은 120,000시간으로 한다.)

① 1건
② 2건
③ 4건
④ 6건
⑤ 8건

해설 환산도수율 $= \frac{\text{재해건수}}{\text{연근로시간수}} \times$ 근로자일평생근로시간수 $= \frac{20}{500 \times 8 \times 300} \times 120,000 = 1.99$

그러므로 평생 동안 작업에서 약 2건의 재해가 발생한다고 볼 수 있다.

**446** 종합재해지수(FSI)에 대한 설명으로 틀린 것은?

① 강도율과 도수율의 기하평균이다.
② 강도율을 도수율로 나눈 값의 제곱근이다.
③ 어떤 집단의 안전성적을 비교하는 수단으로 사용된다.
④ 재해의 빈도와 상해 정도의 강약을 종합하여 나타낸다.
⑤ 어느 그룹의 위험도를 비교하는 수단으로 사용된다.

해설 종합재해지수(FSI) $= \sqrt{\text{도수율} \times \text{강도율}}$

**447** 사고의 직접 원인 중 인적 요인에 해당하지 않는 것은?

① 불안전한 속도 조작
② 안전장치의 기능 제거
③ 운전 중 기계장치의 고장
④ 불안전한 인양 및 운반
⑤ 방호덮개의 제거

해설 운전 중 기계장치의 고장은 물적요인(불안전한 상태)이다.

**448** 베어링을 생산하는 사업장에 300명의 근로자가 근무하고 있다. 1년에 21건의 재해가 발생하였다면 이 사업장에서 근로자 1명이 평생작업시 약 몇 건의 재해를 당할 수 있겠는가?(단, 1일 8시간, 1년에 300일 근무, 평생근로시간은 10만 시간이다.)

① 1건　　② 3건
③ 5건　　④ 6건
⑤ 9건

해설 (1) 환산도수율 : 평생(근로시간 : 10만 시간) 작업시 발생하는 재해건수

(2) 환산도수율 $=$ 도수율 $\times \frac{1}{10} = \left(\frac{\text{재해건수}}{\text{연근로시간수}} \times 10^6\right) \times \frac{1}{10}$

$= \left(\frac{21}{300 \times 8 \times 300} \times 10^6\right) \times \frac{1}{10} = 2.92 \fallingdotseq 3$건

**449** A공장의 근로자수가 440명, 1일 근로시간이 7시간 30분, 연간 총근로일수는 300일, 평균출근율 95%, 총잔업시간이 10,000시간, 지각 및 조퇴시간 500시간일 때, 이 기간 중 발생한 재해는 휴업재해 4건, 불휴재해 6건이라고 한다. 이 공장의 도수율은 얼마인가?

① 0.11 ② 4.26
③ 6.32 ④ 9.76
⑤ 10.53

해설 $도수율 = \frac{재해건수}{연근로총시간수} \times 10^6$

$= \frac{4+6}{(440 \times 7.5 \times 300 \times 0.95) + (10,000 - 500)} \times 10^6 = 10.53$

**450** 다음 중 재해조사의 목적에 해당되지 않는 것은?

① 재해발생 원인 및 결함 규명 ② 재해관련 책임자 문책
③ 재해예방 자료수집 ④ 동종재해 재발방지
⑤ 유사재해 재발방지

해설 재해조사의 목적
1. 재해예방 자료수집
2. 재해발생원인 및 결함규명
3. 동종재해 및 유사재해의 재발방지(재해조사의 주목적)

**451** 도수율이 24.5이고, 강도율이 2.15인 사업장이 있다. 이 사업장에 한 근로자가 입사하여 퇴직할 때까지는 며칠간의 근로손실일수가 발생하겠는가?

① 2.45일 ② 215일
③ 2150일 ④ 2450일
⑤ 2500일

해설 환산강도율 = 강도율×100 = 2.15×100 = 215일

**452** 산업재해의 분석 및 평가를 위하여 재해발생 건수 등의 추이에 대해 한계선을 설정하여 목표관리를 수행하는 재해통계 분석기법은?

① 폴리건(Polygon) ② 관리도(Control Chart)
③ 파레토도(Pareto Diagram) ④ 특성요인도(Cause & Effect Diagram)
⑤ 클로즈(Close) 분석도

해설 재해의 통계적 원인분석방법
관리도(Control Chart) : 재해발생 건수 등의 추이를 파악하여 목표관리를 행하는 데 필요한 월별 재해발생수를 그래프화하여 관리선을 설정 관리하는 방법

**453** 도수율이 11.65인 사업장의 연천인율은 약 얼마인가?

① 23.96
② 25.76
③ 27.96
④ 30.36
⑤ 33.96

해설 연천인율 = 도수율×2.4 = 11.65×2.4 = 27.96

**454** K사업장의 근로자가 90명이고, 3건의 재해가 발생하여 5명의 사상자가 발생하였다면 이 사업장의 도수율은 약 얼마인가?(단, 1인 1일 9시간씩 연간 300일을 근무하였다.)

① 12.35
② 13.89
③ 20.58
④ 34.58
⑤ 55.56

해설 도수율 $= \frac{\text{재해건수}}{\text{연근로시간수}} \times 10^6 = \frac{3}{90 \times 9 \times 300} \times 10^6 = 12.35$

**455** 다음 중 재해의 발생형태에 해당하지 않는 것은?

① 낙하 · 비래
② 협착
③ 이상온도 노출
④ 골절
⑤ 충돌

해설 골절은 상해종류임

**456** 재해코스트 산정에 있어 시몬즈(R.H. Simonds)방식에 의한 재해코스트 총액을 올바르게 나타낸 것은?

① 직접비＋간접비
② 직접비＋비보험코스트
③ 보험코스트＋비보험코스트
④ 보험코스트＋사업부보상금 지급액
⑤ 간접비＋비보험코스트

 정답 453. ③ 454. ① 455. ④ 456. ③

해설 시몬즈방식에 의한 재해코스트 산출방식
총재해 cost = 보험 cost + 비보험 cost
[비보험 cost = (A×휴업상해건수) + (B×통원상해건수) + (C×응급조치건수) + (D×무상해사고건수)]
여기서, A, B, C, D는 상해정도별에 따른 비보험 cost의 평균치

**457** 상시근로자를 400명 채용하고 있는 사업장에서 주당 40시간씩 1년간 50주를 작업하는 동안 재해가 180건 발생하였고, 이에 따른 근로손실일수가 780일이었다. 이 사업장의 강도율은 약 얼마인가?

① 0.45
② 0.75
③ 0.98
④ 1.95
⑤ 2.15

해설 $\text{강도율} = \frac{\text{근로손실일수}}{\text{연근로시간수}} \times 1{,}000 = \frac{780}{400 \times 40 \times 50} \times 1{,}000 = 0.98$

**458** A사업장의 연천인율이 10.8이었다면 이 사업장의 도수율은 약 얼마인가?

① 5.4
② 4.5
③ 3.7
④ 1.8
⑤ 0.7

해설 $\text{도수율} = \frac{\text{연천인율}}{2.4} = \frac{10.8}{2.4} = 4.5$

**459** 근로자 280명의 사업장에서 1년 동안 사고로 인한 근로 손실일수가 190일, 휴업일수가 28일이었다. 이 사업장의 강도율은 약 얼마인가?

① 0.28
② 0.32
③ 0.38
④ 0.43
⑤ 0.56

해설 $\frac{\text{근로손실일수}}{\text{연평균근로시간}} \times 1{,}000 = \frac{(190 + 28 \times 300 \div 365)}{280 \times 8 \times 300} \times 1{,}000 = 0.317 \fallingdotseq 0.32$

**460** 중대재해로 인하여 사망사고가 발생시 근로손실일수는 얼마로 산정하는가?(단, ILO의 산정 기준을 따른다.)

① 3,000일　　② 4,000일
③ 5,500일　　④ 7,000일
⑤ 7,500일

해설 사망 및 영구전노동불능(장애등급 1~3급) : 7,500일

**461** 하인리히 재해코스트 중 직접비로 볼 수 없는 것은?

① 치료비　　② 재해급여
③ 생산손실비　　④ 장의비
⑤ 유족보상비

해설 직접비
법령으로 정한 피해자에게 지급되는 산재보험비
1. 휴업보상비　2. 장해보상비　3. 요양보상비
4. 유족보상비　5. 장의비

**462** 도수율이 12.5인 사업장에서 근로자 1명에게 평생 동안 약 몇 건의 재해가 발생하겠는가?(단, 평생근로연수는 40년, 평생근로시간은 잔업시간 4,000시간을 포함하여 80,000시간으로 가정한다.)

① 1　　② 2
③ 4　　④ 8
⑤ 12

해설 $\text{환산도수율} = \text{도수율} \times \frac{1}{10} = 12.5 \times \frac{1}{10} = 1.25$
그러므로 평생 동안 약 1건의 재해가 발생한다.

**463** 종업원 1,000명이 근무하는 S사업장의 강도율이 0.40이었다. 이 사업장에서 연간 재해발생으로 인한 근로손실일수는 총 며칠인가?

① 480　　② 720
③ 960　　④ 1,024
⑤ 1,440

해설 $\text{강도율} = \frac{\text{근로손실일수}}{\text{연근로시간수}} \times 1{,}000$이므로 $0.40 = \frac{\text{근로손실일수}}{1{,}000 \times 2{,}400} \times 1{,}000$
따라서 근로손실일수는 960일이다.

**464** 연간 근로자수가 1,000명인 A 공장의 도수율이 10이었다면 이 공장에서 연간 발생한 재해건수는 몇 건인가?

① 20건
② 22건
③ 24건
④ 26건
⑤ 28건

해설 연천인율＝도수율×2.4＝10×2.4＝24건

**465** 다음 중 재해조사시 유의사항에 관한 설명으로 틀린 것은?

① 사실을 있는 그대로 수집한다.
② 조사는 2인 이상이 실시한다.
③ 기계설비에 관한 재해요인만 직접적으로 도출한다.
④ 목격자의 증언 등 사실 이외의 추측의 말은 참고로만 한다.
⑤ 조사는 신속하게 행하고 긴급 조치하여 2차 재해의 방지를 도모한다.

해설 사람, 기계 설비 등의 재해요인을 모두 도출한다.

**466** 재해분석도구 가운데 재해발생의 유형을 어골상으로 분류하여 분석하는 것은?

① 파레토도
② 특성요인도
③ 관리도
④ 클로즈분석
⑤ 체크시트

해설 특성 요인도
특성과 요인관계를 도표로 하여 어골상으로 세분화한 분석법

**467** A 사업장에서는 450명 근로자가 1주일에 40시간씩, 연간 50주를 작업하는 동안에 18건의 재해가 발생하여 20명의 재해자가 발생하였다. 이 근로시간 중에 근로자의 6%가 결근하였다면 이 사업장의 도수율은 약 얼마인가?

① 20.00
② 21.28
③ 23.64
④ 33.28
⑤ 44.44

해설 $\text{도수율} = \frac{\text{재해발생건수}}{\text{연근로총시간수}} \times 10^6 = \frac{18}{(450 \times 40 \times 50 \times 0.94)} \times 10^6 \fallingdotseq 21.28$

**468** 다음 중 재해발생 시 긴급처리의 조치순서로 가장 적절한 것은?

① 기계정지 - 현장보존 - 피해자 구조 - 관계자 통보
② 현장보존 - 관계자 통보 - 기계정지 - 피해자 구조
③ 피해자 구조 - 현장보존 - 기계정지 - 관계자 통보
④ 피해자 구조 - 기계정지 - 관계자 통보 - 현장보존
⑤ 기계정지 - 피해자 구조 - 관계자 통보 - 현장보존

해설 긴급처리 조치순서

1. 피재기계의 정지 및 피해확산 방지
2. 피재자의 응급조치
3. 관계자에게 통보
4. 2차 재해방지
5. 현장보존

**469** 재해발생시의 조치순서 중 재해조사 단계에서 실시하는 내용으로 옳은 것은?

① 현장보존
② 관계자에게 통보
③ 잠재위험요인의 색출
④ 피재자의 응급조치
⑤ 대책수립

해설 재해발생시의 조치사항

1. 긴급처리
2. 재해조사(잠재위험요인의 색출)
3. 원인강구 : 원인분석(사람, 물체, 관리)
4. 대책수립
5. 대책실시계획
6. 실시
7. 평가

**470** 1,000명의 근로자가 근무하는 금속제품 제조업체에서 연간 100건의 재해가 발생하였다. 이 가운데 근로자들이 질병, 기타 사유로 인하여 총근로시간 중 3%가 결근하였다면 이 업체의 도수율은 약 얼마인가?(단, 근로자는 주당 48시간, 연간 50주를 근무하였다.)

① 31.67
② 32.96
③ 41.67
④ 42.96
⑤ 44.67

해설 $\text{도수율} = \frac{\text{재해건수}}{\text{연근로시간수}} \times 10^6 = \frac{100}{1{,}000 \times 48 \times 50 \times 0.97} \times 10^6 = 42.96$

 정답 468. ⑤ 469. ③ 470. ④

**471** 강도율 5인 사업장에서 한 작업자가 평생 동안 작업을 한다면 산업재해로 인하여 근로손실을 당하는 일수는 며칠로 추정되겠는가?(단, 한 작업자의 평생근로시간은 100,000시간으로 가정한다.)

① 450 ② 500
③ 550 ④ 600
⑤ 650

해설 근로자가 입사하여 퇴직할 때까지 잃을 수 있는 근로손실일수는 환산강도율로 구한다.
환산강도율 = 강도율×100 = 5×100 = 500일

# 부록

# 산업보건지도사 기출문제

Industrial Safety

# 산업보건지도사 기출문제

## 2013년

1. 검사결괏값이 높을수록 뇌심혈관계 질환에 예방적 효과를 나타내는 것은?
① 혈당
② 중성지방
③ 총콜레스테롤
④ HDL-콜레스테롤
⑤ LDL-콜레스테롤

2. 산업안전보건법령상 대상 유해인자와 배치 후 첫 번째 특수건강진단의 시기가 옳게 짝지어진 것은?
① N,N-디메틸아세트아미드 - 1개월 이내
② N,N-디메틸포름아미드 - 3개월 이내
③ 벤젠 - 3개월 이내
④ 염화비닐 - 6개월 이내
⑤ 사염화탄소 - 6개월 이내

3. 산업안전보건법령상 진단결과에 따라 사업주가 근로를 금지하거나 취업을 제한하여야 하는 대상이 아닌 질병자는?
① 정신분열증에 걸린 사람
② 마비성 치매에 걸린 사람
③ 폐결핵으로 진단받고 1개월째 약물치료를 받고 있는 사람
④ 규폐증으로 진단받고 모래를 이용한 주형작업에 근무하려는 사람
⑤ 만성신장질환으로 치료 중이나, 카드뮴 노출 작업장에 근무하려는 사람

1. ④ 2. ① 3. ③ 정답

**4.** 다음 질환의 유해인자에 대한 노출이 중단되면 방사선학적 소견상 자연적 완화를 기대할 수 있는 진폐증은?

① 면폐증　　② 규폐증
③ 베릴륨폐증　　④ 탄광부진폐증
⑤ 용접공폐증

**5.** 유기용제와 독성영향이 잘못 짝지어진 것은?

① 톨루엔 - 조혈장애　　② 벤젠 - 재생불량성 빈혈
③ 이황화탄소 - 말초신경장애　　④ 메틸알코올 - 위축성 시신경염
⑤ 2-브로모프로판 - 생식독성

**6.** 남성 근로자 우측 귀의 청력검사결과와 연령보정값이 다음 표와 같을 때 이 근로자의 표준역치변동값과 청력평가로 옳은 것은?

〈표〉 주파수별 청력검사결과와 연령보정값

| 주파수(Hz) | 1,000 | 2,000 | 3,000 | 4,000 | 5,000 |
|---|---|---|---|---|---|
| 청력역치 변동값(dB) | 5 | 10 | 15 | 20 | 20 |
| 남성의 연령보정값(dB) | 2 | 2 | 3 | 5 | 6 |

① 표준역치변동값 : 8.7dB, 청력평가 : 유의하지 않은 표준역치변동
② 표준역치변동값 : 9.5dB, 청력평가 : 유의한 표준역치변동
③ 표준역치변동값 : 10.4dB, 청력평가 : 유의하지 않은 표준역치변동
④ 표준역치변동값 : 1.7dB, 청력평가 : 유의한 표준역치변동
⑤ 표준역치변동값 : 12.3dB, 청력평가 : 유의하지 않은 표준역치변동

**7.** 근로자의 폐기능 검사에 관한 설명으로 옳지 않은 것은?(단, TLC : 총폐활량, FVC : 노력성 폐활량, FEV1 : 일초율)

① 기관지 천식과 같은 폐쇄성 질환에서는 FEV1이 FVC보다 더 많이 감소한다.
② 검사결과는 같은 성, 연령, 신장, 인종 등의 참고값과 비교하여 해석하여야 한다.
③ FVC는 최대로 흡입한 후 최대한 내쉰 총공기량이며, FEV1은 검사하는 동안 처음 1초간 내쉰 공기량이다.
④ 신뢰할 만한 검사가 되기 위해서 최대한으로 숨을 들이마셔 TLC에 도달한 다음 검사를 시작해야 한다.
⑤ 폐섬유화와 같은 제한성 질환에서는 FEV1과 FVC 모두 감소하여 특징적으로 FEV1 / FVC비가 정상이거나 작아진다.


정답 4. ⑤　5. ①　6. ④　7. ⑤

8. 손목을 이용하여 드라이버로 주로 작업하는 근로자가 엄지와 2, 3 수지 부위가 저리다고 할 때, 적절한 진단결과는?
① 경추염좌
② 방아쇠 수지
③ 유착성 견관절염
④ 수근관 증후군
⑤ 테니스 엘보(외상과염)

9. 유해인자의 피부흡수에 관한 설명으로 옳지 않은 것은?
① 지용성이 높은 물질은 피부흡수가 더 잘된다.
② 물질의 pH가 피부흡수에 가장 중요한 역할을 한다.
③ 피부흡수가 가능한 물질은 노출기준에 Skin으로 표시한다.
④ 극성 유해물질의 피부흡수는 피부의 수분함량에 영향을 많이 받는다.
⑤ 피부의 각질층은 유해인자의 흡수에 관한 장벽으로 가장 중요한 역할을 한다.

10. 직무스트레스를 해결하기 위한 조직적 접근에 관한 내용으로 옳지 않은 것은?
① 근로자를 참여시킨다.
② 단계적으로 문제에 접근한다.
③ 조직 문화의 변화를 포함한다.
④ 사업주는 프로그램에 관심을 가져야 하며 책임을 져야 한다.
⑤ 사업장에서 스트레스 관리 목적은 스트레스를 완전히 없애는 것이다.

11. 고용노동부 고시 「근골격계 부담작업의 범위」에 포함되지 않는 것은?
① 하루에 총 2시간 이상 쪼그리고 앉거나 무릎을 굽힌 상태에서 이루어지는 작업
② 하루에 2시간 이상 집중적으로 자료입력 등을 위해 키보드 또는 마우스를 조작하는 작업
③ 하루에 총 2시간 이상 목, 어깨, 팔꿈치, 손목 또는 손을 사용하여 같은 동작을 반복하는 작업
④ 하루에 총 2시간 이상 머리 위에 손이 있거나, 팔꿈치가 어깨 위에 있거나, 팔꿈치를 몸통으로부터 들거나, 팔꿈치를 몸통 뒤쪽에 위치하도록 하는 상태에서 이루어지는 작업
⑤ 하루에 총 2시간 이상 지지되지 않은 상태에서 1kg 이상의 물건을 한 손의 손가락으로 집어 옮기거나, 2kg 이상에 상응하는 힘을 가하여 한 손의 손가락으로 물건을 쥐는 작업

8. ④ 9. ② 10. ⑤ 11. ② 정답

**12.** 산업위생 발전에 기여한 인물과 업적이 잘못 짝지어진 것은?

① 렌(Rehn) – Anilin 염료로 인한 직업성 방광암 발견
② 아그리콜라(Agricola) – 〈광물에 대하여〉를 저술
③ 해밀턴(Hamilton) – 사이다 공장에서 납에 의한 복통 보고
④ 로리가(Loriga) – 진동공구에 의한 수지의 Raynaud 증상 보고
⑤ 갈레노스(Galenos) – 구리광산에서의 산증기의 위험성 보고

**13.** 노출평가는 유해인자에 대한 작업자의 노출 타당성을 파악하기 위해 통계적 방법에 근거해야 한다. 다음에 제시한 노출평가 과정 중 옳지 않은 것은?

① 노출에 대한 신뢰구간 계산
② 신뢰구간과 노출기준의 비교
③ 분포에 따른 대표치와 변이 산출
④ 자료의 분포검정과 이상값 존재유무 확인
⑤ 자료가 기하정규 분포할 경우의 변이는 기하평균으로 산출

**14.** 공기 중 유해인자에 대해 고체흡착제를 이용하여 시료를 포집할 때, 흡착에 영향을 주는 인자에 관한 설명으로 옳은 것은?

① 습도 : 비극성 흡착제를 사용할 때 수증기가 흡착되기 때문에 파과가 일어난다.
② 흡착제의 크기 : 입자의 크기가 클수록 표면적이 증가하므로 채취효율이 증가한다.
③ 온도 : 흡착은 열역학적으로 발열반응이므로 온도가 높을수록 흡착에 좋은 조건이 된다.
④ 유해물질의 농도 : 공기 중 유해물질의 농도가 낮을수록 흡착량이 많고 파과가 일어나기 쉽다.
⑤ 시료채취속도 : 시료채취속도가 높으면 파과가 일어나기 쉬우며 코팅된 흡착제일수록 그 경향이 강하다.

**15.** DNPH(2,4-Dinitrophenyhydrazine) 카트리지를 이용하여 작업장에서 포름알데히드(HCHO)를 포집한 후 아세토니트릴(ACN)을 이용하여 추출하였다. 고성능액체 크로마토그래피(HPLC)를 이용하여 추출액을 분석한 후 다음과 같은 결과를 얻었을 때 포름알데히드의 농도($\mu g/m^3$)는?

• 현장시료 분석결괏값 : 3$\mu$g/mL
• 공시료 분석결괏값 : 0.3$\mu$g/mL
• 아세토니트릴로 추출한 부피 : 5mL
• 펌프유량 : 1,000mL/min
• 측정시간 : 30분

 정답 12. ③ 13. ⑤ 14. ⑤ 15. ③

① 250
② 350
③ 450
④ 50
⑤ 650

**16.** 작업장에서 사용하는 압축기(compressor)로부터 50m 떨어진 거리에서 측정한 음압수준(sound pressure level)이 130dB였다면, 압축기로부터 25m와 100m 떨어진 거리에서 측정한 음압수준(dB)은 각각 얼마인가?(단, 작업장은 경계가 없어서 음의 전파에 방해를 받지 않은 영역이다.)

① 132, 128
② 134, 126
③ 136, 124
④ 140, 120
⑤ 150, 120

**17.** 크실렌의 주요한 생물학적 노출지수로서 소변 중에서 측정하는 물질은?

① 페놀
② 뮤콘산
③ 만델산
④ 메틸마뇨산
⑤ 카복시헤모글로빈

**18.** 폐포에 침착된 먼지에 관한 설명으로 옳지 않은 것은?

① 서서히 용해된다.
② 점액－섬모운동에 의해 밖으로 배출된다.
③ 유리규산이 포함된 먼지는 식세포를 사멸시킨다.
④ 폐포벽을 뚫고 림프계나 다른 조직으로 이동한다.
⑤ 제거되지 않은 먼지는 폐에 남아 진폐증을 일으킨다.

**19.** 유해인자의 정화 및 여과에 사용하는 호흡용 보호구에 관한 설명으로 옳지 않은 것은?

① 공기공급식 호흡용 보호구인 송기식마스크 전면형의 양압보호계수는 1,500이다.
② 산소결핍상태에서 사용하는 호흡용 보호구에는 자급식(SCBA) 마스크가 포함된다.
③ 호흡용 보호구의 선택에 있어서 근로자가 불쾌감, 호흡저항, 중량, 시야 또는 작업방해 등을 고려하여 선정한다.
④ 보호계수는 호흡용 보호구 바깥쪽 오염물질 농도와 안쪽 오염물질 농도비로 착용자 보호의 정도를 나타내는 척도이다.
⑤ 선택한 호흡용 보호구 중 두 종류 이상이 밀착계수가 양호하다는 것이 확인된 경우에 사업주는 착용 근로자가 선호하는 호흡용 보호구를 지급한다.

16. ③ 17. ④ 18. ② 19. ①

**20.** 근로자가 산업재해로 인하여 우리나라 신체장애등급 제10등급 판정을 받았다면, 국제노동기구(ILO)의 기준으로 어느 정도의 부상을 의미하는가?

① 영구 전노동불능
② 영구 일부노동불능
③ 일시 전노동불능
④ 일시 일부노동불능
⑤ 구급(응급)처치

**21.** 고용노동부의 「보호구 의무안전인증 고시」에서 규정하는 안전인증 방독마스크에 장착하는 정화통의 종류와 외부 측면의 표시 색이 옳게 짝지어진 것은?

① 유기화합물 정화통 - 녹색
② 할로겐용 정화통 - 회색
③ 시안화수소용 정화통 - 갈색
④ 아황산용 정화통 - 백색
⑤ 암모니아 정화통 - 노란색

**22.** 역학의 평가방법에 관한 설명으로 옳지 않은 것은?

① 코호트 연구에서 검정력은 비노출군에서의 질병발생률과 직접적인 관련이 있다.
② 통계학적 연관성이 입증되었다 하여도 반드시 원인적 연관성이라고 말할 수 없다.
③ 제1종 오류(type I error)는 귀무가설이 실제로 사실이 아닐 때 이를 기각하지 못할 확률을 말한다.
④ 메타분석이란 개별 연구로부터 모은 많은 연구결과를 통합할 목적으로 통계적 분석을 하는 계량적 방법이다.
⑤ 어떤 요인과 질병발생 간의 연관성을 추론하고자 할 때, 연구계획 및 분석방법상의 오류로 인하여 참값과 차이가 나는 결과나 추론을 생성하게 되는데, 이를 바이어스(bias)라 한다.

**23.** 1941년부터 1980년 사이 취업한 대규모 화학공장 근로자 800명의 사망진단서를 확보하였다. 이 중에서 암으로 사망한 사람은 160명이었으며, 동일기간 지역사회의 전체 사망자 중에서 암으로 인한 사망자는 15%였다면 비례사망비(PMR)는?

① 75%　　② 120%
③ 133%　　④ 150%
⑤ 200%

**24.** ACGIH의 TLV에서 skin 표시대상 물질이 아닌 것은?

① 옥탄올-물 분배계수가 낮은 물질
② 반복하여 피부에 도포했을 때 전신작용을 일으키는 물질
③ 손이나 팔에 의한 흡수가 몸 전체 흡수에서 많은 부분을 차지하는 물질
④ 다른 노출경로에 비하여 피부흡수가 전신작용에 중요한 역할을 하는 물질
⑤ 동물을 이용한 급성중독 시험결과, 피부흡수에 의한 $LD_{50}$이 비교적 낮은 물질

**25.** 도금조에서 사용되는 푸시-풀(push-pull) 배기장치의 설계에 있어서 ACGIH에서 권장하는 사항이 아닌 것은?

① 푸시노즐의 각도는 하방으로 0°~20° 이내이어야 한다.
② 도금조의 액체표면은 배기후드 밑에서부터 30cm를 벗어나지 않게 한다.
③ 풀(배출구 슬롯) 쪽의 후드 개구면은 슬롯속도가 10m/s를 유지하도록 설계한다.
④ 노즐의 형태는 3~6mm 크기의 수평슬롯이나 4~6mm 구멍으로 직경의 3~8배 간격으로 배치한 것을 사용한다.
⑤ 푸시노즐의 단면이 원형, 직사각형, 정사각형 중 어느 것이나 무방하나 단면적은 전체 노즐 단면적의 2.5배 이상인 크기이어야 한다.

# 2014년

**1.** 다음과 같이 동시에 2가지 화학물질에 노출되고 있는 경우에 대한 해석 및 작업환경평가에 관한 설명으로 옳지 않은 것은?

| 화학물질명 | 노출농도(ppm) | 노출기준(ppm) |
|---|---|---|
| 톨루엔 | 25 | 50 |
| 크실렌 | 70 | 100 |

① 작업환경 측정을 위해 활성탄을 사용한다.
② 두 물질은 상가작용을 하는 것으로 판단한다.
③ 작업환경측정 시료는 가스크로마토그래피를 사용하여 분석한다.
④ 톨루엔과 크실렌은 모두 중추신경계를 억제하는 작용을 하는 것으로 알려져 있다.
⑤ 각각의 화학물질은 기준을 초과하지 않았으므로 노출기준을 초과하지 않은 것으로 판단한다.

**2.** 공기 중 곰팡이, 박테리아의 농도를 나타내는 단위는?
① CFU/$m^3$ ② f/cc
③ mg/$m^3$ ④ mccf
⑤ ppm

**3.** 외부식 후드를 설계할 때 설계요소의 변동에 따른 필요환기량의 증감에 관한 설명으로 옳지 않은 것은?
① 제어속도가 클수록 필요환기량이 증가한다.
② 플랜지를 부착하면 필요환기량이 감소한다.
③ 제어거리가 길수록 필요환기량이 증가한다.
④ 덕트의 길이가 증가할수록 필요환기량이 증가한다.
⑤ 후드개방 면적이 작을수록 필요환기량이 감소한다.

**4.** 공기 중 유해물질과 이를 채취하기 위한 여과지가 잘못 짝지어진 것은?
① 흡입성 분진－PVC 필터 ② 호흡성 분진－PVC 필터
③ 석면－PVC 필터 ④ 납(금속)－MCE 필터
⑤ 농약－유리심유 필터

 정답 1. ⑤ 2. ① 3. ④ 4. ③

5. 소음노출량계를 사용하여 다음과 같은 소음에 노출되는 근로자의 8시간 소음노출량을 측정하면 몇 %가 되겠는가?(단, Threshold = 80dB, Criteria = 90dB, Exchange rate = 5dB)

| 노출시간 | 소음수준 dB(A) |
|---|---|
| 08:00 - 12:00 | 70 |
| 13:00 - 16:00 | 100 |
| 16:00 - 17:00 | 95 |

① 75
② 100
③ 125
④ 150
⑤ 175

6. 화학물질의 인체노출과 그 영향에 관한 설명으로 옳지 않은 것은?
① 암모니아는 용해도가 커서 대부분 인후두부 및 상기도에서 흡수되므로 코와 상기도에 자극을 일으키는 물질로 알려져 있다.
② 이산화탄소는 용해도가 낮아 폐의 호흡영역까지 침투하며, 노출기준을 초과하면 폐포를 자극하여 폐렴을 일으키는 물질로 알려져 있다.
③ 작업환경의 노출기준에 '피부' 표기가 되어 있는 화학물질은 피부를 통해 쉽게 흡수될 수 있다는 것을 의미한다.
④ 작업장에서 무기납의 주요 노출경로는 호흡기이며, 체내로 흡수된 후 가장 많이 축적되는 조직은 뼈인 것으로 알려져 있다.
⑤ 일산화탄소는 헤모글로빈과 친화력이 산소보다 약 200배 이상 높기 때문에 산소보다 먼저 헤모글로빈과 결합하여 혈액의 산소운반능력을 저해하는 것으로 알려져 있다.

7. 수은 화합물의 흡수와 대사 및 건강영향에 관한 설명으로 옳지 않은 것은?
① 수은은 혈액뇌장벽(Brain Blood Barrier ; BBB)이나 태반을 통과할 수 있는 것으로 알려져 있다.
② 무기수은은 위장이나 소상과 같은 소화기계를 통해서는 거의 흡수되지 않는 것으로 알려져 있다.
③ 무기수은은 상온에서 기화되므로 수은온도계 제조공정에서 수은을 주입하는 근로자는 호흡기를 통해 체내로 수은이 흡수될 가능성이 높은 것으로 알려져 있다.
④ 수은은 인체에 흡수되면 대부분 뼈에 축적되며, 뼈에 축적된 수은은 서서히 혈액으로 빠져나와 뇌로 이동하여 뇌병변장해를 일으키는 것으로 알려져 있다.
⑤ 수은은 SH- 기능기와의 친화력이 높아 SH- 기능기를 가진 효소에 작용하여 기능장해를 일으키는 것으로 알려져 있다.

**8.** 근골격계부담작업을 평가하는 도구 중에서 '중량물 취급작업'을 평가하기 위한 도구만 고른 것은?

> ㄱ. NLE(Revised NIOSH Lifting Equation)
> ㄴ. MAC(Manual Handling Assessment Charts)
> ㄷ. RULA(Rapid Upper Limbs Assessment)
> ㄹ. 3D SSPP(3D Static Strength Prediction Program)
> ㅁ. WAC 296 - 62 - 05105
> ㅂ. OWAS(Ovako Working-posture Analysis System)

① ㄱ,ㄴ
② ㄴ,ㄷ
③ ㄷ,ㄹ
④ ㄹ,ㅂ
⑤ ㅁ,ㅂ

**9.** 벤젠의 생물학적 노출지표로 사용되는 대사산물은?

① 메틸마뇨산
② 메트헤모글로빈
③ S-페닐머캅토산
④ 2,5-헥산디온
⑤ 카복시헤모글로빈

**10.** 산업안전보건법령에 규정되어 있는 특수건강진단의 대상이 아닌 근로자는?

① 크롬에 노출되는 근로자
② 유리섬유분진에 노출되는 근로자
③ 1일 8시간 작업 시 85dB(A) 이상의 소음에 노출되는 근로자
④ 1일 6시간 이상 전화상담 등 감정노동에 종사하는 근로자
⑤ 상시근로자 300인 이상 사업장에서 최근 6개월간 오후 10시부터 오전 6시까지 월평균 80시간 이상 일하는 근로자

**11.** 산업재해 지표에 관한 설명으로 옳은 것은?

① 건수율은 연작업시간당 재해발생 건수이다.
② 도수율은 천인율 또는 발생률이라고도 한다.
③ 강도율은 연 100만 작업시간당 작업손실일수를 말한다.
④ 도수율은 작업시간이 고려되지 않은 산업재해지표이다.
⑤ 사망만인률은 근로자 1만 명당 산업재해로 인한 사망자 수를 말한다.


정답 8. ① 9. ③ 10. ④ 11. ⑤

12. 석면노출로 인한 중피종의 위험을 평가하고자 역학연구를 실시하기 위하여 석면공장에서 10년 이상 근무한 적이 있는 근로자 집단을 파악하고, 이 집단과 유사한 인구학적 특성(성별, 연령 등)을 가진 일반 인구집단도 선정하여 중피종으로 인한 사망자를 파악하였다. 이와 같은 방식의 역학연구에 관한 설명으로 옳은 것은?

① 단면연구(Cross Sectional Study)라고 하며, 석면으로 인한 중피종 사망 위험은 조사망율(Crude Death Rate)로 평가한다.
② 환자대조군 연구(Case Control Study)라고 하며, 석면으로 인한 중피종 사망 위험은 교차비(OR ; Odds Ratio)로 산출된다.
③ 환자대조군 연구(Case Control Study)라고 하며, 석면으로 인한 중피종 사망위험은 상대적 위험비(RR ; Risk Ratio)로 산출된다.
④ 전향적 코호트 연구(Prospective Cohort Study)라고 하며, 석면으로 인한 중피종 사망 위험은 교차비(OR ; Odds Ratio)로 산출된다.
⑤ 후향적 코호트 연구(Retrospective Cohort Study)라고 하며, 석면으로 인한 중피종 사망위험은 상대적 위험비(RR ; Risk Ratio)로 산출된다.

13. 산업보건역사에 관한 설명으로 옳지 않은 것은?

① 히포크라테스가 납중독에 대한 기록을 남겼다.
② 중세시대에 아그리콜라에 의해 구리에 대한 직업적 노출기준이 처음으로 제안되었다.
③ 이탈리아의 의사 라마치니가 최초로 직업병의 원인이 유해물질(요인)과 불안전한 작업자세라는 점을 명시했다.
④ 산업혁명 초기에는 공장 안은 물론 인접지역까지 공기, 물 등의 오염으로 개인위생이 중요한 문제로 대두되었다.
⑤ 파라셀수스는 "모든 물질은 그 양(dose)에 따라 독(poison)이 될 수도 있고 치료약(remedy)이 될 수도 있다."라고 하였다.

14. 가로, 세로, 높이가 각각 20m, 10m, 5m인 밀폐된 대형 챔버에 톨루엔 1L가 쏟아져 모두 증발했다. 이때 공기 중 톨루엔 농도(ppm)는 약 얼마인가?(단, 톨루엔의 분자량은 92, 비중은 0.86, 온도와 압력은 정상조건이다.)

① 118 ② 228
③ 338 ④ 448
⑤ 558

15. 배치 전 건강진단 결과 다음과 같이 여러 가지 건강장해 요인을 가진 근로자들이 나타났다. 피혁 가공공정에서 DMF로 인한 건강장해를 예방하기 위해 배치하지 말아야 할 필요성이 가장 높은 근로자는?

① 청력장해가 있는 근로자
② 제한성 폐기능 장해가 있는 근로자
③ 폐활량이 저하된 근로자
④ 간기능 장해가 있는 근로자
⑤ 폐쇄성 폐기능 장해가 있는 근로자

16. 근로자 건강을 보호하기 위한 작업환경관리의 우선순위를 바르게 연결한 것은?

① 제거 → 대체 → 환기 → 교육 → 보호구 착용
② 환기 → 보호구 착용 → 대체 → 제거 → 교육
③ 환기 → 제거 → 대체 → 교육 → 보호구 착용
④ 보호구 착용 → 교육 → 제거 → 대체 → 환기
⑤ 보호구 착용 → 환기 → 제거 → 대체 → 교육

17. 청력보호구에 관한 설명으로 옳은 것은?

① 귀마개나 귀덮개의 차음효과는 주파수별로 차이가 없어야 한다.
② 현장에서 귀마개를 착용할 때의 차음효과는 NRR보다는 낮다.
③ 1종(EP-1형) 귀마개는 저주파수보다 고주파수의 소음을 차단하기 위한 귀마개이다.
④ 귀마개와 귀덮개를 동시에 착용하면 합산 차음효과는 각각의 차음효과를 더하여 산출한다.
⑤ 귀마개의 NRR은 모든 주파수의 소음수준이 법적 기준인 90dB이라고 가정하고 계산한 차음효과값이다.

18. 인체의 주요 장기 및 조직에서 기본이 되는 단위조직의 명칭과 대표적인 유해요인이 잘못 짝지어진 것은?

① 신경 - 시냅스 - 노말헥산
② 신장 - 네프론 - 수은
③ 폐 - 폐포 - 유리규산
④ 간 - 간소엽 - 사염화탄소
⑤ 근육 - 근섬유 - 반복작업

19. 인체의 청각기관에 관한 설명으로 옳지 않은 것은?

① 내이에서 소리에너지의 이동경로는 난형창 → 전정관 → 고실계 → 원형창이다.
② 중이는 추골, 침골, 등골의 조그만 뼈로 구성되어 있으며, 고막의 진동을 내이로 전달하는 기능을 한다.


정답 15. ④ 16. ① 17. ② 18. ① 19. ⑤

③ 내이는 난형창 쪽에서부터 안쪽으로 20,000Hz에서 20Hz까지의 소리를 감지하는 모세포(hair cell)가 배치되어 있다.
④ 청각기관은 바깥귀부터 고막까지인 외이, 고막에서 난형창까지인 중이, 난형창 내부의 코르티 기관인 내이로 나뉜다.
⑤ 내이는 3개의 관으로 나뉘어 있으며 소리의 통로가 되는 전정관과 고실계는 공기로 채워져 있고 소리를 감지하는 모세포(hair cell)에 있는 코르티 기관은 액체로 채워져 있다.

**20.** 비스코스 레이온 공정에서 이황화탄소 노출을 평가하기 위해 다음과 같이 개인시료를 포집한 후 가스크로마토그래피로 분석하였다. 이 근로자의 6시간 동안 이황화탄소 노출농도(ppm)는 약 얼마인가?

- 이황화탄소 분자량 : 76.14
- 시료채취 유량 : 0.2 L/분
- 시료 포집시간 : 6시간
- 이황화탄소의 양 : 앞층 − 2,900$\mu$g, 뒤층 − 140$\mu$g
- 평균탈착효율 : 90 %
- 온도와 압력 : 정상조건

① 5　② 10
③ 15　④ 20
⑤ 25

**21.** 방진마스크의 성능 및 검정 기준에 관한 설명으로 옳은 것은?
① 방진마스크의 성능은 여과효율이 동등하다면 흡배기저항이 높을수록 우수하다.
② 방진마스크를 현장에서 사용하는 시간이 길어지면 여과지의 기공에 먼지가 축적됨에 따라 먼지의 여과효율은 점점 감소한다.
③ 방진마스크의 여과효율은 먼지의 크기가 작아질수록 점점 낮아진다.
④ 특급, 1급, 2급으로 구분하며 각각의 최소여과효율은 99%, 95%, 90% 이상이어야 한다.
⑤ 여과효율을 검정하기 위한 먼지의 크기는 공기역학적 직경으로 0.3$\mu$m 내외이다.

**22.** 뇌심혈관계 질환의 위험이 높은 근로자가 뇌심혈관계 질환 예방을 위해 노출되지 않도록 관리해야 할 유해요인으로 우선순위가 가장 낮은 것은?
① 고열　② 질산염
③ 베릴륨　④ 스트레스
⑤ 일산화탄소

**23.** 최근 산재사고 예방을 위해 우리나라에서 적극적으로 도입하고 있는 위험성평가 제도의 취지와 실무에 관하여 가장 잘 설명하고 있는 것은?

① 50인 미만 소규모 사업장은 적용대상에서 제외되어 있다.

② 위험성평가는 기본적으로 사업장의 안전보건관리를 해야 하는 사업주와 근로자에 의해 이루어져야 한다.

③ 위험성평가는 기본적으로 유해위험요인에 대한 전문지식과 개선 및 관리에 대한 공학적 지식 및 기술을 가진 전문가에게 의뢰하여 실시하여야 한다.

④ 발암성 물질과 같은 유해화학물질의 위험성 평가는 1년에 2회 이상 작업환경 측정 결과를 노출기준과 비교하여 평가하여야 한다.

⑤ 위험성평가란 기계, 기구, 설비 및 화학물질 그 자체의 위험성 및 유해성을 평가하는 것으로 전문기관에서 객관적으로 평가하는 것을 말한다.

**24.** 석유화학공장의 야외에서 유사한 직무를 수행하는 근로자 30명의 공기 중 1,3-부타디엔 노출농도를 측정하였다. 측정결과의 통계자료에 관한 설명으로 옳지 않은 것은?

① 일반적으로 정규분포보다는 기하분포를 할 것으로 기대된다.

② 1,3-부타디엔 노출농도의 기하평균은 산술평균보다 클 것이다.

③ 노출농도의 기하평균 단위는 ppm이지만 기하표준편차는 단위가 없다.

④ 노출농도를 로그 변환하면 변환된 자료는 정규분포를 할 것으로 기대된다.

⑤ 기하평균이 같다면 기하표준편차가 클수록 노출기준을 초과할 확률은 커진다.

**25.** 가로, 세로, 높이가 각각 10m, 15m, 4m인 사무실에서 120명이 근무하고 있다. 이 사무실의 이산화탄소($CO_2$) 농도를 1,000ppm 이하로 유지하고자 할 때, 최소환기율을 ACH(hr−1)로 나타내면 약 얼마인가?

- 1인의 1시간당 $CO_2$ 배출량 : 2.2L
- 대기 중 $CO_2$ 농도 : 350 ppm
- 확산에 의한 환기효율계수(또는 안전계수 : K) : 5로 가정

① 1.4　　② 2.1
③ 2.4　　④ 3.4
⑤ 3.9

 정답 23. ② 24. ② 25. ④

# 2015년

**1.** 유기화합물의 신경독성에 관한 설명으로 옳지 않은 것은?

① 대부분의 유기용제는 비특이적인 독성으로 마취작용을 갖고 있다.
② 포화지방족 유기용제(알칸류)는 다른 유기화합물보다 강한 급성 독성을 나타낸다.
③ 마취제처럼 뇌와 척추의 활동을 저해한다.
④ 작업자를 자극하여 무감각하게 하고, 결국은 무의식 혹은 혼수상태가 되게 된다.
⑤ 이황화탄소($CS_2$)는 급성 정신병을 동반한 뇌병증을 보인다.

**2.** 산업안전보건기준에 관한 규칙상 관리대상 유해물질 상태와 관련하여 국소배기장치 후드의 제어풍속 기준으로 옳은 것은?

| | 유해물질 상태 | 후드 형식 | 제어풍속(m/sec) |
|---|---|---|---|
| ① | 가스 | 포위식 포위형 | 0.5 |
| ② | 가스 | 외부식 상방흡인형 | 0.5 |
| ③ | 입자 | 포위식 포위형 | 0.7 |
| ④ | 가스 | 외부식 하방흡인형 | 1.0 |
| ⑤ | 입자 | 외부식 측방흡인형 | 1.2 |

**3.** 입자상 물질에 노출되었을 때 발생하는 인체영향에 관한 설명으로 옳지 않은 것은?

① 규폐증은 주로 석공장, 벽돌제조, 도자기제조, 채탄작업 근로자에게 발생한다.
② 석면폐증은 보통 장기간에 걸쳐 진행되며 폐의 탄력성이 감소되어 산소흡수가 저해되고, 악성 중피종은 약 30~40년의 잠복기를 거쳐서 발생되기도 한다.
③ 광부에게 발생 가능한 탄광부 진폐증은 교원성(collagenous) 진폐증이다.
④ 면폐증은 처음에는 흉부 압박감으로 시작되지만 이어서 지속적인 기침이 동반되고, 천명음도 발생한다.
⑤ 비교원성(non-collagenous) 진폐증은 정상적으로 돌아오지 않는 비가역적인 진폐증이다.

1. ②  2. ③  3. ⑤ 정답

**4.** 작업환경에서 발생되는 유해물질별 주요 노출원 및 노출기준으로 옳지 않은 것은?

| | 유해물질 | 주요 노출원 | 노출기준($mg/m^3$) |
|---|---|---|---|
| ① | 비소 및 그 무기화합물 | 구리제련소 | 0.01 |
| ② | 베릴륨 및 그 화합물 | 핵융합부품개발 | 0.02 |
| ③ | 수용성 크롬(6가)화합물 | 용접 | 0.01 |
| ④ | 벤젠 | 석유화학 제조 | 3 |
| ⑤ | 카드뮴 및 그 화합물 | 도금작업 | 0.01 |

**5.** 유기화합물의 직업적 노출로 인한 인체영향의 설명으로 옳은 것은?

① 벤젠 중독 시 초기에는 빈혈, 백혈구 및 혈소판이 감소되어 백혈병이 급성장애로 나타난다.
② 사염화탄소는 주로 신경독성을 유발한다.
③ 톨루엔디이소시아네이트(TDI)에 노출 시 눈과 코에 자극증상이 강하게 나타나지만, 천식성 감작반응은 유발하지 않는다.
④ 노말헥산의 대사산물인 2,5-hexanedione은 독성이 강하며, 생물학적 노출지표로도 이용된다.
⑤ 이황화탄소는 우리나라에서 단일 화학물질로는 가장 많은 직업병을 유발한 물질이며, 생물학적 노출지표는 소변 중 phenylglyoxylic acid이다.

**6.** 사업장에서 사용하는 중금속의 특성에 관한 설명으로 옳은 것은?

① 유기납은 물과 유기용제에 잘 녹는 금속이다.
② 무기수은화합물의 독성은 알킬수은화합물의 독성보다 강하다.
③ 6가 크롬은 피부에 흡수되기 어려우나 3가 크롬은 가능하다.
④ 망간에 노출되면 파킨슨 증후군과 유사한 뇌병변을 보이며, 무력증과 두통의 증상을 수반한다.
⑤ 5가의 비소화합물은 3가로 산화되면서 독성작용을 일으킨다.

**7.** 전자제품 제조업 작업장에서 측정한 공기 중 벤젠의 농도가 다음과 같을 때, 기술통계값인 기하평균(GM)과 기하표준편차(GSD)는 약 얼마인가?

> 벤젠 농도(ppm) : 0.5 0.2 1.5 0.9 0.02

① GM : 0.31ppm, GSD : 5.47
② GM : 0.62ppm, GSD : 0.59
③ GM : 0.93ppm, GSD : 5.47
④ GM : 0.31ppm, GSD : 0.59
⑤ GM: 0.62ppm, GSD: 3.03

 정답 4. ③ 5. ④ 6. ④ 7. ①

8. 작업환경측정을 위한 예비조사 및 측정계획서 작성에 관한 설명으로 옳지 않은 것은?
① 해당 공정별 작업내용, 측정대상공정, 공정별 화학물질 사용 실태를 파악한다.
② 원재료의 투입과정부터 최종 제품생산까지의 주요 공정을 도식화한다.
③ 유해인자별 측정방법 및 소요기간에 대한 계획을 수립한다.
④ 전회 측정을 실시한 사업장은 공정 및 취급인자의 변동이 없는 경우, 서류상의 예비조사를 생략할 수 있다.
⑤ 측정대상 유해인자 및 유해인자 발생주기를 확인한다.

9. 산소농도가 낮은 작업장에서 발생할 수 있는 질환은?
① Hypoxia
② Caison disease
③ Pneumoconiosis
④ Oxygen poison
⑤ Raynaud disease

10. 일반적으로 소음성 난청이 가장 잘 발생될 수 있는 주파수와 음압은?
① 6,000Hz, 80dB(A)
② 4,000Hz, 10dB(A)
③ 2,000Hz, 80dB(A)
④ 1,000Hz, 90dB(A)
⑤ 500Hz, 10dB(A)

11. 피로의 증상으로 옳지 않은 것은?
① 초기에는 맥박이 느려지고 혈압이 낮아지나 피로가 진행되면서 높아진다.
② 호흡이 얇아지고 호흡곤란이 오기도 한다.
③ 근육 내 글리코겐양이 감소한다.
④ 혈액의 혈당수치가 낮아지고 젖산과 탄산량이 증가한다.
⑤ 체온이 초기에는 높았다가 피로 정도가 심하면 낮아진다.

**12.** 화학물질의 분류 · 표시 및 물질안전보건자료에 관한 기준상 MSDS의 작성 원칙에 관한 설명으로 옳지 않은 것은?

① 실험실에서 시험 · 연구목적으로 사용하는 시약은 MSDS가 외국어로 작성된 경우에는 한국어로 번역하지 않을 수 있다.

② MSDS 작성에 필요한 용어 및 기술지침은 한국산업안전보건공단이 정할 수 있다.

③ MSDS의 작성단위는 「계량에 관한 법률」에서 정하는 바에 의한다.

④ MSDS 작성 시 시험결과를 반영하고자 하는 경우에는 해당 국가의 우량실험기준(GLP)에 따라 수행한 시험결과를 우선적으로 고려하여야 한다.

⑤ MSDS의 어느 항목에 대해 관련 정보를 얻을 수 없거나 적용이 불가능한 경우 "자료 없음"이라고 기재한다.

**13.** 호흡용 보호구에 관한 설명으로 옳지 않은 것은?

① 공기정화식은 공기가 호흡기로 흡입되기 전에 여과재 또는 정화통에 의해 유해물질을 제거하는 방식이다.

② 공기공급식은 공기 공급관, 공기 호스 또는 자급식 공기원으로 구성된 호흡용 보호구에서 신선한 공기만을 공급하는 방식이다.

③ 공기정화식은 가격이 비교적 저렴하고 사용이 간편하여 널리 사용되지만, 산소농도가 18% 미만인 장소에서는 사용할 수 없다.

④ 단시간 노출되었을 시 사망 또는 회복 불가능한 상태를 초래할 수 있는 농도 이상에서는 공기정화식을 사용할 수 없다.

⑤ 호흡용 보호구 선택 시 고려해야 할 유해비는 노출기준을 공기 중 유해물질 농도로 나눈 값이다.

**14.** 세척공정에서 작업하는 근로자가 톨루엔 5ppm의 농도에 노출되고 있다. 해당 작업의 근로자는 공기정화식 반면형 호흡용 보호구를 착용하고 있고, 보호구 안의 농도가 0.5ppm일 때, 보호계수를 구하고 보호구의 적절성을 평가하면?

| | 보호계수 | 보호구의 적절성 |
|---|---|---|
| ① | 27.5 | 적절 |
| ② | 27.5 | 부적절 |
| ③ | 90.9 | 적절 |
| ④ | 10 | 적절 |
| ⑤ | 10 | 부적절 |

 정답 12. ⑤ 13. ⑤ 14. ④

**15.** 다음은 A 근로자 우측 귀의 주파수별 청력손실치를 나타낸 것이다. 소음성 난청 D1(직업병 유소견자)의 판정기준이 되는 3분법에 의한 평균 청력손실치(dB)는?

| 주파수(Hz) | 250 | 500 | 1,000 | 2,000 | 3,000 | 4,000 | 5,000 |
|---|---|---|---|---|---|---|---|
| 청력손실치(dB) | 10 | 20 | 30 | 40 | 40 | 60 | 80 |

① 20
② 30
③ 35
④ 43
⑤ 47

**16.** 산업안전보건법령상 특수건강진단 시 1차 검사항목 중 유해인자별 생물학적 노출지표에 해당되지 않는 것은?

① 불화수소 - 소변 중 불화물
② 톨루엔 - 소변 중 마뇨산
③ 크실렌 - 소변 중 메틸마뇨산
④ 디니트로톨루엔 - 혈중 메트헤모글로빈
⑤ p-니트로클로로벤젠 - 혈중 메트헤모글로빈

**17.** 직무스트레스 관리에 관한 설명으로 옳지 않은 것은?

① 유산소 운동뿐 아니라 역도 등의 근육 운동도 직무스트레스를 관리하는 방법이 될 수 있다.
② 자기의 주장을 표현할 수 있는 훈련도 좋은 관리방법 중 하나이다.
③ 명상을 하는 것도 직무스트레스 관리에 도움이 된다.
④ 교대근무 설계 시 야간반 → 저녁반 → 아침반의 순서로 하는 것이 스트레스 관리를 위해서 좋다.
⑤ 야간작업은 연속하여 3일을 넘기지 않도록 설계하는 것이 좋다.

**18.** 직무스트레스를 호소하고 있는 10명의 근로자가 근무하고 있는 사무실이 다음과 같은 조건일 때, $CO_2$를 실내환경기준 이하로 관리하기 위한 필요환기량($m^3$/hr)은?

• $CO_2$ 실내 환경기준 : 1,000ppm
• 외기의 $CO_2$ 농도 : 0.03%
• 1인의 1시간당 $CO_2$ 배출량 : 21L/(1hr · 1인)

① 100
② 150
③ 200
④ 250
⑤ 300

**19.** 흡연, 염화비닐, 아플라톡신으로 인한 암 발생과 가장 밀접한 관련이 있는 인체장기는?

① 위
② 폐
③ 간
④ 유방
⑤ 방광

**20.** 28세 남자 환자가 1주 전부터 발생한 황달 증상으로 내원하였다. 한 달 전부터 에어컨 부품 가공공장에서 유기용제를 이용한 세척작업에 종사하였고, 작업이 끝나면 술에 취한 느낌이 들고 멍한 상태가 되며 가끔 오심을 경험하였으며, 내원 2주 전부터 피부에 발적과 소양감을 동반한 발진이 나타났다. 이러한 질환을 유발할 가능성이 높은 유해물질은?

① 산화에틸렌
② 노말헥산
③ 스티렌
④ 톨루엔
⑤ 트리클로로에틸렌

**21.** 야간작업으로 인한 건강영향과 특수건강진단에 관한 설명으로 옳은 것은?

① 교대근무군은 주간근무군과 비교하여 대사증후군 발생률이 비슷하다.
② 위장관계와 내분비계 증상에 대한 1차 검사항목은 문진이다.
③ 상시 근로자 50인 이상 100인 미만을 사용하는 사업장은 배치 전 건강진단을 실시하지 않아도 된다.
④ 배치 후 첫 번째 특수건강진단은 2년 이내에 실시하면 된다.
⑤ 1차 검사항목으로는 총콜레스테롤, 트리글리세라이드, HDL 콜레스테롤, 24시간 심전도 검사 등이 있다.

**22.** 산업재해조사의 목적 및 산업재해 발생보고 방법에 관한 설명으로 옳지 않은 것은?

① 재해조사의 목적은 동종재해를 예방하기 위한 것이다.
② 3일 이상의 휴업이 필요한 부상을 입었거나 질병에 걸린 사람이 발생한 경우에는 산업재해조사표를 제출하여야 한다.
③ 휴업일수에 법정휴일은 포함되지 않는다.
④ 산업재해조사표에 근로자 대표의 확인을 받아야 하지만 건설업의 경우에는 이를 생략할 수 있다.
⑤ 재해조사를 통하여 근로자 및 사업주의 안전의식을 고취시킬 수 있다.

**23.** 산업재해 지표에 관한 설명으로 옳은 것만을 모두 고른 것은?

> ㄱ. 건수율은 작업시간이 고려되지 않는 것이 단점이다.
> ㄴ. 10만 근로시간당 재해 발생건수를 나타내는 지표는 도수율이다.
> ㄷ. 재해에 의한 손실의 정도를 나타내는 지표는 강도율이다.

① ㄴ
② ㄱ, ㄴ
③ ㄱ, ㄷ
④ ㄴ, ㄷ
⑤ ㄱ, ㄴ, ㄷ

**24.** 다음 산업재해보상보험에 관한 설명으로 옳지 않은 것은?

① 일반보험과는 달리 가입자와 수혜자가 일치하지 않는다.
② 업무상 재해로 인해 보험금을 지급하는 경우, 배우자가 혼인신고를 하지 않은 상태라면 지급대상에서 배제된다.
③ 보상에 있어 해당 근로자의 근무기간은 보상액 산정기간에 고려되지 않는다.
④ 사업주는 안전사고 발생에 대한 과실이 전혀 없더라도 업무 중 발생한 사고에 대해서는 책임을 져야 한다.
⑤ 산업재해보상보험법령상 보상의 주체는 국가이지만, 산업재해보상보험 미가입 대상 사업인 경우 보상의 주체는 사업주이다.

**25.** 폐암환자 10명과 대조군 10명에 대해 흡연력을 조사한 환자대조군 연구를 수행한 결과가 다음과 같을 때 연구 결과를 확인하기 위한 적절한 역학지수와 그 값의 연결이 옳은 것은?

| | 폐암환자 | 대조군 |
|---|---|---|
| 흡연자 | 80명 | 40명 |
| 비흡연자 | 20명 | 60명 |

① 교차비 - 2.67
② 상대위험도 - 2.67
③ 교차비 - 6
④ 상대위험도 6
⑤ 기여위험도 - 3.67

# 2016년

1. 다음은 자동차 공장에서 5개의 근로자 그룹별 공기 중 금속가공유 노출농도의 대표치와 변이를 나타낸 것이다. 금속가공유 노출이 상대적으로 가장 비슷한 근로자 그룹은?
① 근로자 1그룹 : GM=0.2mg/$m^3$, GSD=1.1
② 근로자 2그룹 : GM=0.5mg/$m^3$, GSD=2.1
③ 근로자 3그룹 : GM=1.0mg/$m^3$, GSD=3.5
④ 근로자 4그룹 : GM=0.4mg/$m^3$, GSD=4.0
⑤ 근로자 5그룹 : GM=0.8mg/$m^3$, GSD=2.9

2. 후향적 코호트(retrospective cohort) 역학연구에서 사례군(환자군, case)과 대조군(control)을 비교하는 변수로 옳은 것은?
① 유병률 ② 사망률
③ 유해인자 노출 비율 ④ 질병 발생률
⑤ 증상 호소율

3. 도장 공정에서 일하는 3개 직종(감독, 운전, 정비)별로 분진 평균 노출농도를 통계적으로 비교하고자 할 경우 사용해야 할 자료분석 방법은?(단, 그룹별 분진농도는 모두 정규 분포한다고 가정한다.)
① 자기상관(autocorrelation) ② 분산분석(ANOVA)
③ 상관(correlation) ④ 회귀분석(regression)
⑤ 박스 플롯(box plot)

4. 체적 15$m^3$인 작업장에서 톨루엔이 포함된 시너(thinner)를 취급하는 과정에서 공기 중으로 증발된 톨루엔 부피가 0.1min이었다. 이 작업장에서 시간당 공기교환은 5회 일어난다고 가정할 때 공기 중 톨루엔 농도(ppm)는?
① 0.008 ② 0.08
③ 0.8 ④ 8
⑤ 80

 정답 1. ① 2. ③ 3. ② 4. ⑤

5. 다음 중 밀폐공간(confined space)이라고 볼 수 없는 작업환경은?
① 기름 탱크 내부 도장
② 디젤 차량 하부 도장
③ 집진설비 내부 용접
④ 지하 정화조 정비
⑤ 가스 저장 탱크 내부 도장

6. 작업환경 노출기준(occupational exposure limit)에 관한 설명으로 옳은 것은?
① 노출기준 이하 노출에서는 안전하다.
② 법적 노출기준은 질병 예방만을 목적으로 설정되었다.
③ 질병 보상기준으로도 활용될 수 있다.
④ 노출기준은 항상 변화될 수 있다.
⑤ 대부분 유해인자들의 노출기준은 인체실험 결과에 근거해서 설정되었다.

7. 유해인자 노출에 따른 암 발생 단계로 옳은 것은?
① 진행(progression) → 개시(initiation) → 촉진(promotion)
② 촉진 → 개시 → 진행
③ 개시 → 촉진 → 진행
④ 개시 → 진행 → 촉진
⑤ 촉진 → 진행 → 개시

8. 직무노출매트릭스(job exposure matrix)를 활용할 수 있는 사례가 아닌 것은?
① 건강영향 분류
② 근로자 유해인자 노출 분류
③ 과거 유해인자 노출 추정
④ 유사 노출그룹 분류
⑤ 유해인자 노출근로자 코호트 구축

9. 생물학적 유해인자 노출이 주요 위험인 환경(또는 직무)이 아닌 것은?
① 정화조
② 샌드 블라스팅(sand blasting)
③ 환경미화원
④ 절삭가공 공정
⑤ 폐수처리장

5. ② 6. ④ 7. ③ 8. ① 9. ② 정답

**10.** 다음 중 산업안전보건법령상 발암물질이 아닌 유해인자는?

① 6가 크롬 ② 비소
③ 벤젠 ④ 수은
⑤ PAHs(다핵 방향족 탄화수소화합물)

**11.** 근로자 유해인자 노출평가에서 예비조사를 실시하는 주요 목적이 아닌 것은?

① 작업환경 측정 전략을 수립하기 위해
② 유사 노출그룹을 설정하기 위해
③ 작업 공정과 특성을 파악하기 위해
④ 특수건강진단 대상자를 선정하기 위해
⑤ 근로자가 노출되는 유해인자를 파악하기 위해

**12.** 공기 중 금속을 정량하기 위한 일반적인 분석 장비는?

① 원자흡광광도계(AA), 유도결합플라즈마(ICP)
② 분광광도계, 이온크로마토그래피(IC)
③ 위상차현미경, 원자흡광광도계(AA)
④ 흑연로장치, 가스크로마토그래피(GC)
⑤ 유도결합플라스마(ICP), 액체크로마토그래피(LC)

**13.** 최근 발생한 메탄올 중독 사건에 관한 설명으로 옳지 않은 것은?

① 주요 중독 건강영향은 시각손상이었다.
② 메탄올은 CNC 가공공정에서 사용되었다.
③ 건강영향은 5년 이상 만성 노출로 발생되었다.
④ 특수건강진단을 실행한 적이 없었다.
⑤ 작업환경 중 메탄올 농도는 노출기준을 훨씬 초과하였다.

**14.** 이온화(전리) 방사선에 노출될 수 있는 직종이 아닌 것은?

① 지하철 정비 종사자 ② 금속가공 작업자
③ 비파괴 검사자 ④ 탄광 근로자
⑤ 원자력 발전소 종사자

 정답 10. ④ 11. ④ 12. ① 13. ③ 14. ②

**15.** 고체흡착관(활성탄관)을 이황화탄소 1mL로 추출하여 가스크로마토그래피로 정량한 톨루엔의 농도는 5ppm이었다. 0.2L/min 펌프로 4시간 동안 채취하였으며 탈착률은 98%이었고 공시료에서 검출된 양은 없었다. 이때 공기 중 톨루엔의 농도($\mu g/m^3$)는 약 얼마인가?

① 66
② 86
③ 106
④ 126
⑤ 146

**16.** 산업안전보건법령상 허용기준이 설정되어 있는 물질은?

① 라돈
② 트리클로로메탄
③ 포름알데히드
④ 수은
⑤ 극저주파

**17.** 화학물질을 취급하는 작업 공정에서 중독사고 예방을 위해 게시해야 할 항목이 아닌 것은?

① 유해성 · 위험성
② 취급상의 주의사항
③ 적절한 보호구 착용
④ 작업환경 측정방법
⑤ 응급조치 요령

**18.** 직업성 암 등 만성질병을 초래하는 직무 또는 원인을 규명하기 어려운 이유가 아닌 것은?

① 질병 진단이 어렵기 때문
② 작업기간 동안 노출된 정보가 부족하기 때문
③ 직무나 환경에 의한 순수 영향 규명이 어렵기 때문
④ 작업공정이 없거나 변경되었기 때문
⑤ 작업환경 중 노출된 물질이나 함량에 대한 정보가 부족하기 때문

**19.** 산업안전보건법령상 사업주가 실시해야 할 위험성평가(risk assessment)에 관한 설명으로 옳은 것은?

① 위험성평가는 허용기준 설정 인자에 대해서만 실시한다.
② 위험성은 유해인자의 독성(toxicity)과 유해성(hazard)만을 근거로 평가한다.
③ 작업환경측정을 실시하면 위험성평가를 생략할 수 있다.
④ 기계 · 기구, 설비, 원재료 등을 신규 도입 또는 변경하는 경우에도 위험성평가를 실시해야 한다.
⑤ 서비스 업종은 위험성평가에서 제외된다.

15. ③ 16. ③ 17. ④ 18. ① 19. ④ 정답

**20.** 생물학적 모니터링에 관한 설명으로 옳지 않은 것은?
① 시료 채취 대상자에게 동의를 받지 않아도 되는 장점이 있다.
② 바이오마커(biomarker)로 유해물질 또는 대사산물을 측정한다.
③ 건강영향을 추정할 수 있는 적정 바이오마커를 찾는 것이 중요하다.
④ 시료 보관, 처치, 분석에 주의를 요하는 방법이다.
⑤ 시료 채취 시 근로자에게 부담을 주는 방법이다.

**21.** 사무실 실내 공기 질(indoor air quality) 관리에 관한 설명으로 옳은 것은?
① 실내공기오염 지표로 사용하는 인자는 분진이다.
② 현재 PM10 기준치는 10$\mu$g/$m^3$이다.
③ ACH(시간당 공기교환 횟수)는 공간 체적과 공기 유속으로 산정한다.
④ 일반적으로 음압 시설을 설치해야 한다.
⑤ 실내공기오염에 의해 호흡기 자극 및 과민성 질환이 발생될 수 있다.

**22.** 유해중금속의 인체 노출 및 흡수, 독성에 관한 설명으로 옳지 않은 것은?
① 작업장에서 망간의 주요 노출 경로는 호흡기다.
② 납의 주요 표적기관은 중추신경계와 조혈기계이다.
③ 유기수은은 무기수은 화합물보다 독성이 상대적으로 강하다.
④ 6가 크롬은 세포막을 통과한 뒤 세포 내에서 3가 크롬으로 산화되어 폐섬유화를 초래한다.
⑤ 카드뮴은 폐렴, 폐수종, 신장질환 등을 일으킨다.

**23.** 산업안전보건기준에 관한 규칙상 근골격계 부담 작업에 해당되지 않는 것은?
① 하루에 4시간 이상 집중적으로 자료입력 등을 위해 키보드 또는 마우스를 조작하는 작업
② 하루에 10회 이상 25kg 이상의 물체를 드는 작업
③ 하루에 총 2시간 이상 목, 어깨, 팔꿈치, 손목 또는 손을 사용하여 같은 동작을 반복하는 작업
④ 하루에 총 2시간 이상 쪼그리고 앉거나 무릎을 굽힌 자세에서 이루어지는 작업
⑤ 하루에 총 2시간 이상, 분당 1회 미만 4.5kg 이상의 물체를 양손으로 드는 작업

 정답 20. ① 21. ⑤ 22. ④ 23. ⑤

**24.** 고열작업에 관한 설명으로 옳은 것은?

① 흑구온도와 기온의 차이를 실효복사온도라 하며 이는 감각온도와 상관이 없다.
② WBGT 측정기로 옥내 작업장을 측정할 때에는 자연습구온도와 흑구온도를 고려한다.
③ 고열작업을 평가하는 데 각 습구흑구 온도지수를 측정하고 작업강도를 고려하지 않는다.
④ WBGT가 30℃ 되는 중등작업을 하는 경우 휴식시간 없이 계속 작업을 해도 무방하다.
⑤ 복사열은 열선풍속계로 측정한다.

**25.** 프레스 소음수준이 100dB인 작업 환경에서 근로자는 NRR(Noise Reduction Rating)이 "29"인 귀덮개를 착용하고 있다. 차음효과와 근로자가 노출되는 음압수준을 순서대로 옳게 나열한 것은?

① 18dB, 89dB
② 11dB, 78dB
③ 9dB, 91dB
④ 18dB, 92dB
⑤ 11dB, 89dB

## 2017년

**1.** 산업피로에 관한 설명으로 옳지 않은 것은?

① 근육 내 에너지원의 부족은 피로발생의 생리적 원인에 해당된다.
② 체내 대사물질인 젖산, 암모니아, 시스틴, 잔여질소를 피로물질이라 한다.
③ 국소피로의 측정은 피로의 주관적 측정이다.
④ 산업피로는 정신적 피로와 육체적 피로로 구분할 수 있다.
⑤ 전신피로는 심박 수를 측정한 후 산출하여 판정한다.

**2.** 화학물질의 분류 · 표시 및 물질안전보건자료에 관한 기준에 따른 물질안전보건자료의 작성항목으로 옳지 않은 것은?

① 유해성 · 위험성
② 누출사고 시 대처방법
③ 취급 및 저장방법
④ 환경에 미치는 영향
⑤ 안정성 및 폭발성

**3.** 산업안전보건기준에 관한 규칙상 밀폐공간과 관련된 내용으로 옳지 않은 것은?

① 사업주는 근로자가 밀폐공간에서 작업을 하는 경우에 그 작업장과 외부의 감시인 간에 상시 연락을 취할 수 있는 설비를 설치하여야 한다.
② 사업주는 근로자가 밀폐공간에서 작업을 하는 경우에 작업을 시작하기 전과 작업 중에 해당 작업장을 적정공기 상태가 유지되도록 환기하여야 한다.
③ "유해가스"란 밀폐공간에서 탄산가스 · 황화수소 등의 유해물질이 가스상태로 공기 중에 발생하는 것을 말한다.
④ "적정공기"란 산소농도의 범위가 18% 이상, 23.5% 미만, 탄산가스의 농도가 1.5% 미만, 황화수소의 농도가 20ppm 미만인 수준의 공기를 말한다.
⑤ 사업주는 근로자가 밀폐공간에서 작업을 하는 경우에 그 장소에 근로자를 입장시킬 때와 퇴장시킬 때마다 인원을 점검하여야 한다.

**4.** 산업보건의 역사에 관한 설명으로 옳은 것은?

① 라마치니(B. Ramazzini)는 '직업인의 질병'을 저술하였다.
② 히포크라테스는 구리광산에서 산증기의 위험성을 보고하였다.
③ 원진레이온에서 발생한 직업병의 원인물질은 황화수소이다.
④ 우리나라는 1991년에 산업안전보건법을 제정하였다.
⑤ 우리나라는 1995년에 작업환경측정실시규정을 제정하였다.


정답 1. ③ 2. ⑤ 3. ④ 4. ①

**5.** 근로자 건강진단 실시기준에서 건강진단 실시결과에 따라 건강상담, 보호구지급 및 착용지도, 추적검사, 근무 중 치료 등의 조치를 시행할 수 있는 기관 또는 자격자에 해당하지 않는 것은?

① 건강진단기관
② 산업보건의
③ 보건관리자
④ 보건진단기관
⑤ 한국산업안전보건공단 근로자 건강센터

**6.** 작업환경측정 및 지정측정기관 평가 등에 관한 고시에서 정한 6가 크롬화합물의 측정과 분석방법에 관한 설명으로 옳은 것은?

① 시료채취기는 유리섬유 여과지와 패드가 장착된 3단 카세트를 사용한다.
② 시료채취용 펌프는 작업자의 정상적인 작업 상황에서 작업자에게 부착 가능해야 하며, 적정 유량(1~4L/분)에서 6시간 동안 연속적으로 작동이 가능해야 한다.
③ 시료채취량은 여과지에 채취된 먼지의 무게가 10mg을 초과하지 않도록 펌프의 유량 및 시료채취 시간을 조절하여 시료채취를 한다.
④ 현장공시료의 개수는 채취된 총시료 수의 5% 이상 또는 시료 세트당 1~10개를 준비한다.
⑤ 분석기기는 전도도 또는 분광 검출기가 장착된 이온크로마토그래피이어야 한다.

**7.** 산업안전보건법령상 유해물질 또는 작업장소에 따른 포위식 후드의 제어풍속이 옳지 않은 것은?

① 메틸알코올(가스상태) - 0.4m/sec
② 망간 및 그 화합물(입자상태) - 0.6m/sec
③ 염화비닐(가스상태) - 0.5m/sec
④ 주물모래를 재생하는 장소 - 0.7m/sec
⑤ 암석 등 탄소원료 또는 알루미늄박을 체로 거르는 장소 - 0.7m/sec

**8.** 상이한 반응을 보이는 집단의 중심경향을 파악하고자 할 때 유용하게 이용되는 대푯값은?

① 산술평균
② 가중평균
③ 기하평균
④ 조화평균
⑤ 중앙값

5. ④ 6. ⑤ 7. ② 8. ④ 정답

**9.** 근로자 건강증진활동 지침에 따라 사업주가 건강증진활동계획을 수립할 때 포함해야 할 사항은?

① 작업환경측정결과 사후관리조치
② 건강진단결과 사후관리조치
③ 위험성평가결과 사후관리조치
④ 화학물질의 유해성 · 위험성 평가결과 사후관리조치
⑤ 직무스트레스 평가결과 사후관리조치

**10.** 화학물질 및 물리적 인자의 노출기준에 따른 화학물질의 생식독성 분류 기준은?

① 국제암연구소의 분류
② 미국 산업위생전문가협회의 분류
③ 미국 국립산업안전보건연구원의 분류
④ 미국 독성 프로그램의 분류
⑤ 유럽연합의 분류 · 표시에 관한 규칙의 분류

**11.** 직업에 대한 개인의 동기와 환경이 제공해 주는 여러 여건들이 조화를 이루지 못할 때, 혹은 직장에서의 요구와 그 요구에 대처할 수 있는 인간의 능력에 차이가 존재할 때 긴장이 발생하게 된다고 보는 직무스트레스 모델은?

① 인간-환경 적합 모델
② ISR 모델
③ 노력-보상 불균형 모델
④ Newman의 요소 모델
⑤ 요구-통제 모델

**12.** 폐환기 및 폐기능에 관한 설명으로 옳은 것을 모두 고른 것은?

ㄱ. 안정 시 호흡에서 폐로 들어가는 공기의 양을 1회 호흡량(TV)이라 한다.
ㄴ. 안정 시 호기 후에 노력하여 최대한 호기할 수 있는 공기의 양을 예비 호기량(ERV)이라 한다.
ㄷ. 안정 시 흡기 후에 노력하여 최대한 들이마실 수 있는 공기의 양을 예비 흡기량(IRV)이라 한다.
ㄹ. 1회 호흡량, 예비흡기량, 예비호기량을 모두 더한 양을 전 폐용량(total lung capacity)이라 한다.
ㅁ. 최대한 공기를 다 내쉰 후에도 기도에 남아 있는 공기가 있는데, 이를 잔기량(RV)이라고 하며, 1,200mL 정도가 된다.

 정답 9. ② 10. ⑤ 11. ① 12. ③

① ㄱ, ㄷ
② ㄴ, ㄹ, ㅁ
③ ㄱ, ㄴ, ㄷ, ㅁ
④ ㄱ, ㄴ, ㄹ, ㅁ
⑤ ㄴ, ㄷ, ㄹ, ㅁ

**13.** 금속의 체내대사에 관한 설명으로 옳지 않은 것은?

① 무기연 화합물은 주로 호흡기와 소화기를 통하여 인체 내에 들어 온다.
② 금속수은의 표적장기는 심장과 근육이고, 무기수은염의 표적장기는 뇌이다.
③ 체내에 흡수된 카드뮴은 혈액을 거쳐 2/3 정도 간과 신장으로 이동하고, 물질대사를 통해 메탈로티오네인(metallothionein)이 합성되어 혈액을 통하여 다른 장기로 이동한다.
④ 체내에 흡수된 망간은 10~30% 정도 간에 축적되며, 뇌혈관막을 통과하기도 한다.
⑤ 베릴륨의 주된 흡수 경로는 호흡기이고, 위장관계나 피부를 통하여 흡수될 수도 있다.

**14.** 하인리히(H. Heinrich)의 사고 발생과정 5단계에 관한 설명으로 옳지 않은 것은?

① 사고예방 중심은 1단계이다.
② 도미노 이론이라고도 한다.
③ 불안전한 행동 및 상태는 3단계에 해당된다.
④ 낙하 · 비래와 같은 사고는 4단계에 해당된다.
⑤ 사고 결과로 발생하는 상해는 5단계에 해당된다.

**15.** 우리나라 산업재해 발생형태의 분류 항목이 아닌 것은?

① 전도
② 붕괴 · 도괴
③ 협착
④ 유해물질 접촉
⑤ 절단

**16.** 하이드라진(Hydrazine)의 증기압은 10mmHg, 노출기준은 0.05ppm이며, 노말헥산의 증기압은 124mmHg, 노출기준은 50ppm이다. 다음 중 옳은 것을 모두 고른 것은?[단, 증기유해지수(VHI) = 노출기준 · 포화농도]

ㄱ. 하이드라진의 포화농도는 약 1.3%이다.
ㄴ. 노말헥산의 포화농도는 약 26.3%이다.
ㄷ. 하이드라진의 VHI는 약 263,000이다.
ㄹ. 노말헥산의 VHI는 약 53,000이다.

① ㄱ, ㄷ
② ㄱ, ㄹ
③ ㄱ, ㄴ, ㄷ
④ ㄴ, ㄷ, ㄹ
⑤ ㄱ, ㄴ, ㄷ, ㄹ

**17.** 사실을 확인하여 미리 정해 둔 판정기준에 근거해서 재해요소를 찾고 그 중요도를 평가하는 재해요인의 분석기법은?

① 특성요인도 분석
② 문답방식 분석
③ 일반적인 재해원인 분석
④ 4M 기법
⑤ 3E 기법

**18.** 재해율에 관한 설명으로 옳은 것은?

① 천인율은 산출이 용이하며 근로시간 수나 근로 일수에 변동이 많은 사업장에 적합하다.
② 종합재해지수(FSI)의 계산식은 $\sqrt{2.4 \times \text{도수율} \times \text{강도율}}$ 이다.
③ 사망 및 장해등급 1 ~ 3급 상해자의 손실일수는 6,500일이다.
④ 일시 전근로불능상해 또는 일시 부분근로불능상해는 휴식일수에 250/360을 곱하여 산정한다.
⑤ 작업기록을 근거로 근로시간의 산출이 불가능할 때는 근로자 1인당 연간 근로시간은 2,400 시간으로 계산한다.

**19.** 환경역학연구에 관한 설명으로 옳지 않은 것은?

① 개인단위가 아닌 인구집단 또는 특정집단을 분석의 단위로 하는 연구를 생태학적 연구라 한다.
② 참여하는 대상을 알고자 하는 결과변수(질병 또는 특정 건강상태)의 유무를 기반으로 정해지는 것은 환자-대조군 연구이다.
③ 환자-대조군 연구에서 교차비(OR)가 1보다 크다는 것은 요인노출과 결과변수가 양의 관계에 있다는 것을 의미한다.
④ 코호트연구에서 연관성은 환자군에서의 질병발생률과 대조군에서의 질병발생률의 비인 상대위험도(RR)로 나타낸다.
⑤ 패널연구는 반복측정연구라고도 하며, 단면연구와 코호트연구의 혼합형태이다.

 정답 17. ③ 18. ⑤ 19. ④

**20.** 트리클로로에틸렌에 관한 설명으로 옳지 않은 것은?
① 무색의 불연성 액체로 달콤한 냄새가 난다.
② 휘발성이 강해 주로 호흡기로 흡입되며 피부흡수는 드물다.
③ 화학물질 및 물리적 인자의 노출기준에서 발암성을 1B로 구분한다.
④ 주로 금속가공 공장에서 기계 세척용이나 금속부품의 증기탈지 작업에 사용된다.
⑤ 주로 간, 콩팥, 심혈관계, 중추신경계, 피부에 건강상 악영향을 미친다.

**21.** 다음에서 설명하는 금속은?

- 화학물질 및 물리적 인자의 노출기준에서 발암성 구분은 1A이며, 노출기준(TWA)은 0.01 $mg/m^3$이다.
- 무기물질의 경우 장관계에서 매우 잘 흡수된다.
- 무기물질에 만성적으로 노출되는 경우 피부 색소침착, 피부각화 등의 피부증상이 가장 흔하게 나타난다.

① 비소 ② 납
③ 수은 ④ 망간
⑤ 크롬

**22.** 방독마스크에 관한 설명으로 옳지 않은 것은?
① 일산화탄소용 정화통의 색깔은 흑색이다.
② 방독마스크의 흡착제로 가장 많이 쓰는 것은 활성탄이다.
③ 사용 중에 조금이라도 가스냄새가 나는 경우에는 새로운 정화통으로 교환한다.
④ 정화통은 온도나 습도에 영향을 받으므로 건랭소에 보관한다.
⑤ 공기 중 사염화탄소 농도가 2,500ppm이며, 정화통의 정화능력이 사염화탄소 0.4%에서 150분간 사용 가능하다면 유효시간은 240분이다.

**23.** 제철소의 작업환경에서 발생하는 코크스오븐배출물질(COE)의 시료 채취에 사용하는 매체는?
① 은막 여과지 ② MCE 여과지
③ PVC 여과지 ④ 활성탄관
⑤ 실리카겔관

**24.** 소변 또는 혈액을 이용한 생물학적 모니터링에 관한 설명으로 옳지 않은 것은?

① 혈액을 이용한 생물학적 모니터링은 혈액 구성성분에 개인 간 차이가 적다.

② 혈액을 이용한 생물학적 모니터링은 소변에 비해 약물동력학적 변이 요인들의 영향을 적게 받는다.

③ 소변을 이용한 생물학적 모니터링은 소변 배설량의 변화로 농도보정이 필요하다.

④ 생물학적 모니터링을 위한 혈액 채취는 정맥혈을 기준으로 한다.

⑤ 소변은 많은 양의 시료 확보가 가능하다.

**25.** 입자상물질에 관한 설명으로 옳지 않은 것은?

① 호흡기계의 어느 부위에 침착하더라도 독성을 나타내는 입자상 물질을 흡입성 분진(IPM)이라 한다.

② 흄은 금속의 증기화, 증기물의 산화, 증기물의 가공에 의하여 발생한다.

③ 호흡성 분진(RPM)의 평균 입자 크기는 4$\mu$m이다.

④ 가스교환지역인 폐포나 폐기도에 침착되었을 때 독성을 나타내는 입자상 물질을 흉곽성 분진(TPM)이라 한다.

⑤ 스모크는 유기물질의 불완전 연소에 의하여 생성된다.

# 2018년

**1.** 활성탄관으로 채취한 벤젠을 1mL 이황화탄소로 추출하여 정량한 결과가 다음과 같을 때, 벤젠양($\mu g$)은?

> • 시료(앞층 : 10ppm, 뒤층 : 0.1ppm)
> • 공시료(앞층 : 0.1ppm, 뒤층 : 검출되지 않음)

① 9.9
② 10
③ 99
④ 100
⑤ 파과현상 때문에 시료로 쓰지 못함

**2.** 유해인자 노출기준에 관한 설명으로 옳은 것은?

① 노출기준 초과여부로 건강영향을 진단할 수 있다.
② 모든 근로자의 건강영향을 진단하기 위한 법적기준이다.
③ 개인 시료(personal sample) 측정 결과로 호흡기, 피부, 소화기 등 종합적인 인체 노출수준을 추정할 수 있다.
④ 동물실험에 근거해서 설정된 노출기준은 역학조사보다 불확실성이 낮아 신뢰성이 높다.
⑤ 생물학적 노출기준(BEI)이 설정된 화학물질 수가 적은 이유는 건강영향을 추정할 수 있는 바이오마커가 드물기 때문이다.

**3.** 생물학적 유해인자가 주로 발생되는 공정 또는 작업이 아닌 것은?

① 사료 저장
② 농작업
③ 제빵
④ 주물
⑤ 수용성 금속가공

**4.** 국내외 산업위생 역사에 관한 설명으로 옳은 것은?

① 중세 노동자 사고와 질병은 의학적 인과관계에 의해서 규명되었다.
② 산업혁명 초창기 어린이 장시간 노동은 일반적이었다.
③ 1963년 산업안전보건법에 이어 1981년 산업재해보상보험법이 제정되었다.
④ 2015년 메탄올 시각 손상이 발생한 공정은 도장(painting)이었다.
⑤ 우리나라 반도체 공장 직업병 문제는 화학물질 급성 중독 사례로 시작되었다.

1. ② 2. ⑤ 3. ④ 4. ② 정답

5. 유해인자 측정결과 자료에 관한 해석으로 옳은 것은?
① 근로자가 노출되는 유해인자 측정 자료는 일반적으로 정규분포(normal distribution)를 나타낸다.
② 기하표준편차(GSD) 값이 클수록 유해인자 노출특성은 유사한 것으로 평가한다.
③ 동일 자료에 대한 기하평균(GM) 값은 산술평균(AM) 값보다 크다.
④ 정규 분포하지 않은 자료를 대수로 변환했을 때 정규 분포하면 대수 정규 분포한다고 평가한다.
⑤ 기하표준편차(GSD) 단위는 ppm 또는 $\mu g/m^3$이다.

6. 작업장 환기에 관한 설명으로 옳은 것은?
① HVACs(공조시설)에서 공급하는 공기량은 국소배기장치 후드로 들어가는 공기량의 0.5배로 설계해야 한다.
② 국소배기장치에서 실외로 배기된 공기속도는 반송속도의 50%를 유지해야 한다.
③ 먼지가 발생되는 공정에서 국소배기 공기정화장치는 송풍기 뒤에 설치하는 것이 좋다.
④ 1면이 개방된 포위식 후드에서 소요 풍량(Q)은 1면이 완전히 닫혔을 때를 가정하고 설계하는 것이 좋다.
⑤ 외부식 원형후드에서 등속도 면적은 제어거리와 후드 면적을 고려하여 설계한다.

7. 일반적으로 알려진 내분비계 교란물질(endocrine disruptors)이 아닌 것은?
① DDT
② Diethylstilbestrol(DES)
③ 프탈레이트
④ 다이옥신
⑤ 메틸에틸케톤(MEK)

8. 다음은 자동차 산업 노동자를 대상으로 수행한 역학연구에서 얻은 SMR(표준화 사망비) 값과 95% 신뢰구간이다. 건강근로자 영향(healthy worker effect)을 의심할 수 있는 결과는?
① 0.6(0.4~0.8)
② 1.1(0.9~1.5)
③ 1.2(0.9~1.9)
④ 1.5(1.2~1.9)
⑤ 3.0(1.5~9.2)

9. 중간대사산물(metabolite)이 암을 일으키는 물질은?
① 다핵 방향족 탄화수소화합물(PAHs)
② 비소
③ 석면
④ 베릴륨
⑤ 라돈

 정답 5. ④ 6. ⑤ 7. ⑤ 8. ① 9. ①

**10.** 중금속별로 노출될 수 있는 공정을 연결한 것으로 옳지 않은 것은?
① 크롬 - 도금
② 납 - PVC 압출 혼합
③ 유기수은 - 형광등 제조
④ 비소 - 반도체 이온주입
⑤ 카드뮴 - 축전지 제조

**11.** 건강영향을 일으킬 수 있는 직접적인 직무스트레스 요인이 아닌 것은?
① 책임감이 높은 일의 연속
② 상사 및 동료와의 갈등
③ 불규칙한 작업형태
④ 영양부족
⑤ 열악한 작업환경

**12.** 밀폐공간에서 안전한 작업을 위한 일반적인 대책으로 옳지 않은 것은?
① 냉각탑 내부를 교체할 때 불활성 기체를 주입하는 배관 장치는 잠근다.
② 출입 전 산소 및 유해가스 농도를 측정한다.
③ 작업하는 동안 감시인을 밀폐공간 밖에 배치한다.
④ 불활성 기체가 고농도일 경우 방독마스크를 착용한다.
⑤ 신선한 공기를 공급하기 곤란한 경우 공기호흡기 또는 송기마스크를 착용한다.

**13.** 질병의 업무 관련 역학조사에 관한 설명으로 옳지 않은 것은?
① 담당한 공정과 직무 등 원인인자를 파악한다.
② 개인 기호 및 과거 질환 여부는 고려하지 않는다.
③ 질병 원인 유해인자에 대한 연구결과를 고찰한다.
④ 국내외 유사한 질병 사례를 조사한다.
⑤ 동료 근로자를 대상으로 과거 작업 상황을 조사한다.

**14.** 화학물질에 대한 노출수준을 추정하는 데 활용될 수 없는 것은?
① 하루 평균 화학물질 취급 빈도(frequency)
② 하루 평균 화학물질 취급 시간
③ 하루 평균 화학물질 취급량
④ 화학물질 제거 환기 효율
⑤ 화학물질의 독성(toxicity)

10. ③ 11. ④ 12. ④ 13. ② 14. ⑤ 정답

**15.** 산업현장에서 일반재해가 발생했을 때 조치 순서로 옳은 것은?

① 재해발생 → 긴급처리 → 재해조사 → 원인분석 → 대책수립 → 평가
② 재해발생 → 재해조사 → 긴급처리 → 원인분석 → 대책수립 → 평가
③ 재해발생 → 긴급처리 → 원인분석 → 재해조사 → 대책수립 → 평가
④ 재해발생 → 원인분석 → 재해조사 → 긴급처리 → 대책수립 → 평가
⑤ 재해발생 → 긴급처리 → 원인분석 → 대책수립 → 재해조사 → 평가

**16.** 미국 NIOSH의 중량물 들기 최대 허용기준(Maximum Permissible Limit ; MPL)에 관한 설명으로 옳지 않은 것은?

① MPL을 초과하면 대부분의 근로자에게 근육 및 골격장애를 유발한다.
② 5번 요추와 1번 천추(L5/S1)에 미치는 압력이 6,400N의 부하에 해당된다.
③ 감시기준(Action Limit)의 5배에 해당된다.
④ 작업강도, 즉 에너지 소비량은 5.0kcal/min을 초과한다.
⑤ 남자의 25%, 여자의 1%가 작업 가능하다.

**17.** 주요 국가에서 설정한 노출기준 용어로 옳지 않은 것은?

① 미국(OSHA) - PEL
② 미국(NIOSH) - REL
③ 미국(ACGIH) - WEEL
④ 영국(HSE) - WEL
⑤ 독일 - MAK

**18.** 청각의 등감곡선에 관한 설명으로 옳지 않은 것은?

① 정상적인 청력을 가진 사람들을 대상으로 음의 크기(loudness)를 실험한 결과에 근거한다.
② 동일한 크기를 듣기 위해서 고주파에서는 저주파보다 물리적으로 더 높은 음압 수준을 필요로 한다.
③ 1,000Hz에서 40dB은 100Hz에서 약 50dB과 비슷한 크기로 느껴진다.
④ 고주파 음압 수준에 노출되면 주로 직업성 소음성 난청이 발생한다.
⑤ 1,000Hz에서 음압 수준을 기준으로 등감곡선을 나타내는 단위를 'phon'이라고 한다.


정답 15. ① 16. ③ 17. ③ 18. ②

19. 가축 분뇨 정화조를 청소하는 동안 착용해야 할 호흡 보호구는?
① 방진마스크
② 면마스크
③ 송기마스크
④ 반면형 방독마스크
⑤ 전면형 방독마스크

20. 방사선 유효선량(effective dose)의 단위는?
① 시버트(Sv)
② 라드(rad)
③ 그레이(Gy)
④ 렌트겐(R)
⑤ 베크렐(Bq)

21. 호흡기 상기도 점막을 주로 자극하는 물질이 아닌 것은?
① 암모니아
② 이산화질소
③ 염화수소
④ 아황산가스
⑤ 불화수소

22. 동물실험 결과에 근거해서 설정된 노출기준들의 한계점에 관한 설명으로 옳지 않은 것은?
① 무관찰 작용량(No Observed Effect Level)을 알아내는 것이 어렵다.
② 다양한 화학물질의 노출상황에 따른 독성을 알아내기 어렵다.
③ 동물과 사람의 종(species) 차이에 따른 독성의 불확실성이 있다.
④ 수십 년 동안 낮은 농도의 화학물질 노출에 따른 건강영향을 알아내기 어렵다.
⑤ 기저질환을 갖고 있는 질환자들의 건강영향을 규명하기 어렵다.

23. 양압(positive pressure)을 유지해야 하는 공정 또는 장소는?
① 감염환자 병실
② 석면해체 실내작업
③ 전자부품 제조 공장
④ 실험실 흄 후드 안
⑤ 생물안전(biosafety) 실험실

19. ③ 20. ① 21. ② 22. ① 23. ③ 정답

24. 근로자의 만성질병과 직무 또는 업무 연관성을 규명하기 어려운 이유로 옳지 않은 것은?
① 과거 담당했던 직무 기록의 미흡
② 과거 일했던 공정이 존재하지 않음
③ 과거 유해인자 노출수준 추정의 어려움
④ 과거 작업 상황 조사의 어려움
⑤ 만성 질병 분류(classification)의 어려움

25. 고압환경에서 2차성 압력현상과 이로 인한 건강영향으로 옳지 않은 것은?
① 고압환경에서 대기 가스 때문에 나타나는 현상이다.
② 흉곽이 잔기량보다 적은 용량까지 압축되면 폐 압박 현상이 나타날 수 있다.
③ 질소 마취에 의해 작업력의 저하와 다행증이 발생할 수 있다.
④ 산소 중독 증세가 나타날 수 있다.
⑤ 이산화탄소 분압의 증가로 관절 장해가 발생할 수 있다.

 정답 24. ⑤ 25. ②

# 2019년

**1.** 산업보건의 역사에 관한 설명으로 옳지 않은 것은?

① 그리스의 갈레노스(Galenos, Galen, Galenus)는 구리 광산에서 광부들에 대한 산(acid) 증기의 위험성을 보고하였다.

② 독일의 아그리콜라(G. Agricola)는 「광물에 대하여(De Re Metallica)」를 통해 광업 관련 유해성을 언급하였으며, 이는 후에 Hoover 부부에 의해 번역되었다.

③ 영국의 필(R. Peel) 경은 자신의 면방직 공장에서 진폐증이 집단적으로 발병하자, 그 원인에 대해 조사하였으며, 「도제 건강 및 도덕법」 제정에 주도적인 역할을 하였다.

④ 1825년 「공장법」은 대부분 어린이 노동과 관련한 내용이었으며, 1833년에 감독권과 행정명령에 관한 내용이 첨가되어 실질적인 효과를 거두게 되었다.

⑤ 하버드 의대 최초의 여교수인 해밀턴(A. Hamilton)은 「미국의 산업중독」을 발간하여 납중독, 황린에 의한 직업병, 일산화탄소 중독 등을 기술하였다.

**2.** 화학물질 및 물리적 인자의 노출기준에서 "Skin" 표시가 된 화학물질로만 나열한 것은?

① 메탄올, 사염화탄소
② 트리클로로에틸렌, 아세톤
③ 트리클로로에틸렌, 사염화탄소
④ 1,1,1-트리클로로에탄, 메탄올
⑤ 1,1,1-트리클로로에탄, 아세톤

**3.** 작업환경측정 자료들의 분포(distribution)는 주로 우측으로 무한히 뻗어있는 형태(positively skewed)이다. 이에 관한 설명으로 옳은 것은?

① 평균, 중위수, 최빈수가 같은 값이다.
② 평균이 중위수보다 더 크다.
③ 이를 표준정규분포라고 한다.
④ 기하표준편차는 1 미만이다.
⑤ 최빈수가 평균보다 더 크다.

**4.** 작업환경측정 시 관련 절차별로 다음과 같이 오차 값이 추정될 때, 누적오차(cumulative error) 값은 약 얼마인가?

> • 유량측정 : ±13.5%
> • 시료채취시간 : ±3.6%
> • 탈착효율 : ±8.5%
> • 포집효율 : ±4.1%
> • 시료분석 : ±16.2%

① 3.6%
② 12.6%
③ 23.4%
④ 29.7%
⑤ 45.9%

**5.** 산업환기시스템 설계 중 덕트의 합류점에서 시스템의 효율을 극대화하기 위한 정압(SP)균형 유지법에 관한 설명으로 옳지 않은 것은?

① 저항 조절을 위하여 설계 시 덕트의 직경을 조절하거나 유량을 재조정하는 방법이다.
② 최대 저항경로 선정이 잘못되어도 설계 시 쉽게 발견할 수 있다.
③ 균형이 유지되려면 설계도면에 있는 대로 덕트가 설치되어야 한다.
④ $\frac{SP_{lower}}{SP_{higher}}$를 계산하여 그 값이 0.8보다 작다면 정압이 낮은 덕트의 직경으로 다시 설계해야 한다.
⑤ $\frac{SP_{lower}}{SP_{higher}}$를 계산하여 그 값이 0.8 이상일 때는 그 차를 무시하고, 높은 정압을 지배정압으로 한다.

**6.** 방사능 측정값 600pCi를 표준화(SI) 단위 값으로 옳게 표현한 것은? (단, 1Ci = 3.7 ×$10^{10}$dps)

① 16Bq
② 22.2Bq
③ 16dps
④ 22.2dpm
⑤ $6 \times 10^{-10}$Ci

**7.** 화학물질 및 물리적 인자의 노출기준 중 발암성에 대한 분류 기준이 아닌 것은?

① 미국 국립산업안전보건연구원(NIOSH)의 분류
② 미국 독성프로그램(NTP)의 분류
③ 「유럽연합의 분류 · 표시에 관한 규칙(EU CLP)」의 분류
④ 국제암연구소(IARC)의 분류
⑤ 미국 산업안전보건청(OSHA)의 분류

 정답 4. ③ 5. ⑤ 6. ② 7. ①

**8.** 생물학적 유해인자인 독소(toxin)에 관한 설명으로 옳은 것은?

① 마이코톡신(mycotoxins)은 세균이 유기물을 분해할 때 내놓는 분해산물로 종에 따라 다르다.

② 아플라톡신 B1(aflatoxin B1)은 폐암을 초래한다.

③ 글루칸(glucan)은 바이러스의 세포벽 성분으로 호흡기 점막을 자극하여 건물증후군(SBS)을 초래하는 원인으로 추정되고 있다.

④ 엔도톡신(endotoxins)은 그람양성세균이 죽을 때나 번식할 때 내놓는 독소이다.

⑤ 낮은 농도의 엔도톡신은 호흡기계 점막의 자극, 발열, 오한 등을 일으키나, 높은 농도에서는 기도와 폐포 염증, 폐기능 장해까지 초래한다.

**9.** 다음에 해당하는 중금속은?

> • 연성이 있으며, 아연광물 등을 제련할 때 부산물로 얻어지며, 합금과 전기도금 등에 이용된다.
> • 경구 또는 흡입을 통한 만성 노출 시 표적 장기는 신장이며, 가장 흔한 증상은 효소뇨와 단백뇨이다.
> • 화학물질 및 물리적 인자의 노출기준에 따르면 발암성 1A, 생식세포 변이원성 2, 생식독성 2, 호흡성으로 표기하고 있다.

① 납　　② 크롬
③ 카드뮴　　④ 수은
⑤ 망간

**10.** 근골격계부담작업의 범위 및 유해요인조사 방법에 관한 고시의 내용으로 옳지 않은 것은?

① 유해요인조사는 고시에서 정한 유해요인조사표 및 근골격계질환 증상조사표를 활용하여야 한다.

② 작업장 상황조사 내용에는 작업설비, 작업량, 작업속도, 업무변화가 포함된다.

③ 하루에 총 2시간 이상, 분당 2회 이상 4.5㎏ 이상의 물체를 드는 작업은 근골격계부담작업에 해당된다.

④ "단기간 작업"이란 2개월 이내에 종료되는 1회성 작업을 말한다.

⑤ "간헐적인 작업"이란 연간 총 작업일수가 30일을 초과하지 않는 작업을 말한다.

**11.** 산업안전보건기준에 관한 규칙에서 정하고 있는 "밀폐공간"에 해당하지 않는 것은?

① 장기간 사용하지 않은 우물 등의 내부

② 화학물질이 들어있던 반응기 및 탱크의 내부

③ 간장 · 주류 · 효모 그 밖에 발효하는 물품이 들어 있거나 들어 있었던 탱크 · 창고 또는 양조주의 내부

④ 천장 · 바닥 또는 벽이 건성유를 함유하는 페인트로 도장되어 그 페인트가 건조된 후의 지하실 내부

⑤ 드라이아이스를 사용하는 냉장고 · 냉동고 · 냉동화물자동차 또는 냉동컨테이너의 내부

**12.** 1기압, 2℃에서 수은(분자량 : 200)의 증기압이 0.00152mmHg라고 할 때, 이 조건의 밀폐된 작업장에서 공기 중 수은의 포화농도($mg/m^3$)는 약 얼마인가?

① 2.0
② 16.4
③ 27.9
④ 35.9
⑤ 156.3

**13.** 화학물질 및 물리적 인자의 노출기준에서 "호흡성"으로 표시되지 않은 화학물질은?

① 카본블랙
② 산화아연 분진
③ 인듐 및 그 화합물
④ 산화규소(결정체 석영)
⑤ 텅스텐(가용성화합물)

**14.** 다음 정의에 해당하는 역학 지표는?

| 유해인자에 노출된 집단과 노출되지 않은 집단을 전향적(prospectively)으로 추적하여 각 집단에서 발생하는 질병 발생률의 비 |
|---|

① 교차비(odd ratio)
② 기여위험도(attributable risk)
③ 상대위험도(relative risk)
④ 치명률(fatality rate)
⑤ 발병률(attack rate)

 정답 11. ④ 12. ② 13. ① 14. ③

**15.** 다음 역학연구의 설계를 인과관계의 근거(evidence) 수준이 높은 것에서 낮은 것의 순서대로 옳게 나열한 것은?

| ㄱ. 사례군 연구 | ㄴ. 코호트 연구 |
|---|---|
| ㄷ. 환자-대조군 연구 | ㄹ. 생태학적 연구 |

① ㄴ → ㄱ → ㄷ → ㄹ
② ㄴ → ㄷ → ㄹ → ㄱ
③ ㄷ → ㄴ → ㄱ → ㄹ
④ ㄷ → ㄴ → ㄹ → ㄱ
⑤ ㄹ → ㄴ → ㄱ → ㄷ

**16.** 유해물질의 생물학적 노출지표 및 시료채취시기에 관한 내용으로 옳지 않은 것은?
① 크실렌은 소변 중 메틸마뇨산을 작업 종료 시 채취하여 분석한다.
② 반감기가 길어서 수년간 인체에 축적되는 물질에 대해서는 채취시기가 중요하지 않다.
③ 유해물질의 공기 중 농도는 호흡기를 통한 흡수 정도를 예측할 수 있으나, 피부와 소화기를 통한 흡수는 평가할 수 없다.
④ 일산화탄소는 호기 중 카복시헤모글로빈을 작업 종료 후 10~15분 이내에 채취하여 분석한다.
⑤ 배출이 빠르고 반감기가 5분 이내인 물질에 대해서는 작업 전, 작업 중 또는 작업 종료 시 시료를 채취한다.

**17.** 청각기관의 구조와 소리의 전달에 관한 설명으로 옳지 않은 것은?
① 음압은 외이의 외청도(ear canal)를 거쳐 고막에 전달되어 이를 진동시킨다.
② 중이는 추골, 침골, 등골의 세 개 뼈로 구성되어 있다.
③ 고막을 통하여 들어온 음압은 중이를 거쳐 난형창을 통해 달팽이관으로 전달된다.
④ 내이액에 전달된 음압은 고막관(tympanic canal)을 거쳐 전정관(vestibular canal)으로 이동한다.
⑤ 귀는 외이, 중이, 내이로 구분할 수 있다.

**18.** 산업안전보건법상 유해인자와 특수 · 배치전 · 수시 건강진단의 1차 임상검사 및 진찰에 해당하는 기관/조직을 연결한 것으로 옳지 않은 것은?

| | 유해인자 | 1차 임상검사 및 진찰의 기관/조직 |
|---|---|---|
| ① | 마이크로파 및 라디오파 | 신경계, 생식계, 눈 |
| ② | 시클로헥산 | 호흡기계, 눈, 피부, 비강, 인두 · 후두, 악구강계 |
| ③ | 황산 | 적절 |
| ④ | 망간과 그 화합물 | 호흡기계, 신경계 |
| ⑤ | 야간작업 | 신경계, 심혈관계, 위장관계, 내분비계 |

**19.** 작업환경측정 및 지정측정기관 평가 등에 관한 고시에서 명시하고 있는 화학적 인자와 시료채취 매체, 분석기기의 연결로 옳지 않은 것은?

| | 화학적 인자 | 시료채취 매체 | 분석기기 |
|---|---|---|---|
| ① | 니켈(불용성 무기화합물) | 막여과지 | ICP, AAS |
| ② | 디메틸포름아미드 | 활성탄관 | GC-FID |
| ③ | 6가 크롬화합물 | PVC여과지 | IC-분광검출기 |
| ④ | 벤젠 | 활성탄관 | GC-FID |
| ⑤ | 2,4-TDI | 1-2PP 코팅 유리섬유여과지 | HPLC-형광검출기 |

**20.** 보호구 안전인증 고시에서 화학물질용 보호복의 구분 기준 중 “분진 등과 같은 에어로졸에 대한 차단 성능을 갖는 보호복”은?

① 1형식
② 2형식
③ 3형식
④ 4형식
⑤ 5형식

**21.** CNC 공정에서 메탄올을 사용할 때, 작업자가 착용해야 하는 호흡보호구는?

① 유기화합물용 방독마스크
② 산가스용 방독마스크
③ 방진방독겸용 마스크
④ 전동식 방독마스크
⑤ 송기마스크


정답 18. ② 19. ② 20. ⑤ 21. ⑤

**22.** 고용노동부에서 발표한 2017년 산업재해 현황에 관한 설명으로 옳지 않은 것은?

① 직업병이란 작업환경 중 유해인자와 관련성이 뚜렷한 질병으로 난청, 진폐, 금속 및 중금속 중독, 유기화합물 중독, 기타 화학물질 중독 등이 있다.

② 직업관련성 질병이란 업무적 요인과 개인질병 등 업무외적 요인이 복합적으로 작용하여 발생하는 질병으로 뇌·심혈관질환, 신체부담작업, 요통 등이 있다.

③ 2017년에는 2016년 대비 업무상질병자 중 직업병과 직업관련성 질병의 빈도수가 모두 증가하였다.

④ 업무상질병자 중 직업병에서는 난청이 가장 높은 빈도수로 나타났다.

⑤ 업무상질병자 중 직업관련성 질병에서는 요통이 가장 높은 빈도수로 나타났다.

**23.** 다음에서 설명하는 여과지의 종류는?

- Polycarbonate로 만들어진 것으로 강도가 우수하고 화학물질과 열에 안정적이다.
- 체(sieve)처럼 구멍이 일직선(straight-through holes)으로 되어 있다.
- TEM 분석에 사용할 수 있다.

① MCE 막여과지
② Nuclepore 여과지
③ PTFE 막여과지
④ 섬유상 여과지
⑤ PVC 막여과지

**24.** 표준화사망비(SMR)에 관한 설명으로 옳지 않은 것은?

① 직접표준화법으로 산출한다.

② 관찰사망수를 기대사망수로 나눈다.

③ 기대사망은 관찰사망 집단보다 더 큰 집단을 사용한다.

④ 1(100%)보다 크면 관찰집단에서 특정 질병에 대한 위험요인이 존재할 가능성이 있다.

⑤ 직업역학분야에서 사용하는 주요 지표 중 하나이다.

22. ④ 23. ② 24. ① 정답

**25.** 한 사업장에서 다음과 같은 재해결과가 나왔을 때, 이에 관한 해석으로 옳지 않은 것은?

- 환산도수율(F) = 1.2
- 환산강도율(S) = 96

① 작업자 1인당 일평생 1.2회의 재해가 발생한다.
② 작업자 1인당 일평생 96일의 근로손실일수가 발생한다.
③ 재해 1건당 근로손실일수는 평균 80일이다.
④ 사업장의 도수율은 12이다.
⑤ 사업장의 강도율은 9.6이다.


정답 25. ⑤

# 2020년

1. 산업보건위생의 역사에 관한 설명으로 옳지 않은 것은?
   ① 영국의 Thomas Percival은 세계 최초로 직업성 암을 보고하였다.
   ② 1833년 영국에서 공장법이 제정되었다.
   ③ 이탈리아 Ramazzini가 「직업인의 질병」을 저술하였다.
   ④ 스위스 Paracelsus가 물질 독성의 양-반응 관계에 대해 언급하였다.
   ⑤ 그리스의 Galen이 납중독의 증세를 관찰하였다.

2. '페인트가 칠해진 철제 교량을 용접을 통해 보수하는 작업'에 대한 측정 및 분석 계획에 관한 설명으로 옳지 않은 것은?
   ① 철 이외에 다른 금속에 노출될 수 있다.
   ② 금속의 성분 분석을 위해서 셀룰로오스에스테르 막여과지를 사용해 측정한다.
   ③ 유도결합플라스마-원자발광분석기를 이용하면 동시에 많은 금속을 분석할 수 있다.
   ④ 페인트가 녹아 발생하는 유기용제의 농도가 높기 때문에 이를 측정대상에 포함한다.
   ⑤ 발생하는 자외선량은 전류량에 비례한다.

3. 국소배기장치의 점검에 사용되는 기기와 그 사용 목적의 연결이 옳은 것은?
   ① 발연관-덕트 내 유량 측정
   ② 마노메타(manometer)-유체 흐름에 대한 압력 측정
   ③ 피토관-송풍기의 회전속도 측정
   ④ 회전날개풍속계-개구부 주위의 난류현상 확인
   ⑤ 타코메타(tachometer)-송풍기의 전류 측정

4. 화학물질 및 물리적 인자이 노출기준에 제시된 라돈의 작업장 농도기준은?
   ① 4pCi/L
   ② $2.58 \times 10^{-4}$C/kg
   ③ 20mSv/yr
   ④ 1eV
   ⑤ 600Bq/m3

**5.** 공기역학적 직경에 따라 입자의 크기를 구분하는 기기가 아닌 것은?
① 사이클론(cyclone)
② 미젯임핀저(midget impinger)
③ 다단직경분립충돌기(cascade impactor)
④ 명목상충돌기(virtual impactor)
⑤ 마플 개인용 직경분립충돌기(Marple personal cascade impactor)

**6.** 고용노동부 고시에서 정하는 발암성 물질이 아닌 것은?
① 석면 ② 베릴륨
③ 휘발성콜타르피치 ④ 비소
⑤ 산화철

**7.** 사업장에서 사용하는 금속의 독성에 관한 설명으로 옳은 것은?
① 니켈, 망간은 생식독성이 있다.
② 무기수은이 유기수은보다 모든 경로에서 흡수율이 높다.
③ 5가 비소가 3가 비소에 비해 독성이 강하다.
④ 3가 크롬은 발암성이 없고, 6가 크롬은 발암성이 있다.
⑤ 6가 크롬에 노출되면 파킨슨증후군의 소견이 나타난다.

**8.** 산업안전보건법령상 허용기준이 설정된 물질에 해당하지 않는 것은?
① 1-브로모프로판 ② 1,3-부타디엔
③ 암모니아 ④ 코발트 및 그 무기화합물
⑤ 톨루엔

**9.** 근로자 건강진단 결과 판정에 따른 사후관리 조치 판정에 해당하지 않는 것은?
① 건강상담 ② 추적검사
③ 작업전환 ④ 근로제한 금지
⑤ 역학조사

 정답 5. ② 6. ⑤ 7. ④ 8. ① 9. ④, ⑤

**10.** 근로자 건강장해 예방에 관한 설명으로 옳지 않은 것은?

① 톨루엔 특수건강진단의 제1차 검사 시 소변중 o-크레졸(작업 종료 시)을 채취하여 검사한다.
② 잠함(潛函) 또는 잠수작업 등 높은 기압에서 작업하는 근로자는 1일 6시간, 1주 34시간 초과하여 근로하지 않는다.
③ 한랭에 대한 순화는 고온순화보다 빠르다.
④ NIOSH 들기지수(LI)는 작업조건을 인간공학적으로 개선하기 위한 우선순위를 결정하는 데 이용된다.
⑤ 청력장해 정도는 정상적인 귀로 들을 수 있는 최소 가청치를 0dB이라 하고 그것에 대한 청력변화를 청력계로 측정하여 평가한다.

**11.** 피로의 발생원인으로만 묶인 것이 아닌 것은?

① 작업자세, 작업강도, 긴장도
② 환기, 소음과 진동, 온열조건
③ 엄격한 작업관리, 1일 노동시간, 야간근무
④ 숙련도, 영양상태, 신체적인 조건
⑤ 혈압변화, 졸음, 체온조절 장애

**12.** 산업안전보건법령상 밀폐공간 작업으로 인한 건강장해 예방조치로 옳지 않은 것은?

① 분뇨 · 오수 · 펄프액 및 부패하기 쉬운 장소 등에서의 황화수소 중독 방지에 필요한 지식을 가진 자를 작업 지휘자로 지정 배치한다.
② "적정공기"란 산소농도 18퍼센트 이상 23.5퍼센트 미만, 탄산가스 농도 1.5피피엠 미만, 황화수소 농도 25피피엠 미만 수준의 공기를 말한다.
③ 긴급 구조훈련은 6개월에 1회 이상 주기적으로 실시한다.
④ 작업 시작(작업 일시중단 후 다시 시작하는 경우를 포함)하기 전 밀폐공간의 산소 및 유해가스 농도를 측정한다.
⑤ 근로자에게 공기호흡기 또는 송기마스크를 지급하여 착용하도록 한다.

10. ③ 11. ⑤ 12. ② 정답 

**13.** 개인보호구의 선택 및 착용 등에 관한 설명으로 옳지 않은 것은?

① 순간적으로 건강이나 생명에 위험을 줄 수 있는 유해물질의 고농도 상태(IDLH)에서는 반드시 공기공급식 송기마스크를 착용해야 한다.
② 입자상 물질과 가스, 증기가 동시에 발생하는 용접작업 시 방진방독 겸용마스크를 착용한다.
③ 산소결핍장소에서는 방독마스크를 착용토록 한다.
④ 국내 귀마개 1등급 EP-1은 저음부터 고음까지 차음하는 성능을 말한다.
⑤ 방독마스크 정화통의 수명은 흡착제의 질과 양, 온도, 상대습도, 오염물질의 농도 등에 영향을 받는다.

**14.** 직무스트레스 관리를 위한 집단차원에서의 관리방법은?

① 자아인식의 증대
② 신체단련
③ 긴장 이완훈련
④ 사회적 지원 시스템 가동
⑤ 작업의 변경

**15.** 석면의 측정, 분석 등에 관한 설명으로 옳지 않은 것은?

① 석면은 폐암, 중피종을 일으키며 흡연은 석면노출에 의한 암 발생을 촉진하는 인자로 알려져 있다.
② 고형시료 분석에 있어 위상차현미경법이 간편하여 가장 많이 사용된다.
③ 공기중 석면섬유 계수 A규정은 길이가 5$\mu$m보다 크고 길이 대 너비의 비가 3 : 1 이상인 섬유만 계수한다.
④ 석면 취급장소에서는 특급 방진마스크를 착용하여야 한다.
⑤ 위상차현미경으로는 0.25$\mu$m 이하의 섬유는 관찰이 잘 되지 않는다.

**16.** 생물학적 유해인자에 관한 설명으로 옳지 않은 것은?

① 생물학적 유해인자는 생물학적 특성이 있는 유기체가 근원이 되어 발생된다.
② 유기체가 방출하는 독소로는 그람음성박테리아가 내놓는 마이코톡신(mycotoxin) 등이 있다.
③ 곰팡이의 세포벽인 글루칸(glucan)은 호흡기 점막을 자극하여 새집증후군을 초래한다.
④ 박테리아에 의한 대표적인 감염성질환은 탄저병, 레지오넬라병, 결핵, 콜레라 등이 있다.
⑤ 공기 중의 박테리아와 곰팡이에 대한 측정 및 분석은 곰팡이와 박테리아를 살아 있는 상태로 채취, 배양한 다음, 집락수를 세어 CFU로 나타낸다.


정답 13. ③ 14. ④, ⑤ 15. ② 16. ②

**17.** 산업안전보건법령상 특수건강진단 유해인자와 생물학적 노출지표의 연결이 옳은 것은?

① 일산화탄소 : 혈중 카복시헤모글로빈
② 2-에톡시에탄올 : 소변 중 o-크레졸
③ 디클로로메탄 : 소변 중 2,5-헥산디온
④ 트리클로로에틸렌 : 소변 중 메틸에틸케톤
⑤ 메틸 n-부틸 케톤 : 혈중 메트헤모글로빈

**18.** 직무스트레스 요인 중 조직적 요인에 해당하지 않는 것은?

① 관계갈등
② 직무불인정
③ 조직체계
④ 보상부적절
⑤ 직무요구

**19.** 생물학적 결정인자의 선택기준에 관한 설명으로 옳지 않은 것은?

① 생물학적 검사를 선택할 때는 여러 가지 방법 중 건강위험을 평가하는 유용성을 고려하지 말아야 한다.
② 적절한 민감도가 있는 결정인자여야 한다.
③ 검사에 대한 분석적, 생물학적 변이가 타당해야 한다.
④ 검체의 채취나 검사과정에서 대상자에게 거의 불편을 주지 않아야 한다.
⑤ 다른 노출인자에 의해서도 나타나는 인자가 아니어야 한다.

**20.** 청각기관과 소음의 전달경로에 해당하지 않는 것은?

① 고막
② 달팽이관
③ 수근관
④ 외이도
⑤ 이소골

17. ① 18. ①, ②, ③, ④, ⑤ 19. ① 20. ③ 정답

**21.** 산업안전보건 기준에 관한 규칙에서 정한 장시간 야간작업을 할 때 발생할 수 있는 직무스트레스에 의한 건강장해 예방조치가 아닌 것은?

① 뇌혈관 및 심장질환 발병위험도를 평가하여 금연, 고혈압 관리 등 건강증진 프로그램을 시행한다.

② 건강진단 결과, 상담자료 등을 참고하여 적절하게 근로자를 배치하고 직무스트레스 요인, 건강문제 발생가능성 및 대비책 등에 대하여 해당 근로자에게 충분히 설명한다.

③ 근로시간 외의 근로자 활동에 대한 복지 차원의 지원에 최선을 다한다.

④ 작업량 · 작업일정 등 작업계획 수립 시 해당 근로자의 의견을 반드시 노사협의회를 거쳐서 반영한다.

⑤ 작업환경 · 작업내용 · 근로시간 등 직무스트레스 요인에 대하여 평가하고 근로시간 단축, 장 · 단기 순환작업 등의 개선대책을 마련하여 시행한다.

**22.** 산업재해 중 중대재해에 관한 설명으로 옳지 않은 것은?

① 3개월 이상의 요양이 필요한 부상자가 동시에 2명 이상 발생한 산업재해는 중대재해에 속한다.

② 사망자가 1명 이상 발생한 산업재해는 중대재해에 속한다.

③ 부상자 또는 직업성 질병자가 동시에 10명 이상 발생한 산업재해는 중대재해에 속하지 않는다.

④ 중대재해가 발생한 때에는 지체없이 발생개요 및 피해상황을 관할하는 지방고용노동관서의 장에게 전화, 팩스, 그밖의 적절한 방법으로 보고하여야 한다.

⑤ 중대재해가 발생했을 때에는 산업재해 조사표 사본을 보존하거나 요양신청서 사본에 재발방지대책을 첨부해서 보존한다.

**23.** 역학의 정의에 관한 설명으로 옳지 않은 것은?

① 인간집단 내 발생하는 모든 생리적 이상 상태의 빈도와 분포는 기술하지 않는다.

② 빈도와 분포를 결정하는 요인은 원인적 관련성 여부에 근거를 둔다.

③ 발생원인을 밝혀 상태 개선을 위하여 투입된 사업의 작동기전을 규명한다.

④ 예방법을 개발하는 학문이다.

⑤ 직업역학은 일하는 사람이 대상이다.

 정답 21. ④ 22. ③ 23. ①

24. 산업재해 통계 목적과 작성방법에 관한 설명으로 옳지 않은 것은?
① 재해통계는 주로 대상으로 하는 조직의 안전관리수준을 평가하고 차후의 재해 방지에 기본이 되는 정보를 파악하기 위해 작성하는 것이다.
② 재해통계에 의해 대상집단의 경향과 특성 등을 수량적, 총괄적으로 해명할 수 있다.
③ 정보에 근거해서 조직의 대상집단에 대해 미리 효과적인 대책을 강구한다.
④ 동종재해 또는 유사재해의 재발방지를 도모한다.
⑤ 재해통계는 도형이나 숫자에 의한 표시법이 있지만, 숫자에 의한 표시법이 이해하기 쉽다.

25. 업무상 질병의 특성이 아닌 것은?
① 임상적, 병리적 소견이 일반 질병과 구분이 어렵다.
② 개인적 요인 또는 비직업적 요인은 상승작용을 하지 않는다.
③ 직업력을 소홀히 할 경우 판정이 어렵다.
④ 건강영향에 대한 미확인 신물질이 많아 정확한 판정이 어려운 경우가 많다.
⑤ 보상에 실익이 없을 수도 있다.

24. ⑤ 25. ② 정답

## 2021년

**1.** 국내 · 외 산업위생의 역사에 관한 설명으로 옳지 않은 것은?

① 미국의 산업위생학자 Hamilton은 유해물질 노출과 질병과의 관계를 규명하였다.
② 1981년 우리나라는 노동청이 노동부로 승격되었고 산업안전보건법이 공포되었다.
③ 원진레이온에서 이황화탄소($CS_2$) 중독이 집단적으로 발생하였다.
④ Agricola는 음낭암의 원인물질이 검댕(soot)이라고 규명하였다.
⑤ Ramazzini는 직업병의 원인을 작업장에서 사용하는 유해물질과 불안전한 작업 자세나 과격한 동작으로 구분하였다.

**2.** 망간(Mn)의 인체에 대한 실험결과 안전한 체내 흡수량은 0.1mg/kg이었다. 1일 작업시간이 8시간인 경우 허용농도(mg/$m^3$)는 약 얼마인가?(단, 폐에 의한 흡수율은 1, 호흡률은 1.2$m^3$/hr, 근로자의 체중은 80kg으로 계산한다.)

① 0.83　　② 0.88
③ 0.93　　④ 0.98
⑤ 1.03

**3.** 작업환경측정 및 정도관리 등에 관한 고시에서 입자상 물질의 측정, 분석방법의 내용으로 옳지 않은 것은?

① 석면의 농도는 여과채취방법으로 측정하고 계수방법 또는 이와 동등 이상의 분석방법으로 분석한다.
② 광물성분진은 여과채취방법으로 측정한다.
③ 흡입성분진은 흡입성분진용 분립장치 또는 흡입성분진을 채취할 수 있는 기기를 이용한 여과채취방법으로 측정한다.
④ 용접흄은 여과채취방법으로 측정하되 용접보안면을 착용한 경우에는 그 외부에서 시료를 채취한다.
⑤ 규산염은 중량분석방법으로 분석한다.

 정답 1. ④ 2. ① 3. ④

4. 직경 200mm의 원형 덕트에서 측정한 후드정압($SP_h$)은 100mm$H_2O$, 유입계수($C_e$)는 0.50이었다. 후드의 필요 환기량($m^3$/min)은 약 얼마인가?(단, 현재의 공기는 표준공기 상태이다.)

① 18.10
② 23.10
③ 28.10
④ 33.10
⑤ 38.10

5. 산업안전보건법 시행규칙과 산업안전보건기준에 관한 규칙상 소음발생으로 인한 건강장해 예방에 관한 설명으로 옳지 않은 것은?

① 8시간 시간가중평균 80dB 이상의 소음은 작업환경측정 대상이다.
② 1일 8시간 작업을 기준으로 소음측정 결과 85dB인 경우 청력보존 프로그램 수립 대상이다.
③ 1일 8시간 작업을 기준으로 소음측정 결과 90dB인 경우 특수건강진단 대상이다.
④ 사업주는 근로자가 강렬한 소음작업에 종사하는 경우 인체에 미치는 영향과 증상을 근로자에게 알려야 한다.
⑤ 사업주는 근로자가 충격소음작업에 종사하는 경우 근로자에게 청력 보호구를 지급하고 착용하도록 하여야 한다.

6. 전리방사선에 관한 설명으로 옳은 것은?

① β입자는 그 자체가 전리적 성질을 가지고 있다.
② $\gamma$-선이 인체에 흡수되면 $\alpha$입자가 생성되면서 전리작용을 일으킨다.
③ 중성자는 하전되어 있어 1차적인 방사선을 생성한다.
④ 렌트겐(R)은 방사능 단위에 해당된다.
⑤ 라드(rad)는 조사선량 단위에 해당된다.

7. 입자상 물질의 호흡기 내 침착 및 인체 방어기전에 관한 설명으로 옳지 않은 것은?

① 입자상 물질이 호흡기 내에 침착하는 데는 충돌, 중력침강, 확산, 간섭 및 정전기 침강이 관여한다.
② 호흡성분진(RPM)은 주로 폐포에 침착되어 독성을 나타내며 평균입자의 크기($D_{50}$)는 10$\mu$m이다.
③ 흡입된 공기는 기도를 거쳐 기관지와 미세기관지를 통하여 폐로 들어간다.
④ 기도와 기관지에 침착된 먼지는 점액 섬모운동에 의해 상승하고 상기도로 이동되어 제거된다.
⑤ 흡입성분진(IPM)은 주로 호흡기계의 상기도 부위에 독성을 나타낸다.

**8.** 산업안전보건법 시행규칙상 유해인자의 유해성·위험성 분류기준으로 옳은 것은?

① 급성 독성 물질 : 호흡기를 통하여 2시간 동안 흡입하는 경우 유해한 영향을 일으키는 물질
② 소음 : 소음성난청을 유발할 수 있는 80데시벨(A) 이상의 시끄러운 소리
③ 이상기압 : 게이지 압력이 제곱미터당 1킬로그램 초과 또는 미만인 기압
④ 공기매개 감염인자 : 결핵·수두·홍역 등 공기 또는 비말감염 등을 매개로 호흡기를 통하여 전염되는 인자
⑤ 자연발화성 액체 : 적은 양으로도 공기와 접촉하여 10분 안에 발화할 수 있는 액체

**9.** 근로자 건강진단 실시기준에서 인체에 미치는 영향이 "수면방해, 행동이상, 신경증상, 발음부정확 등"으로 기술된 유해요인은?

① 망간
② 오산화바나듐
③ 수은
④ 카드뮴
⑤ 니켈

**10.** 산업안전보건기준에 관한 규칙상 사업주의 근골격계질환 유해요인조사에 관한 내용으로 옳은 것은?

① 신설 사업장은 신설일부터 6개월 이내에 최초 유해요인조사를 하여야 한다.
② 근골격계부담작업 여부와 상관없이 3년마다 유해요인조사를 하여야 한다.
③ 법에 따른 임시건강진단 등에서 근골격계질환자가 발생하였을 경우, 근골격계부담 작업이 아닌 작업에서 발생한 경우라도 지체없이 유해요인조사를 하여야 한다.
④ 근골격계부담작업에 해당하는 새로운 작업 · 설비를 도입한 경우 반드시 고용 노동부장관이 정하여 고시하는 방법에 따라 유해요인조사를 하여야 한다.
⑤ 유해요인조사 결과 근골격계질환 발생 우려가 없더라도 인간공학적으로 설계된 인력작업 보조설비 설치 등 반드시 작업환경 개선에 필요한 조치를 하여야 한다.

**11.** 작업환경 개선을 위한 공학적 관리 방안이 아닌 것은?

① 대체(Substitution)
② 호흡보호구(Respirator)
③ 포위(Enclosure)
④ 환기(Ventilation)
⑤ 격리(Isolation)

 정답 8. ④ 9. ① 10. ③ 11. ②

12. 산업안전보건기준에 관한 규칙상 근로자 건강장해 예방을 위한 사업주의 조치에 관한 설명으로 옳지 않은 것은?

① 고열작업에 근로자를 새로 배치할 경우 고열에 순응할 때까지 고열작업시간을 매일 단계적으로 증가시키는 등 필요한 조치를 해야 한다.
② 근로자가 한랭작업을 하는 경우 적절한 지방과 비타민 섭취를 위한 영양지도를 해야 한다.
③ 근로자 신체 등에 방사성물질이 부착될 우려가 있을 경우 판 또는 막 등의 방지설비를 제거해야 한다.
④ 근로자가 주사 및 채혈 작업 시 채취한 혈액을 검사 용기에 옮기는 경우에는 주사침 사용을 금지하도록 해야 한다.
⑤ 근로자가 공기매개 감염병이 있는 환자와 접촉하는 경우 면역이 저하되는 등 감염의 위험이 높은 근로자는 전염성이 있는 환자와의 접촉을 제한하도록 해야 한다.

13. 물질안전보건자료(MSDS) 작성 시 포함되어야 할 항목에 해당하는 것을 모두 고른 것은?

| | |
|---|---|
| ㄱ. 안정성 및 반응성 | ㄴ. 폐기 시 주의사항 |
| ㄷ. 환경에 미치는 영향 | ㄹ. 운송에 필요한 정보 |
| ㅁ. 누출사고 시 대처방법 | |

① ㄱ, ㄷ, ㄹ
② ㄱ, ㄷ, ㅁ
③ ㄴ, ㄹ, ㅁ
④ ㄱ, ㄴ, ㄷ, ㅁ
⑤ ㄱ, ㄴ, ㄷ, ㄹ, ㅁ

14. 호흡보호구에 관한 설명으로 옳지 않은 것은?

① 대기에 대한 압력상태에 따라 음압식과 양압식 호흡 보호구로 분류된다.
② 음압 밀착도 자가점검은 흡입구를 막고 숨을 들이마신다.
③ 양압 밀착도 자가점검은 배출구를 막고 숨을 내쉰다.
④ NIOSH는 발암물질에 대하여 음압식 호흡 보호구를 사용하지 않도록 권고한다.
⑤ 산소가 결핍된 밀폐공간 내에서는 방독마스크를 착용하여야 한다.

**15.** 인체 부위 중 피부에 관한 설명으로 옳지 않은 것은?

① 피부는 표피와 진피로 구분된다.
② 표피의 각질층은 전체 피부에 비하여 매우 두꺼워서 피부를 통한 화학물질의 흡수속도를 제한한다.
③ 피부의 땀샘과 모낭은 피부에 노출된 화학물질을 직접 혈관으로 흡수할 수 있는 경로를 제공한다.
④ 대부분의 화학물질이 피부를 투과하는 과정은 단순확산이다.
⑤ 피부 수화도가 크면 클수록 투과도가 증대되어 흡수가 촉진된다.

**16.** 특수건강진단 대상 유해인자 중 치과검사를 치과의사가 실시해야 하는 것에 해당하지 않는 것은?

① 염소　② 과산화수소
③ 고기압　④ 이산화황
⑤ 질산

**17.** 산업안전보건법 시행규칙상 유해인자별 제1차 검사항목의 생물학적 노출지표 및 시료 채취 시기가 옳지 않은 것은?

| 구분 | 유해인자 | 제1차 검사항목의 생물학적 노출지표 | 시료 채취시기 |
|---|---|---|---|
| ㄱ | 납 및 그 무기화합물 | 혈중 납 | 제한 없음 |
| ㄴ | 크실렌 | 소변 중 메틸마뇨산 | 작업 종료 시 |
| ㄷ | 1,2-디클로로프로판 | 소변 중 페닐글리옥실산 | 주말작업 종료 시 |
| ㄹ | 카드뮴 | 혈중 카드뮴 | 제한 없음 |
| ㅁ | 디메틸포름아미드 | 소변 중 N-메틸포름아미드(NMF) | 작업 종료 시 |

① ㄱ　② ㄴ
③ ㄷ　④ ㄹ
⑤ ㅁ

 정답 15. ② 16. ② 17. ③

**18.** 직무 스트레스의 반응에 따른 행동적 결과로 나타날 수 있는 것을 모두 고른 것은?

| ㄱ. 흡연 | ㄴ. 약물 남용 |
|---|---|
| ㄷ. 폭력 현상 | ㄹ. 식욕 부진 |

① ㄱ, ㄹ
② ㄴ, ㄷ
③ ㄱ, ㄴ, ㄹ
④ ㄴ, ㄷ, ㄹ
⑤ ㄱ, ㄴ, ㄷ, ㄹ

**19.** 직장에서의 부적응 현상으로 보기 어려운 것은?

① 타협(Compromise)
② 퇴행(Degeneration)
③ 고집(Fixation)
④ 체념(Resignation)
⑤ 구실(Pretext)

**20.** 건강진단 판정에서 건강관리구분과 그 의미의 연결이 옳은 것은?

① A－질환 의심자로 2차 진단 필요
② $C_1$－일반질병 유소견자로 사후관리가 필요
③ $D_2$－직업병 요관찰자로 추적관찰이 필요
④ R－건강진단 시기 부적정으로 1차 재검 필요
⑤ U－2차 건강진단 미실시로 건강관리구분을 판정할 수 없음

**21.** 산업재해의 4개 기본원인(4M) 중 Media(매체－작업)에 해당하지 않는 것은?

① 위험 방호장치의 불량
② 작업정보의 부적절
③ 작업자세의 결함
④ 작업환경조건의 불량
⑤ 작업공간의 불량

**22.** 재해사고 원인 분석을 위한 버드(F. Bird)의 이론에 관한 설명으로 옳지 않은 것은?

① 하인리히(H. Heinrich)의 사고연쇄 이론을 새로운 도미노 이론으로 개선하였다.
② 새로운 도미노 이론의 시간적 계열은 제어의 부족 → 기본원인 → 직접원인 → 사고 → 상해(재해)이다.
③ 불안전한 행동 등 직접원인만 제거하면 재해사고가 발생하지 않는다.
④ 기본원인은 개인적 요인과 작업상의 요인으로 분류된다.
⑤ 부적절한 프로그램은 '제어의 부족'의 예에 해당한다.

18. ⑤ 19. ① 20. ⑤ 21. ① 22. ③ 정답 

**23.** 재해 통계에 관한 설명으로 옳지 않은 것은?

① "재해율"은 근로자 100명당 발생한 재해자수를 의미한다.
② "연천인율"은 1년간 평균 1,000명당 발생한 재해자수를 의미한다.
③ "도수율"은 연 근로시간 10,000시간당 발생한 재해건수를 의미한다.
④ "강도율"은 연 근로시간 1,000시간당 재해로 인하여 근로를 하지 못하게 된 일 수를 의미한다.
⑤ "환산도수율"과 "환산강도율"은 연 근로시간을 100,000시간으로 하여 계산한 것이다.

**24.** A 사업장 소속 근로자 중 산업재해로 사망 1명, 3일의 휴업이 필요한 부상자 3명, 4일의 휴업이 필요한 부상자 4명이 발생하였다. 산업안전보건법 시행규칙에 따라 A 사업장의 사업주가 산업재해 발생 보고를 하여야 하는 인원(명)은?

① 1 ② 4
③ 5 ④ 7
⑤ 8

**25.** 역학 용어에 관한 설명으로 옳지 않은 것은?

① 위음성률(false negative rate)과 위양성률(false positive rate)은 타당도 지표이다.
② 기여위험도(attributable risk ratio)는 어떤 위험요인에 노출된 사람과 노출되지 않은 사람 사이의 발병률 차이를 의미한다.
③ 특이도(specificity)는 해당 질병이 없는 사람들을 검사한 결과가 음성으로 나타나는 확률이다.
④ 유병률(prevalence rate)은 일정기간 동안 질병이 없던 인구에서 질병이 발생한 율이다.
⑤ 비교위험도(relative risk ratio)가 1보다 큰 경우는 해당 요인에 노출되면 질병의 위험도가 증가함을 의미한다.

 정답 23. ③ 24. ⑤ 25. ④

# 참고문헌


1. 에듀인컴 「산업안전기사」(예문사, 2019)
2. 에듀인컴 「산업안전보건법」(예문사, 2018)
3. 강성두 외 「기계안전기술사」(예문사, 2012)
4. 에듀인컴 「산업위생관리기술사」(예문사, 2017)
5. 강성두 외 「산업위생지도사」(예문사, 2012)
6. 류재민 외 「인간공학기술사」(예문사, 2015)
7. 백남원 「산업위생학개론」(신광출판사, 1966)
8. 김태형, 김현욱, 박동욱 「산업환기」(신광출판사, 1999)
9. 백남원, 박동욱, 윤충식 「작업환경측정 및 평가」(신광출판사, 1999)
10. 「산업안전보건법」(법률 제15588호)
11. 「산업안전보건법 시행령」(대통령령 제29360호)
12. 「산업안전보건법 시행규칙」(고용노동부령 제241호)
13. 「유해 · 위험작업의 취업 제한에 관한 규칙」(고용노동부령 제216호)
14. 「산업안전보건기준에 관한 규칙」(고용노동부령 제242호)
15. 영상표시단말기(VDT) 취급근로자 작업관리지침(고용노동부고시 제 2015-44호)
16. 사무실 공기관리 지침(고용노동부고시 제2015-43호)
17. 명예산업안전감독관 운영규정(고용노동부예규 제89호)
18. 산업보건의 관리규정(고용노동부예규 제94호)
19. 화학물질의 유해성 · 위험성시험등에 관한 기준(고용노동부고시 제2015-49호)
20. 외국어 안전 · 보건표지 등의 부착에 관한 지침(고용노동부고시 제2015-73호)
21. 화학물질의 분류 · 표시 및 물질안전보건자료에 관한 기준(고용노동부고시 제 2016-19호)
22. 위험기계 · 기구 안전인증 고시(고용노동부고시 제2016-29호)
23. 방호장치 자율안전기준 고시(고용노동부고시 제2015-94호)
24. 안전인증 대상 기계 · 기구등이 아닌 기계 · 기구등의 안전인증 규정(고용노동부고시 제2016-46호)
25. 진폐건강진단 실시 및 관리규정(고용노동부고시 제2016-32호)
26. 신규화학물질의 유해성 · 위험성 조사 등에 관한 고시(고용노동부고시 제2017-2호)
27. 작업환경측정 및 지정측정기관 평가 등에 관한 고시(고용노동부고시 제2017-27호)
28. 사업장 위험성평가에 관한 지침(고용노동부고시 제2017-36호)
29. 안전검사 절차에 관한 고시(고용노동부고시 제2017-54호)
30. 위험기계 · 기구 자율안전확인 고시(고용노동부고시 제 2017-52호)
31. 보호구 안전인증 고시(고용노동부고시 제2017-64호)
32. 제조업 등 유해 · 위험방지계획서 제출 · 심사 · 확인에 관한 고시(고용노동부고시 제2017-60호)
33. 안전검사 고시(고용노동부고시 제2018-33호)
34. 산업안전지도사 및 산업보건지도사 실적으로 인정할 수 있는 기관 · 단체에 관한 고시(고용노동부고시 제2018-31호)
35. 고기압 작업에 관한 기준(고용노동부고시 제2018-52호)
36. 산업안전 · 보건교육규정(고용노동부고시 제2018-73호)
37. 근로자 건강진단 실시기준(고용노동부고시 제2019-9호)

# 저자소개


## 에듀인컴

홈페이지 www.eduincom.co.kr

E-mail eduincom@eduincom.co.kr

# 메모

산업보건지도사

# Ⅱ 산업위생일반

**발행일** | 2019. 3. 30 초판 발행
2021. 3. 30 개정1판1쇄
2022. 3. 15 개정2판1쇄

**저 자** | 에듀인컴
**감 수** | 윤 영 노
**발행인** | 정 용 수
**발행처** | 예문사

**주 소** | 경기도 파주시 직지길 460(출판도시) 도서출판 예문사
**TEL** | 031) 955－0550
**FAX** | 031) 955－0660
**등록번호** | 11－76호



**정가 : 35,000원**

ISBN 978-89-274-4427-5 13530